# UNTERSUCHUNGEN ÜBER DIE MIKROBIOLOGIE DES WALDBODENS

## ERSTE UNTERSUCHUNGSREIHE

## DIE ELEMENTAREN LEBENSERSCHEINUNGEN DER MIKROFLORA UND MIKROFAUNA DES WALDBODENS

VON

## PROFESSOR DR. PHIL. D. FEHÉR

DIPL.-FORSTING. · VORSTAND DES BOTANISCHEN INSTITUTS DER
K. UNG. HOCHSCHULE FÜR BERG- UND FORSTINGENIEURE IN SOPRON

MIT BEITRÄGEN VON

DR. PHIL. R. BOKOR UND DR. PHIL. L. VARGA
DIPL.-FORSTING.      PRIVATDOZENT DER K. UNG.
ADJUNKT DES INSTITUTS IN SOPRON      FRANZ-JOSEFS-UNIVERSITÄT IN SZEGED

MIT 76 ABBILDUNGEN

SPRINGER-VERLAG BERLIN HEIDELBERG GMBH

ISBN 978-3-662-01899-6     ISBN 978-3-662-02194-1 (eBook)
DOI 10.1007/978-3-662-02194-1

# Vorwort.

Die folgenden Untersuchungsergebnisse sind die Resultate einer fast zehn-jährigen planmäßigen Forschungsarbeit meines Instituts. Die programmäßigen Grundlinien derselben habe ich im Jahre 1923 in meinem Antrittsvortrag gelegent-lich der Übernahme des Instituts dargestellt. Mein ursprünglicher Zweck, an dem ich auch noch heute festhalte, ist: die Erforschung der dynamischen Zu-sammenhänge jener physiologischen und ökologischen Erscheinungen, welche die ernährungsphysiologischen Funktionen des Waldes beherrschen.

Ich mußte aber sehr bald, schon während der orientierenden Vorunter-suchungen, zu der klaren Einsicht gelangen, daß, solange der innere Zusammen-hang zwischen den biogenen Elementen des Waldbodens und den ernährungs-physiologischen Vorgängen des Waldes nicht restlos aufgeschlossen ist, unsere weiteren Untersuchungen jener festen und exakten Grundlage entbehren werden, welche zur sicheren und erfolgreichen Erfassung der vorliegenden Probleme unerläßlich sind. Wir mußten daher vor allem die planmäßige Unter-suchung der biologischen Funktionen des Waldbodens durchführen.

Dies ist der kurze und logische Werdegang des Zustandekommens unserer Forschungsarbeiten. Sie haben uns in der späteren Folge die dominierende dynamische Natur fast aller bodenbiologischen Erscheinungen klar erwiesen, so daß ich schließlich zur Erforschung derselben den schwierigen Weg der langen, mehrere Jahre andauernden Massenuntersuchungen betreten mußte.

Ich bringe im folgenden fast ausschließlich Resultate unserer induktiven Tatsachenforschung; die ergänzenden deduktiven und experimentellen Unter-suchungen, die teilweise bereits im Gange sind, werde ich zu einem späteren Zeitpunkte veröffentlichen. Da der Umfang des Buches infolge der schweren wirtschaftlichen Verhältnisse auf das unumgänglich notwendige Mindestmaß festgesetzt wurde, mußten wir uns notgedrungen auf die Beschreibung und Mit-teilung des Wesentlichen beschränken. Wir mußten daher vor allem auf die kritische Bearbeitung der Literatur und des methodischen Teiles, sowie auf die Mitteilung der Details der Untersuchungen verzichten. Bezüglich der Literatur verweisen wir auf die am Schlusse des Buches mitgeteilte Zusammenstellung, die den genannten literarischen Stoff, der uns zugänglich war, enthält. In dem methodischen Teile sind natürlich die elementaren Verfahren nicht beschrieben. Die Benützung des Buches erfordert daher unbedingt gewisse grundlegende Vorkenntnisse und Vertrautheit mit den allgemeinen Lehrsätzen und Disziplinen der mikrobiologischen Forschung.

Unsere Forschungen sind keineswegs abgeschlossen. Ich hoffe sogar, in einigen Jahren auch über die Resultate unserer weiteren Untersuchungen be-richten zu können. Gerade die dynamische Natur des behandelten Stoffes er-schließt einem jeden, der hier eindringt, eine fast unübersehbare Fülle der Pro-bleme, welche auf diesem Gebiete noch zu erforschen sind.

Unsere Arbeiten wurden in den Jahren einer fast beispiellosen Notlage meines viel geprüften Vaterlandes durchgeführt. Gerade dieser Umstand erheischte aber nicht nur die äußerste Anspannung aller unserer geistigen und moralischen Kräfte, sondern auch die Anwendung außerordentlicher Mittel, die für das Gelingen dieser schwierigen Untersuchungen unbedingt notwendig, für den geistigen Horizont des Alltagsmenschen jedoch, der die weiterliegenden Zusammenhänge nicht verfolgen und verstehen kann, völlig unverständlich und fremd waren. Gerade in dieser schwierigen Zeit, wo die Hemmnisse des Alltagslebens kaum zu überwinden waren, habe ich bei den leitenden höchsten Behörden meines Instituts eine fast beispiellose und weitgehende Hilfe und tatkräftige Unterstützung gefunden, welche jenen großzügigen Aufbau meines Instituts durchführen ließ, der uns die Überwindung aller Schwierigkeiten materieller Art ermöglicht hat.

Ich danke dafür auf das allerherzlichste den kgl. ung. Ministerialräten B. Papp und F. Böhm im Ackerbau- bzw. Finanzministerium und dem seinerzeitigen Rector Magnificus der Hochschule Ing. E. Cotel.

Außer der obigen Unterstützung haben mich im Anfange der *Rockefeller-Fond* und in den letzten Jahren die *Szechenyi Wissenschaftliche Gesellschaft* besonders verständnisvoll und wirksam unterstützt. Ich spreche dafür gleichfalls meinen innigsten Dank aus.

Ein großer Teil der Untersuchungen konnte nur mit der Hilfe unserer ausländischen Mitarbeiter durchgeführt werden. Ich danke dafür besonders herzlichst den Herren Professoren W. Wittich und W. Schmidt sowie dem Herrn Forstverwalter O. Jenss in Eberswalde; die beiden letzteren haben mich auch bei der Durchsicht der Korrekturen liebenswürdig unterstützt. Den Herren Generaldirektor A. K. Cajander, Prof. O. Heikinheimo und V. Kujala in Helsinki, sowie den Herren Dozenten A. Stalfelt und N. Johannson in Stockholm, den Herren Forstkandidaten E. Eide, Vorstand der norwegischen forstlichen Versuchsanstalt, und E. Mork in Oslo sowie dem Herrn Forstverwalter Th. Meidell in Kirkenes bin ich ebenfalls zu bestem Danke verpflichtet.

Ein besonders inniger Dank gebührt meinen treuen Mitarbeitern: den Forstingenieuren G. Sommer und Z. Kiszely, meiner langjährigen Mitarbeiterin Fräulein M. Frank und dem verdienstvollen Laboranten des Institutes K. Döme. Sie haben in den vergangenen schweren Jahren, durch die folgerichtige Durchführung dieser Massenuntersuchungen oft übermäßig belastet, ihr Bestes hergegeben.

Dem Verlag bin ich für sein weitgehendes und verständnisvolles Entgegenkommen, sowie für die schöne Ausstattung des Buches zu bestem Dank verpflichtet.

Sopron, im Januar 1933.

**D. Fehér.**

# Inhaltsverzeichnis.

# I. Einführung.

Die Mikrobiologie des Waldbodens bildet eines der interessantesten Kapitel der bodenbiologischen Forschung. *Ihre Bedeutung wird ganz besonders erhöht und verallgemeinert dadurch, daß der Boden des Waldes gewöhnlich von den künstlichen Eingriffen und Störungen der Menschenhand auf längere Zeitperioden verschont bleibt, wodurch die Gesetzmäßigkeiten der biologischen Lebensprozesse ungestört verlaufen können* und den Zusammenhang mit den übrigen bioklimatischen, biochemischen und biophysikalischen Faktoren klar ergeben. Wir können daher den Waldboden mit allen seinen Lebewesen und in ihrem Zusammenhange mit dem Bestande als eine organische Lebensgemeinschaft auffassen, innerhalb deren die Gesetzmäßigkeiten sich ungestört entwickeln können.

Zum richtigen Verständnis der physiologischen Lebensvorgänge des Waldes und zum richtigen Erfassen seiner Gesetzmäßigkeiten ist die Kenntnis der biologischen Prozesse des Waldbodens vollkommen unentbehrlich. Erst dann, wenn man den Kreislauf der Stoffe, welcher ja durch das Zusammenleben des Waldbestands und der Mikroorganismen des Waldbodens bedingt wird, erkennen kann, wird man in theoretischer und praktischer Hinsicht die Lebenserscheinungen des Waldes vollauf verstehen und erforschen können.

Wir waren im Laufe unserer Untersuchungen bemüht, unsere Probleme in ihrem allseitigen Zusammenhange und in ihrer kausalen Abhängigkeit möglichst im Laufe von längeren, mehrere Jahreszeiten und Jahresperioden umfassenden Beobachtungsperioden zu untersuchen. Schon die ersten Untersuchungen haben gezeigt, daß infolge der periodischen, durch die Verschiedenheiten der Jahreszeiten bedingten Änderungen willkürlich herausgegriffene Einzeluntersuchungen kein zusammenhängendes Bild und keine gültigen Gesetzmäßigkeiten geben können. Nur die zusammenfassende Untersuchung der einzelnen Faktoren in ihren allseitigen Beziehungen durch längere Beobachtungsperioden kann hier Aufklärung und Einblick in die komplizierten Lebensvorgänge des Waldbodens geben.

Unsere bisherigen Untersuchungen haben im Laufe der letzten Jahre alle jene Lebensvorgänge des Waldbodens zu erforschen versucht, welche im wesentlichen durch mikrobiologische Vorgänge bedingt werden. Wir müssen aber schon jetzt in der Einführung betonen, daß das Mikrobenleben des Waldbodens als eine ausgesprochene dynamische Erscheinung aufzufassen und zu behandeln ist.

Gemäß dieser Problemstellung hatten wir im Laufe unserer bisherigen Untersuchungen 1. die Mikroflora und Mikrofauna des Waldbodens; 2. die Kohlenstofferhährung des Waldes in ihrem Zusammenhange mit der Mikrobentätigkeit des Waldbodens einerseits und den beeinflussenden Standortsfaktoren andererseits; 3. den Stickstoff-Stoffwechsel des Waldbodens; 4. die Änderungen des Humusgehaltes und der Bodenazidität, insoweit sie durch die mikrobiologischen Vorgänge kausal bedingt werden, untersucht. Wir konnten außerdem durch die spezielle Lage von Ungarn, welches an der Scheidegrenze zwischen maritimen und kontinentalen Klimawirkungen liegt, begünstigt, auch das

  I

Mikrobenleben einiger Steppenböden untersuchen. Hierher gehören zunächst die aufgeforsteten Flugsandböden in Südungarn und die Untersuchung der mikrobiologischen Verhältnisse der Solonetz- und Solontschak-Alkaliböden.

Es soll gleich hier am Anfang betont werden, daß unsere Forschungen keinen Anspruch auf Vollständigkeit erheben können. Unsere Untersuchungen können vorläufig nur über die allgemeinen dynamischen Zusammenhänge einen orientierenden Aufschluß geben, und es soll ganz ausdrücklich hervorgehoben werden, daß zur vollständigen Kenntnis des Waldbodenlebens die weitere Fortsetzung derselben uns unbedingt notwendig erscheint.

## II. Untersuchungsmethodik[1].

### Allgemeines.

Der Waldboden wird von Millionen mikroskopischer Lebewesen bevölkert, welche in der Biologie desselben eine außerordentlich wichtige Rolle spielen. Unter diesen stellen die Bakterien und die Pilze jene Lebewesen dar, welche den biologischen Kreislauf zwischen den anorganischen und organischen Substanzen im Leben des Waldes hauptsächlich aufrechterhalten. Ihre wichtigste Rolle besteht darin, jene organische Substanzen, welche durch den Laubfall oder durch Absterben ganzer Individuen auf den Waldboden gelangen, zu zersetzen. Daß sie dabei auch die toten Leiber der abgestorbenen Mikroorganismen angreifen, versteht sich von selbst. Als Endprodukt ihres Stoffwechsels liefern sie jene anorganische Verbindungen, welche als Nährstoffe für die Bodenpflanzen und für die Waldbäume wieder verwertet werden können.

Ihre Rolle ist gleichmäßig wichtig in der Landwirtschaft und in der Forstwirtschaft. Im Leben des Waldes erlangten sie jedoch eine erhöhte Bedeutung, weil ohne ihre Tätigkeit und ohne ihre Wirkung der Waldboden mit der Zeit an anorganischen Nährstoffen vollkommen verarmen würde.

Bei der Untersuchung der Mikroflora der Waldböden sind wir systematisch vorgegangen. Wir haben zunächst die Anzahl der Mikroorganismen im allgemeinen und nach physiologischen Gruppen untersucht und sodann den Zusammenhang zwischen ihrem quantitativen Verhältnis und den wichtigsten biologischen Erscheinungen des Waldbodens ermittelt.

Da wir im Verlaufe unserer Untersuchungen nach einheitlicher Methodik vorgegangen sind, so fühlen wir uns genötigt, zum besseren Verständnis unserer Untersuchungsresultate die Methoden, nach welchen gearbeitet wurde, klar darzustellen.

Der Zweck unserer Forschungsarbeit war zunächst eine vollständig durchgeführte systematische qualitative und quantitative Bestimmung der Mikroflora und der Mikrofauna der Waldböden.

Unsere Methodik umfaßt daher die folgenden Einzeluntersuchungen:

1. Die Bestimmung der Bakterienzahl.
2. Die Bestimmung der physiologischen Bakteriengruppen.
3. Die systematische Bestimmung der wichtigsten Arten der Bodenbakterien.
4. Die Bestimmung der Bodenpilze.
5. Die Bestimmung der Bodenprotozoen.
6. Die Bestimmung der Bodenalgen.
7. Die Messung der $CO_2$-Produktion des Waldbodens.
8. Die Bestimmung des $CO_2$-Gehaltes der Waldluft.
9. Die Bestimmung der Bodenazidität.

---

[1] Siehe Literatur auf Seite 260—262.

10. Die Bestimmung des Humusgehaltes.

11. Die Bestimmung des Gesamt-Stickstoff-, Nitrat-Stickstoff- und Ammoniak-Stickstoffgehaltes.

12. Die Bestimmung des $CaCO_3$-Gehaltes.

13. Die Bestimmung des Wassergehaltes.

14. Die Bestimmung der Leitfähigkeit und der Gesamtsalzkonzentration des Bodens.

15. Die Bestimmung einiger physikalischen, für die biologischen Vorgänge wichtigen Eigenschaften des Bodens.

16. Die Bestimmung der Lichtintensität, insoweit dieselbe für die Tätigkeit der Mikroflora in Betracht kommt.

17. Die Bestimmung der übrigen klimatischen Faktoren, welche ökologisch wichtig sind: Lufttemperatur, Bodentemperatur, Barometerdruck, Niederschläge und Windstärke.

Die Erwägungen, welche uns bei der Wahl unserer bakteriologischen Methoden geleitet haben, waren die folgenden:

Wir mußten zunächst einen scharfen Unterschied machen zwischen der Bestimmung der Gesamtzahl sämtlicher Bodenbakterien und zwischen der quantitativen Bestimmung der sog. physiologischen Bakteriengruppen bzw. der Anzahl jener Bakterien, welche in dieser Gruppe vertreten sind.

Da wir über keine solche Methoden verfügen, welche restlos alle im Boden lebenden Bakterien zum Vorschein resp. zur Entwicklung bringen, so bedeutet die Gesamtzahl der Bodenbakterien in unseren Untersuchungsergebnissen die Zahl jener Bakterien, welche mit der Hilfe eines bestimmten Züchtungsverfahrens rein gezüchtet werden können. Darunter befinden sich die saprophytischen und auch die autotrophen Arten.

*Unter physiologischen Bakteriengruppen verstehen wir jene Bakterien, welche eine bestimmte physiologische Funktion: Nitrifikation, Denitrifikation, Zellulosezersetzung* usw. ausüben.

Für die weitere Folge besprechen wir getrennt unser Verfahren zur Bestimmung der Gesamtzahl der Bodenbakterien und unsere Methode zur Bestimmung der physiologischen Bakteriengruppen.

Für die Bestimmung der Gesamtzahl der Bakterien sind bekanntlich mehrere Methoden empfohlen worden. Alle diese Verfahren kann man in zwei Gruppen teilen, und zwar die Methoden der direkten und die Methoden der indirekten Bestimmung der Bodenbakterienzahl.

Die direkte mikroskopische Beobachtung und Bestimmung der Gesamtbakterienzahl besteht im allgemeinen darin, daß man eine bestimmte Menge von dem zu untersuchenden Boden auf sterile Objektträger ausbreitet und die Bakterien färbt. Es werden nachher bei einer bestimmten Vergrößerung in dem Gesichtsfeld alle Bakterien abgezählt. Da man die Größe des Gesichtsfeldes nun berechnen und die gleiche Manipulation 10—15mal wiederholen kann, so kann dadurch die Anzahl der Bakterien auf eine bestimmte Gewichtsmenge des Bodens gezählt und berechnet werden.

Für die direkte Methode sind mehrere Verfahren in Gebrauch. Wir nennen die Methode von CONN (122), von WINOGRADSKY (184), und die neuen Methoden von CHOLODNY (121) und KOFFMANN (155), welche gerade in dem letzten Jahre veröffentlicht wurden.

Für gewisse Zwecke haben wir auch als Orientierung oft die direkten Methoden benützt. Zu diesem Behufe wurde in unserem Institute ein Verfahren ausgearbeitet, welches eine gründliche Modifizierung der ursprünglichen Methode von CONN darstellt (141).

Das Verfahren ist übrigens das folgende: 1 g Boden wird mit 8 g sorgfältig destilliertem Wasser im elektrischen Schüttelapparat kräftig bearbeitet. Nach dieser Behandlung werden zu der Suspension 1,5 cm³ absoluter Alkohol gegeben und nochmals geschüttelt, wobei der Inhalt bzw. die Bodenbakterien fixiert werden und jede einseitige Veränderung in ihrem quantitativen Verhalten verhindert wird.

Nach dieser Behandlung können die Bodenproben natürlich auch längere Zeit aufbewahrt werden. Zur Färbung der Bakterien setzen wir 0,5 cm³ in 5proz. Phenollösung im Verhältnis 1 : 100 aufgelöstes Erythrosin-Eosin oder Bengalrosa zu. Die Suspension wird nochmals kurze Zeit mit der Hand durchgeschüttelt und rasch, bevor sich noch das Sediment gesetzt hat, auf den Objektträger gebracht. Wir verwenden dazu Objektträger, auf welchen Quadrate mit je 2 cm Seitenlänge eingraviert sind. Auf diese Quadrate werden nun genau 0,05 cm³ der Suspension ausgebreitet. Die Höhe der so hergestellten Flüssigkeitsschicht beträgt 0,05 : 4 = 0,0125 cm. Das so hergestellte Präparat wird sorgfältig auf dem Wasserbad eingetrocknet und endgültig fixiert. Wenn das Fixieren gut durchgeführt wurde, ist die Verdünnung mit Gelatine oder Agar ganz überflüssig.

Wir haben absichtlich die Fläche vergrößert, um damit die Fehler, welche man beim gleichmäßigen Ausstreichen der Suspension auf den Objektträger begeht, möglichst einzuschränken. Nach dieser Manipulation kann man nun die Zählung sehr einfach durchführen, wenn man mit Hilfe eines Objektmikrometers die Größe des Gesichtsfeldes des Mikroskops bestimmt. Man kann nach beliebiger Kombination der Okulare mit den Objektiven jene Bakterienzahl bestimmen, welche je einem im Gesichtsfeld gezählten Bakterium entspricht.

Nach unserer Ansicht können alle diese Methoden nur orientierenden Wert besitzen. Mit ihrer Hilfe kann man nämlich die Art und die Gruppenzugehörigkeit der Bakterien wohl nicht bestimmen. Noch weniger kann die physiologische Tätigkeit und Rolle der so untersuchten und bestimmten Bakterien erforscht werden. Es wirken außerdem noch sehr störend gewisse organische Bestandteile, deren Vorkommen im Boden außerordentlich häufig ist, und welche den Bakterien täuschend ähnlich aussehen, so daß sie nicht genau isoliert werden können und darum dieselben oft irrtümlicherweise mitgezählt werden. Einen besonderen Nachteil bildet der Umstand, daß hier auch die toten Bakterien mitgezählt werden. Man kann daher nie die lebenden Elemente von den toten quantitativ sicher und einwandfrei isolieren. Ganz kurz möchten wir auch darauf hinweisen, daß gerade in der letzten Zeit jene Bakterienformen, welche mit der direkten Methode als Azotobakter mitgezählt wurden, ebenfalls sehr oft zu Täuschungen Anlaß gegeben haben[1]. Gerade die verhältnismäßig hohe Bakterienzahl, die man im Verhältnis zu den indirekten Methoden bekommt, ermahnt uns zu großer Vorsicht und deutet auf die große Unsicherheit und Unzuverlässigkeit dieser Methoden hin.

In Erwägung aller dieser Schwierigkeiten entschlossen wir uns, für die quantitative und qualitative Bestimmung der Bodenbakterien eine der indirekten Methoden zu verwenden und diese Methode, um die Resultate vergleichen zu können, während aller unserer Untersuchungen folgerichtig beizuhalten.

Unter den indirekten Methoden ist die weitaus verbreitetste die Bestimmung der Anzahl der Bodenbakterien mit der Hilfenahme von künstlichen Nährböden. Am besten ist die mit Agar-Agar oder Gelatine versetzte Plattenmethode. In den Petrischalen kann man die Anzahl der Kolonien unmittelbar ablesen, und aus diesen Werten kann man auf Grund der angewendeten Verdünnungen die Anzahl sämtlicher Bakterien auf Gewichtseinheit des Bodens umrechnen.

Wir haben seinerzeit, obwohl wir der Mängel dieser letztgenannten Methode vollauf bewußt waren, uns für die Plattenmethode entschieden, da nach unseren Erfahrungen und unseren Resultaten, wenn man die Plattenmethode mit der Untersuchung der physiologischen Bakteriengruppen vereinigt und die so gewonnenen Resultate kritisch bearbeitet, doch verhältnismäßig gute und relativ verläßliche Resultate erreichen kann. Wie die späteren Abschnitte zeigen werden,

---

[1] Siehe die Arbeit von DIANOWA und WOROSCHILOWA (131).

ist es außerordentlich wichtig, für die Erfassung der Lebensverhältnisse des Waldbodens gute relative Werte zu erhalten. Es mußte außerdem für die Massenuntersuchungen, welche wir zur Erreichung unseres Zieles durchführen mußten, ein Verfahren gewählt werden, welches einheitlich und leicht zu handhaben ist und individuelle Fehler des Beobachters und der Mitarbeiter möglichst ausschaltet.

Da wir unsere Versuchsflächen durch mehrere Jahre lang systematisch bearbeiteten, so konnten wir an der einmal ausgearbeiteten Methode nicht mehr ändern, da dadurch die Möglichkeit des Vergleiches unserer Forschungsresultate bedeutend gefährdet worden wäre. Es war auch kein Anlaß, daran zu ändern, da die Methoden der direkten Bakterienzählung vorläufig an Verläßlichkeit und guter und sicherer Handhabung, trotz der erwähnten Mängel der Plattenmethode, dieselbe nicht voll ersetzen können.

Was die Einzelheiten unserer Methodik anbelangt, möchten wir nun folgendes bemerken.

**1. Die Entnahme der Bodenproben.** Wir konnten bereits im Laufe unserer früheren Untersuchungen den großen Einfluß der Art und Weise der richtigen Probeentnahme eingehend verfolgen. Nach unseren Erfahrungen ist für das gute Gelingen der Laboratoriumsuntersuchungen eine gleichmäßige Probeentnahme vollkommen unerläßlich. Gerade in der letzten Zeit wurde in den diesbezüglichen bodenkundlichen Arbeiten sehr oft und eingehend die Frage der richtigen Probeentnahme erörtert. Auf Grund unserer langjährigen Erfahrungen und Forschungsergebnisse hatten wir uns für die Durchschnittsproben entschlossen.

Für unsere Untersuchungen hatten wir ständige gut markierte größere Versuchsflächen schon vor Jahren angelegt. Um die störenden Einflüsse der Umgebung fernhalten zu können, hatten wir unsere Versuchsflächen gewöhnlich im Inneren von großen Waldkomplexen derart angelegt, daß die Natur derselben dem allgemeinen Charakter des großen Waldkomplexes entsprochen hat.

Jede Versuchsfläche bestand nun aus einem äußeren und aus einem inneren Teile. Die Größe der inneren Teile schwankte zwischen 200—500 m². Auf diesem sog. präzisen Teil der Versuchsflächen haben wir, um auch das Wachstum der Bäume untersuchen zu können, die Bäume numeriert und eine genaue Bestandesaufnahme durchgeführt. Die äußere Umrandung der Versuchsflächen diente als weiterer Schutzgürtel. Die Gesamtfläche der Versuchsflächen schwankte je nach den örtlichen Verhältnissen zwischen 0,5—1,0 ha.

Wir hatten im allgemeinen Durchschnittsproben genommen. Zu diesem Behufe hatten wir jedesmal auf den einzelnen Probeflächen die Bodenproben von ungefähr 15—20 Stellen gesammelt, gut durchgemischt und aus der so bereiteten Mischung eine Durchschnittsprobe in sterile Gläser verpackt und sodann in das Laboratorium getragen. Daß bei der Entnahme der Bodenproben natürlich die obere unzersetzte Humusdecke und die Bodenpflanzen sorgfältig entfernt wurden, versteht sich von selbst. Es ist auch außerordentlich wichtig, während der ganzen Manipulation unbedingt steril zu arbeiten (Geräte, Gläser usw. vorerst sterilisieren)[1].

Für die Vergleichsuntersuchungen ist es auch ganz besonders wichtig, daß die Bodenproben ungefähr in jedem Monat zu gleichen Zeiten eingesammelt werden. Das wichtigste ist aber vor allem, daß die Bodenproben gleich nach Ankunft sofort verarbeitet werden. Wie die späteren Abschnitte zeigen werden, so ist die Temperaturwirkung für die Gestaltung der Lebensverhältnisse der Bodenbakterien außerordentlich wichtig. Bei der Verarbeitung der Bodenproben ist daher namentlich im Winter die sofortige Untersuchung in erhöhtem Maße am Platze. Falls die Bodenproben im Winter längere Zeit transportiert werden

---

[1] Es ist auch zu empfehlen, die Geräte vor der Probeentnahme in dem zu untersuchenden Boden 8—10 Minuten lang liegen zu lassen.

müssen, so sind die Untersuchungen bezüglich des quantitativen Verhaltens der Bodenbakterien nicht mehr voll maßgebend. Auch für die Untersuchung bzw. für den Vergleich der aeroben und anaeroben Bakterien ist es wichtig, die Proben gleich nach der Ankunft zu untersuchen. Ein längerer Transport kann außerdem auch noch die Nitrifikation ebenfalls beeinflussen, so daß die Resultate der Untersuchungen für den natürlichen Zustand nicht mehr vollkommen verläßlich sind.

Um den Einfluß der Lagerung und des Transportes in jenen Jahreszeiten zu verfolgen, in welchen zwischen der Temperatur des Bodens und der Transporträume große Unterschiede bestehen, haben wir Vergleichsuntersuchungen angestellt, deren Resultate in der Abb. 1 übersichtlich dargestellt wurden. Diese Versuche zeigen uns klar und deutlich, daß die Temperaturerhöhung und die Lagerung in geschlossenen und offenen Glasgefäßen auf den biologischen Zustand der Bodenproben stark einwirkt.

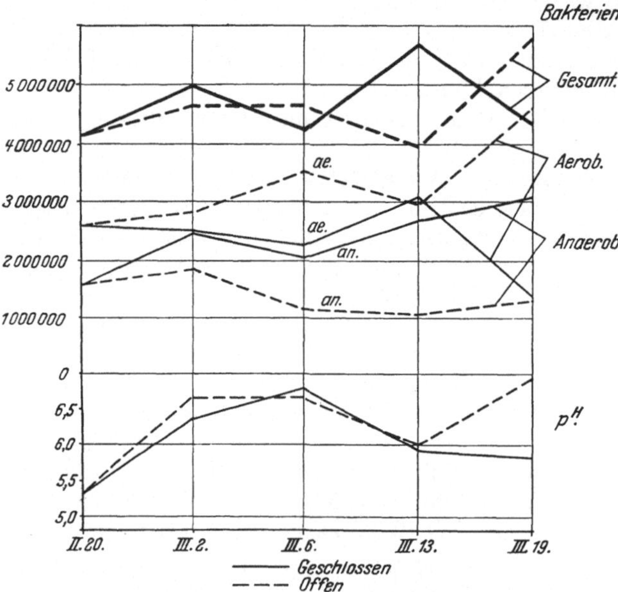


Abb. 1. Die Änderungen der Gesamt-Bakterienzahl und der $p_H$-Werte während des Transportes.

Die $p_H$-Werte erleiden besonders starke Veränderungen, der Bakteriengehalt wird aber ebenfalls empfindlich betroffen. Werden die Transportgefäße offengehalten, so nimmt infolge des ungehinderten Luftzutritts die Gesamtzahl der Bodenbakterien derart zu, daß die aeroben sich stark vermehren und die Zahl der anaeroben ungefähr auf dem gleichen Niveau bleibt. Die Abbildung zeigt uns ganz gut, daß in dem offenen Gefäß nach 14 Tagen der Bakteriengehalt rund um 10 % vermehrt wird. Noch stärker ist die Vermehrung in dem geschlossenen Gefäß. Hier gelangen aber allmählich die anaeroben Bakterien zur erhöhten Vermehrung, so daß in den geschlossenen Gefäßen bereits nach 9 Tagen die Anzahl der anaeroben Bakterien auf Kosten der aeroben sich fast mit 60—70 % vermehrt.

Die $p_H$-Werte, da sie durch die Bakterientätigkeit natürlich stark beeinflußt werden, reagieren sofort und ganz deutlich. In dem offenen Gefäß steigen sie an und bleiben später ungefähr auf dem gleichen Niveau. Da in den geschlossenen Gefäßen die anaeroben Bakterien die Oberhand gewinnen, so steigt zunächst die $p_H$-Zahl infolge der erhöhten Zersetzungsarbeit, um später infolge der anaeroben Vorgänge wieder saure Werte zu erreichen. Wie die Abb. 1 zeigt, so stellen sich die Schwankungen der $p_H$-Werte schnell ein[1].

Alle diese Erfahrungen lehren uns, daß gute, exakte bodenbakteriologische Untersuchungen nur dann möglich sind, wenn man die Proben 24—48 Stunden nach der Entnahme sofort bearbeitet und bis zur Verarbeitung, namentlich im Winter, in kühlen Räumen aufbewahrt.

Was die Tiefe der Probeentnahme anbelangt, so haben wir für unsere gewöhnlichen Untersuchungen die Proben in der Tiefe der wirksamsten Bakterientätigkeit, d. h. zwischen 5—20 cm, entnommen.

---

[1] Über die weiteren Details siehe auch FEHÉR: Experimentelle Untersuchungen über die mikrobiologischen Grundlagen der Schwankungen der Bodenazidität. Arch. Mikrobiol. **3**, 609 (1932).

**2. Die Herstellung der Agar- und Gelatineplatten zur Bestimmung der Gesamtbakterienzahl[1].** Für die Bestimmung der Gesamtbakterienzahl bzw. für das Abzählen der Kolonien benützt man im allgemeinen die sog. festen Nährböden. Für die Herstellung derselben dienten die folgenden Vorschriften:

*a) Flüssige Nährböden, welche für die Herstellung der festen Nährböden notwendig sind.*
1. Bouillon. 1 kg Rindfleisch ohne Fett und Knochen wird gemahlen, mit 2000 cm³ Brunnenwasser verdünnt und 24 Stunden lang in einem dunkeln, kühlen Raume digeriert. Nach dieser Zeit wird die Masse durch ein reines Tuch filtriert und gründlich ausgepreßt. Zum Filtrat gibt man 5 g Kochsalz (NaCl) und 10 g Pepton (WITTE). Nach diesen Manipulationen wird nun die Lösung bei $^1/_2$ Atm. Druck $^1/_2$ Stunde gekocht, sodann durch Filtrierpapier filtriert und im strömenden Dampf 2—3 mal sterilisiert.

2. Liebig-Bouillon (Fleischextrakt-Suppe).

| | |
|---|---|
| 1000 cm³ Brunnenwasser | 5 g Kochsalz |
| 10 g Fleischextrakt nach LIEBIG | 5 g Pepton |

bei 0,5 Atm. Druck $^1/_2$ Stunde lang kochen, sodann durch Filtrierpapier filtrieren und dreimal sterilisieren.

3. Bodenextrakt. a) 1 kg Gartenerde mit 2000 cm³ Brunnenwasser wird 2 Stunden lang auf offener Flamme gekocht. Oder

b) 1 kg Gartenboden wird mit 1000 cm³ Brunnenwasser bei 1—1,5 Atm. Druck 1 Stunde gekocht.

Das so gekochte Material wird mittels Filtrierpapiers filtriert. Das Filtrat ohne Rücksicht darauf, ob wir dasselbe auf a- oder b-Weise vorbereitet hatten, auf 2000 cm³ verdünnt, mit 1 g (0,05 %) $K_2HPO_4$ versetzt, aufgekocht, wieder filtriert und sterilisiert.

*b) Die festen Nährböden.* 1. Bodenextraktagar. Es werden 1000 cm³ Bodenextrakt mit 15 g (1,5 proz.) Agar bei 1,5 Atm. Druck $^1/_2$—$^3/_4$ Stunde lang gekocht und sodann im Dampffilterapparat nach UNNA mittels Watte filtriert und in gleichen Portionen, möglichst je 10 cm³, in Reagenzgläser verteilt und sodann dreimal fraktioniert sterilisiert.

2. Fleischagar. 1000 cm³ Fleisch- oder Fleischextraktsuppe wird mit 15 g (1,5 %) Agar bei einem Druck von 1 Atm. $^1/_2$—$^3/_4$ Stunde lang gekocht und mit Natronlauge neutralisiert. Die Neutralisation, das sog. Einstellen des Nährbodens, wird mit Lackmuspapier kontrolliert. Es wird nachher wieder im Dampffilterapparat mittels Watte bei $^1/_2$ bis 1 Atm. Druck filtriert. Weitere Manipulationen wie bei Bodenextraktagar.

3. Zuckeragar. Die vorhergehenden Nährböden werden je nach Wahl für die aeroben Kulturen verwendet, den Zuckeragarnährboden verwendet man dagegen für die anaeroben Kulturen in den Burryrohren.

1000 cm³ Bouillon werden mit 15 g (1,5 %) Agar und mit 10 g (1 %) Dextrose bei einem Druck von $^1/_2$ Atm. $^1/_2$—$^3/_4$ Stunde lang gekocht. Bei der Bereitung dieses Nährbodens muß man streng darauf achten, daß der Druck nicht über $^1/_2$ Atm. erhöht wird, weil sonst die Dextrose in Karamellzustand übergeht. Nach dem Kochen wird die flüssige Masse im Heißwasserfilter mittels Watte filtriert. Nach dem Verteilen in die Reagenzgläser wird sie in strömendem Dampfe bei $^1/_2$ Atm. Druck nochmals dreimal sterilisiert.

4. Fleischgelatine. 1000 cm³ Bouillon wird mit 100 g Gelatine (10 %) vermischt und 1—1$^1/_2$ Stunden lang im Dampftopf gekocht. Nach dem Kochen wird die ganze Masse auf 45° C abgekühlt, mit Natronlauge neutralisiert und mit Hühnereiweiß geklärt dadurch, daß sie noch einmal in strömendem Dampf $^1/_2$—$^3/_4$ Stunde lang gekocht wird. Nach dem Koagulieren des Eiweißes wird die ganze Masse durch Filtrierpapier im Wasserfilter filtriert und in Reagenzgläser portionsweise ausgegossen und schließlich im strömenden Dampf fraktioniert nochmals 2—3 mal sterilisiert.

5. Bodenextraktgelatine. Wird genau auf dieselbe Weise wie die Fleischgelatine bereitet, nur an der Stelle der Bouillon setzt man die gleiche Menge Bodenextrakt dazu. Es braucht auch nicht mit Natronlauge neutralisiert werden. Die weitere Behandlung wie bei Fleischgelatine.

Unter dreimaligem Sterilisieren ist bei allen diesen Verfahren das Sterilisieren mit je 24 Stunden Zeitintervall zu verstehen, um die inzwischen zum Vorschein gekommenen Keime sicher vernichten zu können.

Wir haben bei unseren Untersuchungen in den letzten Jahren für die aeroben Bakterien immer Fleischextraktgelatine- und Bodenextraktagar- und für die anaeroben den Zuckeragarnährboden benützt. Durch die Verwendung des Bodenextraktes schafft man für die eigentlichen Bodenbakterien doch ein Material, das den natürlichen Verhältnissen am nächsten steht.

---

[1] Bezüglich der benützten Literatur verweisen wir auf das Literaturverzeichnis auf Seite 259. Als Grundlage dienten hauptsächlich die Arbeitsvorschriften von KOCH, LÖHNIS und WAKSMAN.

Das Fleischagar und die Fleischgelatine verwendeten wir meistens bei den systematischen Untersuchungen der einzelnen Bakterienarten, um dadurch üppigere Kolonien gewinnen zu können. Für die Herstellung der Verdünnungen für den zu untersuchenden Boden müssen wir zunächst die entsprechende Bodenemulsion vorbereiten. Es muß vorerst der Raum, in welchem wir unsere Arbeiten vornehmen, gründlich und sorgfältig sterilisiert werden, um eben die eventuelle Beimischung fremder Sporen fernzuhalten. Außerdem müssen wir für unsere Arbeiten zweimal sterilisiertes Wasser möglichst in frischem Zustand vorbereiten. Alle Petrischalen, Reagenzgläser und Pipetten, welche zur Verwendung gelangen, sollen in Trockensterilisatoren auf 120—140⁰ C mehrere Stunden lang sterilisiert werden. Es empfiehlt sich, die Wände und den Boden des Arbeitsraumes vor dem Arbeiten mit 1 proz. Sublimat abzuwaschen und zu reinigen. Nach allen diesen Vorsichtsmaßregeln, immer sterile Arbeitsweise und vollkommen sterile Gebrauchsgegenstände vorausgesetzt, wird der zu untersuchende Boden auf einer Glasplatte nochmals gründlich durchgemischt und von dieser Mischung 10 g abgewogen und mit 1000 cm³ sterilisiertem Wasser in einer Stohmannflasche eine Stunde lang in einem horizontalen Schüttelapparat mit alternativer Bewegung (s. Abb. 2) gründlich geschüttelt, damit dadurch jene Bakterien, welche an den Bodenteilchen haften, abgetrennt werden. Es empfiehlt sich, möglichst viel Boden zu untersuchen, weil dadurch der Fehler möglichst verringert wird.

Abb. 2.  Horizontaler Schüttelapparat.

Nach dem Vorhergesagten ist es nun klar, daß jeder Kubikzentimeter der so gewonnenen Emulsion $^1/_{100}$ g Boden entspricht. Wenn wir nun von dieser Emulsion 1 cm³ mit 9 cm³ sterilem Wasser verdünnen, so bekommen wir die Verdünnung 1 : 1000. Verdünnen wir nun von dieser wieder 1 cm³ mit 9 cm³ sterilem Wasser, so bekommen wir die Verdünnung 1 : 10000, und mit dem gleichen Verfahren die Verdünnungen 1 : 100000 und 1 : 1000000. Wir nehmen gewöhnlich mehr, und zwar 10 cm³ Emulsion auf 90 cm³ steriles Wasser, um zur Vermeidung der etwaigen Fehler mit größeren Bodenmengen arbeiten zu können. Die Verdünnungen führen wir gewöhnlich mit gut sterilisierten Pipetten durch. Bei dieser Manipulation muß man stets darauf achten, daß die Emulsion ständig geschüttelt wird, damit die dispergierten Keime und Bakterien möglichst gleichmäßig verteilt werden.

Von diesen Verdünnungen bringen wir sodann je 1 cm³ in den entsprechenden Nährboden. Zur Bestimmung der Gesamtbakterienzahl benützten wir die sog. festen Nährböden aus Agar-Agar und Gelatine. Um jedoch dieselben mit der Emulsion gut vermischen zu können, müssen wir diese Nährböden verflüssigen. Der Agarnährboden wird erst bei der Temperatur des siedenden Wassers flüssig. Glücklicherweise bleibt er aber in diesem Zustand bis 40—42⁰ C.

Von der Emulsion wird 1 cm³ erst in die flache Petrischale gegeben und darauf der vorher abgekühlte, jedoch noch immer flüssige Nährboden gegossen. Auf diese Weise wird das Anhaften der Bakterien an der Reagensglaswand vermieden, was der Fall sein kann, wenn man vorerst die Emulsion in den Nährboden verteilt und danach Platte gießt. Für die späteren Manipulationen ist es außerordentlich wichtig, daß diese Mischung möglichst gleichmäßig und gründlich durchgeschüttelt wird. Dadurch wird die gleichmäßige Verteilung der Keime gesichert. Wenn wir so weit fertig sind, so lassen wir den Nährboden entsprechend abkühlen, wodurch auch die Keime fixiert werden. Nach 2 Wochen können wir bereits die Kolonien zählen und sodann, wenn wir auch die Arten der Bakterien bestimmen wollen, weiter verarbeiten. Dieses Verfahren, welches bei der Bestimmung der Bakterien angeeignet wurde, werden wir bei dem entsprechenden Abschnitt noch detailliert beschreiben.

Wir führen die gleiche Manipulation auch mit der Gelatine durch, wobei jedoch das Verfahren dadurch vereinfacht wird, daß die Gelatine bereits bei 30° C flüssig wird.

Das System der Verdünnungen zeigt die folgende Zusammenstellung:

| Die Bezeichnung der Verdünnung | Die Methode der Verdünnung | 1 ccm entspricht |
|---|---|---|
| 1. ist der Boden selbst, von welchem wir 0,1 g unmittelbar abwiegen können | | |
| 2. ist die 1. Verdünnung | 10 g Boden in 1000 cm³ Wasser | $^{1}/_{100}$ g Boden |
| 3. ist die 2. Verdünnung | 10 cm³ von der 2. Verdünnung in 90 cm³ Wasser | $^{1}/_{1000}$ g Boden |
| 4. ist die 3. Verdünnung | 10 cm³ von der 3. Verdünnung in 90 cm³ Wasser | $^{1}/_{10000}$ g Boden |
| 5. ist die 4. Verdünnung | 10 cm³ von der 4. Verdünnung in 90 cm³ Wasser | $^{1}/_{100000}$ g Boden |
| 6. ist die 5. Verdünnung | 10 cm³ von der 5. Verdünnung in 90 cm³ Wasser | $^{1}/_{1000000}$ g Boden |

Dieses Verfahren hat den großen Vorteil, daß die Nummer der Verdünnungen gleichzeitig die Anzahl der Nullen in dem Nenner der einzelnen Verdünnungen angibt. Die Verdünnung 2 haben wir in 1500—2000 cm³ großen Kolben, die Verdünnungen 3—6 dagegen in 300-cm³-Kolben vorbereitet. Wenn man höhere Verdünnungen vornimmt, so kann man, um Zeit und Material zu sparen, in größeren Eprouvetten auch 9 cm³ Wasser benützen. In diesem Falle wird jedoch von der vorhergehenden Verdünnung nur 1 cm³ übergeimpft. Von der Verdünnung 2 entsprechen 10 cm³ Bodensuspension $^{1}/_{10}$ g fester Boden. Von den so vorbereiteten Verdünnungen impfen wir sodann je 1 cm³ auf die verschiedenen Nährböden. Nach längerer Arbeit mit demselben Boden ist man gewöhnlich über die Anzahl der Bakterien voraus orientiert, so braucht man nicht alle Verdünnungen zu überimpfen. Wir haben gewöhnlich nur von den Verdünnungen 4, 5 und 6 Impfungen vorgenommen.

Für die Züchtung der aeroben Bakterien benützten wir, wie gesagt, Petrischalen (s. Abb. 3) und für die Kultur der anaeroben Bakterien verwenden wir seit Jahren Burryröhren (s. Abb. 4), welche unserem Zwecke sehr gut entsprochen haben. Wir impfen von jeder Verdünnung je 2 Petrischalen für den Agar und 2 Petrischalen für die Gelatine. Um die Reinheit und die Sterilheit der Nährböden kontrollieren zu können, setzen wir für jede Serie je eine Kontrolle ein. Die so vorbereiteten Kulturen kommen nun in große Thermostaten, welche elektrisch geheizt und elektrisch reguliert werden (s. Abb. 5). Die Temperatur stellen wir zwischen 22—25° C ein. Die Petrischalen mit der Gelatine kommen in Kühlthermostate, welche mit Leitungswasser auf 15° C gehalten werden. Es kommt oft vor, daß einige Kolonien die Gelatine früh verflüssigen und dadurch die normale Entwicklung der Kolonien verhindern. Es kann durch Abstiftung mit Silbernitrat verhindert werden.

Für die Kultur der anaeroben Bakterien benützen wir die erwähnten Burryröhren. Die Hälfte der abgekühlten Agarnährböden wird über die Flamme rasch in die Burryröhre gegossen. Dann setzen wir rasch 1 cm³ der entsprechenden Emulsion zu und gießen die andere Hälfte des Agars nach. Bei dieser Manipulation wird natürlich die eine Hälfte der Röhre mit sterilem Gummipfropfen verschlossen. Wenn der Agarnährboden abgekühlt ist, so füllt er gewöhnlich nur $^1/_3$—$^1/_2$ Teil der Röhre. Nun setzen wir in die

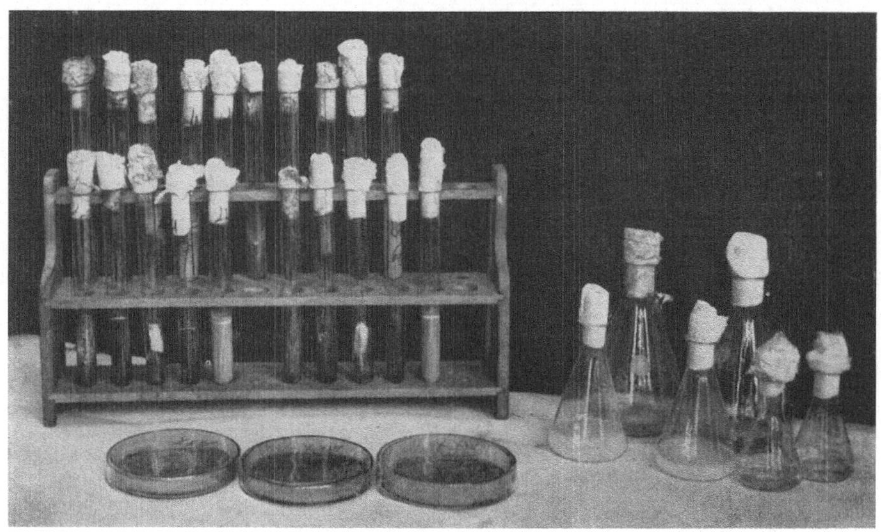

Abb. 3.  Reinkulturen in Reagenzröhren, in Erlenmeyerkolben und in Petrischalen.

freie Hälfte der Burryröhren einen abgeflammten Wattepfropfen, darauf streuen wir etwas Pyrogallussäure, welche dann mit Kali- oder Natronlauge über-

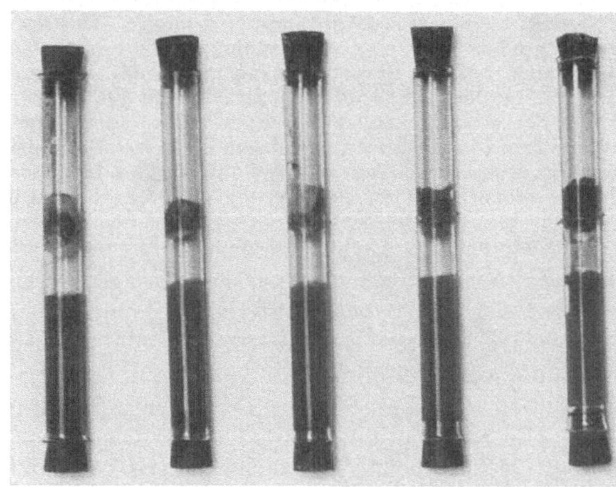

Abb. 4.  Burryröhren.

gossen wird. Dadurch wird der Sauerstoffgehalt der Röhren absorbiert und die anaeroben Bedingungen der Züchtung möglichst erfüllt.

Die anaeroben Kulturen werden bei 37° C kultiviert, da es zwischen diesen viel thermophile Bakterien gibt, welche nur bei dieser höheren Temperatur optimal gedeihen. Während der Kultivierung muß man immer achtgeben, daß die Gummipfropfen der Burryröhren nicht durch die oft stark auftretende Gasentwicklung herausgeschleudert werden.

Die Ablesung bzw. die Abzählung der Kulturen erfolgt folgenderweise:

Nach der Verdünnung kann man jene Bakterienanzahl berechnen, welche je einer abgezählten Bakterienkolonie entspricht, z. B.

Verdünnung 4 bei 400 Kolonien entspricht 400 · 10 000   = 4 000 000

„         5  „   40       „          „        40 · 100 000  = 4 000 000

„         6  „    4       „          „         4 · 1 000 000 = 4 000 000

Man nimmt immer die mittlere Anzahl der Kolonien von 2 Petrischalen. Natürlich ist es nicht immer sicher, daß alle Verdünnungsgrade das obige klare Bild ergeben. Man

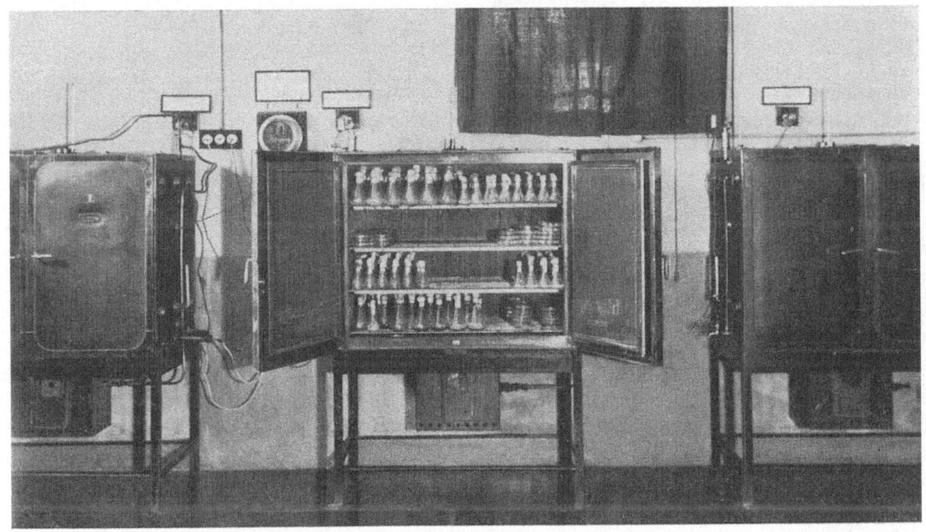

Abb. 5.  Die großen elektrisch geheizten und regulierten Thermostate im Brutraum des Institutes.

muß daher bei den einzelnen Verdünnungen jene Werte, welche in $+$- oder $-$-Richtung vom Mittel zu stark abweichen, entsprechend eliminieren.  Hier ist eine gründliche Übung

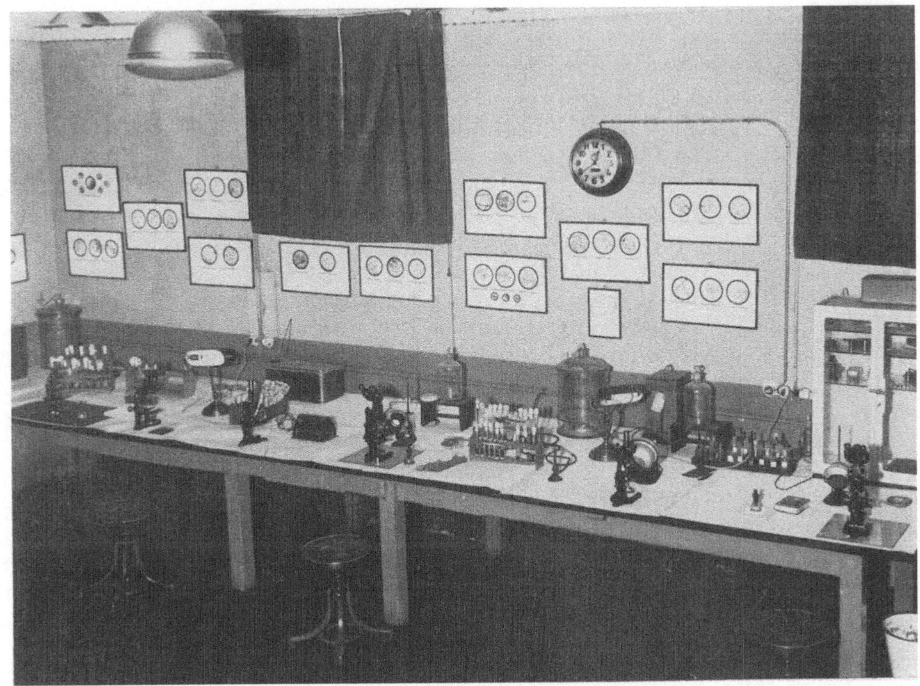

Abb. 6.  Der große Arbeitstisch im Brutraum des Institutes.

unbedingt notwendig. Man muß eben das ganze Wesen der Theorie und der Technik des gesamten Verfahrens beherrschen, um dadurch die individuellen Fehler möglichst ausschalten und sicher arbeiten zu können. Auf diese Art und Weise kann man viel leichter sichere und gute Resultate erreichen, als durch automatisch-mathematische Behandlung des ermittelten Zahlenmaterials.

Die Verarbeitung der Burryröhren geschieht folgendermaßen: Man nimmt die erstarrte Masse aus den einzelnen Röhren heraus, schneidet sie in kleine Stücke und zählt dabei die Anzahl der Kolonien zusammen. Die Gesamtzahl der anaeroben Bakterien wird hier ebenfalls nach den einzelnen Verdünnungen berechnet. Wir zählen nun gewöhnlich die Kolonien auf den Agar- und Gelatineplatten zusammen und addieren dazu noch die Berechnungsresultate der Burryröhren. Aus diesen Rechnungen ist nun die Gesamtzahl der Bakterien = Zahl der aeroben Bakterien auf Agarplatten + Zahl der aeroben Bakterien auf den Gelatineplatten + Zahl der anaeroben Bakterien in den Burryröhren.

Von jedem Boden wurden gewöhnlich 2 komplette Serien fertiggestellt und kultiviert. Es sind viele Bakteriologen, welche eine noch größere Anzahl von Serien kultivieren, in Maximum sogar 4 Parallelserien. Wir konnten uns im Laufe unserer langjährigen Beobachtungen überzeugen, daß man mit 2 Serien vollkommen befriedigende Resultate erzielen kann.

**3. Die Kultur der physiologischen Bakteriengruppen.** Mit dem oben geschilderten Verfahren kann man nur die Gesamtzahl der Bakterien bestimmen. Für sich allein ist dieses Verfahren ein ziemlich unvollkommenes Mittel, um von der Bakterienflora des Bodens das richtige Bild gewinnen zu können. Dieses Kulturverfahren gibt ja hauptsächlich über die Saprophytenflora Aufschluß. Damit können wir aber gerade das zahlenmäßige Vorkommen jener Bakterien nicht ermitteln, welche in dem Waldboden die wichtigsten biologischen Funktionen durchführen. Diese Bakterien müssen nun mit speziellen, mit den sog. Spezial- oder Differentialnährböden gezüchtet werden, in welchen die verschiedenen physiologischen Bakteriengruppen voneinander getrennt werden können.

Die quantitative Bestimmung der physiologischen Bakteriengruppen geschieht mit der sog. Verdünnungsmethode, welche mit dem elektiven Verfahren kombiniert zuerst von HILTNER und STÖRMER (150) angewendet und später von DÜGGELI (133) und anderen vervollkommnet wurde.

In theoretischer Hinsicht ist das Wesen dieses Verfahrens das folgende:

Die Bodenemulsion wird in einem bestimmten quantitativen Verhältnis mit dem Nährboden zusammengebracht. Die Bakterien der Suspension rufen nun auf den ihnen eigenen und passenden Nährböden bestimmte chemische Veränderungen hervor, welche oft bereits schon mit freien Augen oder besser mit analytischen Methoden bestimmt werden können. Diese Differentialnährböden besitzen nun elektive Eigenschaften, wenn man ihre Zusammensetzung richtig gewählt hat. Das Prinzip der elektiven Kulturen besteht nun darin, daß durch die spezielle Zusammensetzung des Nährbodens und die dazu gehörende Temperatur für eine bestimmte Art von Bakterien ganz besonders günstige Lebensbedingungen geschaffen werden. Infolgedessen erlangt nun diese Bakterienart die Vorherrschaft, da ihre Begleitbakterien teilweise infolge Nahrungsmangels vernichtet oder aber stark in den Hintergrund gedrängt werden. Absolute Genauigkeit können wir auch hier nicht erreichen. Wir haben es ja hier mit mannigfaltigen Lebewesen zu tun, welche ihre speziellen Eigenschaften besitzen. Wir können jedoch durch gewissenhaftes Arbeiten sehr gute und gut brauchbare Ergebnisse erlangen.

Diese Differentialnährböden kommen gewöhnlich in kleineren Erlenmeyerkolben, 250—300 cm³, oder in Reagenzgläsern zur Anwendung. Die Erlenmeyerkolben haben nämlich einen ziemlich breiten Boden, welch letzterer die genügende Luftzufuhr erleichtert. Die Impfung geschieht von den ursprünglichen Verdünnungen, von denen man $^1/_{10}$—$^1/_{1000000}$ beliebige Verdünnungen impfen und einstellen kann. Wir haben sogar bei einzelnen Bakterienarten durch die entsprechende Wahl und Kombination der Verdünnungen Zwischenstufen $^1/_{5000}$, $^1/_{50\,000}$, $^1/_{500\,000}$, $^1/_{2\,500\,000}$, $^1/_{5\,000\,000}$ fertiggestellt. Wir impfen nun von jeder Verdünnung 2 Erlenmeyerkolben und natürlich auch entsprechende Kontrollgläser. Die aeroben Kulturen kommen schließlich in die Thermostaten, deren Temperatur zwischen 25—30⁰ C gehalten wird.

Die anaeroben Kulturen werden in luftdicht verschlossenen großen Glasgefäßen untergebracht, aus welchen die Luft mit einer guten Vakuumpumpe bis 0,001 Atm. Druck herausgesaugt wird und außerdem noch die eventuell zurückgebliebenen Sauerstoffreste mit der Mischung von Pyrogallussäure und Natronlauge absorbiert werden (s. Abb. 7). Die anaeroben Kulturen kommen meistens in die 37⁰ C Thermostate. Nach einer gewissen Zeit, welche nach den verschiedenen Bakterienarten individuell sehr verschieden ist, bestimmen wir mit einer entsprechenden Methode jene Verdünnung, bei welcher die erwartete chemische

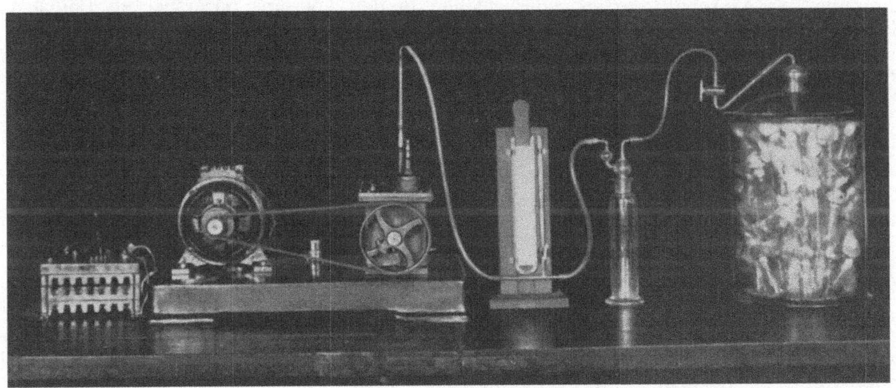

Abb. 7. Herstellung der anaeroben Kulturen.

Reaktion oder das Auftreten einer bestimmten Bakterienart bereits erfolgt ist. Aus dieser Tatsache folgern wir, daß in dieser Verdünnung wenigstens ein Keim jener Bakterien vorhanden war, welche diese Reaktion hervorzurufen imstande sind.

Durch ein Beispiel können wir das soeben Gesagte besser erläutern. Wenn z. B. in der Tabelle die Anzahl der nitrifizierenden Bakterien mit 1000 angegeben ist, so bedeutet diese Zahl, daß die nitrifizierenden Bakterien in der Verdünnung von 1 : 1000 noch gefunden wurden, in der nächsten Verdünnung 1 : 10000 aber nicht mehr vorhanden waren. Richtig wäre es, zu schreiben, daß in 1 g Boden die Anzahl der nitrifizierenden Bakterien mehr als 1000 aber weniger als 10000 ist. Es ist aber allgemein die Angabe der unteren Grenze angenommen. Man kann nachher durch eingeschobene Zwischenstufen genauere Zahlen ermitteln. Es fordert aber viele Mühe und Arbeit, welche bei Massenarbeiten kaum durchzuführen ist.

In unseren Tabellen und in den diesbezüglichen zahlenmäßigen Angaben geben wir nun die bereits besprochene Gesamtbakterienzahl, die Zahl der aeroben und anaeroben Bakterien sowie die Bakterien der einzelnen physiologischen Bakteriengruppen separat an.

Im folgenden werden wir nun jene Nährböden angeben, welche bei unseren Untersuchungen im Laufe der Jahre mit gutem Erfolge erprobt und angewendet wurden[1].

---

[1] Siehe die zitierten Arbeiten von KOCH, LÖHNIS und WAKSMAN und Bd. X, KOLLE-WASSERMANN: Handbuch der pathogenen Mikroorganismen.

*a) Die Kultivierung der den freien Stickstoff der Luft bindenden aeroben Bakterien.* Es werden verwendet die Verdünnungen 1, 2, 3, 4, 5 und 6.

Nährboden[1]:   1000 cm³ destilliertes Wasser
15,00 g Mannit
1,00 g $K_2HPO_4$
0,20 g $MgCl_2$
0,50 g $CaCO_3$
0,20 g NaCl
0,10 g $FeSO_4$
0,10 g $Al_2(SO_4)_3$
0,01 g $MnCl_2$

Die so gewonnene Nährflüssigkeit wird sodann in 300 cm³ fassende Erlenmeyerkolben verteilt und im strömenden Dampf sterilisiert. Die Kultivierung erfolgt 2—3 Wochen lang in 20—25⁰ C eingestellten Thermostaten. Die Ablesung erfolgt durch mikroskopische Bestimmung der Azotobakterarten, von welchen in den von uns untersuchten Böden vorwiegend Azotobacter chroococcum und A. agile vorkommen.

*b) Die Kultivierung der den freien Stickstoff der Luft bindenden anaeroben Bakterien.* Die Einstellung erfolgt von den Verdünnungen 1—6.

Nährboden:   100 cm³ destilliertes Wasser
2,00 g Dextrose
0,10 g $K_2HPO_4$
0,02—0,05 g $MgSO_4$
0,01 g NaCl
0,01 g $FeSO_4$
0,01 g $MnSO_4$
0,50 g $CaCO_3$
in Spuren $ZnSO_4$

Der so gewonnene flüssige Nährboden wird sodann in 50 cm³ fassende Erlenmeyerkolben verteilt. Die Kultivierung erfolgt in Stickstoffatmosphäre bei 37⁰ C während der Dauer von 2—3 Wochen. Zur Feststellung der Zahl bestimmt man mikroskopisch das Vorkommen von Clostridium pastorianum.

Da diese beiden Gruppen von Bakterien die ungefähre Menge der stickstoffbindenden Organismen ergeben und ihre Zahl ziemlich großen Schwankungen unterworfen ist, so muß man bei beiden Untersuchungen alle Verdünnungen von 1—6 einstellen. Von den übrigen Verdünnungen, wenn man bereits den nötigen Überblick bekommen hat, soll man nur jene Verdünnungen einstellen, welche voraussichtlich dem Vorkommen der betreffenden Bakterien entsprechen.

*c) Die Kultivierung der nitrifizierenden Bakterien.* Verwendet werden die Verdünnungen 3—6. Es empfiehlt sich außerdem, zwischen den Verdünnungen 4 und 5 einerseits und 5 und 6 andererseits Zwischenstufen einzustellen, wenn man feinere Untersuchungen und namentlich die Dynamik der Nitrifikation genauer verfolgen will.

Nährboden:   900 cm³ destilliertes Wasser
1,0 g $K_2HPO_4$
0,5 g $MgSO_4$
0,2 g NaCl
0,4 g $FeSO_4$
5,0 g $MgCO_3$
in Spuren $ZnSO_4$

Die Flüssigkeit wird nun in 100-cm³-Erlenmeyerkolben verteilt und dreimal sterilisiert. Separat wird eine Lösung, die in 100 cm³ dest. Wasser 2 g $(NH_4)_2SO_4$ enthält, sterilisiert und nachher so viel mit Hilfe von sterilen Pipetten in die Erlenmeyerkolben gebracht, daß der Inhalt an $(NH_4)_2SO_4$ auf 2 % steigt.

Die Kultivierung erfolgt 2—3 Wochen lang bei 20—25⁰ C. Nach dem Verlauf dieser Zeit nimmt man von den Kulturen Proben, welche auf Nitrate bzw. Nitrite untersucht werden. Das gewöhnliche Nitratreagens: von Nitraten gereinigte Schwefelsäure + Diphenylamin; Reaktion: blaue Farbe. Nitritreagens: Naphthylamin + Sulfanilsäure; Farbe der Reaktion: rot. Da diese HORVAYsche Reaktion sehr empfindlich ist, ist empfehlenswert, die Benzidinreaktion nach VÁGI[2] anzuwenden.

---

[1] Bei allen Nährböden muß der $p_H$ auf 6—7 eingestellt werden.
[2] VÁGI-FEHÉR: Organische Chemie. 1929.

*d*) *Die Kultivierung der denitrifizierenden Bakterien.* Eingestellt werden die Verdünnungen 3—6.

Nährboden  I:    1000 g destilliertes Wasser
                   2,0 g $KNO_3$ gelöst in 250 $cm^3$ Wasser.

Nährboden II:     1,00 g Asparagin
                   5,00 g Zitronensäure
                   2,00 g $K_2HPO_4$
                   2,00 g $MgSO_4$      gelöst in 500 $cm^3$ Wasser und
                   0,20 g $CaCl_2$          neutralisiert mit KOH
                   in Spuren $FeCl_3$
                   und $ZnSO_4$

Es werden zuerst die beiden Lösungen zusammengegossen und auf 2000 $cm^3$ ergänzt. Die Verteilung erfolgt in Reagenzgläser, welche halb gefüllt werden. Die Kulturen werden sodann in Thermostaten bei 20—25⁰ C 2—3 Wochen lang gehalten. Nach dem Verlauf dieser Zeit werden sie auf Nitrite und auf Ammoniak untersucht. Nitritreagens: Sulfanilsäure + Naphthylamin, Reaktion: rot. Reagens auf Ammoniak: Nesslerreagens, welche den bekannten ziegelroten Niederschlag in Anwesenheit von Ammoniak hervorruft.

*e*) *Anaerobe zellulosezersetzende Bakterien.* Es wurden verwendet die Verdünnungen 3, 4 und 5.

Nährboden:   1000 g    destilliertes Wasser
               1,0 g     $(NH_4)_2SO_4$
               1,0 g     $K_2HPO_4$
               0,50 g    $MgSO_4$
               0,02 g    NaCl
            25,00 g    $CaCO_3$
             in Spuren $ZnSO_4$

Der so gewonnene flüssige Nährboden wird entweder in Eprouvetten oder in 100-$cm^3$-Kolben verteilt. In die Gefäße kommt Filterpapier gewöhnlich in Streifen oder in größeren Stücken und das Ganze wird bei 1,5—2,0 Atm. Druck 1—2mal sterilisiert. Die Züchtung erfolgt in anaeroben Gefäßen, bei 37⁰ C, 3—4 Wochen lang. Man beobachtet im allgemeinen die Zersetzung der Zellulose.

*f*) *Aerobe zellulosezersetzende Bakterien.* Es werden verwendet die Verdünnungen 3, 4 und 5. Der Nährboden ist derselbe wie bei den anaeroben zellulosezersetzenden Bakterien. Die Verteilung ist jedoch etwas anders. In 200—300-$cm^3$-Erlenmeyerkolben bringen wir Glasperlen. Auf diese Perlen legen wir nun ein Stück rundes Filterpapier, welches mit der Nährflüssigkeit benetzt wird. Wir können auch die ganze Untersuchung in Petrischalen durchführen, zu welchem Behufe zwischen zwei runden Filterpapierstückchen etwas $Mg(NH_4)PO_4$ zerstreut wird. Nach dieser Manipulation werden die Petrischalen bei 120⁰ C sterilisiert. Ungefähr 1 Stunde vor der Impfung werden die Filterpapiere mit steriler 0,05proz. $K_2HPO_4$-Flüssigkeit benetzt. Die Kultivierung erfolgt zwischen 20—25⁰ C, 3—4 Wochen lang. Die Verwendung der Glasperlen ist entschieden besser, weil dadurch die Kulturen sehr gut und leicht aerob gehalten werden können.

Die Beobachtung besteht darin, daß man ähnlich wie bei der anaeroben Zellulosezersetzung die beginnende Zersetzung des Filterpapiers bestimmt.

*g*) *Aerobe pektinzersetzende Bakterien.* Hier werden ebenfalls die Nährböden 3, 4 und 5 verwendet. Der Nährboden besteht sonst aus folgenden Bestandteilen:

     1000 g destilliertem Wasser          0,20 g $MgSO_4$
       0,50 g $(NH_4)_2SO_4$              5,00 g Pektin
       0,50 g $K_2HPO_4$                 in Spuren NaCl
     20,00 g $CaCO_3$

Falls Pektin nicht vorhanden sein sollte, so kann man das Pektin nach BEHRENS und STÖRMER[1] folgenderweise herstellen: 500 g zerriebene Rüben oder Möhren werden zunächst mit heißem chloroformhaltigem Wasser mehrfach ausgelaugt. Die so gewonnene Masse wird sodann $^1/_2$ Stunde lang (ohne Erwärmen) mit verdünnter Natronlauge behandelt, mit Wasser nachgewaschen, $^1/_2$ Stunde mit verdünnter Salzsäure extrahiert und nochmals mit Wasser ausgewaschen. Die Pektinsubstanzen werden schließlich mit verdünntem Ammoniakwasser gelöst und aus der ammoniakalischen Lösung durch Zugabe von $^1/_2$proz. Chlorkalziumlösung die Gallertenform gefällt, die mit viel destilliertem Wasser, zuletzt auf dem Filter auszuwaschen ist.

---

[1] Siehe das Praktikum von LÖHNIS.

Der oben angeführte Nährboden wird in 20-cm³-Portionen in 100-cm³-Erlenmeyerkolben verteilt und sodann in strömendem Dampf dreimal sterilisiert. Die Kultivierung erfolgt in 25⁰ C-Thermostaten 3 Wochen lang.

Die Diagnose besteht darin, daß man mikroskopisch und makroskopisch das Verschwinden des Pektins und starkes Bakterienwachstum beobachtet.

*h) Anaerobe pektinzersetzende Bakterien.* Verwendet werden die Verdünnungen 3, 4 und 5. Nährboden ist derselbe wie bei den aeroben pektinzersetzenden Bakterien. Die Verteilung erfolgt in Eprouvetten und die Kultivierung in anaeroben Gefäßen bei 37⁰ C 3 Wochen lang. Das Auftreten der anaeroben pektinzersetzenden Bakterien macht sich auch neben dem Verschwinden des Pektins durch intensive Gasbildung bemerkbar.

*i) Harnstoffvergärende Bakterien.* Verwendet werden die Verdünnungen 4, 5 und 6.

$$\text{Nährboden:}\quad \begin{array}{ll} 30{,}0 \text{ g} & \text{Harnstoff} \\ 0{,}5 \text{ g} & K_2HPO_4 \\ 10{,}0 \text{ g} & \text{Kalziumzitrat} \\ 1000{,}0 \text{ g} & \text{Brunnenwasser} \end{array}$$

Die Verteilung erfolgt in 100-cm³-Erlenmeyerkolben. Man sterilisiert zweimal in strömendem Dampf in 24 Stunden Intervall. Die Züchtung erfolgt 2—3 Wochen lang bei 20—25⁰ C.

Diagnose: Das entwickelte Ammonium wird mit dem NESSLERschen Reagens bestimmt (ziegelroter Niederschlag).

*k) Buttersäurebildende Bakterien (anaerob).* Man verwendet die Verdünnungen 4, 5 und 6.

Nährboden: In 1000 g destilliertem Wasser bei Siedehitze zu lösen:

$$\begin{array}{ll} 30 \text{ g Dextrose} & \quad 0{,}50 \text{ g } Na_2HPO_4 \\ 20 \text{ g Pepton} & \quad 0{,}50 \text{ g } MgSO_4 \\ 30 \text{ g } CaCO_3 & \quad 0{,}50 \text{ g KCl} \end{array}$$

Der Nährboden wird in Eprouvetten verteilt und sodann in strömendem Dampf dreimal sterilisiert. Die Kultivierung erfolgt in anaeroben Gefäßen bei 37⁰ C 2—3 Wochen lang.

Diagnose: Die entwickelte Buttersäure wird bestimmt.

*l) Anaerobe eiweißzersetzende Bakterien.* Wir haben auch bei einigen Untersuchungen die anaeroben eiweißzersetzenden Bakterien bestimmt. Diese Gruppe der Bakterien wurde genau nach dem Verfahren von DÜGGELI identifiziert.

Man gibt im allgemeinen zu einem Würfel gekochten Hühnereiweißes, das sich im Wasser des Reagenzglases befindet, eine kleine Menge von Boden und setzt den Pyrogallusverschluß auf. Man verwendet auch hier die Verdünnungen 3, 4, 5, evtl. 6. Wenn man die Kulturen bei 37⁰ C hält, beginnt nach 8—16 Tagen das Eiweißwürfelchen langsam abzuschmelzen, um später vollkommen zu verschwinden.

**4. Die Nährböden für die systematische Bestimmung der Bakterien.** Bei der systematischen Bestimmung der Bakterien bzw. bei der Bestimmung der Bakterienarten und Reinzüchtung und Isolierung derselben, haben wir außer den gewöhnlich benützten Bodenextraktagar und Gelatine folgende Nährböden benützt:

*a) Bouillon,* wie bereits angegeben wurde. Außerdem haben wir bei der qualitativen Bestimmung der Bakterienarten in der Bouillon auch die Indolbindung in der Bouillon bestimmt. Die Bestimmung des Indols erfolgte direkt in der Bouillon mit der folgenden Methode: Der Bouillonkultur werden zunächst 5 cm³ einer salzsauren Dimethylamidobenzaldehylösung (4 g Paradimethylamidobenzaldehyd + 380 cm³ 96proz. Alkohol + 80 cm³ konzentrierte Salzsäure), dann 5 cm³ einer gesättigten wäßrigen Kaliumpersulfatlösung hinzugefügt; Indol gibt intensive Rotfärbung.

*b) Milch.* Wir haben gewöhnlich ähnlich wie bei der Bouillon sehr reine Magermilch in Reagenzgläsern verwendet, welche an drei aufeinanderfolgenden Tagen je 30 Minuten in strömendem Dampfe erhitzt wurde. Wir haben gewöhnlich bereits zentrifugierte Magermilch bezogen. Falls die nicht zur Verfügung stand, so bereiteten wir sie selbst durch Zentrifugieren.

*c) Kartoffelnährboden.* Man nimmt gewöhnlich 3—4 große Kartoffeln. Sie werden an der Wasserleitung gründlich gewaschen und nachher geschält. Dann schneidet man kleine passende, keilförmige Stücke, welche nun in Reagenzgläser auf kleine Glasröhren kommen und mit einigen Tropfen Wasser benetzt und feuchtgehalten werden. Man sterilisiert die so gewonnenen Nährböden bei 2 Atm. Druck dreimal hintereinander.

Außerdem haben wir auch verschiedene Differentialnährböden verwendet, von denen hier die *Nitratbouillon* (Bouillon + 0,5 % Nitrat) und das *Dextroseagar* (Agar + 1—5 % Dextrose) erwähnt werden sollten.

Durch die Überimpfung haben wir von jeder Kolonie nach der Reihe folgende Kulturen bereitet: In je einem Reagenzglas Gelatine mit Stich- und Oberflächenkolonie, Agar ebenfalls mit Stich- und Oberflächenkolonie, dann ein Reagenzglas mit Milch, welche mit Lackmus vermengt wurde, um später die saure oder alkalische Reaktion feststellen zu können, ein Reagenzglas mit Kartoffel und eines mit Bouillon. Für die Kulturen der einzelnen Aktinomyzesarten, falls dies notwendig war, benützen wir auch Stärke- und Dextroseagar. Wir bestimmten auch mit Nitratbouillon die Reduktion von Nitraten auf Nitrite bei allen Bakterienarten, wo sich die Notwendigkeit ergeben hat. Das gleiche gilt auch für die Verwendung von Blutserum.

*Bei der systematischen Untersuchung* der Mikroflora sind wir gewöhnlich von dem Fleischextraktagar und der Fleischextraktgelatine ausgegangen. Auf diesen Nährböden kommen nämlich die einzelnen Bakterienkolonien innerhalb von 8—14 Tagen fast vollkommen zur Entwicklung, so daß sie bequem abgeimpft und identifiziert werden können. Diese erste makroskopische Bestimmung der Kolonien erfolgte mit der neuen binokularen Lupe von LEITZ, welche sich für diese Massenuntersuchungen ganz gut eignet. Die morphologisch verschiedenen und bereits identifizierten Kolonien haben wir sodann in Peptonfleischbouillon übergeimpft, auf Reinheit geprüft und sodann in die verschiedenen für die Charakterisierung und Bestimmung notwendigen Nährböden übertragen. Zur Orientierung über die Methode wollen wir hier ein Beispiel aus den Protokollen veröffentlichen:

Nummer der Kultur: 12.
Boden: Nr. 15.
Gesamtzahl auf der Agarplatte: 1250000.
Form der Kolonien: Welliger Rand, weiß, glänzend, erhaben mit körniger Struktur und grünem Hof.

### Untersuchung in Kulturen.

Bouillon: Trübung, grüne Farbe, auf dem Boden wolkenartiger, weißer Niederschlag, Reinkultur übergeimpft auf die untengenannten Nährböden.
Gelatineplatte: Wie oben.
Gelatinestichkultur: Verflüssigt nicht, Wachstum nur auf der Oberfläche, wobei die Kolonie sich grün färbt.
Bouillonagar: Wie oben.
Bodenextraktagar: Weiße, glänzende Kolonien mit grüner Farbe und gutem Wachstum.
Kartoffel: Grau erhabene Kolonien, welche das Medium grün färben.
Milch: Unverändert, kein Wachstum.
Indolbildung: keine. Säurebildung: keine.

### Mikroskopische Untersuchung.

Form: Kurze Stäbchen, mit abgerundeten Enden, $1,2\,\mu$ lang, $0,6$—$0,8\,\mu$ breit. Gramnegativ. Ohne Sporenbildung. Eigenbewegung fehlt.
Name: *Pseudomonas non liquefaciens Bergey* et all.

Bekanntlich besitzen wir noch immer keine einheitliche Nomenklatur in der Bakteriologie. Dieser bedauerliche Umstand tritt besonders dann hervor, wenn man die amerikanische und europäische Literatur miteinander vergleicht. Die amerikanischen Bakteriologen benützen nämlich durchwegs andere Benennungen als wir in Europa. Sie haben auch ein umfassendes Bestimmungsbuch durch BERGEY (7) im Jahre 1926 herausgeben lassen, obwohl auch die Daten dieses Buches nicht immer vollkommen einwandfrei sind und das dort dargelegte Material noch einer eingehenden kritischen Durcharbeitung bedarf. Da das sonst treffliche deutsche Handbuch von LEHMANN und NEUMANN (44) für die bodenbakteriologischen Arbeiten nicht immer ausreichend ist, so waren wir gezwungen, hauptsächlich das Buch von BERGEY zu benützen. Dabei haben wir aber auch, wo es möglich war, die Handbücher von LEHMANN und NEUMANN und von MIGULA (62) ebenfalls zum Vergleich herangezogen.

Wir haben gewöhnlich im Laufe der Untersuchungen den Anteil der einzelnen Bakterienarten nicht in absoluten Zahlen ausgedrückt, sondern einfach den prozentuellen Anteil berechnet. Zu diesem Behufe haben wir von den verschiedenen Verdünnungen eine gewisse Anzahl von Kolonien abgeimpft. Es wurden von der Verdünnung 4 gewöhnlich 40, von der Verdünnung 5 20—30 und von der Verdünnung 6 10—20 Kolonien abgeimpft. Oft haben wir auch, namentlich im Winter, weniger Kolonien verwendet[1]. Bei der Impfung,

---

[1] Die Zahl hat sich immer nach der Gesamtzahl der Keime auf den einzelnen Platten gerichtet.

welche bereits beschrieben wurde, haben wir natürlich darauf streng geachtet, daß die Kolonien möglichst in gleichmäßiger Verteilung genommen werden. Nach der Bestimmung der Bakterien haben wir die Gesamtzahl der abgeimpften Kolonien als Basis genommen und den Anteil der einzelnen Arten nach ihrem quantitativen Vorkommen in Prozenten berechnet. Über dieses Verfahren wird in dem Kapitel „Über die Artenzusammensetzung der Bakterienflora" ein ausführliches Beispiel gegeben.

BOKOR hat bei seinen Untersuchungen über die Mikroflora der Alkaliböden für das quantitative Verhältnis eine andere Methode ausgearbeitet, die die Assoziationsverhältnisse bzw. die Mengenverhältnisse der einzelnen Mikroorganismen ermittelt. Die Pflanzenassoziationen werden nämlich durch den sog. Deckungsgrad und durch die Menge der assoziierten Pflanzen charakterisiert. Die Methode von BOKOR charakterisiert nun die Mikrofloraassoziation mit Hilfe der Verhältniszahl und der Verbreitungszahl.

Unter Verhältniszahl wird der Anteil verstanden, welchen die betreffenden Organismen in der Gesamtheit einnehmen. Zum Ausdrucke der Verhältniszahl haben wir folgendes Verhältnis als Grundlage genommen:

$$
\begin{array}{lll}
5 & \text{bedeutet} & 50 \ \text{—}100\ \% \\
4 & \text{,,} & 25\ \text{—}\ 50\ \% \\
3 & \text{,,} & 12{,}5\text{—}\ 25\ \% \\
2 & \text{,,} & 5\ \text{—}\ 12{,}5\ \% \\
1 & \text{,,} & 1\ \text{—}\ 5\ \% \\
\end{array}
$$

Verhältnis, bezogen auf die Gesamtzahl der Mikroorganismen.

Bei der mikrobiologischen Analyse der Alkaliböden war es auch noch angezeigt, auch die führenden Mikroorganismen der durch die einzelnen Bodenproben vertretenen Bodentypen zu bestimmen. Wir haben dabei angenommen, daß wahrscheinlich für die einzelnen Bodentypen gleicher Abstammung jene Mikroorganismen charakteristisch werden, welche in jeder Probe oder in dem größten Teil der Proben vorkommen. Jene Zahl, welche das Vorkommen der einzelnen charakteristischen Bakterienarten bezeichnet, wurde Verbreitungszahl genannt. Die Verhältniszahl bezieht sich daher auf die einzelnen Bodenproben, die Verbreitungszahl charakterisiert dagegen die verschiedenen, aber zu einer Bodenklasse gehörenden Bodenproben. Die Verbreitungszahl bedeutet nun, in wieviel Prozent der untersuchten, zu einem Typ gehörenden Böden die einzelnen Arten wenigstens mit der Verhältniszahl 3 vorkommen. Hier werden 5 Stufen gebildet:

$$
\begin{array}{llcll}
1\text{—}\ 20\ \% = 1 & \qquad\qquad & & 60\text{—}\ 80\ \% = 4 \\
20\text{—}\ 40\ \% = 2 & & & 80\text{—}100\ \% = 5 \\
40\text{—}\ 60\ \% = 3 & & & \\
\end{array}
$$

Als „konstant" wurden nur jene Arten bezeichnet, deren Verhältniszahl höher als 3 ausgefallen ist.

**5. Die angewendeten Methoden zur Reinzüchtung bestimmter Arten von Bodenbakterien.** Bei unseren Untersuchungen hat sich oft die Notwendigkeit ergeben, zwecks genauer Identifizierung auch die einzelnen Bakterienarten rein zu züchten. Für diesen Zweck benutzten wir im allgemeinen folgende Nährböden:

1. Die Reinzüchtung der *zellulosezersetzenden Mikroorganismen* auf Kieselsäuregelplatte mit Zellulosefasern in Form von Papierscheiben oder in zerzupftem Zustande. Die Methode besteht darin, daß man kolloidale Kieselsäure in Form eines kieselsauren Salzes durch eine zuvor bestimmte Menge Salzsäure in Petrischalen abscheiden läßt und die überflüssigen Chloride durch Auswaschen mit aufgekochtem destilliertem Wasser bis zur letzten Spur entfernt. Auf diese so hergestellte Platte wird die Zellulose aufgetragen und mit der notwendigen mineralischen Nährlösung beschickt.

Die Herstellung eines reinen Zelluloseagars nach BOKOR (290) ist die folgende: In einem 2 Liter fassenden Kolben werden 100 cm³ 70 proz. $H_2SO_4$ bei 60° C mit 5 g reiner Zellulose (in Form von schwedischem Filtrierpapier) versetzt und einige Minuten kräftig geschüttelt, bis die Zellulose sich gelöst hat. Darauf wird sofort mit Leitungswasser auf 2 Liter aufgefüllt, wodurch eine feine Ausflockung der Zellulose erreicht wird. Der ganze Inhalt wird in ein hohes Zylindergefäß übertragen und 2—3 Minuten gewartet, bis die gröberen Teilchen sich absetzen. Dann wird dekantiert, und nur der in der Flüssigkeit schwebende Teil der ausgefällten Zellulose weiter verarbeitet. Die Flüssigkeit wird durch Membranfilter filtriert und die Zellulose so lange ausgewaschen, bis die Schwefelsäurereaktion ausbleibt. Dann wird sie vom Filter in ein Becherglas abgewaschen, mit konzentriertem Ammoniak versetzt und gründlich verrührt (evtl. mit Rührapparat), wodurch die Verteilung der Zellulose noch feiner wird. Man läßt danach 48 Stunden stehen, filtriert wieder durch Membranfilter und wäscht mit destilliertem Wasser so lange aus, bis die alkalische Reaktion verschwunden ist. Die gereinigte Zellulose wird in eine Nährlösung übertragen, die folgende Zusammensetzung besitzt: 1000 cm$^3$ destilliertes Wasser, 2 g NaNO$_3$, 0,5 g MgSO$_4 \cdot 7$H$_2$O, 0,5 g K$_2$HPO$_4$, 0,1 g KCl, Spuren von FeSO$_4 \cdot 7$H$_2$O und ZnSO$_4 \cdot 7$H$_2$O. Zu der Nährlösung werden 2 % vorher mit Kaliumpermanganat behandelter Agar (Stangenagar bewährt sich am besten) zugesetzt und weiter wie üblich verfahren. Die Sterilisation erfolgt zweimal im Autoklaven bei 2 Atm. Druck.

Der auf diese Weise zubereitete Agar wird bei 38$^0$ C aus einer vorher durch mehrmaliges Überimpfen auf Zellulosefaser gereinigten Kultur beimpft, kräftig geschüttelt und die Platte gegossen. Es empfiehlt sich ein vorheriges Verdünnen von einer Öse Material in sterilem Wasser durch kräftiges Schütteln desselben in einem bakteriologischen Schüttelapparat. Im Agar erscheinen nach 7—10 Tagen unter einem binokularen Mikroskop nur bei schiefer Beleuchtung wahrnehmbare kleine, durchscheinende 1—2 mm breite Flecke. Diese helleren Stellen werden aus der Agarplatte herausgestochen und unter dem Mikroskop untersucht. Die Trennung der Zellulosebakterien von den Begleitbakterien ist recht schwierig, und es muß dem Zufall überlassen bleiben, daß sie vollständig stattfindet.

2. Zur Identifizierung der *nitratbildenden Bodenbakterien* benützten wir die folgende Kieselsäurelösung nach WINOGRADSKY (187).

Es werden in gleicher Menge reine Natrium- oder Kaliumsilikatlösung vom spezifischen Gewicht 1,05—1,06 und Salzsäure vom spezifischen Gewicht 1,10 gemischt, indem man das Silikat in die Säure gießt. Das Gemisch wird in Pergamentpapier-Dialysierhülsen 24 Stunden in Leitungswasser, dann 24 Stunden in destilliertem Wasser, welches 3—4 mal gewechselt wird, dialysiert. Die Dialyse ist beendet, wenn bei Zugabe von AgNO$_3$ zum Dialysat nur eine ganz schwache Trübung entsteht. Die klare Lösung enthält ungefähr 2 % Kieselsäure und kann bei 115—120$^0$ C sterilisiert werden. Als Zusatz zur Kieselsäure werden vier Lösungen hergestellt:

<table>
<tr><td>1. (NH$_4$)$_2$SO$_4$ . . . . . 3,0 g</td><td>2. FeSO$_4$ . . . . . . 2,0 g</td></tr>
<tr><td>K$_2$HPO$_4$ . . . . . . 1,0 g</td><td>destilliertes Wasser . 100,0 g</td></tr>
<tr><td>MgSO$_4 \cdot 7$H$_2$O . . . 0,5 g</td><td>3. Gesättigte NaCl-Lösung</td></tr>
<tr><td>destilliertes Wasser . 100,0 g</td><td>4. Eine Suspension von feingepulvertem MgCO$_3$ in destilliertem Wasser.</td></tr>
</table>

2,5 cm$^3$ von Lösung 1 und 1 cm$^3$ von Lösung 2 werden zu 50 cm$^3$ der Kieselsäurelösung gegeben; dann fügt man genügend MgCO$_3$-Suspension hinzu, um dem Gemisch ein milchiges Aussehen zu geben. (Statt MgCO$_3$ kann man auch eine 0,1 proz. CaCO$_3$-Lösung verwenden.) Diese Lösung gießt man nun unter ständigem Aufrühren in sterile Petrischalen und setzt einen Tropfen von Lösung 3 jeder Platte zu. Das Medium wird nach ungefähr 1 Stunde fest. Um ein festeres Medium zu bekommen, kann man die Platten nach 24 Stunden in den Thermostaten setzen und etwas austrocknen lassen.

3. Für die Isolierung der *nitritoxydierenden* Bakterien benützten wir folgendes Verfahren nach WAKSMAN (95):

<table>
<tr><td>Nährlösung: NaNO$_2$ . . . . . . . . .</td><td>1,0 g</td></tr>
<tr><td>K$_2$HPO$_4$ . . . . . . .</td><td>0,5 g</td></tr>
<tr><td>MgSO$_4 \cdot 7$H$_2$O . . . . .</td><td>0,3 g</td></tr>
<tr><td>NaCl . . . . . . . . .</td><td>0,5 g</td></tr>
<tr><td>Na$_2$CO$_3$ (wasserfrei) . .</td><td>0,5 g</td></tr>
<tr><td>FeSO$_4 \cdot 7$H$_2$O . . . . .</td><td>in Spuren</td></tr>
<tr><td>Destilliertes Wasser . .</td><td>1000,0 cm$^3$</td></tr>
</table>

Die Nährlösung wird in dünner Schicht in Kölbchen gegeben, damit eine genügende Sauerstoffversorgung gewährleistet ist, und mit 1 g frischem Boden geimpft. Nach 10 bis 14 Tagen wird das Nitrit zu Nitrat oxydiert, dann fügt man eine frische Portion einer konzentrierten Nitritlösung hinzu, um die Stärke der Kultur zu vergrößern. Darauf impft man ein frisches Nitritmedium über. Wiederholte Übertragungen in Verbindung mit der Zugabe frischer Portionen der Natriumnitritlösung wird eine starke Entwicklung der Organismen hervorrufen. Die Kultur wird dann auf Nitritagar, das man durch Hinzufügen von 15 g Agar zu obigem Medium hergestellt hat, abgestrichen.

4. Für die Reinzüchtung von *Azotobakter* verwendeten wir die folgende Nährlösung von BEIJERINCK[1]:

Es werden Azotobakter in Leitungswasser mit 2 % Mannit und 0,02 % K$_2$HPO$_4$ in dünner Schicht im Erlenmeyerkolben angereichert. Geimpft wird mit 0,1—0,2 g frischer Gartenerde und bei 27—30$^0$ kultiviert. An Stelle des Mannits kann auch 0,5 % Kalziumpropionat verwendet werden. Reinzüchtung erfolgt auf 2 %, mit destilliertem Wasser und gleichen Zusätzen hergestelltem Agar. Es bilden sich bei 30$^0$ schon nach 24 Stunden kleister-

---

[1] Siehe WAKSMAN: Methoden der mikrobiologischen Bodenforschung 1929. In ABDERHALDENS Handbuch der biol. Arbeitsmethoden.

artige Kolonien, die zu großen, weißen Schleimklumpen auswachsen, welche bei längerem Aufbewahren tiefbraun werden.

5. Für die Reinzüchtung der *anaeroben N-bindenden Bakterien* haben wir nach WINOGRADSKY (186, 187) 1 g frische oder pasteurisierte Erde in seine Dextrosenährlösung eingeimpft.

Kultiviert wird im Stickstoffstrom in sterilem, mit der Nährlösung zu $^2/_3$ gefüllten Waschflaschen mit eingeschliffenem Stöpsel. Die Flaschen sind gasdicht hintereinander geschaltet. Ist in der ersten Flasche, die mit Erdboden beschickt ist, Gärung eingetreten, so wird ein kleines Tröpfchen durch Neigen der Flasche in die zweite übertragen und später in die dritte usw. Die mit ammoniakfreiem destilliertem Wasser hergestellte Dextroselösung enthält 2 % Dextrose, Überschuß von reiner, frisch gewaschener Kreide, 0,4 % $K_2HPO_4$, 0,1 % $MgSO_4$, 0,02 % NaCl; $FeSO_4$ und $MnSO_4$ in sehr geringen Mengen (je 0,002 %). Isoliert wird durch Erwärmen auf $75^0$ 10 Minuten lang und Überimpfen auf Kartoffeln- in zugeschmolzenen Röhrchen oder im Vakuum gehaltenen Petrischalen. Es bilden sich warzenförmig erhabene, graugelbliche Kolonien von 1 mm Durchmesser und penetrantem Geruch nach Käse.

6. Für die Reinzüchtung der *harnstoffzersetzenden Bakterien* verwendeten wir Harnstoff, Pepton und Gelatine. Die *pektinvergärenden Bakterien* wurden nach HILTNER und STÖRMER (150) in einer Nährlösung gezüchtet, die neben Mineralstoffen und etwas kohlensaurem Kalk Pektin (pektinsauren Kalk) als organischen Nährstoff enthalten. STÖRMER benutzte als Grundlösung Leitungswasser mit $^1/_2$ % Pepton, $1^0/_{00}$ $K_2HPO_4$, $^1/_4{}^0/_{00}$ $MgSO_4$, dazu etwas kohlensauren Kalk. Hinzugefügt wurden $2—5^0/_{00}$ Seradellapektin oder $^1/_2—1$ % Stärke, Dextrin, Traubenzucker, Galaktose oder Arabinose. Es wird getrennt sterilisiert, die Kohlenhydrate im Autoklaven, das Pektin im Dampftopf bei $100^0$ kultiviert in BUCHNERschen Röhrchen mit 1 g Pyrogallol und 10 cm³ Kalilauge bei $30^0$. Wenn der Höhepunkt der Gasentwicklung überschritten ist, wird mikroskopisch auf Sporenbildung geprüft, 10 Minuten auf $80^0$ erhitzt, von neuem übergeimpft und mehrere Male (4—5 mal) nach Eintritt der Schaumbildung in gleicher Weise verfahren. Reinzüchtung erfolgt auf saurer Erbsenwurzelextraktgelatine, die bei $20^0$ bebrütet, nach 14 Tagen Kolonien von etwa $^1/_4$ cm ergibt mit Erweichung der umgebenden Gelatine. Erbsengelatine ist ein auch für Leguminosebakterien geeigneter Nährboden, der $2^0/_{00}$ Extrakt aus Erbsenwurzeln oder jungen Erbsenkeimlingen durch Abdampfen und Trocknen ergibt.

7. Die *denitrifizierenden* Bakterien isolierten wir nach VAN ITERSON (152) mit Anhäufungskulturen aus der Erde mit der Hilfe der Flaschenmethode, indem die Kulturflasche bis an den Hals mit der Kulturflüssigkeit angefüllt und der Stöpsel vorsichtig hineingesteckt wird. Die Isolierung erfolgte immer in Nährgelatinenährböden.

Die Anhäufungsflüssigkeit hat folgende Zusammensetzung gehabt;

| | |
|---|---|
| Leitungswasser | 100 g |
| $KNO_3$ . . . . | 0,05 g |
| $K_2HPO_4$ . . . | 0,03 g |
| Kalziumnitrat. | 2,0 g |

8. Zur Isolierung und Züchtung der *Bodenaktinomyzeten* benützten wir schließlich folgende Nährmedien:

<table>
<tr><td colspan="2">1. CZAPEKS Lösungsagar:</td><td colspan="2">2. KRAINSKYS Dextroseagar:</td></tr>
<tr><td>$NaNO_3$ . . . . . . .</td><td>2,0 g</td><td>Dextrose . . . . . .</td><td>10,0 g</td></tr>
<tr><td>$K_2HPO_4$ . . . . . .</td><td>1,0 g</td><td>Asparagin . . . . .</td><td>0,5 g</td></tr>
<tr><td>$MgSO_4 \cdot 7 H_2O$ . . .</td><td>0,5 g</td><td>$K_2HPO_4$ . . . . . .</td><td>0,5 g</td></tr>
<tr><td>KCl . . . . . . . .</td><td>0,5 g</td><td>Agar . . . . . . . .</td><td>15,0 g</td></tr>
<tr><td>$FeSO_4$ . . . . . . .</td><td>0,01 g</td><td>destilliertes Wasser . 1000,0 g</td><td></td></tr>
<tr><td>Zucker . . . . . . .</td><td>30,0 g</td><td></td><td></td></tr>
<tr><td>Agar . . . . . . . .</td><td>15,0 g</td><td></td><td></td></tr>
<tr><td>destilliertes Wasser . 1000,0 g</td><td></td><td></td><td></td></tr>
</table>

Wir haben in dem oben Gesagten ganz kurz jene Methoden und Verfahren zusammengestellt und kurz beschrieben, welche wir bei unseren Forschungen mit gutem Erfolg verwendet haben. Um Mißverständnissen vorzubeugen, möchten wir ausdrücklich bemerken, daß wir hier keine kritische Darstellung der Kulturmethoden geben wollen. In der Natur unserer Massenuntersuchungen lag es, daß wir die Forschungsergebnisse mehrerer Jahre durch andauernde Arbeiten nur dann miteinander vergleichen können, wenn dieselben möglichst nach einheitlicher Methodik gewonnen wurden. Darum haben wir nach mehrjähriger Erfahrung eine gewisse Methode ausgearbeitet, die wir oben beschrieben haben. Unser hauptsächlichstes Ziel war, die Relativität und den dynamischen Charakter der Lebensvorgänge im Waldboden nachzuweisen, es lag uns daher viel mehr an der Einheitlichkeit der Methode als durch eventuelle Abänderungen die Vergleichbarkeit der Resultate zu gefährden. Bezüglich der Einzelheiten müssen wir auf die einschlägige Fachliteratur verweisen.

Durch die Zuhilfenahme unserer jetzt beschriebenen quantitativen und qualitativen Arbeitsmethoden können wir schließlich eine vollständige quantitative und qualitative bakteriologische Bodenanalyse durchführen. Ihr Gang ist kurz folgender: Es werden zunächst die Gesamtbakterienzahl nach aeroben und anaeroben Bakterien bestimmt. Es erfolgt parallel damit die Bestimmung der physiologischen Bakteriengruppen. Hierauf wird nach vollständiger Entwicklung der Agarplatten auf die bereits angegebene Art und Weise eine bestimmte Anzahl von Kolonien in Nährbouillon überimpft und aus diesen Kulturmedien die Differenzierungskulturen für die qualitativen Bestimmungen vorbereitet. So konnten wir dann die Anzahl der einzelnen Bakteriengruppen und der heterotrophen Bakterienflora auf die Gesamtbakterienzahl beziehen und prozentuell berechnen. Es werden zugleich auch die Bodenpilze, Bodenalgen und die Bodenprotozoen quantitativ und qualitativ bestimmt.

Den Gang der Analyse stellt die folgende Skizze dar.

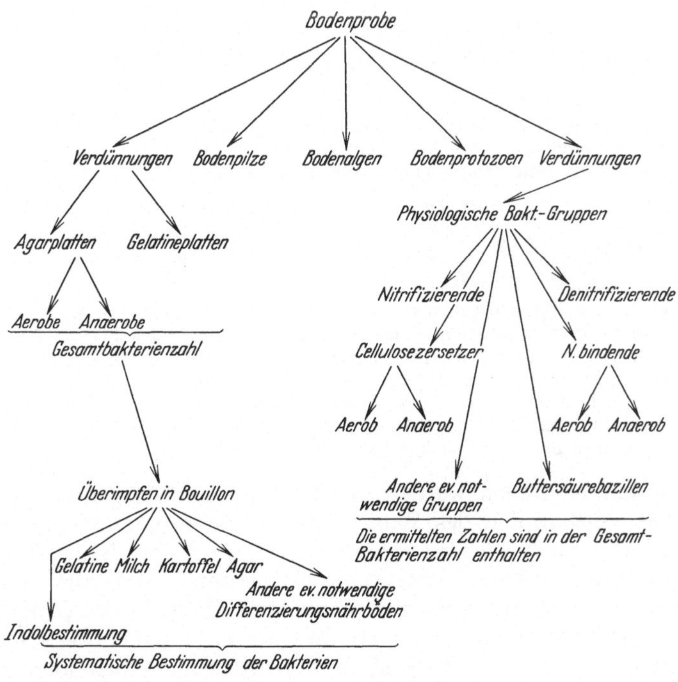


## 6. Die quantitative und qualitative Bestimmung und Isolierung der Pilze.

Für die quantitative Bestimmung der Pilze benutzten wir folgenden Nährboden nach den Angaben von WAKSMAN (95):

| | | | |
|---|---|---|---|
| Dextrose . . . . . . . | 10,0 g | $MgSO_4 \cdot 7H_2O$ . . . . | 0,5 g |
| Pepton . . . . . . . | 5,0 g | Agar . . . . . . . . | 25,0 g |
| $K_2HPO_4$ . . . . . . . | 1,0 g | destilliertes Wasser . . | 1000,0 g |

Die Chemikalien werden in dem Wasser gelöst und die Reaktion des Mediums auf eine Wasserstoffionenkonzentration $p_H = 4$ eingestellt, wozu ungefähr 5—7 cm³ n/1-$H_2SO_4$ erforderlich sind. Dann fügt man das Agar hinzu und löst es durch Kochen. Das Medium wird dann durch Baumwolle in Reagenzgläser filtriert. Die Röhrchen werden verschlossen und 15 Minuten bei 7,5 Atm. sterilisiert. Der Boden wird sodann in der gewöhnlichen Weise mit sterilem Leitungswasser verdünnt. Dann stellt man die Platten in der regulären Weise her, indem man 2—4 Platten für jede Verdünnung anwendet und sie dann bei 25—28⁰ der Inkubation unterwirft. Die Zahl der Kolonien wird nach 48 und 72 Stunden bestimmt. Einige Kolonien brauchen am Ende der ersten Periode nicht voll entwickelt zu sein, während nach 72 Stunden einige Kolonien (besonders Mucor und andere Schimmelpilze) die Platten bereits überwuchern können.

Für die Isolierung und Züchtung der Bodenpilze haben wir folgende Nährmedien ebenfalls nach den Angaben von WAKSMAN angewendet:

| 1. Zucker . . . . . . . . | 50,0 g | 2. Dextrose . . . . . . | 10,0 g |
|---|---|---|---|
| $NH_4NO_3$ . . . . . . | 10,0 g | Pepton . . . . . . . | 5,0 g |
| $K_2HPO_4$ . . . . . . | 5,0 g | $K_2HPO_4$ . . . . . . | 0,5 g |
| $MgSO_4 \cdot 7 H_2O$ . . . | 2,5 g | $MgSO_4 \cdot 7 H_2O$ . . . | 0,5 g |
| $FeCl_2 \cdot H_2O$ . . . . . in Spuren | | | |
| destilliertes Wasser . . 1000,0 cm³ | | | |

Da die Mehrzahl der Phycomyzeten keine Saccharose (Unfähigkeit Invertase zu bilden) verwerten kann, ist das letztere Medium am geeignetsten zur Züchtung dieser Organismen. Lösung 2 ist auch zur Züchtung von Organismen geeignet, die stark wachsen sollen. Um die Medien fest zu machen, fügt man 1,5 % Agar hinzu.

Es ist natürlich gänzlich unmöglich, mit dieser Methodik ein vollkommenes Bild der Pilzflora des Bodens zu bekommen. Die Untersuchungsresultate können nur als orientierende Angaben verwendet werden.

### 7. Die Bestimmung der Bodenalgen. Die Bestimmung der Algen erfolgte nach den Angaben von WAKSMAN. Wir geben die Methode hier wörtlich nach seiner Vorschrift.

10 g einer gut gemischten, durch ein 3-mm-Sieb gesiebten Bodenprobe wird eine halbe Stunde lang mit 100 cm³ einer sterilisierten Mineralsalzlösung von folgender Zusammensetzung geschüttelt, was eine Bodensuspension 1 : 10 ergibt:

| $K_2HPO_4$ . . . . . . . | 1,0 g | NaCl . . . . . . . . | 0,1 g |
|---|---|---|---|
| $NaNO_3$ . . . . . . . | 1,0 g | $FeCl_3$ . . . . . . . | 0,01 g |
| $MgSO_4 \cdot 7 H_2O$ . . . | 0,3 g | destilliertes Wasser . . 2000,0 cm³ | |
| $CaCl_2$ . . . . . . . . | 0,1 g | | |

50 cm³ der 1 : 10-Bodensuspension werden dann in 50 cm³ desselben sterilisierten Mediums übergeführt und ergeben so eine Suspension 1 : 20; dieser Prozeß der Halbundhalbverdünnung wird fortlaufend wiederholt, bis sich im ganzen eine Reihe von 17 Bodensuspensionen in der Stärke von 1 : 10 bis 1 : 655360 ergibt. Von jeder der Suspensionen setzt man dreifache Kulturen an, indem man Mengen von 5 cm³ der gut geschüttelten Flüssigkeit in verschlossene und sterilisierte Reagenzgläser überführt, die ungefähr 15 g eines besonders gereinigten sterilisierten Sandes enthalten.

Die geimpften Röhrchen werden in verschlossene Glasgefäße gebracht, um ein zu schnelles Verdampfen des Wassers zu verhindern, und dem Sonnenlicht ausgesetzt. Nach einem Monat werden die in jeder Kultur anwesenden Arten durch mikroskopische Untersuchung bestimmt und aus der Zahl der Kulturen, in denen jede Art erscheint, kann man die Zahl der Zellen von jeder Art und daraus die Gesamtzahl der Algen pro Gramm Boden statistisch berechnen.

Die Verdünnungen der so hergestellten Kulturen ergeben folgende Stufen:

| 1 : 20 | 1 : 320 | 1 : 5120 | 1 : 81920 |
|---|---|---|---|
| 1 : 40 | 1 : 640 | 1 : 10240 | 1 : 163840 |
| 1 : 80 | 1 : 1280 | 1 : 20480 | 1 : 327680 |
| 1 : 160 | 1 : 2560 | 1 : 40960 | 1 : 655360 |

Mit der Zuhilfenahme dieser Methode hatten wir nun in jener Verdünnung nicht nur die Gesamtzahl der Algen, sondern auch die Algenarten bestimmt und auf diese Art und Weise nicht nur die absolute Menge, sondern auch die Mengenverteilung der einzelnen Algenarten annähernd berechnet.

Später hatten wir diese ursprüngliche Methode darin abgeändert, daß wir die Algenkulturen mit jenem Boden vorbereitet hatten, der untersucht werden sollte. Zu diesem

Behufe haben wir, wo es möglich war, ein größeres Quantum des Bodens ins Laboratorium gebracht, sorgfältig sterilisiert, zur Hälfte mit sterilem Sand vermengt, und sodann dasselbe als natürliches Nährmedium verwendet.

**8. Die Bestimmung der Bodenprotozoen.** Die Untersuchung der Bodenprotozoen ist bekanntlich zur Zeit noch mit ziemlich bedeutenden Schwierigkeiten verbunden. Sie leben ja eng verbunden mit den Bodenteilchen. Es ist daher äußerst schwierig, sie auf den Beobachtungstisch des Mikroskops zu bringen. Die direkte Beobachtung wird nämlich meistens durch den Umstand erschwert, daß die geringsten physikalischen und chemischen Änderungen, die ja bei der direkten Beobachtung unvermeidlich sind, sehr rasch ihr Absterben herbeiführen. Und falls sie nicht absterben, so vollziehen sie sehr rasch den bekannten Enzystierungsprozeß, wodurch sie und ihre Lebensvorgänge der direkten Beobachtung wieder ziemlich rasch entzogen werden.

Wir haben nach kritischer und praktischer Prüfung der Frage die Verdünnungsmethode als unserem Zwecke am besten entsprechendes Verfahren gewählt. Dieses Verfahren, welches namentlich von CUTLER (128) sehr gut ausgearbeitet wurde, ist in der Literatur allgemein bekannt, so daß wir hier nur einen kurzen Abriß des Verfahrens geben und im übrigen auf die einschlägige Literatur verweisen.

Wir haben im Walde nach Entfernung der Bodendecke die Erdproben aus verschiedenen Teilen gesammelt, vorsichtig durchgemischt, in sterilen Gläsern in das Laboratorium gebracht. Von dieser Erde haben wir ein bestimmtes Quantum im sterilen, destillierten Wasser nach und nach der Verdünnung unterworfen, nachdem die Probe mit einem 3-mm-Siebe wieder vorsichtig durchgesiebt wurde. Daß hier vorsichtig und steril gearbeitet wurde, braucht vielleicht nicht besonders erwähnt zu werden.

Von der so behandelten Probe haben wir 10 g unmittelbar der Verdünnung unterworfen, ein anderes Quantum von der gleichen Gewichtsmenge hatten wir durch eine Nacht mit 2 proz. Salzsäure behandelt. Die erste Probe gibt bekanntlich die Gesamtzahl der Bodenprotozoen, die zweite die Zahl der Zysten. Der Unterschied der beiden Resultate gibt nun die Anzahl der aktiven Protozoen.

Die Verdünnungen wurden wie folgt dargestellt:

Nr. 1. 10 g Erde                      in 100 cm$^3$ H$_2$O = 1 : 10 Verdünnung
 ,, 2. 10 cm$^3$ von der Verdünnung Nr. 1 ,, 90 ,, · H$_2$O = 1 : 100    ,,
 ,, 3. 10 ,,   ,,   ,,     ,,   ,, 2 ,, 90 ,, H$_2$O = 1 : 1000    ,,
 ,, 4. 20 ,,   ,,   ,,     ,,   ,, 3 ,, 30 ,, H$_2$O = 1 : 2500    ,,
 ,, 5. 20 ,,   ,,   ,,     ,,   ,, 4 ,, 20 ,, H$_2$O = 1 : 5000    ,,
 ,, 6. 30 ,,   ,,   ,,     ,,   ,, 5 ,, 15 ,, H$_2$O = 1 : 7500    ,,
 ,, 7. 30 ,,   ,,   ,,     ,,   ,, 6 ,, 10 ,, H$_2$O = 1 : 10000    ,,
 ,, 8. 20 ,,   ,,   ,,     ,,   ,, 7 ,, 30 ,, H$_2$O = 1 : 25000    ,,
 ,, 9. 20 ,,   ,,   ,,     ,,   ,, 8 ,, 20 ,, H$_2$O = 1 : 50000    ,,
 ,, 10. 30 ,,   ,,   ,,     ,,   ,, 9 ,, 15 ,, H$_2$O = 1 : 75000    ,,
 ,, 11. 30 ,,   ,,   ,,     ,,   ,, 10 ,, 10 ,, H$_2$O = 1 : 100000    ,,

Die Reinzucht erfolgte in Petrischalen auf Nähragar, die 28 Tage lang in Thermostaten, welche durch elektrische Heizung und Regulation auf 22° C gehalten wurden. Die Ablesungen erfolgten auf jedem 7., 14. und 21. Tage, und zwar direkt unter Mikroskop bei 1000facher Vergrößerung. Da wir überall mit parallelen Reihen gearbeitet haben, so hat nun die Untersuchung einer Versuchsparzelle 44 Petrischalen erfordert, und da wir gleichzeitig 4 Versuchsfelder untersucht haben, so mußten wir die mühsame und zeitraubende Arbeit der Durchmusterung von 176 Petrischalen leisten. Wir haben jede Waldparzelle monatlich einmal untersucht und infolgedessen mußten wir im Laufe eines Jahres, abgesehen von den anderen Beobachtungen, 2112 Petrischalen untersuchen.

Wir sind uns dessen vollkommen bewußt, daß das Verfahren von CUTLER keinen Anspruch auf Vollkommenheit erheben kann. Das Verfahren hat ja viele Mängel. So ist z. B. der angewendete Nährboden sicherlich nicht für alle Arten gleichmäßig günstig und außerdem ist es ja auch nicht sicher, daß alle Zysten gegen die 2 proz. HCl unbedingt resistenz sind. Aber trotz dieser mehrfachen Bedenken haben wir im Mangel einer besseren Methode diese gewählt, die ja dem Zwecke unserer Massenuntersuchungen doch am besten entsprochen hat. Wir wollten auch die bereits begonnenen Untersuchungen nicht durch einen Übergang auf eine andere Methode komplizieren, um dadurch möglichst zwischen den gleichen Fehlergrenzen verweilen zu können.

**9. Die Messung der CO$_2$-Produktion des Waldbodens.** Für die Messung der Kohlensäureproduktion sind mehrere Methoden empfohlen worden. Da es sich hier meistens um relativ größere Mengen von CO$_2$ handelt, so wurde bei den meisten Methoden das volumetrische Prinzip von PETTERSON angewendet, und zwar die Adsorption der eingesaugten Mengen von $CO_2$ mit verdünnter KOH, und sodann Messung der so entstandenen Volumenverminderung auf Grund des Thermobarometerprinzips.

Die ersten Methoden zur Messung der $CO_2$-Produktion des Bodens waren recht primitiv, es wurde auch teilweise die Absorptionsmethode von HESSE mit $Ba(OH)_2$ angewendet. Mit dieser Methode hat auch MEINECKE seine ersten Messungen im Walde vorgenommen. Die Bodenluft wurde bei den ersten Messungen unmittelbar aus dem Boden in Flaschen eingesaugt, später hat man Glocken aus Glas und Zinn für das Sammeln der Bodenluft angewendet, und die Proben wurden sodann diesen Glocken entnommen und nach der Analyse mit Berücksichtigung der Zeit der Exposition, des Volumens und der Grundfläche der Glocke auf Zeit und Flächeneinheit berechnet. Die an und für sich guten und verläßlichen volumetrischen Apparate von PETTERSON-PALMQUIST oder PETTERSON-SONDEN sind natürlich alle mit gleich gutem Erfolg zu verwenden. Sie haben aber den erheblichen Nachteil, daß ihre Hauptteile aus Glas angefertigt werden und infolgedessen sehr zerbrechlich sind. Bei den Laboratoriumsarbeiten fällt dieser Umstand weniger ins Gewicht, jedoch bei den Arbeiten im Felde, namentlich im Walde, empfindet man diesen Nachteil recht unangenehm. Die Lösung der mit der Bodenatmung zusammenhängenden Probleme hängt ja hauptsächlich von den Resultaten von Massenuntersuchungen ab, wobei der Transport und die ständige Benutzung, namentlich in entlegenen Waldgebieten, die Gefahr des Zerbrechens erheblich vergrößert.

Das Verfahren von MEINECKE (55), der die Luftproben aus der Glocke mittels evakuierter Pipetten entnimmt, dieselbe sogleich nach der Probeentnahme luftdicht verschließt bzw. einschmilzt, sodann in das Laboratorium bringt und dort mit der SONDENschen Apparatur untersucht, kann man nicht als endgültige Lösung dieser Frage betrachten. Für Untersuchungen in großem Stile ist dieses Verfahren derart umständlich und zeitraubend, daß es für diesen Zweck recht ungeeignet erscheint.

In der letzten Zeit hat LUNDEGÅRDH (53) einen volumetrischen Apparat konstruiert, der von ihm eigens für die Messung der $CO_2$-Produktion des Bodens in dem Felde empfohlen wird.

Bei diesem Apparat, dessen Konstruktion und detaillierte Beschreibung LUNDEGÅRDH bereits veröffentlicht hat, ist ja im wesentlichen das PETTERSONsche Prinzip beibehalten. Er hat jedoch die sehr geschickte Modifikation, daß an Stelle der lästigen Einführung der Luftprobe mit der Quecksilberbirne in das Kaligefäß, hier der sog. Absorptionsapparat selbst in den Untersuchungsraum des Apparates, der früher mit der Untersuchungsluft gefüllt wurde, eingeschoben und nach erfolgter Absorption zurückgezogen wird. Das Einsaugen der Luftprobe wird mit einem Kolben durchgeführt.

Außer diesen Eigenschaften hat der Apparat den großen Vorteil, daß die ursprüngliche voluminöse Form des PETTERSON-PALMQUISTschen Apparates durch die geschickte Anordnung der Teile auf einen denkbar kleinen Umfang zurückgedrängt und in einem hölzernen Schutzkasten untergebracht wurde. Die Bodenluft wird auch bei diesem Apparat mit einer Bodenglocke gesammelt. Der Apparat arbeitet nach den Angaben von LUNDEGÅRDH mit einer Genauigkeit von $\pm\,5\,\%$ oder, auf den normalen $CO_2$-Gehalt der Luft umgerechnet, mit einem Fehler von 0,0015 Vol.%.

Der Apparat ist für Feldmessungen infolge seiner bereits erwähnten sinnreichen Einrichtungen sehr gut verwendbar. Wir haben damit selbst monatelang gearbeitet. Er hat jedoch die Gefahr des Zerbrechens, weil die empfindlichen Glasteile nicht aus einem anderen weniger zerbrechlichen Material hergestellt werden können. Namentlich bei Arbeiten an entlegenen Waldgebieten, wo bei der längeren Dauer der Untersuchungen derselbe oft hin- und hertransportiert werden muß, und außerdem in den einfachen und wenig geschützten Feldlaboratorien die plötzlichen Temperaturveränderungen im Frühjahr und im Herbst das Springen der Glasbestandteile oft unerwartet herbeiführen und das Zerbrechen derselben oft recht unliebsame Arbeitsunterbrechungen verursacht. Da wir im Laufe des Jahres 1927 mit dem volumetrischen Apparat längere Zeit in dem Walde arbeiten mußten, so haben die wiederholten Reparaturen viel Mühe, Zeit und Geld gekostet. Angesichts dieser Umstände habe ich mich nun entschlossen, für die Messung der CO$_2$-Produktion des Waldbodens einen anderen Weg einzuschlagen.

Bei unseren Beobachtungen wird gleichzeitig mit der Bodenatmung auch der Kohlensäuregehalt der Waldluft gewöhnlich in drei verschiedenen Höhen gemessen.

Zu diesem Zwecke verwendeten wir die ebenfalls recht sinnreich gebauten Glockenapparate von LUNDEGÅRDH. Diese Apparate, welche von LUNDEGÅRDH bereits eingehend beschrieben wurden, sind größtenteils aus Zinkblech gebaut und besitzen sehr wenig Glasbestandteile, welche jedoch im Falle des Zerbrechens leicht ausgewechselt werden können.

Abb. 8. Die LUNDEGÅRDsche Apparatur mit der Bodenglocke im Freien.

Der Apparat saugt durch die bewegliche Glocke ein bestimmtes Volumen der Luft ein, nach dem Einsaugen wird der CO$_2$-Gehalt durch konzentrierte Ba(OH)$_2$-Lösung absorbiert. Nach erfolgter Absorption wird die Lösung luftdicht in Glaskolben übergeführt, der Glockenapparat durchgespült und der CO$_2$-Gehalt durch Zurücktitrieren mit n/10—n/40 HCl bestimmt. Das Volumen des Apparats kann genau kalibriert werden, und die beiden Führungsstangen der beweglichen Glocke sind mit einer entsprechend eingravierten Teilung versehen, welche mit dem ebenfalls an den Führungsstangen angebrachten Fixierschrauben das Einstellen des Apparats für kleinere Volumina gestatten.

Der Apparat arbeitet nach den genau ermittelten Angaben von LUNDEGÅRDH mit einem Fehler von $\pm$ 1 %, welcher, auf den normalen Luftkohlensäuregehalt berechnet, eine Fehlergrenze von 0,0003 Vol.% ergibt. Der Apparat ist sehr leicht zu handhaben, läßt sich bequem und ohne Gefahr des Zerbrechens transportieren. Diese für die praktische Feldarbeit sehr vorteilhaften Eigenschaften des Apparats haben uns nun dazu bewogen, denselben in Verbindung mit der Bodenglocke auch für die Messung der CO$_2$-Produktion des Bodens zu verwenden. Wir haben im Jahre 1928 den Apparat für diesen Zweck ausprobiert und mit guten Resultaten verwendet. Unser Verfahren, das dabei eingeschlagen wird, ist nun das folgende: Der Glockenapparat wird auf ein Volumen von 600—800 cm³ genau kalibriert und eingestellt. Für die Ansammlung der von dem Boden gebildeten Kohlensäure verwenden wir Zinkglocken von 16000 bis 18000 cm³ Inhalt, welche innen paraffiniert werden. Der Rauminhalt der Glocke

Abb. 9. Der Glockenapparat von LUNDEGÅRDH mit der Bodenglocke zur Messung der Bodenatmung. (Biochem. Z. **193**, 352, Fig. 1.)

mußte ja vergrößert werden, um bei der Saugung des Probevolumens von 600—700 cm³ das plötzliche Herausdiffundieren der kohlensäurereichen Bodenluft zu vermeiden. Die Glocken werden auf 5 cm in den Boden eingedrückt. Die Tiefe des Eindrückens wird an einer entsprechend angebrachten Skala gemessen und sodann die dadurch entstandene Volumenverminderung genau berechnet. Die Glocke wird nach dem Eindrücken mit dem Glockenapparat luftdicht verbunden und nach einer Expositionszeit von 20 bis 30 Minuten untersucht (siehe Abb. 9). Für das gute Durchlüften der Glockenluft wird mit einem entsprechend angebrachten und nach außen verschlossenen Gummiball gesorgt. Mit dem Glockenapparat wird nun das entsprechende Volumen eingesaugt und analysiert. Wir arbeiten gewöhnlich mit n/40 HCl und konzentriertem $Ba(OH)_2$. Daher, wenn $Ba(OH)_2 + CO_2 = BaCO_3 + H_2O$ und $Ba(OH)_2 + 2\,HCl = BaCl_2 + 2\,H_2O$, so sind 2 cm³ n/40 HCl = 0,0011 g $CO_2$ und 1 cm³ n/40 HCl = 0,00055 g $CO_2$. Das Titrieren wird mit Phenolphthalein durchgeführt.

Wenn nun:

$X$ = $CO_2$-Produktion des Bodens in Gramm per Quadratmeter und Stunde,
$H$ = das Volumen der Bodenglocke in Kubikzentimetern,
$h_1$ = die Volumenverminderung, welche durch das Eindrücken der Glocke entsteht, in Kubikzentimetern,
$h_2$ = das Volumen der Glasleitung, welche die Glocke mit dem Apparat verbindet, in Kubikzentimetern,
$h_3$ = das Luftvolumen, welches in den Apparat eingesaugt wird,
$t_0$ = der Titer der $Ba(OH)_2$-Lösung mit n/$x$ HCl (Blindtiter),
$t_1$ = der Titer der $Ba(OH)_2$-Lösung nach der Absorption,
$g$ = der Kohlensäuregehalt der Luft in Gramm per Kubikzentimetern[1],
$T$ = die Grundfläche der Bodenglocke in Quadratzentimetern,
$t$ = die Expositionszeit der Glocke, d. h. der Zeitintervall zwischen dem Schließen und Öffnen der Glocke in Minuten,
$f$ = der Faktor der n/$x$ HCl-Lösung, welcher angibt, wieviel Gramm $CO_2$ 1 cm³ der betreffenden HCl-Lösung entsprechen,
$T$ = die Grundfläche der Bodenglocke in Quadratzentimetern,
$t$ = die Expositionszeit der Glocke, d. h. der Zeitintervall zwischen dem Schließen und Öffnen der Glocke in Minuten,
$f$ = der Faktor der n/$x$ HCl-Lösung, welcher angibt, wieviel Gramm $CO_2$ 1 cm³ der betreffenden HCl-Lösung entsprechen,

so lautet die Formel folgenderweise:

$$X = \frac{H - h_1 + h_2}{h_3}\,(t_0 - t_1)\ f - (H - h_1 + h_2)\ g\,\frac{60}{t} \cdot \frac{10000}{T}.$$

[1] Wird durch Saugung einer Luftprobe gleich nach Beginn aus der Glocke bestimmt·

Da bei entsprechender Arbeitseinrichtung die Werte von $H$, $h_1$, $h_2$, $h_3$, $t$ und $T$ konstant gehalten werden können, so können wir schreiben

$$\frac{H - h_1 + h_2}{h_3} = a , \qquad \frac{10\,000}{T} = c$$

$$H - h_1 + h_2 = b \quad \text{und} \quad \frac{60}{t} = d .$$

Die Gleichung wird daher für das praktische Arbeiten die folgende einfache Form aufnehmen:

$$X = a\,(t_0 - t_1)\,f - b \cdot g\,c \cdot d .$$

Ich führe ein Beispiel aus unseren Versuchsprotokollen auf:
Datum: 12. Oktober 1927. Ort: Fichtenwald bei Sopron.

Wenn n/$x$ HCl — n/40 HCl

$$\begin{aligned}
H &= 18\,813,6 \text{ cm}^3 & t_0 &= 14,50 \\
h_1 &= 3\,462,2 \;,, & t_1 &= 12,30 \\
h_3 &= 773,627\,,, & f &= 0,000\,55 \\
h_2 &= 76,93 \;,, & g &= 0,000\,000\,550 \\
T &= 692,44 \;,, & t &= 10 \text{ Minuten}
\end{aligned}$$

so ist:

$$X = \frac{18\,813,6 - 3\,462,2 + 76,93}{773,627}\,(14,50 - 13,36) \cdot 0,000\,55$$

$$- (18\,813,6 - 3\,462,2 + 76,93) \cdot 0,000\,000\,55\,\frac{60}{10} \cdot \frac{10\,000}{692,44} .$$

$$X = 0,35 \text{ g pro Quadratmeter und Stunde.}$$

Nach unseren vergleichenden Messungen kann die Expositionszeit der großen Glocke bis 40 Minuten erhöht werden, ohne Gefahr zu laufen, daß der Druck der angesammelten Kohlensäure die normale Diffusion der $CO_2$ des Bodens beeinträchtigen würde. In allen Fällen muß man aber dafür Sorge tragen, daß die Probeluft der Glocke vor der Entnahme mit dem Gummiball gründlich aufgerührt werde.

Diese Methode berücksichtigt das Volumen der Leitung zwischen der Bodenglocke und dem Glockenapparat. Man kann aber bei entsprechender Anordnung das Volumen der Leitung derart ausmessen, daß der Fehler, welcher infolge der Vernachlässigung dieses Volumens bei der Berechnung entsteht, unter der Fehlergrenze des Apparates bleibt. So wird z. B., wenn die Gesamtlänge der Leitung 100 cm beträgt und ihr Radius nur 2 mm ausmacht, $h_3 = 12,56$ cm$^3$ und der Fehler im Verhältnis zum $H - h_1 = 15\,000$, 0,08% oder auf den normalen Kohlensäuregehalt der Luft (0,03 Vol.%) umgerechnet, 0,000024 Vol.% sein. Ein Wert, der ja ganz bedeutend unter der Fehlergrenze des Apparats bleibt. Man kann daher bei der Auswahl der Dimensionen der Leitung dieselben so wählen, daß die Vernachlässigung des Leitungsvolumens unter der normalen Fehlergrenze des Apparats bleibt.

Die Berechnung kann daher noch weiter vereinfacht werden, und wenn nun

$$a = \frac{H - h_1}{h_3} \quad \text{und} \quad b = H - h_1 ,$$

so ist

$$X = a\,(t_0 - t_1)\,f - b \cdot g\,c \cdot d .$$

Diese einfache Gleichung erlaubt nämlich ein sehr leichtes Arbeiten bei der Berechnung der Resultate von Massenanalysen, die ja bei der Lösung dieser Frage immer notwendig werden. Die Korrektionen bezüglich des Barometerdrucks und der Temperatur werden in der üblichen Weise angebracht.

Die Verwendung des Glockenapparats von LUNDEGÅRDH hat daher bei der Messung der Bodenatmung nach der von mir eingeführten Methode die folgenden Vorteile:

1. Sie vereinfacht und vereinheitlicht die Messung in allen Fällen, wo für die Messung des $CO_2$-Gehaltes der Luft diese Apparate ohnedies im Gebrauch sind.

2. Sie macht den Gebrauch des empfindlichen und teuren volumetrischen Apparats überflüssig und ersetzt ihn durch den billigen, einfachen und recht widerstandsfähigen Glockenapparat.

3. Der $CO_2$-Gehalt der Luft und die $CO_2$-Produktion des Bodens werden mit der gleichen Methode und mit den gleichen Fehlergrenzen ermittelt.

*Für die Bestimmung der Bodenatmung im Laboratorium* verwendeten wir eine eigene von BOKOR zusammengestellte Apparatur (s. Abb. 10). Unsere Methodik war die folgende: Die Bodenproben kamen in Devilleflaschen, welche oben und unten Öffnungen besaßen. Diese Devilleflaschen wurden dann reihenweise aufgestellt. In den Devilleflaschen mußten wir zunächst im Interesse des normalen Verlaufes der Zellulosezersetzung und Bodenatmung die gute Durchlüftung des Bodens sichern. Dieses Ziel wurde so erreicht, daß der Boden der Flaschen mit zweimal gewaschenen, reinen Flußkieselsteinen gefüllt wurde. Die obere Glasleitung,

Abb. 10. Laboratoriumsapparat zur Messung der Bodenatmung.

welche die Flaschen verbindet, wurde mit einer Reihe von U-Gläsern versehen, und zwar derart, daß zu jeder Flasche je ein $H_2SO_4 \cdot CaCl_2$ und je zwei Natronkalk enthaltende U-Gläser gehörten. Diese Reihe von U-Gläsern wurde gegen die Zurückströmung von Wasserdämpfen mit einem $CaCl_2$ enthaltenden U-Glas geschützt. Die die unteren Eintrittsöffnungen der Flaschen verbindende Leitung wurde sodann mit einer Waschflasche, welche $Ba(OH)_2$ enthielt, verbunden, um die Vollkommenheit der $CO_2$-Absorption kontrollieren zu können. Dadurch wird der Boden auch vor der Austrocknung geschützt. Am Ende der Reihe hat ein Natronkalk und Kalilauge enthaltendes Gefäß für die vollständige Befreiung der Luft von der Luftkohlensäure gesorgt. Die Durchsaugung der Luft wurde mit einem Aspirator besorgt, welcher sehr vorsichtig derart eingestellt wurde, daß durch die Devilleflaschen in 24 Stunden mit einer ganz außerordentlich langsamen Strömungsgeschwindigkeit nur 8 Liter Luft passieren konnten.

Bei dieser Versuchsanordnung ist es uns gelungen, vollkommen $CO_2$-freie Luft durch das System saugen zu können, wobei die Zeit und die Temperatur genau abgemessen werden konnten. Bei der Durchsaugung der Luft hat sich natürlich infolge der sich im Boden abspielenden Zersetzungsprozesse $CO_2$ gebildet. Dieses $CO_2$ wurde sodann mit Hilfe dieser Versuchsanordnung von den Wasserdämpfen befreit, absorbiert und abgewogen. Aus dem Mehrgewicht konnte das Resultat bzw. die $CO_2$-Produktion des Bodens, bezogen auf Bodengewicht und -fläche, auf die übliche Weise berechnet werden. Die Gefäße enthielten je 1 kg Boden mit einer freien Bodenfläche von 113 $cm^2$.

Inzwischen sind noch einige sehr gute und brauchbare Methoden für die Messung der $CO_2$-Produktion eingeführt worden. Ich möchte hier die Methode von Bazyrina (311) sowie die Methode von Porkka (168a) erwähnen. Neuerlich hat auch Lehmann (328) eine sehr gute Methode ausgearbeitet und beschrieben. Wir haben jedoch keine Veranlassung, von der Apparatur und von der Methode von Lundegårdh abzuweichen, da, wie die Resultate später ganz einwandfrei gezeigt haben, ist es uns im allgemeinen ganz gut gelungen, auch mit dieser Apparatur die wichtigsten Zusammenhänge und Gesetzmäßigkeiten befriedigend zu ermitteln.

Abb. 11. Apparatur zur $p_H$-Bestimmung.

**10. Die Bestimmung der Bodenazidität.** Die Bodenazidität wurde anfangs mit der kolorimetrischen Methode nach Michaelis (61) bestimmt. Später haben wir jedoch ausschließlich mit der Chinhydronelektrode gearbeitet, und zwar teilweise mit der Apparatur von Mislowitzer (63) und teilweise mit der Apparatur von Fehér (s. Abb. 11). Dieser Apparat hat den großen Vorteil, daß er leicht zerlegbar ist, und, falls Störungen vorkommen sollten, alle Teile zerlegt, kontrolliert und repariert werden können.

Zur Bestimmung des $E_k$ des Akkumulators benützen wir ein gewöhnliches Mavometer, welches in der letzten Zeit in die Radiotechnik eingeführt wurde. Dasselbe wird dann von Zeit zu Zeit mit einem mit dem Westonschen Normalelement geeichten Kadmiumelement kontrolliert. Es zeigt sich gewöhnlich die Voltzahl mit einer Genauigkeit von 0,005—0,01. Diese Fehlergrenze entspricht dann bei der gewöhnlichen Voltzahl von 1,8—2,0 einem Fehler von ungefähr $\pm$ 0,25—0,50 %. Das Zusammenwirken der Teile des Apparates, um die eventuellen Fehler eruieren zu können, muß natürlich von Zeit zu Zeit ebenfalls kontrolliert werden. Zu diesem Zwecke benützten wir die bekannte Standardazetatlösung.

Die $p_H$-Zahl dieser Lösung beträgt bekanntlich 4,62. Der Apparat arbeitet nach unseren Erfahrungen mit einer Fehlergrenze von $p_H = \pm$ 0,005—0,015. Das sind Unterschiede, die biologisch vollkommen bedeutungslos sind. Zum Aufsuchen der O-Stellung benützen wir ein WESTONsches Galvanometer, welches mit einer Empfindlichkeit von $25,10^{-6}$ arbeitet und unseren Zwecken ausgezeichnet entspricht. Zur Messung der Bodenproben benützen wir Suspensionen. Zur Einstellung des Potentials wird gewöhnlich 2—4 Minuten gewartet. Die Menge des zugesetzten Chinhydrons beträgt ungefähr 40—60 mg. Die Böden kamen im naturfeuchten Zustande zur Verwendung. Es wurden immer Suspensionen[1] in doppelt destilliertem Wasser, dessen neutrale Reaktion sorgfältig geprüft wurde, verwendet. Als Chinhydronelektrode wurde gewöhnlich die WEIBELsche Chinhydronelektrode benützt, dessen $p_H = 2,03$ beträgt.

Bei einigen Untersuchungen haben wir auch die Austauschazidität bestimmt. Zu diesem Behufe wurde der lufttrockene Boden (100 g) mit 200 cm³ 7,5 proz. KCl-Lösung im Schüttelapparat eine Stunde lang geschüttelt und sodann filtriert.

Die Ermittelung der $p_H$-Werte durch die Apparatur von FEHÉR erfolgt folgenderweise: Wir bestimmen zunächst die Voltzahl des Akkumulators $E_{Akk.}$. Die Bestimmung erfolgt entweder durch Ablesung auf dem Mavometer oder durch genauen Vergleich mit dem Kadmiumelement. In diesem Fall ist

$$E_{Akk.} = E_{Kad.} \cdot \frac{BC}{CD} ,$$

wobei bedeutet $BC$ die Teilstriche der Trommel der WHEATSTONschen Brücke in 1000 Einheiten ausgedrückt und $CD$ die Ablesung der Trommel. Das $E_k$ des gesuchten Bodens ist nun

$$E_k = E_{Akk.} \cdot \frac{CD}{BC} ,$$

wovon

$$p_H = \frac{E}{m} + 2,03 .$$

In dieser Formel bedeuten bekannterweise 2,03 das $p_H$ der WEIBELschen Chinhydronelektrode und $m$ bedeutet einen Faktor, dessen Werte sich mit der Temperatur ändern. Bei gewöhnlicher Temperatur sind diese Werte die folgenden:

| | | | | | |
|---|---|---|---|---|---|
| bei | 15° C | . . . 0,0571 | bei | 20° C | . . . 0,0581 |
| ,, | 16° C | . . . 0,0573 | ,, | 21° C | . . . 0,0583 |
| ,, | 17° C | . . . 0,0575 | ,, | 22° C | . . . 0,0585 |
| ,, | 18° C | . . . 0,0577 | ,, | 23° C | . . . 0,0587 |
| ,, | 19° C | . . . 0,0579 | | | |

Z. B.: Die Ablesung der Trommel der WHEATSTONschen Brücke 890, $E_{Akk.} = $ 1,90, 18° C,

$$p_H = \frac{\dfrac{1000 - 890}{1000} \cdot 1{,}90}{0{,}0577} + 2{,}03 = 5{,}65 .$$

Zur vollständigeren Kontrolle haben wir noch von Zeit zu Zeit das Funktionieren unserer Apparatur durch Parallelbestimmungen mit der trefflichen Apparatur von MISLOWITZER geprüft und kontrolliert.

11. **Die Bestimmung des Humusgehaltes.** Zur Bestimmung des Humusgehaltes wurde eine Kombination zwischen dem Verfahren nach DENNSTEDT und dem Kaliumbichromatverfahren benützt. Die Methode wurde insofern vereinfacht, als die Oxydation mit Chromsäure durchgeführt und die Adsorption und Reinigung der Verbrennungsprodukte nach den Anordnungen von DENNSTEDT besorgt wurde[2].

---

[1] Das Verhältnis Boden : Wasser wurde mit 1 : 2 gewählt (5 g Boden : 10 ccm Wasser). Die Proben wurden auch 10—15 Minuten lang kräftig geschüttelt.

[2] S. VÁGI-FEHÉR: Bodenkunde S. 941.

5 g lufttrockener Boden wird in einem Corleisgefäß mit 20 cm³ 20 proz. Schwefelsäure übergossen, worauf die gebildete $CO_2$ der Karbonate ausgetrieben wird. Nach etwa 20 Minuten wird der Rückstand mit 50 cm³ destilliertem Wasser und 15 g Kaliumbichromat versetzt und das Gefäß abgeschlossen. Hierauf wird die Lösung bis zur Siedehitze erwärmt und etwa 20 Minuten lang auf Siedetemperatur gehalten. Die entwickelten Gase werden nach entsprechender Abkühlung über einen auf 400° C erhitzten Kupferspiraldraht und über eine Mischung von Bleisuperoxyd und Bleioxyd (Mennige) geleitet, um die entstandenen Stickstoff- und Schwefeloxyde zu binden. Hierauf werden die Gase in U-Gläsern getrocknet, und zwar derart, daß sie zuerst über konzentrierte Schwefelsäure und sodann über Chlorkalzium geleitet werden. Die so getrockneten und entwässerten Gase werden nun in U-Gläser geleitet, welche zur Adsorption der Kohlensäure Natronkalk enthalten und genau gewogen werden. Das ganze System wird am Ende noch mit zwei U-Gläsern abgeschlossen, von welchen das erstere Chlorkalzium und das zweite Natronkalk

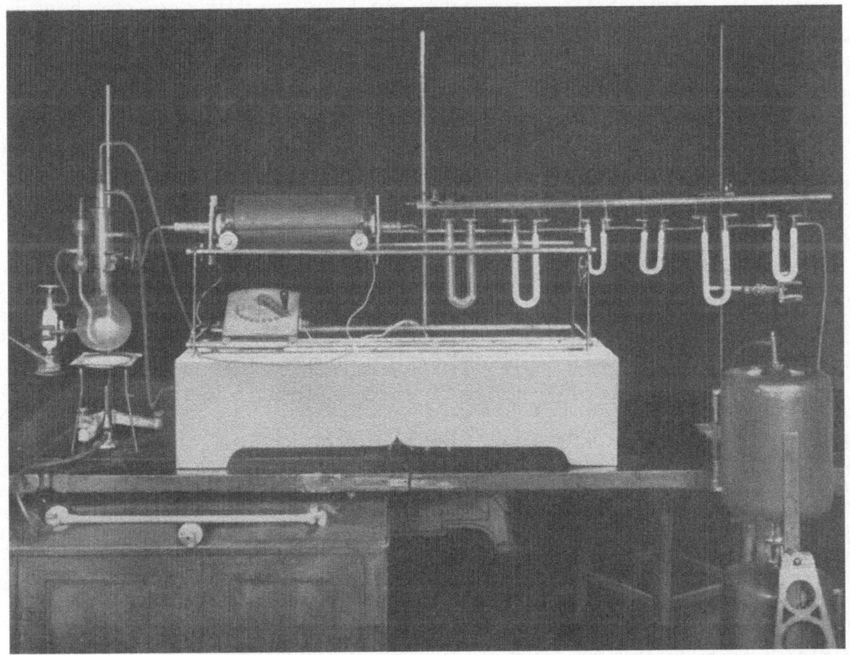

Abb. 12. Apparatur zur Bestimmung des Humusgehaltes.

enthält. Um die Luft, welche in die Apparatur geleitet wird, von der Kohlensäure zu befreien, wird vorn ein Adsorptionsglas eingeschaltet. Die Luft und die Gase werden sodann durch einen Aspirator gesaugt. Da die beiden U-Gläser, welche Natronkalk enthalten, vor und nach der Bestimmung genau gewogen werden, so kann man die entstandene Kohlensäure aus der Gewichtsdifferenz genau berechnen. An der Stelle der beiden U-Gläser mit Natronkalk können wir auch ein in der analytischen Chemie oft verwendetes Kaligefäß einschalten, welches früher mit Kalilauge gefüllt und gewogen wird (s. Abb. 12). Für die Berechnung des Humusgehaltes wird vorausgesetzt, daß der C-Gehalt des Humus ungefähr 58 % beträgt. Wir wollen hier ein Beispiel durcharbeiten:

Gewicht der Probe: 5,3214 g, die aufgefangene und gewogene Kohlensäure 1,2345 g. Wir berechnen zunächst den C-Gehalt der aufgefangenen Kohlensäure. Das Molekulargewicht der Kohlensäure ist $12 + (2 \cdot 16) = 44$. Da in 44 g $CO_2$ 12 g C enthalten sind, so wird der Kohlenstoffgehalt der abgewogenen Kohlensäure auf Grund folgender Überlegung berechnet:

$$44 : 12 = 1,2345 : x,$$

daraus ist

$$x = \frac{12 \cdot 1,2345}{44} = 0,3367 \text{ g}.$$

Da der C-Gehalt des Humus gewöhnlich mit 58 % angenommen wird, oder besser gesagt 58 Gewichtsteile C 100 Gewichtsteilen Humus entsprechen, so können wir die folgende Berechnung durchführen:

$$58 : 100 = 0,3367 : x$$

$$x = 0,5805 \text{ g Humus}$$

oder in Prozenten

$$5,3214 : 0,5805 = 100 : x$$

daraus

$$x = 10,9 \% .$$

Es soll hier gleich bemerkt werden, daß natürlicherweise durch dieses Verfahren der absolute Humusgehalt des Bodens nicht ermittelt werden kann. Infolge der Einfachheit der Methodik bietet es aber sehr große Vorteile und kann sehr gut gebraucht werden, um die verschiedenen Waldböden bezüglich ihres Humusgehaltes vergleichend untersuchen zu können. Mit dem gleichen Erfolg kann man für die Berechnung auch die bekannte VAN BEMMELENsche Zahl annehmen, welche zur Berechnung des Humusgehaltes einfach die berechnete $CO_2$-Menge mit 0,47 multipliziert und den Humusgehalt auf die Gewichtseinheit berechnet.

Für die Bestimmung des absoluten C-Gehaltes der Böden gibt dieses Verfahren ebenfalls gute und brauchbare Resultate. Für die exakte Bestimmung dieses Faktors ist jedoch das bereits erwähnte Verfahren nach DENNSTEDT unerläßlich.

**12. Die Bestimmung der Gesamt-, Nitrat-, Ammoniak- und Nitrit-Stickstoffgehalte des Waldbodens.** *Der Gesamtstickstoffgehalt* wurde nach dem Verfahren von GUNNIN-ATTERBERG (93) ermittelt, welches Verfahren wesentlich eine Modifikation der KJELDAHLschen Stickstoffbestimmungsmethode darstellt.

Es werden 4—6 g von der Bodenprobe bei 100° C getrocknet, mit 20 cm³ konzentrierter Schwefelsäure in 250-cm³-Kölbchen bis zum Kochen erhitzt und sodann 15—18 g Kaliumsulfat, sowie 1 g Quecksilber hinzugefügt. Die Flüssigkeit hat sich bereits nach 30 Minuten geklärt, wird aber noch 15 Minuten lang erhitzt, wodurch die Überführung des gesamten Stickstoffs in Ammoniumsulfat gewährleistet ist. Nach dem Erkalten wird die konzentrierte schwefelsaure Lösung in eine 1 Liter fassende Kochflasche übergeführt, mit destilliertem Wasser bis auf 200 cm³ verdünnt und sodann in einen KJELDAHLschen Destillierapparat gebracht. Kurz vor dem Destillieren gießt man zu der Flüssigkeit 80 cm³ Natronlauge, welche 50 g NaOH enthält. Das Destillat wird in einem Kochbecher aufgefangen, in welchen man 50 cm³ n/10 Schwefelsäure gibt, die das Ammoniak bindet. Nach der Ammoniakdestillation wird die n/10 Schwefelsäure mit n/10 Natronlauge und mit Indikator von alizarosulfosaurem Natrium titriert. Aus der verbrauchten Menge der Natronlauge kann man das Ammoniak berechnen. Die Berechnung ist sehr einfach, da 100 cm³ der n/10 Schwefelsäure 0,1707 g Ammoniak oder 0,1404 g Stickstoff entsprechen.

*Der Nitrat-Stickstoffgehalt* wurde nach dem Verfahren von WHITTING, RICHMOND und SCHOONOVER (183) bestimmt. Das Wesen des Verfahrens ist kurz folgendes: Man trocknet 100 g Boden bei 110° C 10—12 Stunden bis zur Gewichtskonstanz, schüttelt mit 300 cm³ 0,5proz. HCl 4—5 Stunden aus, läßt über Nacht stehen und übergießt sodann in einem 1 Liter umfassenden Kjeldahlkolben 200 cm³ der klaren Lösung und fügt 5 g $Na_2O_2$ dazu. Die Lösung wird sodann mit einer kleinen Menge von Harnstoff vermengt und abgedampft, dann mit 200 cm³ $H_2O$ verdünnt und nach Zugabe von 0,5 Devardalegierung in einem Kjeldahlapparat 30—40 Minuten lang mit 50 cm³ n Schwefelsäure destilliert. Das Destillat wird dann mit n/10 Lauge und mit alizarinsulfosaurem Natrium titriert.

*Die Bestimmung des Ammoniaks* im Boden erfolgte mit der folgenden einfachen Methode: 500 g Boden wurden mit 800 cm³ 5proz. KCl vermischt und einige Stunden stehengelassen. Diese Flüssigkeit wird sodann filtriert und der Boden auf dem Filter mit 5proz. KCl gut ausgewaschen. Das Filtrat wird auf die Hälfte abgedampft, in einen Destillierkolben gegeben, mit MgO vermischt, destilliert und das entwickelte Ammoniak in $n/_{10}$ Schwefelsäure aufgefangen und titriert.

In vielen Fällen hat sich auch die Notwendigkeit ergeben, den *Nitrit-Stickstoffgehalt* des Bodens zu bestimmen. In allen diesen Fällen wurde die folgende Methode nach STOKLASA (84) angewendet. Es wurde zunächst konzentriertes Bodenextraktum aus ca. 1 kg Boden dazu bereitet, aus welchem das Ammoniak durch Destillation mit MgO entfernt worden ist. Der nach der Destillation mit MgO verbleibende Rückstand wird schließlich mit destilliertem Wasser, 12 g $MgCl_2 \cdot H_2O$ und 3 g der fein pulverisierten ARNDschen Legierung vermengt und einer zweiten Destillation in dem KJEDAHLschen Apparat unterworfen. Wenn man dann aus dem so erhaltenen Resultat die Nitratmengen subtrahiert, so erhält man die Menge der Nitrite.

**13. Die Bestimmung des CaCO₃-Gehaltes des Bodens.** Der Gehalt an kohlensaurem Kalk wurde mit dem Kalzimeter von PASON in der üblichen Weise ermittelt.

**14. Die Bestimmung des Wassergehaltes des Bodens.** Den Wassergehalt des Bodens bestimmten wir einfach durch Trocknen bis zum ständigen Gewicht bei 105° C.

**15. Die Bestimmung einiger physikalischer Eigenschaften des Bodens.** *Die Schlemmanalyse* wurde gewöhnlich mit der Apparatur von KRAUSS-KOPETZKY durchgeführt, teilweise wurde aber auch der Apparat von ATTERBERG verwendet.

*Die Porosität*, die maximale und absolute *Wasserkapazität* und die *Luftkapazität* haben wir folgenderweise bestimmt: Man versteht unter Porosität die Summe der feinen Porusvolumina zwischen den Bodenteilchen, welche mit Luft gefüllt sind. Unter maximaler Wasserkapazität versteht man dagegen jene Wassermengen, welche der Boden nach großen Niederschlägen enthält, wobei das Wasser alle verfügbaren Poren anfüllt. Unter absoluter Wasserkapazität versteht man dagegen jene größte Wassermenge, welche der Boden in natürlicher Lage und in natürlichem Zustand ständig zurückhalten kann. Dieselbe wird daher den unteren Bodenschichten nicht mehr abgegeben. Unter Luftkapazität verstehen wir jenes Luftvolumen, welches bei der Sättigung des Bodens bis zur absoluten Wasserkapazität noch in dem Boden zurückbleibt. Wir müssen hier gleich bemerken, daß alle unsere Daten für den naturfeuchten Zustand des Bodens berechnet und angegeben werden. Dieser Zustand kommt nämlich den natürlichen Verhältnissen am nächsten.

Für die Bestimmung dieser physikalischen Eigenschaften benützten wir Messingzylinder mit 50 mm Durchmesser und 50 cm³ Rauminhalt. Der untere Rand dieser Zylinder war scharf ausgebildet. Die Bodenproben wurden gewöhnlich in 5—10 cm Tiefe genommen. Zu diesem Behufe haben wir die Zylinder sorgfältig in den Boden gedrückt, wobei natürlich streng darauf geachtet wurde, daß die natürliche Struktur des Bodens nicht zertrümmert werde. Wir haben darauf mit einer Schaufel den Zylinder mit der umgebenden Erde ausgehoben und den Messingzylinder von dem anhaftenden Boden mit einem scharfen Messer abgetrennt. Die Zylinder wurden sodann an beiden Enden mit Organtüll und Drahtnetz verbunden. Die Probe wurde sofort abgewogen und aus dem Gewicht das Eigengewicht des Zylinders subtrahiert, um dadurch das Gewicht der feuchten Erde zu gewinnen. Die Zylinder sind sodann samt dem Drahtnetz in Wasser gestellt worden und sogar noch von oben mit Wasser benetzt. Dadurch wird die Bodenprobe vollständig mit Wasser gesättigt. Nach diesem Vorgang wird die Bodenprobe von dem überflüssigen Wasser folgenderweise befreit: Nach der Entfernung des Drahtnetzes werden die Zylinder auf lufttrockenen Boden gestellt, welcher von der gleichen Stelle genommen wurde. Dadurch verliert der mit Wasser gesättigte Boden seine überflüssige Feuchtigkeit und behält nur so viel Wasser, wie es seiner Wasserkapazität entspricht. Der Vorgang dauert ungefähr 24 Stunden lang. Nach dieser Manipulation werden die Zylinder noch einige Stunden lang auf Filterpapier gesetzt, um auf die Art und Weise zu vollkommen zuverlässigen Resultaten gelangen zu können. Während dieser Eingriffe werden die Bodenproben im feuchten Raume gehalten, damit Transpirationsverluste möglichst verhindert werden. Die Proben werden schließlich gewogen und sodann bei 110° C bis zu ständigem Gewicht getrocknet, hiermit zum drittenmal gewogen, um das Gewicht des absolut trockenen Bodens bestimmen zu können.

Aus den Resultaten der drei Wägungen wird nun der ursprüngliche Wassergehalt, welcher bei der Entnahme der Probe vorhanden war, in Gewichtsprozenten und die absolute Wasserkapazität in Volumprozenten gerechnet. Wenn wir nämlich das Gewicht des mit

Wasser gesättigten Bodens mit $q$ und das Gewicht des absolut trockenen Bodens mit $q_1$ bezeichnen, so wird der absolute Wassergehalt in Grammen gewonnen:

$$W = q - q_1 .$$

Dieses Resultat, das ungefähr die maximale Wasserkapazität des Bodens bedeutet, wird sodann auf das ursprüngliche Volumen des Bodens bezogenen Volumprozenten ausgerechnet und ausgedrückt. Um die absolute Wasserkapazität berechnen zu können, wird aus dem ursprünglichen Gewicht des Bodens das bei der zweiten Wägung ermittelte Gewicht abgezogen und ebenfalls in Prozenten des ursprünglichen Bodenvolumens berechnet. Um die Porosität genau berechnen zu können, müssen wir die relativen und absoluten spezifischen Gewichte der Bodenproben kennen. Unter relativem spezifischen Gewicht verstehen wir das Gewicht von 1 cm³ Boden in natürlichem Zustande.

Die oben beschriebene Apparatur kann man auch für die Bestimmung des relativen spezifischen Gewichtes verwenden. Wenn wir nämlich das genau berechnete Volumen dieser Messinggefäße mit dem gefundenen absoluten Trockengewicht der Probe dividieren, bekommen wir das relative spezifische Gewicht. Das absolute spezifische Gewicht bestimmen

Abb. 13. Apparat zur Bestimmung der Leitfähigkeit des Bodens.

wir dagegen mit der Hilfe des Piknometers. Aus den relativen und absoluten spezifischen Gewichten kann man nun die Porosität berechnen, und zwar mit der folgenden Formel:

$$V_p = 100 - \frac{V_s \cdot 100}{s} .$$

In dieser Formel bedeutet $V_p$ die Porosität, $V_s$ das relative spezifische Gewicht von 100 cm³ Boden, und $s$ bedeutet das wahre oder absolute spezifische Gewicht des Bodens.

Bezeichnen wir jetzt die absolute Wasserkapazität des Bodens mit $h$, so bekommen wir die Luftkapazität $(l)$ aus der folgenden Formel:

$$l = V_p - h .$$

**16. Die Bestimmung der Leitfähigkeit des Bodens.** Die Leitfähigkeit des Bodens wurde auf elektrometrischem Wege bestimmt. Zu diesem Zwecke benützten wir eine komplette WHEATSTONsche Brücke mit Telephon und ein Widerstandsgefäß mit Thermometer (siehe Abb. 13). Bei der Messung wird gewöhnlich jener Widerstand in Ohm bestimmt, welcher dem Widerstand der Bodensuspension gleich ist.

Wenn wir den gesuchten Widerstand mit $X$ bezeichnen, so wird die Leitfähigkeit $(L)$ der Bodensuspension mit der Formel

$$L = \frac{1}{X}$$

ausgedrückt.

Die Berechnung des Widerstandes $X$ geschieht mit der bekannten Formel

$$X = \frac{W \cdot (1000 - a)}{a} ,$$

wo $a$ bedeutet die Ablesung auf der Trommel der Brücke und $W$ den Wert des Vergleichwiderstandes der WHEATSTONschen Brücke.

Bei den Messungen benützten wir zweimal destilliertes Wasser, welches von der $CO_2$-Absorption geschützt wurde. Die Leitfähigkeit dieses Wassers beträgt ungefähr $2 \cdot 10^{-6}$, welche die Messung nicht mehr stören kann. Die anfangs erwähnte Formel $L = \dfrac{1}{X}$ muß bei den praktischen Messungen mit der Kapazität des Widerstandsgefäßes $(c)$ multipliziert werden.

Zur Bestimmung der Kapazität des Gefäßes benützten wir eine n/10 KCl-Lösung. Die Leitfähigkeit dieser Lösung $K_{KCl}$ ist bekannterweise gleich $L = \dfrac{1}{X}$, wenn in dem Gefäß die Elektroden mit je $1\,cm^2$ Oberfläche genau $1\,cm$ entfernt stehen. Diese Werte der n/10 KCl-Lösung sind konstant und bekannt. Sie sind

| | | |
|---|---|---|
| bei $18^0\,C$ . . . 0,01119 | | bei $25^0\,C$ . . . 0,01288 |
| „ $19^0\,C$ . . . 0,01143 | | „ $27^0\,C$ . . . 0,01337 |
| „ $21^0\,C$ . . . 0,01191 | | „ $35^0\,C$ . . . 0,01539 |

Falls die Elektroden, wie das gewöhnlich der Fall ist, voneinander nicht in $1\,cm$ Entfernung stehen, so wird einfach das Gefäß mit n/10 KCl-Lösung gefüllt und der Widerstand $X$ gemessen. Von diesen Daten ist nun die spezifische Leitfähigkeit des Gefäßes

$$c = X_{KCl} \cdot K_{KCl} .$$

Wenn z. B. $X_{KCl} = 60$ Ohm und die Temperatur $18^0\,C$ beträgt, so ist

$$c = 60 \cdot 0,01119 = 0,6714 .$$

Nun sehen wir ein Beispiel. Bei einer bestimmten Bodenprobe fanden wir $X = 33$, so ist

$$L = \frac{1}{33} \cdot 0,6714 = 0,020345 .$$

Ganz besonders eingehend haben wir die Leitfähigkeitsmessungen bei der Bestimmung des Gesamtsalzgehaltes der Alkaliböden benützt. Dieses Verfahren wurde nach den Angaben von SIGMOND (560) verwendet. Der Boden wird zunächst gründlich zerkleinert, gut durchgemischt und sodann in einem Porzellanmörser mit $200\,cm^3$ Wasser vermengt. Durch entsprechendes Kneten erzeugen wir davon eine zähe, flüssige Masse. Diese Masse wird jetzt in das Widerstandsgefäß gegeben, nachdem die eventuellen Luftblasen durch Schütteln des Gefäßes vertrieben werden. Nachdem das Gefäß sorgfältig abgewischt wurde, wird es in den Stromkreis der WHEATSTONschen Brücke eingeschaltet und der Widerstand auf der Trommel der Brücke abgelesen.

Wenn z. B. $W = 100$ und $a = 700$ $t$ $18^0\,C$, so ist nach der Formel $X = \dfrac{W \cdot (1000 - a)}{a}$ der Widerstand $X = \dfrac{100 \cdot (1000 - 700)}{700} = 43$ Ohm .

Die so erhaltenen Ohmzahlen können nun auf die Normaltemperaturen berechnet und bezogen werden. Zu diesem Behufe dient die beigeschlossene Tabelle 1.

Wir suchen nun in derselben Tabelle jene Rubrik, auf welche bei $18^0\,C$ 43 Ohm entsprechen (d. h. die Rubrik 4000 und 3000) und berechnen dann davon die auf $15,55^0\,C$ bezogene Ohmzahl.

$$\begin{aligned} 40 \text{ Ohm bei } 18^0\,C &= 42,42 \text{ Ohm bei } 15,55^0\,C \\ \underline{\phantom{4}3 \ „ \ „ \ 18^0\,C} &= \underline{\phantom{4}3,18 \ „ \quad „ \ 15,55^0\,C} \\ 43 \text{ Ohm bei } 18^0\,C &= 45,60 \text{ Ohm bei } 15,55^0\,C \end{aligned}$$

Zwischen dem so berechneten ohmischen Widerstand und dem Gesamtsalzgehalt besteht folgender empirischer Zusammenhang:

In unserem obigen Beispiel: der Widerstand von 43 Ohm ist zwischen den empirischen Werten 24 und 55 zu suchen. Wenn wir noch interpolieren wollen, so finden wir, daß jede 0,3proz. Änderung des Gesamtsalzgehaltes 3,1 Ohm entsprechen. So ist der Gesamtsalzgehalt in unserem Beispiel:

| Elektrischer Widerstand | Gesamtsalzgehalt % | Elektrischer Widerstand | Gesamtsalzgehalt % |
|---|---|---|---|
| 24,0 | 2,0 | 157,0 | 0,2 |
| 55,0 | 1,0 | 239,5 | 0,15 |
| 81,5 | 0,5 | 349,5 | 0,10 |
| 97,5 | 0,4 | 574,5 | 0,05 |
| 123,0 | 0,3 | 674,5 | 0,03 |

$$\begin{aligned} 24 &= 2,00\ \% \\ \underline{19} &= \underline{0,61\ „} \\ &\ \ \ 1,39\ \% \end{aligned}$$

Tabelle I.

| °C | 1000 | 2000 | 3000 | 4000 | 5000 | 6000 | 7000 | 8000 | 9000 |
|---|---|---|---|---|---|---|---|---|---|
| 14,2 | 968 | 1936 | 2904 | 3872 | 4839 | 5807 | 6775 | 7743 | 8711 |
| 4 | 974 | 1948 | 2922 | 3896 | 4870 | 5844 | 6818 | 7792 | 8766 |
| 7 | 981 | 1961 | 2942 | 3923 | 4903 | 5884 | 6864 | 7845 | 8826 |
| 15,0 | 987 | 1974 | 2962 | 3940 | 4936 | 5923 | 6910 | 7898 | 8885 |
| 3 | 994 | 1988 | 2982 | 3976 | 4971 | 5965 | 6959 | 7953 | 8947 |
| 5 | 1000 | 2000 | 3000 | 4000 | 5000 | 6000 | 7000 | 8000 | 9000 |
| 8 | 1006 | 2013 | 3019 | 4026 | 5032 | 6039 | 7045 | 8052 | 9059 |
| 16,1 | 1013 | 2026 | 3039 | 4052 | 5065 | 6078 | 7091 | 8104 | 9117 |
| 4 | 1020 | 2040 | 3060 | 4080 | 5100 | 6120 | 7140 | 8160 | 9180 |
| 7 | 1027 | 2054 | 3081 | 4108 | 5135 | 6162 | 7189 | 8216 | 9243 |
| 9 | 1033 | 2067 | 3100 | 4134 | 5167 | 6201 | 7234 | 8268 | 9302 |
| 17,2 | 1040 | 2080 | 3120 | 4160 | 5200 | 6240 | 7280 | 8320 | 9360 |
| 5 | 1047 | 2094 | 3141 | 4188 | 5235 | 6282 | 7329 | 8376 | 9423 |
| 8 | 1054 | 2108 | 3162 | 4216 | 5270 | 6324 | 7378 | 8432 | 9486 |
| 18,0 | 1060 | 2121 | 3181 | 4242 | 5302 | 6363 | 7423 | 8484 | 9545 |
| 3 | 1067 | 2134 | 3201 | 4268 | 5335 | 6402 | 7469 | 8536 | 9603 |
| 6 | 1074 | 2148 | 3222 | 4296 | 5370 | 6444 | 7518 | 8592 | 9666 |
| 9 | 1081 | 2162 | 3243 | 4324 | 5405 | 6486 | 7567 | 8648 | 9729 |
| 19,2 | 1088 | 2176 | 3264 | 4352 | 5440 | 6528 | 7616 | 8704 | 9792 |
| 4 | 1095 | 2190 | 3285 | 4380 | 5475 | 6570 | 7665 | 8760 | 9855 |
| 7 | 1102 | 2205 | 3307 | 4410 | 5512 | 6615 | 7717 | 8820 | 9922 |
| 20,0 | 1110 | 2220 | 3330 | 4440 | 5550 | 6660 | 7770 | 8880 | 9990 |
| 3 | 1117 | 2235 | 3352 | 4470 | 5587 | 6705 | 7823 | 8940 | 10058 |
| 5 | 1125 | 2250 | 3375 | 4500 | 5625 | 6750 | 7875 | 9000 | 10125 |
| 8 | 1133 | 2265 | 3398 | 4530 | 5663 | 6795 | 7928 | 9060 | 10193 |
| 21,1 | 1140 | 2280 | 3420 | 4560 | 5700 | 6840 | 7980 | 9120 | 10260 |
| 4 | 1147 | 2295 | 3442 | 4590 | 5737 | 6885 | 8032 | 9180 | 10327 |
| 7 | 1155 | 2310 | 3465 | 4620 | 5775 | 6930 | 8085 | 9240 | 10395 |
| 9 | 1162 | 2325 | 3487 | 4650 | 5812 | 6975 | 8137 | 9300 | 10462 |
| 22,2 | 1170 | 2340 | 3510 | 4680 | 5850 | 7028 | 8190 | 9360 | 10530 |
| 5 | 1177 | 2355 | 3532 | 4710 | 5887 | 7065 | 8242 | 9420 | 10597 |
| 8 | 1185 | 2370 | 3555 | 4740 | 5925 | 7110 | 8295 | 9480 | 10665 |
| 23,0 | 1193 | 2386 | 3579 | 4772 | 5965 | 7158 | 8351 | 9544 | 10737 |
| 3 | 1201 | 2402 | 3603 | 4804 | 6005 | 7206 | 8407 | 9608 | 10809 |
| 6 | 1208 | 2416 | 3624 | 4832 | 6040 | 7248 | 8456 | 9664 | 10872 |
| 9 | 1215 | 2430 | 3645 | 4860 | 6075 | 7290 | 8505 | 9720 | 10935 |
| 24,2 | 1222 | 2445 | 3667 | 4890 | 6112 | 7335 | 8557 | 9780 | 11002 |
| 4 | 1230 | 2460 | 3690 | 4920 | 6158 | 7380 | 8610 | 9840 | 11070 |
| 7 | 1237 | 2475 | 3712 | 4950 | 6187 | 7425 | 8662 | 9900 | 11137 |
| 25,0 | 1245 | 2490 | 3735 | 4980 | 6225 | 7470 | 8715 | 9960 | 11205 |
| 3 | 1253 | 2506 | 3759 | 5012 | 6265 | 7518 | 8771 | 10024 | 11277 |
| 5 | 1261 | 2522 | 3783 | 5044 | 6305 | 7566 | 8827 | 10088 | 11349 |
| 8 | 1269 | 2538 | 3807 | 5076 | 6345 | 7614 | 8883 | 10152 | 11421 |
| 26,1 | 1277 | 2554 | 3831 | 5108 | 6385 | 7662 | 8939 | 10216 | 11493 |
| 4 | 1286 | 2576 | 3856 | 5142 | 6427 | 7713 | 8998 | 10284 | 11569 |
| 7 | 1294 | 2598 | 3882 | 5176 | 6470 | 7754 | 9058 | 10352 | 11646 |
| 9 | 1302 | 2609 | 3906 | 5208 | 6510 | 7812 | 9114 | 10416 | 11718 |
| 27,2 | 1310 | 2620 | 3930 | 5240 | 6550 | 7860 | 9170 | 10480 | 11800 |
| 5 | 1318 | 2637 | 3955 | 5270 | 6592 | 7911 | 9229 | 10546 | 11866 |
| 8 | 1327 | 2654 | 3981 | 5308 | 6635 | 7962 | 9289 | 10616 | 11943 |
| 28,0 | 1335 | 2670 | 4005 | 5340 | 6675 | 8010 | 9345 | 10680 | 12015 |
| 3 | 1343 | 2686 | 4029 | 5372 | 6715 | 8058 | 9401 | 10744 | 12087 |
| 6 | 1351 | 2702 | 4053 | 5404 | 6755 | 8106 | 9457 | 10808 | 12159 |
| 9 | 1359 | 2718 | 4077 | 5436 | 6795 | 8154 | 9513 | 10872 | 12231 |
| 29,2 | 1367 | 2735 | 4102 | 5470 | 6837 | 8205 | 9572 | 10940 | 12307 |
| 4 | 1376 | 2752 | 4128 | 5504 | 6880 | 8256 | 9632 | 11008 | 12384 |
| 7 | 1385 | 2769 | 4153 | 5538 | 6922 | 8307 | 9691 | 11076 | 12460 |
| 30,0 | 1393 | 2786 | 4179 | 5572 | 6965 | 8358 | 9751 | 11144 | 12531 |

**17. Die Bestimmung der Lichtintensität.** Für die Lichtmessung haben wir nach reiflicher Überlegung die photometrische Methode nach EDER-HECHT gewählt. Wie es allgemein bekannt sein dürfte, so bildet die Grundlage dieser Methode die grundlegend aufgestellte physikalische These von BUNSEN-ROSCOE, welche kurz mit folgender Gleichung

$$i \cdot t = i_1 \cdot t_1$$

ausgedrückt werden kann. In dieser Gleichung bedeutet $i$ die Lichtintensität und $t$ die Dauer der Exposition.

EDER und HECHT haben für den praktischen Ausdruck der Menge $i \cdot t$ die sog. normale schwarze Farbe angenommen, welche auf einem mit Chlorsilber überzogenen sog. Normalpapier unter vollkommen freiem Himmel mittags 12 Uhr während 1 Sekunde hervorgerufen wird. Wird diese Schwärzung als der Ausdruck für die Einheit angenommen, so ist die

veränderliche Lichtintensität $i_x = \dfrac{1}{t}$.

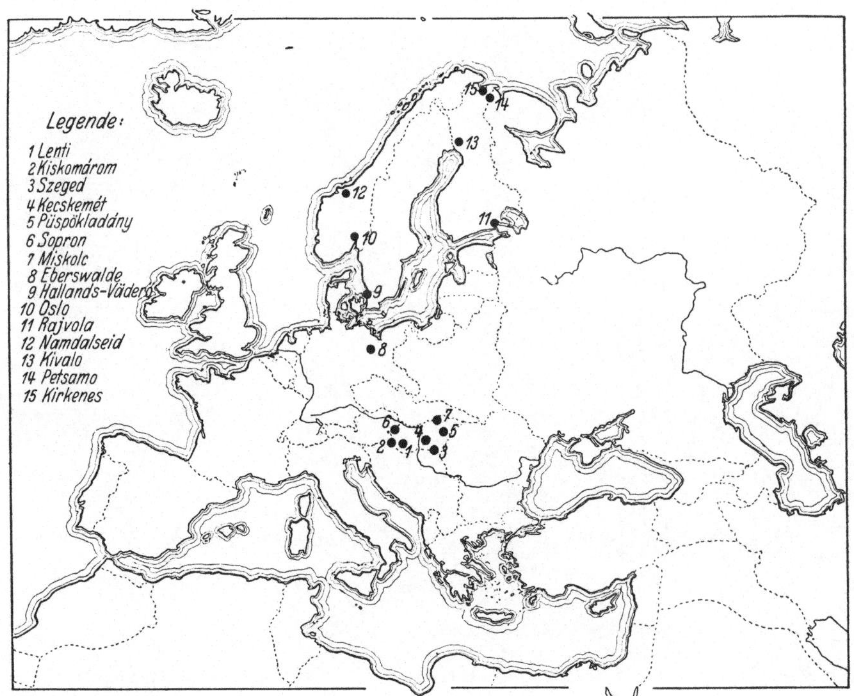


Abb. 14. Die regionale Verbreitung der untersuchten Versuchsflächen.

Die älteste Methode hat auf dieser Grundlage schon WIESNER ausgearbeitet. Die Methode von EDER-HECHT ist jedoch viel einfacher, viel zweckmäßiger und auch viel leichter zu handhaben.

Wir haben für unsere Messungen das neue Modell von der Herlango AG. in Wien bezogen. Der wichtigste Teil des Apparates ist der sog. Graukeil. Wir benützten für unsere Messungen den meistens gebräuchlichen Keil mit der Konstante $k = 0{,}00084$. Wie es allgemein bekannt ist, kann man mit dem Graukeil-Photometer die absoluten Lichtmengen in BUNSEN-ROSCOE-Einheiten messen, oder die Lichtintensität in der sog. relativen Lichtmenge ausdrücken. Beide Werte sind in jenen Tabellen zusammengestellt, welche dem Apparat beigelegt werden. Für praktische Zwecke arbeitet man am besten mit den relativen Lichtmengen. Um das Licht zu messen, legt man zunächst das empfindliche Normalpapier möglichst im schwarzen Raume in den Apparat und schließt dann den Deckel zu. Das Papier liegt natürlich unter dem Graukeil. Bei der Exposition wird der Deckel abgehoben, genau 1 Minute exponiert und gleich darauf vom Lichte geschützt und der letzte noch kopierte Skalenteil abgelesen. Die diesem Graukeil entsprechende sog. relative Lichtmenge liest man in der zugehörigen Tabelle ab. Dividiert man nun diese Lichtmenge mit der Zeit der Exposition, so bekommt man die Lichtintensität.

Unser Arbeitsverfahren war noch einfacher. Wir haben immer mit zwei Apparaturen gearbeitet bei gleichmäßiger Exposition, wobei fast immer 1 Minute zur Expositionszeit zugrunde gelegt wurde. Der eine Apparat war unter freiem Himmel, der andere im Schatten des Bestandes aufgestellt. Nachdem

$$l_1 : l_2 = i_1 \cdot t_1 : i_2 \cdot t_2$$

so ist es klar, daß wenn $t_1 = t_2$, so ist

$$l_1 : l_2 = i_1 : i_2 \, .$$

Wir haben daher einfach die nach den Tabellen abgelesenen relativen Lichtmengen in gegenseitiges Verhältnis gebracht und gewöhnlich das diffuse Waldlicht in Prozenten des Freilandlichtes ausgedrückt. Wird nun die Lichtmenge des Freilandlichtes als 100 angenommen und der Prozentsatz des durchgelassenen Lichtes mit $q$ bezeichnet, so ist

$$100 - q = q_1 \, ,$$

Abb. 15. Versuchsfläche 5. Robinienwald in Szeged

welcher Betrag jene Lichtmenge ergibt, welche durch die Baumkronen filtriert und zurückgehalten wird. Wir haben später unser Verfahren noch mehr vereinfacht und einfach mit den Skalenteilchen gearbeitet und dieselben prozentuell in gegenseitiges Verhältnis gebracht.

18. **Die Messung der meteorologischen Daten.** Die Bodentemperatur wurde gewöhnlich in den Tiefen von 15—20 cm, 50—60 cm und 100—120 cm gemessen. Diese und alle übrigen Elemente wurden mit den gewöhnlichen und allgemein bekannten, sorgfältig geeichten und kontrollierten meteorologischen Meßmethoden bestimmt. Wir haben überall, wo es möglich war, Registrierapparate verwendet. Unser Institut verfügt über eine Reihe von meteorologischen Stationen, die in Tabelle 2 genau angegeben sind.

19. **Die Beschreibung der Versuchsflächen.** Die Beschreibung der untersuchten Versuchsflächen haben wir in der Tabelle 2 kurz zusammengefaßt. Abb. 14 zeigt die regionale Verteilung der untersuchten Versuchsflächen, und in den Abb. 15, 16, 17 möchten wir einige Versuchsflächen vorführen.

Abb. 16. Versuchsfläche 15. Fichtenwald in Sopron.

Abb. 17. Versuchsfläche 11. Weißbuchenwald in Sopron.

Tabelle 2. Kurze Beschreibung der Versuchsflächen.

| Nr. | Kurze Ortsbeschreibung der Versuchsfläche | Geologischer Untergrund | Höhe üb. Meeresspiegel | Exposition | Bodentyp | Baumart, Mischungsverhältnis | Alter | Bestandesschluß |
|---|---|---|---|---|---|---|---|---|
| 1. | Lenti 46⁰ 30′ | Mergel und Schotter | 180 | — | Braunerde | Fagus silvatica 1,0 | 80 | 0,8 |
| 2. | „ | „ | 180 | — | Lehmboden | Pinus silvestris 1,0 | 70 | 0,9 |
| 3. | Kiskomárom Alsó erdő 46⁰ 30′ | Mergel | 175 | — | „ | Quercus robur 1,0<br>Fraxinus excelsior<br>Robinia pseudacacia<br>Alnus glutinosa | 41 | 0,7 |
| 4. | Kiskomárom Csernyeberke | „ | 175 | — | „ | Pinus silvestris 0,7<br>Alnus glutinosa 0,1<br>Quercus robur 0,2 | 17 | 0,8 |
| 5. | Szeged, Királyhalom 46⁰ 15′ | Sand mit Flugsandkuppen | 84 | | Steppenboden | Robinia pseudacacia 1,0 | 17 | 0,9 |
| 6. | „ | „ | 84 | — | „ | Pinus nigra 1,0 | 43 | 0,9 |
| 7. | Kecskemét 46⁰ 55′ | Sandboden durch Sandkuppen durchschossen | 122 | — | „ | Robinia pseudacacia 1.0<br>Populus tremula | 12 | 0,8 |
| 8. | „ | Sandboden | 122 | — | „ | Robinia pseudacacia 1,0 | 23 | 0,9 |
| 9. | Püspökladány 46⁰ 27′ | Löß | 120 | — | Alkalisteppe | — | — | — |
| 10. | Sopron, Borsóhegy 47⁰ 47′ | Badener Tegel | 273 | SO | Braunerde | Carpinus betulus 0,9<br>Betula alba 0,1 | 45 | 1,0 |
| 11. | Sopron, Bogenriegel 47⁰ 7′ | Schichten von Brennberg (von Helvetien bis zum Pleistocän) | 300 | SW | Lehmboden | Carpinus betulus 0,9<br>Quercus sessilif. ⎫<br>Betula verrucosa ⎬ 0,1<br>Pinus silvestris ⎭ | 30 | 0,7 |
| 12. | Sopron, Borsóhegy | „ | 283 | N | „ | Fagus silvatica 0,8<br>Quercus robur 0,1<br>Betula alba 0,1 | 40 | 1,0 |
| 13. | „ | „ | 263 | NO | „ | Quercus robur 0,6<br>Carpinus betulus 0,3<br>Pinus silvestris 0,1 | 50—60 | 0,9 |
| 14. | Sopron, Bogenriegel | „ | 350 | SW | „ | Picea excelsa 0,8<br>Larix decidua ⎫<br>Carpinus betulus ⎬ 0,2<br>Pinus silvestris ⎭ | 30—40 | 1,0 |
| 15[1]. | Sopron, Jagdhaus | „ | 339 | W | „ | Picea excelsa 0,5<br>Carpinus betulus 0,3<br>Pinus nigra 0,1<br>Larix decidua 0,1 | 26 | 1,0 |
| 15[2]. | „ | „ | 343 | SW | „ | Picea excelsa 0,5<br>Carpinus betulus 0,3<br>Pinus nigra 0,1<br>Larix decidua 0,1 | 30 | 0,8 |
| 15[3]. | „ | „ | 346 | SW | „ | Picea excelsa 0,4<br>Pinus nigra 0,1<br>Carpinus betulus 0,4<br>Larix decidua 0,1 | 30 | 1,0 |
| 16. | „ | „ | 289 | NO | „ | Picea excelsa 1,0 | 50 | 1,0 |
| 17. | Sopron, Botanischer Garten | Badener Tegel | 216 | — | „ | Picea excelsa 0,9<br>Pinus nigra 0,1 | 30 | 0,9 |
| 18. | Sopron, Jagdhaus | Schichten von Brennberg (von Helvetien bis zum Pleistocän) | 340 | — | „ | Niederwald:<br>Picea excelsa 0,5 ⎫<br>Abies alba 0,3   ⎬<br>Unterbaut mit<br>Carpinus betulus 0,2 | 10<br><br>16 | —<br><br>— |

Die Böden der Versuchsflächen 1—8, 10—20a, 25—31 befinden sich im allgemeinen im Mullzustande mit spärlicher Bodenvegetation, die übrigen Waldböden sind mehr oder weniger humusreiche humide Waldböden.

Tabelle 2 (Fortsetzung).

| Nr. | Kurze Ortsbeschreibung der Versuchsfläche | Geologischer Untergrund | Höhe üb. Meeresspiegel | Exposition | Bodentyp | Baumart, Mischungsverhältnis | Alter | Bestandesschluß |
|---|---|---|---|---|---|---|---|---|
| 19. | Sopron, Wiener Berg | Sand, Schotter und Konglomerat | 240 | SW | Braunerde Lehmboden | Robinia pseudacacia 1,0 | 25—30 | 0,5 |
| 20. | Sopron, Váris | Muskovitgneis | 250 | NO | ,, | Robinia pseudacacia 0,9 Quercus robur ⎫ 0,1 Acer pseudopl ⎭ | 30 | 0,9 |
| 20a. | ,, | ,, | 250 bis 260 | ,, | ,, | Picea excelsa 0,7 Larix decidua 0,3 Pinus silvestris | 49 | 1,0 |
| 21. | Sopron, Waldschule | Muskovitgneis | 250 | NW | ,, | Kahlschlag | — | — |
| 22. | Sopron, Jagdhaus | Schichten von Brennberg (von Helvetien bis zum Pleistocän) | 343 | — | ,, | Wiese | — | — |
| 23. | Sopron, Neben der Hochschule | Badener Tegel | 233 | W | ,, | Acker | — | — |
| 24. | Sopron, Botanischer Garten | ,, | 216 | — | ,, | Brache | — | — |
| 25. | Miskolc 48⁰ 10′ | Kalkgestein | 350 | NO | Schwarzerde | Fagus silvatica 1,0 | 80 | 0,9 |
| 28. | ,, | ,, | 370 | NO | ,, | Quercus robur 1,0 | 70 | 0,8 |
| 31. | Eberswalde, Deutschland 52⁰ 40′ | Frischer tiefgründiger, gelbbrauner Diluvialsand | — | NW | Braunerde | Fagus silvatica 1,0 | 119 | 0,8 |
| 32. | ,, | ,, | — | NO | Schwacher Podsol | Pinus silvestris 0,9 Fagus silvatica ⎫ 0,1 Betula alba ⎭ | 75 | 0,8 |
| 33. | Hallands-Väderö, Schweden 57⁰ | Diluvialsand | — | — | Schwacher Podsol | Fagus silvatica | 100 bis 110 | 0,7 |
| 34. | ,, | ,, | — | — | Podsol | Pinus silvestris | 80 bis 100 | 0,9 |
| 35. | ,, | ,, | — | — | Sumpfboden | Alnus glutinosa | 60 bis 80 | 0,8 |
| 36. | Oslo, Norwegen 59⁰ 43′ | Moränen-Lehmboden | — | — | Schwacher Podsol | Picea excelsa | 60 | 0,8 |
| 37. | Rajvola, Finnland 60⁰ 17′ | Frischer Moränen-Lehmboden | — | SW | Podsol OMT[1] | Picea excelsa 0,5 Pinus silvestris 0,4 Betula odorata 0,1 | 110 | 0,9 |
| 38. | ,, | ,, | — | ,, | Schwacher Podsol Farntyp | Picea excelsa 0,5 Betula odorata 0,5 | 110 | 0,7 |
| 39. | Namdalseid, Norwegen 63⁰ 40′ | Moränen-Lehmboden | 120 | N | Podsol Dickmoostyp | Pinus silvestris | 100 | 0,8 |
| 40. | Kivalo, Finnland, 66⁰ 50′ | Frischer Moränen-Lehmboden | 280 | N | Podsol HMT | Picea excelsa 0,9 Betula odorata 0,1 Urwald | 200 | 0,7 |

Bezüglich der Versuchsflächen 33—46 sind vorläufig keine genaueren geologischen Angaben vorhanden.

---

[1] Abkürzungen: OMT = Oxalis-Myrtillus-Typ, HMT = Hylocmium-Myrtillus-Typ.

Tabelle 2 (Fortsetzung).

| Nr. | Kurze Ortsbeschreibung der Versuchsfläche | Geologischer Untergrund | Höhe üb. Meeresspiegel | Exposition | Bodentyp | Baumart, Mischungsverhältnis | Alter | Bestandesschluß |
|---|---|---|---|---|---|---|---|---|
| 41. | Kivalo, Finnland 66⁰ 50′ | Frischer Moränen-Lehmboden | 270 | NW | Schwacher Podsol GT[1] | Picea excelsa 0,6<br>Betula odorata 0,4 | 200 | 0,7 |
| 42. | ,, | Sandiger Moränenboden | 220 | — | ,, VT | Pinus silvestris 1,0 | 80 | 0,8 |
| 43. | | Alluviale Sandheide | 200 | — | ,, ClT | Pinus silvestris 1,0 | 80 | 0,8 |
| 44. | Petsamo, Finnland 69⁰ 20′ | ,, | 75 | — | ,, VClT | Betula odorata 0,9<br>Pinus silvestris 0,1<br>Urwald | — | 0,8—1 |
| 45. | ,; | Lehmsandiger Moränenboden | 75 | — | Podsol CoMT | Betula odorata 1,0<br>Urwald | — | 0,6 |
| 46. | ,, | Glazialer Lehmboden | 70 | — | Schwacher Podsol GT | Betula odorata 1,0 GT<br>Alnus incana ⎫<br>Juniperus comm. ⎬ Büsche<br>Sorbus aucuparia ⎭ | 100 | 0,6 |
| 47. | Elvenes bei Kirkenes, Norwegen 69⁰ 30′ | Moräne aus Gneisarten | — | — | ,, | Betula odorata 1,0 | 75 | 0,6 bis 0,8 |

Die meteorologischen Stationen des Institutes.

1. Sopron, Hochschule, Freilandstation (gemeinschaftlich mit dem Bodenkundlichen Institut).
2. Sopron, Hochschulrevier, Kaltwassertal, Waldstation 320 m über Meeresspiegel.
3. Szeged, Freilandstation (gemeinschaftlich mit der Forstwartschule in Királyhalom).
4. Szeged, Waldstation.
5. Kecskemét, Waldstation.
6. Lenti, Freilandstation und Waldstation.
7. Lillafüred, Waldstation 720 m über Meeresspiegel.

**20. Anhang.** *Eine neue Methode zur Züchtung und zur qualitativen und quantitativen Erfassung der Bodenflora.* Obwohl diese Methode, wie schon erwähnt, bei den letztvorliegenden Untersuchungen nicht angewendet wurde und erst im Laufe unserer zukünftigen Forschungen allmählich eingeführt wird, möchten wir trotzdem das Wesen dieses Verfahrens in kurzen Zügen angeben.

Wir haben in unseren Arbeiten, wie schon früher betont wurde, im allgemeinen ein Verfahren angewendet, das eine Modifikation oder, besser gesagt, eine Kombination der elektiven und der Verdünnungsverfahren darstellt. Es braucht vielleicht nicht näher erklärt zu werden, daß unsere Methodik auf den allgemeinen Grundlagen der bereits erwähnten Standardmethoden aufgebaut ist, aus dem einfachen Grunde, weil bisher, trotz ihrer vielfachen Unzulänglichkeit, vorläufig für die exakt quantitativen Untersuchungen keine bessere und vollkommenere existiert.

Außerdem werden bei uns seit Jahren auf den gleichen Versuchsflächen zusammenhängende bodenbiologische Untersuchungen durchgeführt, die ja kategorisch erforderten, daß an der eingeführten Methodik, bis eine bessere gefunden wird, keine durchgreifenden Änderungen gemacht werden. Wir waren jedoch seit Jahren bestrebt, eine bessere Methode auszuarbeiten, die bei strenger Beachtung der quantitativen Seite des Problems das allgemeine Züchtungsverfahren so abändert, daß den Bodenbakterien anstatt der künstlichen Nährmedien ihren natürlichen Verhältnissen mehr entsprechende Nährsubstrate geboten werden. Dieses Verfahren ist das folgende:

Um die Bodenbakterien möglichst unter ihren natürlichen Verhältnissen zu kultivieren, bieten wir ihnen dieselben natürlichen Nährstoffe an, welche sie im Boden vorfinden. Die Vorbereitung des Nährbodens geschieht folgendermaßen: Gereinigter und ausgewaschener Feinsand wird in dem Verhältnis 1 : 1 mit jenem Boden gemischt, der bakteriologisch unter-

---

[1] Abkürzungen:  GT = Geranium-Typ, VT = Vaccinium-Typ, ClT = Cladonia-Typ, VClT = Vaccinium-Cladonia-Typ, CoMT = Cornus-Myrtillus-Typ.

sucht werden soll. Dieses Gemisch wird sodann in einem Trockenschrank bei 105⁰ C dreimal hintereinander 24 Stunden lang sterilisiert und sodann mit zweimal destilliertem Wasser bis zur Wasserkapazität gesättigt. Nach dieser Manipulation wird der so dargestellte Nährboden in gleichen Portionen in Reagenzgläser verteilt derart, daß diese ungefähr bis zur Hälfte gefüllt werden. Dann werden die Reagenzgläser im strömenden Dampf wieder dreimal hintereinander in 24 stündigen Intervallen je 2—3 Stunden lang bei 1—2 Atm. Druck sterilisiert. Nun wird eine Bodensuspension aus dem ursprünglichen Boden hergestellt und daraus werden die verschiedenen Verdünnungen bereitet.

Gewöhnlich werden 10 g Boden in 1000 cm³ zweimal destilliertem und sterilisiertem Wasser geschüttelt und aus dieser Suspension, die der Verdünnung 1 : 100 entspricht, die weiteren Verdünnungen hergestellt. Für unsere besonderen Zwecke bereiten wir folgende Verdünnungsgrade:

| | | |
|---|---|---|
| 1 : 100 | 1 : 1 750 000 | 1 : 30 000 000 |
| 1 : 500 | 1 : 2 000 000 | 1 : 35 000 000 |
| 1 : 1 000 | 1 : 4 000 000 | 1 : 40 000 000 |
| 1 : 10 000 | 1 : 6 000 000 | 1 : 45 000 000 |
| 1 : 50 000 | 1 : 8 000 000 | 1 : 50 000 000 |
| 1 : 100 000 | 1 : 10 000 000 | 1 : 60 000 000 |
| 1 : 250 000 | 1 : 12 000 000 | 1 : 70 000 000 |
| 1 : 500 000 | 1 : 14 000 000 | 1 : 80 000 000 |
| 1 : 750 000 | 1 : 16 000 000 | 1 : 90 000 000 |
| 1 : 1 000 000 | 1 : 18 000 000 | 1 : 100 000 000 |
| 1 : 1 250 000 | 1 : 20 000 000 | |
| 1 : 1 500 000 | 1 : 25 000 000 | |

Von jeder Verdünnung impfen wir nun je vier Reagenzgläser für die aeroben und zwei für die anaeroben Kulturen. Die so geimpften Proben kommen sodann in große Glasgefäße, die mit einem Deckel versehen sind, der zwar den Luftzutritt erlaubt, jedoch eine stärkere Verdunstung des Wassers verhindert. Die anaeroben Kulturen kommen ebenfalls in große Glasgefäße, aus denen die Luft mit einer Vakuumpumpe und etwaige Sauerstoffreste mit Pyrogallussäure und Natronlauge entfernt werden. Nach ungefähr 3—4 Wochen wird mit der gewöhnlichen Plattenmethode auf Sterilität der Kulturen geprüft. Um Zeit und Material zu sparen, beginnen wir immer bei den stärksten Verdünnungen und gehen bei jener Verdünnung, wo die Sterilität aufhört, noch so weit herunter, bis 2—3 mal hintereinander die Anwesenheit von Bakterien festgestellt wird. Auf diese Weise bestimmen wir die oberste Grenze des Bakterienwachstums und stellen aus diesen Bestimmungen nun die quantitativen Verhältnisse der Bodenbakterien fest. Falls die höchsten Stufen der Verdünnungen noch Bakterien enthalten, so können wir natürlich auch höhere Verdünnungen anwenden. Um den Keimgehalt der Proben sicher feststellen zu können, kann man größere Bodenmengen, etwa 2—3 g, aus den Reagenzgläsern herausnehmen, wodurch eine größere Sicherheit erzielt wird.

Um die physiologischen Bakteriengruppen ebenfalls quantitativ bestimmen zu können, haben wir die differenzierten niedrigeren Stufen eingeschaltet. Wir impfen einfach von diesen Verdünnungen in die Spezialnährlösungen der betreffenden physiologischen Gruppen, von denen wir als die wichtigsten, welche bei uns gewöhnlich bestimmt werden, die folgenden hervorheben möchten: 1. *Nitrifizierende* Bakterien, 2. *Denitrifizierende* Bakterien, 3. *Aerobe N-bindende* Bakterien, 4. *Anaerobe N-bindende* Bakterien, 5. *Aerobe zellulosezersetzende Bakterien*, 6. *Anaerobe zellulosezersetzende* Bakterien, 7. *Eiweißspaltende* Bakterien, 8. *Harnstoffvergärende* Bakterien, 9. *Buttersäurebazillen.*

Durch die stufenweisen Impfungen aus den einzelnen Verdünnungen wird nun ebenfalls die oberste Grenze des Keimgehalts bestimmt und daraus die Gesamtzahl der betreffenden Organismen berechnet. Bei der quantitativen Bestimmung der physiologischen Bakteriengruppen ist die Anwendung ihrer Spezialnährböden unerläßlich. Sie werden aber ebenso wie die Gelatine und das Agar-Agar nicht zur Anreicherung und Kultivierung, sondern ausschließlich und allein zur Bestimmung der obersten Grenze des Keimgehalts verwendet.

Bei dieser Methode kultivieren wir die Bodenbakterien in ihrem ursprünglichen Element. Die Mischung mit Sand geschieht nur, um gute Luftkapazität und dadurch schnelleres Wachstum der Bakterien hervorzurufen. Das Mischungsverhältnis kann natürlich später beliebig geändert werden. Bei Boden mit guter Luftkapazität kann die Mischung mit Sand sogar unterbleiben.

Wir sind uns vollkommen bewußt, daß der größte Mangel unserer Methode darin besteht, daß man die Benutzung der Agar- und Gelatinenährböden doch nicht gänzlich ausschalten kann. Wir haben in dieser Beziehung viele Versuche angestellt, den Keimgehalt bzw. die Grenze der Sterilität mit Hilfe der direkten Methode festzustellen, müssen jedoch gestehen, daß diese Methode zur Erreichung dieses Zweckes vorläufig vollkommen unzulänglich ist. Es werden nämlich die toten Bakterienkörper nicht genügend rasch adsorbiert, und weil man sie nicht als leblose unterscheiden kann, so erscheint die Bestimmung des Keimgehalts auch quantitativ unmöglich. Um jedoch mit den Agar- und Gelatinenährböden mit der größten Sicherheit arbeiten zu können, nehmen wir gewöhnlich größere Bodenmengen (0,3—0,5 g) aus den Reagenzgläsern heraus und stellen damit, namentlich dort, wo die Grenze scharf bestimmt werden soll, drei bis vier Agarplatten her. Außerdem schließen wir, um ein möglichst vollständiges Bild und damit eine vollständige quantitative und qualitative mikrobiologische Analyse des Bodens durchführen zu können, diesem Verfahren noch die qualitative Untersuchung des Bodens an. Wir bestimmen daher zunächst die Artzusammensetzung der Bakterienflora. Zu diesem Behufe werden Agarplatten von der dritten Verdünnung gegossen und von diesen Platten je 100 Kolonien von einem bestimmt abgegrenzten Teil der Platte in Bouillonlösungen abgeimpft, wobei natürlich jede Kolonie ein eigenes Glas bekommt. Bei den größeren bzw. bei den höchsten Verdünnungen werden gewöhnlich alle Kolonien abgeimpft. Aus den so angelegten Bouillonanreicherungskulturen werden nun die Nährböden für Bakterienbestimmungen (Agar, Gelatine, Kartoffel, Milch usw.) je nach Bedarf geimpft.

Es ist leider auch diese Methodik nicht vollkommen, weil viele Arten auf dem Agar bzw. auf der Gelatine nicht gedeihen. Um das Bild noch mehr zu vervollständigen, bestimmen wir für jeden Boden die Bakterienzusammensetzung auch nach der bekannten Methode von WINOGRADSKY. Bei einer gewissen Übung kann man mit dieser Methode die Hauptbakterienformen: sporenbildende Bazillen, Clostridien, azotobakterähnliche Bakterien; nicht sporenbildende Bakterien: Achromobakter, Flavobakterium, Zellulomonas, Mikrokokkus, Sarzinen und schließlich die Aktinomyzeten ganz gut bestimmen. Und wenn man noch dazu aus jeder Fraktion einen gewissen Anteil der Bakterien nach der bereits auf S. 7 angegebenen Methode quantitativ abzählt, kann man auch den prozentualen Anteil der einzelnen Bakterienformen bestimmen.

Die Bestimmung der Bodenpilze, der Bodenalgen und der Bodenprotozoen geschieht auf Grund der entsprechenden Verdünnungen mit der bereits angegebenen Methode.

## III. Die Bakterien des Waldbodens[1].

### A. Der Bakteriengehalt des Waldbodens.

Über den Bakteriengehalt des Waldbodens haben wir langjährige und sehr ausgedehnte Untersuchungen durchgeführt. Wir haben zwar unsere Untersuchungen im Anfang in den ungarischen Böden begonnen, später aber auch Waldböden in Österreich, in Deutschland, in Schweden, in Norwegen und in Finnland untersucht und bearbeitet.

Im folgenden werden wir unsere Ergebnisse nach der zeitlichen Reihenfolge und nach der geographischen Lage der Versuchsflächen besprechen.

Die ersten Untersuchungen reichen bis in das Jahr 1926 zurück. Wir haben seinerzeit mit VÁGI den Kohlensäuregehalt der Waldluft in seinem Zusammenhange mit den biologischen Eigenschaften der Waldböden untersucht. Es sind von diesen Untersuchungsergebnissen manche durch unsere späteren Forschungen deutlich überholt worden. Diese Forschungsresultate werden in den folgenden natürlich nur kurz berührt und teilweise besprochen. Die mikrobiologischen Untersuchungen dabei, wohl die ersten systematischen mikrobiologischen Untersuchungen der Waldböden, wurden seinerzeit gemäß der Verteilung der gemeinschaftlichen Aufgaben von BOKOR begonnen und durchgeführt. Da wir seinerzeit auch mit materiellen Schwierigkeiten kämpften, so mußten wir uns auf das Waldgebiet in der Umgebung von Sopron beschränken.

Die speziellen Versuchsflächen, die bei diesen ersten Untersuchungen bearbeitet worden sind, enthält die Tabelle 3. Die Resultate dieser Untersuchungen zeigen die Tabellen 4 und 5. Gleichzeitig wurde aber auch die Verteilung der Bakterien nach den verschiedenen Bodentiefen untersucht. Diese Resultate zeigt nun die Tabelle 6. Bei diesen Tabellen möchten wir kurz bemerken, daß der Reaktions-

---

[1] Hier und in den folgenden Kapiteln wird der Bakterienzahl immer pro Gramm feuchter Erde angegeben. Das Zeichen — bedeutet, daß keine Analyse erfolgte.

zustand der Böden zunächst kolorimetrisch bestimmt wurde. Da die späteren Untersuchungen klar erwiesen haben, daß die $p_H$-Werte unserer Böden nach den Jahreszeiten oft beträchtlichen Schwankungen unterworfen sind, so müssen wir auch gleich angeben, daß diese Untersuchungen in den Monaten September und Oktober des Jahres 1925 durchgeführt wurden.

Wenn wir die Resultate dieser Untersuchungen näher betrachten, ist das erste, was hier auffällt, der relativ geringe Bakteriengehalt im Verhältnis zu der Bakterienzahl der landwirtschaftlichen Böden. Dieser Umstand kann wahrscheinlich teilweise auch durch die saure Reaktion der Waldböden begründet werden. Daß man auch bei $p_H = 4{,}3$ in den Waldböden noch reichlich Bakterien findet, weist darauf hin, daß die Lebensbedingungen und das sonstige biologische Verhalten der Bodenbakterien in den Naturböden wesentlich verschieden sind als ihre Lebensäußerungen in den künstlichen Kulturmedien.

Tabelle 3.

| Bezeichnung der Versuchsflächen | Holzart und Bestandesform | Alter und Bestandesschluß | Boden, geologische Schicht, Exposition, Neigung, Meereshöhe | Unterwuchs Streudecke |
|---|---|---|---|---|
| I. und Ia. | Fichte 0,5 Lärche 0,1 Schwarzkiefer 0,1 Laubhölzer, gruppenweise 0,3 Hochwald | 22 jährig, geschlossen | Tiefer Tonboden auf Schotter SW, 20⁰, 360—400 m | Unberührte Streudecke ohne Vegetation |
| II. | Fichte 0,4 Tanne 0,3 Weißbuche 0,3 Früher Sproßwald | 4 jährig, mit Stockausschlägen | Frischer, mit Sand gemischter Tonboden. Nördlich: Schotter, Südlich: Gneis, Schiefer, NO, 30⁰, 360 m | Üppige Grasdecke und Bodenpflanzen |
| III. | Weißbuche 0,9 Birke 0,1 Einige Pappeln Sproßwald | 50 jährig geschlossen bis 0,8 | Frischer, mit Sand gemischter Tonboden, Schotter, W, 10⁰, 360—380 m | Unberührte Streudecke ohne Bodenvegetation |
| IV. | Fichte 0,6 Lärche 0,2 Weißbuche 0,2 Hochwald | 25 jährig, geschlossen | Tiefer, sandiger, humöser Tonboden, W, 10⁰, 320—340 m | Ohne Streudecke und Vegetation |
| V. | Fichte 1,0, zerstreut einige Eschen und Ahorn | 48 jährig, 0,7 | Tiefer, sandiger Tonboden, NW, 0⁰, 150 m | Wenig Streudecke und üppige Bodenvegetation |
| VI. | Akazie Weidenwald | 20 jährig, 0,3 | Tiefer, schotteriger Ton auf Kalkgestein | Graswuchs |
| VIII. | Zereiche 0,4 Traubeneiche 0,2 Weißbuche 0,4 Sproßwald | 30 jährig, 0,8 | Trockener, sandiger Ton auf Kalkgestein NO, 10⁰, 300 m | Reichlicher Bodenpflanzen- und Graswuchs |
| X. | Fichte 0,7 Lärche 0,3 Hochwald | 47 jährig, geschlossen bis 0,8 | Tiefer Tonboden, Gneis, O, 0⁰, 250 m | Dicke Streudecke ohne Vegetation |
| XV. | Weißbuche Sproßwald | 50 jährig, 0,9 | Frischer, tiefer, sandiger Tonboden, Gneis, O, 15⁰, 260 m | Streudecke mit wenig Gras und Bodenpflanzen |
| XVI. | Weißbuche 0,6 Buche 0,4 Sproßwald | 42 jährig, 0,6 | Tiefer Sandboden auf Sandstein | Lockere Streudecke, spärlicher Graswuchs |
| XVIII. | Kiefer mit kümmerlichem Wuchs | 10 jährig, 0,2 | Schotter über Serizit, NW, 45⁰, 200 m | Calluna-Vegetation |

Tabelle 4. Ergebnisse der chemisch-physikalischen

| Nr. | Bezeichnung der Versuchsflächen | I | Ia | II | III |
|---|---|---|---|---|---|
| | | | | | Daten der chemisch- |
| 1. | Reaktion des Bodens . . . . | sauer | sauer | sauer | mäßig sauer |
| 2. | Austauschazidität in $p_H$ . . . | 4,8 | 4,8 | 4,8 | 5,6 |
| 3. | Aktive Azidität in $p_H$ . . . | 6,0 | 6,0 | 4,2 | 6,6 |
| 4. | Wassergehalt in Prozent der feuchten Erde . . . . . . | 13,5 | 12,5 | 19,5 | 9,0 |
| 5. | Humusgehalt in Prozent . . | 4,0 | 3,1 | 2,2 | 2,8 |
| 6. | Gehalt an kohlensaurem Kalk in Prozent . . . . . . . . | 0 | 0 | 0 | 0 |
| | | | | | Daten der bakterio- |
| 7. | Auf Agarplatte wachsend . . | 4 500 000 | 1 500 000 | 3 100 000 | 2 100 000 |
| 8. | Auf Gelatineplatte gedeihend | 1 200 000 | 400 000 | 500 000 | 950 000 |
| 9. | Anaerob in zuckeragarhoher Schicht gedeihend . . . . | 1 000 000 | 1 300 000 | 200 000 | 400 000 |
| 10. | Aerobe stickstoffbindende Bakterien . . . . . . . . . . | 1 | 1 | 0 | 10 |
| 11. | Anaerobe stickstoffbindende Bakterien . . . . . . . | 10 000 | 10 000 | 0 | 10 000 |
| 12. | Nitrifizierende Bakterien . . | 1 000 | 10 000 | 100 | 1 |
| 13. | Denitrifizierende Bakterien . | 10 000 | 10 000 | 10 000 | 1 000 |
| 14. | Aerobe Zellulosezersetzer . . | 1 000 | 1 000 | 6 000 | 100 |
| 15. | Anaerobe Zellulosezersetzer . | 10 | 1 000 | 10 | 1 000 |
| 16. | Eiweißzersetzer . . . . . . . | 120 000 | 10 000 | 100 000 | 10 000 |
| 17. | Aerobe Pektinvergärer . . . | 100 | 100 000 | 1 000 | 10 000 |
| 18. | Anaerobe Pektinvergärer . . | 1 000 | 100 000 | 10 000 | 1 000 |
| 19. | Harnstoffvergärer . . . . . | 100 000 | 100 000 | 10 000 | 10 000 |
| 20. | Anaerobe Buttersäurebazillen | 100 000 | 10 000 | 20 000 | 10 000 |

Tabelle 5. Physikalische Eigenschaften der untersuchten Böden.

| Nr. der Versuchsfläche | Stein und Kies | Mechanische Analyse | | | | Physikalische Analyse | | | | |
|---|---|---|---|---|---|---|---|---|---|---|
| | | Feinerde | | | | Porosität % | Abs. Wasserkapazität in Vol.% | Abs. Luftkapazität in Vol.% | Scheinbares spezifisches Gewicht | Spezifisches Gewicht |
| | über 2 mm | I. 2 bis 0,1 mm | II. 0,1 bis 0,05 mm | III. 0,05 bis 0,01 mm | IV. kleiner als 0,01 mm | | | | | |
| I. | 40,0 | 9,5 | 31,9 | 10,7 | 7,9 | 49,8 | 28,8 | 21,0 | 1,2366 | 2,4630 |
| II. | 20,4 | 22,2 | 10,3 | 26,1 | 21,0 | 47,0 | 33,3 | 13,7 | 1,3894 | 2,6219 |
| III. | 18,0 | 24,3 | 22,2 | 18,3 | 17,1 | 51,3 | 33,2 | 17,1 | 1,2096 | 2,4831 |
| IV. | 20,3 | 27,4 | 18,6 | 19,9 | 13,8 | 44,6 | 35,3 | 9,3 | 1,0180 | 2,4140 |
| V. | 15,0 | 25,8 | 17,1 | 25,3 | 16,8 | 42,0 | 30,0 | 12,0 | 1,4030 | 2,4000 |
| VI. | 25,0 | 29,2 | 4,3 | 10,6 | 27,9 | 43,0 | 36,1 | 6,9 | 1,4060 | 2,6920 |
| VIII. | 2,6 | 19,7 | 46,9 | 19,5 | 11,3 | 46,9 | 29,2 | 17,7 | 1,3430 | 2,5320 |
| X. | 19,0 | 50,0 | 15,5 | 9,5 | 6,0 | 42,2 | 36,1 | 6,1 | 1,5030 | 2,6010 |
| XV. | 17,5 | 46,7 | 13,5 | 11,8 | 10,5 | 61,6 | 30,7 | 30,9 | 0,9280 | 2,4180 |
| XVI. | 20,0 | 44,2 | 12,5 | 10,4 | 12,9 | — | — | — | — | — |
| XVIII. | 50,0 | — | 50,0 | | — | 48,9 | 20,3 | 28,6 | 1,3450 | 2,6330 |

Die höchste Azidität zeigt der Boden der Versuchsfläche II. Hier finden
wir auch die niedrigste Bakterienzahl. Fast die gleiche Wirkung können wir
auch bei den anderen Böden nachweisen. Daß der Boden der Versuchsfläche VI,
welche nahezu neutral reagiert, nicht höhere Bakterienzahl aufweist, ist wahr-

und bakteriologischen Untersuchungen.

| IV | V | VI | VIII | X | XV | XVI | XVIII |
|---|---|---|---|---|---|---|---|

physikalischen Untersuchung:

| IV | V | VI | VIII | X | XV | XVI | XVIII |
|---|---|---|---|---|---|---|---|
| mäßig sauer | sauer | alkalisch | sauer | neutral | sauer | sauer | sauer |
| 5,6 | 4,2 | 7,5 | 4,3 | 6,8 | 4,9 | 4,8 | 4,4 |
| 6,6 | 6,2 | 7,0 | 6,4 | 6,8 | 6,4 | 6,2 | 6,8 |
| 10,2 | 15,8 | 13,6 | 10,5 | 13,8 | 11,5 | 20,8 | 24,0 |
| — | 0,9 | 6,5 | 2,3 | 1,3 | 1,8 | 0 | — |
| 0 | 0 | 15,5 | 0 | 0,7 | 0 | 0 | 0 |

logischen Untersuchung:

| IV | V | VI | VIII | X | XV | XVI | XVIII |
|---|---|---|---|---|---|---|---|
| 3 150 000 | 300 000 | 800 000 | 600 000 | 2 500 000 | 350 000 | 1 000 000 | 380 000 |
| 1 000 000 | 50 000 | 150 000 | 500 000 | 2 000 000 | 200 000 | 600 000 | 60 000 |
| 1 540 000 | 200 000 | 10 000 | 200 000 | 900 000 | 90 000 | 600 000 | 35 000 |
| 10 | 0 | 100 | 0 | 10 | 1 | 0 | 0 |
| 10 000 | 0 | 0 | 0 | 10 000 | 1 000 | 10 000 | 0 |
| 10 000 | 100 | 1 000 | 1 000 | 100 | 1 000 | 100 | 0 |
| 10 000 | 1 000 | 1 000 | 100 | 0 | 10 000 | 1 000 | 0 |
| 100 | 1 000 | 3 000 | 4 000 | 5 000 | 14 000 | 1 000 | 0 |
| 100 000 | 1 000 | 50 | 100 | 10 000 | 1 000 | 1 000 | 100 |
| 100 000 | 10 000 | 10 000 | 25 000 | 1 000 | 100 | 10 000 | 10 000 |
| 1 000 | 1 000 | 10 000 | 50 000 | 0 | 10 000 | 100 000 | 10 |
| 100 000 | 10 000 | 10 000 | 10 000 | 100 000 | 5 000 | 10 000 | 100 |
| 190 000 | 50 000 | 100 000 | 10 000 | 100 000 | 100 000 | 200 000 | 0 |
| 200 000 | 10 000 | 10 000 | 1 000 | 200 000 | 10 000 | 10 000 | 1 000 |

Tabelle 6. Ergebnisse der bakteriologischen Untersuchung des Ia-Bodenprofils.

| Nr. | | Tiefe | | | | | |
|---|---|---|---|---|---|---|---|
| | | 2—5 cm | 30 cm | 60 cm | 90 cm | 120 cm | 150 cm |
| 1. | Reaktion des Bodens . . . . . . | sauer | sauer | sauer | sauer | sauer | sauer |
| 2. | Austauschazidität in $p_H$ . . . . . | 4,8 | 4,6 | 4,8 | 4,9 | 5,0 | 5,1 |
| 3. | Humusgehalt in Prozent . . . . | 3,1 | 1,0 | 0,4 | 0 | 0 | 0 |
| | Bakterien: | | | | | | |
| 4. | Auf Agarplatte wachsend . . . | 2 500 000 | 1 150 000 | 800 000 | 500 000 | 60 000 | 6 000 |
| 5. | Auf Gelatineplatte gedeihend . | 1 000 000 | 900 000 | 650 000 | 90 000 | 40 000 | 3 500 |
| 6. | Zuckeragarhoher Schicht gedeihend . . . . . . . . . | 1 300 000 | 1 800 000 | 2 000 000 | 900 000 | 100 000 | 2 000 |
| 7. | Aerobe, stickstoffbindende Bakterien . . . . . . . . . . | 0 | 0 | 0 | 0 | 0 | 0 |
| 8. | Anaerobe, stickstoffbindende Bakterien . . . . . . . . | 10 000 | 1 000 | 1 000 | 100 | 0 | 0 |
| 9. | Nitrifizierende Bakterien . . . | 10 000 | 1 000 | 1 000 | 0 | 0 | 0 |
| 10. | Denitrifizierende Bakterien . . | 10 000 | 10 000 | 10 000 | 1 000 | 1 | 0 |
| 11. | Anaerobe Zellulosezersetzer . . | 1 000 | 1 000 | 1 000 | 100 000 | 1 | 1 |
| 12. | Aerobe Zellulosezersetzer . . . | 1 000 | 1 000 | 100 | 0 | 0 | 0 |
| 13. | Eiweißzersetzer . . . . . . . | 10 000 | 1 000 | 0 | 0 | 0 | 0 |
| 14. | Aerobe Pektinvergärer . . . . | 100 000 | 10 000 | 10 000 | 0 | 0 | 0 |
| 15. | Anaerobe Pektinvergärer . . . | 100 000 | 10 000 | 100 000 | 100 000 | 1 000 | 100 |
| 16. | Harnstoffvergärer . . . . . . | 100 000 | 10 000 | 1 000 | 100 | 0 | 0 |
| 17. | Anaerobe Buttersäurebazillen . | 10 000 | 100 000 | 1 000 000 | 100 000 | 10 000 | 100 |

scheinlich in dem Umstand zu suchen, daß dort der andere wichtige biologische
Faktor, die Luftkapazität verhältnismäßig gering ist. Bei ungefähr gleichem
Säuregrad (I, I a, II, XVI) finden wir die größte Bakterienzahl dort, wo der
Humusgehalt am größten und die Durchlüftungsverhältnisse der Böden am
günstigsten sind.

Es ist allgemein bekannt, daß, obwohl der Boden der Kahlschlagsflächen
infolge der fehlenden Transpiration des Bestandes in den tiefern Bodenniveaus
größeren Wassergehalt aufweist als die Böden der geschlossenen Bestände, die
obersten Bodenschichten infolge der Trockenheit sehr stark leiden würden, wenn
die Bodenvegetation sie nicht entsprechend schützen würde. Bei der Versuchsfläche II können wir gleich beobachten, daß die Bodenvegetation den Boden
vor dem Austrocknen schützt und daher die Entwicklung der Bakterienflora
sehr günstig beeinflußt. Sie mag daher für die Aufforstung unangenehm sein,
ihre biologische Wirkung bleibt jedoch immer günstig. Man darf aber nicht
glauben, daß etwa mit der Abnahme der Azidität der Bakteriengehalt der Waldböden proportionell zunimmt. Hier spielen nämlich andere biologische Faktoren
auch mit. Ganz besonders wichtig erscheint die Versorgung des Bodens mit
Sauerstoff. Namentlich die aeroben Bakterien, welche bei den biologischen
Prozessen der Böden die ausschlaggebende Rolle spielen, brauchen unbedingt
Luft- und Sauerstoff in ausgiebiger Menge. Dieser Bedarf ist durch ihre Lebens-
bedürfnisse und Lebensprozesse bedingt. Es ist sehr interessant, wenn wir in
dieser Hinsicht das Verhalten der Versuchsfläche X näher betrachten. Der
Boden dieser Versuchsfläche weist beinahe neutrale Reaktion auf, und trotzdem
zeigt sie eine relativ niedrige Bakterienzahl. Die nähere Ursache dieses Umstandes ist wahrscheinlich durch die niedrigere Luftkapazität des Bodens bedingt.
Es ist auch sehr interessant, wenn wir das Vorkommen der stickstoffbindenden
Bakterien näher betrachten. Sie haben sich nämlich hier viel mehr den niedrigeren Aziditätsgraden der Waldböden angepaßt, und wie diese Untersuchungen
zeigen, kommen sie auch noch bei $p_\mathrm{H} = 4{,}8$ vor. Als niedrigste Grenze bei den
landwirtschaftlichen Böden wird — wie bekannt — $p_\mathrm{H} = 5{,}6$ angegeben.

Mit der Tiefe nimmt im allgemeinen die Azidität des Bodens ab. Diese Tatsache
zeigt ganz klar die Tabelle 6. Auf die Bakterienzahl ist diese jedoch ziemlich wirkungslos,
weil die sonstigen biologischen Bedingungen sich im allgemeinen verschlechtern. Es werden
nämlich Humusgehalt und Luftkapazität allmählich geringer. Hier treten sukzessive immer
mehr die anaeroben Bakterien in den Vordergrund. Auffallend ist die verhältnismäßig große
Zahl der anaeroben pektinzersetzenden Bakterien in den tieferen Bodenschichten. Man kann
daraus vermuten, daß die Zersetzung der Pektinstoffe in den oberen Bodenschichten nicht
vollkommen wird. Sie werden wahrscheinlich in größeren Mengen in die unteren Bodenschichten eingewaschen, wo sie dann das Gedeihen der anaeroben Pektinzersetzer möglich
machen. Die Anzahl der anaeroben Zellulosezersetzer verringert sich dagegen im allgemeinen nach der Zunahme der Bodentiefe.

Man kann auch gewisse Unterschiede hinsichtlich des Einflusses der verschiedenen Bestände auf Bodenazidität, Humusgehalt und Luftkapazität aufweisen. Die Versuchsfläche I zeigt im allgemeinen großen Humusgehalt und
hohe Luftkapazität. Ihr Boden zeigt die gleiche Reaktion wie die Böden der
Versuchsflächen II, XV und XVI. Eine Ausnahme bildet die Versuchsfläche IV,
ein mit Weißbuche gemischter Nadelholzbestand, welche im allgemeinen gute
Bodenreaktion, aber verhältnismäßig große Luftkapazität aufweist. Diesen
letzten Umstand kann man jedoch mit der mechanischen Zusammensetzung
und mit der verhältnismäßig großen Menge von Bodenkolloiden erklären.

Der Einfluß des *Bestandesschlusses* ist ziemlich deutlich. Der Boden gut
geschlossener Bestände (I, XVI) zeigt im allgemeinen größere Azidität als der
Boden der schwach durchgeforsteten Bestände (III, X). Mit der Zunahme der
Belichtung und der Wirkung der Sonnenstrahlen nimmt auch die Insolation zu,

wodurch die Bodentemperatur erhöht wird und das Wachstum und die Lebens-
intensität der Bodenbakterien beschleunigt werden. Daß die Versuchsflächen II,
X und XVI trotz der schlechten sonstigen Verhältnisse verhältnismäßig hohen
Bakteriengehalt aufweisen, ist wahrscheinlich auf den höheren Grad von Insolation zurückzuführen.

Wie es im allgemeinen erwartet werden konnte, so übt das Maß der Luftkapazität auf die Lebenstätigkeit der nitrifizierenden Bakterien recht bedeutenden
Einfluß aus. Wo die Luftkapazität geringer wird, dort wird auch immer ihre
Anzahl niedriger, wobei die denitrifizierenden Bakterien die Oberhand gewinnen,
wie z. B. bei den Böden II, III, IV und V. Gegen die Azidität der Böden sind
sie im allgemeinen weniger empfindlich, als die den freien Stickstoff der Luft
bindenden Bakterien.

Die Anzahl der anaeroben zellulosezersetzenden und pektinzersetzenden
Bakterien nimmt mit der Abnahme der Luftkapazität rapid zu. Diese Erscheinung
zeigten sehr schön die Versuchsflächen I, IV und X. Die Anzahl der Buttersäurebakterien nimmt mit der Abnahme der Luftkapazität ebenfalls zu, wie dies bei
der Versuchsfläche IV und X deutlich beobachtet werden kann. Wir können
übrigens gleich feststellen, daß die Bakterien der Buttersäuregärung zwischen
den anaeroben Bakterien bei allen Waldtypen die höchste Zahl aufweisen. Wir
müssen hier besonders betonen und hervorheben, daß die Bodenstruktur, die
Größe der Bodenteilchen, welche die verschiedenartige Gestaltung der Luftkapazität des Bodens bedingen, auch unmittelbar den Bakteriengehalt der
Böden recht bedeutend beeinflussen können. Bei Tonböden übt sogar die prozentuelle Verteilung jener Bodenteilchen, deren Größe über 2 mm ist, und jene,
deren Dimensionen sich unter 0,1 mm bewegen, ziemlich bedeutenden Einfluß
aus. Wir finden bei der Versuchsfläche I die verhältnismäßig größte Menge
der über 2 mm großen Bodenteilchen (40 %). Hier ist auch der Anteil der kleinen,
unterhalb von 0,01 mm liegenden Teilchen am geringsten (7,9 %). Als Resultat
ergibt sich eine recht hohe Luftkapazität (21 %).

Das Vorige wird ganz besonders verständlich, wenn wir z. B. die Versuchsfläche IV
näher betrachten. Der Boden dieser Versuchsfläche ist ebenfalls Ton. Hier ist der Prozentsatz 13,8. Dementsprechend ergibt sich hier die verhältnismäßig kleine Luftkapazität 9,3 %.
Die gleichen Daten bzw. Zusammenhänge können wir auch bei den Böden II, III und V
finden. Wir haben schon früher auf den klaren Zusammenhang zwischen der Bakterienzahl
und Luftkapazität hingewiesen und wir konnten auch beweisen, wie stark und entscheidend
die physikalische Struktur des Bodens den Bakteriengehalt beeinflußt.

Ganz besonders möchten wir die besondere Bedeutung des prozentuellen
Verhältnisses der kleinen unterhalb von 0,01 mm liegenden Bodenteilchen hervorheben. Diese Teilchengröße können wir im allgemeinen als die unterste Grenze
betrachten, innerhalb deren die Bewegung der Bakterien noch überhaupt möglich
wird. Daß die Menge dieser Bodenteilchen auch das Vorkommen der anaeroben
Bakterien beeinflußt, liegt klar auf der Hand. Nach ATTERBERG liegt bei 0,002 mm
jene niedrigste Grenze, wo die Bakterienbewegung überhaupt aufhört. Der
prozentuelle Anteil dieser Korngröße ist aber überall sehr gering, so daß ein
vollkommener Stillstand in der Bewegung der Bakterien im Boden kaum angenommen werden kann.

Als Beispiel wollen wir die Versuchsflächen II, V, VI und VIII hervorheben, wobei
noch ergänzend bemerkt werden sollte, daß bei der Versuchsfläche VIII die zweite Fraktion
mit 46,9 % vertreten ist, welcher Umstand in biologischer Hinsicht die Wirkung der in
relativ geringer Menge vertretenen 4. Fraktion besonders verstärkt.

Sehr interessant ist es, wenn wir nun auch die Gestaltung der absoluten
Wasserkapazität beobachten. Der Wert derselben hängt sehr stark von den
prozentuellen Anteil der unterhalb von 0,05 mm liegenden Bodenteilchen ab. So

z. B. sind die Werte dieses Anteils nach der Reihe die folgenden: Bei Versuchsfläche II 47,1 %, bei Versuchsfläche VI 38,5 % und bei Versuchsfläche IV 33,7 %.
Dementsprechend sind nun die Werte der absoluten Wasserkapazität 33,3 %,
36,1 % und 35,3 %. Bei der Versuchsfläche I dagegen finden wir die entsprechenden Werte 18,6 % und 28,8 %. Die Abnahme ist recht auffallend. Daß
mit der Abnahme der Wasserkapazität prozentuell die Luftkapazität zunimmt,
braucht nicht näher erklärt werden. Wir haben im allgemeinen ziemlich hohe
Wasserkapazität in den gut geschlossenen Beständen gefunden (Versuchsflächen
IV und X) oder auch dort, wo der fehlende Bestandesschluß durch dichte Bodenvegetation ersetzt wird.

### B. Der zeitliche Verlauf des Bakterienlebens.

Im Laufe der Arbeiten unseres Institutes sind wir immer mehr zu der Überzeugung gekommen, daß die Einzeluntersuchungen kein sicheres Bild über
die mikrobiologischen Verhältnisse des Waldbodens ergeben können.

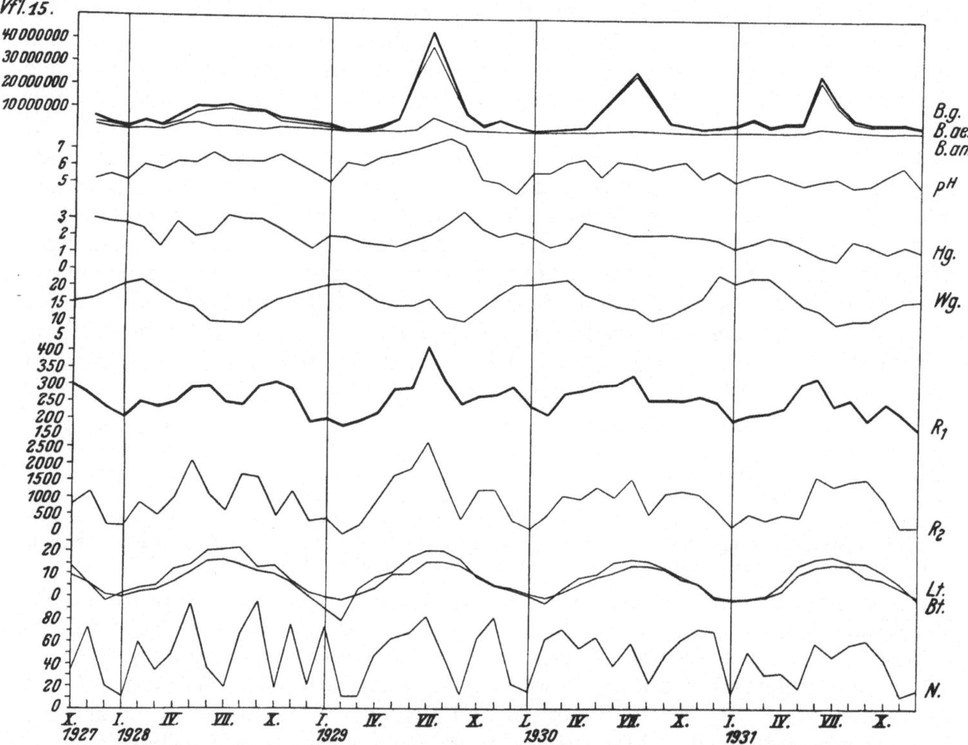


Abb. 18. Der zeitliche Verlauf des Bakteriengehaltes des Waldbodens auf der Versuchsfläche 15.
B. g. = Gesamt-Bakteriengehalt;   B. ae. = aerobe Bakterien;   B. an. = anaerobe Bakterien;   Hg. = Humusgehalt;
Wg. = Wassergehalt;   Lt. = Lufttemperatur;   Bt. = Bodentemperatur;   N. = Niederschlagsmenge.
$R_1 = Bt. \cdot Hg.$; $R_2 = Lt. \cdot N.$

Namentlich im Laufe unserer Bodenatmungsforschungen, worüber wir in
einem anderen Kapitel noch eingehend berichten, fiel es uns wiederholt auf,
daß die Untersuchungen der einzelnen Böden auffallend schwankende und voneinander abweichende Resultate ergaben, welche durch die chemischen und
sonstigen Eigenschaften dieser Böden nur schwer erklärt werden konnten. Wir
hatten bald die Ursache gefunden und kamen sukzessive darauf, daß der Bakteriengehalt und die damit zusammenhängenden biologischen Vorgänge im Waldboden von den stark wechselnden jahreszeitlichen klimatischen Schwankungen

ganz deutlich abhängig sind. Wir mußten uns daher entschließen, um zunächst die allgemeinen biologischen Zusammenhänge ermitteln zu können, das Bodenleben mehrere Jahre lang ununterbrochen und systematisch zu untersuchen.

Tabelle 7. Versuchsfläche Nr. 15.

| Datum | Bakterien | | | $p_H$ | Humusgehalt % | Wassergehalt % | Bodentemperatur an der Oberfläche °C | Luft-temperatur °C | Niederschläge mm | Bodentemperatur × Wassergehalt $R_1$ | Lufttemperatur × Niederschläge $R_2$ |
|---|---|---|---|---|---|---|---|---|---|---|---|
| | Aerob | Anaerob | Zusammen | | | | | | | | |
| 1927. X. | — | — | — | — | — | 15,6 | 9,53 | 13,56 | 34,0 | 305 | 800 |
| XI. | 3 200 000 | 2 000 000 | 5 200 000 | 5,2 | 3,0 | 16,6 | 6,23 | 5,87 | 74,0 | 270 | 1174 |
| XII. | 2 300 000 | 540 000 | 2 840 000 | 5,5 | 2,9 | 22,5 | 0,39 | —2,24 | 20,0 | 232 | 155 |
| 1928. I. | 960 000 | 160 000 | 1 120 000 | 5,08 | 2,7 | 20,6 | —0,05 | 1,81 | 9,7 | 204 | 114 |
| II. | 3 250 000 | 600 000 | 3 850 000 | 6,12 | 2,4 | 21,8 | 1,80 | 3,85 | 63,7 | 248 | 883 |
| III. | 1 700 000 | 250 000 | 1 950 000 | 5,80 | 1,32 | 18,2 | 2,85 | 4,96 | 34,5 | 234 | 516 |
| IV. | 3 500 000 | 2 600 000 | 6 100 000 | 6,34 | 2,81 | 15,2 | 6,4 | 12,27 | 48,4 | 249 | 1080 |
| V. | 7 400 000 | 2 800 000 | 10 200 000 | 6,23 | 1,97 | 14,2 | 10,72 | 14,29 | 93,0 | 292 | 2250 |
| VI. | 8 800 000 | 1 250 000 | 10 050 000 | 6,80 | 2,13 | 9,8 | 15,95 | 19,0 | 36,4 | 284 | 1056 |
| VII. | 9 300 000 | 1 500 000 | 10 800 000 | 6,34 | 3,2 | 9,3 | 15,7 | 20,16 | 17,9 | 240 | 536 |
| VIII. | 8 150 000 | 950 000 | 9 100 000 | 6,32 | 3,0 | 9,6 | 14,3 | 20,74 | 67,0 | 233 | 1625 |
| XI. | 7 000 000 | 400 000 | 7 400 000 | 6,35 | 3,04 | 13,4 | 11,0 | 16,39 | 96,3 | 281 | 1540 |
| X. | 4 100 000 | 1 350 000 | 5 450 000 | 6,72 | 2,53 | 16,2 | 9,1 | 13,01 | 19,6 | 309 | 451 |
| XI. | — | — | — | 6,12 | — | 18,3 | 5,4 | 6,3 | 75,7 | 282 | 1233 |
| XII. | — | — | — | 6,58 | — | 18,6 | 0,3 | 2,8 | 20,3 | 185 | 259 |
| 1929. I. | 2 000 000 | 900 000 | 2 900 000 | 5,14 | 2,01 | 20,5 | —0,3 | —5,2 | 70,3 | 199 | 338 |
| II. | 400 000 | 130 000 | 530 000 | 6,34 | 1,93 | 20,8 | —1,5 | —11,2 | 11,0 | 177 | —13 |
| III. | 780 000 | 160 000 | 940 000 | 6,11 | 1,61 | 18,6 | 0,45 | 3,6 | 10,7 | 194 | 146 |
| IV. | 3 080 000 | 400 000 | 3 480 000 | 6,64 | 1,44 | 15,4 | 3,85 | 8,6 | 47,9 | 213 | 891 |
| V. | 5 400 000 | 240 000 | 5 640 000 | 6,80 | 1,39 | 14,3 | 9,9 | 16,5 | 63,3 | 285 | 1677 |
| VI. | 23 000 000 | 900 000 | 23 900 000 | 7,09 | 1,74 | 14,5 | 10,0 | 17,6 | 68,5 | 290 | 1892 |
| VII. | 38 000 000 | 5 700 000 | 43 700 000 | 7,44 | 2,14 | 16,3 | 15,5 | 20,9 | 83,0 | 416 | 2569 |
| VIII. | — | — | — | 7,77 | — | 10,8 | 15,5 | 20,6 | 48,8 | 322 | 1495 |
| IX. | 7 800 000 | 600 000 | 8 400 000 | 7,35 | 3,48 | 10,2 | 14,1 | 16,9 | 12,8 | 246 | 344 |
| X. | 2 270 000 | 700 000 | 2 970 000 | 5,33 | 2,52 | 13,6 | 9,7 | 9,2 | 63,9 | 268 | 1228 |
| XI. | 4 900 000 | 70 000 | 4 970 000 | 5,11 | 2,01 | 17,5 | 5,5 | 5,1 | 82,7 | 271 | 1250 |
| XII. | 2 700 000 | 70 000 | 2 770 000 | 4,54 | 2,28 | 20,6 | 4,3 | 3,3 | 22,8 | 295 | 320 |
| 1930. I. | 400 000 | 10 000 | 410 000 | 5,73 | 1,98 | 20,8 | 1,4 | 0,6 | 4,6 | 238 | 49 |
| II. | 455 000 | 10 000 | 465 000 | 5,75 | 1,39 | 21,4 | —0,14 | —2,76 | 63,5 | 212 | 459 |
| III. | — | — | — | 6,35 | — | 22,2 | 2,4 | 3,9 | 72,5 | 275 | 1009 |
| IV. | 2 100 000 | 80 000 | 2 180 000 | 6,67 | 2,88 | 18,1 | 5,7 | 7,9 | 54,7 | 284 | 981 |
| V. | — | — | — | 5,52 | — | 16,0 | 8,7 | 10,4 | 65,2 | 298 | 1329 |
| VI. | 25 350 000 | 1 100 000 | 26 450 000 | 6,46 | 2,16 | 14,5 | 10,7 | 15,9 | 39,0 | 300 | 1010 |
| VII. | — | — | — | 6,23 | — | 13,6 | 14,5 | 17,1 | 59,6 | 332 | 1612 |
| VIII. | — | — | — | 6,01 | — | 10,4 | 14,3 | 16,3 | 19,7 | 252 | 518 |
| IX. | 4 300 000 | 500 000 | 4 800 000 | 6,24 | 2,23 | 11,8 | 12,7 | 13,4 | 48,5 | 268 | 1136 |
| X. | — | — | — | 6,50 | — | 14,4 | 8,2 | 9,2 | 62,8 | 256 | 1208 |
| XI. | 1 600 000 | 100 000 | 1 700 000 | 5,42 | 2,02 | 16,8 | 5,9 | 5,9 | 71,5 | 267 | 1139 |
| XII. | 2 350 000 | 330 000 | 2 680 000 | 4,89 | 1,79 | 23,6 | 0,6 | —0,46 | 69,6 | 250 | 695 |
| 1931. I. | 3 200 000 | 400 000 | 3 600 000 | 5,26 | 1,31 | 21,4 | —0,9 | —0,96 | 13,7 | 195 | 136 |
| II. | 5 300 000 | 550 000 | 5 850 000 | 5,52 | 1,65 | 22,8 | —0,7 | —0,68 | 56,7 | 212 | 564 |
| III. | 2 400 000 | 470 000 | 2 870 000 | 5,76 | 1,98 | 22,9 | —0,47 | 0,35 | 30,8 | 218 | 318 |
| IV. | 3 850 000 | 300 000 | 4 150 000 | 5,32 | 1,78 | 18,2 | 2,8 | 5,79 | 32,1 | 233 | 507 |
| V. | 3 950 000 | 400 000 | 4 350 000 | 5,02 | 1,30 | 15,1 | 10,4 | 14,4 | 18,0 | 304 | 439 |
| VI. | 22 800 000 | 2 100 000 | 24 900 000 | 5,27 | 0,82 | 13,6 | 13,9 | 17,6 | 59,5 | 326 | 1643 |
| VII. | 11 300 000 | 1 600 000 | 12 900 000 | 5,43 | 0,55 | 9,7 | 15,0 | 18,58 | 47,5 | 242 | 1356 |
| VIII. | 4 800 000 | 840 000 | 5 640 000 | 4,93 | 1,93 | 10,7 | 14,31 | 16,12 | 58,2 | 260 | 1520 |
| IX. | 3 200 000 | 600 000 | 3 800 000 | 5,04 | 1,48 | 10,9 | 8,7 | 15,8 | 60,4 | 202 | 1560 |
| X. | 3 200 000 | 120 000 | 3 320 000 | 5,67 | 0,94 | 14,2 | 7,6 | 11,3 | 45,0 | 250 | 959 |
| XI. | 3 250 000 | 400 000 | 3 650 000 | 6,11 | 1,47 | 15,8 | 3,8 | 5,7 | 10,3 | 220 | 164 |
| XII. | 2 000 000 | 250 000 | 2 250 000 | 4,98 | 1,17 | 16,3 | —0,6 | —1,2 | 17,6 | 163 | 174 |

Zu diesem Behufe haben wir seit 1927 eine ständige Versuchsfläche, die Versuchsfläche 15/1 ausgewählt. Diese Versuchsfläche wurde im Jahre 1927 stark durchgeforstet, und sie steht seit dieser Zeit ununterbrochen unter systematischer Beobachtung. Die wichtigsten Daten dieser Untersuchungen zeigt die Abb. 18 und die zugehörige Tabelle 7. Außer dieser Versuchsfläche haben wir noch durch eine kürzere Zeitdauer, 3 Jahre hindurch, die Versuchsflächen 11

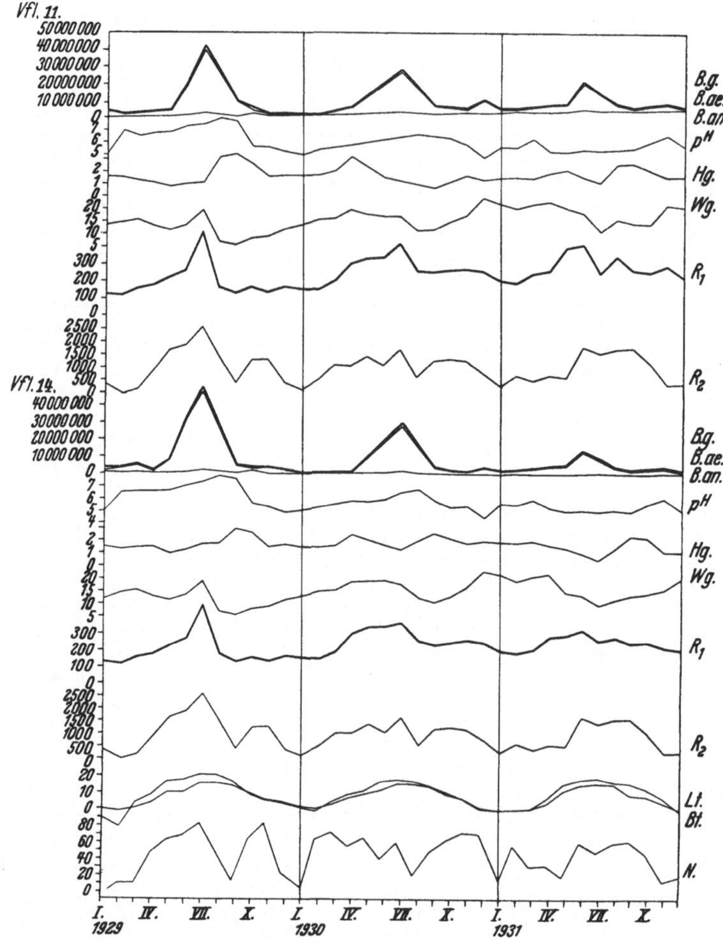


Abb. 19. Der zeitliche Verlauf des Bakteriengehaltes des Waldbodens auf den Versuchsflächen 11 und 14.
$B.g.$ = Gesamt-Bakteriengehalt;   $B.ae.$ = aerobe Bakterien;   $B.an.$ = anaerobe Bakterien;   $Hg.$ = Humusgehalt; $Wg.$ = Wassergehalt; $Lt.$ = Lufttemperatur.; $Bt.$ = Bodentemperatur; $N.$ = Niederschlagsmenge. $R_1 = Bt. \cdot Wg.$; $R_2 = Lt. \cdot N.$

und 14 ebenfalls untersucht, worüber die Untersuchungsergebnisse in den Tabellen 8, 9 und in der Abb. 19 mitgeteilt werden.

Im Jahre 1930 haben wir außerdem noch die Versuchsfläche 21, Kahlschlagsfläche, und Versuchsfläche 22, Wiese in der Umgebung von Sopron, in quantitativer Hinsicht bearbeitet. Die Resultate wurden in den Abb. 20 und 21 graphisch dargestellt.

Obwohl wir uns infolge der Schwierigkeiten der hier ermittelten Massenuntersuchungen in gewisser Hinsicht beschränken mußten, haben wir doch bei einigen Versuchsflächen die folgenden biologischen Faktoren durch diese lange Periode ununterbrochen nicht nur monatlich untersucht, sondern es waren

Tabelle 8. Versuchsfläche Nr. 14.

| Datum | Bakterien | | | $p_\mathrm{H}$ | Humusgehalt % | Wassergehalt % | Bodentemperatur an der Oberfläche °C | Lufttemperatur °C | Niederschläge mm | Bodentemperatur × Wassergehalt $R_1$ | Lufttemperatur × Niederschläge $R_2$ |
|---|---|---|---|---|---|---|---|---|---|---|---|
| | Aerob | Anaerob | Zusammen | | | | | | | | |
| 1929. I. | 1 550 000 | 600 000 | 2 150 000 | 4,94 | 1,51 | 13,8 | —0,3 | —5,2 | 70,3 | 134,0 | 338 |
| II. | 2 900 000 | 130 000 | 3 030 000 | 6,53 | 1,32 | 14,9 | —1,5 | —11,2 | 11,0 | 126,7 | —13,2 |
| III. | 4 550 000 | 600 000 | 5 150 000 | 6,59 | 1,45 | 15,7 | 0,45 | 3,6 | 10,7 | 164,0 | 146 |
| IV. | 1 000 000 | 350 000 | 1 350 000 | 6,50 | 1,53 | 13,0 | 3,85 | 8,6 | 47,9 | 186,5 | 891 |
| V. | 8 000 000 | 350 000 | 8 350 000 | 6,61 | 0,96 | 11,7 | 9,90 | 16,5 | 63,3 | 233,2 | 1677 |
| VI. | 32 000 000 | 860 000 | 32 860 000 | 7,02 | 1,24 | 13,9 | 10,0 | 17,6 | 68,5 | 278,0 | 1892 |
| VII. | 48 000 000 | 2 300 000 | 50 300 000 | 7,32 | 1,70 | 18,7 | 15,5 | 20,9 | 83,0 | 479,5 | 2569 |
| VIII. | — | — | — | 7,81 | — | 7,7 | 15,5 | 20,6 | 48,8 | 196,3 | 1495 |
| IX. | 4 500 000 | 500 000 | 5 000 000 | 7,58 | 2,95 | 5,9 | 14,1 | 16,9 | 12,8 | 142,2 | 344 |
| X. | 3 000 000 | 1 900 000 | 4 900 000 | 5,59 | 2,66 | 8,7 | 9,7 | 9,2 | 63,9 | 171,5 | 1228 |
| XI. | 4 680 000 | 100 000 | 4 780 000 | 5,33 | 1,46 | 9,6 | 5,5 | 5,1 | 82,7 | 148,9 | 1250 |
| XII. | 2 100 000 | 10 000 | 2 110 000 | 4,84 | 1,65 | 11,6 | 4,3 | 3,3 | 22,8 | 166,0 | 320 |
| 1930. I. | 300 000 | 100 000 | 400 000 | 5,04 | 1,45 | 11,2 | 1,4 | 0,6 | 4,6 | 127,8 | 49 |
| II. | 440 000 | 120 000 | 560 000 | 5,31 | 1,45 | 15,9 | —0,14 | —2,76 | 63,5 | 157,1 | 459 |
| III. | — | — | — | 5,49 | — | 15,8 | 2,4 | 3,9 | 72,5 | 195,9 | 1009 |
| IV. | 1 140 000 | 120 000 | 1 260 000 | 5,78 | 2,43 | 19,6 | 5,7 | 7,9 | 54,7 | 308,0 | 981 |
| V. | — | — | — | 5,71 | — | 16,7 | 8,7 | 10,4 | 65,2 | 312,1 | 1329 |
| VI. | — | — | — | 6,02 | — | 16,1 | 10,7 | 15,9 | 39,0 | 333,0 | 1010 |
| VII. | 28 500 000 | 1 675 000 | 30 175 000 | 6,50 | 1,34 | 14,7 | 14,5 | 17,1 | 59,6 | 360,0 | 1612 |
| VIII. | — | — | — | 6,82 | — | 11,2 | 14,3 | 16,3 | 19,7 | 272,0 | 518 |
| IX. | 4 000 000 | 480 000 | 4 480 000 | 5,85 | 2,20 | 10,9 | 12,7 | 13,4 | 48,5 | 247,0 | 1136 |
| X. | — | — | — | 5,30 | — | 14,1 | 8,2 | 9,2 | 62,8 | 256,4 | 1208 |
| XI. | 1 600 000 | 100 000 | 1 700 000 | 5,41 | 1,76 | 17,2 | 5,9 | 5,9 | 71,5 | 273,8 | 1139 |
| XII. | 3 700 000 | 300 000 | 4 000 000 | 4,46 | 1,95 | 23,0 | 0,6 | —0,46 | 69,6 | 243,6 | 695 |
| 1931. I. | 2 200 000 | 300 000 | 2 500 000 | 5,53 | 1,84 | 20,4 | —0,9 | —0,96 | 13,7 | 186,0 | 136 |
| II. | 2 600 000 | 350 000 | 2 950 000 | 5,45 | 1,79 | 18,5 | —0,7 | —0,68 | 56,7 | 172,1 | 564 |
| III. | 3 700 000 | 400 000 | 4 100 000 | 5,90 | 1,94 | 20,1 | —0,47 | 0,35 | 30,8 | 192,0 | 318 |
| IV. | 4 900 000 | 550 000 | 5 450 000 | 5,27 | 1,65 | 20,8 | —2,8 | 5,79 | 32,1 | 266,0 | 507 |
| V. | 5 300 000 | 520 000 | 5 820 000 | 5,02 | 1,33 | 14,0 | 10,39 | 14,4 | 18,0 | 285,8 | 439 |
| VI. | 16 800 000 | 1 800 000 | 18 600 000 | 5,09 | 0,94 | 13,4 | 13,89 | 17,6 | 59,5 | 320,0 | 1643 |
| VII. | 9 000 000 | 1 050 000 | 10 050 000 | 4,95 | 0,42 | 10,0 | 15,0 | 18,58 | 47,5 | 250,0 | 1356 |
| VIII. | 4 000 000 | 600 000 | 4 600 000 | 5,13 | 1,27 | 10,7 | 14,31 | 16,12 | 58,2 | 260,0 | 1520 |
| IX. | 2 050 000 | 750 000 | 2 800 000 | 4,96 | 2,39 | 12,0 | 8,7 | 15,8 | 60,4 | 224,2 | 1560 |
| X. | 2 900 000 | 200 000 | 3 100 000 | 5,68 | 2,24 | 13,1 | 7,6 | 11,3 | 45,0 | 230,2 | 959 |
| XI. | 3 400 000 | 600 000 | 4 000 000 | 6,05 | 1,06 | 14,4 | 3,8 | 5,7 | 10,3 | 198,5 | 164 |
| XII. | 1 600 000 | 500 000 | 2 100 000 | 4,92 | 1,06 | 18,7 | —0,6 | —1,2 | 17,6 | 175,8 | 174 |

Perioden, wo wir einige von diesen Faktoren auch zweiwöchentlich untersuchen mußten.

Die untersuchten Faktoren waren übrigens die folgenden:

1. Die Anzahl der Bodenbakterien wurde auch nach den physiologischen Gruppen mit der bereits beschriebenen Methode untersucht.

2. Der Humusgehalt.

3. Die $p_\mathrm{H}$-Werte mit elektrometrischer Bestimmungsmethode.

4. Der Wassergehalt.

5. Die Lufttemperatur mit Registrierapparaten und geeichtem Thermometer.

6. Die Bodentemperatur in folgenden Tiefen: 0—5 cm, 20—30 cm, 40—50 cm.

7. Die Niederschlagsmengen wurden mit geeichten und teilweise auch mit registrierenden Apparaten gemessen.

Die Art und Weise der Probeentnahme haben wir bereits bei der allgemeinen Methodik geschildert. Wir haben übrigens ein großes Gewicht darauf gelegt, daß die Bodenproben ungefähr in jedem Monat zu gleichen Zeiten genommen werden. Der Zeitpunkt war zwischen dem 10. und 15. eines jeden Monats. Öfter konnten wir es leider nicht tun, da unsere Massen-

Tabelle 9. Versuchsfläche Nr. 11.

| Datum | Bakterien | | | $p_H$ | Humusgehalt % | Wassergehalt % | Bodentemperatur an der Oberfläche °C | Lufttemperatur °C | Niederschläge mm | Bodentemperatur × Wassergehalt $R_1$ | Lufttemperatur × Niederschläge $R_2$ |
|---|---|---|---|---|---|---|---|---|---|---|---|
| | Aerob | Anaerob | Zusammen | | | | | | | | |
| 1929. I. | 3 600 000 | 3 700 000 | 7 300 000 | 5,14 | 1,60 | 13,9 | —0,3 | —5,2 | 70,3 | 138,5 | 338 |
| II. | 1 710 000 | 130 000 | 1 840 000 | 6,94 | 1,46 | 14,8 | —1,5 | —11,2 | 11,0 | 126,0 | —13 |
| III. | 2 500 000 | 60 000 | 2 560 000 | 6,52 | 1,21 | 15,9 | 0,45 | 3,6 | 10,7 | 166,2 | 146 |
| IV. | 3 100 000 | 550 000 | 3 650 000 | 6,72 | 1,05 | 13,1 | 3,85 | 8,6 | 47,9 | 180,9 | 891 |
| V. | 9 000 000 | 350 000 | 9 350 000 | 6,80 | 0,73 | 11,8 | 9,9 | 16,5 | 63,3 | 234,5 | 1677 |
| VI. | 20 000 000 | 1 300 000 | 21 300 000 | 7,25 | 0,91 | 13,9 | 10,0 | 17,6 | 68,5 | 278,0 | 1892 |
| VII. | 40 000 000 | 2 500 000 | 42 500 000 | 7,40 | 0,99 | 19,1 | 15,5 | 20,9 | 83,0 | 487,0 | 2569 |
| VIII. | — | — | — | 7,86 | — | 6,9 | 15,5 | 20,6 | 48,8 | 176,0 | 1495 |
| IX. | 9 000 000 | 200 000 | 9 200 000 | 7,61 | 3,25 | 5,8 | 14,1 | 16,9 | 12,8 | 139,5 | 344 |
| X. | 3 400 000 | 1 800 000 | 5 200 000 | 5,64 | 2,50 | 8,1 | 9,7 | 9,2 | 63,9 | 159,6 | 1228 |
| XI. | 1 000 000 | 100 000 | 1 100 000 | 5,42 | 1,44 | 8,9 | 5,5 | 5,1 | 82,7 | 138,0 | 1250 |
| XII. | 1 200 000 | 30 000 | 1 230 000 | 5,10 | 1,54 | 11,7 | 4,3 | 3,3 | 22,8 | 167,2 | 320 |
| 1930. I. | 600 000 | 30 000 | 630 000 | 4,84 | 1,55 | 14,5 | 1,4 | 0,6 | 4,6 | 165,4 | 49 |
| II. | 200 000 | 40 000 | 240 000 | 5,24 | 1,55 | 16,8 | —0,14 | —2,76 | 63,5 | 165,6 | 459 |
| III. | — | — | — | 5,37 | — | 16,6 | 2,4 | 3,9 | 72,5 | 206,0 | 1009 |
| IV. | 4 300 000 | 20 000 | 4 320 000 | 5,54 | 3,02 | 18,8 | 5,7 | 7,9 | 54,7 | 295,1 | 981 |
| V. | — | — | — | 5,81 | — | 17,6 | 8,7 | 10,4 | 65,2 | 329,0 | 1329 |
| VI. | — | — | — | 6,02 | — | 16,8 | 10,7 | 15,9 | 39,0 | 353,0 | 1010 |
| VII. | 25 400 000 | 1 350 000 | 26 750 000 | 6,23 | 1,31 | 16,6 | 14,5 | 17,1 | 59,6 | 418,0 | 1612 |
| VIII. | — | — | — | 6,57 | — | 10,8 | 14,3 | 16,3 | 19,7 | 262,4 | 518 |
| IX. | 4 600 000 | 100 000 | 4 700 000 | 6,18 | 0,39 | 12,0 | 12,7 | 13,4 | 48,5 | 272,2 | 1136 |
| X. | — | — | — | 5,82 | — | 14,6 | 8,2 | 9,2 | 62,8 | 266,0 | 1208 |
| XI. | 2 500 000 | 550 000 | 3 050 000 | 5,44 | 1,34 | 16,9 | 5,9 | 5,9 | 71,5 | 268,0 | 1139 |
| XII. | 7 500 000 | 250 000 | 7 750 000 | 4,51 | 1,02 | 23,3 | 0,6 | —0,46 | 69,6 | 247,0 | 695 |
| 1931. I. | 2 300 000 | 500 000 | 2 800 000 | 5,33 | 1,16 | 20,2 | —0,9 | —0,96 | 13,7 | 183,7 | 136 |
| II. | 2 000 000 | 700 000 | 2 700 000 | 5,25 | 1,21 | 18,0 | —0,7 | —0,68 | 56,7 | 167,8 | 564 |
| III. | 3 300 000 | 300 000 | 3 600 000 | 5,93 | 1,09 | 19,7 | —0,47 | 0,35 | 30,8 | 188,2 | 318 |
| IV. | 4 100 000 | 200 000 | 4 300 000 | 4,91 | 1,43 | 20,3 | 2,8 | 5,79 | 32,1 | 259,9 | 507 |
| V. | 4 800 000 | 500 000 | 5 300 000 | 4,82 | 1,69 | 18,0 | 10,4 | 14,4 | 18,0 | 367,0 | 439 |
| VI. | 16 800 000 | 1 300 000 | 18 100 000 | 5,00 | 1,10 | 16,5 | 13,9 | 17,6 | 59,5 | 394,0 | 1643 |
| VII. | 10 100 000 | 500 000 | 10 600 000 | 4,90 | 0,63 | 9,0 | 15,0 | 18,58 | 47,5 | 225,0 | 1356 |
| VIII. | 3 450 000 | 500 000 | 3 950 000 | 4,95 | 2,08 | 13,0 | 14,31 | 16,12 | 58,2 | 316,0 | 1520 |
| IX. | 2 900 000 | 900 000 | 3 800 000 | 5,06 | 2,19 | 12,1 | 8,7 | 15,8 | 60,4 | 226,2 | 1560 |
| X. | 3 900 000 | 250 000 | 4 150 000 | 5,57 | 1,53 | 12,2 | 7,6 | 11,3 | 45,0 | 224,2 | 959 |
| XI. | 5 200 000 | 650 000 | 5 850 000 | 6,16 | 0,94 | 18,6 | 3,8 | 5,7 | 10,3 | 256,7 | 164 |
| XII. | 1 800 000 | 400 000 | 2 200 000 | 5,05 | 0,93 | 18,0 | —0,6 | —1,2 | 17,6 | 169,8 | 174 |

untersuchungen so viel Zeit, Material und Personal in Anspruch genommen haben, daß wir die Proben unserer Versuchsflächen nur monatlich einmal untersuchen konnten. Es ist klar, daß bezüglich der genauen Bestimmung der Bakterienzahl die sofortige Bearbeitung der Bodenproben unbedingt notwendig ist. Das hatten wir auch bei allen unseren Versuchsflächen, die in der Umgebung der Stadt liegen, durchgeführt. Dies war jedoch auf den weiteren, in der ungarischen Tiefebene liegenden Probeflächen nicht möglich; da jedoch diese Proben ziemlich rasch angekommen sind, können wir ruhig voraussetzen, daß namentlich in den wärmeren Jahreszeiten wohl kaum nennenswerte Unterschiede in der Bakterienzahl vorgekommen sind. Daß im Winter dagegen bei dem Transport der Proben Unterschiede vorgekommen sind, ist wahrscheinlich. Einige Voruntersuchungen[1], die wir mit Lagerproben eingeschaltet haben, haben ganz klar gezeigt, daß während des Transportes, besonders dann, wenn die in der Kälte entnommenen Proben während des Transportes in wärmere Räume kommen, je nach der Dauer des Transportes gewisse Änderungen erleiden. Besonders der Bakteriengehalt, weiter das Verhältnis der aeroben und anaeroben Bakterien, sowie die Entwicklung der $p_H$-Werte erleiden gewisse Veränderungen. Die Proben aus der Umgebung von Sopron werden übrigens nach der Probeentnahme innerhalb von 24 Stunden bearbeitet.

---

[1] Siehe Abb. 1.

Wie die Abbildungen und Tabellen beweisen, so kann man im allgemeinen ohne weiteres feststellen, daß das Mikrobenleben des Waldbodens einen ausdrücklich periodischen Verlauf zeigt, welcher mit den Änderungen der Luft- und Bodentemperaturkurven korrelativ zusammenhängt. Das Maximum der Bakterienzahl fällt im allgemeinen mit dem Kulminationspunkt der Bodentemperatur in den Sommermonaten vollkommen zusammen. Das Minimum dagegen kongruiert mit den niedrigsten Temperaturen in den kältesten Wintermonaten. Diese Erscheinung zeigt vollkommen klar, daß die Änderungen des Bakteriengehalts hauptsächlich durch die Änderungen der Bodentemperatur, und zwar durch die Temperaturen der obersten Bodenschichten beeinflußt werden. Es ist nun besonders zu beachten, daß in einigen Jahren außer dem Hauptmaximum noch einige kleinere Maxima zu beobachten sind. Eines von diesen kommt in den Frühlingsmonaten vor, es scheint aber nicht jedes Jahr und immer ausgeprägt vorzukommen. Außerdem beobachtet man auch ein kleineres Maximum in den Herbstmonaten.

Das Ansteigen der Bakterienkurve erfolgt im allgemeinen im Frühling, und falls ein Frühlingsmaximum zustande kommt, so flaut sie meistens ein wenig ab. Dann steigt sie aber wieder an und kulminiert in dem Monat Juli.

Bei der Betrachtung der Abbildungen und der Tabellen fällt es gleich auf, daß der Bakteriengehalt in den einzelnen Jahren sehr verschieden ausfällt und namentlich die Sommermaxima große Abweichungen zeigen. Die Erklärung hierfür findet man zunächst in den verschiedenen Größen der jeweiligen Niederschlagsmengen im Sommer, welche natürlich ihrerseits den Wassergehalt des Bodens, welcher für die Entwicklung des Bakterienlebens neben der Bodentemperatur von ausschlaggebender Bedeutung ist, beeinflussen.

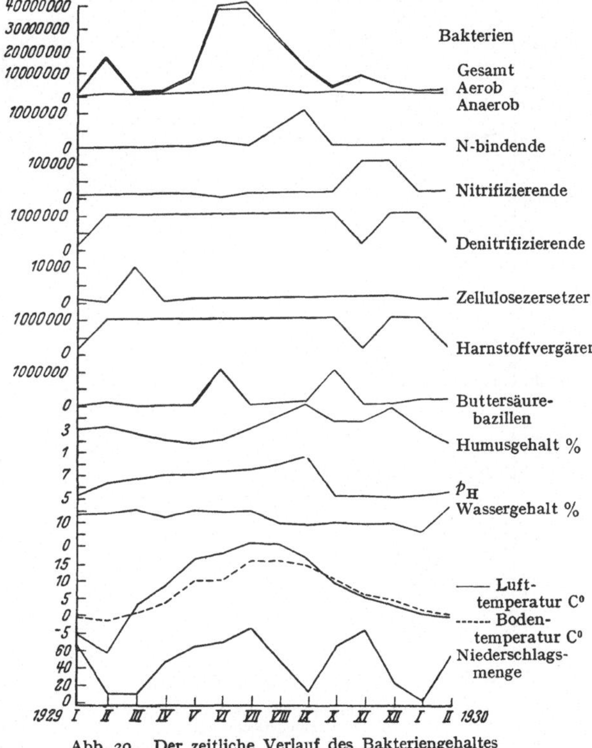



Abb. 20.   Der zeitliche Verlauf des Bakteriengehaltes auf der Versuchsfläche 21.

Wenn man unsere Feststellungen über die Wirkung der Bodentemperatur und das jetzt Gesagte miteinander in Einklang bringt, so kann ohne weiteres festgestellt werden, daß die biologischen Erscheinungen des Waldbodens durch die korrelativen Änderungen der atmosphärischen Niederschlagsmengen und des Wassergehaltes des Bodens einerseits und der Luft- und Bodentemperatur andererseits korrelativ geregelt werden.

Wenn man das Vorhandensein des organischen Stoffgehaltes des Bodens zwischen optimalen Grenzen voraussetzt, so sind letzten Endes die *Bodenfeuchtigkeit* und die *Bodentemperatur* jene Biofaktoren des Bodenmikrobenlebens, welche sich gegenseitig beeinflussen, korrelativ zusammenhängen und schließlich die Änderungen desselben hervorrufen. Daß der Temperaturwirkung die entscheidende Rolle zukommt, ist nicht zu leugnen. Setzt man das optimale Vorhandensein der übrigen voraus, so ist die Temperaturwirkung derjenige Faktor, welcher das quantitative Geschehen des Bodenmikrobenlebens regelt. Keiner der erwähnten Faktoren ist jedoch imstande, das Bodenleben allein im Leben zu erhalten oder ausschlaggebend zu beeinflussen, da ihre Einzelwirkungen in gegenseitiger Wechselbeziehung stehen. *Sie bilden einen zusammenhängenden Faktorenkomplex, welcher als Resultierender der gegenseitigen Korrelation der einzelnen Komponenten die mikrobiologischen Vorgänge des Waldbodens dominierend beherrschen kann.* Nach der Bodentemperatur wird natürlich das Bakterienleben von dem Wassergehalte des Bodens unmittelbar beeinflußt, der seinerseits von den jeweiligen atmosphärischen Niederschlägen und von der Luft- und Bodentemperatur abhängt.

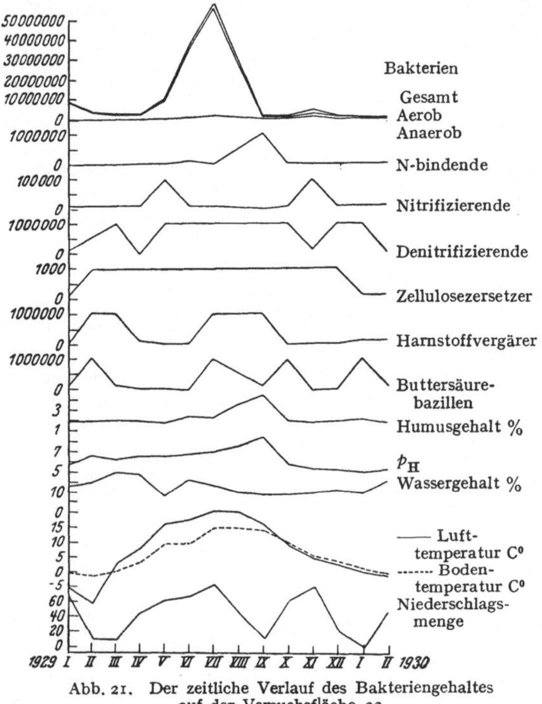


Abb. 21.   Der zeitliche Verlauf des Bakteriengehaltes auf der Versuchsfläche 22.

Die unmittelbare Wirkung der jeweiligen Niederschlagsmengen darf jedoch sehr vorsichtig beurteilt werden. Sie kommt, wie schon erwähnt wurde, in ihrer Wirkung auf das Bodenmikrobenleben in der jeweiligen Gestaltung der Bodenfeuchtigkeit zum Ausdruck. Da aber die letztere durch die Boden- und Lufttemperatur bedingt wird, so ist es klar, daß die biologische Wirkung der Niederschlagsmengen je nach der Jahreszeit quantitativ sehr verschieden sein kann.

*Da der Wassergehalt des Bodens seinerseits das korrelative Verhältnis zwischen Niederschlägen und der Luft- und Bodentemperatur am deutlichsten darzustellen vermag, so ist es zweckmäßig, als unmittelbar regulierenden Biofaktor den letzteren anzunehmen und zu benützen.*

Das Sommermaximum der Bakterienzahl ist zweifelsohne die Folge der erhöhten Temperaturwirkung. Bleibt aber in dieser kritischen Jahreszeit infolge der fehlenden Niederschläge der Wassergehalt des Bodens unter dem optimalen Maße, so wirkt der letztere als „limiting factor" und begrenzt die quantitative Entwicklung der Bodenbakterien. Die Entwicklung der Sommermaxima in den Jahren 1928 und 1929 geben hierfür ausgezeichnete Beispiele. Da jedoch dem Sommermaximum der Bakterienzahl eine ausschlaggebende Bedeutung für die qualitative Entwicklung der Bakterienflora zukommt, so sind die Sommermonate für die Vermehrung und für das Gedeihen des größten Teiles der Bodenbakterien von eminenter Bedeutung. Im Herbst, Winter und im Frühjahr ist wieder die Bodentemperatur derjenige Faktor, welcher begrenzend wirkt und trotz des optimalen Wassergehalts das Bakterienwachstum empfindlich beschränkt.

*Die richtige Erklärung des zeitlichen Geschehens des Bodenmikrobenlebens innerhalb des gleichen Waldtyps kann unseres Erachtens nach nur die vergleichende quantitative Verwendung der beiden anorganischen Faktoren Bodentemperatur und Wassergehalt des Bodens ermöglichen.*

Wir haben uns öfters überlegt, wie man diese gegenseitige und korrelative Wirkung dieser beiden Faktoren wohl am besten ausdrücken könnte. *Nach gewissenhafter Prüfung und Überlegung sind wir zu dem Resultat gekommen, daß die gegenseitige und beeinflussende Wirkung der Biofaktoren Wassergehalt und Bodentemperatur durch die Multiplikation der Werte der beiden am deutlichsten ausgedrückt werden kann.* Wir haben diese Faktoren übrigens in zweifachem Ausdruck bearbeitet und ausgedrückt. Erstens durch Multiplikation der beiden Faktoren: Lufttemperatur und Niederschlagsmengen und zweitens durch Multiplikation der Werte der Bodentemperatur und des Wassergehaltes des Bodens. Um die Temperaturen unter $0^0$ dabei wohl berücksichtigen zu können, hatten wir bei der Berechnung die Bodentemperaturen mit 10 vergrößert, so daß z. B. bei der Bodentemperatur $-1^0$ mit $+9$ und bei der Bodentemperatur $+2$ mit 12 multipliziert wurde. Wir haben übrigens das Multiplikat dieser beiden Biofaktoren Wassergehalt des Bodens und Bodentemperatur mit $R_1$ und Lufttemperatur und Niederschlag mit $R_2$ als regulative Faktorenkomplexe bezeichnet. Da dem Wassergehalt des Bodens eine erhöhte und unmittelbare biologische Bedeutung zukommt, haben wir in den Abbildungen und Tabellen $R_1$ immer vor $R_2$ gesetzt, deren Verlauf infolge des bereits Gesagten auch nicht immer kongruent verlaufen wird.

*Der Einfluß und die Wirkung des Gehalts an organischen Stoffen im Boden ist für den zeitlichen Verlauf des Mikrobenlebens innerhalb einzelner Versuchsflächen nicht so auffallend und wirkungsvoll wie die erwähnten Faktoren.* Der Wald ist ja ein Lebensraum, in welchem, falls künstliche Eingriffe durch längere Zeitperioden ferngehalten werden, infolge des harmonischen Kreislaufes zwischen Laubfall und Zersetzung, der Boden organische Stoffe immer in genügender Menge enthalten wird, um seine eigene Mikrobenbevölkerung den jahreszeitlichen Änderungen entsprechend ernähren und erhalten zu können. Bei der Beurteilung der Wirkung der anorganischen Umweltfaktoren innerhalb einer Vegetationsperiode und einer und derselben Versuchsfläche, kann man daher dieses biologisch-dynamische Gleichgewicht fast immer ungestört annehmen. Nur dann, wenn man mehrere Jahre hindurch die Beobachtungen fortsetzt, kann die gegenseitige Wirkung des Bakteriengehaltes und des organischen Stoffhaushalts des Bodens festgestellt werden. Es ist außerordentlich lehrreich, wenn man auf Grund des jetzt Gesagten die beigeschlossenen Abbildungen vergleichend betrachtet. Man sieht auch gleich, daß natürlicherweise von einem quantitativem Zusammenhange im mathematischen Sinne hier wohl nicht die Rede sein könnte. *Bei der Betrachtung der biologischen Vorgänge in der freien Natur sollte man nie vergessen, daß hier außerordentlich komplizierte Wechselwirkungen vorhanden sind, deren exakter Ausdruck im mathematischen Sinne derzeit noch unmöglich ist.*

Es kann im allgemeinen jedoch gleich festgestellt werden, daß die Entwicklung des Sommermaximums der Bakterienzahl von den jetzt genannten beiden Faktoren dominierend beeinflußt wird. So z. B. im Jahre 1928, wie bereits schon erwähnt wurde, hat der trockene Sommer die volle Entwicklung der Bakterienzahl verhindert, welche später in den Herbstmonaten, wo die niedrige Temperatur als „limiting factor" wirkt, nicht mehr erhöht werden konnte. Dagegen ist es recht interessant, daß zwischen den kleinen Maxima, welche regelmäßig entweder im Vor- oder Nachwinter, also in der Periode zwischen November und Februar, aufzutreten pflegen, ganz deutlicher Zusammenhang mit den regulierenden Faktoren zu konstatieren ist.

Die $p_H$-Werte zeigen, wie wir schon öfters betont haben, ebenfalls periodische Änderungen. Sie zeigen gewöhnlich ein Maximum im Spätsommer oder im Herbst. Sie scheinen jedoch[1] keinen namhaften Einfluß auf die Dynamik der Bodenbakterien auszuüben oder besser gesagt, es ist wahrscheinlich, daß ihre biologische Wirkung durch den kräftigen Einfluß der anderen Faktoren (Bodentemperatur, Bodenfeuchtigkeit usw.) in den Hintergrund gedrängt wird. Wir

---

[1] Von den extremen Fällen abgesehen.

werden in den folgenden Kapiteln zeigen können, daß die den freien Stickstoff der Luft bindenden Bakterien wohl die einzigen sind, deren Vorkommen einigermaßen mit den Änderungen der $p_H$-Werte kongruiert.

Wie diese Untersuchungen zeigen, so wird der Humusgehalt des Waldbodens ebenfalls regelmäßig verlaufenden zeitlichen Änderungen unterworfen. Bevor wir die Einzelheiten dieser Erscheinung besprechen wurden, möchten wir noch bemerken, daß unsere Untersuchungen entsprechend der Art und Weise der Probeentnahme immer den Humusgehalt in der Tiefe von 10—20 cm umfaßten. Unsere Untersuchungen sind daher vollkommen unabhängig von der jeweiligen Menge der unverbrauchten Humusstoffe durchgeführt. Unsere Analysenresultate zeigen daher nur jene Humusmengen an, welche infolge der Zersetzungsarbeit der Bakterien und Pilze in diese Bodentiefen gelangen konnten. Wir finden im allgemeinen gewöhnlich je ein Maximum in den Herbstmonaten und meistens auch ein zweites Maximum in den Frühlingsmonaten. Das Herbstmaximum ist sicherlich die Folge jener Humusbereicherung, welche durch den Laubfall hervorgerufen wird. Da diese Humusmengen bald verbraucht werden, so kann natürlich in den Wintermonaten kein Ersatz mehr erfolgen. Darum finden wir gewöhnlich auch Depressionen im Laufe der kalten Wintermonate. Das Frühjahrsmaximum ist wieder auf die erhöhte Bakterien- und Pilztätigkeit der Waldböden zurückzuführen. Es ist übrigens interessant, daß in den meisten Jahren mit der Entwicklung des Bakterienmaximums eine gewisse Erniedrigung des Humusgehaltes einhergeht. Diese Erscheinung kann natürlich durch die erhöhte Verarbeitung während der Maximalperioden der Bakterienzahl leicht erklärt werden. Daß, wie wir später sehen werden, in den Böden der nördlichen Versuchsflächen oft weniger Humusgehalt zu konstatieren ist, als in den Böden der Versuchsflächen in Mitteleuropa, kann man eben dadurch erklären, daß unter dem kalten und humiden Klima dieser Breitengrade die Verarbeitung der rohen Humuslager nur ganz langsam vor sich gehen kann. Die Folgen davon sind die allgemeine Anreicherung der unverbrauchten Rohhumusauflagen und der verhältnismäßig geringe Humusgehalt des Mineralbodens.

Daß die Änderungen der $p_H$-Werte ebenfalls mit den periodischen Änderungen und Vorgängen der Bakterientätigkeit im Zusammenhange stehen, liegt klar auf der Hand. Die Entstehung der niedrigeren Säuregrade in den Wintermonaten ist ja ganz entschieden durch das Hervortreten anaerober Zersetzungsprozesse zu erklären, deren Zustandekommen durch niedrigere Bodentemperaturen und den dadurch bedingten hohen Wassergehalt des Bodens zu erklären ist. Die hohen Werte im Spätsommer und im Herbst dagegen sind darauf zurückzuführen, daß in diesen Jahreszeiten die aeroben Prozesse vorherrschen, welche die Verarbeitung der sauren Humusstoffe allmählich ermöglichen[1].

Das Verhalten der anaeroben Bakterien ist übrigens ziemlich gleichmäßig. Ihr quantitatives Verhältnis zu den aeroben Bakterien ist jedoch einem ständigen Wechsel unterworfen, weil die Zahl und Menge der letzteren gewöhnlich großen Schwankungen unterworfen ist. Infolge des Sommermaximums ist dieses Verhältnis aus biologischen Gesichtspunkten in den Sommermonaten das günstigste und in den Wintermonaten das ungünstigste. Am besten wird ihr Verhalten durch eine Verhältniszahl in Prozenten ausgedrückt, welche ihr verschiedenartiges Verhalten und das vorher Gesagte deutlich erklärt. Beispiele hierfür findet man auf S. 70—73.

Wir möchten hier noch bemerken, daß wir uns dessen vollkommen bewußt sind, daß dieser scharfe, periodische Wechsel in der ersten Reihe durch die großen

---

[1] Bezüglich der weiteren Details siehe noch: FEHÉR: Untersuchungen über die zeitlichen Änderungen der Bodenazidität. Wiss. Arch. f. Landw. **9**, 172 (1932).

klimatischen Unterschiede unserer Breitengrade bedingt ist. Nach Norden und Süden muß sie gewiß abflauen, wir sind aber überzeugt, daß, wenn auch in geringerem Maßstabe, sie dort auch vorhanden sind. Wir haben zu diesem Behufe einige Versuchsflächen auch im Norden untersucht. Obwohl die Resultate dieser Untersuchungen infolge der langen Transportdauer in dynamischer Hinsicht nicht mehr so verläßlich sind, wie die letzt mitgeteilten, so führen wir doch einige solche als Beispiel in dem Kapitel über die Verteilung der Bakterienarten auf, die das jetzt Gesagte voll beweisen.

Von den im Jahre 1930 durchgeführten Untersuchungen möchten wir ganz besonders die Resultate zweier Versuchsflächen hervorheben, und zwar die Resultate der Kahlschlagsfläche (Versuchsfläche 21) und der Wiese (Versuchsfläche 22). Es läßt sich im allgemeinen feststellen, daß auch in diesen beiden Böden sich fast die gleichen Vorgänge abgespielt haben, wie in den Böden der geschlossenen Waldbestände. Wir möchten uns daher kurz dahin aussprechen, daß, wenn man noch dazu die Ergebnisse der Messungen an der Versuchsfläche 24[1] vergleichend betrachtet, unwillkürlich zu dem Schlusse kommen muß, daß jene allgemeinen Gesetzmäßigkeiten, welche das zeitliche Geschehen der biologischen Lebensvorgänge in dem Waldboden beeinflussen, auch in jenen Böden zur vollen Geltung kommen müssen, welche ihre biologischen Vorgänge ohne störenden Einfluß des Menschen entfalten können. Es war früher die Annahme stark verbreitet, daß in jenen Waldböden, welche nach Entfernung des Bestandes den Sonnenstrahlen plötzlich ausgesetzt werden, zunächst durch die ultravioletten Strahlen der Sonne einerseits und durch das Austrocknen des Bodens andererseits derartige schädliche Einflüsse zur Geltung kommen, welche das Bakterienleben und auch die biologischen Umsetzungen in diesen Böden schädlich beeinflussen. Gerade die jetzt untersuchte Kahlschlagsfläche und im Jahre 1931 untersuchte brachliegende Probefläche (Versuchsfläche 24), über welche wir in dem Kapitel über den Stickstoffkreislauf noch besonders sprechen werden, haben diese Annahme nicht bestätigt.

Man kann im allgemeinen mit großer Sicherheit annehmen, daß in jenen Bodentiefen, wo die höchste Intensität des Bakterienlebens herrscht, die ultravioletten Strahlen der Sonne vollkommen wirkungslos werden und sogar durch die gesteigerte Erwärmung des Bodens noch das Wachstum fördern können.

Bezüglich dieser Frage hat in unserem Institut ANTON SCHEITZ (265) spezielle Untersuchungen durchgeführt, welche die jetzt erwähnten im allgemeinen bestätigen. In diesem Falle daher, da die induktive und deduktive Forschung auffallend übereinstimmende Resultate herbeigeführt hat, können wir die vorher Erwähnten im allgemeinen als bestätigt betrachten. Daß für die extremen Fälle, welche noch untersucht werden sollen, auch da Ausnahmen möglich sind, halte ich für sehr wahrscheinlich. Es ist aber wahrscheinlich, daß bei unseren klimatischen Verhältnissen die plötzliche Freistellung des Waldbodens nicht derart durchgreifende Änderungen in der Wasserbilanz des Bodens hervorrufen kann, welche den normalen Vorgang des Bakterienlebens entscheidend beeinflussen könnten.

Übrigens führe ich die wichtigsten Resultate von SCHEITZ in folgenden kurz auf: Bei der experimentellen Lösung des Problems benützte er die künstlichen Uviollichtquellen, deren Lichtintensität auf beliebige Zeitdauer konstant gehalten werden konnte. Die ultraviolette Strahlungsintensität der Sonne ist bekanntlich von vielen veränderlichen Faktoren abhängig und außerdem leidet sie an dem großen Mangel, daß ihre Intensität im Laufe der Tageszeiten infolge der fortwährenden Änderung des Einfallwinkels der Bewölkung und Entfernung

---

[1] Siehe S. 136.

sich ununterbrochen ändert. Er hat daher mit der neuen Uviol-Osram-Vitalux- und der HAEREUSschen Quecksilberlampe gearbeitet, deren Lichtintensität mit der Kaliumphotozelle auf galvanometrischem Wege gemessen und auf einen fixen Standardwert der Sonne prozentuell bezogen und ausgedrückt wurde.

Tabelle 10 enthält die biologische Intensität der Vitaluxlampen. Er benützte die erwähnte 500-Watt-120-Volt-Osram-Vitaluxlampe mit dem Spezialreflektor, geliefert von Siemens-Schuckert, Budapest, in 1 m Entfernung. Die Quecksilberbogenlampe wurde nur zum Vergleiche herangezogen. Um die starke bakterizide Wirkung der Uviollampen vor Augen zu führen, führe ich einige Daten jener Untersuchungen vor, bei welchen die Bakterienkulturen in ihren Kulturgefäßen (Deckel abgenommen, da gewöhnliches Glas die Uviolstrahlen zurückhält) unmittelbar der Bestrahlung unterworfen wurden (siehe Tabelle 11).

Tabelle 12 zeigt einige charakteristische Resultate der Bodenversuche, und zwar die Wirkung der Bestrahlung einer 1 cm, 2—4 cm und einer 4—6 cm tiefen

**Tabelle 10. Die biologische Intensität der Vitaluxlampen.**

| Lichtquelle | Abstand m | Biologische UV.-Intensität in Prozenten der Wirkung der Sommersonne |
|---|---|---|
| Vitalux ohne Reflektor | | |
| 110/300 . . . . . | 0,5 | 15—20 |
| 220/300 . . . . . | 0,5 | 10—15 |
| 110/500 . . . . . | 0,5 | 30—40 |
| 220/500 . . . . . | 0,5 | 30—35 |
| 110/300 . . . . . | 1,0 | 100—150 |
| Vitalux mit Reflektor | | |
| 220/300 . . . . . | 1,0 | — |
| 110/500 . . . . . | 1,0 | 150—200 |
| 220/500 . . . . . | 1,0 | — |
| Sommersonne . . . . | | 100 |

Bodenschicht. Diese und die folgenden Versuche wurden in eigens dazu konstruierten Behältern durchgeführt. Schon diese Resultate zeigten uns, daß nach einer gewissen Bestrahlungsdauer in den oberen Bodenschichten die Bakterienzahl stark vermindert wird, aber nach einer gewissen Zeitdauer konstant bleibt. Es bleiben wahrscheinlich nur die uviolresistenten Arten zurück.

Darauf hat SCHEITZ seine Untersuchungen in jene Tiefen verlegt, wo nach unserer Erfahrung die intensivste Bakterientätigkeit entfaltet wird, d. h. in die Tiefe von 10—25 cm. Die Resultate

**Tabelle 11. Die bakterientötende Wirkung der Ultraviolettglühlampe (Osram-Vitaluxlampe).**

| Dauer der Bestrahlung Stunden | Zahl der Bakterien auf Fleischextraktagar | | | |
| | Zahl der Kolonien (Petrischalen ungedeckt) | % | Zahl der Kolonien (Petrischalen mit Glaskasten abgedeckt) | % |
|---|---|---|---|---|
| 0 | 175 | 100 | 475 | 100 |
| 1 | 141 | 75 | 441 | 93 |
| 2 | 11 | 6,2 | 440 | 92,8 |
| 3 | 2 | 1,1 | 380 | 80,2 |
| 4 | 0 | 0 | 291 | 61,5 |
| 5 | 0 | 0 | 154 | 32,5 |

zeigt Tabelle 13. Außerdem hat er auch das Verhalten der speziellen sog. physiologischen Bakteriengruppen untersucht. Diese Ergebnisse enthält Tabelle 14. Die letzten Versuche hatten nun eine befriedigende Lösung des Problems herbeigeführt. Da SCHEITZ seine Untersuchungen in der wirksamen Bodentiefe von 5—20 cm durchgeführt hat, so wurde es klar, daß in dieser Tiefe die bakterizide Wirkung der Uviolstrahlung nicht mehr zur Geltung kommen kann, sogar infolge der Erwärmung des Bodens, welche durch die Strahlung hervorgerufen wird, die Bakterienzahl erhöht wird. Es genügt schon eine geringe Bodenschicht, um die ultravioletten Strahlen vollkommen zu filtrieren und dadurch unschädlich zu machen.

Diese experimentell ganz einwandfrei ermittelte Tatsache gibt nun die Erklärung dafür, warum die beiden den Sonnenstrahlen frei ausgesetzten Versuchsflächen 21, 22 und 24 auch im Jahresdurchschnitt einen viel höheren Bakteriengehalt zeigen als die anderen.

Es ist auch auffallend die Vermehrung der Anzahl der aeroben Bakterien und die Verbesserung ihres Verhältnisses zu den anaeroben Bakterien. Dieser

Umstand ist ebenfalls auf die gute Bodendurchlüftung nach der Freistellung zurückzuführen. Daß die direkten Sonnenstrahlen auch die obersten Bodenschichten der Kahlschlagsflächen nicht schädlich beeinflussen können, wird wahrscheinlich auch dadurch bedingt, daß diese Böden durch die üppig gedeihende Pflanzendecke, welche infolge der Freistellung sich gut entwickeln kann, sehr wirksam geschützt werden. Dieser Umstand wurde bereits auf S. 48 erwähnt.

Wir möchten auch mit einigen Worten über das Verhalten der zu den einzelnen physiologischen Gruppen gehörenden Bakterien sprechen. Die Abbildungen, welche sich auf die Versuchsflächen 11, 14, 15, 18, 21 und 22 beziehen, geben auch in dieser Hinsicht einen ziemlich deutlichen Überblick.

Über die nitrifizierenden, denitrifizierenden sowie über die stickstoffbindenden Bakterien werden wir in dem Kapitel über den Stickstoffkreislauf noch ausführlicher berichten. Über die übrigen Gruppen möchten wir kurz folgendes bemerken:

Die Abb. 22 und 23 zeigen die Durchschnittswerte der Untersuchungen im Jahre 1930 nach Nadelholzwäldern und Laubholzwäldern. In die erste Gruppe gehören die Versuchsflächen 14 und 15, in die zweite Gruppe die Versuchsflächen 11 und 18. Außerdem verweisen wir auf die Abb. 20 und 21. Auch haben wir die Jahresdurchschnittswerte mit den Ergebnissen der Versuchsflächen 5, 6, 7, 8, welche in dem Kapitel VII besprochen werden, in der Tabelle 17 vergleichend dargestellt.

Das Verhalten der *zellulosezersetzenden* Bakterien ist nicht gleichmäßig, sie unterscheiden sich je nach den Bestandestypen.

Tabelle 12. Die Änderung der Bakterienzahl in 1 cm, 2—4 mm und 4—6 mm tiefer Bodenschicht nach 2-, 4-, 10- und 20stündiger Bestrahlung.

| | Kontrolle | Bestrahlungszeit | | | |
|---|---|---|---|---|---|
| | | 2 stündige | 4 stündige | 10 stündige | 20 stündige |
| **Die Änderungen in einer 1 cm tiefen Bodenschicht.** | | | | | |
| Fleischextrakt-Agar-Platte { Bakterienzahl je 1 g feuchte Erde | 2 400 000 | 1 020 000 | 620 000 | 440 000 | 620 000 |
| In Prozent | 100 | 43,5 | 25,6 | 18,4 | 25,6 |
| Fleischextrakt-Gelatine-Platte { Bakterienzahl je 1 g feuchte Erde | 2 650 000 | 2 100 000 | 1 500 000 | 950 000 | 660 000 |
| In Prozent | 100 | 83,0 | 56,4 | 35,7 | 24,9 |
| **Die Änderungen in einer 2—4 mm tiefen Bodenschicht.** | | | | | |
| Fleischextrakt-Agar-Platte { Bakterienzahl je 1 g feuchte Erde | 3 200 000 | 1 260 000 | 850 000 | 760 000 | 770 000 |
| In Prozent | 100 | 39,5 | 26,4 | 23,7 | 23,9 |
| Fleischextrakt-Gelatine-Platte { Bakterienzahl je 1 g feuchte Erde | 3 000 000 | 1 660 000 | 1 500 000 | 920 000 | 580 000 |
| In Prozent | 100 | 55,4 | 50,0 | 30,8 | 19,4 |
| **Die Änderungen in einer 4—6 mm tiefen Bodenschicht.** | | | | | |
| Fleischextrakt-Agar-Platte { Bakterienzahl je 1 g feuchte Erde | 3 200 000 | 1 170 000 | 980 000 | 906 000 | 560 000 |
| In Prozent | 100 | 36,8 | 30,6 | 28,4 | 17,5 |
| Fleischextrakt-Gelatine-Platte { Bakterienzahl je 1 g feuchte Erde | 3 000 000 | 1 250 000 | 1 100 000 | 1 020 000 | 1 060 000 |
| In Prozent | 100 | 41,6 | 36,8 | 34,1 | 35,4 |

Tabelle 13. Änderung der Bakterienzahl in einer o—25 cm tiefen
Bodenschicht nach 23stündiger Bestrahlung
von o—5, 5—10, 10—20 und 15—25 cm Niveau.

| Bodenschicht | Niveau cm | Zahl der Bakterien je 1 g feuchte Erde | |
|---|---|---|---|
| | | vor der Bestrahlung | nach der Bestrahlung |
| o—25 cm | o—5 | 4 300 000 | 2 750 000 |
| | 5—10 | 4 340 000 | 4 500 000 |
| | 10—15 | 3 500 000 | 3 590 000 |
| | 15—25 | 4 080 000 | 4 550 000 |

Tabelle 14. Die Wirkung der Bestrahlung auf die quantitative Änderung
der physiologischen Bakteriengruppen.

| Boden | Dauer der Bestrahlung Std. | Bakteriengruppen | | | | | | | |
|---|---|---|---|---|---|---|---|---|---|
| | | Aerobe stickstoff- bindende | Anaerobe stickstoff- bindende | Nitri- fizierende | Denitri- fizierende | Aerobe zellulose- zersetzende | Anaerobe zellulose- zersetzende | Harnstoff- vergärende | Anaerobe buttersäure- bildende |
| Bodenschicht von 1 cm | o | 1000 | o | 1000 | 1 000 000 | 5000 | o | 1 000 000 | 1 000 000 |
| | 10 | 100 | o | 100 | 10 000 | 2000 | o | 1 000 000 | 10 000 |
| Bodenschicht von o—25 cm { Niveau von o—5 cm | o | 1000 | o | 1000 | 1 000 000 | — | o | 1 000 000 | 1 000 000 |
| | 23 | 1000 | o | 100 | 100 000 | — | o | 1 000 000 | 100 000 |
| Niveau von 5—10 cm | o | 1000 | o | 1000 | 1 000 000 | — | o | 1 000 000 | 1 000 000 |
| | 23 | 1000 | o | 1000 | 1 000 000 | — | o | 1 000 000 | 1 000 000 |

Durchschnittswerte der Nadelholz-

Tabelle 15.

| Nr. | Jahr: Monat: | 1929 | | | | | |
|---|---|---|---|---|---|---|---|
| | | I. | II. | III. | IV. | V. | VI. |
| 1. | Gesamtbakterien . | 2 500 000 | 1 780 000 | 3 050 000 | 2 675 000 | 8 580 000 | 20 810 000 |
| 2. | Aerobe Bakterien . | 1 750 000 | 1 650 000 | 2 650 000 | 2 360 000 | 7 850 000 | 19 600 000 |
| 3. | Anaerobe Bakterien | 750 000 | 130 000 | 400 000 | 315 000 | 730 000 | 1 210 000 |
| 4. | N-bindende . . . . | o | .o | 55 000 | 7 000 | 58 000 | 110 000 |
| 5. | Nitrifizierende . . . | 5 000 | 10 000 | 5 000 | 10 000 | 45 000 | 7 000 |
| 6. | Denitrifizierende . . | 220 000 | 535 000 | 670 000 | 800 000 | 700 000 | 100 000 |
| 7. | Zellulosezersetzende | 550 | 550 | 8 500 | 850 | 500 | 1 000 |
| 8. | Harnstoffvergärer . | 250 000 | 1 000 000 | 1 000 000 | 1 000 000 | 700 000 | 400 000 |
| 9. | Buttersäurebakterien | 7 000 | 225 000 | 50 000 | 850 000 | 505 000 | 1 000 000 |
| 10. | Humusgehalt % . . | 1,76 | 1,63 | 1,53 | 1,52 | 1,31 | 1,66 |
| 11. | $p_H$-Werte . . . . . | 5,07 | 6,44 | 6,62 | 6,58 | 6,72 | 7,14 |
| 12. | Wassergehalt % . . | 9,9 | 10,2 | 12,2 | 9,3 | 6,6 | 9,7 |

Tabelle 16.

| Nr. | Jahr: Monat: | 1929 | | | | | |
|---|---|---|---|---|---|---|---|
| | | I. | II. | III. | IV. | V. | VI. |
| 1. | Gesamtbakterien . | 13 250 000 | 2 135 000 | 2 880 000 | 3 600 000 | 9 700 000 | 16 100 000 |
| 2. | Aerobe Bakterien . | 9 900 000 | 2 005 000 | 2 750 000 | 3 300 000 | 8 500 000 | 14 200 000 |
| 3. | Anaerobe Bakterien | 3 350 000 | 130 000 | 130 000 | 300 000 | 1 200 000 | 1 900 000 |
| 4. | N-bindende . . . . | o | o | 10 000 | 10 000 | 60 000 | 110 000 |
| 5. | Nitrifizierende . . . | 10 000 | 10 000 | 5 500 | 10 000 | 55 000 | 10 000 |
| 6. | Denitrifizierende . . | 505 000 | 1 000 000 | 505 000 | 1 000 000 | 1 000 000 | 1 000 000 |
| 7. | Zellulosezersetzende | 100 | 300 | 100 | 550 | 550 | 1 000 |
| 8. | Harnstoffvergärer . | 1 000 000 | 1 000 000 | 1 000 000 | 1 000 000 | 1 000 000 | o |
| 9. | Buttersäurebakterien | 500 000 | 550 000 | o | 550 000 | 550 000 | 550 000 |
| 10. | Humusgehalt % . . | 2,15 | 1,98 | 1,10 | 1,46 | 1,13 | 1,58 |
| 11. | $p_H$-Werte . . . . . | 5,72 | 6,62 | 6,22 | 6,50 | 6,58 | 6,75 |
| 12. | Wassergehalt % . . | 12,8 | 14,2 | 15,8 | 12,1 | 7,3 | 11,3 |

Sie zeigen in den Nadelwäldern ein Frühjahrsmaximum und außerdem ein zweites und etwas kleineres Maximum im Laufe des Spätsommers. In den gut geschlossenen Laubwäldern weisen sie dagegen ein größeres Sommermaximum und ein kleines Frühjahrsmaximum auf. Ich kann diese Erscheinung auf Grund der vorliegenden Versuchsergebnisse vorläufig nicht vollkommen erklären. Das Frühjahrsmaximum hängt wahrscheinlich mit der Verarbeitung des Humus zusammen. Das Maximum im Herbst ist ebenfalls auf die Erhöhung des Humusgehaltes zurückzuführen. Im Herbst wird nämlich den zellulosezersetzenden Bakterien durch den Laubfall eine ausreichende Nahrung geboten. Ihre Anzahl kann sich jedoch infolge der langsam abnehmenden Temperatur nicht vollkommen entwickeln. Im Frühjahr jedoch, wo die Temperatur rasch ansteigt, wird sich ihre Zahl ebenfalls rasch vermehren, so daß ihre Nahrung bald verbraucht wird. Damit hängt nun die allmähliche Abnahme ihrer Zahl zusammen.

Die *Harnstoffbakterien* zeigen ein ziemlich einheitliches Bild. Sie haben zwei Maxima, und zwar eines im Frühjahr und eines im Sommer. Es ist recht interessant, daß sie im Laufe des Sommers ein vorübergehendes Minimum zeigen, das definitive Minimum entfällt jedoch auf die Wintermonate.

Die *Buttersäurebakterien* verhalten sich ebenfalls ziemlich regelmäßig. Sie haben ein Sommermaximum und ein Maximum im Spätherbst. Ihr Minimum liegt ebenfalls in den Wintermonaten.

wälder und Laubholzwälder.

Nadelholzwälder.

| 1929 | | | | | | 1930 | | Jahres-durchschnitts-werte |
| VII. | VIII. | IX. | X. | XI. | XII. | I. | II. | |
|---|---|---|---|---|---|---|---|---|
| 42 000 000 | — | 8 270 000 | 7 160 000 | 6 400 000 | 2 736 000 | 745 000 | 640 000 | 8 652 000 |
| 38 800 000 | — | 7 850 000 | 5 900 000 | 6 300 000 | 2 680 000 | 700 000 | 600 000 | 7 922 000 |
| 3 200 000 | — | 420 000 | 1 260 000 | 100 000 | 56 000 | 45 000 | 40 000 | 730 000 |
| 15 000 | — | 1 010 000 | 10 000 | 0 | 0 | 0 | 0 | 100 000 |
| 10 000 | — | 30 000 | 10 000 | 95 000 | 70 000 | 10 000 | 10 000 | 20 200 |
| 1 000 000 | — | 800 000 | 800 000 | 100 000 | 800 000 | 800 000 | 40 000 | 531 000 |
| 1 000 | — | 1 000 | 1 000 | 850 | 1 000 | 50 | 100 | 1 360 |
| 1 000 000 | — | 1 000 000 | 1 000 000 | 550 000 | 5 500 | 55 000 | 700 000 | 666 100 |
| 350 000 | — | 50 000 | 1 000 000 | 8 500 | 25 000 | 55 000 | 4 000 | 328 000 |
| 2,09 | 2,63 | 3,75 | 2,83 | 2,06 | 2,46 | 1,88 | 1,49 | 1,92 |
| 7,41 | 7,71 | 7,48 | 5,38 | 5,21 | 4,83 | 5,11 | 5,54 | 6,54 |
| 10,7 | 7,8 | 7,3 | 8,2 | 9,3 | 10,2 | 10,1 | 14,7 | 11,8 |

Laubwälder.

| 1929 | | | | | | 1930 | | Jahres-durchschnitts-werte |
| VII. | VIII. | IX. | X. | XI. | XII. | I. | II. | |
|---|---|---|---|---|---|---|---|---|
| 37 750 000 | — | 8 050 000 | 4 100 000 | 7 425 000 | 2 790 000 | 825 000 | 370 000 | 8 520 000 |
| 35 000 000 | — | 7 700 000 | 2 600 000 | 7 300 000 | 2 700 000 | 800 000 | 300 000 | 7 550 000 |
| 2 750 000 | — | 350 000 | 1 500 000 | 125 000 | 90 000 | 25 000 | 70 000 | 970 000 |
| 5 000 | — | 1 010 000 | 10 000 | 0 | 0 | 0 | 0 | 93 460 |
| 10 000 | — | 55 000 | 10 000 | 100 000 | 100 000 | 10 000 | 10 000 | 30 400 |
| 1 000 000 | — | 550 000 | 1 000 000 | 100 000 | 1 000 000 | 1 000 000 | 10 000 | 744 230 |
| 1 000 | — | 5 500 | 1 000 | 1 000 | 1 000 | 100 | 100 | 960 |
| 1 000 000 | — | 1 000 000 | 1 000 000 | 10 000 | 5 000 | 100 000 | 100 000 | 674 000 |
| 500 000 | — | 50 000 | 1 000 000 | 500 | 100 000 | 100 000 | 1 000 | 398 000 |
| 1,64 | 2,52 | 3,20 | 2,12 | 1,74 | 1,98 | 1,51 | 1,57 | 1,87 |
| 7,03 | 7,65 | 7,55 | 5,79 | 5,40 | 5,31 | 5,14 | 5,31 | 6,43 |
| 15,2 | 6,0 | 4,8 | 8,8 | 9,7 | 12,0 | 13,1 | 13,8 | 11,2 |

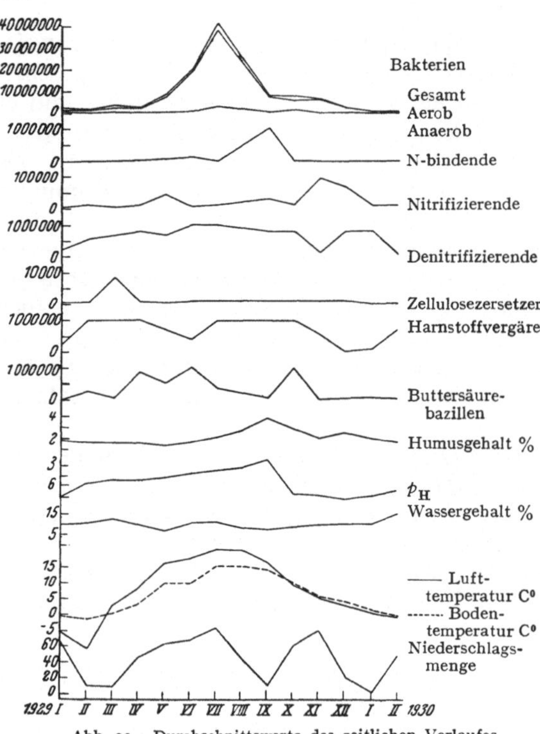



Abb. 22. Durchschnittswerte des zeitlichen Verlaufes des Bakteriengehaltes der untersuchten Nadelholzwälder (Versuchsfläche 14 und 15).

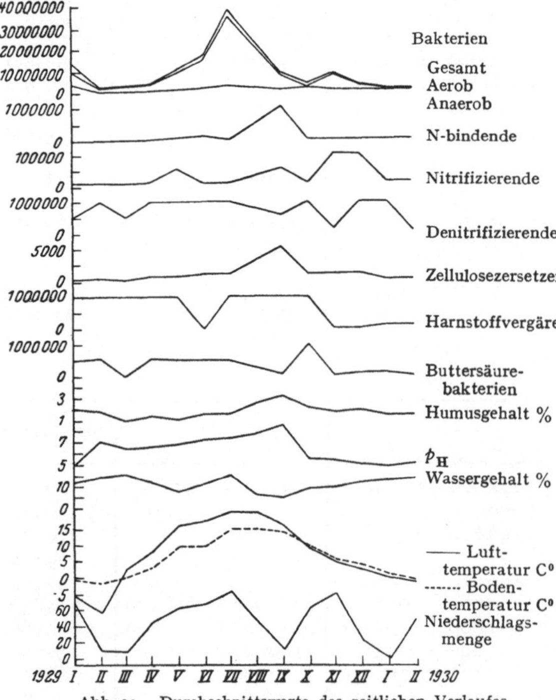



Abb. 23. Durchschnittswerte des zeitlichen Verlaufes des Bakteriengehaltes der untersuchten Laubholzwälder (Versuchsfläche 11 und 18).

Wenn man nun diese Ergebnisse näher betrachtet und miteinander vergleicht, so sieht man, daß die zeitliche Reihenfolge der quantitativen Änderungen der einzelnen physiologischen Bakteriengruppen ziemlich unabhängig von den Änderungen der Gesamtbakterienzahl verläuft. Ihr Verhalten ist das Ergebnis von überaus komplizierten Wechselbeziehungen der einzelnen regulativen biologischen Faktoren. Sie stimmen jedoch in einer Eigenschaft überein. Sie weisen ihre Minima in den kalten Wintermonaten auf und ihre Maxima entfallen auf die Frühjahrs- bzw. Sommermonate.

Um diese Resultate dieser jetzt besprochenen Forschungen kurz zusammenfassen zu können, möchte ich hier die folgenden wichtigsten Punkte noch zum Schlusse hervorheben.

1. Die Ergebnisse dieser ausgedehnten Massenuntersuchungen haben bestätigt, daß der Verlauf des Mikrobenlebens in Waldböden einen ausgesprochenen periodischen Charakter aufweist, dessen Kriterien die folgenden sind:

Die Gesamtzahl der aeroben Bakterien erreicht ihren höchsten Punkt in den Sommermonaten, gewöhnlich parallel mit der Kulmination der Temperaturkurve der Luft- und Bodentemperatur. Ihr Minimum ist dagegen entsprechend der Gestaltung der Temperaturkurve in den kältesten Wintermonaten festzustellen.

Die Anzahl der anaeroben Bakterien zeigt zwar nicht so große Schwankungen wie die Zahl der aeroben Bakterien, aber ihr Maximum und Minimum ist ebenfalls in den heißesten Sommer- bzw. in den kältesten Wintermonaten nachzuweisen.

2. Auf Grund dieser Untersuchungen kann man im allgemeinen aussprechen, daß auf die Entwicklung des Mikrobenlebens im Waldboden die Sonnenenergie, welche ihren Ausdruck in erster Reihe in den Änderungen der Temperatur findet, den Haupteinfluß ausübt.

3. Diese Untersuchungsergebnisse haben daher die Korrelation zwischen der Sonnenenergie und den Änderungen der Mikrobentätigkeit vollkommen einwandfrei nachgewiesen.

4. Ganz besonders haben diese Untersuchungen die auffallend hohe Bedeutung des Wassergehalts des Bodens erwiesen. Die beiden biologischen Faktoren Wassergehalt und Bodentemperatur beeinflussen sich korrelativ. Die entscheidende Wirkung übt zweifelsohne die Bodentemperatur aus. Bei der Maximalentfaltung derselben in den Sommermonaten spielt nun der Wassergehalt des Bodens die Rolle des Limitingfaktors und umgekehrt, im Herbst und im Winter, wo der Wassergehalt des Bodens im Optimum ist, wird nun die Bodentemperatur dieselbe Wirkung ausüben.

5. In dem quantitativen Verhalten der physiologischen Bakteriengruppen ist es uns gelungen, die folgenden klaren Zusammenhänge festzustellen:

Das quantitative Verhalten der *zellulosezersetzenden* Bakterien zeigt in den Nadelwäldern ein Frühjahrsmaximum und ein etwas kleineres Maximum im Laufe des Spätsommers.

Die *Harnstoffbakterien* zeigen ein ziemlich einheitliches Bild. Sie haben zwei Maxima, und zwar eines im Frühjahr und eines im Sommer.

Die *Buttersäurebakterien* verhalten sich ziemlich regelmäßig, sie haben ein Sommermaximum und ein Maximum im Spätherbst.

6. Wenn man nun diese oben geschilderten Ergebnisse vergleichend betrachtet, so sieht man, daß die zeitliche Reihenfolge der quantitativen



Tabelle 17.

| Nr. | Bezeichnung der Versuchsflächen | Gesamt- | Aerobe | Anaerobe | Nitrifizierende | Denitrifizierende | N-bindende | Zellulosezersetzende | Harnstoffvergärende | Buttersäure | Humusgehalt % | $p_{\mathrm{H}}$-Wert | Wassergehalt % |
|---|---|---|---|---|---|---|---|---|---|---|---|---|---|
| | | | | | | Bakterien | | | | | | | |
| 1. | Versuchsfläche: 15/1 | 8 005 000 | 7 245 000 | 760 000 | 25 000 | 502 000 | 103 000 | 1200 | 617 000 | 371 000 | 2,12 | 6,65 | 8,8 |
| 2. | „ 14 | 9 300 000 | 8 600 000 | 700 000 | 15 400 | 560 000 | 98 000 | 1520 | 716 000 | 284 000 | 1,72 | 6,43 | 10,4 |
| 3. | „ 15/1; 14 | 8 652 000 | 7 922 000 | 730 000 | 20 000 | 531 000 | 100 500 | 1360 | 666 100 | 328 000 | 1,92 | 6,54 | 11,8 |
| 4. | „ 18 | 8 880 000 | 7 770 000 | 1 110 000 | 30 800 | 855 000 | 96 900 | 1300 | 640 000 | 394 000 | 2,11 | 6,34 | 10,6 |
| 5. | „ 11 | 8 160 000 | 7 330 000 | 830 000 | 30 000 | 633 000 | 90 000 | 620 | 708 000 | 403 000 | 1,63 | 6,53 | 11,9 |
| 6. | „ 18; 11 | 8 520 000 | 7 550 000 | 970 000 | 30 400 | 744 230 | 93 460 | 960 | 674 000 | 398 000 | 1,87 | 6,43 | 11,2 |
| 7. | „ 21 | 10 414 000 | 9 908 000 | 506 000 | 30 000 | 792 000 | 86 620 | 1420 | 792 000 | 18 690 | 2,99 | 6,25 | 11,86 |
| 8. | „ 22 | 10 423 000 | 9 924 000 | 499 000 | 23 000 | 746 000 | 89 000 | 790 | 333 000 | 340 000 | 2,28 | 6,32 | 12,6 |
| 9. | „ 15/1; 14; 18; 11 | 9 200 000 | 8 465 000 | 735 000 | 26 500 | 689 000 | 93 500 | 1250 | 677 000 | 248 200 | 2,6 | 6,41 | 11,62 |
| 10. | „ 7; 8 | 2 860 000 | 2 320 000 | 540 000 | 13 800 | 800 000 | 119 000 | 1210 | 1 000 000 | 186 000 | 0,79 | 6,75 | — |
| 11. | „ 5 | 3 885 000 | 3 455 000 | 430 000 | 55 000 | 685 000 | 185 000 | 530 | 520 000 | 350 000 | 1,24 | 7,13 | — |
| 12. | „ 6 | 4 700 000 | 4 090 000 | 610 000 | 36 300 | 353 000 | 187 000 | 700 | 535 000 | 185 300 | 1,28 | 7,15 | — |

Zeitpunkt der Untersuchung von Januar 1929 bis Januar 1930.

Änderungen der einzelnen physiologischen Bakteriengruppen ziemlich unabhängig von den Änderungen der Gesamtbakterien verläuft. Ihr Verhalten ist das Ergebnis von überaus komplizierten Wechselbeziehungen der einzelnen regulativen biologischen Faktoren.

7. Wie die Ergebnisse der Versuchsflächen 21 und 22 zeigen, sind diese Zusammenhänge auch in jenen Böden nachzuweisen, welche den schützenden Waldbestand entbehren, wenn ihr Mikrobenleben durch künstliche Eingriffe des Menschen nicht wesentlich gestört wird. Diese Annahme wurde auch durch Laboratoriumsversuche bestätigt. In Anbetracht dieser Ergebnisse glaube ich aussprechen zu dürfen, daß die von uns im Laufe unserer Untersuchungen ermittelten Zusammenhänge auch für alle Böden charakteristisch sind, welche ihre Mikrobentätigkeit ohne störende künstliche Einflüsse der Umwelt frei entfalten können.

8. Der Humusgehalt steht mit der quantitativen Entwicklung der Bodenflora ebenfalls im Zusammenhang. Der Humus wird nämlich hauptsächlich durch die Bakterien verarbeitet und infolgedessen wird der Humusgehalt nach dem Einsetzen der Mikrobentätigkeit sukzessive geringer. Die größeren Werte des Humusgehalts finden wir in den Herbstmonaten, in welchen infolge der fallenden Temperaturen die Bakterienzahl allmählich abnimmt und ihre Tätigkeit sich langsam verringert. In den Frühlings- bzw. in den Sommermonaten, wo durch die hohen Temperaturgrade die Bakterienzahl rasch zunimmt und die Intensität ihrer Tätigkeit sich bedeutend erhöht, wird der Humusgehalt allmählich geringer, um später durch den herbstlichen Laubfall bereichert und seinem Kulminationspunkt zugeführt zu werden.

9. Die Änderungen der $p_H$-Werte stehen ebenfalls mit der Bakterientätigkeit im Zusammenhange. Der ansteigende Ast der $p_H$-Kurve kongruiert ungefähr mit dem Ansteigen der Bakterienzahl, und der abfallende Ast läuft ungefähr ebenfalls mit der Bakterienkurve parallel.

## C. Die systematische Artzusammensetzung der Bakterienflora der Waldböden und die jahreszeitlichen quantitativen und qualitativen Änderungen derselben.

In den vorhergehenden Kapiteln haben wir uns mit der Bakterienflora der Waldböden hauptsächlich in quantitativer Hinsicht beschäftigt. Es haben uns vor allem die korrelativen Wirkungen der jahreszeitlichen Schwankungen der einzelnen Biofaktoren in ihrer Einwirkung auf das Bakterienleben beschäftigt. Schon während dieser Untersuchungen konnte man sich ziemlich deutlich davon überzeugen, daß die Klimawirkungen auf die mikrobiologischen Vorgänge des Waldbodens einen entscheidenden und hervorragenden Einfluß ausüben. Da aber der Klimaeffekt nicht nur innerhalb der einzelnen Jahreszeiten, sondern auch innerhalb der regionalen Klimazonen der Erde sich verschiedenartig gestalten kann, so lag der Gedanke nahe, auch die Artzusammensetzung zunächst mit besonderer Berücksichtigung des Einflusses der Klimawirkungen zu untersuchen. Daß man hier diese Frage nicht willkürlich aus dem ganzen begleitenden Milieu herausgerissen untersuchen kann, war uns von vornherein klar. Wir haben daher diesen Teil der Untersuchungen derart eingerichtet, daß außer den periodischen Änderungen der Artzusammensetzung auch die Wechselwirkungen der übrigen bioklimatischen Faktoren gründlich untersucht werden.

Es lag unserem bisherigen Arbeitsplan im allgemeinen der Gedanke zugrunde, die fraglichen Lebenserscheinungen zwar innerhalb weniger einzelner Versuchsflächen, aber desto gründlicher und öfters zu untersuchen. Da die jahreszeitlichen Schwankungen, namentlich in quantitativer Hinsicht, durch die bereits vorliegenden Forschungen so ziemlich klargelegt waren, so konnten wir uns endlich entschließen, an dem bisherigen methodischen Verfahren insoweit zu ändern, daß wir zunächst die Anzahl der Versuchsflächen regional erweitert und andererseits den Zeitpunkt der Untersuchungen auf die Hauptjahreszeiten beschränkt haben.

Ich muß hier ganz ausdrücklich betonen, daß der Umstand, daß wir die fraglichen Faktorenkomplexe nur dreimonatlich einmal gemessen haben, im allgemeinen nicht erlaubt, den vollständigen Gang des ganzen naturgeschichtlichen Geschehens in seinen Wechselwirkungen zu erfassen. Man kann durch diese Methode nur ein allgemeines Bild bekommen, dessen Konturen zwar ziemlich scharf, aber dessen Einzelheiten oft nicht genau bestimmt sind. Wir wissen ganz genau, daß die jahreszeitlichen Schwankungen oft in ganz kurzer Zeit beträchtliche Unterschiede aufweisen. Wir wissen es, daß in dem Zeitraume von 4 bis 6 Wochen in dem Bakteriengehalt, Humusgehalt, Bodenazidität und, wie wir später sehen werden, auch in dem Stickstoffgehalt des Waldbodens auffallend starke Unterschiede vorkommen können. Daß derartige Unterschiede bei der Benützung dieser Methode nicht mit voller Sicherheit erfaßt werden können, steht ja außer Zweifel. Es stehen jedoch der technischen Durchführung derartiger Massenuntersuchungen solche Schwierigkeiten im Wege, daß es beinahe unmöglich gewesen wäre, eine derartige Anzahl von Versuchsflächen fast 2 Jahre lang in jedem Monate systematisch zu untersuchen, abgesehen davon, daß bei den weiterliegenden Versuchsflächen selbst die Einsammlung und Verschickung der Bodenproben schon an und für sich ziemlich schwierig war und darum die Anzahl der Untersuchungen unbedingt beschränkt werden mußte. Das Endziel unserer Forschungen war übrigens zunächst die Erfassung und Bestimmung der Artzusammensetzung der Bakterienflora der einzelnen Versuchsflächen und für diesen dominierenden Zweck genügte ja nach unserer Ansicht reichlich, die Versuchsflächen in jeder Jahreszeit einmal zu untersuchen.

Die Erforschung der übrigen Biofaktoren erfolgte hier nur in bezug auf ihre korrelative Wechselwirkung. Sie diente eigentlich nur als quantitative Unterlage für die eigentlichen Hauptuntersuchungen. Wir werden jedoch bald sehen, daß trotz dieser Beschränkungen auch hier auffallend interessante Zusammenhänge an den Tag gefördert wurden.

Die untersuchten Versuchsflächen waren übrigens die folgenden:

Versuchsfläche 1 Buchenwald, Versuchsfläche 2 Kiefernwald in Lenti, Versuchsfläche 5 Robinienwald und Versuchsfläche 6 Schwarzkiefernwald in Szeged, Versuchsfläche 7 und 8 Robinienwälder in Kecskemét, Versuchsfläche 11 Weißbuchenwald, Versuchsfläche 14 und 15 Fichtenwälder, Versuchsfläche 19 und 20 Robinienwälder, Versuchsfläche 21 Kahlschlagsfläche in der Umgebung von Sopron, Versuchsfläche 31 Buchenwald, Versuchsfläche 32 Kiefernwald in Eberswalde, Versuchsfläche 33 Buchenwald, Versuchsfläche 34 Kiefernwald und Versuchsfläche 35 Erlenwald in Hallands-Väderö, Versuchsfläche 36 Fichtenwald in Oslo, Versuchsfläche 37 Fichten- und Kiefernwald und Versuchsfläche 38 Fichten- und Birkenwald in Raivola, Versuchsfläche 39 Kiefernwald in Namdalseid, Versuchsfläche 40 und 41 Fichtenwälder und Versuchsfläche 42 und 43 Kiefernwälder in Kivalo, Versuchsfläche 44, 45 und 46 Birkenwälder in Petsamo und Versuchsfläche 47 Birkenwald in Kirkenes.

Die Untersuchungen erfolgten im Winter (Dezember-Januar), im Frühjahr (April-Mai), im Sommer (Juli-August) und im Herbst (Oktober-November).

Die Untersuchungen hatten — wie bereits hervorgehoben wurde — den Gedanken als Grundlage, alle Versuchsflächen, wenigstens in den Hauptjahreszeiten einmal, aber vollständig zu untersuchen. Es wurden daher in allen untersuchten Waldtypen im Laufe der fast zweijährigen Untersuchungsperiode die von uns eingeführten vollständigen bodenbiologischen Bodenanalysen durchgeführt.

5*

Es wurden daher folgende Faktorenkomplexe untersucht:

1. Die Gesamtbakterienzahl, wofür als Grundlage die in dem Kapitel über die Methoden aufgezählten dienten und wobei die aeroben und anaeroben Bakterien auch getrennt bestimmt wurden. 2. Von den Bakterien, welche zu den sog. physiologischen Bakteriengruppen gehören, haben wir zunächst an allen Versuchsflächen a) die stickstoffbindenden Bakterien (aerob und anaerob), und zwar Azotobacter chroococcum, A. agile und Clostridium pastorianum, b) die nitrifizierenden Bakterien, und zwar die beiden europäischen Arten: Bacterium nitrosomonas syn. Nitrosomonas europeus und Bact. nitrobacter syn. Nitrobacter Winogradskii, c) die zellulosezersetzenden Bakterien, d) die denitrifizierenden Bakterien bestimmt. 3. Die Bodenpilze. 4. Die Bodenalgen. 5. Gesamtstickstoffgehalt. 6. Nitratstickstoffgehalt. 7. Humusgehalt. 8. $p_H$-Werte und 9. Wassergehalt.

Man könnte sich im allgemeinen denken, daß, wenn man die Zahl der sog. physiologischen Bakterien von der Gesamtbakterienzahl subtrahiert, schließlich die Zahl der keine enger begrenzte physiologische Funktion durchführenden Bakterien zurückbleibt. Rein theoretisch wäre es leicht möglich, aber mit Rücksicht auf die Unzulänglichkeit der heutigen Kulturmethoden und mit Rücksicht auf die Möglichkeit, daß ein Teil der stickstoffbindenden und denitrifizierenden Bakterien nicht nur in ihren Differenzialnährböden, sondern auch in den Massenkulturen vorkommen kann, darf man diese Zahl nur mit großer Vorsicht handhaben. Wir haben sicherheitshalber bei der prozentuellen Berechnung der Artenzusammensetzung diese Prozente auf die Gesamtbakterienzahl, also auch auf die physiologischen Bakterien bezogen. Es stellt daher nach dem jetzt Gesagten der Ausdruck Gesamtbakterienzahl auch die Zahl aller Bakterien, welche den physiologischen Gruppen gehören, dar. Da die Trennung der Arten der physiologischen Bakteriengruppen und der übrigen Bakterien mit den angewandten Untersuchungsmethoden wenigstens im exakten Sinne nicht möglich war, so haben wir die Menge jener Arten, welche nicht den physiologischen Gruppen angehören, nur in relativen Zahlen d. h. in Prozenten ausgedrückt. Von den physiologischen Bakterien haben wir in den Reinkulturen die folgenden Arten differenziert und bestimmt.

Nitrifizierende Bakterien: *Nitrosomonas europaeus* und *Nitrobacter Winogradskii;*

stickstoffbindende Bakterien (aerob und anaerob): *Azotobacter chroococcum, A. agile* und *Clostridium pastorianum;*

zellulosezersetzende Bakterien: *Mycococcus cytophagus.*

Die denitrifizierenden Bakterien haben wir nicht besonders isoliert, da die meisten Arten derselben auch in den übrigen Kulturen reingezüchtet und bestimmt wurden.

Bezüglich des *Mycococcus cytophagus* sollte noch hier bemerkt werden, daß seine Begleitbakterien (die Gruppe *Cellulomonas*) zwischen den nichtphysiologischen Bakterien der Vollständigkeit halber mitbestimmt und die alten Namen von BERGEY (7) beigehalten wurden nur deswegen, weil diese Bakterien noch jetzt diese Namen führen, obwohl sie nicht als rechte Zellulosezersetzer anzusehen sind. Über die Reinkultur und Bestimmung des Mycococcus cytophagus haben wir in einem Anhang dieses Kapitels ausführlich berichtet.

Die Bestimmung der übrigen Bakterienarten, welche nach Abzug der physiologischen Bakteriengruppen verbleiben, wurde folgenderweise durchgeführt. Zu dieser Gruppe der Bakterien gehören natürlich die verschiedensten Bakterienarten, darunter viele solche, welche gewisse biochemische Funktionen ausüben, so z. B. die Harnstoffbakterien, die Buttersäurebakterien, die eiweißzersetzenden Bakterien und außerdem noch eine große Anzahl von verschiedenen Bakterien, deren biochemische Funktion noch nicht näher umschrieben werden konnte. Daß aber alle Arten an dem Zersetzungsprozeß der organischen Substanz saprophytisch einen großen Anteil haben, ist wohl als sicher anzunehmen.

Die diesbezügliche Methode wurde bereits in dem Kapitel über die Methodik auf S. 16 genau beschrieben. Der prozentuelle Anteil wurde derart berechnet, daß wir die Anzahl aller dieser Bakterien, die aus einem Boden gezüchtet wurden, als 100 angenommen und den prozentuellen Anteil der einzelnen Arten berechnet haben. Die prozentuelle Berechnung hatte übrigens auch den Zweck, den orientierenden Charakter der ganzen Berechnung hervorzuheben.

Ein Beispiel soll das näher erleichtern:

Versuchsfläche 15/1. Fichtenwald in der Umgebung von Sopron.
Reingezüchtet 60 Kolonien.

| | | | | |
|---|---|---|---|---|
| 1. Bacillus albolactis | 2 Kolonien | 3,3 % | |  |
| 2. „ cereus | 4 „ | 6,7 „ | | |
| 3. „ megaterium | 16 „ | 26,7 „ | | |
| 4. „ pumulus | 4 „ | 6,7 „ | | |
| 5. „ robur | 10 „ | 16,7 „ | 76,8 % | |
| 6. „ subtilis | 1 „ | 1,7 „ | | |
| 7. „ teres | 4 „ | 6,7 „ | | |
| 8. „ verrucosus | 2 „ | 3,3 „ | | |
| 9. „ vulgatus | 3 „ | 5,0 „ | | |
| 10. Actinomyces albus | 2 „ | 3,3 „ | 8,3 „ | |
| 11. „ pheochromogenus | 3 „ | 5,0 „ | | |
| 12. Micrococcus candidus | 5 „ | 8,2 „ | 8,2 „ | |
| 13. Achromobacter album | 1 „ | 1,7 „ | | |
| 14. „ formosum | 2 „ | 3,3 „ | 6,7 „ | |
| 15. „ Hartlebii | 1 „ | 1,7 „ | | |
| | 60 Kolonien | 100,0 % | 100,0 % | |

Als Grundlage der Bestimmung haben wir das System von BERGEY angenommen und die Nomenklatur genau nach ihm gehandhabt[1]. Die einzige Ausnahme bildete der Bac. pseudoanthracis, der sehr häufig konstatiert wurde, und dessen Identizität mit dem Bac. megaterium wir nicht bestätigen können. Wir haben bezüglich der ersteren Bakterienart die Angaben von LEHMANN und NEUMANN (44) zugrunde gelegt[2]. Daß dieses ausgezeichnete Handbuch ebenfalls oft zu Rate gezogen wurde, braucht vielleicht nicht näher erwähnt werden. Das Bestimmungsbuch von MATZUSCHITA ist jedoch derart veraltet, haß wir uns der größeren Einheitlichkeit halber nur auf die beiden anderen Werke beschränken müssen. Außerdem wurde natürlich Mycococcus cytophagus, welcher von BOKOR eingeführt und beschrieben wurde, nach den Angaben von BOKOR benannt und bestimmt[3].

In den Tabellen und in den Abbildungen haben wir natürlich die Bakterienarten nicht alle einzeln aufgezählt, sondern nach dem System von BERGEY größere Gruppen gebildet. Diese Gruppen waren die folgenden:

*Nichtsporenbildende Bakterien:* Die Familie *Coccaceae,* und zwar mit den Genera Streptococcus, Mikrococcus, Staphylococcus, Vibrio, Sarcina, dann die Familie *Bacteriaceae* und zwar die Genera Serratia, Flavobacterium, Chromobacterium, Pseudomonas, Cellulomonas und Achromobacter. — *Sporenbildende Bakterien:* Familie *Bacillaceae* mit den wichtigsten bodenbewohnenden Genera: Bacillus und Clostridium, dann die Familie *Actinomycetaceae* mit dem Genus Actinomyces und die Familie *Myxobacteriaceae* mit dem Genus Myxococcus. Die Bakterien der *physiologischen Bakteriengruppen* (*Mycococcus, Nitrosomonas, Nitrobacter, Azotobacter* usw.) wurden am Ende der Tabelle 22 ohne Rücksicht auf ihre systematische Stellung, auf Grund ihrer physiologischen Funktion in einer besonderen Gruppe zusammengefaßt.

---

[1] Es sollte hier nicht verschwiegen werden, daß die Angaben des BERGEYschen Buches nach unserer Ansicht noch in mancher Hinsicht einer gründlichen Revision bedürfen (z. B. die Gruppe Cellulomonas usw.).

[2] Das Verhalten der reingezüchteten Stämme zeigt auch n. sp.

[3] Sehr gute Dienste haben auch die vorzüglichen Werke von WAKSMAN (96) und LÖHNIS (49) geleistet.

Die Bakterien des Waldbodens.

Tabelle

| Nr. der Versuchsflächen | Zeitpunkt der Untersuchung | $p_H$ | Humus-gehalt % | Wasser-gehalt % | Gesamt-Nitrogen g/g | Nitrat-N g/g | Bakterien | | | | |
|---|---|---|---|---|---|---|---|---|---|---|---|
| | | | | | | | Aerob | % | Anaerob | % | Zusammen |
| 1. | 2 | 6,10 | 1,65 | 13,9 | 0,0004396 | 0,00003255 | 12 000 000 | 94,0 | 200 000 | 6,0 | 12 200 000 |
| | 3 | 6,23 | 2,64 | 16,4 | 4200 | 2142 | 6 600 000 | 85,5 | 500 000 | 14,5 | 7 100 000 |
| | 4 | 4,53 | 3,12 | 22,1 | 2436 | 3780 | 3 150 000 | 88,5 | 300 000 | 11,5 | 3 450 000 |
| | 5 | 5,96 | 1,96 | 23,9 | 4704 | 5502 | 3 500 000 | 83,3 | 700 000 | 16,7 | 4 200 000 |
| 2. | 2 | 5,97 | 1,78 | 14,2 | 0,0003528 | 0,00003423 | 15 000 000 | 99,0 | 100 000 | 1,0 | 15 100 000 |
| | 3 | 6,46 | 2,76 | 14,6 | 4620 | 2016 | 6 500 000 | 90,0 | 700 000 | 10,0 | 7 200 000 |
| | 4 | 4,49 | 3,67 | 19,8 | 2916 | 2226 | 2 200 000 | 93,6 | 150 000 | 6,4 | 2 350 000 |
| | 5 | 5,86 | 2,19 | 19,2 | 3892 | 5985 | 2 400 000 | 90,5 | 250 000 | 9,5 | 2 650 000 |
| 11. | 2 | 6,02 | 1,31 | 16,8 | 0,0002800 | 0,00003423 | 25 400 000 | 95,0 | 1 350 000 | 5,0 | 26 750 000 |
| | 3 | 6,57 | 0,39 | 10,6 | 3816 | 2520 | 4 600 000 | 97,9 | 100 000 | 2,1 | 4 700 000 |
| | 4 | 4,51 | 1,02 | 23,3 | 5656 | 3381 | 2 500 000 | 82,0 | 550 000 | 18,0 | 3 050 000 |
| | 5 | 5,25 | 1,21 | 18,0 | 4620 | 2562 | 2 000 000 | 74,2 | 700 000 | 25,8 | 2 700 000 |
| 15. | 1 | 5,73 | 1,98 | 20,8 | 0,0003439 | 0,00001699 | 400 000 | 96,9 | 10 000 | 3,1 | 410 000 |
| | 2 | 6,23 | 2,16 | 14,5 | 4964 | 3864 | 25 350 000 | 95,9 | 1 100 000 | 4,1 | 26 450 000 |
| | 3 | 6,50 | 2,23 | 11,8 | 1848 | 2247 | 4 300 000 | 89,6 | 500 000 | 10,4 | 4 800 000 |
| | 4 | 5,42 | 1,79 | 23,6 | 5236 | 3906 | 1 600 000 | 94,0 | 100 000 | 6,0 | 1 700 000 |
| | 5 | 5,52 | 1,65 | 22,8 | 4480 | 3360 | 5 300 000 | 90,5 | 550 000 | 9,5 | 5 850 000 |

Zeitpunkt der Untersuchung: 1 = 1930 I—II; 2 = 1930 V—VI;

Tabelle

| Nr. der Versuchsflächen | Zeitpunkt der Untersuchung | $p_H$ | Humus-gehalt % | Wasser-gehalt % | Gesamt-Nitrogen g/g | Nitrat-N g/g | Bakterien | | | | |
|---|---|---|---|---|---|---|---|---|---|---|---|
| | | | | | | | Aerob | % | Anaerob | % | Zusammen |
| 5. | 1 | 5,84 | 0,73 | 6,1 | 0,0001848 | 0,00003094 | 1 230 000 | 100 | — | — | 1 230 000 |
| | 2 | 7,98 | 0,32 | 2,7 | 3024 | 4116 | 20 000 000 | 91,8 | 900 000 | 8,2 | 20 000 000 |
| | 3 | 5,98 | 0,35 | 1,8 | 3724 | 2940 | 3 900 000 | 87,8 | 540 000 | 12,2 | 4 400 000 |
| | 4 | 4,97 | 0,34 | 5,7 | 3696 | 3486 | 1 550 000 | 93,5 | 100 000 | 6,5 | 1 650 000 |
| | 5 | 6,96 | 0,65 | 5,9 | 4396 | 4053 | 3 700 000 | 86,0 | 600 000 | 14,0 | 4 300 000 |
| 6. | 1 | 5,62 | 0,98 | 6,4 | 0,0001512 | 0,00003822 | 1 300 000 | 99,2 | 1 000 | 0,8 | 1 301 000 |
| | 2 | 7,94 | 0,56 | 3,4 | 2744 | 3780 | 22 900 000 | 95,0 | 1 500 000 | 5,0 | 24 050 000 |
| | 3 | 5,56 | 0,27 | 2,7 | 4564 | 2688 | 5 800 000 | 88,0 | 700 000 | 12,0 | 6 500 000 |
| | 4 | 4,97 | 0,75 | 6,1 | 4284 | 3801 | 3 800 000 | 97,7 | 90 000 | 2,3 | 3 890 000 |
| | 5 | 6,02 | 0,83 | 5,7 | 3808 | 3927 | 3 800 000 | 73,7 | 1 000 000 | 26,3 | 4 800 000 |
| 7. | 1 | 5,54 | 0,56 | 7,8 | 0,0002268 | 0,00002704 | 1 070 000 | 94,8 | 60 000 | 5,2 | 1 130 000 |
| | 2 | 7,96 | 0,36 | 4,1 | 3192 | 4032 | 23 900 000 | 96,9 | 760 000 | 3,1 | 24 660 000 |
| | 3 | 5,90 | 0,14 | 3,5 | 4704 | 3276 | 9 200 000 | 95,6 | 420 000 | 4,4 | 9 620 000 |
| | 4 | 4,94 | 0,49 | 8,8 | 3136 | 3213 | 1 800 000 | 97,2 | 50 000 | 2,8 | 1 850 000 |
| | 5 | 6,76 | 0,65 | 9,1 | 5192 | 3986 | 3 100 000 | 90,3 | 300 000 | 9,7 | 3 400 000 |
| 8. | 1 | 5,09 | 0,64 | 7,2 | 0,0004552 | 0,00003094 | 890 000 | 94,7 | 50 000 | 5,3 | 940 000 |

18.

| Physiologische Gruppen | | | | | | | Kokken | Bakterien ohne Sporenbildung | Bakterien mit Sporenbildung | Aktinomyzeten |
| Zellulosezersetzende | | N-bindende | | | | | | | | |
| Gesamt | Micococcus cytophagus | aerob | anaerob | Nitrifizierende | Denitrifizierende | % | | | | |
| | | | | | | | % | % | % | % |
|---|---|---|---|---|---|---|---|---|---|---|
| 1000 | 100 | 0 | 10000 | 100000 | 100000 | 1,7 | 19,5 | 9,8 | 68,4 | 2,3 |
| 7500 | 100 | 10000 | 10000 | 100000 | 1000000 | 15,8 | 2,4 | 19,5 | 78,1 | 0 |
| 100 | 0 | 0 | 0 | 10000 | 100000 | 3,2 | 0 | 38,4 | 61,6 | 0 |
| 1100 | 100 | 0 | 1000 | 100000 | 100000 | 4,8 | 3,3 | 33,4 | 60,0 | 3,3 |
| 1000 | 0 | 10000 | 10000 | 10000 | 100000 | 0,8 | 5,0 | 12,5 | 82,5 | 0 |
| 1000 | 10 | 1000 | 10000 | 10000 | 1000000 | 15,4 | 0 | 30,9 | 69,1 | 0 |
| 200 | 0 | 0 | 0 | 10000 | 100000 | 4,5 | 0 | 34,2 | 57,9 | 7,9 |
| 5500 | 100 | 0 | 100 | 100000 | 100000 | 7,5 | 4,4 | 26,8 | 69,8 | 0 |
| 2000 | 100 | 10000 | 10000 | 100000 | 1000000 | 4,25 | 3,2 | 0 | 96,8 | 0 |
| 5500 | 1000 | 10000 | 100000 | 10000 | 1000000 | 23,4 | 0 | 25,0 | 75,0 | 0 |
| 100 | 10 | 0 | 0 | 100000 | 1000000 | 36,0 | 0 | 20,7 | 79,3 | 0 |
| 200 | 10 | 0 | 10000 | 30000 | 1000000 | 38,0 | 2,2 | 30,6 | 67,2 | 0 |
| 100 | 10 | 0 | 100 | 7000 | 10000 | 46,0 | 7,3 | 5,9 | 78,0 | 8,8 |
| 1000 | 10 | 1000 | 1000 | 75000 | 10000 | 0,12 | 0 | 5,3 | 94,7 | 0 |
| 1000 | 100 | 10000 | 100000 | 25000 | 1000000 | 4,6 | 3,0 | 36,5 | 57,5 | 3,0 |
| 200 | 10 | 0 | 0 | 75000 | 140000 | 65,0 | 3,0 | 19,4 | 77,6 | 0 |
| 7500 | 1000 | 100 | 1000 | 100000 | 300000 | 3,6 | 1,7 | 13,8 | 82,8 | 1,7 |

3 = 1930 VIII—IX; 4 = 1930 XI—XII; 5 = 1931 II—III.

19.

| Physiologische Gruppen | | | | | | | Kokken | Bakterien ohne Sporenbildung | Bakterien mit Sporenbildung | Aktinomyzeten |
| Zellulosezersetzende | | N-bindende | | | | | | | | |
| Gesamt | Micococcus cytophagus | aerob | anaerob | Nitrifizierende | Denitrifizierende | % | | | | |
| | | | | | | | % | % | % | % |
|---|---|---|---|---|---|---|---|---|---|---|
| 100 | 0 | 0 | 0 | 10000 | 1000000 | 32,0 | 28,2 | 5,2 | 56,4 | 10,2 |
| 1100 | 100 | 1000 | 10000 | 100000 | 100000 | 8,3 | 10,8 | 10,8 | 67,6 | 10,8 |
| 2000 | 100 | 1000 | 10000 | 10000 | 100000 | 2,7 | 13,9 | 5,6 | 66,6 | 13,9 |
| 100 | 0 | 0 | 0 | 100000 | 100000 | 12,0 | 0,0 | 33,3 | 66,7 | 0 |
| 200 | 10 | 0 | 10 | 100000 | 100000 | 4,7 | 0,0 | 37,4 | 45,9 | 16,7 |
| 100 | 0 | 0 | 0 | 10000 | 1000000 | 77,0 | 9,3 | 67,4 | 16,3 | 7,0 |
| 1000 | 10 | 10000 | 10000 | 100000 | 1000000 | 4,7 | 10,6 | 0 | 89,4 | 0 |
| 1000 | 100 | 10000 | 10000 | 10000 | 1000000 | 2,0 | 16,0 | 4,0 | 60,0 | 20,0 |
| 200 | 0 | 0 | 100 | 10000 | 100000 | 27,8 | 0,0 | 23,6 | 64,6 | 11,8 |
| 5500 | 1000 | 0 | 100 | 100000 | 10000 | 2,3 | 2,9 | 62,8 | 34,3 | 0 |
| 100 | 0 | 0 | 100 | 10000 | 1000000 | 76,5 | 13,8 | 13,8 | 62,0 | 10,4 |
| 200 | 10 | 1000 | 1000 | 100000 | 100000 | 0,9 | 13,0 | 0 | 67,0 | 20,0 |
| 2000 | 100 | 10000 | 10000 | 10000 | 1000000 | 10,7 | 0,0 | 30,7 | 38,5 | 30,8 |
| 100 | 0 | 0 | 0 | 10000 | 100000 | 6,0 | 0,0 | 33,3 | 66,7 | 0 |
| 200 | 100 | 0 | 0 | 100000 | 100000 | 8,8 | 0,0 | 37,9 | 58,6 | 3,5 |
| 100 | 100 | 0 | 0 | 10000 | 100000 | 11,7 | 0,0 | 8,0 | 64,0 | 28,0 |

Tabelle

| Nr. der Versuchsflächen | Zeitpunkt der Untersuchung | $p_H$ | Humusgehalt % | Wassergehalt % | Gesamt-Nitrogen g/g | Nitrat-N g/g | Bakterien | | | | |
|---|---|---|---|---|---|---|---|---|---|---|---|
| | | | | | | | Aerob | % | Anaerob | % | Zusammen |
| 19. | 1 | 5,63 | 2,33 | 16,7 | 0,0002324 | 0,00002394 | 11 400 000 | 99,1 | 10 000 | 0,9 | 11 410 000 |
| | 2 | 5,50 | 2,45 | 9,3 | 4648 | 3423 | 27 000 000 | 93,5 | 1 900 000 | 6,5 | 29 500 000 |
| | 3 | 6,46 | 1,86 | 14,0 | 1848 | 1974 | 7 500 000 | 92,5 | 600 000 | 7,5 | 8 100 000 |
| | 4 | 5,40 | 2,15 | 15,2 | 5096 | 2646 | 4 000 000 | 88,8 | 500 000 | 11,2 | 4 500 000 |
| | 5 | 5,92 | 2,33 | 16,2 | 5712 | 3570 | 4 100 000 | 83,7 | 800 000 | 16,3 | 4 900 000 |
| 20. | 1 | 5,15 | 1,23 | 20,2 | 0,0005764 | 0,00002331 | 14 400 000 | 99,6 | 60 000 | 0,4 | 14 460 000 |
| | 2 | 4,38 | 1,38 | 14,3 | 3640 | 3150 | 25 600 000 | 92,6 | 2 000 000 | 7,4 | 27 600 000 |
| | 3 | 6,99 | 0,71 | 15,5 | 4284 | 2142 | 7 300 000 | 94,2 | 440 000 | 5,8 | 7 740 000 |
| | 4 | 5,21 | 1,80 | 23,1 | 5376 | 4421 | 2 400 000 | 88,3 | 320 000 | 11,7 | 2 720 000 |
| 21. | 1 | 5,24 | 1,52 | 28,3 | 0,0006188 | 0,00005902 | 1 500 000 | 98,7 | 20 000 | 1,3 | 1 520 000 |
| | 2 | 5,78 | 1,18 | 14,5 | 3556 | 4200 | 18 900 000 | 92,6 | 1 500 000 | 7,4 | 20 400 000 |
| | 3 | 7,22 | 0,37 | 13,7 | 4956 | 3066 | 5 500 000 | 87,9 | 760 00z | 12,1 | 6 260 000 |
| | 4 | 5,09 | 1,04 | 22,7 | 4256 | 3234 | 3 700 000 | 88,1 | 500 000 | 11,9 | 4 200 000 |
| | 5 | 5,40 | 0,46 | 26,8 | 4396 | 3444 | 4 100 000 | 95,3 | 200 000 | 4,7 | 4 300 000 |
| 14. | 4 | 4,84 | 1,65 | 11,6 | 0,0003920 | 0,00003339 | 1 600 000 | 94,1 | 100 000 | 5,9 | 1 700 000 |
| | 5 | 5,48 | 2,43 | 19,0 | 4956 | 2793 | 2 600 000 | 88,2 | 350 000 | 11,8 | 2 950 000 |

Tabelle

| Nr. der Versuchsflächen | Zeitpunkt der Untersuchung | $p_H$ | Humusgehalt % | Wassergehalt % | Gesamt-Nitrogen g/g | Nitrat-N. g/g | Bakterien | | | | |
|---|---|---|---|---|---|---|---|---|---|---|---|
| | | | | | | | Aerob | % | Anaerob | % | Zusammen |
| 31. | 2 | 4,61 | 1,93 | 18,9 | 0,0003422 | 0,00003162 | 19 200 000 | 99,5 | 10 000 | 0,5 | 19 210 000 |
| | 3 | 5,36 | 2,01 | 14,9 | 4526 | 2961 | 6 300 000 | 90,0 | 700 000 | 10,0 | 7 000 000 |
| | 4 | 4,61 | 1,17 | 25,7 | 1456 | 1974 | 2 650 000 | 90,2 | 200 000 | 9,8 | 2 250 000 |
| | 5 | 4,01 | 0,84 | 20,8 | 3136 | 2068 | 4 300 000 | 97,7 | 100 000 | 2,3 | 4 400 000 |
| 32. | 2 | 4,24 | 2,24 | 17,3 | 0,0003317 | 0,00002930 | 16 800 000 | 99,4 | 16 000 | 0,6 | 16 810 000 |
| | 3 | 5,76 | 2,57 | 13,0 | 4284 | 2625 | 9 200 000 | 95,8 | 400 000 | 4,2 | 9 600 000 |
| | 4 | 4,62 | 1,48 | 26,9 | 1344 | 1848 | 2 050 000 | 93,1 | 150 000 | 6,9 | 2 200 000 |
| | 5 | 4,39 | 0,61 | 21,2 | 2772 | 1827 | 4 000 000 | 96,9 | 600 000 | 3,1 | 4 600 000 |
| 33. | 1 | 4,20 | 1,81 | 41,3 | — | — | 1 980 000 | 89,9 | 200 000 | 10,1 | 1 980 000 |
| | 2 | 4,96 | 1,22 | 21,2 | 0,0004368 | 0,00004326 | 22 500 000 | 96,9 | 700 000 | 3,1 | 23 400 000 |
| | 3 | 5,56 | 0,96 | 22,8 | 5124 | 2394 | 5 400 000 | 95,5 | 250 000 | 4,5 | 5 650 000 |
| | 4 | 4,62 | 2,76 | 38,1 | 1484 | 1910 | 2 250 000 | 92,4 | 170 000 | 7,6 | 2 420 000 |
| | 5 | 4,02 | 2,18 | 36,7 | 3472 | 1623 | 3 700 000 | 88,1 | 500 000 | 11,9 | 4 200 000 |
| 34. | 1 | 4,02 | 2,75 | 42,0 | — | — | 1 120 000 | 98,6 | 20 000 | 1,4 | 1 140 000 |
| | 2 | 4,76 | 1,36 | 18,4 | 0,0003612 | 0,00003969 | 23 000 000 | 96,4 | 900 000 | 3,6 | 23 900 000 |
| | 3 | 6,01 | 1,28 | 16,2 | 4816 | 3024 | 3 400 000 | 82,4 | 600 000 | 17,6 | 4 000 000 |
| | 4 | 4,71 | 1,84 | 31,7 | 1932 | 1386 | 1 870 000 | 86,2 | 290 000 | 13,8 | 2 160 000 |
| | 5 | 3,96 | 1,43 | 34,3 | 2772 | 1680 | 2 500 000 | 92,6 | 200 000 | 7,4 | 2 700 000 |
| 35. | 2 | 4,99 | 0,93 | 34,1 | 0,0003836 | 0,00003780 | 22 000 000 | 97,4 | 600 000 | 2,6 | 22 600 000 |
| | 3 | 5,98 | 0,72 | 37,2 | 4396 | 2877 | 2 400 000 | 94,1 | 150 000 | 5,9 | 2 550 000 |
| | 4 | 4,76 | 1,23 | 59,2 | 1232 | 2121 | 2 290 000 | 91,2 | 220 000 | 8,8 | 2 510 000 |
| | 5 | 3,99 | 1,06 | ·61,8 | 3388 | 1848 | 3 200 000 | 90,6 | 300 000 | 9,4 | 3 500 000 |

20.

| Physiologische Gruppen | | | | | | | Kokken | Bakterien ohne Sporenbildung | Bakterien mit Sporenbildung | Aktinomyzeten |
| Zellulosezersetzende | | N-bindende | | | | | | | | |
| Gesamt | Micococcus cythophagus | aerob | anaerob | Nitrifizierende | Denitrifizierende | % | % | % | % | % |
|---|---|---|---|---|---|---|---|---|---|---|
| 100 | 10 | 0 | 0 | 10000 | 1000000 | 8,9 | 0 | 64,5 | 6,4 | 29,1 |
| 1000 | 0 | 1000 | 1000 | 10000 | 1000000 | 3,5 | 0 | 85,7 | 4,8 | 9,5 |
| 5500 | 100 | 10000 | 10000 | 100000 | 1000000 | 13,9 | 0 | 66,7 | 18,5 | 14,8 |
| 100 | 0 | 0 | 0 | 10000 | 1000000 | 22,4 | 0 | 81,8 | 18,2 | 0 |
| 200 | 10 | 0 | 0 | 100000 | 1000000 | 22,5 | 2,9 | 73,7 | 23,4 | 0 |
| 100 | 10 | 0 | 0 | 10000 | 1000000 | 7,0 | 8,6 | 74,2 | 8,6 | 8,6 |
| 1000 | 0 | 0 | 10000 | 10000 | 100000 | 0,4 | 4,7 | 81,2 | 4,7 | 9,4 |
| 7500 | 100 | 1000 | 1000 | 100000 | 1000000 | 14,3 | 3,5 | 60,3 | 18,9 | 17,3 |
| 200 | 10 | 0 | 0 | 10000 | 1000000 | 43,0 | 0 | 72,2 | 22,2 | 5,6 |
| 100 | 10 | 0 | 0 | 10000 | 100000 | 7,3 | 0 | 92,6 | 3,7 | 3,7 |
| 1000 | 0 | 100 | 1000 | 10000 | 100000 | 0,5 | 15,0 | 80,0 | 0 | 5,0 |
| 1000 | 100 | 10000 | 10000 | 10000 | 100000 | 2,1 | 0 | 73,0 | 27,0 | 0 |
| 100 | 10 | 0 | 100 | 10000 | 1000000 | 24,1 | 0 | 91,0 | 9,0 | 0 |
| 1100 | 100 | 0 | 0 | 100000 | 100000 | 4,7 | 0 | 66,6 | 33,4 | 0 |
| 100 | 10 | 0 | 0 | 100000 | 200000 | 17,7 | 0 | 81,0 | 16,3 | 2,7 |
| 1000 | 100 | 0 | 100 | 100000 | 1000000 | 37,2 | 0 | 72,8 | 24,2 | 3,0 |

21.

| Physiologische Gruppen | | | | | | | Kokken | Bakterien ohne Sporenbildung | Bakterien mit Sporenbildung | Aktinomyzeten |
| Zellulosezersetzende | | N-bindende | | | | | | | | |
| Gesamt | Micococcus cythophagus | aerob | anaerob | Nitrifizierende | Denitrifizierende | % | % | % | % | % |
|---|---|---|---|---|---|---|---|---|---|---|
| 1000 | 0 | 100 | 1000 | 10000 | 100000 | 1,1 | 16,7 | 11,0 | 72,3 | 0 |
| 5500 | 100 | 10000 | 10000 | 10000 | 1000000 | 14,0 | 36,0 | 8,0 | 56,0 | 0 |
| 1000 | 0 | 0 | 0 | 100000 | 1000000 | 50,0 | 7,1 | 75,0 | 17,9 | 0 |
| 100 | 0 | 0 | 1000 | 100000 | 1000000 | 25,0 | 6,0 | 45,6 | 48,4 | 0 |
| 1000 | 100 | 1000 | 1000 | 100000 | 100000 | 1,3 | 0 | 17,0 | 83,0 | 0 |
| 1000 | 100 | 10000 | 10000 | 100000 | 1000000 | 11,6 | 2,5 | 2,5 | 92,5 | 2,5 |
| 100 | 10 | 0 | 0 | 100000 | 1000000 | 55,0 | 0 | 7,5 | 92,5 | 0 |
| 5500 | 0 | 100 | 1000 | 100000 | 1000000 | 25,2 | 3,8 | 53,9 | 42,3 | 0 |
| 100 | 0 | 0 | 0 | 10000 | 100000 | 5,5 | 5,4 | 8,7 | 83,7 | 2,2 |
| 1000 | 100 | 100 | 1000 | 10000 | 100000 | 0,56 | 6,6 | 6,6 | 86,8 | 0 |
| 2500 | 1000 | 1000 | 10000 | 100000 | 100000 | 3,8 | 7,6 | 19,5 | 72,9 | 0 |
| 100 | 0 | 0 | 0 | 100000 | 100000 | 8,3 | 0 | 24,3 | 75,7 | 0 |
| 200 | 0 | 100 | 1000 | 100000 | 1000000 | 26,2 | 17,0 | 80,6 | 2,4 | 0 |
| 200 | 0 | 0 | 0 | 10000 | 10000 | 1,4 | 2,0 | 6,0 | 80,0 | 12,0 |
| 1000 | 0 | 1000 | 1000 | 10000 | 100000 | 0,5 | 0 | 0 | 100,0 | 0 |
| 1000 | 100 | 1000 | 10000 | 10000 | 100000 | 3,3 | 0 | 33,3 | 66,7 | 0 |
| 100 | 0 | 0 | 0 | 10000 | 100000 | 5,2 | 0 | 12,5 | 87,5 | 0 |
| 5500 | 0 | 100 | 100 | 100000 | 1000000 | 4,1 | 0 | 57,1 | 42,9 | 0 |
| 1000 | 0 | 1000 | 10000 | 10000 | 100000 | 0,5 | 0 | 0 | 100,0 | 0 |
| 2000 | 0 | 10000 | 10000 | 10000 | 100000 | 5,1 | 0 | 97,0 | 3,0 | 0 |
| 100 | 0 | 0 | 0 | 10000 | 100000 | 4,4 | 0 | 44,0 | 56,0 | 0 |
| 200 | 0 | 100 | 100 | 100000 | 1000000 | 3,2 | 0 | 27,6 | 72,4 | 0 |

Tabelle

| Nr. | Name | | | | | | | | | | | | | | | | | | |
|---|---|---|---|---|---|---|---|---|---|---|---|---|---|---|---|---|---|---|---|
| | Breitengrade | 46° 30′ | | | | 46° 30′ | | | | 46° 15′ | | | | | 46° 15′ | | | | |
| | Nr. der Versuchsflächen | 1 | | | | 2 | | | | 5 | | | | | 6 | | | | |
| | $p_H$ | 6,10 | 6,23 | 4,53 | 5,96 | 5,97 | 6,46 | 4,49 | 5,86 | 5,84 | 7,98 | 5,98 | 4,97 | 6,96 | 5,62 | 7,94 | 5,56 | 4,97 | 6,02 |
| | Wassergehalt | 13,9 | 16,4 | 22,1 | 23,9 | 14,2 | 14,6 | 19,8 | 19,2 | 6,1 | 2,7 | 1,8 | 5,7 | 5,9 | 6,4 | 3,4 | 2,7 | 6,1 | 5,7 |
| | Zeitpunkt der Untersuchung[1] | 2 | 3 | 4 | 5 | 2 | 3 | 4 | 5 | 1 | 2 | 3 | 4 | 5 | 1 | 2 | 3 | 4 | 5 |
| 1. | M. n. sp. ? * | | | | | | | | | | | | | | | | | | |
| 2. | „ candicans* | + | | | + | + | | | + | + | | + | | | + | + | | | |
| 3. | „ candidus* | | | | | | | | | | + | + | | | | | | | |
| 4. | „ luteus* | | | | | | | | | + | + | | + | | | | | | |
| 5. | „ percitreus* | + | | | | | | | | | | | + | | | | | | |
| 6. | „ perflavus* | + | | | | | | | | | | | | | | | | | |
| 7. | „ sensibilis* | | | | | | | | | | | | | | | | | | |
| 8. | „ subflavescens* | | | | | | | | | | | | | | | | | | |
| 9. | „ subflavus* | | | | | | | | | | | | | | | | | | + |
| 10. | „ sulfureus n. sp. ? * | | | | | | | | | + | | | | | + | | | | |
| 11. | „ silvaticus n. sp. ? * | + | + | | | | | | | | | | | | | | | | |
| 12. | Sarcina flava* | | | | | | | | | | | | | | | | | | |
| 13. | „ subflava | | | | | | | | | | | | | | | | | | |
| 14. | Vibrio liquefaciens* | | | | | | | | | | | | | | | | | | |
| 15. | Serratia ruber* | | | | | | | | | | | | | | | | | | |
| 16. | Fl. antenniformis | | | | | | | | | | | | | | | | | | |
| 17. | „ aurantiacum* | | | | | | | | | | | | | | | | + | | |
| 18. | „ aurescens | | + | | | + | | | | | | | | | + | | | | + |
| 19. | „ denitrificans | | | | | + | | | | | | | + | + | | | | | |
| 20. | „ diffusum | | | | | | | | | | | | | | + | | | | |
| 21. | „ fulvum* | | | | | | | | | | | | | | | | | | + |
| 22. | „ fuscum* | | | | | | | | | | | | | | | | | + | |
| 23. | „ lacunatum* | | | | | | | | | | | | | | | | | | |
| 24. | „ lutescens* | | | | | | | + | | | | | | | | | | | |
| 25. | „ ovalis* | | | | | + | | | | | | | | | | | | | |
| 26. | „ plicatum* | | | | | | | | | | | | | | | | | | |
| 27. | „ rigensis* | | | | | | | | | | | | | | | | | | |
| 28. | „ sulfureum | | | | | | | | | | | | | | | | | + | |
| 29. | „ tremelloides | | | | | | | | | | | | | | + | | | | |
| 30. | Chr. janthinum | | | | + | | | | | | | | | | | | | | |
| 31. | Ps. centrifugans* | | | | | | | | | | | | + | | | | | | + |
| 32. | „ denitrificans | | + | | | | + | + | | | | | | | | | | | |
| 33. | „ fluorescens | | | | | | | | | | | | | | + | | | | + |
| 34. | „ incognita* | | | | | | | | | | | | | | | | | | + |
| 35. | „ non-liquefaciens* | | | | | | | | | | | | | | | | | | |
| 36. | „ ovalis | | | | | | | | | | | | | | | | | | |
| 37. | „ schuylkilliensis* | | | | | | | | + | | | | | | | | | | |
| 38. | „ striata | | | | | | | + | | | | | | | | | | | |
| 39. | „ rugosa* | | | + | + | | | + | + | | | | + | | | | | + | + |
| 40. | Cell. albida | | | | | | | | | | | | | | | | | | |
| 41. | „ arguata | | | | | | | | | | | | | | + | | | | + |
| 42. | „ aurogenes | | | | | | | | | | | | | | | + | | | |
| 43. | „ biazotea | | | | | | | | | | | | | | + | + | | | |
| 44. | „ bibula | | | | | | | | | | | | | | | | | | + |
| 45. | „ cellasea | | | + | | | | | | | | | | | + | | | | |
| 46. | „ ferruginea | | | + | | | | | | | | | | | | | | | |
| 47. | „ gelida | | | | | | | | | | | | | | | | | | |
| 48. | „ gilva | | | | | | | | | | | | | | + | | | | |
| 49. | „ idonea | | | | | | | | | | | | | | | | | | |
| 50. | „ iugis | | | | | | | | | | | | | | | | | | |
| 51. | „ minuscula | | | | | | | | | | | | | | | | | | |
| 52. | „ mira | | + | | | | + | | | | | | | | | | | | |
| 53. | „ uda | | | | | | | | | | | | | | | | | + | + |

M. = Micrococcus;   Fl. = Flavobacterium;   Chr. = Chromo-
Die mit * bezeichneten Arten sind nach den Angaben
Die mit n. sp. (nova species) bezeichneten Arten sind bei der Zugrundelegung der Angaben

[1] Zeitpunkt der Untersuchung: 1 = 1930 I—II;    2 = 1930 V—VI;    3 = 1930 VIII—IX;

22.

| 46° 55' | | | | | 46° 55' | 47° 47' | | | | 47° 47' | | 47° 47' | | | | | 47° 47' | | | | | 47° 47' | | | |
|---|---|---|---|---|---|---|---|---|---|---|---|---|---|---|---|---|---|---|---|---|---|---|---|---|---|
| 7 | | | | | 8 | 11 | | | | 14 | | 15 | | | | | 19 | | | | | 20 | | | |
| 5,54 | 7,96 | 5,90 | 4,94 | 6,76 | 5,69 | 6,02 | 6,57 | 4,90 | 5,05 | 4,84 | 5,78 | 6,67 | 6,46 | 6,01 | 4,89 | 5,52 | 5,63 | 5,48 | 6,40 | 5,40 | 5,92 | 5,15 | 4,33 | 6,99 | 5,21 |
| 7,8 | 4,1 | 3,5 | 8,8 | 9,1 | 7,2 | 17,5 | 10,6 | 23,3 | 18,8 | 11,6 | 19,0 | 21,4 | 14,5 | 11,8 | 23,6 | 22,8 | 16,7 | 9,3 | 14,0 | 15,2 | 16,2 | 20,2 | 14,3 | 15,5 | 23,4 |
| I | 2 | 3 | 4 | 5 | I | 2 | 3 | 4 | 5 | 4 | 5 | I | 2 | 3 | 4 | 5 | I | 2 | 3 | 4 | 5 | I | 2 | 3 | 4 |
| . | . | . | . | . | . | . | . | . | . | . | . | . | . | . | . | . | . | . | . | . | . | . | . | . | . |
| . | . | . | . | . | . | + | . | . | + | . | . | . | . | . | + | + | . | . | . | . | . | . | . | + | . |
| + | + | . | . | . | . | . | . | . | . | + | . | + | . | . | . | . | . | . | . | . | . | + | . | . | . |
| + | . | . | . | . | . | . | . | . | . | . | . | . | . | . | . | . | . | . | . | . | . | . | + | . | . |
| . | . | . | . | . | . | . | . | . | . | . | . | . | . | . | . | . | . | . | . | . | . | . | + | . | . |
| . | . | . | . | . | . | . | . | . | . | . | . | . | . | . | . | . | . | . | . | . | . | . | . | . | . |
| . | . | . | . | . | . | . | . | . | . | . | . | . | . | . | . | . | . | . | . | . | . | . | . | . | . |
| . | . | . | . | . | . | . | . | . | . | . | . | . | . | . | . | . | . | . | . | . | . | . | . | . | . |
| . | . | . | . | . | . | . | . | . | . | . | . | . | . | . | . | . | . | . | . | + | . | . | + | + | . |
| . | . | . | . | . | . | . | . | . | . | . | . | . | . | . | . | . | . | . | . | . | . | . | . | . | . |
| . | . | . | . | . | . | . | . | . | . | . | . | . | . | . | . | . | . | . | . | . | . | . | . | . | . |
| . | . | . | . | + | . | . | . | . | . | . | . | . | . | . | . | . | . | . | . | . | . | . | . | . | . |
| . | . | + | . | . | . | . | . | . | . | . | . | . | . | . | . | . | . | . | . | . | . | . | . | . | . |
| . | . | . | . | . | . | . | . | . | . | . | . | . | . | . | . | . | . | . | . | . | . | . | . | . | . |
| . | . | . | . | . | . | . | . | . | . | . | . | . | . | . | . | . | . | . | . | . | . | . | . | . | . |
| . | . | . | . | . | . | . | . | . | . | . | . | . | . | . | . | . | . | . | . | . | . | . | . | . | . |
| . | . | . | . | . | . | . | . | . | . | . | . | . | . | . | . | . | . | . | . | . | . | . | . | . | . |
| . | . | . | . | . | . | . | . | . | . | . | . | . | . | . | . | . | + | . | . | . | . | . | . | + | . |
| . | . | + | . | . | . | . | . | . | . | . | . | . | . | . | . | . | . | . | . | . | . | . | . | . | . |
| . | . | . | . | . | . | . | . | . | . | + | . | . | . | . | . | . | . | . | . | . | . | . | . | . | . |
| . | . | . | . | . | . | . | . | . | . | . | . | . | . | . | . | . | . | . | . | . | . | . | . | . | . |
| . | . | . | . | . | . | . | . | . | . | . | . | . | . | . | . | . | . | . | . | . | . | . | . | + | . |
| . | . | . | . | . | . | . | . | . | . | . | . | . | . | . | . | . | . | . | . | . | . | . | . | . | . |
| . | . | . | . | . | . | . | . | . | . | + | . | . | . | . | . | . | . | . | . | . | . | . | . | + | + |
| . | . | . | . | . | . | . | . | . | . | . | + | . | . | . | . | . | . | . | . | . | . | . | . | . | . |
| + | . | . | . | . | . | . | . | . | . | . | . | . | . | . | . | . | . | + | . | . | . | . | . | . | + |
| . | . | . | . | . | . | . | . | . | . | + | . | . | . | + | . | . | . | . | . | . | . | . | . | . | . |
| + | . | . | . | . | . | . | . | . | . | . | . | . | . | . | . | . | . | . | + | . | . | . | . | . | + |
| . | . | . | . | . | . | . | . | . | . | . | . | . | . | . | . | . | . | . | . | . | . | . | . | . | . |
| . | . | . | . | . | . | . | . | . | . | . | . | . | . | . | . | . | . | . | . | . | . | . | . | . | + |
| . | . | . | . | . | . | . | . | . | + | . | . | . | . | . | . | . | . | . | . | . | . | . | . | + | + |
| . | . | . | . | . | . | . | . | . | . | . | . | . | . | . | . | . | . | . | . | . | . | . | . | . | . |
| . | . | . | . | . | . | . | . | . | . | . | . | . | . | . | . | . | . | . | . | . | . | . | . | . | . |
| . | . | . | . | . | . | . | . | . | . | . | . | . | . | . | + | . | . | . | . | . | . | . | . | . | . |
| . | . | . | . | . | . | . | . | . | . | . | . | . | . | . | + | . | . | . | . | . | . | . | + | . | . |
| . | . | + | . | + | . | . | + | . | + | . | + | . | . | . | . | . | . | . | . | . | . | . | . | + | + |
| . | . | . | . | . | . | . | . | . | + | . | . | . | . | . | . | . | . | . | . | . | . | . | . | . | . |
| . | . | . | . | . | . | . | . | . | . | . | . | . | . | . | . | . | . | . | . | . | . | . | . | . | . |
| . | . | + | . | + | . | . | + | . | + | . | . | . | . | . | . | . | . | . | . | . | . | . | . | + | . |
| . | . | . | . | + | . | . | . | . | . | . | . | . | . | . | . | + | . | . | . | + | . | . | . | + | + |

bacterium;   Ps. = Pseudomonas;   Cell. = Cellulomonas.
von BERGEY im Boden noch nicht gefunden worden.
von BERGEY wahrscheinlich neue Arten, worüber später noch eingehend berichtet wird.

4 = 1930 XI—XII;   5 = 1931 II—III.

Tabelle 22

| Nr. | Name | 2 | 3 | 4 | 5 | 2 | 3 | 4 | 5 | 1 | 2 | 3 | 4 | 5 | 1 | 2 | 3 | 4 | 5 |
|---|---|---|---|---|---|---|---|---|---|---|---|---|---|---|---|---|---|---|---|
| | Breitengrade | 46° 30′ | | | | 46° 30′ | | | | 46° 15′ | | | | | 46° 15′ | | | | |
| | Nr. der Versuchsflächen | 1 | | | | 2 | | | | 5 | | | | | 6 | | | | |
| | $p_H$ | 6,10 | 6,23 | 4,53 | 5,96 | 5,97 | 6,46 | 4,49 | 5,86 | 5,84 | 7,98 | 5,98 | 4,97 | 6,96 | 5,62 | 7,94 | 5,56 | 4,97 | 6,02 |
| | Wassergehalt | 13,9 | 16,4 | 22,1 | 23,9 | 14,2 | 14,6 | 19,8 | 19,2 | 6,1 | 2,7 | 1,8 | 5,7 | 5,9 | 6,4 | 3,4 | 2,7 | 6,1 | 5,7 |
| | Zeitpunkt der Untersuchung → | 2 | 3 | 4 | 5 | 2 | 3 | 4 | 5 | 1 | 2 | 3 | 4 | 5 | 1 | 2 | 3 | 4 | 5 |
| 54. | Cell. perlurida | · | · | · | · | · | · | · | · | · | · | · | · | · | + | · | · | · | · |
| 55. | „ rossica | · | · | · | · | · | + | · | · | · | · | · | · | · | · | · | · | · | · |
| 56. | „ subcreta | · | · | · | · | · | · | · | · | · | · | · | · | · | · | · | · | · | · |
| 57. | Achr. ambiguum* | · | · | · | · | · | · | · | · | · | · | · | · | · | · | · | · | · | + |
| 58. | „ agile* | · | · | · | · | · | · | · | · | · | · | · | + | · | · | · | · | · | · |
| 59. | „ album* | · | · | · | · | · | · | · | · | · | · | · | · | · | · | · | · | · | · |
| 60. | „ candicans | · | · | · | · | · | · | · | · | · | · | · | · | · | · | · | · | · | · |
| 61. | „ coadunatum* | · | · | · | · | · | · | · | + | · | · | · | · | · | · | · | · | · | · |
| 62. | „ centropunctatum* | · | · | · | · | · | · | · | · | · | · | · | · | · | · | · | · | · | · |
| 63. | „ delictatulum* | · | + | · | + | · | · | · | · | · | · | · | + | · | · | · | · | + | · |
| 64. | „ nitrificans | + | · | · | + | · | · | · | · | · | · | · | · | · | · | · | · | · | · |
| 65. | „ fairmountiensis* | · | · | · | · | · | · | · | · | · | · | · | · | · | · | · | · | · | · |
| 66. | „ fermentationis | · | · | · | + | · | · | · | · | · | · | · | + | + | · | · | · | · | · |
| 67. | „ formosum | · | · | · | + | · | · | · | · | · | · | · | · | · | · | · | · | + | + |
| 68. | „ rodonatum | · | · | · | · | · | + | · | · | · | · | · | · | · | · | · | · | · | · |
| 69. | „ geminum | · | + | · | · | · | + | · | · | · | · | · | · | · | · | · | · | · | · |
| 70. | „ geniculatum* | · | + | · | · | · | · | · | · | · | · | · | · | · | · | · | + | · | · |
| 71. | „ guttatum* | · | · | · | · | · | · | · | · | · | · | · | · | · | · | · | · | · | · |
| 72. | „ hartlebii | + | + | + | · | · | + | · | · | + | + | · | · | · | + | · | · | · | + |
| 73. | „ hyalinum* | · | · | · | · | · | · | · | · | · | · | · | · | · | · | · | · | · | + |
| 74. | „ liquefaciens* | · | · | · | · | · | · | · | · | · | · | · | + | · | · | · | · | · | · |
| 75. | „ liquidum* | · | · | · | · | · | · | · | · | · | · | · | · | · | · | · | · | + | · |
| 76. | „ multistriatum* | · | · | · | · | · | · | · | · | · | · | · | · | · | · | · | · | · | · |
| 77. | „ nitrificans | + | + | · | · | · | · | · | + | · | + | + | · | · | + | · | · | · | + |
| 78. | „ pinnatum | + | · | · | · | + | · | + | · | · | · | · | · | · | · | · | · | · | · |
| 79. | „ punctatum* | · | · | · | · | · | · | · | · | · | · | · | · | · | · | · | · | · | · |
| 80. | „ raveneli | · | · | · | · | · | · | · | · | · | · | · | · | · | · | · | · | · | · |
| 81. | „ reticularum* | · | · | · | · | · | · | · | · | · | · | · | + | · | · | · | · | · | · |
| 82. | „ sinosum* | · | · | · | · | · | · | · | · | · | · | · | · | · | · | · | · | · | + |
| 83. | „ stearophilum* | · | · | · | · | · | · | · | · | · | + | · | · | · | · | · | · | · | · |
| 84. | „ stoloniferum* | · | · | · | · | · | · | · | · | · | · | · | · | · | · | · | · | · | · |
| 85. | „ ubiquitum* | · | · | · | · | · | · | · | · | · | · | · | · | · | · | · | · | + | · |
| 86. | „ venosum* | · | · | · | · | · | · | · | · | · | · | · | · | · | · | · | · | · | · |
| 87. | Bac. adhaerens | · | · | · | · | · | · | · | · | · | · | · | · | · | · | · | · | · | · |
| 88. | „ albolactis | · | · | + | + | · | · | · | · | + | + | + | + | · | · | + | · | · | · |
| 89. | „ aterrimus | + | · | · | · | · | · | · | + | · | · | · | · | · | · | · | · | · | · |
| 90. | „ calidus | + | · | · | · | · | · | · | · | · | · | + | · | · | · | · | · | · | · |
| 91. | „ centricus n. sp.?* | · | · | · | · | · | · | · | · | · | · | · | · | · | · | · | · | · | · |
| 92. | „ cereus | + | · | · | · | + | + | + | · | · | · | + | + | · | · | · | + | · | + |
| 93. | „ circulans | + | + | · | · | · | · | + | · | · | · | + | · | · | · | · | + | + | · |
| 94. | „ cohaerens | · | · | · | · | · | · | · | · | · | · | · | · | · | · | · | · | · | · |
| 95. | „ cylindricus | + | + | · | · | + | · | · | · | · | · | + | · | · | · | · | + | + | · |
| 96. | „ cytaseus | + | + | · | · | + | · | · | · | · | · | · | · | · | · | · | + | + | · |
| 97. | „ danicus | · | · | · | · | · | · | · | · | · | · | · | · | · | · | · | · | + | · |
| 98. | „ ellenbachiensis | · | · | · | · | · | · | + | · | · | · | + | · | · | · | · | · | + | · |
| 99. | „ fluorescens | · | · | · | · | · | · | · | · | · | · | · | · | · | · | · | · | · | · |
| 100. | „ freudenreichii | + | + | · | + | + | + | · | + | + | + | + | + | + | + | + | + | + | + |
| 101. | „ fusiformis | · | · | · | · | · | · | · | · | · | · | · | · | · | · | · | · | · | · |
| 102. | „ graveolens | · | · | · | · | · | · | · | · | · | · | · | · | · | · | · | · | · | · |
| 103. | „ globigii | · | · | · | + | · | · | · | · | · | · | · | · | · | · | · | · | · | + |
| 104. | „ imminutus | · | · | · | · | · | + | · | · | · | · | · | · | · | · | · | · | · | + |
| 105. | „ lacticolus | · | · | · | · | · | · | · | · | · | · | · | · | · | · | · | · | · | · |
| 106. | „ lactimorbus | · | · | · | · | · | · | · | · | · | · | · | · | · | · | · | · | · | · |
| 107. | „ laterosporus | · | · | · | · | · | · | · | · | · | · | · | · | · | · | · | · | · | · |

Achr. = Achromobacter

(Fortsetzung).

| 46° 55' | | | | | 46° 55' | 47° 47' | | | | 47° 47' | | 47° 47' | | | | | 47° 47' | | | | | 47° 47' | | | |
|---|---|---|---|---|---|---|---|---|---|---|---|---|---|---|---|---|---|---|---|---|---|---|---|---|---|
| 7 | | | | | 8 | 11 | | | | 14 | | 15 | | | | | 19 | | | | | 20 | | | |
| 5,54 | 7,96 | 5,90 | 4,94 | 6,76 | 5,69 | 6,02 | 6,57 | 4,90 | 5,05 | 4,84 | 5,78 | 6,67 | 6,46 | 6,01 | 4,89 | 5,52 | 5,63 | 5,48 | 6,40 | 5,40 | 5,92 | 5,15 | 4,33 | 6,99 | 5,21 |
| 7,8 | 4,1 | 3,5 | 8,8 | 9,1 | 7,2 | 17,5 | 10,6 | 23,3 | 18,8 | 11,6 | 19,0 | 21,4 | 14,5 | 11,8 | 23,6 | 22,8 | 16,7 | 9,3 | 14,0 | 15,2 | 16,2 | 20,2 | 14,3 | 15,5 | 23,4 |
| I | 2 | 3 | 4 | 5 | I | 2 | 3 | 4 | 5 | 4 | 5 | I | 2 | 3 | 4 | 5 | I | 2 | 3 | 4 | 5 | I | 2 | 3 | 4 |
| · | · | · | · | · | · | · | · | · | · | · | · | · | · | · | · | · | · | · | · | · | · | · | · | · | · |
| · | · | · | · | · | · | · | · | · | · | + | · | · | · | · | · | · | · | · | · | · | · | · | · | · | · |
| · | · | · | · | + | · | · | · | + | · | · | + | · | · | · | · | · | · | · | · | + | · | · | · | · | · |
| · | · | · | + | · | · | · | · | · | · | · | · | · | · | · | · | · | · | · | · | · | · | · | · | · | + |
| · | · | · | + | + | · | · | · | · | + | · | · | · | · | · | · | · | · | · | · | · | · | · | · | · | · |
| · | · | · | + | · | · | · | · | · | + | · | · | · | · | · | · | · | · | · | · | · | · | · | · | · | · |
| · | · | · | · | · | · | · | + | + | · | + | + | · | · | + | · | · | · | · | · | · | · | · | · | · | · |
| · | · | · | · | · | · | · | · | · | + | · | · | · | · | · | · | · | · | · | · | · | · | + | · | · | · |
| · | · | · | + | · | · | · | · | · | · | · | · | · | · | + | · | · | · | · | · | · | · | · | · | · | · |
| · | · | · | · | · | · | · | · | · | + | · | · | · | · | · | · | · | · | · | · | · | · | · | · | · | · |
| · | · | · | + | · | · | · | · | · | · | · | · | · | · | · | · | · | · | · | · | · | · | · | · | · | · |
| · | · | · | · | · | · | · | · | · | · | · | · | · | · | · | · | · | · | · | · | · | · | · | · | · | · |
| + | · | + | · | + | · | · | · | · | · | · | · | · | · | · | · | · | · | · | · | · | · | · | + | + | · |
| · | · | · | + | · | · | · | · | · | · | · | · | · | · | · | · | · | · | · | · | · | · | · | · | · | · |
| · | · | · | · | · | · | · | · | + | · | · | · | + | · | · | · | · | · | · | · | · | · | · | · | · | · |
| · | · | · | + | · | · | · | · | · | · | · | · | · | · | · | + | · | · | · | · | · | · | + | · | · | · |
| · | · | · | · | + | · | · | · | · | · | · | · | · | · | · | · | · | · | · | · | · | · | · | · | + | · |
| + | · | · | · | · | · | · | + | · | · | · | + | · | · | · | + | · | · | · | · | · | · | · | · | · | · |
| · | · | · | + | · | · | · | · | · | · | · | · | · | · | · | · | · | · | · | · | + | · | · | · | · | · |
| · | · | · | · | · | · | · | · | · | · | · | · | · | · | · | · | · | · | · | · | · | · | · | · | · | · |
| · | · | + | · | · | · | · | · | + | · | · | · | · | · | · | · | · | · | · | + | · | · | · | · | + | · |
| · | · | · | · | · | · | · | + | · | · | · | · | · | + | + | · | · | · | · | · | · | · | + | · | · | · |
| · | + | · | · | · | · | · | · | · | · | · | + | · | · | · | + | · | · | · | · | · | · | · | · | · | + |
| · | · | · | · | · | · | · | · | · | · | · | · | + | + | · | · | · | · | · | · | · | · | · | + | · | · |
| · | · | · | · | · | · | + | + | · | · | · | · | · | · | · | · | · | · | · | + | · | · | · | · | · | + |
| + | + | + | · | · | · | · | · | · | · | · | · | · | · | · | · | · | · | · | · | · | · | + | · | · | · |
| · | · | · | · | · | · | · | · | · | · | · | · | · | · | · | · | · | + | · | · | · | · | · | · | · | · |
| · | · | · | + | · | · | · | · | · | · | · | · | · | · | + | · | · | · | · | · | · | · | · | · | · | · |
| · | · | · | · | · | · | · | · | + | + | + | + | · | · | + | · | · | · | · | + | + | · | · | + | · | + |
| · | · | · | · | · | · | · | + | · | · | · | · | · | · | + | · | · | · | · | · | · | · | · | + | · | · |
| + | + | + | · | · | + | · | · | · | · | + | · | · | · | · | + | · | · | · | · | · | · | · | + | · | + |
| · | · | · | · | · | · | · | · | + | · | · | · | · | · | · | · | · | · | · | · | · | · | · | + | · | · |
| · | · | · | · | · | · | + | · | · | + | · | · | · | · | · | · | · | · | · | · | · | · | · | · | · | + |
| · | · | · | · | · | · | + | · | · | · | · | · | · | + | + | + | · | · | + | · | · | · | · | + | + | · |
| · | · | · | · | · | · | · | + | · | + | · | + | · | · | · | · | · | · | · | · | · | · | · | + | · | + |
| · | · | · | · | + | · | · | · | + | · | · | · | · | · | · | · | · | · | · | · | · | · | · | · | · | + |
| · | · | · | · | · | · | · | · | · | · | · | · | · | · | · | · | · | · | + | · | · | · | · | · | · | + |
| · | · | · | · | · | · | · | · | · | · | · | · | · | · | · | · | · | · | · | · | · | · | · | · | · | · |
| · | · | · | · | · | · | + | · | · | · | · | · | · | · | · | · | · | · | · | · | · | · | · | · | · | · |
| · | · | · | · | · | · | · | · | · | · | + | · | · | · | · | · | · | · | · | + | · | · | · | + | · | · |
| · | · | · | · | + | · | · | · | · | + | · | · | · | · | + | · | · | · | · | · | · | · | · | + | · | · |
| · | · | · | + | · | · | · | · | + | + | · | · | · | · | · | · | · | · | · | · | + | · | · | + | · | · |
| · | + | + | · | · | · | + | + | + | + | · | + | · | · | · | · | · | + | + | + | + | + | · | + | + | + |
| · | · | · | · | · | · | + | · | · | · | · | · | · | · | · | · | · | · | · | · | · | · | · | + | · | · |
| · | · | · | · | · | · | · | + | · | + | · | · | · | · | · | · | · | · | · | · | · | · | · | · | · | · |
| · | · | · | · | · | · | · | · | · | + | · | · | · | · | · | · | · | · | · | · | + | · | · | · | · | · |
| · | · | · | · | · | · | · | · | · | · | · | · | · | · | · | · | · | · | · | · | + | · | · | · | · | · |
| · | · | · | · | · | · | · | · | · | · | · | · | · | · | · | · | · | · | · | · | + | · | · | · | · | · |
| · | · | · | · | · | · | · | · | · | · | · | · | · | · | · | · | · | · | · | · | · | · | · | · | · | · |

Bac. = Bacillus.

 Die Bakterien des Waldbodens.



| Nr. | Name | Breitengrade | 47° 47' | | | | | 52° 40' | | | | 52° 40' | | | | 57° — | | | | |
|---|---|---|---|---|---|---|---|---|---|---|---|---|---|---|---|---|---|---|---|---|
| | | Nr. der Versuchsflächen | 21 | | | | | 31 | | | | 32 | | | | 33 | | | | |
| | | $p_H$ | 5,04 | 4,73 | 7,22 | 5,09 | 5,40 | 4,61 | 5,36 | 4,61 | 4,01 | 4,24 | 5,76 | 4,64 | 4,39 | 4,20 | 4,96 | 5,56 | 4,62 | 4,02 |
| | | Wassergehalt | 28,3 | 14,5 | 13,7 | 22,7 | 26,8 | 14,9 | 9,9 | 15,7 | 10,8 | 17,3 | 8,0 | 16,9 | 11,2 | 64,3 | 31,2 | 37,8 | 63,1 | 66,7 |
| | | Zeitpunkt der Untersuchung | 1 | 2 | 3 | 4 | 5 | 2 | 3 | 4 | 5 | 2 | 3 | 4 | 5 | 1 | 2 | 3 | 4 | 5 |
| 1. | M. n.sp.?* | | · | · | · | · | · | · | · | · | · | · | · | · | · | + | · | · | · | · |
| 2. | „ candicans* | | · | + | · | · | · | + | + | + | + | · | + | · | + | · | + | · | · | · |
| 3. | „ candidus* | | · | + | · | · | · | · | · | · | · | · | · | · | · | · | · | + | · | · |
| 4. | „ luteus* | | · | · | · | · | · | · | · | · | · | · | · | · | · | + | + | · | · | · |
| 5. | „ percitreus* | | · | · | · | · | · | · | · | · | · | · | · | · | · | · | · | · | · | · |
| 6. | „ perflavus* | | · | · | · | · | · | · | · | · | · | · | · | · | · | · | · | · | · | · |
| 7. | „ sensibilis* | | · | · | · | · | · | · | + | · | · | · | · | · | · | · | · | · | · | · |
| 8. | „ subflavescens* | | · | · | · | · | · | · | · | + | · | · | · | · | · | · | · | · | · | · |
| 9. | „ subflavus* | | · | · | · | · | · | · | · | · | · | · | · | · | · | · | · | · | · | · |
| 10. | „ sulfureus n. sp.?* | | · | · | · | · | · | · | · | · | · | · | · | · | · | + | · | · | · | · |
| 11. | „ silvaticus n. sp.?* | | · | · | · | · | · | + | + | · | · | · | · | · | · | · | · | · | · | · |
| 12. | Sarcina flava* | | · | · | · | · | · | · | + | · | · | · | · | · | · | · | · | · | · | · |
| 13. | „ subflava | | · | · | · | · | · | · | + | · | · | · | · | · | · | · | · | · | · | · |
| 14. | Vibrio liquefaciens* | | · | · | · | · | · | · | · | · | · | · | · | · | · | · | · | · | · | · |
| 15. | Serratia ruber | | · | · | · | · | · | · | · | · | · | · | · | + | · | · | · | · | · | · |
| 16. | Fl. antenniformis | | · | · | · | + | + | · | · | · | · | · | · | · | · | · | · | · | · | · |
| 17. | „ aurantiacum* | | · | · | · | · | · | · | · | · | · | · | · | · | · | · | · | · | · | · |
| 18. | „ aurescens | | · | · | · | · | + | · | · | · | · | · | · | · | · | · | · | · | · | · |
| 19. | „ denitrificans | | · | · | · | · | · | · | · | · | · | · | · | · | · | · | · | · | · | · |
| 20. | „ diffusum | | · | · | · | · | · | · | · | · | · | · | · | · | · | · | · | · | · | · |
| 21. | „ fulvum* | | · | · | · | · | · | · | · | · | · | · | · | · | · | · | · | · | · | · |
| 22. | „ fuscum* | | · | · | · | · | · | · | · | · | · | · | · | · | · | · | · | · | · | · |
| 23. | „ lacunatum* | | · | · | · | · | · | · | · | · | · | · | · | · | · | · | · | · | · | · |
| 24. | „ lutescens* | | · | · | · | · | · | · | · | · | · | · | · | · | · | · | · | · | · | · |
| 25. | „ ovalis* | | · | · | · | · | · | · | · | · | · | · | · | · | · | · | · | · | · | · |
| 26. | „ plicatum* | | · | · | · | + | · | · | · | · | · | · | · | · | · | · | · | · | · | · |
| 27. | „ rigensis* | | · | · | · | + | · | · | · | · | · | · | · | · | · | · | · | · | · | · |
| 28. | „ sulfureum | | · | · | · | · | · | · | · | · | · | · | · | · | · | · | · | · | · | · |
| 29. | „ tremelloides | | · | · | · | · | · | · | · | · | · | · | · | · | · | · | · | · | · | · |
| 30. | Chr. janthinum | | · | · | · | · | · | · | · | · | · | · | · | · | · | · | · | · | · | · |
| 31. | Ps. centrifugans* | | · | · | · | · | · | · | · | · | · | · | · | + | · | · | · | · | · | + |
| 32. | „ denitrificans | | · | · | · | · | · | · | · | · | · | · | + | · | · | · | · | · | + | · |
| 33. | „ fluorescens | | · | · | · | · | · | · | · | · | · | · | · | + | · | · | · | + | · | · |
| 34. | „ incognita* | | · | · | · | · | · | · | · | · | · | · | · | · | · | · | · | · | · | · |
| 35. | „ non-liquefaciens | | · | · | · | · | · | · | · | · | · | · | · | · | · | · | · | · | · | · |
| 36. | „ ovalis | | · | · | · | · | · | · | · | · | · | · | · | · | · | · | · | · | · | · |
| 37. | „ schuylkilliensis | | · | · | · | · | · | · | · | · | · | · | · | · | · | · | · | · | · | · |
| 38. | „ striata | | · | · | · | · | · | · | · | · | · | + | · | · | · | · | · | · | + | · |
| 39. | „ rugosa* | | · | · | · | · | · | · | · | · | · | + | + | · | · | · | · | + | + | + |
| 40. | Cell. albida | | · | + | · | · | · | · | · | · | · | · | · | · | · | · | · | · | · | · |
| 41. | „ arguata | | · | · | · | · | · | · | · | · | · | · | · | · | · | · | · | · | · | · |
| 42. | „ aurogenes | | · | · | · | · | · | · | · | · | · | · | · | · | · | · | · | · | · | · |
| 43. | „ biazotea | | · | · | · | · | + | + | · | · | · | · | · | + | · | · | · | + | · | + |
| 44. | „ bibula | | · | · | · | · | · | · | · | · | · | · | · | · | · | · | · | · | · | · |
| 45. | „ cellasea | | · | · | · | · | · | · | · | · | · | · | · | · | · | · | · | · | · | · |
| 46. | „ ferruginea | | · | · | · | · | · | · | · | · | · | · | · | · | · | · | · | · | · | · |
| 47. | „ gelida | | · | · | + | · | · | · | · | · | · | · | · | · | · | · | · | · | · | · |
| 48. | „ gilva | | · | · | · | · | · | · | · | · | · | · | · | · | · | · | · | · | · | · |
| 49. | „ idonea | | · | · | · | · | · | · | · | · | · | · | · | · | · | · | · | · | · | · |
| 50. | „ iugis | | · | · | · | · | · | · | · | · | · | · | · | · | · | · | · | · | · | · |
| 51. | „ minuscula | | · | · | · | · | · | · | · | · | · | · | · | + | · | + | · | + | · | · |
| 52. | „ mira | | · | · | · | · | · | + | · | · | · | · | + | · | · | · | · | · | · | · |
| 53. | „ uda | | · | · | · | · | · | · | · | · | · | · | · | · | · | · | · | · | · | · |

(Fortsetzung).

| 34 / 1 — 4,02 — 18,5 | 34 / 2 — 4,76 — 12,4 | 34 / 3 — 6,01 — 11,2 | 34 / 4 — 4,71 — 16,7 | 34 / 5 — 3,96 — 14,3 | 35 / 2 — 4,99 — 34,1 | 35 / 3 — 5,98 — 37,2 | 35 / 4 — 4,76 — 69,2 | 35 / 5 — 3,99 — 71,8 | Nadelholzwälder | Laubwälder | $p_H$ Minimum | $p_H$ Maximum | Wassergehalt Maximum | Wassergehalt Minimum | Die Verbreitung in Breitengrade | Prozentuelles Vorkommen $p_1$ | Mittelwert in Proz. $p_2$ | $p_1 \cdot p_2$ |
|---|---|---|---|---|---|---|---|---|---|---|---|---|---|---|---|---|---|---|
| · | · | · | · | · | · | · | · | · | · | + | 4,20 | 4,20 | 64,3 | 64,3 | 57° | 5,9 | 1,1 | 6,5 |
| + | · | · | · | · | · | · | · | · | + | + | 4,01 | 7,94 | 31,2 | 1,8 | 46° 30'—69° 30' | 70,6 | 3,4 | 240,0 |
| · | · | · | · | · | · | · | · | · | + | + | 4,73 | 7,96 | 37,8 | 1,8 | 46° 15'—57° | 35,3 | 8,1 | 286,0 |
| · | · | · | · | · | · | · | · | · | · | + | 4,20 | 7,98 | 64,3 | 1,8 | 46° 15'—66° 50' | 17,6 | 7,2 | 127,0 |
| · | · | · | · | · | · | · | · | · | · | + | 6,10 | 6,10 | 13,9 | 13,9 | 52° 40' | 5,9 | 2,5 | 14,8 |
| · | · | · | · | · | · | · | · | · | · | + | 6,10 | 6,10 | 13,9 | 13,9 | 46° 30' | 5,9 | 2,5 | 14,8 |
| · | · | · | · | · | · | · | · | · | · | + | 5,36 | 5,36 | 9,9 | 9,9 | 52° 40' | 5,9 | 5,2 | 30,6 |
| · | · | · | · | · | · | · | · | · | · | + | 4,61 | 4,61 | 15,7 | 15,7 | 52° 40' | 5,9 | 3,5 | 20,6 |
| · | · | · | · | · | · | · | · | · | + | · | 6,02 | 6,07 | 5,7 | 5,7 | 46° 15' | 5,9 | 2,9 | 17,1 |
| · | · | · | · | · | · | · | · | · | + | + | 4,20 | 5,84 | 64,3 | 6,1 | 46° 15'—57° | 17,6 | 7,0 | 123,0 |
| · | · | · | · | · | · | · | · | · | + | + | 4,61 | 6,23 | 16,4 | 9,9 | 46° 30'—52° 40' | 29,4 | 6,1 | 179,0 |
| · | · | · | · | · | · | · | · | · | · | + | 5,36 | 5,36 | 9,9 | 9,9 | 52° 40' | 5,9 | 2,6 | 15,3 |
| · | · | · | · | · | · | · | · | · | · | + | 5,36 | 5,36 | 9,9 | 9,9 | 52° 40' | 5,9 | 2,6 | 15,3 |
| · | · | · | · | · | · | · | + | · | · | + | 4,76 | 4,76 | 69,2 | 69,2 | 57° | 5,9 | 2,6 | 15,3 |
| · | · | · | · | · | · | · | · | · | + | · | 4,64 | 4,64 | 16,9 | 16,9 | 52° 40' | 5,9 | 2,5 | 14,8 |
| · | · | · | · | · | · | · | · | · | · | · | 5,09 | 5,40 | 26,8 | 22,7 | 47° 47' | 5,9 | 2,5 | 14,8 |
| · | · | · | · | · | · | · | · | · | + | · | 5,56 | 5,56 | 2,7 | 2,7 | 46° 15' | 5,9 | 4,0 | 23,6 |
| · | · | · | · | · | · | + | · | · | + | + | 5,40 | 6,23 | 37,2 | 5,7 | 46° 30'—66° 50' | 35,3 | 5,6 | 198,0 |
| · | · | · | · | · | · | · | · | · | + | + | 4,94 | 6,96 | 16,4 | 5,7 | 46° 30'—47° 47' | 23,6 | 3,7 | 87,3 |
| · | · | · | · | · | · | · | · | · | + | · | 5,62 | 5,62 | 6,4 | 6,4 | 46° 15' | 5,9 | 6,9 | 4,07 |
| · | · | · | · | · | · | · | · | · | + | · | 6,02 | 6,02 | 5,7 | 5,7 | 46° 15'—69° 30' | 5,9 | 2,9 | 17,1 |
| · | · | · | · | · | · | · | · | · | + | · | 5,56 | 5,56 | 2,7 | 2,7 | 46° 15' | 5,9 | 4,0 | 23,6 |
| · | · | · | · | + | · | · | · | · | + | · | 3,96 | 4,84 | 14,3 | 11,6 | 46° 55'—69° 30' | 11,8 | 3,4 | 40,1 |
| · | · | · | · | · | · | + | · | · | + | + | 5,90 | 6,46 | 37,2 | 3,5 | 46° 30'—57° | 17,6 | 3,7 | 65,0 |
| · | · | · | · | · | · | · | · | · | + | · | 5,97 | 5,97 | 14,2 | 14,2 | 46° 30' | 5,9 | 2,5 | 14,8 |
| · | · | · | · | · | · | · | · | · | · | + | 5,40 | 5,40 | 26,8 | 26,8 | 47° 47' | 5,9 | 6,3 | 37,2 |
| · | · | · | · | · | · | · | · | · | · | · | 5,40 | 6,99 | 26,8 | 15,5 | 46° 15'—47° 47' | 11,8 | 2,3 | 27,2 |
| · | · | · | · | · | · | · | · | · | + | · | 5,56 | 5,56 | 2,7 | 2,7 | 46° 15' | 5,9 | 8,0 | 47,3 |
| · | · | · | · | · | · | · | · | · | + | · | 5,62 | 5,62 | 6,4 | 6,4 | 46° 15'—69° 30' | 5,9 | 6,9 | 4,0 |
| · | · | · | · | · | · | · | · | · | · | + | 5,96 | 5,96 | 23,9 | 23,9 | 46° 30' | 5,9 | 3,3 | 19,5 |
| · | · | · | · | + | · | · | + | · | + | + | 4,01 | 6,96 | 69,2 | 5,7 | 46° 15'—57° | 41,2 | 4,5 | 185,0 |
| · | · | · | · | + | · | · | · | + | + | + | 4,49 | 6,46 | 63,1 | 14,6 | 47° 47'—57° | 35,3 | 8,4 | 296,0 |
| · | · | · | · | · | · | · | + | · | + | + | 3,96 | 5,96 | 23,6 | 5,7 | 46° 15'—69° 20' | 53,0 | 3,9 | 207,0 |
| · | · | · | · | · | · | · | + | + | + | + | 3,99 | 6,02 | 71,8 | 5,7 | 46° 15'—57° | 17,6 | 4,2 | 74,0 |
| · | · | · | · | · | · | · | · | · | + | · | 4,84 | 4,84 | 11,6 | 11,6 | 47° 47' | 5,9 | 2,7 | 15,9 |
| · | · | · | · | · | · | · | · | · | · | + | 4,76 | 4,76 | 69,2 | 69,2 | 57° | 5,9 | 2,6 | 15,35 |
| · | · | · | · | · | · | · | · | · | + | · | 5,86 | 5,86 | 19,2 | 19,2 | 46° 30' | 5,9 | 4,3 | 25,4 |
| · | · | · | · | · | · | · | · | · | + | + | 4,49 | 5,21 | 69,2 | 11,6 | 46° 30'—69° 30' | 35,3 | 5,5 | 296,0 |
| · | · | · | · | · | · | · | · | · | + | + | 3,96 | 6,96 | 69,2 | 5,7 | 46° 30'—57° | 64,8 | 9,2 | 597,0 |
| · | · | · | · | · | · | · | · | · | + | + | 3,96 | 7,22 | 37,2 | 14,3 | 47° 47'—69° 30' | 23,6 | 4,2 | 99,1 |
| · | · | · | · | · | · | · | · | · | + | + | 3,96 | 6,99 | 34,1 | 5,7 | 46° 15'—57° | 29,4 | 3,8 | 111,8 |
| · | · | · | · | · | · | · | · | · | + | · | 5,62 | 5,62 | 6,4 | 6,4 | 46° 15' | 5,9 | 2,3 | 13,6 |
| · | · | · | · | · | · | · | · | · | + | + | 4,01 | 6,99 | 66,7 | 3,5 | 46° 15'—57° | 82,4 | 5,7 | 469,0 |
| · | · | · | · | · | · | · | · | · | + | · | 6,02 | 6,02 | 5,7 | 5,7 | 46° 15'—69° 30' | 5,9 | 5,8 | 34,2 |
| · | · | · | · | · | · | · | · | · | · | + | 5,05 | 6,96 | 23,9 | 5,9 | 46° 30'—69° 30' | 17,6 | 3,2 | 56,4 |
| · | · | · | · | · | · | + | · | · | · | + | 5,96 | 6,99 | 37,2 | 15,5 | 46° 30'—69° 20' | 17,6 | 3,3 | 58,0 |
| · | · | · | · | · | · | · | · | · | · | · | 7,22 | 7,22 | 13,7 | 13,7 | 47° 47'—69° 20' | 5,9 | 2,7 | 15,9 |
| · | · | · | · | · | · | · | · | · | · | + | 5,92 | 6,96 | 16,2 | 5,9 | 46° 15'—69° 20' | 11,8 | 3,6 | 42,5 |
| · | · | · | · | · | · | + | · | · | · | + | 5,98 | 5,98 | 37,2 | 37,2 | 57° | 5,9 | 3,9 | 23,0 |
| · | · | · | · | · | · | + | · | · | · | + | 5,98 | 5,98 | 37,2 | 37,2 | 57° | 5,9 | 3,9 | 23,0 |
| · | · | · | · | · | · | · | · | · | + | + | 4,01 | 7,22 | 64,3 | 3,5 | 46° 55'—69° 20' | 41,2 | 6,7 | 276,0 |
| · | · | · | · | · | · | · | · | · | + | + | 4,01 | 6,99 | 37,2 | 9,1 | 46° 30'—69° 30' | 53,0 | 6,8 | 360,1 |
| · | · | · | · | · | · | · | · | · | + | · | 4,97 | 6,02 | 6,1 | 5,7 | 46° 15' | 5,9 | 2,9 | 17,2 |

Tabelle 22

| Nr. | Name | Breitengrade 47° 47' | | | | | 52° 40' | | | | 52° 40' | | | | 57° — | | | | |
|---|---|---|---|---|---|---|---|---|---|---|---|---|---|---|---|---|---|---|---|
| | Nr. der Versuchsflächen | 21 | | | | | 31 | | | | 32 | | | | 33 | | | | |
| | $p_H$ | 5,04 | 4,73 | 7,22 | 5,09 | 5,40 | 4,61 | 5,36 | 4,61 | 4,01 | 4,24 | 5,76 | 4,64 | 4,39 | 4,20 | 4,96 | 5,56 | 4,62 | 4,02 |
| | Wassergehalt | 28,3 | 14,5 | 13,7 | 22,7 | 26,8 | 14,9 | 9,9 | 15,7 | 10,8 | 17,3 | 8,0 | 16,9 | 11,2 | 64,3 | 31,2 | 37,8 | 63,1 | 66,7 |
| | Zeitpunkt der Untersuchung | 1 | 2 | 3 | 4 | 5 | 2 | 3 | 4 | 5 | 2 | 3 | 4 | 5 | 1 | 2 | 3 | 4 | 5 |
| 54. | Cell. perlurida | · | · | · | · | · | · | · | · | · | · | · | · | · | · | · | · | · | · |
| 55. | „ rossica | · | · | · | · | · | · | · | · | · | · | · | · | · | · | · | · | · | · |
| 56. | „ subcreta | · | · | + | · | · | · | · | · | · | · | · | · | · | · | · | · | · | · |
| 57. | Achr. ambiguum* | · | · | + | · | · | · | · | + | + | · | · | · | + | · | · | · | + | · |
| 58. | „ agile* | · | + | · | · | · | · | · | + | · | · | · | · | · | · | · | · | · | · |
| 59. | „ album* | · | · | · | · | · | · | · | · | · | · | · | · | · | · | · | · | · | · |
| 60. | „ candicans | · | · | · | · | · | · | · | · | · | · | · | · | · | · | · | · | · | · |
| 61. | „ coadunatum* | · | · | · | · | · | · | · | · | · | · | · | · | · | · | · | · | · | · |
| 62. | „ centropunctatum* | · | · | · | · | · | · | · | · | · | · | · | · | · | · | · | · | · | · |
| 63. | „ delictatulum* | · | · | + | · | + | · | · | · | · | · | · | · | · | · | · | + | · | · |
| 64. | „ nitrificans | · | · | · | · | · | · | · | · | · | · | · | · | · | · | · | · | · | · |
| 65. | „ fairmountiensis* | · | · | · | · | · | · | · | · | · | · | · | · | · | · | · | · | · | · |
| 66. | „ fermentationis | · | · | · | · | · | · | · | · | · | · | · | · | · | · | · | · | · | · |
| 67. | „ formosum | · | · | · | · | · | · | · | · | · | · | · | · | · | + | · | · | · | · |
| 68. | „ rodonatum | · | · | · | · | · | · | · | · | · | · | · | · | · | · | · | · | · | · |
| 69. | „ geminum | · | · | · | · | · | · | · | · | + | · | · | · | + | · | · | + | · | · |
| 70. | „ geniculatum* | · | · | · | · | · | · | · | · | · | + | · | · | · | · | · | · | · | · |
| 71. | „ guttatum* | · | · | · | · | · | · | · | · | · | · | · | · | · | · | · | · | + | · |
| 72. | „ hartlebii | + | · | · | · | · | + | + | + | + | + | · | + | + | + | + | · | · | · |
| 73. | „ hyalinum* | · | · | · | + | · | · | · | · | · | · | · | · | · | · | · | · | · | · |
| 74. | „ liquefaciens* | · | · | · | · | + | · | · | · | · | · | · | · | · | · | · | · | · | · |
| 75. | „ liquidum* | · | · | · | · | · | · | · | · | · | · | · | · | · | · | · | · | · | · |
| 76. | „ multistriatum* | · | · | · | · | · | · | · | · | · | · | · | · | · | · | · | · | · | + |
| 77. | „ nitrificans | · | · | · | + | · | · | · | · | · | + | + | · | · | · | · | + | · | · |
| 78. | „ pinnatum | · | · | · | · | · | · | · | · | · | · | + | · | · | · | · | · | · | · |
| 79. | „ punctatum* | · | · | · | · | · | · | · | · | · | · | · | · | · | · | · | · | · | · |
| 80. | „ raveneli | · | · | · | · | · | · | · | · | · | · | · | · | + | · | · | · | · | · |
| 81. | „ reticularum* | · | · | · | · | · | · | · | · | · | · | · | · | · | · | · | · | · | · |
| 82. | „ sinosum* | · | · | · | · | · | · | · | · | · | · | · | · | · | · | · | · | · | + |
| 83. | „ stearophilum* | · | · | · | · | · | · | · | · | · | · | · | · | · | · | · | · | · | · |
| 84. | „ stoloniferum* | · | · | · | · | · | · | · | · | · | · | · | · | + | · | · | · | · | · |
| 85. | „ ubiquitum* | · | · | · | · | · | · | · | · | · | · | · | · | · | · | · | · | · | · |
| 86. | „ venosum* | · | · | · | · | · | · | · | · | + | · | · | · | + | · | · | · | · | · |
| 87. | Bac. adhaerens | · | · | · | · | · | · | · | · | · | · | · | · | · | · | · | · | · | · |
| 88. | „ albolactis | + | · | · | + | + | + | · | · | · | · | · | · | · | · | · | + | + | + |
| 89. | „ aterrimus | · | · | · | · | · | · | · | · | · | · | · | · | · | · | · | · | · | · |
| 90. | „ calidus | · | · | · | · | · | · | · | · | · | · | · | · | · | · | · | · | · | · |
| 91. | „ centricus n. sp.?* | · | · | · | · | · | · | · | · | · | · | · | · | · | · | · | · | · | · |
| 92. | „ cereus | + | + | · | + | + | + | · | + | · | · | + | + | · | + | + | + | + | · |
| 93. | „ circulans | · | · | + | · | + | · | + | · | + | + | + | · | + | + | + | + | + | + |
| 94. | „ cohaerens | · | · | · | · | · | · | · | · | · | · | · | · | · | · | · | · | · | · |
| 95. | „ cylindricus | · | · | · | · | · | · | · | · | · | + | + | + | · | + | · | · | · | · |
| 96. | „ cytaseus | + | · | · | · | · | · | · | · | · | · | + | · | · | · | + | · | · | + |
| 97. | „ danicus | · | · | · | · | · | · | · | · | · | · | · | · | · | · | · | · | · | + |
| 98. | „ ellenbachiensis | + | · | + | + | + | · | · | · | · | · | · | + | · | + | · | · | + | · |
| 99. | „ fluorescens | · | · | · | · | · | · | · | · | · | · | + | · | · | · | · | · | + | + |
| 100. | „ freudenreichii | + | + | + | · | + | · | + | · | + | + | + | + | + | + | + | · | · | · |
| 101. | „ fusiformis | · | · | · | · | · | · | · | · | · | + | · | · | · | · | · | · | · | + |
| 102. | „ graveolens | · | · | · | · | · | · | · | · | · | · | · | · | · | · | · | · | · | · |
| 103. | „ globigii | · | · | · | + | + | · | · | · | · | · | · | + | · | · | · | · | · | · |
| 104. | „ imminutus | · | · | · | · | · | · | · | · | · | · | · | · | · | · | · | · | · | + |
| 105. | „ lacticolus | · | · | · | · | · | · | · | · | · | · | · | · | · | · | · | · | · | · |
| 106. | „ lactimorbus | · | · | · | · | · | · | · | · | · | · | + | · | · | · | · | · | · | + |
| 107. | „ laterosporus | · | · | · | · | · | · | · | · | · | · | · | · | · | · | · | · | · | · |

(Fortsetzung).

| 57° — 34 | | | | | 57° — 35 | | | | Nadelholzwälder | Laubwälder | $p_H$ Minimum | $p_H$ Maximum | Wassergehalt Maximum | Wassergehalt Minimum | Die Verbreitung in Breitengrade | Prozentuelles Vorkommen im Verhältnis zu den Versuchsflächen $p_1$ | Mittelwert in Proz. der proz. Vork. an den einzelnen Versuchsflächen $p_2$ | $p_1 \cdot p_2$ |
|---|---|---|---|---|---|---|---|---|---|---|---|---|---|---|---|---|---|---|
| 4,02 | 4,76 | 6,01 | 4,71 | 3,96 | 4,99 | 5,98 | 4,76 | 3,99 | | | | | | | | | | |
| 18,5 | 12,4 | 11,2 | 16,7 | 14,3 | 34,1 | 37,2 | 69,2 | 71,8 | | | | | | | | | | |
| I | 2 | 3 | 4 | 5 | 2 | 3 | 4 | 5 | | | | | | | | | | |
| · | · | · | · | · | · | · | · | · | + | · | 5,62 | 5,62 | 6,4 | 6,4 | 46° 15′ | 5,9 | 2,3 | 13,6 |
| · | · | + | · | · | · | · | · | · | + | · | 4,84 | 6,46 | 19,8 | 11,2 | 47° 47′—57° | 17,6 | 4,1 | 722,0 |
| · | · | · | · | · | · | · | · | · | · | · | 7,22 | 7,22 | 13,7 | 13,7 | 47° 47′—69° 30′ | 5,9 | 2,7 | 15,9 |
| · | · | · | · | · | · | · | + | · | + | + | 4,01 | 7,22 | 63,1 | 5,7 | 46° 15′—66° 50′ | 58,9 | 4,1 | 242,0 |
| · | · | · | · | · | · | · | · | · | · | + | 4,61 | 4,97 | 15,7 | 5,7 | 46° 15′—66° 50′ | 23,6 | 10,0 | 236,0 |
| · | · | · | · | · | · | · | · | · | + | · | 6,67 | 6,67 | 21,4 | 21,4 | 47° 47′—52° 40′ | 5,9 | 1,5 | 8,85 |
| · | · | · | · | · | · | · | · | · | · | + | 6,99 | 6,99 | 15,5 | 15,5 | 47° 47′ | 5,9 | 2,6 | 15,3 |
| · | · | · | · | · | · | · | · | · | + | · | 5,86 | 5,86 | 19,2 | 19,2 | 46° 30′ | 5,9 | 4,3 | 25,4 |
| · | · | · | · | · | · | + | · | · | · | + | 5,98 | 5,98 | 37,2 | 37,2 | 57°—66° 50′ | 5,9 | 3,9 | 23,0 |
| · | · | + | + | + | · | · | · | + | + | + | 3,96 | 7,22 | 71,8 | 5,7 | 46° 30′—57° | 70,6 | 8,1 | 571,0 |
| · | · | · | · | · | · | · | · | · | · | + | 5,05 | 5,96 | 23,9 | 18,8 | 46° 30′—47° 47′ | 11,8 | 2,5 | 29,5 |
| · | · | · | · | · | · | + | · | · | · | + | 5,98 | 5,98 | 37,2 | 37,2 | 57° | 5,9 | 3,9 | 23,0 |
| · | · | · | · | · | · | + | · | · | · | + | 4,94 | 6,96 | 37,2 | 5,7 | 46° 30′—66° 50′ | 29,4 | 3,4 | 100,0 |
| · | · | · | · | · | · | · | · | · | + | + | 4,20 | 6,67 | 64,3 | 5,7 | 46° 30′—57° | 35,3 | 3,0 | 106,0 |
| · | · | · | · | · | · | · | · | · | + | · | 6,46 | 6,46 | 14,6 | 14,6 | 46° 30′ | 5,9 | 3,5 | 20,6 |
| · | · | · | · | · | · | + | · | · | + | + | 4,01 | 6,99 | 37,8 | 7,2 | 46° 30′—57° | 64,8 | 4,3 | 27,9 |
| · | · | + | · | · | · | + | · | · | + | + | 4,24 | 6,23 | 37,2 | 2,7 | 46° 30′—57° | 35,3 | 5,5 | 194,0 |
| · | · | · | · | · | · | · | · | · | · | + | 5,56 | 5,56 | 37,8 | 37,8 | 57° | 5,9 | 3,8 | 22,4 |
| · | · | · | + | · | · | + | · | + | + | + | 3,99 | 6,76 | 71,8 | 3,5 | 46° 30′—66° 50′ | 82,4 | 4,6 | 379,0 |
| · | · | + | · | · | · | · | · | · | + | + | 5,05 | 6,02 | 22,8 | 5,7 | 46° 15′—69° 30′ | 35,3 | 3,7 | 130,6 |
| + | · | · | · | · | · | · | · | · | + | + | 4,02 | 5,40 | 26,8 | 5,7 | 46° 15′—57° | 23,6 | 3,8 | 89,5 |
| · | · | · | · | · | · | · | · | · | + | · | 4,97 | 4,97 | 6,1 | 6,1 | 46° 15′ | 5,9 | 2,9 | 17,1 |
| · | · | · | · | · | + | · | · | · | + | + | 3,96 | 6,57 | 6,67 | 10,6 | 47° 47′—57° | 29,4 | 5,5 | 161,7 |
| · | · | · | · | · | · | + | · | · | + | + | 4,01 | 6,46 | 37,8 | 1,8 | 46° 30′—57° | 70,6 | 5,0 | 353,0 |
| · | · | · | · | · | · | · | · | · | + | + | 4,49 | 6,57 | 22,8 | 20,6 | 46° 30′—69° 30′ | 35,3 | 3,3 | 116,5 |
| · | · | · | · | · | · | · | · | · | · | + | 4,90 | 4,90 | 23,3 | 23,3 | 47° 47′—69° 30′ | 5,9 | 4,2 | 24,5 |
| · | · | · | · | · | · | · | · | · | + | + | 4,39 | 5,92 | 16,2 | 11,2 | 47° 47′—52° 40′ | 11,8 | 5,3 | 62,5 |
| · | · | · | · | · | · | · | + | · | + | + | 3,99 | 6,96 | 71,8 | 5,9 | 46° 15′—57° | 17,6 | 3,1 | 54,5 |
| · | · | · | · | · | · | · | · | · | + | + | 4,02 | 6,02 | 66,7 | 5,7 | 46° 15′—57° | 11,8 | 4,1 | 48,4 |
| · | · | · | · | · | · | · | · | · | · | + | 7,98 | 7,98 | 2,7 | 2,7 | 46° 15′ | 5,9 | 2,7 | 15,9 |
| · | · | · | · | · | · | · | · | · | + | · | 4,39 | 4,39 | 11,2 | 11,2 | 52° 40′ | 5,9 | 3,8 | 22,4 |
| · | · | · | · | · | · | · | · | · | + | · | 4,97 | 4,97 | 6,1 | 6,1 | 46° 15′ | 5,9 | 5,8 | 34,2 |
| · | · | · | · | · | · | · | · | · | + | + | 4,01 | 4,39 | 11,2 | 10,8 | 52° 40′ | 11,8 | 3,4 | 40,0 |
| · | · | · | · | · | · | · | · | · | + | · | 5,78 | 5,78 | 19,0 | 19,0 | 47° 47′ | 5,9 | 3,0 | 17,7 |
| + | · | + | + | + | · | · | + | · | + | + | 3,96 | 6,99 | 69,2 | 1,8 | 46° 30′—69° 30′ | 94,1 | 9,8 | 923,0 |
| · | · | · | · | · | · | · | · | · | · | + | 5,40 | 6,10 | 19,2 | 13,9 | 46° 30′—47° 47′ | 23,6 | 3,1 | 73,1 |
| · | · | · | · | · | + | + | · | · | · | + | 4,99 | 6,02 | 34,1 | 1,8 | 46° 15′—57° | 17,6 | 3,7 | 65,0 |
| · | · | · | · | · | · | · | · | · | · | + | 6,99 | 6,99 | 15,5 | 15,5 | 47° 47′ | 5,9 | 4,7 | 27,8 |
| + | · | + | · | · | + | · | · | + | + | + | 3,99 | 7,96 | 71,8 | 1,8 | 46° 30′—57° | 94,1 | 11,6 | 1092,0 |
| · | + | + | · | · | + | · | · | · | + | + | 4,01 | 7,94 | 66,7 | 5,7 | 46° 30′—57° | 82,4 | 5,7 | 470,0 |
| · | · | · | · | · | · | · | · | · | · | + | 5,92 | 5,92 | 16,2 | 16,2 | 47° 47′ | 5,9 | 2,9 | 17,2 |
| · | + | · | · | · | · | · | · | · | + | + | 4,24 | 6,46 | 31,2 | 1,8 | 46° 30′—69° 30′ | 58,9 | 9,1 | 537,0 |
| · | + | · | · | + | + | · | · | · | + | + | 3,98 | 6,46 | 66,7 | 8,0 | 46° 30′—57° | 53,0 | 6,9 | 366,0 |
| · | · | · | · | · | · | · | · | · | + | + | 4,02 | 6,76 | 66,7 | 6,1 | 46° 15′—57° | 29,4 | 3,9 | 114,8 |
| · | · | · | + | · | + | · | + | · | + | + | 4,20 | 7,22 | 69,2 | 1,8 | 46° 30′—57° | 76,5 | 5,6 | 429,0 |
| · | · | · | · | · | · | · | · | · | + | + | 4,02 | 5,92 | 66,7 | 11,6 | 47° 47′—57° | 29,4 | 3,5 | 102,8 |
| + | + | · | + | + | + | · | · | · | + | + | 3,98 | 7,96 | 64,3 | 1,8 | 46° 30′—57° | 94,1 | 8,8 | 827,0 |
| · | · | · | · | · | · | · | · | · | + | + | 4,02 | 6,02 | 66,7 | 17,3 | 52° 40′—57° | 17,6 | 3,2 | 56,4 |
| · | · | · | · | · | · | · | · | · | · | + | 5,40 | 5,40 | 15,2 | 15,2 | 47° 47′ | 5,9 | 2,3 | 13,6 |
| · | · | · | · | · | · | · | + | · | + | + | 4,64 | 6,02 | 69,2 | 11,6 | 46° 30′—57° | 47,1 | 6,1 | 287,0 |
| · | · | · | · | · | · | · | · | · | + | + | 4,02 | 6,46 | 66,7 | 9,3 | 47° 47′—57° | 11,8 | 3,5 | 41,3 |
| · | · | · | · | · | · | · | · | · | · | + | 5,40 | 5,40 | 15,2 | 15,2 | 47° 47′ | 5,9 | 2,3 | 13,6 |
| · | · | · | · | · | · | · | · | · | + | + | 4,02 | 5,76 | 66,7 | 8,0 | 52° 40′—57° | 11,8 | 2,4 | 28,3 |
| · | · | · | · | · | · | · | · | · | + | · | 5,52 | 5,52 | 22,8 | 22,8 | 47° 47′ | 5,9 | 1,7 | 10,1 |

Tabelle 22

| Nr. | Name | 46° 30′ | | | | 46° 30′ | | | | 46° 15′ | | | | | 46° 15′ | | | | |
|---|---|---|---|---|---|---|---|---|---|---|---|---|---|---|---|---|---|---|---|
| | Nr. der Versuchsflächen | 1 | | | | 2 | | | | 5 | | | | | 6 | | | | |
| | $p_H$ | 6,10 | 6,23 | 4,53 | 5,96 | 5,97 | 6,46 | 4,49 | 5,86 | 5,84 | 7,98 | 5,98 | 4,97 | 6,96 | 5,62 | 7,94 | 5,56 | 4,97 | 6,02 |
| | Wassergehalt | 13,9 | 16,4 | 22,1 | 23,9 | 14,2 | 14,6 | 19,8 | 19,2 | 6,1 | 2,7 | 1,8 | 5,7 | 5,9 | 6,4 | 3,4 | 2,7 | 6,1 | 5,7 |
| | Zeitpunkt der Untersuchung | 2 | 3 | 4 | 5 | 2 | 3 | 4 | 5 | 1 | 2 | 3 | 4 | 5 | 1 | 2 | 3 | 4 | 5 |
| 108. | Bac. luteus* | · | · | · | · | · | · | · | · | · | · | · | · | · | · | · | · | · | · |
| 109. | „ megaterium | + | + | · | + | + | + | + | + | + | + | + | + | · | · | · | + | + | + |
| 110. | „ mesentericus | · | · | · | · | · | · | · | · | · | · | · | · | · | · | · | · | · | · |
| 111. | „ mycoides | · | · | + | + | · | + | + | + | · | + | · | + | · | · | · | · | · | + |
| 112. | „ niger | · | · | · | · | · | · | · | · | · | + | · | · | · | · | · | · | · | · |
| 113. | „ parvus | + | · | · | · | + | · | · | · | + | · | · | · | · | · | · | · | · | · |
| 114. | „ petasites | · | · | · | · | · | · | · | · | · | · | · | · | · | · | · | · | · | · |
| 115. | „ pumulus | · | · | · | · | · | · | · | · | · | + | · | · | · | · | · | · | · | · |
| 116. | „ prausnitzii | · | · | · | · | · | · | · | · | + | · | · | + | + | + | · | · | + | + |
| 117. | „ pseudoanthracis n. sp. | · | · | · | + | · | · | · | · | + | · | · | · | · | · | · | · | · | · |
| 118. | „ pseudotetanicus | · | · | · | · | + | · | · | · | · | · | · | + | · | · | · | + | · | · |
| 119. | „ panis | · | · | · | · | · | · | · | · | · | · | · | · | · | + | · | · | · | · |
| 120. | „ robur | · | · | + | · | + | · | · | · | · | · | + | + | · | + | · | · | · | · |
| 121. | „ robustus | · | · | · | · | + | + | · | · | · | · | + | + | + | · | + | · | · | · |
| 122. | „ ruminatus | · | · | + | · | · | · | + | · | · | · | · | · | + | · | · | + | + | · |
| 123. | „ silvaticus | · | · | + | + | · | · | + | · | · | · | · | + | + | · | + | · | + | + |
| 124. | „ simplex | · | · | · | · | · | · | · | · | · | · | · | · | · | · | · | · | · | · |
| 125. | „ sphaericus | + | + | · | · | + | · | + | · | · | · | + | · | · | · | · | · | · | · |
| 126. | „ subtilis | + | + | + | + | + | · | · | · | · | · | + | · | · | · | · | · | · | · |
| 127. | „ syncyaneus* | · | · | · | · | · | · | · | · | · | · | · | · | · | · | · | · | · | · |
| 128. | „ teres | · | · | · | · | · | · | · | · | · | · | · | · | · | · | · | · | · | · |
| 129. | „ terminalis | · | · | · | · | · | · | · | · | · | · | · | · | · | · | · | · | · | · |
| 130. | „ venosus | · | · | · | · | · | · | · | · | · | · | · | · | · | · | · | · | · | · |
| 131. | „ vulgatus | + | · | · | · | + | · | · | · | + | + | · | · | · | · | + | · | · | + |
| 132. | Cl. aerofoetidum | · | · | · | · | · | · | · | · | · | · | · | + | · | · | · | · | · | · |
| 133. | „ centrosporogenes | · | · | · | + | · | · | + | · | · | · | · | · | · | · | · | · | · | · |
| 134. | „ cochlearum | · | · | · | · | · | · | · | + | · | · | · | + | · | · | + | + | · | · |
| 135. | „ multifermentans | + | + | + | · | · | + | · | · | · | · | + | + | · | · | · | · | · | · |
| 136. | „ regularis* | · | · | · | · | · | · | · | · | · | · | · | · | · | · | · | · | · | · |
| 137. | „ spermoides | + | · | · | · | · | · | · | · | · | · | · | · | · | · | + | · | · | · |
| 138. | „ sphenoides | · | · | · | · | · | · | · | · | · | · | · | + | · | · | · | · | · | · |
| 139. | „ sporogenes | · | · | · | · | · | · | · | · | · | · | · | · | · | · | · | · | · | · |
| 140. | „ tetanomorphum | · | · | + | · | · | · | · | · | · | · | · | · | · | + | · | · | · | + |
| 141. | A. alboflavus | · | · | · | · | · | · | + | · | · | · | · | · | · | + | · | + | · | · |
| 142. | „ albus | · | · | · | · | · | · | · | · | + | + | + | · | · | + | · | + | · | · |
| 143. | „ albosporeus | · | · | · | · | · | · | + | · | · | · | · | · | · | · | · | + | + | · |
| 144. | „ cellulosae | · | · | · | · | · | · | + | · | · | · | · | · | · | · | · | · | · | · |
| 145. | „ citreus | · | · | · | · | · | · | · | · | · | · | · | · | · | · | · | · | · | · |
| 146. | „ diastatochromogenus | · | · | · | · | · | · | · | · | · | · | · | · | · | · | · | · | + | · |
| 147. | „ exfoliatus | · | · | · | · | · | · | · | · | · | · | · | · | · | · | · | · | · | · |
| 148. | „ melanosporeus | · | · | · | · | · | · | · | · | · | · | · | · | · | · | · | · | · | · |
| 149. | „ olivochromogenus | + | · | · | · | · | · | · | · | · | · | · | · | · | · | + | · | · | · |
| 150. | „ pheochromogenus | · | · | · | + | · | · | · | · | + | + | + | · | + | + | · | + | + | · |
| 151. | „ verne | · | · | · | · | · | · | · | · | · | · | · | · | · | · | · | · | · | · |

Bakterien der physiologischen Gruppen (die Prozente beziehen

| Nr. | Name | | | | | | | | | | | | | | | | | | |
|---|---|---|---|---|---|---|---|---|---|---|---|---|---|---|---|---|---|---|---|
| 152. | Mycococcus cytophagus | + | + | · | + | · | + | · | + | · | + | + | · | + | · | + | + | · | + |
| 153. | Azotob. chroococcum | + | + | · | · | + | + | · | · | · | + | + | · | · | · | + | + | · | · |
| 154. | „ agilis | · | + | · | · | · | · | · | · | · | + | · | + | · | + | · | · | · | · |
| 155. | Cl. pastorianum | + | + | · | + | + | + | · | + | · | + | + | · | · | · | + | + | + | + |
| 156.<br>157. | Nitros. europea<br>Nitrob. Winogradskyi | + | + | + | + | + | + | + | + | + | + | + | + | + | + | + | + | + | + |

Cl. = Clostridium;   A. = Actinomyces;   Azotob. =

(Fortsetzung).

| 46°55′ | | | | | 46°55′ | 47°47′ | | | | 47°47′ | | 47°47′ | | | | | 47°47′ | | | | | 47°47′ | | | |
|---|---|---|---|---|---|---|---|---|---|---|---|---|---|---|---|---|---|---|---|---|---|---|---|---|---|
| 7 | | | | | 8 | 11 | | | | 14 | | 15 | | | | | 19 | | | | | 20 | | | |
| 5,54 | 7,96 | 5,90 | 4,94 | 6,76 | 5,69 | 6,02 | 6,57 | 4,90 | 5,05 | 4,84 | 5,78 | 6,67 | 6,46 | 6,01 | 4,89 | 5,52 | 5,63 | 5,48 | 6,40 | 5,40 | 5,92 | 5,15 | 4,33 | 6,99 | 5,21 |
| 7,8 | 4,1 | 3,5 | 8,8 | 9,1 | 7,2 | 17,5 | 10,6 | 23,3 | 18,8 | 11,6 | 19,0 | 21,4 | 14,5 | 11,8 | 23,6 | 22,8 | 16,7 | 9,3 | 14,0 | 15,2 | 16,2 | 20,2 | 14,3 | 15,5 | 23,4 |
| 1 | 2 | 3 | 4 | 5 | 1 | 2 | 3 | 4 | 5 | 4 | 5 | 1 | 2 | 3 | 4 | 5 | 1 | 2 | 3 | 4 | 5 | 1 | 2 | 3 | 4 |
| · | · | · | · | · | · | · | · | · | · | + | · | · | · | · | · | · | · | · | · | · | · | + | · | · | · |
| + | + | + | + | · | · | · | + | + | + | + | + | + | + | · | + | + | + | + | + | + | + | + | + | + | + |
| · | · | + | · | · | · | · | + | · | · | · | · | · | · | · | · | · | · | · | · | · | · | · | + | · | · |
| · | · | · | + | · | + | · | · | · | · | · | · | · | · | · | · | · | · | · | · | · | · | · | + | · | · |
| · | · | · | · | · | · | · | · | · | · | · | · | · | · | · | + | · | · | · | + | · | · | · | · | · | · |
| · | · | · | · | · | · | · | · | · | · | · | + | · | · | · | + | · | · | · | · | · | · | · | · | · | · |
| · | · | · | · | · | · | · | · | + | · | · | · | · | · | · | · | · | · | · | + | + | · | · | · | + | · |
| · | · | · | · | · | · | + | · | · | · | · | · | · | · | · | + | · | · | · | · | · | · | · | · | · | · |
| + | · | · | + | · | + | + | · | · | · | · | · | · | + | · | · | · | · | · | · | · | · | · | · | · | · |
| + | + | · | + | · | · | · | + | + | + | · | · | + | · | · | · | · | + | · | · | · | · | + | · | + | · |
| · | · | + | + | · | · | + | + | · | · | · | · | · | + | · | · | · | · | · | + | + | · | · | · | + | · |
| · | · | · | + | + | · | + | + | · | + | · | · | + | + | + | · | · | · | · | + | + | + | · | · | · | · |
| · | · | · | + | + | · | + | + | · | + | + | · | + | + | + | · | · | · | · | + | + | + | · | · | · | · |
| · | · | + | · | · | · | + | · | · | · | · | · | + | + | · | + | · | · | · | + | · | · | · | · | · | + |
| · | · | · | + | · | · | + | · | + | · | · | · | + | · | + | · | · | · | · | + | · | + | · | · | · | + |
| · | · | · | · | · | · | · | · | + | · | · | · | + | · | + | · | · | · | · | · | · | · | · | · | · | · |
| · | · | · | · | · | · | + | · | · | · | · | · | + | · | · | + | · | · | · | · | + | · | · | · | · | · |
| · | · | · | · | + | · | · | · | · | · | · | · | + | · | · | · | · | · | · | · | · | · | · | · | · | · |
| · | · | · | · | · | · | · | · | · | · | · | · | + | · | · | + | · | · | · | · | · | · | · | · | · | · |
| + | + | + | · | · | + | · | · | + | · | + | · | + | · | · | + | · | · | · | + | + | · | + | · | · | + |
| · | · | · | · | · | · | · | · | · | · | · | · | · | · | · | + | · | · | · | + | · | · | · | · | · | · |
| · | · | · | · | · | · | · | · | · | · | · | · | · | · | · | + | · | · | · | · | · | · | · | · | + | · |
| · | · | · | · | + | · | + | · | + | · | + | · | · | · | · | + | · | · | · | + | · | · | · | · | · | + |
| · | · | · | · | · | · | · | · | · | · | · | + | · | · | · | + | · | · | · | · | · | · | · | · | · | · |
| · | · | · | · | · | · | · | · | · | · | · | · | · | · | · | + | · | · | · | · | · | · | · | · | · | + |
| · | · | · | · | · | + | · | · | · | · | · | · | · | · | · | · | · | · | · | + | · | · | · | · | · | · |
| · | + | + | · | · | + | · | · | · | · | · | · | · | · | · | · | · | · | · | + | · | · | + | · | + | · |
| + | · | · | · | · | + | · | · | · | · | · | · | + | · | · | · | · | · | · | · | · | · | + | + | · | + |
| · | · | · | · | · | · | · | · | · | + | · | + | · | · | · | + | · | · | · | · | · | · | · | · | + | + |
| · | · | · | · | · | · | + | · | · | · | · | · | · | · | · | · | · | · | · | · | · | · | · | · | · | · |
| · | · | · | · | · | · | + | · | · | · | · | · | · | · | · | · | · | · | · | · | · | · | · | · | · | · |
| · | · | · | · | · | + | · | · | · | · | · | · | · | · | · | · | · | + | · | + | · | · | · | · | + | · |
| · | · | + | · | · | · | · | · | · | · | · | · | · | · | · | · | · | + | · | · | · | · | · | · | + | · |
| + | + | + | · | · | + | · | · | · | · | · | · | + | · | · | · | · | + | + | + | · | · | + | · | + | + |

sich auf die Gesamtzahl der physiologischen Bakteriengruppen).

| 1 | 2 | 3 | 4 | 5 | 1 | 2 | 3 | 4 | 5 | 4 | 5 | 1 | 2 | 3 | 4 | 5 | 1 | 2 | 3 | 4 | 5 | 1 | 2 | 3 | 4 |
|---|---|---|---|---|---|---|---|---|---|---|---|---|---|---|---|---|---|---|---|---|---|---|---|---|---|
| · | + | + | · | + | + | + | + | + | + | + | + | + | + | + | + | + | + | · | + | · | · | + | + | · | + |
| · | + | + | · | · | + | + | + | · | · | · | · | + | + | · | + | · | + | · | + | · | · | · | + | + | · |
| · | · | + | · | · | · | · | · | · | · | · | · | · | + | · | · | · | + | · | · | · | · | · | · | + | · |
| + | + | + | · | · | + | · | + | · | · | + | · | + | + | + | · | · | + | · | · | · | · | + | · | + | + |
| + | + | + | + | + | + | + | + | + | + | + | + | + | + | + | + | + | + | + | + | + | + | + | + | + | + |

Azotobacter;   Nitros. = Nitrosomonas;   Nitrob. = Nitrobacter.

Tabelle 22

| Nr. | Name | Breitengrade → 47° 47' | | | | | 52° 40' | | | | 52° 40' | | | | 57° — | | | | |
|---|---|---|---|---|---|---|---|---|---|---|---|---|---|---|---|---|---|---|---|
| | Nr. der Versuchsflächen → | 21 | | | | | 31 | | | | 32 | | | | 33 | | | | |
| | $p_H$ | 5,04 | 4,73 | 7,22 | 5,09 | 5,40 | 4,61 | 5,36 | 4,61 | 4,01 | 4,24 | 5,76 | 4,64 | 4,39 | 4,20 | 4,96 | 5,56 | 4,62 | 4,02 |
| | Wassergehalt | 28,3 | 14,5 | 13,7 | 22,7 | 26,8 | 14,9 | 9,9 | 15,7 | 10,8 | 17,3 | 8,0 | 16,9 | 11,2 | 64,3 | 31,2 | 37,8 | 63,1 | 66,7 |
| | Zeitpunkt der Untersuchung | 1 | 2 | 3 | 4 | 5 | 2 | 3 | 4 | 5 | 2 | 3 | 4 | 5 | 1 | 2 | 3 | 4 | 5 |
| 108. | Bac. luteus* | · | · | · | · | · | · | · | · | · | · | · | · | · | · | · | · | · | + |
| 109. | „ megaterium | + | + | + | · | + | + | + | · | · | · | + | + | · | · | + | + | · | · |
| 110. | „ mesentericus | · | · | · | · | · | · | · | · | · | · | · | · | · | · | · | · | · | · |
| 111. | „ mycoides | · | · | · | + | + | · | · | · | · | · | · | + | · | + | · | · | + | · |
| 112. | „ niger | · | · | · | · | · | · | · | · | · | · | · | · | · | · | · | · | · | + |
| 113. | „ parvus | · | · | · | · | · | · | · | · | · | · | · | · | · | · | · | · | · | · |
| 114. | „ petasites | · | · | · | · | · | · | · | · | · | · | · | · | · | · | · | · | · | · |
| 115. | „ pumulus | · | · | · | · | · | · | · | · | · | · | · | · | · | · | · | · | · | · |
| 116. | „ prausnitzii | · | · | · | + | · | · | · | · | · | · | · | + | · | · | · | · | · | · |
| 117. | „ pseudoanthracis n.sp. | · | · | · | · | · | · | · | · | · | · | · | + | · | · | · | · | · | + |
| 118. | „ pseudotetanicus | + | · | · | · | · | · | · | · | · | + | + | · | · | · | · | · | · | · |
| 119. | „ panis | · | · | · | · | · | · | · | · | · | · | + | · | · | · | · | · | · | · |
| 120. | „ robur | + | · | · | · | · | · | · | · | · | · | + | · | · | + | + | · | · | · |
| 121. | „ robustus | · | + | + | · | · | · | + | · | · | · | · | · | · | · | + | · | · | · |
| 122. | „ ruminatus | · | + | + | · | · | + | + | · | + | + | + | + | + | · | · | · | + | + |
| 123. | „ silvaticus | · | · | + | + | · | · | · | + | + | · | · | + | · | · | · | + | + | + |
| 124. | „ simplex | · | · | · | + | · | · | · | · | · | + | · | · | · | · | · | · | · | · |
| 125. | „ sphaericus | · | + | · | · | · | + | + | · | + | · | + | · | · | · | + | · | + | · |
| 126. | „ subtilis | · | · | · | · | + | + | + | · | · | · | + | · | · | · | · | · | · | · |
| 127. | „ syncyaneus* | · | · | · | · | · | · | · | · | · | · | · | · | · | · | · | · | · | · |
| 128. | „ teres | · | · | · | · | · | · | · | · | · | · | + | · | · | · | · | · | · | · |
| 129. | „ terminalis | · | · | · | · | · | · | · | · | · | · | · | · | · | · | + | · | · | · |
| 130. | „ venosus | + | · | · | · | · | · | · | · | · | · | · | · | · | · | + | · | · | · |
| 131. | „ vulgatus | · | + | · | · | + | · | · | · | + | · | + | · | + | + | + | · | · | + |
| 132. | Cl. aerofoetidum | · | · | · | + | · | · | · | · | · | · | · | · | · | · | · | · | · | + |
| 133. | „ centrosporogenes | · | · | · | + | · | · | · | · | · | + | + | · | · | · | · | · | · | · |
| 134. | „ cochlearum | · | · | · | + | + | · | · | + | + | + | · | + | · | · | · | · | + | · |
| 135. | „ multifermentans | · | · | + | · | · | + | · | · | · | · | · | + | + | · | · | · | + | + |
| 136. | „ regularis* | · | · | · | · | · | · | · | · | · | · | · | · | · | · | · | · | · | · |
| 137. | „ spermoides | · | · | · | + | · | · | · | · | · | · | · | · | + | · | · | · | · | · |
| 138. | „ sphenoides | · | · | · | + | + | · | · | · | · | · | + | · | · | · | · | · | + | + |
| 139. | „ sporogenes | · | · | · | · | · | · | · | · | · | · | · | · | · | · | · | · | + | · |
| 140. | „ tetanomorphum | · | · | + | · | · | · | · | · | · | · | · | · | · | · | · | · | + | · |
| 141. | A. alboflavus | · | · | · | · | · | · | · | · | · | · | · | · | · | · | · | · | · | + |
| 142. | „ albus | + | · | · | · | · | · | · | · | · | · | · | · | · | + | · | · | · | · |
| 143. | „ albosporeus | · | · | · | · | · | · | · | · | · | · | · | · | · | · | · | · | · | · |
| 144. | „ cellulosae | · | · | · | · | · | · | · | · | · | · | · | · | · | · | · | · | · | · |
| 145. | „ citreus | · | · | · | · | · | · | · | · | · | · | · | · | · | · | · | · | · | · |
| 146. | „ diastatochromogenus | · | · | · | · | · | · | · | · | · | · | · | · | · | · | · | · | · | · |
| 147. | „ exfoliatus | · | · | · | · | · | · | · | · | · | · | · | · | · | · | · | · | · | · |
| 148. | „ melanosporeus | · | · | · | · | · | · | · | · | · | · | · | · | · | · | · | · | · | · |
| 149. | „ olivochromogenus | · | · | · | · | · | · | · | · | · | · | · | · | · | · | · | · | · | · |
| 150. | „ pheochromogenus | + | · | · | · | · | · | · | · | · | · | · | · | · | + | · | · | · | · |
| 151. | „ verne | · | · | · | · | · | · | · | · | · | · | · | + | · | · | · | · | · | · |
| | **Bakterien der physiologischen Gruppen (die Prozente beziehen** | | | | | | | | | | | | | | | | | | |
| 152. | Mycococcus cytophagus | + | · | + | + | + | · | + | · | · | + | + | + | · | · | + | + | · | · |
| 153. | Azotob. chroococcum | · | + | + | · | · | + | + | · | · | + | + | · | + | · | + | + | · | + |
| 154. | „ agilis | · | · | · | · | · | · | + | · | · | · | + | · | · | · | · | · | · | · |
| 155. | Cl. pastorianum | · | + | + | + | · | + | + | · | + | + | + | · | + | · | + | + | · | + |
| 156. / 157. | Nitros. europea / Nitrob. Winogradskyi | + | + | + | + | + | + | + | + | + | + | + | + | + | + | + | + | + | + |

Es kommen in den Böden der Nadelholzwälder 28, in den Böden der

(Fortsetzung).

| 57°—34<br>4,02<br>18,5<br>1 | 4,76<br>12,4<br>2 | 6,01<br>11,2<br>3 | 4,71<br>16,7<br>4 | 3,96<br>14,3<br>5 | 57°—35<br>4,99<br>34,1<br>2 | 5,98<br>37,2<br>3 | 4,76<br>69,2<br>4 | 3,99<br>71,8<br>5 | Nadelholzwälder | Laubwälder | $p_H$ Minimum | $p_H$ Maximum | Wassergehalt Maximum | Wassergehalt Minimum | Die Verbreitung in Breitengrade | $p_1$ | $p_2$ | $p_1 \cdot p_2$ |
|---|---|---|---|---|---|---|---|---|---|---|---|---|---|---|---|---|---|---|
| · | · | · | · | · | · | · | · | · | + | + | 4,02 | 5,15 | 66,7 | 11,6 | 47° 47'—57° | 17,6 | 4,6 | 81,0 |
| + | + | · | · | · | · | · | + | · | + | + | 4,49 | 7,96 | 69,2 | 1,8 | 46° 30'—57° | 94,1 | 8,7 | 819,0 |
| · | · | + | · | · | + | · | · | · | + | + | 4,99 | 6,1 | 34,1 | 11,2 | 57° | 11,8 | 4,0 | 47,2 |
| + | · | + | + | · | · | · | · | · | + | + | 4,20 | 6,57 | 64,3 | 2,7 | 46° 30'—69° 30' | 70,6 | 8,2 | 578,0 |
| · | · | · | · | · | · | · | · | · | · | + | 4,02 | 6,76 | 66,7 | 2,7 | 46° 15'—57° | 29,4 | 8,0 | 227,5 |
| · | · | · | · | · | + | · | · | · | + | + | 4,97 | 7,94 | 34,1 | 3,4 | 46° 30'—69° 20' | 29,4 | 4,3 | 122,0 |
| + | · | · | · | · | · | · | · | · | + | + | 4,02 | 5,52 | 22,8 | 9,3 | 47° 47'—57° | 17,6 | 4,1 | 72,1 |
| · | · | · | · | · | · | · | · | · | + | + | 5,98 | 6,67 | 21,4 | 1,8 | 46° 15'—47° 47' | 11,8 | 5,1 | 60,2 |
| · | · | · | · | · | · | · | + | · | + | + | 4,64 | 6,96 | 69,2 | 2,7 | 46° 15'—57° | 58,9 | 4,2 | 248,0 |
| · | · | · | + | · | · | · | + | · | + | + | 4,02 | 6,02 | 69,2 | 6,1 | 46° 30'—57° | 53,0 | 4,5 | 238,0 |
| · | + | · | · | · | + | · | · | · | + | + | 4,24 | 7,94 | 34,1 | 3,4 | 46° 30'—69° 30' | 64,8 | 5,9 | 382,0 |
| · | · | · | · | · | · | · | · | · | + | + | 5,56 | 5,62 | 37,8 | 6,4 | 46° 15'—57° | 11,8 | 3,0 | 35,4 |
| + | · | · | · | · | · | · | · | · | + | + | 4,20 | 7,96 | 64,3 | 5,7 | 46° 30'—69° 30' | 82,4 | 7,5 | 618,0 |
| · | + | · | · | · | · | + | · | · | + | + | 4,76 | 7,94 | 37,2 | 1,8 | 46° 30'—57° | 76,5 | 8,2 | 627,0 |
| · | · | · | + | · | · | · | + | · | + | + | 4,01 | 7,22 | 69,2 | 2,7 | 46° 30'—69° 30' | 94,1 | 8,6 | 810,0 |
| · | · | + | · | · | · | · | + | · | + | + | 4,01 | 7,94 | 69,2 | 3,4 | 46° 30'—69° 20' | 89,3 | 10,0 | 893,0 |
| · | · | · | · | · | · | · | · | + | + | + | 3,99 | 5,40 | 71,8 | 17,3 | 47° 47'—57° | 17,6 | 4,5 | 79,5 |
| · | + | · | + | · | + | · | + | · | + | + | 4,01 | 6,99 | 69,2 | 5,7 | 46° 30'—57° | 82,4 | 7,3 | 602,0 |
| · | · | · | · | · | · | · | · | · | + | + | 4,61 | 6,76 | 23,9 | 1,8 | 46° 30'—69° 30' | 70,6 | 5,6 | 402,0 |
| · | · | · | · | · | · | · | + | · | · | + | 4,76 | 4,76 | 69,2 | 69,2 | 57° | 5,9 | 2,6 | 15,3 |
| · | · | · | · | · | · | · | · | · | + | + | 4,89 | 6,67 | 23,6 | 8,0 | 47° 47'—52° 40' | 23,6 | 3,1 | 73,0 |
| · | · | · | · | · | · | · | · | · | + | + | 4,20 | 5,69 | 64,3 | 7,2 | 46° 55'—57° | 17,6 | 3,6 | 64,6 |
| · | · | · | · | · | · | · | · | · | + | + | 4,20 | 6,67 | 64,3 | 21,4 | 47° 47'—57° | 17,6 | 2,0 | 35,2 |
| · | + | · | · | · | + | · | + | · | + | + | 3,99 | 7,96 | 71,8 | 3,4 | 46° 30'—57° | 100,0 | 6,2 | 620,0 |
| · | · | · | · | · | · | · | · | · | · | + | 4,02 | 6,99 | 66,7 | 5,9 | 46° 15'—57° | 29,4 | 4,7 | 138,0 |
| · | · | · | · | · | · | · | + | · | + | + | 4,24 | 5,96 | 69,2 | 8,0 | 46° 30'—69° 20' | 35,3 | 5,5 | 194,0 |
| · | · | · | + | · | · | · | + | · | + | + | 4,01 | 7,94 | 69,2 | 2,7 | 46° 30'—57° | 89,3 | 7,0 | 625,0 |
| · | · | · | · | · | · | · | · | · | + | + | 4,53 | 7,22 | 63,1 | 1,8 | 46° 30'—57° | 53,0 | 4,6 | 244,0 |
| · | · | · | · | + | · | · | + | · | + | + | 3,99 | 4,71 | 71,8 | 16,7 | 57° | 11,8 | 3,8 | 44,7 |
| · | · | · | · | + | · | + | · | · | + | + | 3,96 | 7,94 | 71,8 | 3,4 | 46° 30'—57° | 47,1 | 8,3 | 390,0 |
| · | · | · | · | + | · | + | · | · | + | + | 3,96 | 6,96 | 69,2 | 5,9 | 46° 15'—69° 20' | 70,6 | 6,0 | 430,0 |
| · | · | · | · | · | · | · | + | · | + | + | 3,99 | 6,46 | 71,8 | 14,5 | 47° 47'—69° 30' | 23,6 | 4,2 | 99,2 |
| · | · | · | · | · | · | · | · | · | + | + | 4,49 | 7,22 | 63,1 | 5,7 | 46° 30'—57° | 41,2 | 2,8 | 115,2 |
| · | · | · | · | · | · | · | · | · | + | + | 4,02 | 7,96 | 66,7 | 2,7 | 46° 30'—57° | 29,4 | 4,9 | 144,0 |
| + | · | · | · | · | · | · | · | · | + | + | 4,20 | 6,67 | 64,3 | 1,8 | 46° 15'—57° | 58,9 | 6,4 | 377,0 |
| · | · | · | · | · | · | · | · | · | + | + | 4,49 | 6,99 | 23,4 | 2,7 | 46° 30'—52° 40' | 29,4 | 3,1 | 91,2 |
| · | · | · | · | · | · | · | · | · | + | · | 4,49 | 4,49 | 19,8 | 19,8 | 46° 30' | 5,9 | 2,6 | 15,3 |
| · | · | · | · | · | · | · | · | · | · | + | 5,90 | 5,90 | 3,5 | 3,5 | 46° 55' | 5,9 | 3,8 | 22,4 |
| · | · | · | · | · | · | · | · | · | + | · | 4,97 | 4,97 | 6,1 | 6,1 | 46° 15' | 5,9 | 2,9 | 17,8 |
| · | · | · | · | · | · | · | · | · | · | + | 5,90 | 5,90 | 3,5 | 3,5 | 46° 55' | 5,9 | 3,8 | 22,4 |
| · | · | · | · | · | · | · | · | · | · | + | 6,76 | 6,76 | 9,1 | 9,1 | 46° 55' | 5,9 | 3,5 | 20,6 |
| · | · | · | · | · | · | · | · | · | · | + | 5,63 | 6,99 | 16,7 | 3,5 | 46° 30'—47° 47' | 29,4 | 5,2 | 153,0 |
| · | · | · | · | · | · | · | · | · | · | + | 4,53 | 7,96 | 64,3 | 1,8 | 46° 30'—57° | 58,9 | 5,7 | 336,0 |
| · | · | · | · | · | · | · | · | · | + | · | 5,76 | 5,76 | 8,0 | 8,0 | 52° 40' | 5,9 | 2,4 | 14,2 |

sich auf die Gesamtzahl der physiologischen Bakteriengruppen).

| 34/4,02 | 4,76 | 6,01 | 4,71 | 3,96 | 35/4,99 | 5,98 | 4,76 | 3,99 | Nadelholzwälder | Laubwälder | $p_H$ Min | $p_H$ Max | Wasser Max | Wasser Min | Die Verbreitung | $p_1$ | $p_2$ | $p_1 \cdot p_2$ |
|---|---|---|---|---|---|---|---|---|---|---|---|---|---|---|---|---|---|---|
| · | · | + | · | · | · | · | · | · | + | + | 4,64 | 7,96 | 37,8 | 1,8 | 46° 30'—57° | 94,1 | 0,01 | 0,94 |
| · | + | + | · | + | + | + | · | + | + | + | 4,02 | 7,98 | 71,8 | 1,8 | 46° 30'—69° 30' | 100 } | 1,4 | 140,0 |
| · | · | + | · | + | · | · | · | + | + | + | 3,96 | 6,96 | 16,4 | 5,9 | 46° 30'—69° 30' | 53 } | | |
| · | + | + | · | + | + | + | · | + | + | + | 3,96 | 7,98 | 71,8 | 1,8 | 46° 30'—69° 30' | 100 | 3,7 | 370,0 |
| + | + | + | + | + | + | + | + | + | + | + | 3,96 | 7,98 | 71,8 | 1,8 | 46° 30'—69° 30' | 100 | 17,0 | 1700,c |

Laubwälder 40 und in den beiden Gattungen der Waldböden 86 Arten vor.

Tabelle 23.

| Nr. | Name<br>Breitengrade<br>Nr. der Versuchsfläche<br>$p_H$<br>Wassergehalt | 66° 50'<br>43<br>5,13<br>12,4 | 69° 20'<br>44<br>5,96<br>38,8 | 69° 30'<br>47<br>5,57<br>23,3 | Baumart<br>Laub-<br>wälder | Nadel-<br>wälder |
|---|---|---|---|---|---|---|
| 1. | M. candicans* | . | + | + | + | + |
| 2. | „ luteus* | + | . | . | . | + |
| 3. | Fl. aurescens | + | . | . | . | + |
| 4. | „ fulvum* | . | . | + | . | + |
| 5. | „ lacunatum* | . | . | + | . | + |
| 6. | „ ochraceum* | . | + | . | + | . |
| 7. | „ radiatum* | . | . | + | . | + |
| 8. | „ tremelloides | . | . | + | . | + |
| 9. | Ps. fluorescens | . | + | . | + | . |
| 10. | „ striata | . | . | + | . | + |
| 11. | Cell. albida | + | + | + | + | + |
| 12. | „ bibula | . | . | + | . | + |
| 13. | „ cellasea | . | . | + | . | + |
| 14. | „ ferruginea | . | + | . | + | . |
| 15. | „ gelida | + | + | . | + | + |
| 16. | „ gilva | . | + | . | + | . |
| 17. | „ minuscula | . | + | . | + | . |
| 18. | „ mira | + | + | + | + | + |
| 19. | „ subcreta | + | ‘ | + | . | + |
| 20. | Achro. agile* | + | . | . | . | + |
| 21. | „ ambiguum* | + | . | . | . | + |
| 22. | „ centropunctatum* | + | . | . | . | + |
| 23. | „ fermentationis | + | . | . | . | + |
| 24. | „ hartlebii | + | . | . | . | + |
| 25. | „ hyalinum* | . | . | + | + | . |
| 26. | „ pinnatum | . | . | + | + | . |
| 27. | „ punctatum* | . | . | + | + | . |
| 28. | Bac. albolactis | . | . | + | + | . |
| 29. | „ cylindricus | . | . | + | + | . |
| 30. | „ mycoides | . | + | + | + | . |
| 31. | „ parvus | . | + | . | + | . |
| 32. | „ pseudotetanicus | + | . | + | + | + |
| 33. | „ robur | . | + | + | + | . |
| 34. | „ ruminatus | . | . | + | + | . |
| 35. | „ silvaticus | . | + | . | + | . |
| 36. | „ subtilis | . | . | + | + | . |
| 37. | Clostr. centrosporogenes | . | + | . | + | . |
| 38. | „ sphenoides | . | + | . | + | . |
| 39. | „ sporogenes | . | + | + | + | . |
| | **Bakterien der physiologischen Gruppen.** | | | | | |
| 40. | Mycococcus cytophagus | — | — | — | . | . |
| 41. | Azot. chroococcum | + | + | + | + | + |
| 42. | Clostr. pastorianum | + | + | + | + | + |
| 43. | Nitr. europea | + | + | + | + | + |
| 44. | Nitrob. Winogradskyi | + | + | + | + | + |

M. = Micrococcus; Fl. = Flavobacterium; Ps. = Pseudomonas; Cell. = Cellulomonas; Achro. = Achromobacter; Bac. = Bacillus; Clostr. = Clostridium; Azot. = Azotobacter; Nitr. = Nitrosomonas; Nitrob. = Nitrobacter.

* Arten, die im Boden (nach Bergey) bisher nicht nachgewiesen wurden.

Da nicht alle Versuchsflächen gleichmäßig behandelt werden konnten, so hatten wir zunächst in den Tabellen 18, 19, 20, 21, 22, 23 und in den Abb. 24, 25, 26, 27 und 28 die Versuchsflächen nach geographischer Lage bzw. nach Breitengraden dargestellt. Die Versuchsflächen sind alle solche, welche größtenteils während mehrerer Jahreszeiten untersucht wurden. Die einzige Ausnahme

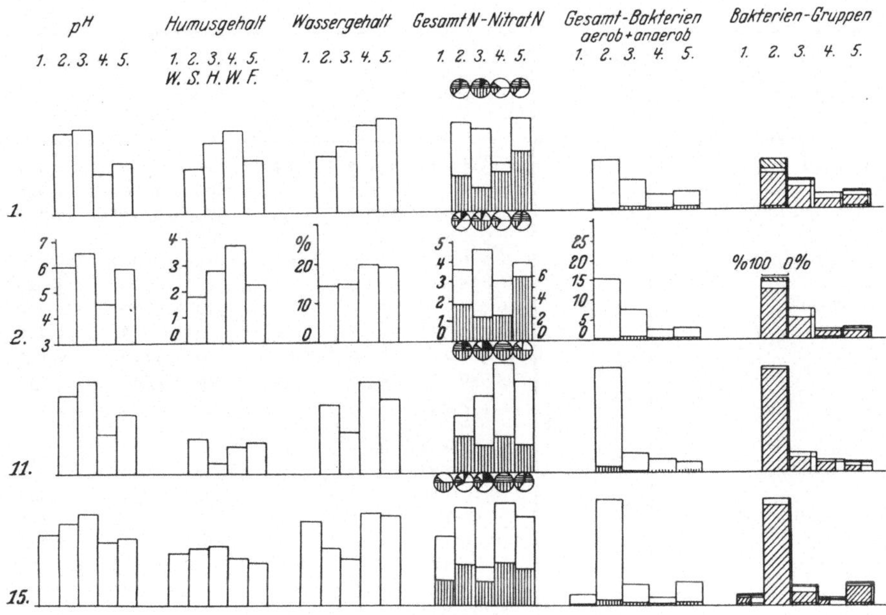

Abb. 24.  Die Änderungen der einzelnen Biofaktoren nach den Jahreszeiten.
(Subalpine Klimazone. Versuchsflächen 1, 2, 11 und 18.)

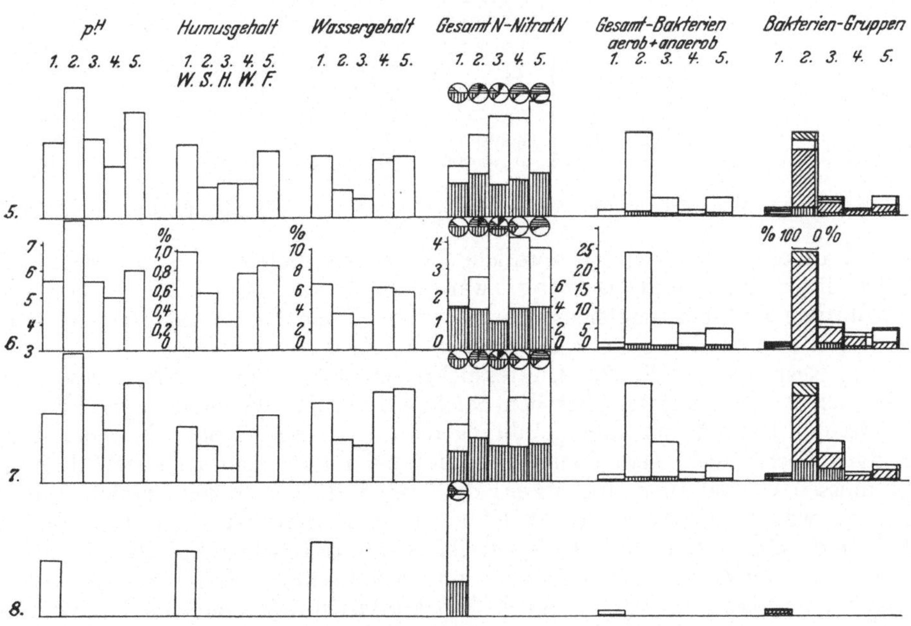

Abb. 25.  Die Änderungen der einzelnen Biofaktoren nach den Jahreszeiten.
(Steppenzone. Versuchsflächen 5, 6, 7 und 8.)

bildet Versuchsfläche 8, welche jedoch der allgemeinen Übersicht halber ebenfalls
hier aufgenommen und mitbehandelt wurde. Die ganz im Norden liegenden Versuchsflächen, welche vorläufig nur im Sommer 1931 und im Winter 1932 näher
untersucht werden konnten, sind in einer besonderen Tabelle (23) dargestellt

| Nr. der Versuchsfläche | Ort | Baumart | | Gesamt-Bakterien | Aerob | An-aerob | Zellulose-zersetzende | N-bindende | | Nitri-fizierende |
| | | Laub-wälder | Nadel-wälder | | % | % | | Aerob | Anaerob | |
|---|---|---|---|---|---|---|---|---|---|---|
| 5. | Szeged | + | . | 6 316 000 | 89,8 | 10,2 | 700 | 400 | 4 002 | 64 000 |
| 6. | ,, | . | + | 8 108 000 | 88,6 | 11,4 | 1 500 | 4 000 | 4 040 | 46 000 |
| 7. | Kecskemét | + | . | 8 130 000 | 95,0 | 5,0 | 520 | 2200 | 2 220 | 46 000 |
| 8.[1] | ,, | + | . | 940 000 | 94,7 | 5,3 | 100 | 0 | 0 | 10 000 |
| 1. | Lenti | + | . | 6 740 000 | 87,8 | 12,2 | 2425 | 2500 | 5 250 | 78 000 |
| 2. | ,, | . | + | 6 825 000 | 93,3 | 6,7 | 1925 | 2750 | 5 025 | 32 500 |
| 11. | Sopron | + | . | 9 300 000 | 87,3 | 12,7 | 1950 | 5000 | 30 000 | 60 000 |
| 15. | ,, | . | + | 785 000 | 93,5 | 6,5 | 1960 | 2220 | 20 420 | 56 400 |
| 19. | ,, | + | . | 11 680 000 | 89,9 | 10,2 | 1480 | 2200 | 2 200 | 46 000 |
| 20. | ,, | + | . | 13 130 000 | 94,8 | 5,2 | 2200 | 2500 | 2 750 | 32 500 |
| 21. | ,, | { Kahl-schlag } | | 7 336 000 | 91,0 | 9,0 | 660 | 2025 | 2 220 | 28 000 |
| 14.[1] | ,, | . | + | 2 325 000 | 93,1 | 6,9 | 550 | 0 | 50 | 100 000 |
| 31. | Eberswalde | + | . | 8 215 000 | 94,3 | 5,7 | 1900 | 2525 | 3 000 | 55 000 |
| 32. | ,, | . | + | 8 300 000 | 93,8 | 6,2 | 1900 | 2775 | 3 000 | 100 000 |
| 33. | Hallands Väderö | + | . | 7 530 000 | 93,2 | 6,8 | 780 | 240 | 2 400 | 64 000 |
| 34. | ,, ,, | . | + | 6 780 000 | 89,4 | 10,6 | 1560 | 270 | 2 220 | 28 000 |
| 35. | ,, ,, | + | . | 7 790 000 | 93,3 | 6,7 | 825 | 2775 | 5 025 | 32 500 |
| 36.[1] | Oslo | . | + | 8 310 000 | 98,7 | 1,3 | 10 | 3000 | 10 000 | 10 000 |
| 37.[1] | Rajvola | . | + | 5 880 000 | 86,0 | 14,0 | 10 | 1000 | 30 000 | 18 000 |
| 38.[1] | ,, | + | + | 5 740 000 | 88,8 | 11,2 | 100 | 100 | 18 000 | 30 000 |
| 39.[1] | Namdalseid | . | + | 6 700 000 | 94,4 | 5,6 | 10 | 1500 | 20 000 | 20 000 |
| 40.[1] | Kivalo | . | + | 3 000 000 | 82,7 | 13,3 | 10 | 3000 | 10 000 | 10 000 |
| 41.[1] | ,, | . | + | 10 200 000 | 92,2 | 7,8 | 0 | 1000 | 30 000 | 30 000 |
| 42.[1] | ,, | . | + | 6 600 000 | 89,4 | 10,6 | 0 | 300 | 30 000 | 18 000 |
| 43.[1] | ,, | . | + | 7 300 000 | 76,8 | 23,2 | 10 | 100 | 100 000 | 10 000 |
| 44.[1] | Petsamo | + | . | 8 200 000 | 87,8 | 12,2 | 10 | 100 | 10 000 | 15 000 |
| 45.[1] | ,, | + | . | 7 500 000 | 88,0 | 12,0 | 10 | 100 | 10 000 | 14 000 |
| 46.[1] | ,, | + | . | 4 900 000 | 85,8 | 14,2 | 0 | 100 | 10 000 | 10 000 |
| 47.[1] | Kirkenes | + | . | 6 300 000 | 85,3 | 14,7 | 30 | 30 | 1 000 | 10 000 |

[1] Diese Daten sind Durchschnittswerte von 2 Messungen oder die Ergebnisse einer Messung.

Es sind außerdem noch einige nördliche Versuchsflächen aufgezählt, welche bezüglich ihrer Artzusammensetzung zwar nicht untersucht, jedoch in gewisser quantitativer Hinsicht vergleichshalber doch der Forschung unterworfen wurden. Die Daten sind in der Tabelle 24 zusammengefaßt.

Die Resultate der Stickstoffuntersuchungen dieser Versuchsflächen werden auch noch in dem Kapitel über den Stickstoffumsatz eingehend besprochen.

Bei der Betrachtung der Abbildungen und der zugehörigen Tabellen tritt die dynamische Seite der ganzen Erscheinung außerordentlich scharf hervor. Wir müssen es vor allem bemerken, daß die Änderungen der fraglichen Biofaktoren, wenn man die einzelnen Klimazonen in Betracht zieht, fast überall gleich sind. Das Auffallende ist die bereits bekannte Erscheinung, die besonders hohe Anzahl der Bakterien im Sommer und das Minimum derselben im Winter. Es ist recht interessant, daß die anaeroben Bakterien zwar im Sommer ebenfalls ein Maximum zeigen, jedoch ihre Anzahl während des Winters fast auf dem gleichen Niveau bleibt. Infolgedessen wird natürlich ihr prozentueller Anteil im Winter und im Frühjahr ziemlich bedeutend.

Die Änderungen der Artzusammensetzung sind ebenfalls außerordentlich interessant. Schon ein flüchtiger Blick auf die Abbildungen kann uns davon überzeugen, daß das Maximum der Gesamtbakterienzahl im Sommer vorwiegend durch die Vermehrung der sporenbildenden Bakterien hervorgerufen wird. Der

24.

| Denitri-fizierende | Gesamt N. | Nitrat N. | Ammonium-N. | $p_H$ | Humus-gehalt | Wasser-gehalt | Zeitpunkt der Untersuchung |
|---|---|---|---|---|---|---|---|
| g/g | g/g | g/g | | | % | | |
| 280000 | 0,0003336 | 0,00003538 | — | 6,35 | 0,48 | 4,4 | 1930. I, VI, VIII, XII; 1931. III |
| 642000 | 3382 | 3630 | — | 6,02 | 0,68 | 4,5 | 1930. I, VI, VIII, XII; 1931. III |
| 460000 | 3698 | 3442 | — | 6,03 | 0,44 | 6,6 | 1930. I, VI, VIII, XII; 1931. III |
| 100000 | 4552 | 3094 | — | 5,09 | 0,64 | 7,2 | 1930. I |
| 325000 | 3934 | 3669 | — | 5,70 | 2,34 | 19,1 | 1930. V, VIII, XII; 1931. III |
| 325000 | 3739 | 3412 | — | 5,60 | 2,60 | 16,9 | 1930. V, VIII, XII; 1931. III |
| 1000000 | 4223 | 2971 | 0,000007868[2] | 5,59 | 0,98 | 17,2 | 1930. I, VI, VIII, XII; 1931. III |
| 292000 | 3993 | 3015 | 8092[2] | 5,88 | 1,96 | 20,3 | 1930. I, VI, VIII, XII; 1931. III |
| 1000000 | 3925 | 2801 | — | 5,78 | 2,22 | 15,3 | 1930. I, VI, VIII, XII; 1931. III |
| 775000 | 4766 | 3011 | — | 5,43 | 1,28 | 18,3 | 1930. I, VI, VIII, XII; 1931. III |
| 280000 | 4670 | 3969 | — | 5,75 | 0,91 | 21,2 | 1930. I, VI, VIII, XII; 1931. III |
| 600000 | 4438 | 3066 | 8204[2] | 5,16 | 2,04 | 19,8 | 1930. XII; 1931. III |
| 775000 | 3135 | 2541 | — | 4,65 | 1,49 | 20,1 | 1930. V, VIII, XII; 1931. III |
| 775000 | 2929 | 2308 | — | 4,75 | 1,72 | 19,6 | 1930. V, VIII, XII; 1931. III |
| 280000 | 3612 | 2564 | — | 4,67 | 1,78 | 32,0 | 1930. II, VI, IX, XII; 1931. III |
| 262000 | 3283 | 2515 | — | 4,69 | 1,73 | 28,5 | 1930. II, VI, IX, XII; 1931. III |
| 325000 | 3213 | 2656 | — | 4,93 | 0,98 | 48,5 | 1930. II, VI, IX, XII; 1931. III |
| 100000 | — | — | — | 4,82 | 0,82 | 36,0 | 1931. VIII |
| 100000 | 2884 | 1575 | 6468[2] | 5,08 | 1,99 | 18,9 | 1931. VIII |
| 1000000 | 2100 | 2331 | 5658[2] | 4,70 | 1,23 | 12,2 | 1931. VII |
| 500000 | 2100 | 2068 | 5320[2] | 4,12 | 0,66 | 13,8 | 1931. VIII |
| 1000000 | 2172 | 1953 | 7588[2] | 4,64 | 1,21 | 11,3 | 1931. VIII |
| 300000 | 3360 | 1428 | 4228[2] | 5,30 | 1,79 | 16,1 | 1931. VIII |
| 120000 | 2744 | 1680 | 5328[2] | 5,30 | 0,80 | 12,6 | 1931. VIII |
| 30000 | 1036 | 1470 | 5628[2] | 5,05 | 1,12 | 12,4 | 1931. VIII |
| 185000 | 0952 | 1659 | 4508[2] | 5,96 | 0,78 | 38,8 | 1931. VIII |
| 100000 | 2072 | 1946 | 4709[2] | 4,96 | 0,99 | 28,6 | 1931. VIII |
| 100000 | 2696 | 1596 | 5061[2] | 4,74 | 0,92 | 6,1 | 1931. VIII |
| 185000 | 1520 | 1092 | 3080[2] | 5,74 | 1,75 | 23,3 | 1931. VIII |

[2] Die Werte der Ammonium-N. sind im Dezember 1931 bestimmt worden.

Anteil der nichtsporenbildenden Bakterien wird dagegen in den übrigen Jahreszeiten recht bedeutend, namentlich im Frühjahr erreicht der prozentuelle Anteil der nichtsporenbildenden Bakterien ziemlich beträchtliche Höhe. Besonders dann, wenn wir die Abb. 29, welche auf Grund der Durchschnittsdaten der nördlichen Versuchsflächen zusammengestellt wurde, näher betrachten, wird das korrelative Verhalten dieser beiden Bakteriengruppen besonders auffallend. Es ist sicher anzunehmen, daß der größte Teil des sommerlichen Bakterienmaximums vorwiegend von sporenbildenden Bakterien gebildet wird. In den übrigen Jahreszeiten wird dann der Anteil der nichtsporenbildenden Bakterien beträchtlicher. *Wir können daher ohne weiteres die außerordentlich wichtige und dabei auffallend interessante Tatsache feststellen, daß genau wie die oberirdischen Pflanzenassoziationen der Waldböden ihre Artzusammensetzung ändern, so ändert auch die unterirdische Bakterienflora nach ihren eigenen Gesetzen ebenfalls ihre prozentuale Artzusammensetzung.* Es dürfte wahrscheinlich auch hier eine ernährungsphysiologische Wechselwirkung oder besser gesagt Wechselwirtschaft vorhanden sein.

Forscht man nach der Ursache dieser eigentümlichen Erscheinung, so sieht man es zunächst, daß die Veränderungen des Anteils der nichtsporenbildenden Bakterien von dem Wassergehalt des Bodens entscheidend beeinflußt werden. Bei der näheren Betrachtung der Frage kann man die ganze Erscheinung leicht erklären. Zwischen den nichtsporenbildenden Bakterien ist eine ganze Reihe

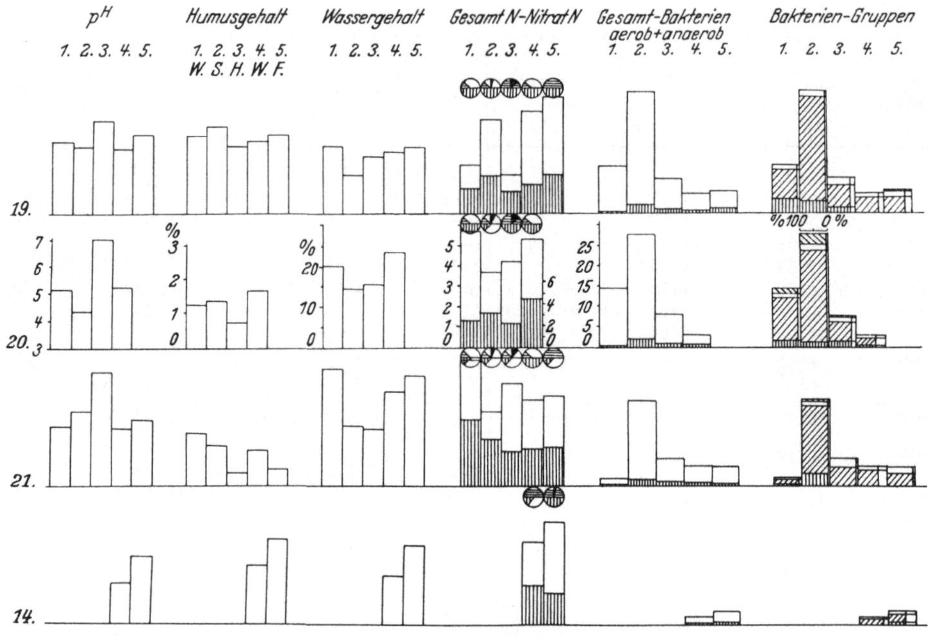

Abb. 26.  Die Änderungen der einzelnen Biofaktoren nach den Jahreszeiten.
(Subalpine Klimazone.  Versuchsflächen 14, 19, 20 und 21.)

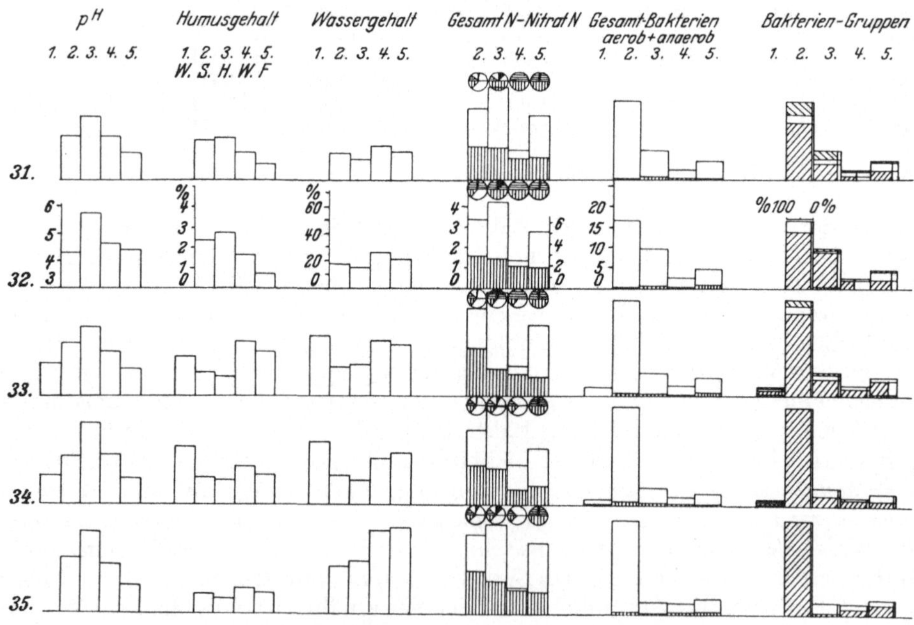

Abb. 27.  Die Änderungen der einzelnen Biofaktoren nach den Jahreszeiten.
(Nordwesteuropa.  Versuchsflächen 31, 32, 33, 34 und 35.)

von Mikroorganismen zu konstatieren, welche mehr oder weniger Wasserorganismen sind oder wenigstens für ihr Gedeihen wahrscheinlich ein gewisses Optimum der Bodenfeuchtigkeit erfordern.   Man sieht auch, daß die Kurve des

Wassergehaltes ziemlich gleichmäßig mit den quantitativen Änderungen dieser letztgenannten Bakteriengruppe verläuft. Es scheint dagegen, daß die sporenbildenden Bakterien meistens einen größeren Grad der Trockenheit des Bodens ertragen. Die Kokken zeigen im allgemeinen einen quantitativen Kurvenverlauf, welcher mit der Gesamtbakterienkurve zusammenfällt. Die Aktinomyzeten erreichen dagegen ihr Maximum gewöhnlich im Herbste. Besonders deutlich werden alle diese Erscheinungen, wenn man sie an der Hand der bereits erwähnten Abb. 29 näher verfolgt. Diese Abbildung wurde insoweit willkürlich zusammengestellt, daß aus den Daten die Reihenfolge der Jahreszeiten nicht auf Grund der Zeitpunkte der Messungen, sondern auf Grund der natürlichen Reihenfolge der Jahreszeiten zusammengestellt wurde.

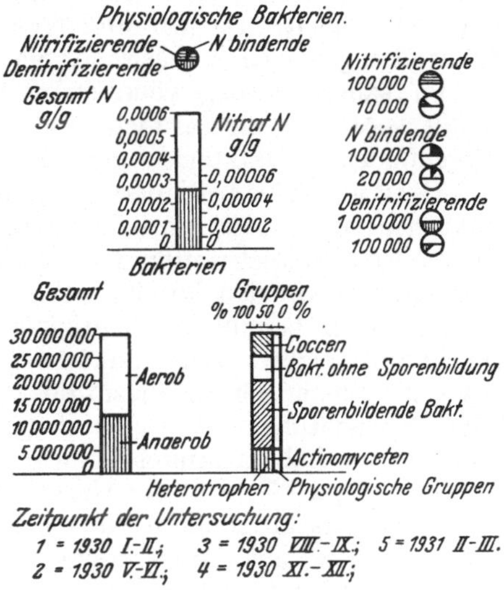

Das jetzt dargestellte Bild wird besonders plastisch, wenn man nun das Verhalten der physiologischen Bakteriengruppen in Betracht zieht. In dieser Beziehung zeigen fast alle Abbildungen ein ziemlich gleichmäßiges Bild. Der relative Anteil der physiologischen Bakteriengruppen zeigt im Sommer fast immer ein Minimum und in den übrigen Jahreszeiten mehr oder weniger maximale Werte, wobei die Lage des Maximums gewöhnlich nach den einzelnen Waldtypen stark variiert. Jedenfalls kann man auch in diesem Belange gleich feststellen, daß der relative Anteil der physiologischen Bakteriengruppen gerade während der Entwicklung des Sommermaximums der Gesamtbakterienzahl minimale Werte zeigt. Auch diese Erscheinung bestätigt die bereits vorher hervorgehobene Tatsache, daß das Sommermaximum der Gesamtbakterienzahlen in der ersten Reihe von den sporenbildenden heterotrophen Bakterien gebildet wird, die dann an einzelnen Versuchsflächen noch durch die Vermehrung der Kokken wesentlich unterstützt werden.

Merkwürdigerweise zeigt, wenn man die Durchschnittswerte beobachtet, der Verlauf der Gesamtbakterienzahl mit dem Verlauf der $p_\mathrm{H}$-Kurve ein ziemlich gleichmäßiges Verhalten mit dem Unterschied, daß die letztere erst im Herbst kulminiert, wobei hauptsächlich der Anteil der sporenbildenden Bakterien ebenfalls kongruierendes Verhalten zeigt. Es ist nicht aus-

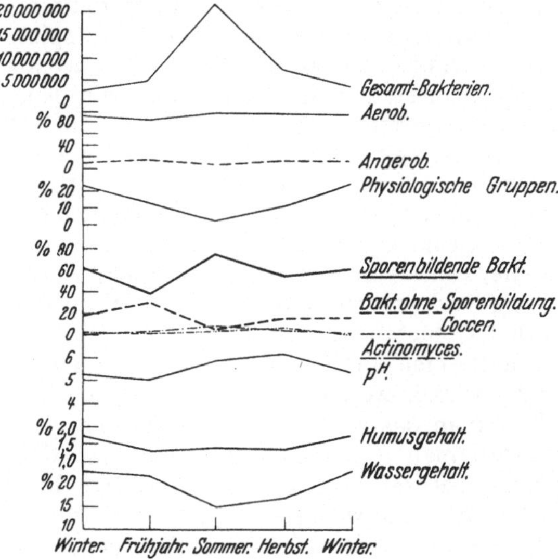

Abb. 28. Zeichenerklärung zu den Abb. 24—27.

Abb. 29. Die Änderungen der verschiedenen Bakteriengruppen im Durchschnittswerte aller untersuchten Versuchsflächen.

geschlossen, daß die Änderungen der Bodenazidität hier ebenfalls eine wichtige Rolle spielen.

Daß die nichtsporenbildenden Bakterien ein verkehrtes Bild zeigen, wird nach dem vorher Gesagten nicht mehr überraschen, wenn wir bedenken, daß der Wassergehalt des Bodens bei der Entwicklung dieser Bakteriengruppe eine besonders wichtige Rolle spielt. Da wir andererseits wissen, daß die $p_H$-Werte ihre größten Schwankungen nach der basischen Seite bei ganz geringer Bodenfeuchtigkeit zeigen und ihre sauren Werte gewöhnlich bei dem höchsten Wassergehalt des Bodens beobachtet werden, so wird es nicht überraschen, wenn das Anteilmaximum der nichtsporenbildenden Bakterien gerade mit den sauren $p_H$-Werten zusammenfällt.

Es ist auch eine besonders charakteristische Tatsache, daß die physiologischen Bakteriengruppen, namentlich in der ersten Reihe die nitrifizierenden, denitrifizierenden und stickstoffbindenden Bakterien ihre minimalen Werte im Sommer bzw. ihren maximalen Anteil im Winter und Frühjahr zeigen. Diese Erscheinung deutet auf die besondere Wichtigkeit der Bodenfeuchtigkeit bei der Entfaltung der Lebenstätigkeit dieser Bakterien. Also gerade bei diesen wichtigen Bodenbakterien scheint die Bodenazidität keinen wesentlichen Einfluß zu haben. Auch diese Beobachtung mahnt uns zu großer Vorsicht bei der Bewertung der Ergebnisse der Laboratoriumsversuche. Dies gilt ganz besonders, wenn wir den Einfluß der $p_H$-Werte in der Natur untersuchen. Hier haben wir nämlich nicht mit einem Faktor, sondern einfach mit einer Reihe von Faktoren zu tun, die sich gegenseitig auch stark beeinflussen und fast unmöglich machen, die Wirkungen der einzelnen Biofaktoren exakt zu erfassen. Nur die Rolle der ganz dominierenden wichtigen Umweltfaktoren, so z. B. die Rolle der Temperatur, der Bodenfeuchtigkeit usw., welche bei der Entfaltung ihrer Wirkungen die übrigen Faktoren ganz in den Hintergrund drängen können, kann durch die ökologischen Forschungen klar und deutlich erfaßt werden.

Nun wollen wir über jene Bakterienarten, welche in der Zusammensetzung der Bakterienflora die wichtigste Rolle spielen, im folgenden einiges aufführen. Die Untersuchungsresultate jener Versuchsflächen, welche in den Hauptjahreszeiten wenigstens einmal untersucht wurden, sind, wie gesagt, in der Tabelle 22 zusammengestellt. Jene nordeuropäischen Waldtypen, das sind die Versuchsflächen 43, 44 und 47, welche nur im Herbst des Jahres 1931 zur Untersuchung gelangten, sind in einer besonderen Tabelle (23) dargestellt. Um jedoch die geographische Verbreitung der Bakterienarten plastischer darstellen zu können, haben wir die Daten bezüglich der Verbreitung in Breitengraden aus der Tabelle 23 in die Tabelle 22 für jene Bakterien, welche an allen Versuchsflächen gleichmäßig vorkommen, übertragen. Wir müssen gleich bemerken, daß nach dem vorher Gesagten wohl nicht mehr mit Recht behauptet werden kann, daß durch die indirekten Methoden gewöhnlich nur die großen sporenbildenden Bakterien nachgewiesen werden und die übrigen in den Hintergrund gedrängt werden. Wenn man das zeitliche Geschehen der ganzen Erscheinung näher betrachtet, so wird man gleich einsehen, daß man die Jahreszeit der Bestimmung nicht genau beachtet hat. Es wird übrigens die Bakterienflora der Waldböden von verhältnismäßig wenig Arten gebildet. Diese Arten sind dann wieder ihrerseits meistens bis zu der nördlichen Waldgrenze verbreitet, sie sind daher im wahren Sinne des Wortes kosmopolitisch.

Alles in allem sind kaum 153 Arten, oder wenn man den Mycococcus cytophagus, den Genus Azotobakter, die Gattung Clostridium pastorianum und die beiden nitrifizierenden Bakterien noch dazu rechnet, kaum 159 Arten, welche die Bakterienflora, wenigstens den größten Teil derselben, zusammensetzen. Darunter sind die verschiedenen Genera mit folgender Artenanzahl vertreten:

<table>
<tr><td>Mikrokokken . . . . . . . . .</td><td>11 Arten</td><td rowspan="8">(Darunter sind 2 Arten: ochraceum und radiatum, welche nur in den ganz nördlichen Versuchsflächen nachgewiesen wurden.)</td></tr>
<tr><td>Sarzinen . . . . . . . . . . .</td><td>2 ,,</td></tr>
<tr><td>Vibrio . . . . . . . . . . . .</td><td>1 Art</td></tr>
<tr><td>Serratina . . . . . . . . . . .</td><td>1 ,,</td></tr>
<tr><td>Flavobacterium . . . . . . . .</td><td>16 Arten</td></tr>
<tr><td>Chromobacterium . . . . . . .</td><td>1 Art</td></tr>
<tr><td>Pseudomonas . . . . . . . . .</td><td>9 Arten</td></tr>
<tr><td>Cellulomonas . . . . . . . . .</td><td>17 ,,</td></tr>
<tr><td>Achromobakter . . . . . . . .</td><td>30 ,,</td><td></td></tr>
<tr><td>Bazillus . . . . . . . . . . . .</td><td>45 ,,</td><td></td></tr>
<tr><td>Clostridium . . . . . . . . . .</td><td>9 ,,</td><td></td></tr>
<tr><td>Actinomyces . . . . . . . . . .</td><td>11 ,,</td><td></td></tr>
<tr><td>Physiologische Bakteriengruppen:</td><td></td><td></td></tr>
<tr><td>Mycococcus cytophagus. . . .</td><td>1 Art</td><td></td></tr>
<tr><td>N-bindende . . . . . . . . .</td><td>3 Arten</td><td></td></tr>
<tr><td>Nitrifizierende . . . . . . . .</td><td>2 ,,</td><td></td></tr>
</table>

Um die Verbreitung der einzelnen Bakterien auch quantitativ erfassen zu können und auch ihr Mengenverhältnis zum Ausdruck zu bringen, haben wir folgendes Verfahren angewendet: Wir haben zunächst das prozentuelle Vorkommen der einzelnen Bakterienarten auf allen Versuchsflächen berechnet, und weiter auch mit einer Durchschnittszahl das prozentuelle Mengenverhältnis des Vorkommens der betreffenden Bakterienart gebildet. Wenn wir nun die erste Durchschnittszahl mit $p_1$ und die zweite Durchschnittszahl mit $p_2$ bezeichnen, so gibt uns das Multiplikat $p_1 \cdot p_2$ ein deutliches Bild über die Massenverhältnisse des Vorkommens der einzelnen Bakterien. Wenn wir nun in der Tabelle 22 von diesem Standpunkt aus die Mengenverhältnisse der Bakterien miteinander vergleichen, so können wir die häufigsten und in der größten Menge vorkommenden Bakterienarten erfassen. Auf dieser Grundlage werden wir die wichtigsten Bakterienarten des Waldbodens im folgenden kurz zusammenfassen, wobei zwischen den Bakterien alle jene aufgezählt werden, bei welchen das Multiplikat mehr als 100 ausmacht:

*Micrococcus candidus* 286, *Micr. candicans* 240, *Micr. silvaticus* 179, *Micr. luteus* 127, *Micr. sulfureus* 123.

*Flavobacterium aurescens* 198.

*Pseudomonas rugosa* 597, *Ps. striata* 296, *Ps. denitrificans* 296, *Ps. fluorescens* 207, *Ps. centrifugans* 185.

*Cellulomonas rossica* 722, *Cellulom. biazotea* 469, *Cellulom. mira* 360, *Cellulom. minuscula* 276, *Cellulom. arguata* 111,8.

*Achromobacter delictatulum* 571, *A. hartlebii* 379, *A. nitrificans* 353, *A. ambiguum* 242, *A. agile* 236, *A. geniculatum* 194, *A. multistriatum* 161,7, *A. hyalinum* 130,6, *A. pinnatum* 116,5, *A. formosum* 106, *A. fermentationis* 100.

*Bacillus cereus* 1092, *Bac. albolactis* 923, *Bac. silvaticus* 893, *Bac. freudenreichii* 827, *Bac. megaterium* 819, *Bac. ruminatus* 810, *Bac. robustus* 627, *Bac. vulgatus* 620, *Bac. robur* 618, *Bac. sphaericus* 602, *Bac. mycoides* 578, *Bac. cylindricus* 537, *Bac. circulans* 470, *Bac. ellenbachiensis* 429, *Bac. subtilis* 402, *Bac. pseudotetanicus* 382, *Bac. cytaseus* 366, *Bac. globigii* 287, *Bac. frausnitzii* 248, *Bac. pseudoanthracis* 238, *Bac. niger* 227,5, *Bac. parvus* 122, *Bac. danicus* 114,8, *Bac. fluorescens* 102,8.

*Clostridium cochlearum* 625, *Clostr. sphenoides* 430, *Clostr. spermoides* 390, *Clostr. multifermentans* 244, *Clostr. centrosporogenes* 194, *Clostr. aerofoetidum* 138, *Clostr. tetanomorphum* 115,2.

*Actinomyces albus* 377, *Actinom. pheochromogenus* 336, *Actinom. olivochromogenus* 153, *Actinom. alboflavus* 144.

Wir müssen hier nochmals feststellen, daß die meisten Bakterien ausgesprochen kosmopolitisch sind und bezüglich der Bakterienflora zwischen den einzelnen Waldtypen kein deutlicher Unterschied nachzuweisen ist. Die meisten Bakterien kommen in den Böden der Nadelholzwälder und der Laubholzwälder gleicherweise vor. Man kann daher in bodenbiologischem Sinne vorläufig noch keinen ausgesprochenen Unterschied zwischen den einzelnen Waldtypen machen.

Ein gewisser Unterschied läßt sich nur insoweit feststellen, daß natürlicherweise im Norden, wo die trockene Sommerzeit verhältnismäßig kürzer ist, die Artzusammensetzung im allgemeinen zugunsten der nichtsporenbildenden Bakterien verschoben wird. Das jetzt Gesagte gilt aber nur für besonders extreme Fälle und für die Spezifizierung dieser Erscheinung sind weitere Untersuchungen noch unbedingt notwendig.

Über das Vorkommen der *Kokken* haben wir schon erwähnt, daß sie ihren relativ höchsten Anteil in den Sommermonaten erreichen. Sonst kommen sie fast in allen Waldtypen vor. Ihr Vorkommen kann daher nicht als besonderes Charakteristikum für die einzelnen Bodentypen vermerkt werden.

Die *Aktinomyzeten* dagegen bzw. ihr Vorkommen ist außerordentlich charakteristisch für die Böden der Robinienwälder. Es ist merkwürdig, daß z. B. der Boden der Versuchsfläche 5 ziemlich reichlich Aktinomyzeten enthält, da der Bestand von der Robinie gebildet wird. Der nebenanliegende Bestand, welcher überwiegend aus Schwarzkiefer besteht, weist ebensoviel Aktinomyzeten auf, welcher Umstand durch die unmittelbare Nachbarschaft zu erklären ist.

Charakteristisch ist außerdem noch, daß der auffallende Vorkommen der Aktinomyzeten nicht von der Beschaffenheit des Bodens abhängig ist. Die Böden der Robinienwälder auf den lehmigen oder kalkhaltigen, gebundenen Böden der subalpinen Klimazone weisen ebenso ihre charakteristische Aktinomyzetenflora auf, als die typischen Sandböden der Robinienwälder der Steppenzone. Wir können uns vorläufig diesen merkwürdigen Befund noch nicht ausreichend erklären. Die Erklärung wird auch insoweit schwieriger, da die Aktinomyzeten auch typische Vertreter der Bakterienflora der Alkaliböden sind. Es ist nicht ausgeschlossen, daß zwischen den Knöllchenbakterien der Robinie, der Bac. radiciola, und zwischen der Lebensweise der Bodenaktinomyzeten ein symbiotisches Verhältnis besteht. Es ist bekannt, daß die Aktinomyzeten, wenigstens einige Arten von ihnen, in Symbiose mit einigen Waldbäumen leben (Actinomyces alni, A. elaeagni). In dieser Lebensweise sind sie zur Bindung des freien Luftstickstoffes befähigt. Da in den Böden der Robinienwälder die Nitrate größtenteils unausgenützt bleiben und der Denitrifikation anheimfallen, scheint es nicht ausgeschlossen zu sein, daß die Aktinomyzeten den durch die Denitrifikation frei werdenden Luftstickstoff binden und für ihre Lebensverhältnisse ausnützen können. Da uns auf diesem Gebiet experimentelle Tatsachen noch nicht zur Verfügung stehen, so möchten wir uns der weiteren spekulativen Betrachtungen, mit einem kurzen Hinweis auf die Notwendigkeit der experimentellen Forschungen hierüber, vorläufig enthalten.

Bezüglich des Vorkommens und Verhaltens der stickstoffbindenden, nitrifizierenden und denitrifizierenden Bakterien werden wir auf Grund unserer Untersuchungen in dem Kapitel über den Stickstoffkreislauf des Waldbodens noch besonders sprechen. Hier möchten wir nur, um die Einheitlichkeit der Darstellung zu ermöglichen, die charakteristischen Daten ihres Vorkommens erwähnen. Durch diese Untersuchungen wurde zunächst die bereits bekannte Tatsache bestätigt, daß in den humusreichen Waldböden meistens die anaeroben stickstoffbindenden Bakterien die Überhand gewinnen. Die aeroben fehlen z. B. fast vollkommen in den Winter- und Frühjahrsmonaten. Beide Gruppen erreichen ihr Maximum im Herbste. Sie kongruieren fast vollkommen mit dem Verlauf der $p_H$-Kurve. Auch bezüglich der nitrifizierenden und denitrifizierenden Bakterien haben auch diese Untersuchungen ganz klar gezeigt, daß in den Waldböden in der Regel die Anzahl der denitrifizierenden Bakterien größer ist als die Zahl der nitrifizierenden Bakterien. Auch diese Erscheinung hängt mit den im allgemeinen ungünstigen Durchlüftungsverhältnissen der humusreichen Waldböden zusammen.

In der bereits erwähnten Tabelle 24 sind die charakteristischen Daten der physiologischen Bakteriengruppen nach Breitegraden dargestellt. Zwischen den dort angeführten Versuchsflächen sind eine Reihe solcher, welche nur jährlich ein- oder zweimal untersucht wurden. Es ist daher der Vergleich mit jenen Versuchsflächen, welche in allen Jahreszeiten wenigstens einmal der Untersuchung unterworfen wurden, nur mit einer gewissen Beschränkung möglich. Das jetzt Gesagte kann daher nur als allgemeine Orientierung dienen. Es ist ohne weiteres zu konstatieren, daß die stickstoffbindenden und nitrifizierenden Bakterien auch unter den nördlichsten Breitegraden vorkommen. Ihre Anzahl nimmt aber nach dem Norden im allgemeinen sukzessive ab. Da gewisse Ausnahmefälle vorhanden sind, so kann man die obige Feststellung nur im allgemeinen Sinne bewerten. Die beiden Arten der nitrifizierenden Bakterien kommen auf allen Versuchsflächen vor. Sie sind von der Bodenreaktion, was ihr Vorkommen anbelangt, ziemlich unabhängig. Die beiden Arten von Azotobakter kommen jedoch nur in jenen Jahreszeiten vor, wo die Bodenreaktion bereits ein gewisses Optimum erreicht hat. Dieses Optimum scheint mehr als $p_H = 5$ zu sein. Nur an einer einzigen Versuchsfläche in Hallands-Väderö (Versuchsfläche 35) konnten wir Azotobacter chroococcum auch bei einem $p_H = 3{,}96$ konstatieren. Es ist möglich, daß hier eine besondere Anpassung vorliegt, sonst dürfte das Vorkommen dieser Bakterienart von der Bodenazidität ziemlich deutlich abhängen.

Es ist interessant, daß das Vorhandensein von Clostridium pastorianum ebenfalls auf ein gewisses $p_H$-Optimum gebunden ist. Es ist aber nicht ausgeschlossen, daß diese Abhängigkeit nur eine scheinbare ist und wahrscheinlich mit dem jahreszeitlichen Optimum seiner Tätigkeit im Zusammenhange steht.

Was die zellulosezersetzenden Bakterien anbelangt, so möchten wir hier noch angeben, daß der Mycococcus cytophagus, wie diese Untersuchungen zeigen, ebenfalls bis zu den nördlichsten Breitegraden verbreitet ist. Ihre Zahl sowie die Anzahl der zellulosezersetzenden Bakterien nimmt jedoch im allgemeinen ständig ab. Die reichliche Humusauflage unter den nördlichen Breitengraden ist wahrscheinlich die Folge der geringen Anzahl der zellulosezersetzenden Bakterien. Es ist auch möglich, daß in den nördlichen sauren Waldböden die Aufgabe der Zellulosezersetzung mehr den Bodenpilzen übertragen wird[1]. Bemerkenswert ist noch die Tatsache, daß die Abnahme der Zellulosezersetzer nach dem Norden derart scharf wird, daß an den nördlichsten Breitegraden an vielen Versuchsflächen sie überhaupt nicht nachzuweisen sind.

Wenn man die $p_H$-Werte in Vergleich zieht, so wird man ganz deutlich erkennen, daß im allgemeinen auch diese nach dem Norden sukzessive abnehmen. Da aber gerade in den nördlichsten Versuchsflächen recht auffallende Ausnahmen vorhanden sind, so kann man die fallende Bodenazidität nicht mit vollem Recht für die Abnahme der nitrifizierenden und stickstoffbindenden Bakterien verantwortlich machen. Wir sind eher der Meinung, daß hier wieder die Bodentemperatur und die damit zusammenhängenden klimatischen Verhältnisse jene Faktoren darstellen, welche diese Erscheinung dominierend beeinflussen und die Bodenazidität in gewisser Hinsicht als eine Folgeerscheinung zu betrachten ist.

Bezüglich des jetzt geschilderten Einflusses der Bodentemperatur möchten wir hier noch erwähnen, daß der numerische Wert des Sommermaximums der Bodenbakterien nach dem Norden ebenfalls allmählich abnimmt. Wenn wir das, was wir über die dominierende Wirkung der Bodentemperatur bereits in Teil B dieses Kapitels gesagt haben, in Betracht ziehen, so müssen wir als sicher annehmen, daß die Abnahme der Bodentemperatur bei den sonst optimalen Feuchtigkeitsverhältnissen der nördlichen Waldböden als stark wirksamer Limitingfaktor zur Geltung kommt.

---

[1] Die relative Zunahme der Anzahl der Pilze nach dem Norden gerechnet spricht sehr deutlich für diese Annahme. Siehe noch Seite 158.

Tabelle 25.

| Nr. | Höhe über Meeresspiegel | Kurze Beschreibung der Versuchsflächen | $p_H$ | Wassergehalt | Bakterien | | |
|---|---|---|---|---|---|---|---|
| | | | | | Gesamt | Aerob % | Anaerob % |
| 1. | 2075 | Alpenweide. Leitpflanzen: Saxifraga androsacea, Anemone narcissiflora, Aster bellidiastrum, Ranunculus montana, Viola biflora, Polygonum viviparum. Exp. NO . . . . . . . | 6,93 | 43,6 | 3 200 000 | 93,8 | 6,2 |
| 2. | 1880 | Alpenweide in der Pinus-montana-Region. Leitpflanzen: Festuca varia, Phleum alpinum, Aster alpinus, Linum alpinum, Primula auricula, Anemone narcissiflora, Saxifraga, Helianthenum alpestre. Exp. S . . . . . | 6,46 | 35,6 | 3 800 000 | 92,1 | 7,9 |
| 3. | 1440 | Picea excelsa 0,8, Larix europea 0,2. Exp. SO, Bestandesschluß 0,8; Alter 60 Jahr. Leitpflanzen: Erica carnea, Leontodon hispidus, Melampyrum silvaticum, Senecio Fuchsii, Primula officinalis, Arctostaphilos uva ursi . . | 5,00 | 34,3 | 3 600 000 | 94,4 | 5,6 |
| 4. | 1190 | Picea excelsa 0,8, Larix europea 0,1, Fagus silvatica 0,1. Exp. SW. Bestandesschluß 0,9; 60 Jahr alt. Leitpflanzen: Oxalis acetosella, Mnium undulatum, Mnium punctatum, Dicranum scoparium . . . . . . . | 6,06 | 21,9 | 5 300 000 | 86,8 | 13,2 |
| 5. | 622 | Fagus silvatica 0,9, Picea excelsa 0,1. Exp. SW. Bestandesschluß 0,9; 50 Jahre alt. Leitpflanzen: Oxalis acetosella, Cyclamen europeum, Lamium maculatum . . . . . . . . | 5,74 | 15,8 | 4 450 000 | 83,2 | 16,8 |

## D. Einiges über die vertikale Verbreitung der Bodenbakterien.

Bezüglich dieser Frage haben wir eine einzige systematische Untersuchung durchgeführt, wozu die Erforschung der biologischen Verhältnisse des 2075 m hohen Wiener Schneeberges uns sehr gute Gelegenheit gab. Diese Untersuchungen wurden in einem Niveau über 622 m ü. d. M. bezogen. Der Zeitpunkt war Ende Juni, also der Monat vor dem Eintreten des maximalen Bakteriengehaltes. Die Resultate werden in der Tabelle 25 und in der Abb. 30 übersichtlich dargestellt und mitgeteilt.

Es scheint hier die Bodentemperatur eine dominierende Rolle zu spielen. Die Gesamtbakterienzahl steigt

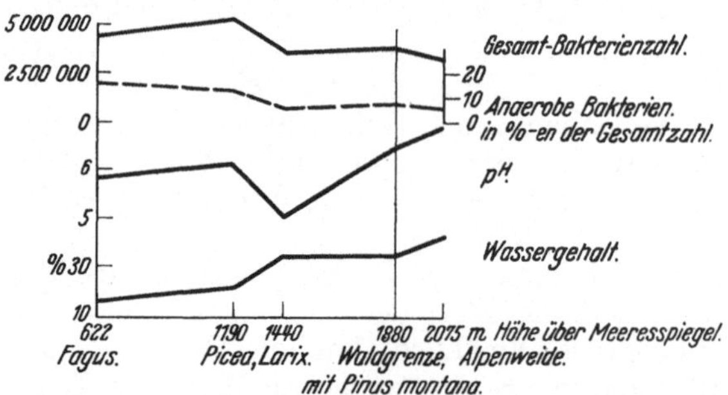

Abb. 30. Die Ergebnisse der Untersuchungen über die vertikale Verbreitung der Bodenbakterien.

ungefähr mit dem Wassergehalt bis zu 1190 m Höhe ganz erheblich. Nach diesem Niveau macht sich der Einfluß der allmählich sinkenden Bodentemperatur geltend. Obwohl der Wassergehalt fast ständig steigt, nimmt die Zahl der Bakterien infolge der Einwirkung des erstgenannten Faktors ununterbrochen ab, um ihr Minimum an der Waldgrenze zu erreichen.

Die $p_H$-Werte zeigen zwar vorübergehend eine gewisse Depression, welche sich in der Fichtenregion bis 1440 m einstellt. Es dürfte dafür wahrscheinlich der rapid steigende Wassergehalt verantwortlich sein. Später steigen sie aber ununterbrochen, um in der Höhe ihr Maximum zu erreichen. Hier spielt natürlich auch der Kalkgehalt eine sehr wichtige Rolle, da der Wiener Schneeberg vorwiegend aus Kalkgestein besteht und nach oben wahrscheinlich das Urgestein immer näher zu der Oberfläche kommt.

Der prozentuale Anteil der anaeroben Bakterien nimmt nach der Höhe ununterbrochen ab, was auf die günstigeren Licht- und Durchlüftungsverhältnisse zurückzuführen ist. Es läßt sich im allgemeinen, wie es schon erwähnt wurde, die Temperaturwirkung bei der vertikalen Verbreitung der Bodenbakterien ganz deutlich und unzweifelhaft feststellen.

## E. Anhang.  Die Reinkultur und Artbestimmung der zellulosezersetzenden Bakterien.

Bezüglich der zellulosezersetzenden Bakterien müssen wir hier kurz die Schwierigkeiten besprechen, die mit der Artbestimmung verbunden sind. Hierzu hat Bokor eingehende Untersuchungen[1] durchgeführt, deren Ergebnisse kurzgefaßt die folgenden sind:

Man hat bei der zahlenmäßigen Bestimmung der zellulosezersetzenden Bakterien immer mit Mischkulturen zu tun. Zur exakten Bestimmung eignet sich am besten die im Kapitel über die Methodik bereits erwähnte Kieselsäuregelplatte in Petrischalen mit aufgetragener, zerzupfter Zellulose, oder mit einem sanft angedrückten runden schwedischen Zellulosefilterpapier. Man kann aber auch mit sterilisierten Erlenmeyerkolben (300 cm³), die vorher mit Glasperlen und mit daraufgelegten Filterpapierscheiben versetzt worden sind, gute Ergebnisse erreichen. Noch besser als diese Methode ist die Anwendung von Gipsblöcken in hohen Petrischalen, die nach der Vorschrift von Bokor hergestellt sind. Die beiden letztgenannten Methoden sind deshalb der Kieselsäuregelplatte überlegen, weil man beide unter Druck im Autoklav absolut keimfrei machen kann, wogegen die Sterilisation der Kieselsäuregel sehr schwer durchzuführen ist. Bezüglich der Keimzahlbestimmung bewähren sich alle drei Methoden. Die vorher fertiggestellten Schalen werden mit den entsprechenden Verdünnungen der Erdaufschwemmung geimpft und bei 26—30° C bebrütet. Nach etwa 8—14 Tagen erscheinen auf der Zellulose verschieden gefärbte Kolonien, unter denen die gelben, orange, braunen Kolonien vorherrschen.

Diese Kolonien sind leicht zu zählen, denn je größer die Verdünnung ist, desto geringer wird ihre Zahl und auf diese Weise werden sie gegenseitig gut isoliert. Bei unseren Arbeiten wurde meistens das erste Verfahren angewendet. Die Kolonien können für weitere Identifizierung und eventuelle Bestimmung leicht abgeimpft werden, aber bei weiterer Zucht stößt man unerwartet auf Schwierigkeiten. Die einfach abgeimpften Kolonien wachsen zwar saprophytisch sehr gut auf den gewöhnlichen Nährböden, aber auf reine Zellulose zurückgeimpft, können sie nicht mehr zur Entwicklung gebracht werden. Diese Bakterien, die nur Begleiter der echten Zellulosezersetzer sind, wurden bei den meisten Autoren reingezüchtet und als echte Zellulosezersetzer beschrieben (Cellulomonas bei Kellermann usw.). Die echten Zellulosezersetzer können nämlich auf den gewöhnlichen Nährböden in der Regel nicht gedeihen und infolgedessen können sie beim Zurückimpfen auf die allgemein benützten Nährböden nicht mehr reingezüchtet werden. Die Trennung der echten Zellulosezersetzer von den Begleitorganismen stößt aber auf derart große Schwierigkeiten, daß ihre exakte Isolierung lange Zeit hindurch nicht gelungen ist. Nach den Untersuchungen von Bokor sind nur jene Bakterien als echte Zellulosezerstörer zu bezeichnen, welche

---

[1] Diese Arbeiten wurden teils in unserem Institute, teils in dem landwirtschaftlichen bakteriologischen Institut der Universität Göttingen (Prof. Rippel) durchgeführt.

entweder nur auf reiner, von organischen Stoffen befreiter Faserzellulose wachsen, oder, falls sie auf anderen Nährböden kultiviert wurden, auf reine Faserzellulose zurückgeimpft, dieselbe in quantitativ nachweisbarer Menge abbauen können.

Es ist von großem Interesse, all die Bemühungen, Reinkulturen von aeroben Zellulosezersetzern herzustellen und den wahren Organismus zu isolieren, kurz zu überblicken.

Die erste systematische Arbeit zur Identifizierung und Beschreibung der in Ackerböden befindlichen zellulosezersetzenden Bakterien wurde von KELLERMANN und McBETH (296), später von McBETH und SCALES (297) geliefert. Sie benutzten eine verfeinerte Methode, die darin bestand, die gefällte Zellulose (hergestellt durch Lösung der Zellulose in Kupferoxyd-ammoniak und Wiederausfällung mit Säure) in Agar-Agar zu verteilen und nach erfolgter Beimpfung Platten zu gießen. Auf diese Weise isolierten und beschrieben sie die einzelnen Bakterien, und zwar 15 Arten, die ihr Zelluloselösungsvermögen dadurch kennzeichneten, daß sie im Agar-Agar rund um die Kolonien einen durchscheinenden Hof bildeten. Es ist von Wichtigkeit, zu bemerken, daß diese Bakterien auf den üblichen Nährböden wuchsen und von diesen auf Zellulosefaser (schwedisches Filterpapier) zurückgeimpft, kein Wachstum mehr zeigten. Dieser Umstand führte KELLERMANN und Mitarbeiter zu der Anschauung, daß die zellulosezersetzenden Bakterien durch die künstliche Kultur und Überimpfung ihre Fähigkeit, Zellulose zu lösen, verlieren; mit anderen Worten, diese Eigenschaft durch die Außenweltfaktoren modifiziert werden könne, d. h. nicht vererbbar, sondern von phäno-typischem Charakter sei. Spätere Arbeiten von OMELIANSKY (300), PRINGSHEIM (301), HUTCHI-SON und CLAYTON (294) haben die Meinung ausgesprochen, daß die von KELLERMANN und Mitarbeitern isolierten Bakterien keine eigentlichen zellulosezersetzenden, sondern nur ihre Begleitbakterien gewesen wären. PRINGSHEIM erwähnt in seiner Arbeit, daß er sich jahre-lang bemüht habe, die KELLERMANNschen Versuche bis zur Isolierung wirklich zellulose-lösender Bakterien durchzuführen, aber ohne Erfolg. LÖHNIS und LOCHHEAD (298) ver-suchten den Einwand der obengenannten Forscher, daß die hellen Höfe, die sich rings um die mutmaßlichen Zellulosebakterien im trüben Zelluloseagar gebildet haben, durch die Auflösung des zur Neutralisation des Agars verwendeten $CaCO_3$ durch die von den Be-gleitorganismen gebildete Säure verursacht wären, dadurch zu entkräftigen, daß sie die Platten mit HCl übergossen haben und die Höfe doch als helle Punkte übrigblieben.

Wir möchten unsere auf Grund der unten angeführten Untersuchungen in dieser Frage gewonnene Ansicht vorausschicken: Uns scheinen beide Auffassungen der Nachprüfer zuzutreffen, daß nämlich bei ihren Versuchen wirklich Zellulose-lösung stattfand, daß sie aber der Tätigkeit eines von KELLERMANN und Mit-arbeitern übersehenen Organismus zuzuschreiben ist, welcher auf den gewöhn-lichen Standardnährböden überhaupt nicht wächst und daher nicht zum Vor-schein kommen konnte. Von KELLERMANN und Mitarbeitern würden dann tat-sächlich den eigentlichen Zellulosezersetzer überwuchernde Begleitbakterien auf Standardnährböden reingezüchtet worden sein. Solche Begleitbakterien finden sich in großer Anzahl in Kulturen von zellulosezersetzenden Organismen vor. Es wird unten auf diese Frage noch zurückzukommen sein.

MÜTTERLEIN (299) kommt in einer größeren Arbeit zu dem Ergebnis, daß die Reinzucht der zelluloselösenden Pilze leicht durchzuführen ist, dagegen die Iso-lierung der zellulosezersetzenden Bakterien aus einer Rohkultur fast unüberwind-liche Schwierigkeiten bietet. Er arbeitet nur mit Bakterienrohkulturen, es gelang ihm jedoch nicht, einwandfrei ein zelluloselösendes Bakterium reinzuzüchten.

Auch BOJANOVSKY (289) vermochte nicht, obwohl er eine neue Methode mit Kieselsäuregallerte ausgearbeitet hat, ein dünnes, Stäbchenform zeigendes Bak-terium von einer Kokkusform zu trennen. Ihm lag höchstwahrscheinlich der unten untersuchte Organismus vor.

ULLRICH (304) bemühte sich auf mehreren verschiedenen experimentellen Wegen, eine sehr dünne Stäbchenform von einem Kokkus zu trennen, ebenfalls ohne Erfolg. SACK (302) beschreibt vier Bakterien als zellulosezersetzende, die er mittels Fleischagarkultur reingezüchtet zu haben glaubt. In seiner Arbeit fehlt aber der Beweis, daß diese Bakterien wirklich Zellulose zersetzt haben, denn es fehlt jeder Hinweis darauf, daß sie, auf Zellulose zurückgeimpft, tatsächlich ein quantitativ meßbares Wachstum gezeigt haben. Ebenso mit Vorbehalt ist Vibrio agarliquefaciens von GRAY und CHALMERS (293) als zellulosezersetzender Organismus anzusehen. Beide Befunde bedürfen einer Nachprüfung. Auch BENECKE ist bei der zusammenfassenden Besprechung der bakteriellen Zellulosevergärung der Ansicht, daß „Reinkulturen fast nie vorgelegen zu haben scheinen". Im Jahre 1919 veröffentlichten HUTCHISON und CLAYTON (294) eine Arbeit über einen neuen aeroben, zellulosezersetzenden Organismus, dem neben einer außergewöhnlich starken Zellulosezersetzungsfähigkeit noch ein recht komplizierter Lebenszyklus zugesprochen wurde. Seinem morphologischen Verhalten nach nannten die Forscher ihn Spirochaeta cytophaga. Der Lebenszyklus sollte folgendermaßen ablaufen: Der in dem Jugendstadium spirochätaartig gewunden erscheinende Organismus („thread form", „sinus form") soll nach einer Weile eine „Sporulation" zeigen, wodurch große kokkenartige Gebilde frei werden, die 1,5—2 $\mu$ Größe im Durchmesser annehmen, die sog. „sporoid form" oder Kokkusform. Diese kokkusähnlichen Gebilde sollen wieder zur Spirochätaform auskeimen. Es wird ferner angenommen, daß auch die spirochätaähnliche Form durch nacheinander folgende Teilung sich vermehren kann. Die Dimension der Spirochätaform ist 3—4 $\mu$ Länge, 0,3—0,4 $\mu$ Breite. Unter gewissen Lebensbedingungen kann sie die Länge 40 $\mu$ erreichen; dabei können auch die schraubenzieherähnlichen Windungen ausbleiben. Alle Bemühungen, die beiden voneinander grundverschiedenen Formen (*Spirochäta-* und *Sporoidform*) voneinander zu trennen und in Reinkultur zu gewinnen, waren erfolglos, obwohl in der Kultur mitunter auch sehr sinnreich erdachte Kunstgriffe angewendet worden sind. So wurde dann angenommen, daß diese beiden Formen zu einem Organismus gehören. Die Befunde HUTCHISONs und CLAYTONs sind wegen ihrer Eigenart schnell bekannt, mehrmals überprüft und bestätigt worden. Von diesen Arbeiten der letzten Jahre wollen wir nur drei zusammenfassende, sich mit Zellulosezersetzung im Boden befassende erwähnen, diejenigen von WINOGRADSKY (307, 308), von WAKSMAN (305) und von DUBOS (292), welche den ganzen Fragenkomplex der aeroben Zellulosezersetzung systematisch zu bearbeiten trachteten.

WINOGRADSKY überprüfte eingehend die Arbeit von HUTCHISON und CLAYTON und bestätigte ihre Befunde mit dem Vorbehalt, daß die Spirochätaform manchmal nicht ganz deutlich in den Vordergrund tritt: meistens hat er überwiegend nicht die mehrfache Windungen zeigende, sondern eine nur einseitig gewundene, gebogene Form angetroffen; er hält es daher für zweckmäßiger, den Organismus „Vibrio" zu nennen. Im übrigen bestätigt er alle Angaben der Originalarbeit von HUTCHISON und CLAYTON. Es gelang ihm ebenfalls nicht, beide Formen voneinander zu trennen. WAKSMAN spricht *Spirochaeta cytophaga* HUTCHISON und CLAYTON als wahren zellulosezersetzenden Organismus an und bestätigt auch in Einzelheiten die Originalbefunde. In seinem Buche wird Spirochäta als ein Kosmopolit und einer der wichtigsten zellulosezersetzenden Mikroorganismen bezeichnet. Nach THAYSEN und BUNKER ist Spirochaeta cytophaga ein aerober Zellulosezersetzer „par excellence". In allen Arbeiten der Weltliteratur über aerobe Zellulosezersetzung findet man also, daß überall ein verdachter Organismus von dünner Stäbchenform aufzufinden ist, der von den übrigen Kokken und stäbchenförmigen Bakterien nicht zu trennen ist, der allein nur für die Zellulosezersetzung verantwortlich zu machen ist. Aus der Arbeit von BOKOR wissen wir jetzt schon, daß der echte Zellulosezersetzer, der fast in jedem Boden zu finden ist, mit Ausnahme von einigen sehr schlechten und sauren Böden, ein sehr eigenartiger Mikroorganismus: der *Mycococcus cytophagus* ist. Die Morphologie des Organismus kurz zusammengefaßt ist die folgende:

Der Organismus wächst in sehr dünnen Fäden. Der Faden besitzt einen Durchmesser von 0,1—0,2 $\mu$ und weist charakteristische Verzweigungen auf (Abb. 31). Die Verzweigungen entstehen senkrecht zu der Längsrichtung des Fadens und erst nach kurzem Wachstum kommt eine Ablenkung zustande, wie die Abb. 31 mit aller Deutlichkeit zeigt. Die sekundären Ästchen können sich nochmals verzweigen und so weiter in allen Richtungen des Raumes, so daß ein allerdings nur lockeres Geflecht von Fäden entsteht (1. Phase) (Abb. 31). Charakteristisch ist, daß die Verzweigungen meist folgendermaßen angelegt werden: Auf dem Faden, von dem sie ausgehen, entstehen sie in kurzen oder langen Zwischenräumen, welche meist regelmäßig miteinander abwechseln.

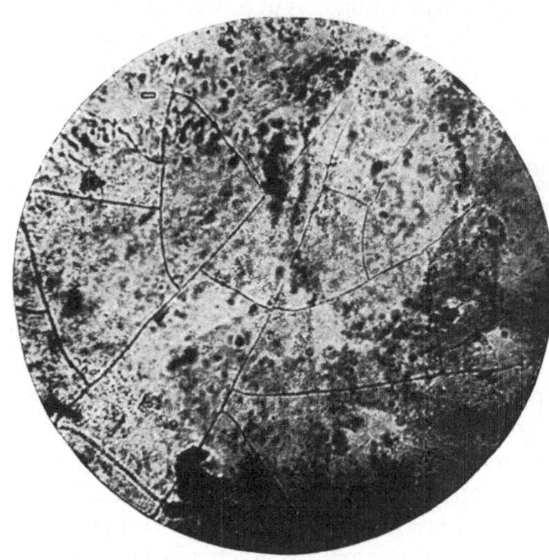

Abb. 31. Reinkultur der Mycococcus cytophagus in Zelluloseagar mit den charakteristischen Verzweigungen. Vergr. 1500.

Dieser erste Faden ist (entsprechend den Verhältnissen bei holzzerstörenden Pilzen) Okkupationsmyzel genannt worden; es soll damit angedeutet sein, daß er offenbar dazu dient, einen größeren Nahrungsbereich zu sichern. Nach Erreichung einer gewissen Länge treten in den Fäden streckenweise Plasmakontraktionen ein, deren Folge ein Zerfall in Bruchstücke ist. Infolge der

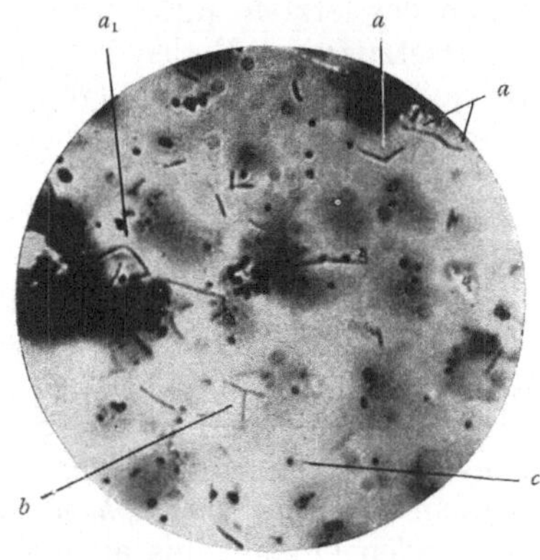


Abb. 32. Reinkultur von Mycococcus cytophagus auf natürlicher Zellulose.

Bei $a$ ist die zweite Phase gut erkennbar, kurz vor dem Trennen der Einzelstücke; bei $a_1$ Plasmakontraktion in der Mitte des Stäbchens. Eine Verzweigung nach dem Zerfall des Fadens noch gut sichtbar ($b$). Die größeren Punkte sind zusammengeballte Sporenmassen, bei $c$ Einzelsporen in natürlicher Größe. Vergr. 1200.

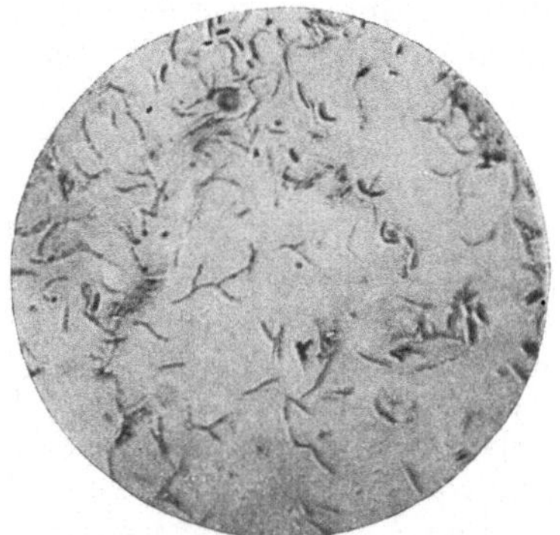

Abb. 33. Reinkultur von Mycococcus cytophagus auf natürlicher Zellulose, nach dem Zerfall, kurz vor dem Eintritt der dritten Phase. Die Fadenstücke sind meist einseitig gebogen. In der Mitte eine charakteristische Verzweigung mit einer beginnenden Sporenbildung. Vergr. 1200.

gegen die Mitte der Bruchstücke gerichteten und in der Längsrichtung erfolgten Plasmakontraktion wird die Hülle an beiden Enden zusammengezogen und das äußerst dünne Stäbchen erscheint somit wie an beiden Enden zugespitzt; das ist das spirochätaartig erscheinende Stadium (Abb. 32, $a$). Bei diesem Vorgang tritt noch in den Bruchstücken eine in der Querrichtung kaum meßbare, nur dem geübten

Auge auffällige Verdickung (etwa 0,05 $\mu$) ein (Abb. 32 und 33) (2. Phase). Bei der Färbung nach vorangehender Fixierung und durch die Beizstoffe (Karbolfuchsin usw.) werden noch andere Schrumpfungen im Plasma verursacht, wodurch die mehrmals gewundenen, spiraligen Formen entstehen. Nach dem Zerfall in Stücke tritt weiterhin normalerweise eine zweite Plasmadifferenzierung ein. Das Plasma

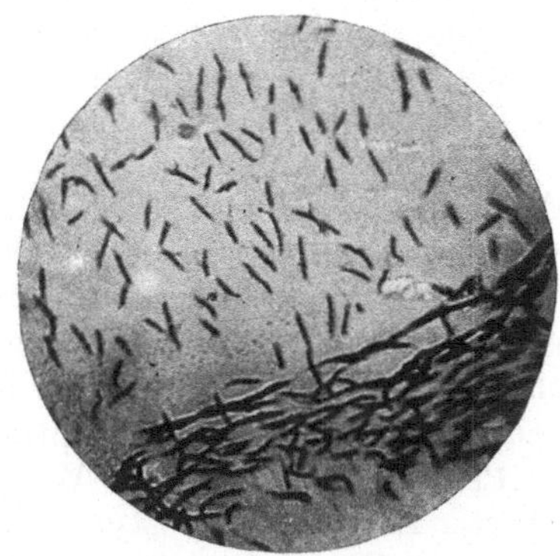

Abb. 34.  Reinkultur von Mycococcus cytophagus. Zweite und dritte Phase auf Zellulosefaser. Vergr. 1200.

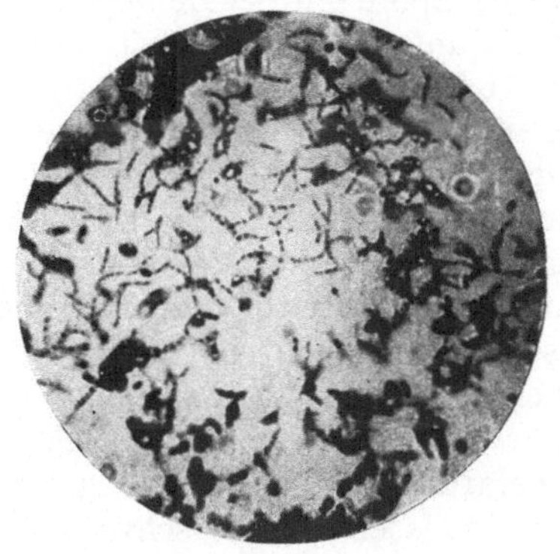

Abb. 35.  Reinkultur von Mycococcus cytophagus auf natürlicher Zellulose. Die Sporenbildung deutlich erkennbar. Vergr. 1200.

zerfällt in 4—6 oder 8 Teile, die einzelnen Teile runden sich von der äußeren Hülle ab und stellen sich als kokkenförmiges Gebilde (3. Phase) dar, die, eine Zeitlang von der äußeren Hülle umschlossen, kettenförmig zusammengehalten werden (Abb. 34 und 35). Auch bei dieser Phase sind sehr oft noch Verzweigungen

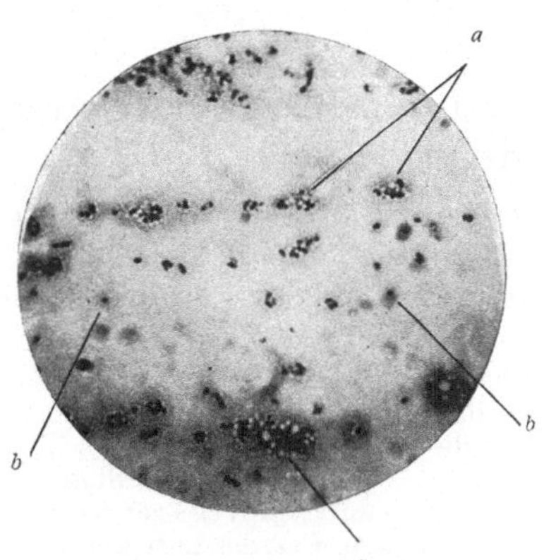


Abb. 36. Reinkultur von Mycococcus cytophagus. Vierte Phase. Vor der Eintrocknung gefärbt mit Methylanblau.
Bei b sind die Einzelsporen sichtbar, bei a Plasmaaggregate, die gefärbte Sporen und stark lichtbrennende nicht färbbare Punkte zeigen. Vergr. 1000.

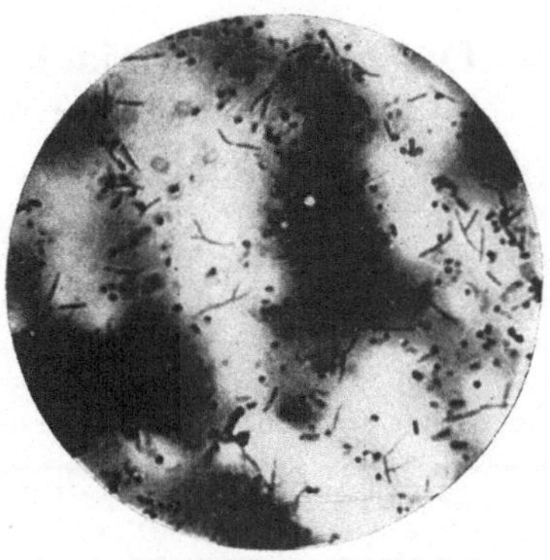

Abb. 37.  Reinkultur von Mycococcus cytophagus auf natürlicher Zellulose. Reste von verzweigten Fäden. Die Sporen liegen einzeln oder zu mehreren zusammengeballt vor. Durch Färbung mit Karbolfuchsin etwas angeschwollen. Vergr. 1500.

zu beobachten. Später wird die Wandung aufgelöst, und die einzelnen Kokken werden frei (4. Phase) (Abb. 36), die bei Anwesenheit von unzersetzter Zellulose wieder zu neuen Fäden auswachsen können. Oder sie können einzeln oder klumpenweise zusammengeballt (Plasmaaggregate) die Ernährungsschwierigkeiten überdauern (Abb. 36, a).

Diese kokkenförmigen Gebilde, die nach Auflösung der äußeren Hülle frei werden, können als Sporen im weitesten Sinne aufgefaßt werden aus dem Grunde, weil sie den Begriff „Spore" decken (Verbreitungsorgan durch Zerfall in kleinste Stücke, Dauerorgan für die Ernährungsschwierigkeiten, Auswachsen zu einer neuen Vegetationsform); andererseits aber verhalten sie sich im Entstehen, Aufbau und Verhalten gegen Farbstoffe von den sonstigen Sporenformen abweichend. Wir benutzten weiterhin für die Bezeichnung dieser kokkenförmigen Gebilde den Ausdruck Spore mit der Bemerkung, daß hier eine von der normalen ganz verschiedene Bildungsart vorliegt. Die direkte Beobachtung des Auswachsens der Sporen zu Fäden ist mit großen Schwierigkeiten verbunden, denn die Beobachtung im hängenden Tropfen ist wegen der Ähnlichkeit in Größe und Gestalt der ausgefällten Zellulose und Sporen fast unmöglich. Zum Sichtbarmachen der Sporen bedarf es nämlich einer Vergrößerung über das Tausendfache, und bei solcher Vergrößerung kann man wegen der BROWNschen Molekularbewegung in der trüben Lösung der gefällten Zellulose die Kokken nicht auffinden. Durch die Anwendung eines sehr durchsichtigen Agars, das aus nach zweimaliger Dekantierung zurückbleibender Aufschwemmung einer gefällten Zellulose hergestellt wird, kann man in sehr dünner Schicht zum Ziele kommen, wenn man gleichzeitig für optimale Temperatur sorgt und die Austrocknung des Präparats verhindert. Wie wir sehen, ist es eine recht schwierige bakteriologische Aufgabe, den Mykokokkus zu isolieren. Sein Vorhandensein ist aber leichter zu konstatieren, wenn man die Begleitbakterien von der Faser durch einen Wasserstrahl wegschwemmen läßt und die Faser mit Karbolfuchsin färbt und mikroskopisch danach untersucht. Wir haben in den Kulturen sein Vorhandensein auf diese Weise konstatiert und in der Tabelle 21 dargestellt. Die Begleitbakterien haben wir der Vollständigkeit halber mitbestimmt und den alten Namen von BERGEY beibehalten nur deswegen, weil diese Bakterien bis jetzt diesen Namen führen, obwohl sie nicht als rechte Zellulosezersetzer anzusehen sind.

## IV. Die mikrobiologischen Grundlagen der $CO_2$-Atmung der Waldböden[1].

Die $CO_2$-Atmung der Waldböden ist zweifelsohne einer der wichtigsten Faktoren in der Ernährung der Waldbäume. Sie spielt nämlich eine besonders wichtige Rolle bei der Kohlenstoffernährung des Waldes. Der letztgenannte physiologische Vorgang ist außerordentlich wichtig.

Die Grundsubstanz des Holzkörpers, der Endeffekt der forstwirtschaftlichen Pflanzenzüchtung, ist die Zellulose $n(C_6H_{10}O_5)$. Sie enthält als ihren auch nach der Masse wichtigsten Bestandteil das Karbon. Ihre Zusammensetzung ist die folgende:

| | Reine Zellulose % | Verholzte Zellulose % |
|---|---|---|
| C . . . . . . . . . | 44,4 | 50,0 |
| H . . . . . . . . | 6,2 | 6,5 |
| O . . . . . . . . | 49,4 | 42,0 |
| N . . . . . . . | — | 0,5—1,0 |
| Aschenbestandteile . | — | 1,0 |

Die Pflanze baut diese Verbindung auf dem Wege der Assimilation aus dem $CO_2$ der Luft und dem $H_2O$ des Bodens auf.

Bei den heutigen extensiven Verhältnissen der Forstwirtschaft sind der Zersetzungsprozeß der organischen Substanz und die $CO_2$-Produktion des Waldbodens die wichtigsten ernährungsphysiologischen Faktoren. Abgesehen von den übrigen mineralischen Nährstoffen des Bodens werden die wichtigsten anorganischen Nahrungsstoffe vermittels der organischen durch biologische Vorgänge induzierten Zersetzungsprozesse im Waldboden erzeugt. Die für die Assimilation erforderlichen Mengen von $CO_2$ werden größtenteils durch die Bodenatmung geliefert. Daß der Kohlensäuregehalt des

---

[1] In allen Tabellen Keimgehalt pro Gramm feuchter Erde. o = Ablesung negativ, — = wurde nicht untersucht.

Luftmeeres hier ebenfalls mit einbezogen wird, steht außer Zweifel. Daß aber die Kohlensäure der Bodenatmung den Assimilationsprozeß der Waldbäume günstig beeinflussen kann, ist sicher anzunehmen.

Die Mikrobentätigkeit des Waldbodens, die ja hauptsächlich den biochemischen Zersetzungsprozeß des Waldbodens herbeiführt, produziert infolge seines intensiven Energieumsatzes ununterbrochen Kohlensäure, die sodann aufwärts diffundiert und schließlich im Laufe der Assimilation größtenteils verbraucht wird. Der unverbrauchte Teil geht in das Luftmeer über und vermehrt den $CO_2$-Gehalt desselben. Es ist nun einleuchtend, daß, wenn die $CO_2$-Assimilation der Waldbäume durch die Ernährung des $CO_2$-Gehaltes der Waldluft gesteigert werden könnte, dadurch auch der Massenzuwachs der Waldbestände erhöht werden könnte. Will man daher die Kohlenstoffernährung des Waldes vollkommen aufklären, so müssen zuerst die allgemeinen Grundlagen dieses wichtigen biochemischen Prozesses erforscht werden.

Um die Bedeutung der Bodenatmung voll verstehen zu können, müssen wir auch jene Zusammenhänge kurz kennenlernen, welche die Assimilationsintensität der Waldbäume beeinflussen. Diese physiologische Tätigkeit wird ja im allgemeinen hauptsächlich durch die Lufttemperatur, durch den Kohlensäuregehalt der Luft und von dem Licht beeinflußt.

In der letzten Zeit hat SPIRGATIS (352) ermittelt, daß jene Pflanzenteile, welche in vollem Lichtgenuß stehen, den gewöhnlichen (0,03 %) $CO_2$-Gehalt der Luft voll ausnützen können. Wenn man die bekannte Formel von MITSCHERLICH zugrunde nimmt

$$\log A - y = \log A - C \cdot x \, .$$

In dieser Formel bedeuten: $A$ die erreichbare höchste Erntemenge, $A - y$ jenen Betrag, der zu diesem maximalen Wert noch fehlt, $x$ den Wirkungswert des fraglichen Wachstumsfaktors und $C$ den Wachstumsfaktor; diesmal den Kohlensäuregehalt der Luft (0,03 Vol. %).

Zwischen der Lichtintensität und dem Wirkungswert der Luftkohlensäure besteht nach SPIRGATIS folgender mathematische Zusammenhang:

$$\log W = \log C = 2\,i - 0,3447 \, ,$$

wo $i$ den mittleren Wert der vollen Lichtintensität in der betreffenden Vegetationsperiode bedeutet.

Wenn man an Stelle von $x$ 0,03 einsetzt und $y$ berechnet, so ist der Wert von $y = 95,6\,\%$. Diese Berechnung bedeutet also, daß jene assimilierenden Pflanzenteile, welche in vollem Lichtgenusse stehen, den $CO_2$-Gehalt der Luft fast vollkommen ausnützen können. Hier ist also eine Erhöhung der Luftkohlensäure fast ohne Wirkung für die Steigerung der Assimilationsintensität.

Wir dürfen jedoch nicht vergessen, daß in den dicht geschlossenen Waldbeständen die Lichtverhältnisse sich ganz anders gestalten, als bei den Freiland-

Tabelle 26.

| Nummer der Versuchsfläche | Bunsen-Roscoë Einheiten | | Verhältnis des durchgelassenen Lichtes zum freien Licht | Durchgelassene Lichtmenge % | Die durch das Kronendach zurückgehaltene Lichtmenge des vollen Lichtes % | Bestandesschluß |
|---|---|---|---|---|---|---|
| | im vollen Licht | im Walde | | | | |
| I. | 46,1 | 1,04 | 44,33 | 2,26 | 97,74 | 1,0 |
| II. | — | — | — | 100,0 | — | — |
| III. | 15,02 | 2,10 | 7,15 | 3,98 | 86,02 | 0,8 |
| IV. | 15,02 | 3,21 | 4,68 | 21,37 | 78,63 | 1,0 |
| V. | 53,16 | 7,45 | 7,22 | 14,0 | 86,0 | 0,7 |
| VI. | 81,037 | 17,303 | 4,689 | 21,40 | 78,60 | 0,4 |
| VIII. | 8,009 | 0,9746 | 8,22 | 12,17 | 87,83 | 0,8 |
| X. | 61,039 | 5,6188 | 10,863 | 9,21 | 90,79 | 0,9 |
| XI. | 87,19 | 2,79 | 31,25 | 3,19 | 96,81 | 0,9 |
| XIII. | 53,163 | 10,608 | 5,0115 | 19,95 | 80,05 | 0,5 |
| XV. | 70,41 | 4,25 | 16,57 | 6,04 | 93,96 | 0,9 |
| XVI. | 13,057 | 2,1032 | 6,208 | 16,11 | 83,89 | 0,9 |
| XVII. | 24,618 | 2,9986 | 8,214 | 12,18 | 87,82 | 0,9 |
| XVIII. | — | — | — | 100,0 | — | — |

pflanzen. Das Kronendach der Waldbäume hält nämlich einen beträchtlichen Teil des Lichtes zurück. Wir haben für die Versuchsflächen I—XVIII[1] mit der bereits beschriebenen Lichtmessungsmethode die Lichtintensität unter dem Kronendache unmittelbar gemessen. Die bezüglichen Daten enthält die Tabelle 26. Da bei den Baumkronen die einzelnen Blätter von oben nach unten berechnet sukzessive immer mehr in den Schatten kommen und namentlich bei der natürlichen Verjüngung oder bei dem Unterbau die jungen Pflanzen gewöhnlich in dem vollen Schatten des Kronendaches aufwachsen, so ist es ohne weiteres klar, daß hier die Erhöhung des Luftkohlensäuregehaltes bzw. die Steigerung der Atmungsintensität sicherlich eine erhöhte $CO_2$-Assimilation hervorrufen können.

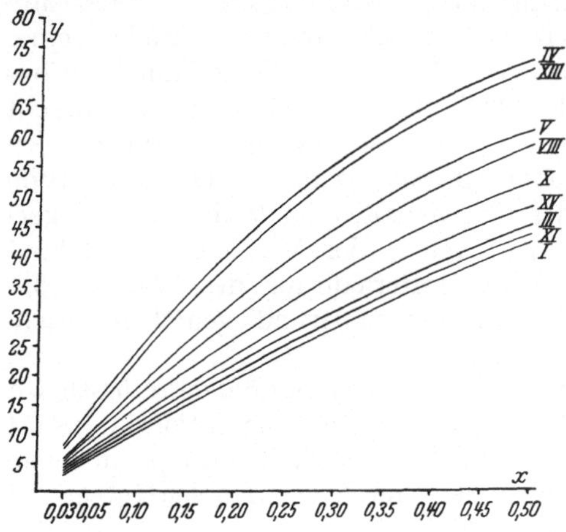

Abb. 38. Der Einfluß der Erhöhung des Luftkohlensäuregehaltes auf die Assimilation.

Um von diesen Möglichkeiten einen Begriff zu gewinnen, haben wir auf Grund der Lichtintensitätdaten mit der Hilfe der Formel von MITSCHERLICH (337) die logarithmischen Kurven für einige Versuchsflächen berechnet und in der Abb. 38 dargestellt. An der Hand dieser Kurven

Tabelle 27.

| Nr. | Biogene Eigenschaften der Bodenbakteriengruppen | Versuchsfläche 33<br>Buchenwald<br>(Humusboden) | Versuchsfläche 35<br>Erlenwald<br>(Humusboden) | Versuchsfläche 34<br>Kiefernwald<br>(Sandboden) |
|---|---|---|---|---|
| 1. | Reaktion des Bodens . . . . . . . . . . . | mäßig sauer | sauer | sauer |
| 2. | Bodenoberfläche . . . . . . . . . . . . . . | 5,2 | 4,0—4,1 | 4,2 |
|  | Austauschazidität: |  |  |  |
|  | 20—30 cm . . . . . . . . . . . . . . . | 5,2 | 4,3—4,4 | 4,3 |
|  | 30—50 cm . . . . . . . . . . . . . . . | 4,8 | 4,4—4,6 | 4,4 |
|  | Bodenoberfläche . . . . . . . . . . . . . | 6,2 | 4,3 | 5,2 |
| 3. | Aktive Azidität $p_H$ = 20—30 cm . . . . . . | 6,5 | 4,4 | 5,4 |
|  | 50—50 cm . . . . . . | 6,5 | 5,2—5,4 | 5,6 |
| 4. | Wassergehalt in Gewichts-% . . . . . . . . | 34 | 56 | 2,1 |
| 5. | Humusgehalt in Gewichts-% . . . . . . . . | 4,2 | 8,6 | 0,5 |
| 6. | Bakterien, auf Agarplatte gedeihend . . . . | 5 500 000 | 3 200 000 | 1 650 000 |
| 7. | Bakterien, auf Gelatineplatte gedeihend. . . | 6 000 000 | 2 500 000 | 1 300 000 |
| 8. | Anaerobe Bakt., Zuckeragar hoher Schicht . | 3 000 000 | 5 000 000 | 500 000 |
| 9. | Aerobe stickstoffbindende Bakterien . . . . | 10 | — | — |
| 10. | Anaerobe stickstoffbindende Bakterien . . . | 10 000 | 1 000 | 100 |
| 11. | Nitrifizierende Bakterien . . . . . . . . . | 10 | 10 | — |
| 12. | Denitrifizierende Bakterien . . . . . . . . | 10 000 | 10 000 | 10 000 |
| 13. | Anaerobe Zellulosevergärer . . . . . . . . | 10 000 | 1 000 | 1 000 |
| 14. | Aerobe Zellulosevergärer . . . . . . . . . | 1 000 | 100 | 1 000 |
| 15. | Aerobe Eiweißzersetzer . . . . . . . . . . | 100 000 | 10 000 | 10 000 |
| 16. | Aerobe Pektinvergärer . . . . . . . . . . | 100 000 | 10 000 | 10 000 |
| 17. | Anaerobe Pektinvergärer . . . . . . . . . | 1 000 000 | 100 000 | 10 000 |
| 18. | Harnstoffvergärer . . . . . . . . . . . . . | 1 000 000 | 100 000 | 10 000 |
| 19. | Anaerobe Buttersäurebazillen . . . . . . . | 1 000 000 | 100 000 | 10 000 |
| 20. | $CO_2$-Produktion pro Stunde und Quadratmeter in Gramm . . . . . . . . . . . . . . . . . | 0,87 | 0,237 | 0,298 |

---

[1] Siehe Tabelle 3 auf S. 45.

Tabelle 28.

| Physikalische und chemische Eigenschaften des Bodens. Bakteriengruppen | Nr. der Versuchsfläche | | | | | |
|---|---|---|---|---|---|---|
| | 3 | 4 | 15 | 18 | 20a | 17 |
| Aktive Azidität in $p_H$ | 5,2 | 5,4 | 5,2 | 4,9 | 6,8 | 5,5 |
| Wassergehalt in Prozenten der feuchten Erde | 10,34 | 4,97 | 13,5 | 8,47 | 13,8 | 14,7 |
| Humusgehalt in Prozenten | 0,73 | 0,81 | 4,0 | 2,2 | 11,3 | 2,15 |
| Gehalt an kohlensaurem Kalk in Prozenten | — | — | — | — | 0,7 | — |
| Porosität in Volumprozenten | 46,8 | 47,6 | 49,8 | 47,0 | 42,2 | 49,2 |
| Absolute Wasserkapazität in Volumprozenten | 18,8 | 18,5 | 28,8 | 33,6 | 36,1 | 37,2 |
| Absolute Luftkapazität in Volumprozenten | — | — | 21,0 | 13,7 | 6,1 | — |
| Bakterien, auf Agarplatte wachsend | 21 000 000 | 7 000 000 | 1 800 000 | 3 100 000 | 2 500 000 | 2 500 000 |
| Bakterien, auf Gelatineplatten gedeihend | 15 000 000 | 2 000 000 | 1 400 000 | 500 000 | 2 000 000 | 1 500 000 |
| Anaerobe Bakterien in Zuckeragar hoher Schicht gedeihend | 8 800 000 | 2 000 000 | 2 000 000 | 200 000 | 900 000 | 750 000 |
| Aerobe stickstoffbindende Bakterien | 100 | 10 | 100 | 100 | 10 | 100 |
| Anaerobe stickstoffbindende Bakterien | 5 000 | 10 000 | 100 | 1 000 | 10 000 | 10 000 |
| Nitrifizierende Bakterien | 10 000 | 10 000 | 100 000 | 10 000 | 100 | 1 000 |
| Denitrifizierende Bakterien | 100 000 | 100 000 | 1 000 | 50 000 | 1 000 | 100 000 |
| Anaerobe zellulosezersetzende Bakterien | 10 000 | 100 000 | 10 000 | 100 000 | 10 000 | 1 000 |
| Aerobe zellulosezersetzende Bakterien | 50 000 | 10 000 | 20 000 | 100 000 | 5 000 | 10 000 |
| Eiweißzersetzer | 200 000 | 100 000 | 100 000 | 1 000 000 | 1 000 | 0 |
| Aerobe Pektinvergärer | 0 | 0 | 100 | 1 000 | 0 | 100 |
| Anaerobe Pektinvergärer | 0 | 0 | 1 000 | 10 000 | 100 000 | 1 000 |
| Harnstoffvergärer | 100 000 | 100 000 | 10 000 | 100 000 | 100 000 | 100 000 |
| Anaerobe Buttersäurebazillen | 1 000 000 | 100 000 | 50 000 | 10 000 | 200 000 | 100 000 |
| CO$_2$-Produktion je Stunde und Quadratmeter in Gramm | 1,057 | 0,878 | 0,562 | 0,555 | 0,583 | 0,597 |
| Zahl der Pilze | 280 000 | 120 000 | 180 000 | 200 000 | 150 000 | 200 000 |
| Zahl der Protozoen { Aktive Form | 100 | 100 | 1 000 | 1 000 | 100 | 1 000 |
| Zahl der Protozoen { Zysten | 100 | 100 | 1 000 | 1 000 | 100 | 1 000 |

sieht man, daß bei den bestehenden schwachen Lichtintensitäten unter dem Kronendache durch die Erhöhung der $CO_2$-Konzentration wohl eine Steigerung erzielt werden könnte.

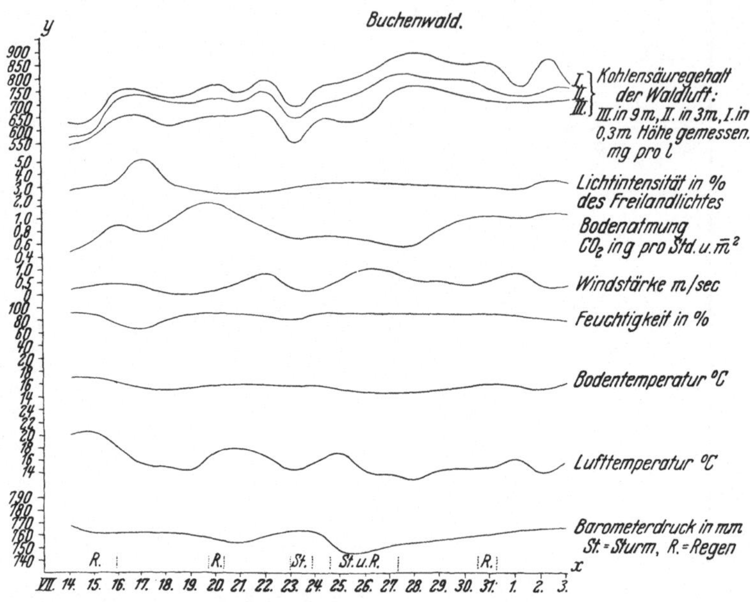



Abb. 39. Der Verlauf der Bodenatmung auf der Versuchsfläche 33.

Z. B. bei einer Lichtintensität von 0,5, also bei einem Zustand, wo nur 50 % des Sonnenlichtes durch das Kronendach zurückgehalten wird, konnte man bei einer Luftkohlensäurekonzentration von 0,3 % bereits eine 95proz. Ausbeute erreichen.

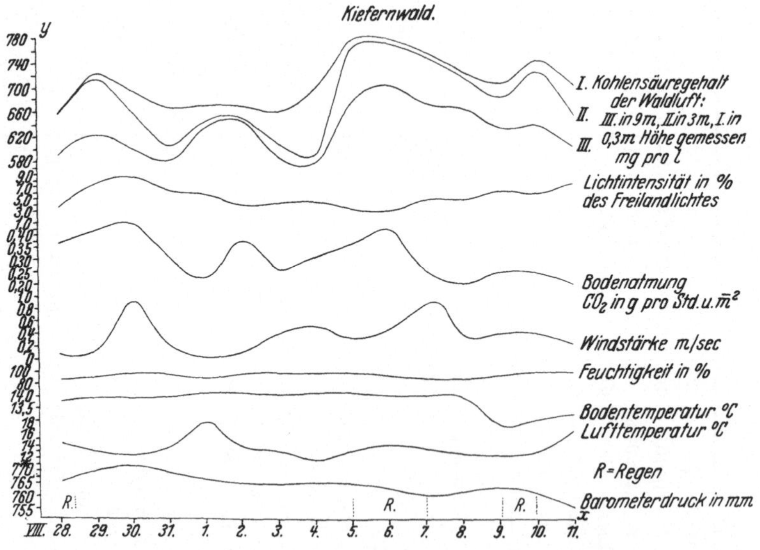



Abb. 40. Der Verlauf der Bodenatmung auf der Versuchsfläche 34.

Theoretisch ist daher, namentlich im Walde, die künstliche Beeinflussung der Assimilation ohne weiteres möglich. Wie sich aber die Sache in der Wirklichkeit verhält, das werden uns erst die folgenden Betrachtungen zeigen.

Wir haben an einer Reihe von Versuchsflächen zunächst die Bodenatmung, dann die zugehörigen Standortsfaktoren in kurzen Vegetationsperioden gemessen. Zu diesem Zweck wurden die Versuchsflächen 33, 34 und 35 Buchenwald, Kiefernwald und Erlenwald auf der Insel Hallands-Väderö (Südschweden) untersucht.

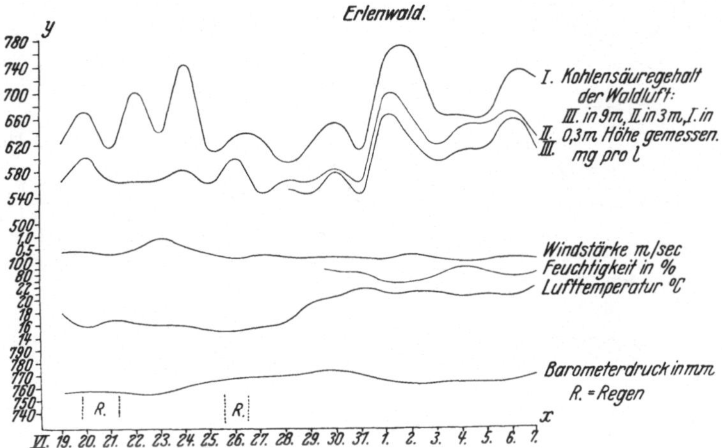


Abb. 41. Der Verlauf der Bodenatmung und des CO$_2$-Gehaltes der Waldluft auf der Versuchsfläche 35.

Die Resultate dieser Untersuchungen enthält die Tabelle 27 und die Abb. 39, 40 und 41.

Nach dem Abschluß dieser Untersuchungen in Schweden haben wir unsere Forschungen in den ungarischen Wäldern auf folgenden Versuchsflächen fortgesetzt: Versuchsfläche 3 Eichenwald in Kiskomárom, Versuchsfläche 4 Kiefern-

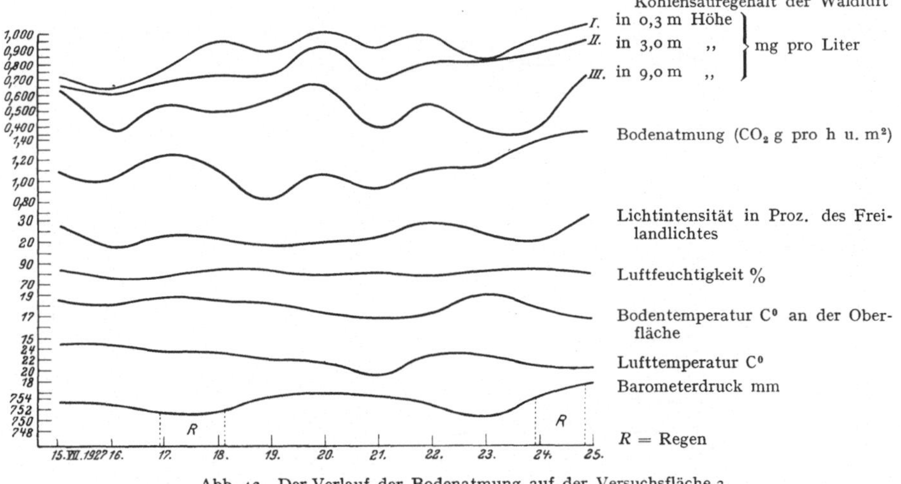


Abb. 42. Der Verlauf der Bodenatmung auf der Versuchsfläche 3.

wald in Kiskomárom, Versuchsfläche 15 Fichtenwald, Versuchsfläche 18 unterbauter Niederwald, Versuchsfläche 17 Fichtenwald im Hochschulrevier und Versuchsfläche 17 Fichtenwald im botanischen Garten. Die Resultate dieser Untersuchungen enthalten die Tabelle 28 und die Abb. 42, 43, 44.

Die untersuchten biologischen Standortsfaktoren sind in den Tabellen eingehend aufgezählt. Wir möchten hierzu noch ergänzend folgendes bemerken:

Die Kohlensäureproduktion des Waldbodens haben wir bei den schwedischen Untersuchungen noch mit dem ursprünglichen Absorptionsapparat von LUNDEGÅRDH durchgeführt. Später verwendeten wir ausschließlich unsere eigene Methode mit der LUNDEGÅRDHschen Bodenglocke, welche in dem Kapitel über die Methoden näher beschrieben wurde.

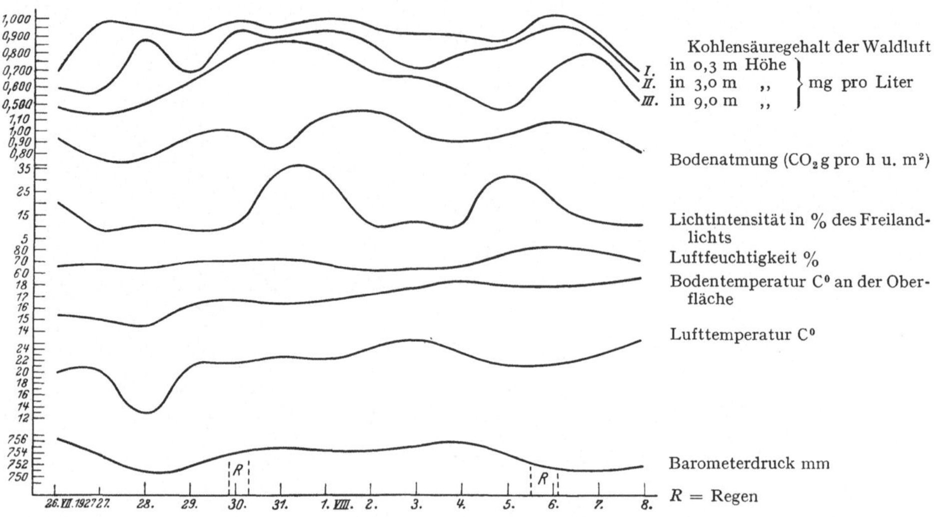


Abb. 43. Der Verlauf der Bodenatmung auf der Versuchsfläche 4.

Die Bestimmung des Kohlensäuregehaltes der Waldluft erfolgte mit dem Glockenapparat von LUNDEGÅRDH, wobei die Entnahme der Proben in verschiedenen Höhen durch eine auf eine tragbare Stange montierte Glasrohrleitung erfolgte. Jedes Niveau hat eine eigene Rohrleitung mit einer eigenen Apparatur. Von der Bodenatmung haben wir gewöhnlich zwei Parallelproben genommen und daraus das Mittel gebildet. Die Messungen

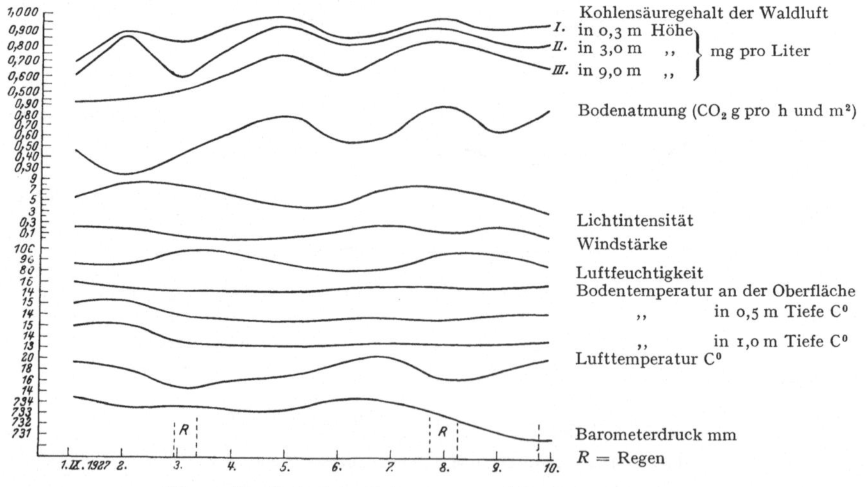


Abb. 44. Der Verlauf der Bodenatmung auf der Versuchsfläche 15.

wurden im allgemeinen täglich dreimal vorgenommen, und zwar 8—9 Uhr früh, 12—1 Uhr mittags und 5—6 Uhr nachmittags. Es wurden immer Paralleluntersuchungen vorgenommen. Die Daten in den Tabellen sind Tagesmittelwerte. Die täglich dreimalige Messung war aus dem Grunde notwendig, da der Verlauf der Bodenatmung infolge der Temperaturwirkung täglichen Schwankungen unterworfen ist. Die höchsten Werte bekommt man gewöhnlich in der Mittagszeit und die kleinsten Werte kommen in den Frühstunden vor.

Die klimatischen Umweltfaktoren wurden alle mit geeichten, darunter, wo es möglich war, mit Registrierapparaten gemessen. Der Bakteriengehalt, die Bodenazidität sowie Humusgehalt und Wassergehalt des Bodens wurden am Anfang und Ende dieser kurzen Beobachtungsperioden gemessen bzw. bestimmt und daraus das Mittel gebildet. Wo die Lichtintensität gemessen wurde, dort haben wir die Messungen ebenfalls dreimal vorgenommen und daraus das Mittel gebildet.

Auf Grund dieser Untersuchungen kann man folgendes gleich feststellen: Zwischen der Bodenatmung und dem Kohlensäuregehalt der Waldluft besteht ein fester Zusammenhang. Es ist daher vollkommen klar, daß die Bodenatmung den $CO_2$-Gehalt der Waldluft unmittelbar ganz wesentlich beeinflußt. *Es ist jedoch nicht zu leugnen, daß der $CO_2$-Gehalt der aufeinanderliegenden Luftschichten von unten nach oben ständig abnimmt und schon im Niveau des Kronendaches meistens die Konzentration des freien Luftmeeres erreicht.* Es ist jedoch immerhin sicher, daß die $CO_2$-Konzentration der Waldluft im allgemeinen immer höher ist als die $CO_2$-Konzentration des freien Luftmeeres. Daß die $CO_2$-Konzentration nach oben gerechnet so rasch abnimmt, ist zunächst durch den Verbrauch der Baumkronen und zweitens durch die Diffusion der Kohlensäure, welche gewöhnlich gering ist, zu erklären.

Zur raschen Ermittlung der Diffusionskoeffizienten haben wir folgende allgemeine Gleichung aufgestellt:

$$K_x = \frac{C_0 - C_n}{100 \cdot n} \cdot K^*,$$

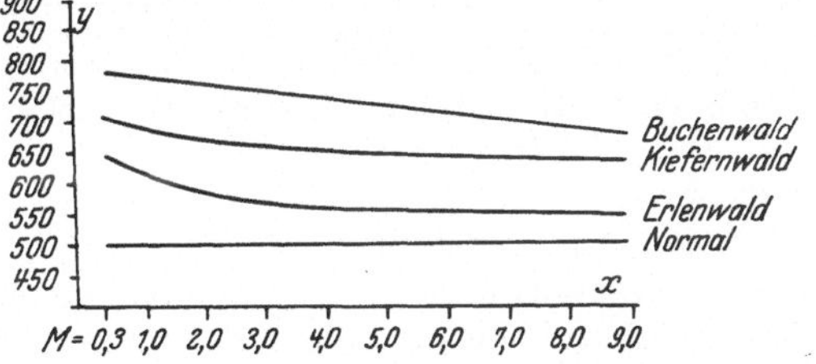


Abb. 45. Die Diffusionsgefälle der Versuchsflächen 33, 34 u. 35.

wo $K_x$ den gesuchten Diffusionskoeffizienten auf 1 cm² in 1 Sekunde, $K$ den Diffusionskoeffizienten Luft/$CO_2$ auf 1 cm² in 1 Sekunde bei 1 Atm. Druck, $C_0$ und $C_n$ die gemessene Konzentration der $CO_2$ in Volumenprozenten über der Erdoberfläche und in den höchsten Luftschichten gemessen und $n$ die Höhe in Metern bedeuten. Rechnet man nun die Diffusionskoeffizienten der untersuchten Waldtypen aus, so bekommt man folgende Resultate:

| Höhe<br>m | $CO_2$-Gehalt pro Liter<br>mg | Konzentration<br>% | Unterschied | Diffussionskoeffizient<br>pro cm²/sec<br>g |
|---|---|---|---|---|
| | | Erlenwald: H -Väderö | | |
| 0,3 | 0,641 | 0,033 | — | — |
| 3,0 | 0,578 | 0,031 | 0,002 | 0,000 000 010 5 |
| 9,0 | 0,537 | 0,029 | 0,002 | 0,000 000 004 685 |
| | | Buchenwald: H -Väderö | | |
| 0,3 | 0,779 | 0,042 | — | — |
| 3,0 | 0,748 | 0,040 | 0,002 | 0,000 000 010 5 |
| 9,0 | 0,669 | 0,036 | 0,004 | 0,000 000 009 46 |
| | | Kiefernwald: H -Väderö | | |
| 0,3 | 0,707 | 0,038 | — | — |
| 3,0 | 0,677 | 0,036 | 0,002 | 0,000 000 010 5 |
| 0,9 | 0,627 | 0,033 | 0,003 | 0,000 000 007 10 |

Das Diffusionsgefälle der untersuchten drei Waldtypen zeigt die Abb. 45. Man kann daraus leicht ersehen, daß das Diffusionsgefälle in allen drei Waldtypen annähernd das gleiche bleibt. Der $CO_2$-Gehalt und die Diffusionskoeffizienten der Versuchsflächen I—XV sind die folgenden:

---

* $K = 0{,}142$ (Losschmiedt)

| Nr. | $CO_2$-Gehalt | | Diffusionskoeffizient pro cm³/sec g | Diffussionskoeffizient pro m³/Stunde g |
| --- | --- | --- | --- | --- |
| | auf der Erde % | in 2 m Höhe % | | |
| I. | 0,0390 | — | 0,000 000 063 90 | 2,300 |
| II. | 0,0308 | — | 0,000 000 005 68 | 0,204 |
| III. | 0,03225 | 0,0306 | 0,000 000 011 715 | 0,422 |
| IV. | 0,0330 | 0,0302 | 0,000 000 019 88 | 0,716 |
| V. | 0,03076 | 0,032 | 0,000 000 008 804 | 0,317 |
| VI. | 0,0450 | 0,0433 | 0,000 000 012 07 | 0,435 |
| VIII. | 0,0330 | 0,030 | 0,000 000 021 30 | 0,767 |
| IX. | 0,0385 | 0,0275 | 0,000 000 078 10 | 2,812 |
| X. | 0,0368 | 0,0300 | 0,000 000 048 28 | 1,738 |
| XI. | 0,0500 | 0,0329 | 0,000 000 121 410 | 4,371 |
| XIII. | 0,0400 | 0,0306 | 0,000 000 066 74 | 2,403 |
| XIV. | 0,0350 | — | 0,000 000 035 50 | 1,278 |
| XV. | 0,0397 | 0,0360 | 0,000 000 026 270 | 0,946 |

Um die Geringfügigkeit der Diffusionsgefälle vor Augen zu führen, wollen wir hier ein Beispiel besprechen. Bei der Versuchsfläche XI gelangen bei einem Konzentrationsunterschied $0,0500 - 0,0329 = 0,0171 \cdot 4,371$ g $CO_2$ pro Quadratzentimeter und Stunde auf 2 m Höhe. Um diese Bewegung in dieser Geschwindigkeit erhalten zu können, müßte bei einem 30 m hohen Baum ein Konzentrationsunterschied $0,17 \cdot 15 = 0,255$ vorhanden sein. In der Wirklichkeit sind jedoch die Unterschiede viel geringer, so fand z. B. MEINECKE nur 0,02 % auf 20 m und FEHÉR fand auf Hallands-Väderö auf 9 m nur 0,006, also auf 30 m ungefähr genau so wie MEINECKE.

Diese Untersuchungen zeigen, daß die Diffusionskoeffizienten und damit die Diffusionsgeschwindigkeit, nach oben gerechnet, ständig abnehmen und infolgedessen der Kohlensäuregehalt der unteren Luftschichten ständig zunehmen wird.

Nach diesen Ergebnissen ist es klar, daß hier auch andere Faktoren eingreifen müssen, um die Diffusion der $CO_2$ derart zu beschleunigen, daß dieselbe von den Baumkronen besser ausgenützt werden kann. Diese Faktoren sind gewöhnlich die Lufttemperatur und der Wind. Da der letztere jedoch in dem Bestande stark abgeschwächt wird, so kommt meistens die Lufttemperatur mehr zur Geltung. Wenn man das jetzt Gesagte mit den erreichten Untersuchungsresultaten vergleicht, so kommt man unwillkürlich zu dem Schlusse, daß um eine Erhöhung des Luftkohlensäuregehaltes mit künstlichen Eingriffen erreichen zu können, sehr wirksame Mittel erforderlich sind, welche wahrscheinlich mit der Rentabilität der heute noch sehr extensiven Forstwirtschaft kaum vereinbart werden könnten.

Die Untersuchungsresultate zeigen nämlich auch, daß bei Waldböden, welche sich in optimalen Zuständen befinden, der biologische Zustand derart optimal entwickelt ist, daß eine Erhöhung der Bodenatmung durch waldbauliche Eingriffe eigentlich nur bei Böden, die sich in schlechtem Zustande befinden, in Frage kommen kann. Das gilt namentlich für Waldböden, welche stark versäuert sind oder im allgemeinen schlechte Durchlüftungsverhältnisse besitzen. Bei der Beurteilung dieser Frage darf man aber den folgenden Umstand nicht außer acht lassen. Bis jetzt war immer von geschlossenen Beständen die Rede. Hier ist natürlich für den größtenteils im Schatten assimilierenden Teil der Baumkronen eine Erhöhung des $CO_2$-Gehaltes zweifelsohne von großer Bedeutung. Im Laufe der jetzt erfolgten Diskussion haben wir jedoch gesehen, daß durch die außerordentlich langsame Diffusion der Bodenkohlensäure eine wesentliche Erhöhung der $CO_2$-Konzentration im Niveau des Kronendaches sich außerordentlich schwierig gestalten würde. Wie schon früher betont wurde, mußte man hier eine derartige Steigerung der Bodenatmung herbeiführen, welche innerhalb der Grenzen der Rentabilität der heute üblichen waldbaulichen Maßnahmen fast vollkommen undenkbar wird. Die angeführte Abb. 38 zeigt ja, daß bei den herrschenden Lichtintensitäten im Walde die Ertragserhöhung durch die Steigerung der Bodenatmung ganz bedeutende Erhöhung derselben als Voraussetzung erfordern würde. Man kann im allgemeinen, wie wir das schon öfters betont haben, nur durch die Aufbesserung von schlechten Waldböden die Assimilation und damit auch das Wachstum künstlich beeinflussen. Daß bei der natürlichen Verjüngung die jungen Pflanzen auf die Erhöhung der Bodenatmung entsprechend reagieren würden, braucht vielleicht nach dem Vorausstehenden nicht näher erklärt werden. Es taucht daher unwillkürlich die Frage auf, ob es nicht zweckmäßiger wäre, die Assimilation der Waldbäume durch die Steigerung der Lichtintensität zu erhöhen. Für den praktischen Waldbau stehen ja hierfür manche Mittel zur Verfügung und namentlich bei der Wahl zwischen der natürlichen und künstlichen Verjüngung bekommt diese Frage eine ganz besonders erhöhte Bedeutung. Nach den Angaben von SPRIGATIS nützten ja die Pflanzen bei vollem Lichtgenusse die bestehende normale Luftkohlensäurekonzentration derart aus, daß hier bereits eine 95proz. Ernteausbeute leicht möglich ist. Von diesem Standpunkte aus sind ja die in dem vollen Lichtgenusse kommenden jungen Pflanzen der natürlichen Verjüngung ganz entschieden im Vorteil. Und falls die sonstigen waldbaulichen Gesichtspunkte oder andere biologische Schwierigkeiten nicht gegen die künstliche Verjüngung sprechen, so ist diese Verjüngungsart aus dem Standpunkte der Assimilationsintensität ganz entschieden die günstigere. Ich möchte aber außerdem betonen, daß es noch überhaupt nicht experimentell untersucht worden ist, wie sich die verschiedenen Baumarten in ihrem jungen Alter gegen den vollen Lichtgenuß verhalten. Hier öffnet sich daher nach unserer Ansicht der weiteren experimentellen Forschung ein weites und dankbares Gebiet.

Aus dem gleichen Gesichtspunkte kann man theoretisch auch die biologische Wirkung der Lichtung des Kronendaches beurteilen. Durch die allmählich gesteigerte Belichtung wird infolge der Lichtwirkung die $CO_2$-Konzentration natürsam viel besser ausgenützt.

Man kann die Lichtwirkung auch quantitativ berechnen, wenn man die $CO_2$-Konzentration des Bestandes in die Formel von MITSCHERLICH bei $x$ einsetzt und in der Formel auf Grund der Gleichung von SPIRGATIS mit verschiedenen Werten von $i$ rechnet. Abb. 46 zeigt die graphische Berechnung auf Grund des jetzt Gesagten auf zwei Versuchsflächen IV und X, welche das Licht ziemlich scharf filtrieren. Man sieht es gleich, daß durch die Erhöhung von $W$ die Werte von $y$ ziemlich stark anwachsen, auch dann, wenn die $CO_2$-Konzentration die gleiche bleibt. Das gleiche gilt auch für die natürliche Verjüngung.

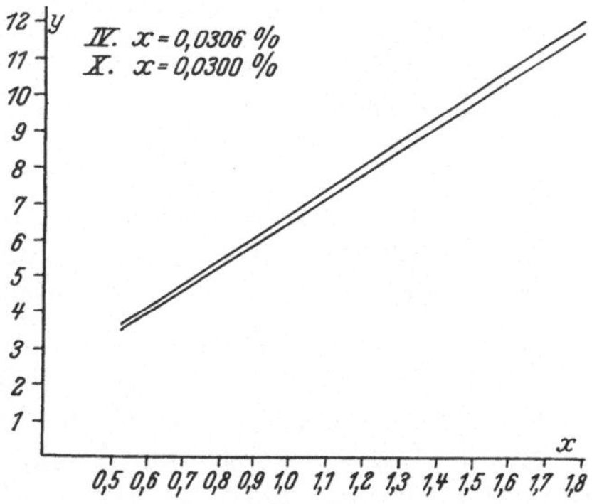

Da die Bodenatmung durch die jetzigen waldbaulichen Maßnahmen kaum wirksam beeinflußt werden kann, so ist die allmähliche Freistellung des jungen Nachwuchses sicherlich von sehr günstiger Wirkung. Wir möchten aber gleichzeitig darauf hinweisen, daß auf diesem Gebiete die weiteren praktischen Versuche unerläßlich sind und auch die Frage der Wurzelkonkurrenz unbedingt in Betracht zu ziehen wäre.


Abb. 46.

Bezüglich der angeblichen schädlichen Wirkung der plötzlichen Freistellung infolge der direkten Sonnenstrahlen möchten wir uns auf das in dem Kapitel „Der zeitliche Verlauf des Bakterienlebens" Gesagte berufen, wonach eine merkliche Schädigung der Bodenmikroflora infolge der Freistellung aus den dort angeführten biologischen Gründen von extremen Fällen abgesehen nicht zu erwarten ist. Die weitere Diskussion dieser Frage fällt jedoch derart aus dem Rahmen unserer Besprechungen, daß wir die weitere Behandlung dieser jetzt noch offenen Fragen mit dem bereits erfolgten obigen Hinweise vorläufig abschließen möchten.

Die Untersuchungsresultate haben im allgemeinen ziemlich deutlich gezeigt, daß die Bodenatmung im allgemeinen mit der Bakterientätigkeit des Waldbodens ganz ausgesprochen zusammenhängt. Besonders die Versuchsflächen auf der Insel Hallands-Väderö geben in diesem Belange sehr gute Beispiele. Die Bodenatmung wird nämlich vorwiegend durch die Anzahl der aeroben Bodenbakterien beeinflußt. Herrschen zwischen diesen die anaeroben vor, so vermindert sich im allgemeinen die Bodenatmung. Sie erreicht ihre optimalen Werte dort, wo zwischen den Bodenbakterien der Anteil der aeroben am höchsten ist (siehe Abb. 47). Das jetzt Gesagte wird durch jene Ergebnisse, welche bezüglich der Luftkapazität in dem Kapitel über die Bodenbakterien des Waldbodens gesprochen wurde, wesentlich und übereinstimmend bestätigt. Das wichtigste ist auch im praktischen Sinne die gute Durchlüftung des Bodens. Daß natürlich in extremen Fällen auch die $p_H$-Werte von großem Einfluß sind, daß sie den schlechten oder guten Zustand des Bodens anzeigen, steht außer Zweifel. Ihre Wirkung darf jedoch sehr vorsichtig beurteilt werden, weil ihre Schwankungen periodischen Änderungen unterworfen sind, eine Erscheinung, die immer genau berücksichtigt werden muß. Wir müssen hier noch ausdrücklich betonen, daß die Bodenatmung natürlich sich parallel mit den Änderungen des Bakteriengehaltes des Bodens ändert. Bei der Verwertung der jetzt mitgeteilten Untersuchungsergebnisse haben wir daher die Jahresperiode immer genau angegeben, und man kann schon hier die Unterschiede in dem Bakteriengehalt und in der Bodenatmung, welche infolge der Jahreszeiten zustande kommen, bemerken und feststellen.

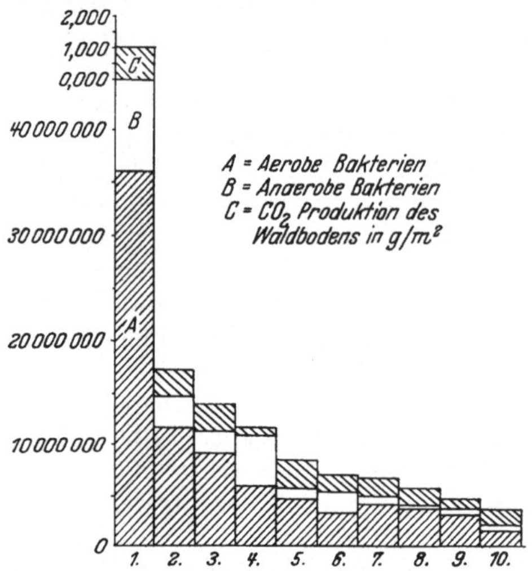


Abb. 47. Vergleichende Darstellung der Änderungen des Gesamtbakteriengehaltes und der $CO_2$-Produktion des Waldbodens auf einzelnen Versuchsflächen.

| | |
|---|---|
| 1. Versuchsfläche 3. | 6. Versuchsfläche 15. |
| 2. Versuchsfläche 33. | 7. Versuchsfläche 17*. |
| 3. Versuchsfläche 4. | 8. Versuchsfläche 20 a. |
| 4. Versuchsfläche 35. | 9. Versuchsfläche 24. |
| 5. Versuchsfläche 18. | 10. Versuchsfläche 17**. |

* Im Monat Oktober.    ** Im Monat November.

Was die Wirkung der klimatischen Faktoren anbelangt, so kann man hier bei diesen kurzen Perioden ganz deutlich den Einfluß der regnerischen Perioden nachweisen. Ganz besonders auffallend wird diese Erscheinung in den Sommermonaten. Daß gerade in der Trockenheit durch den Regen die Bakterientätigkeit günstig beeinflußt wird, steht ja außer Zweifel[1]. Nach den Regenperioden findet man gewöhnlich immer hohe Bodenatmungs- und Kohlensäurekonzentrationswerte. Recht interessant ist der Einfluß der Lufttemperatur. Abgesehen davon, daß die Lufttemperatur auch die Bodentemperatur unmittelbar beeinflußt, so konnte noch im Laufe der Untersuchungen beobachtet werden, daß die Temperaturzunahme auch die Erhöhung der $CO_2$-Produktion des Bodens verursacht. Es wird nämlich durch die Erhöhung der Lufttemperatur die Luftströmung von unten nach aufwärts im Walde beschleunigt. Diese beschleunigte Luftströmung

---

[1] Diese Regel wurde neuerlich im Sommer 1932 in unserem Institute durch die Untersuchungen des finnischen Forschers O. Porkka einwandfrei bestätigt.

wirkt aber ihrerseits auch beschleunigend auf die aufwärts diffundierende Luftkohlensäure. Dadurch wird natürlich das Diffusionsgefälle zwischen Luftkohlensäure und Bodenkohlensäure vergrößert, ein Umstand, der nun die Erhöhung der CO$_2$-Abgabe des Bodens herbeiführt. Die Bodentemperatur bleibt in der Hauptvegetationsperiode, wie schon angedeutet wurde, nur verhältnismäßig geringen Schwankungen unterworfen. Ihre Wirkung macht sich erst dann bemerkbar, wenn ihre Werte sich dem Nullpunkt nähern. Ihre Wirkung äußert sich in der Verminderung der Anzahl der Bakterien und in der schnellen Abnahme der CO$_2$-Produktion des Bodens.

Die Stärke des Windes wird in den Waldbeständen ebenfalls merklich abgeschwächt, so daß eine unmittelbare Wirkung nicht nachgewiesen werden konnte.

Ganz eigenartig ist der Einfluß der Lichtintensität. Da im Sommer mit der Erhöhung der Lichtintensität gewöhnlich klares Wetter und damit größere Strahlungswärme der Sonne verbunden ist, so wird damit auch gleichzeitig die Bodentemperatur erhöht, wodurch natürlicherweise auch die CO$_2$-Produktion des Bodens gesteigert wird.

Die Luftfeuchtigkeit ist gewöhnlich ohne besondere Wirkung. Das gleiche gilt auch für die Änderungen des Barometerdruckes. Letzterer wirkt nur mittelbar, weil mit den barometrischen Minima gewöhnlich auch die Regenperioden zusammenfallen, welche dann die Intensität der Bodenatmung erhöhen. Mit den Regenperioden steigt gewöhnlich auch die Luftfeuchtigkeit und auf die Art und Weise kann dieselbe ebenfalls unmittelbar mitwirken.

*Die Bodenatmung ist eine der Hauptfunktionen des Mikrobenlebens des Waldbodens, ihr ganzes Wesen und ihren unmittelbaren Zusammenhang mit dem Mikrobenleben kann man aber erst dann richtig verstehen und einschätzen, wenn man die jahreszeitlichen Änderungen desselben in Betracht zieht*[1]. Schon in dem vorhergehenden Kapitel haben wir den großen Einfluß der Bodentemperatur beweisen können und im Laufe der jetzt beschriebenen Untersuchungen mußten wir einsehen, daß die biologischen Grundlagen der Bodenatmung erst dann in ausreichendem Maße erklärt werden können, wenn man dieselben auf breiterer Basis während längerer, möglichst ein ganzes Jahr umfassender Beobachtungsperioden hindurch untersucht. Daß die jetzt mitgeteilten Resultate in gewisser Hinsicht miteinander gut vergleichbar sind, ist nur allein dem Umstand zuzuschreiben, daß wir meistens in den Sommermonaten gearbeitet haben, wo der Bakteriengehalt des Bodens sich im Maximum befindet. Auf Grund dieser Erwägungen haben wir uns entschlossen, auch die Bodenatmung ein ganzes Jahr hindurch zu untersuchen. Unsere Untersuchungsmethodik war hierbei auch die gleiche geblieben. Die Bestimmung der Bodenatmung und des Luftkohlensäuregehaltes erfolgte ebenfalls täglich dreimal durch zwei Parallelproben. Den Bakteriengehalt und die Pilze bestimmten wir gewöhnlich monatlich einmal, und zwar regelmäßig gegen Mitte des Monats. Die Lichtintensität bestimmten wir auch täglich dreimal und bildeten daraus das Tagesmittel.

Für diese speziellen Untersuchungen haben wir eine Versuchsfläche in unserem botanischen Garten (Versuchsfläche 17) verwendet. Die Resultate zeigen die Tabelle 29 und die Abb. 48 und 49 ganz deutlich.

Auf Grund dieser Untersuchungen können wir feststellen, daß das Maximum und das Minimum der Gesamtbakterienzahl mit dem Maximum und Minimum der Bodenatmungskurve fast vollkommen zusammenfällt. Im Winter, namentlich in den Monaten Dezember und Januar erreicht die Bodenatmung ihre nied-

---

[1] Die Wirkung der Wurzelatmung ist noch nicht völlig geklärt. Nach unseren diesbezüglichen Untersuchungen, die erst später veröffentlicht werden, dürfte ihr keine entscheidende Bedeutung neben den Bakterien und Pilzen zukommen.

Tabelle

| Monat | 1 | 2 | 3 | 4 | 5 | 6 | 7 | 8 | 9 |
|---|---|---|---|---|---|---|---|---|---|
| | Aerobe | Anaerobe | Zusammen | Pilze | N.-bindende (aerobe und anaerobe) | Nitrifizierende | Denitrifizierende | Zellulosezersetzer (aerobe und anaerobe) | Pektinvergärer (aerobe und anaerobe) |
| 1927. X. | 4 000 000 | 750 000 | 4 750 000 | 200 000 | 10 100 | 1 000 | 100 000 | 11 000 | 1 100 |
| XI. | 1 490 000 | 500 000 | 1 990 000 | 205 000 | 7 400 | 5 000 | 70 000 | 2 000 | 0 |
| XII. | 1 255 000 | 450 000 | 1 705 000 | 210 000 | 4 700 | 7 000 | 40 000 | 1 000 | 0 |
| 1928. I. | 1 750 000 | 400 000 | 2 150 000 | 214 000 | 2 000 | 10 000 | 10 000 | 2 000 | 0 |
| II. | 2 790 000 | 200 000 | 2 990 000 | 220 000 | 2 000 | 10 000 | 10 000 | 2 000 | 2000 |
| III. | 3 670 000 | 200 000 | 3 870 000 | 100 000 | 2 000 | 10 000 | 10 000 | 2 000 | 200 |
| IV. | 6 460 000 | 500 000 | 6 960 000 | 200 000 | 1 100 | 1 000 | 10 000 | 11 000 | 2000 |
| V. | 5 450 000 | 200 000 | 5 650 000 | 300 000 | 1 100 | 1 000 | 10 000 | 2 000 | 0 |
| VI. | 8 600 000 | 1 300 000 | 9 900 000 | 400 000 | 1 100 | 1 000 | 10 000 | 20 000 | 0 |
| VII. | 8 770 000 | 1 800 000 | 10 570 000 | 400 000 | 1 100 | 1 000 | 10 000 | 20 000 | 0 |
| VIII. | 8 000 000 | 1 800 000 | 9 800 000 | 450 000 | 1 100 | 1 000 | 10 000 | 20 000 | 0 |
| IX. | 6 700 000 | 2 000 000 | 8 700 000 | 400 000 | 1 100 | 1 000 | 10 000 | 10 000 | 0 |
| X. | 3 800 000 | 1 300 000 | 5 100 000 | 100 000 | 5 000 | 1 000 | 100 000 | 10 000 | 0 |

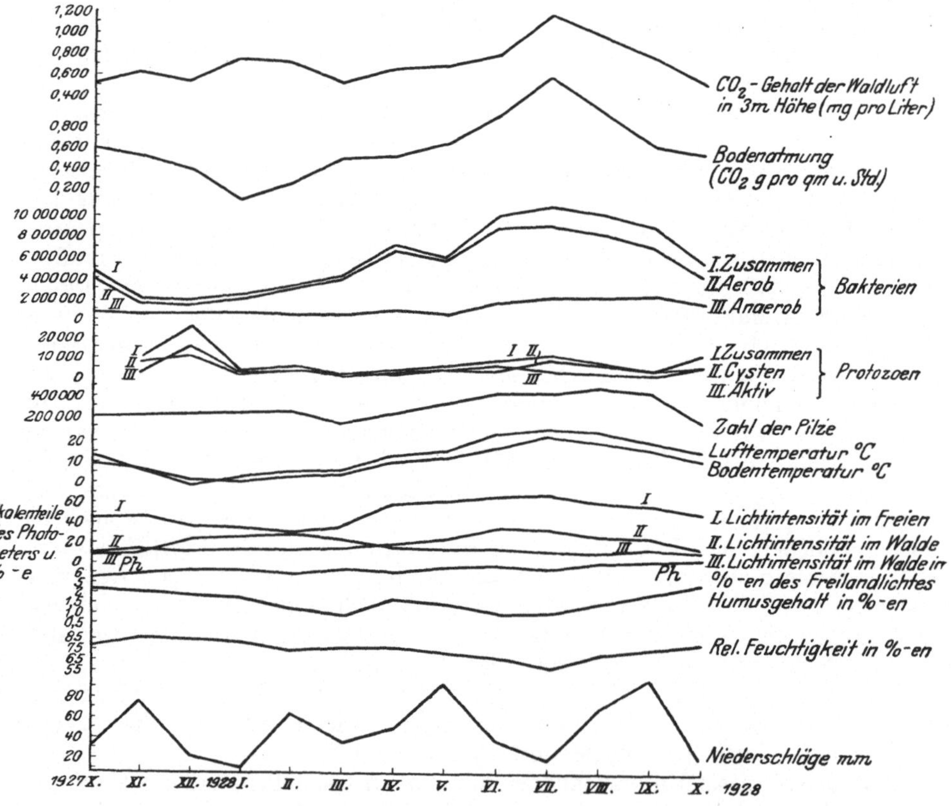

Abb. 48. Die periodischen Änderungen der Bodenatmung auf der Versuchsfläche 17.

rigsten Werte und wenn die Bodentemperatur unter 0° sinkt, wird dieselbe fast vollkommen stillgelegt. Tabelle 29 zeigt ganz klar diese Erscheinung. Dieser Stillstand der Bodenatmung bei Temperaturen unter 0° wird durch den Umstand erklärt, daß bei diesen Temperaturgraden das Wasser der Bodenkapillaren

29.

| 10 | 11 | 12 | | | 13 | 14 | 15 | 16 | 17 | 18 | |
|---|---|---|---|---|---|---|---|---|---|---|---|
| | | Protozoen | | | | | | | | | |
| Aerobe Harnstoff-vergärer | Anaerobe Buttersäure-bazillen | Zusammen | Zysten | Aktive | $p_H$ | Humus-gehalt % | Bodenatmung g pro Stunde und qm | $CO_2$-Gehalt der Waldluft in 3 m Höhe (mg pro Liter) | Bodentempe-ratur an der Oberfläche ° C | Luft-temperatur ° C | Nieder-schläge mm |
| 100 000 | 10 000 | — | — | — | 5,5 | 2,15 | 0,597 | 0,509 | +9,53 | 13,56 | 34,0 |
| 70 000 | 7 000 | 10 000 | 7 500 | 2 500 | 5,9 | 2,0 | 0,518 | 0,627 | 6,23 | 5,87 | 74,0 |
| 40 000 | 4 000 | 25 000 | 10 000 | 15 000 | 6,1 | 1,8 | 0,372 | 0,518 | 0,39 | —2,24 | 20,0 |
| 10 000 | 1 000 | 2 500 | 1 000 | 1 500 | 6,08 | 1,70 | 0,066 | 0,721 | —0,05 | —1,81 | 9,7 |
| 10 000 | 1 000 | 5 000 | 2 500 | 2 500 | 5,74 | 1,20 | 0,229 | 0,687 | +1,8 | 3,85 | 63,7 |
| 10 000 | 1 000 | 1 000 | 1 000 | — | 6,2 | 0,87 | 0,472 | 0,498 | 2,85 | 4,96 | 34,5 |
| 10 000 | 1 000 | 2 500 | 1 000 | 1 500 | 5,94 | 1,63 | 0,495 | 0,637 | 6,4 | 12,27 | 48,4 |
| 10 000 | 10 000 | 5 000 | 2 500 | 2 500 | 6,31 | 1,4 | 0,613 | 0,663 | 10,72 | 14,29 | 93,0 |
| 10 000 | 10 000 | 7 500 | 2 500 | 5 000 | 6,52 | 0,96 | 0,884 | 0,758 | 15,95 | 19,0 | 36,4 |
| 10 000 | 10 000 | 10 000 | 7 500 | 2 500 | 6,23 | 0,97 | 1,256 | 1,134 | 15,7 | 20,16 | 17,9 |
| 10 000 | 10 000 | 6 300 | 5 000 | 1 300 | 6,74 | 1,90 | 0,924 | 0,935 | 14,3 | 20,76 | 67,0 |
| 100 000 | 10 000 | 2 500 | 2 500 | — | 6,90 | 2,35 | 0,590 | 0,738 | 11,0 | 16,39 | 96,3 |
| 100 000 | 10 000 | 10 000 | 5 000 | 5 000 | 7,04 | 2,83 | 0,516 | 0,476 | 9,1 | 13,01 | 19,6 |

gefriert und infolgedessen der Weg der $CO_2$-Diffusion physikalisch gesperrt wird. Unsere Annahme wird dadurch besonders bestätigt, daß, wie eben unsere Untersuchungen zeigen, der Bakteriengehalt des Waldbodens auch in den Wintermonaten verhältnismäßig hoch bleibt, nur ihre Tätigkeit wird durch die niedrigen Temperaturen erheblich beschränkt und das Entweichen der durch sie produzierten $CO_2$ infolge des Gefrierens des Wassers der Bodenkapillaren verhindert.

Die Temperaturwirkung macht sich in dem Mikrobenleben des Waldbodens besonders dann bemerkbar, wenn die Temperaturgrade unter 10° C sinken und

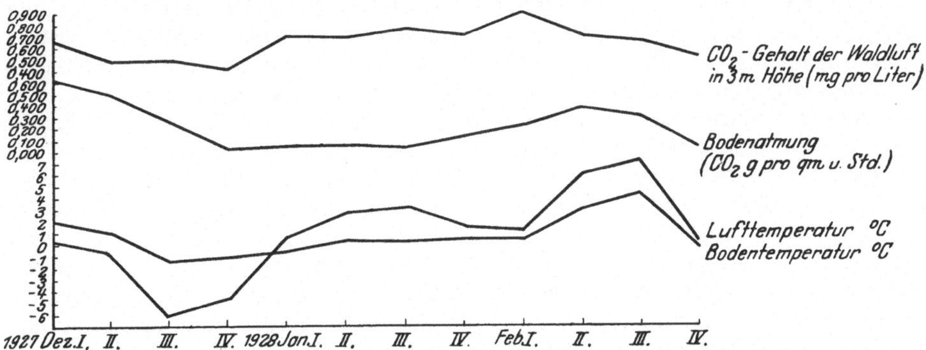


Abb. 49. Die Änderungen der Bodenatmung in den Wintermonaten auf der Versuchsfläche 17 in Wochenmittelwerte.

sich dem Nullpunkt nähern. Die Wirkung der Temperatur ist derart ausgeprägt, daß die Temperaturkurve mit den Änderungen der Bakterienzahl vollkommen kongruent ist. Die Boden- und Lufttemperatur, die absoluten Werte der Lichtintensität, die Bodenatmung und die Gesamtzahl der Bakterien erreichen in den Monaten Dezember und Januar ihre niedrigsten Werte und dieses Minimum tritt am schärfsten in diesen Monaten hervor. Recht interessant ist die Änderung des $CO_2$-Gehalts der Waldluft. Die Kurve des $CO_2$-Gehalts der Waldluft läuft bis zum Ende November bzw. Anfang Dezember parallel mit der Bodenatmungskurve. In den kältesten Wintermonaten, Dezember und Januar, wo die Bodenatmung ihre niedrigsten Werte erreicht, sinkt im allgemeinen der $CO_2$-Gehalt der Waldluft nicht ganz auf das $CO_2$-Niveau des freien Luftmeeres, sondern erreicht in gewissen Perioden verhältnismäßig höhere Werte als dieses. Die Ursache dieser Erscheinung ist nach meiner Ansicht die folgende:

Die Bodenatmung, abgesehen von den Tagen, wo die Temperatur des Bodens unter $0^0$ sank, hörte niemals vollkommen auf. Der Boden erzeugte daher fast ununterbrochen Kohlensäure, welche durch unsere Apparate registriert und gemessen wurde. Andererseits wird aber in den Monaten November, Dezember, Januar und Februar die Assimilation infolge der niedrigen Temperatur fast vollkommen eingestellt. In diesen Monaten war die Temperatur gewöhnlich unter $10^0$ C und meistens bewegten sich ihre Werte unterhalb von $5^0$ C. Da infolge der fehlenden Assimilation der $CO_2$-Verbrauch minimale Werte haben wird, so kann der $CO_2$-Gehalt der Waldluft durch die geringe Bodenatmung gewissermaßen noch in den unteren Luftschichten erhöht werden, nach dem das Diffusionsgefälle der fehlenden Assimilation äußerst gering und die Waldluft, namentlich in den vor dem Winde geschützten unteren Niveaus, mit $CO_2$ gesättigt wird.

Bemerkenswert ist, daß im Laufe des Monats März, wo infolge der steigenden Temperatur die Assimilation allmählich in Gang gesetzt wird, der $CO_2$-Gehalt der Waldluft vorübergehend geringer wird, obwohl die Werte der Bodenatmung steigende Tendenz zeigen. Nur die spätere große Intensität der Bodenatmung kann im Laufe des Sommers sodann, trotz des starken Verbrauchs seitens der assimilierenden Baumkronen, den $CO_2$-Gehalt der Waldluft erhöhen. Sonst erreichen die Gesamtbakterienzahl, die Bodenatmung, der $CO_2$-Gehalt der Waldluft, die Luft- und Bodentemperatur und die absoluten Werte der Lichtintensität ihr Maximum im Laufe des Monats Juli. Im übrigen wies die Gesamtbakterienzahl ein zweites Maximum im Laufe des Frühjahrs (Februar, März, April) auf, welches jedoch bedeutend geringer war als das Hauptmaximum im Monat Juli. Das Bakterienwachstum im Waldboden erreichte daher eine kleine Periode im Frühjahr und eine große Periode im Sommer.

Bezüglich der Rolle der Bodenpilze, welche im Laufe dieser Untersuchungen ebenfalls quantitativ bestimmt wurden, möchten wir bemerken, daß die Änderungen ihrer Anzahl fast parallel mit den Änderungen der Gesamtbakterienzahl laufen[1]. Nur im Sommer merkt man eine vorübergehende Depression, welche sicherlich mit der trockenen Natur dieser Jahreszeit im Zusammenhange steht. Daß die Pilze im Winter ebenfalls in geringer Menge vorkommen, findet ihre Ursache in der Wirkung der niedrigen Temperaturen. Der Umstand, daß die Kurve der quantitativen Änderungen der Bodenpilze mit dem Verlauf der Bodenatmungskurve fast kongruent verläuft, läßt vermuten, daß neben den Bodenbakterien bei dem Hervorrufen und der Regulierung dieser Erscheinung auch die Bodenpilze eine recht wichtige Rolle spielen. Bedenken wir jetzt den bereits auf S. 88 erwähnten Umstand, wonach das sommerliche Maximum der Bakterienzahl hauptsächlich durch die saprophytischen sporenbildenden Bakterien hervorgerufen wird, so werden wir die große Bedeutung dieser Bakterien im Waldleben bald verstehen können.

Die Rolle der Protozoen ist nicht so klar erkennbar. Darüber wird übrigens in dem Kapitel der Protozoen noch eingehend berichtet.

Wie wir schon früher hervorgehoben haben, so üben die Niederschläge eine ganz deutliche und ausgeprägte Wirkung aus. Beide Faktoren zusammen, d. h. Temperatur und Niederschlagsmengen, regulieren daher mittelbar den Bakteriengehalt und unmittelbar die Bodenatmung in jenem Sinne, in welchem wir diese Erscheinung bereits in dem folgenden Kapitel näher auseinandersetzen werden.

Es ist sehr interessant, daß die Durchschnittszahlen des $CO_2$-Gehalts der Waldluft nicht immer im Verhältnis mit der Intensität der Bodenatmung stehen. Der $CO_2$-Gehalt der Waldluft wird nämlich auch durch die Intensität der Assi-

---

[1] Bezüglich der Rolle der Bodenpilze siehe noch S. 159.

milation stark beeinflußt. Die Assimilationsintensität andererseits hängt aber sehr stark von der Temperatur und von der assimilierenden Fläche der Baumkronen des Waldbestandes ab. Die Tabelle 30 gibt in dieser Beziehung sehr lehrreiche Daten. Ich greife als Beispiel den Eichenwald in Kiskomárom heraus. Dieser mittelalterige Bestand, der sehr gut geschlossen ist, hat durch seine reichliche Belaubung eine ziemlich große Assimilationsfläche. Der in seiner Nachbarschaft stehende jüngere Kiefernwald besitzt natürlich eine bedeutend kleinere Assimilationsfläche. Der Unterschied zeigt sich nun in dem Umstande, daß die Luft des Eichenwaldes, dessen Boden ja eine sehr große Bakterienzahl und damit eine sehr hohe Atmungsintensität aufweist, geringeren CO$_2$-Gehalt hat als die des Kiefernwaldes. Das gleiche gilt auch für den Niederwald im Hochschulrevier, wo der junge Bestand wenig CO$_2$ verbraucht und infolgedessen der CO$_2$-Gehalt der Waldluft größer wird als in dem in seiner unmittelbaren Nähe stehenden Fichtenwald.

Über die Schwankungen der $p_H$-Werte haben wir bereits gesprochen und wir wissen, daß diese Schwankungen wohl mit den klimatischen Verhältnissen zusammenhängen, ohne jedoch auf den allgemeinen Verlauf der Änderungen des Bakteriengehaltes einen deutlichen Einfluß auszuüben. Sie sind eher als Resultierende der Bakterientätigkeit und klimatischen Umweltfaktoren aufzufassen.

Über den Humusgehalt und dessen Änderungen haben wir in dem Kapitel über die Bodenbakterien bereits ausführlich gesprochen. Da seine Änderungen mit dem quantitativen Verhalten der Bodenbakterien eng zusammenhängen, so ist es klar, daß er unmittelbar infolge dieses Zusammenhanges korrelativ auch mit der Bodenatmung in Verbindung steht. Er liefert ja eigentlich jene Nahrungsstoffe der Bakterien, deren Verarbeitung schließlich die Bodenatmung hervorruft. Daß ihr Maximum nicht mit dem Maximum der Bodenatmung zusammenfällt, kann dadurch erklärt werden, daß die letztere innerhalb einer Vegetationsperiode hauptsächlich durch die Bodentemperatur geregelt und beeinflußt wird. Der maximale Humusgehalt im Herbst wird im nächsten Frühjahr und Sommer durch die Bakterien und Pilze fast vollkommen verbraucht und aus diesem Grunde ist es leicht zu verstehen, daß nach der sommerlichen Kulmination der Bodenatmung fast immer eine starke Ab-

Tabelle 30.

| Nr. der Versuchsfläche | Bakterien pro g feuchter Erde | | | CO$_2$-Produktion g pro Std. und qm | CO$_2$-Gehalt der Waldluft, mg/Liter | | | Humusgehalt % | $p_H$ | Wassergehalt % | Bodentemperatur °C | Lufttemperatur °C | Beobachtungszeit |
|---|---|---|---|---|---|---|---|---|---|---|---|---|---|
| | aerob | anaerob | zusammen | | 0,3 m | 3,0 m | 9,0 m | | | | | | |
| | | | | | Höhe | | | | | | | | |
| Versuchsfläche Nr. 3 | 36 000 000 | 8 800 000 | 44 800 000 | 1,057 | 0,843 | 0,732 | 0,478 | 0,73 | 5,2 | 10,34 | 17,40 | 21,4 | 15. VII. 1927 bis 25. VII. 1927 |
| ,, Nr. 4 | 9 000 000 | 2 000 000 | 11 000 000 | 0,878 | 0,901 | 0,745 | 0,628 | 0,81 | 5,4 | 4,97 | 16,8 | 21,3 | 26. VII. 1927 bis 8. VIII. 1927 |
| ,, Nr. 15 I | 4 970 000 | 1 200 000 | 6 170 000 | 0,562 | 0,876 | 0,788 | 0,646 | 2,81 | 6,12 | 5,37 | 14,3 | 17,3 | 1. IX. 1927 bis 10. IX. 1927[1] |
| ,, Nr. 18 | 5 790 000 | 870 000 | 6 660 000 | 0,555 | In 2 m Höhe | | 0,940 | 2,68 | 5,73 | 8,47 | 13,7 | 15,2 | 11. IX. 1927 bis 13. IX. 1927[1] |
| ,, Nr. 20 a | 4 500 000 | 900 000 | 5 400 000 | 0,583 | 0,775 | 0,762 | 0,700 | 1,00 | 6,8 | 13,8 | 9,4 | 13,1 | 12. X. 1927 bis 16. X. 1927 |
| ,, Nr. 17 | 4 820 000 | 870 000 | 5 690 000 | 0,597 | In 2 m Höhe | | 0,582 | 1,67 | 6,24 | 14,7 | 9,4 | 13,3 | 24. X. 1927 bis 2. XI. 1927[1] |
| ,, Nr. 33 | 11 500 000 | 3 000 000 | 14 500 000 | 0,870 | 0,779 | 0,748 | 0,669 | 4,2 | 5,2 | 34,0 | 15,5 | — | 14. VII. 1926 bis 3. VIII. 1926 |
| ,, Nr. 34 | 2 950 000 | 500 000 | 3 450 000 | 0,298 | 0,707 | 0,677 | 0,627 | 0,5 | 4,2 | 2,1 | 13,9 | 13,8 | 28. VIII. 1926 bis 11. IX. 1926 |
| ,, Nr. 35 | 5 700 000 | 5 000 000 | 10 700 000 | 0,237 | 0,641 | 0,578 | 0,537 | 8,6 | 4,1 | 56,0 | — | 18,1 | 19. VI. 1926 bis 7. VII. 1926 |

[1] Nur für die Bodenatmung und Luftkohlensäurebeobachtung. Die übrigen Daten sind Jahresdurchschnittswerte. Bezüglich der Bodenatmung der Sand- und Alkaliböden siehe die Tabellen auf S. 148—149.

nahme des Humusgehaltes eintritt, und erst der herbstliche Laubfall ist jener Faktor, welcher das weitere Gedeihen und die gesetzmäßige Wiederkehr des organischen Lebens im Waldboden ermöglicht.

Es bietet ein recht interessantes Bild, wenn wir die Änderungen der Lichtintensität mit der Gestaltung der Umweltfaktoren vergleichen. Wie wir bei Beschreibung der Untersuchungsmethoden bereits bemerkt haben, haben wir die Werte der absoluten Lichtintensitäten im Freien und im Walde einfach mit den abgelesenen Skalenteilen des Photometers ausgedrückt, woraus die BUNSEN-ROSCOE-Einheiten, wenn sich die Notwendigkeit ergeben sollte, berechnet werden können. Für die Darstellung der relativen Änderungen genügen ja allein die jeweiligen Skalenteile. Die absoluten Werte der Lichtintensität erreichen ihr Minimum im Herbst und im Winter und ihr Maximum im Hochsommer. Sie fallen daher mit den Minima und Maxima der Bodenatmung vollkommen zusammen. Auch in dieser Erscheinung erblicke ich die Wirkung und den Ausdruck der Sonnenenergie, und wir möchten auch hier unserer Meinung Ausdruck geben, daß bei der Entwicklung der Mikrobentätigkeit des Waldbodens die Wirkung und die Änderungen der Sonnenenergie eine außerordentlich wichtige Rolle spielen.

Was nun die unmittelbare Wirkung der Bakterientätigkeit auf die Bodenatmung anbelangt, so haben auch diese Untersuchungen bewiesen, daß, wenn sich die Bakterienzahl erhöht und zwischen den Bakterien die aeroben vorherrschen, die durch die Bodenatmung produzierten Kohlensäuremengen erhöht werden. Es ist eine auffallende Tatsache, daß die Anzahl der anaeroben Bakterien im Waldboden sich zwischen recht engen Grenzen bewegt. Die Anzahl der anaeroben Bakterien erreicht zwar im Laufe des Winters und des Sommers ebenfalls ihr Minimum und Maximum, sie erleidet aber nie so große Änderungen wie die Zahl der aeroben Bakterien. Infolge dieses Umstandes wird dann das Verhältnis der aeroben und anaeroben Bakterien für die Bodenatmung im Winter am ungünstigsten und im Sommer am günstigsten, also in jenen Jahreszeiten, wo die aeroben Bakterien ihr Minimum bzw. ihr Maximum erreichen. Die Bodenatmung steht daher auch jahreszeitlich in engem kausalem Zusammenhang mit der Anzahl der Bodenbakterien, und zwar derart, daß ihre höchsten Werte dann registriert werden, wenn die Gesamtzahl der Bakterien zu den anaeroben die günstigste Relation zeigt, und das Minimum der Bodenatmung fällt in jene Periode, wo die Anzahl der aeroben Bakterien am geringsten und ihr Verhältnis zu den anaeroben am ungünstigsten ist.

## V. Die mikrobiologische Untersuchung des Stickstoffkreislaufes des Waldbodens[1].

Die mikrobiologischen Untersuchungen des Stickstoffkreislaufes wurden in unserem Institute bereits im Jahre 1926 begonnen. Im Laufe dieser Untersuchungen wurden bereits ursprünglich nicht nur die jahreszeitlichen Änderungen des Nitratstickstoffes, sondern auch der ständige Wechsel des Gesamtstickstoffgehaltes der Waldböden systematisch untersucht.

Die zeitlichen Änderungen des Nitrat-Stickstoffgehaltes der Kulturböden sind nach den Untersuchungen von RUSSELL (468), LÖHNIS (433) und vielen anderen seit längerer Zeit bekannt. Die zeitlichen Änderungen desselben in den Waldböden sind jedoch von CLARKE (372) erst im Jahre 1924 systematisch untersucht worden. Der letztere fand bereits gewisse Änderungen im Nitratgehalt des Waldbodens. Seine Untersuchungen können aber trotz ihrer sonstigen Exaktheit nicht als vollkommen bezeichnet werden, weil er sich nur auf den deskriptiven Teil des Problems beschränkte und namentlich die mikrobiologische Seite der Frage wenigstens in exakt quantitativer Hinsicht wohl nicht berücksichtigt hatte. Außerdem erstreckten sich seine Untersuchungen nicht auf eine volle Jahresperiode, welche Bedingung bei der Beurteilung dieser Frage wohl unerläßlich ist. Wir möchten aber schon hier betonen, daß die jahreszeitlichen Änderungen des Gesamtstickstoffgehaltes der Wald- und Kulturböden bis zum heutigen Tage nicht genügend berücksichtigt worden sind.

---

[1] In allen Tabellen Keimgehalt pro Gramm feuchter Erde. — wurde keine Untersuchung vorgenommen.

Unsere Untersuchungen erstreckten sich auf eine ganze Anzahl von Versuchsflächen, welche nicht nur Waldböden, sondern auch einen bloßgestellten Kahlschlagsboden, einen Wiesenboden und in der letzten Zeit als Kontrolle eine brachgelassene Versuchsparzelle in der Baumschule des botanischen Gartens enthielten.

Bei der Untersuchung dieses Problems haben wir übrigens die folgenden biologischen und biochemischen Faktoren gemessen. Die hierbei angewendeten Methoden wurden in dem Kapitel über Methodik eingehend beschrieben. Diese Faktoren waren die folgenden:

1. Der Gesamtstickstoffgehalt, 2. der Nitratstickstoffgehalt, 3. die Gesamtbakterienzahl, 4. die physiologischen Gruppen der Bakterien (insbesondere die nitrifizierenden, denitrifizierenden und N-bindenden Bakterien), 5. der Humusgehalt, 6. die $p_H$-Werte, 7. die Bodentemperatur, 8. die

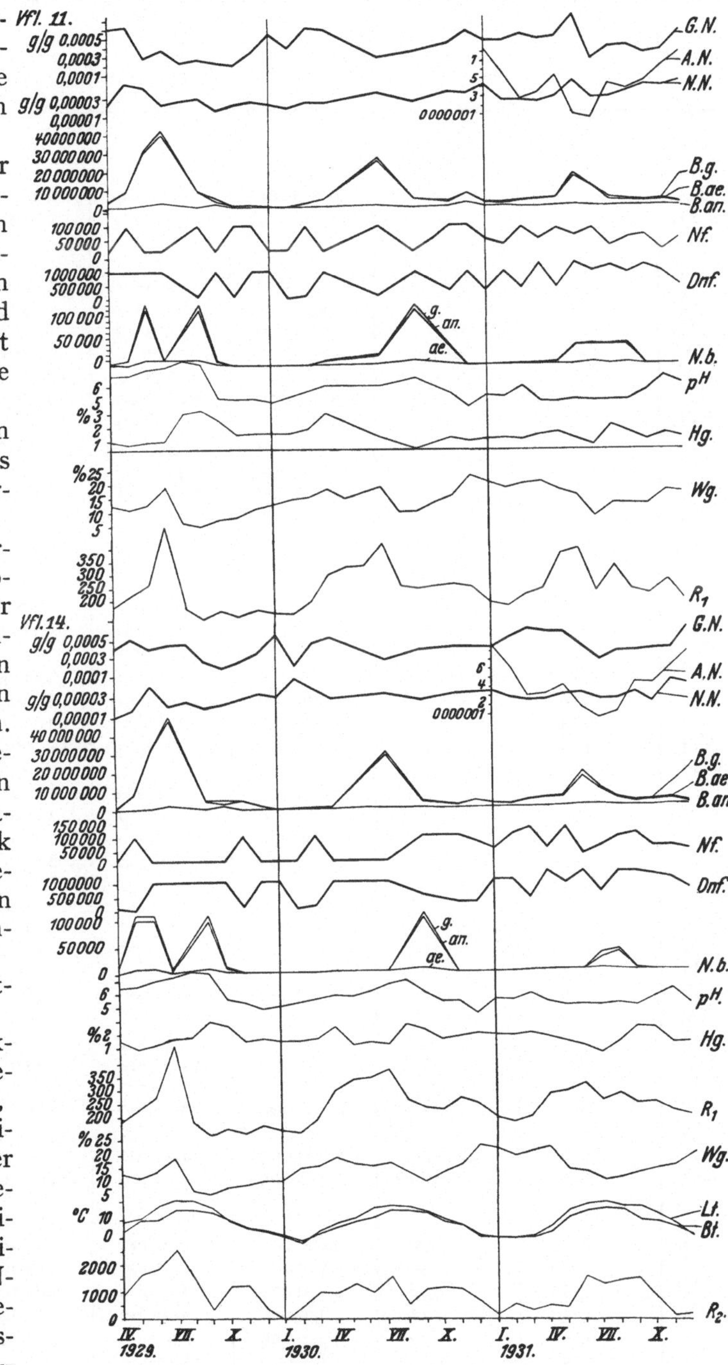

Abb. 50. Die jahreszeitlichen Änderungen des Stickstoffgehaltes der Waldböden.
Versuchsflächen 11 und 14.

Lufttemperatur und 9. die Niederschlagsmengen. Bezüglich der Versuchsflächen möchten wir noch erwähnen, daß dieselben in zwei Gruppen eingeteilt wurden. In die erste Gruppe gehören nun jene Probeflächen, welche mehrere Jahre

Tabelle 31.

| Datum | Gesamt- | Nitrat- | Bakterien | | | N-bindende | |
|---|---|---|---|---|---|---|---|
| | Nitrogen g/g | | Aerob | Anaerob | Zusammen | Aerob | Anaerob |
| 1927. XI. | — | — | 3 200 000 | 2 000 000 | 5 200 000 | — | — |
| XII. | — | — | 2 300 000 | 540 000 | 2 840 000 | — | — |
| 1928. I. | — | — | 960 000 | 160 000 | 1 120 000 | — | — |
| II. | — | — | 3 250 000 | 600 000 | 3 850 000 | — | — |
| III. | — | — | 1 700 000 | 250 000 | 1 950 000 | — | — |
| IV. | — | — | 3 500 000 | 2 600 000 | 6 100 000 | — | — |
| V. | — | — | 7 400 000 | 2 800 000 | 10 200 000 | — | — |
| VI. | — | — | 8 800 000 | 1 250 000 | 10 050 000 | — | — |
| VII. | — | — | 9 300 000 | 1 500 000 | 10 800 000 | — | — |
| VIII. | — | — | 8 150 000 | 950 000 | 9 100 000 | — | — |
| IX. | — | — | 7 000 000 | 400 000 | 7 400 000 | — | — |
| X. | — | — | 4 100 000 | 1 350 000 | 5 450 000 | — | — |
| XI. | — | — | — | — | — | — | — |
| XII. | — | — | — | — | — | — | — |
| 1929. I. | — | — | 2 000 000 | 900 000 | 2 900 000 | 0 | 0 |
| II. | — | — | 400 000 | 130 000 | 530 000 | 0 | 0 |
| III. | — | — | 780 000 | 160 000 | 940 000 | 0 | 0 |
| IV. | 0,0003936 | 0,00001918 | 3 080 000 | 400 000 | 3 480 000 | 2 000 | 5 000 |
| V. | 5721 | 2645 | 5 400 000 | 240 000 | 5 640 000 | 10 000 | 40 000 |
| VI. | 6732 | 3189 | 23 000 000 | 900 000 | 23 900 000 | 10 000 | 100 000 |
| VII. | 4463 | 2495 | 38 000 000 | 5 700 000 | 43 700 000 | 10 000 | 33 000 |
| VIII. | 4445 | 2186 | — | — | — | — | — |
| IX. | 3242 | 2450 | 7 800 000 | 600 000 | 8 400 000 | 10 000 | 100 000 |
| X. | 1999 | 1396 | 2 270 000 | 700 000 | 2 970 000 | 0 | 10 000 |
| XI. | 2400 | 1806 | 4 900 000 | 70 000 | 4 970 000 | 0 | 0 |
| XII. | 3665 | 3040 | 2 700 000 | 70 000 | 2 770 000 | 0 | 0 |
| 1930. I. | 3439 | 1699 | 400 000 | 10 000 | 410 000 | 0 | 0 |
| II. | 3089 | 3960 | 455 000 | 10 000 | 465 000 | 0 | 0 |
| III. | 5430 | 2352 | — | — | — | — | — |
| IV. | 4120 | 2810 | 2 100 000 | 80 000 | 2 180 000 | 0 | 100 |
| V. | — | — | — | — | — | — | — |
| VI. | — | — | — | — | — | — | — |
| VII. | 4964 | 3864 | 25 350 000 | 1 100 000 | 26 450 000 | 1 000 | 10 000 |
| VIII. | — | — | — | — | — | — | — |
| IX. | 1848 | 2247 | 4 300 000 | 500 000 | 4 800 000 | 10 000 | 100 000 |
| X. | — | — | — | — | — | — | — |
| XI. | 3388 | 3297 | 1 600 000 | 100 000 | 1 700 000 | 0 | 1 000 |
| XII. | 5236 | 3906 | 2 350 000 | 330 000 | 2 680 000 | 0 | 0 |
| 1931. I. | 4624 | 3927 | 3 200 000 | 400 000 | 3 600 000 | 0 | 0 |
| II. | 4480 | 3360 | 5 300 000 | 550 000 | 5 850 000 | 0 | 0 |
| III. | 4956 | 2561 | 2 400 000 | 470 000 | 2 870 000 | 100 | 1 000 |
| IV. | 4620 | 2226 | 3 850 000 | 300 000 | 4 150 000 | 100 | 1 000 |
| V. | 4536 | 2709 | 3 950 000 | 400 000 | 4 350 000 | 100 | 1 000 |
| VI. | 7028 | 4284 | 22 800 000 | 2 100 000 | 24 900 000 | 1 000 | 30 000 |
| VII. | 2950 | 2720 | 11 300 000 | 1 600 000 | 12 900 000 | 3 000 | 30 000 |
| VIII. | 3780 | 3066 | 4 800 000 | 840 000 | 5 640 000 | 300 | 30 000 |
| IX. | 4025 | 3652 | 3 200 000 | 600 000 | 3 800 000 | 3 000 | 30 000 |
| X. | 2912 | 4494 | 3 200 000 | 120 000 | 3 320 000 | 100 | 1 000 |
| XI. | 3724 | 3696 | 3 250 000 | 400 000 | 3 650 000 | 100 | 1 000 |
| XII. | 6496 | 4200 | 2 000 000 | 250 000 | 2 250 000 | 0 | 0 |

| Nitrifizierende | Denitrifizierende | $p_\mathrm{H}$ | Humusgehalt % | Wassergehalt % | Bodentemperatur °C | Lufttemperatur °C | Niederschläge mm | Bodentemperatur × Wassergehalt $R_1$ | Lufttemperatur × Niederschläge $R_2$ |
|---|---|---|---|---|---|---|---|---|---|

**Versuchsfläche Nr. 15/1.**

| Nitrifizierende | Denitrifizierende | $p_\mathrm{H}$ | Humusgehalt % | Wassergehalt % | Bodentemperatur °C | Lufttemperatur °C | Niederschläge mm | $R_1$ | $R_2$ |
|---|---|---|---|---|---|---|---|---|---|
| 1 000 | 100 000 | 5,2 | 3,0 | 16,6 | 6,23 | 5,87 | 74,0 | 270,0 | 1174,0 |
| 5 000 | 50 000 | 5,5 | 2,9 | 22,5 | + 0,39 | — 2,24 | 20,0 | 232,0 | 155,2 |
| 10 000 | 5 000 | 5,08 | 2,7 | 20,6 | — 0,05 | + 1,81 | 9,7 | 204,0 | 114,4 |
| 10 000 | 10 000 | 6,12 | 2,4 | 21,8 | + 1,8 | + 3,85 | 63,7 | 248,0 | 883,0 |
| 1 000 | 100 000 | 5,8 | 1,32 | 18,2 | + 2,85 | + 4,96 | 34,5 | 234,0 | 516,0 |
| 1 000 | 100 000 | 6,34 | 2,81 | 15,2 | + 6,4 | + 12,27 | 48,4 | 249,0 | 1080,0 |
| 1 000 | 10 000 | 6,23 | 1,97 | 14,2 | + 10,7 | + 14,29 | 93,0 | 292,0 | 2250,0 |
| 1 000 | 10 000 | 6,8 | 2,13 | 9,8 | + 15,9 | + 19,0 | 36,4 | 284,0 | 1056,0 |
| 1 000 | 10 000 | 6,34 | 3,2 | 9,3 | + 15,7 | + 20,16 | 17,9 | 246,0 | 536,0 |
| 1 000 | 10 000 | 6,32 | 3,0 | 9,6 | + 14,3 | + 20,74 | 67,0 | 238,0 | 1625,0 |
| 1 000 | 100 000 | 6,35 | 3,04 | 13,4 | + 11,0 | + 16,39 | 96,3 | 281,0 | 1540,0 |
| 1 000 | 100 000 | 6,72 | 2,53 | 16,2 | + 9,1 | + 13,0 | 19,6 | 309,0 | 451,0 |
| — | — | 6,12 | — | 18,3 | + 5,4 | + 6,3 | 75,7 | 282,0 | 1233,0 |
| — | — | 6,58 | — | 18,6 | + 0,3 | + 2,8 | 20,3 | 185,0 | 259,0 |
| 10 000 | 340 000 | 5,14 | 2,01 | 20,5 | — 0,3 | — 5,2 | 70,3 | 199,0 | 337,5 |
| 10 000 | 70 000 | 6,34 | 1,93 | 20,8 | — 1,5 | — 11,2 | 11,0 | 176,8 | — 13,2 |
| 0 | 340 000 | 6,11 | 1,61 | 18,6 | + 0,4 | + 3,6 | 10,7 | 194,0 | + 145,7 |
| 10 000 | 1 000 000 | 6,64 | 1,44 | 15,4 | + 3,8 | + 8,6 | 47,9 | 213,3 | 891,4 |
| 100 000 | 400 000 | 6,80 | 1,39 | 14,3 | + 9,9 | + 16,5 | 63,3 | 285,0 | 1676,8 |
| 7 000 | 1 000 000 | 7,09 | 1,74 | 14,5 | + 10,0 | + 17,6 | 68,5 | 290,0 | 1892,8 |
| 10 000 | 1 000 000 | 7,44 | 2,14 | 16,3 | + 15,5 | + 20,9 | 83,0 | 416,0 | 2568,5 |
| — | — | 7,77 | — | 10,8 | + 15,5 | + 20,6 | 48,8 | 322,0 | 1494,8 |
| 10 000 | 1 000 000 | 7,35 | 3,48 | 10,2 | + 14,1 | + 16,9 | 12,8 | 245,8 | 344,2 |
| 10 000 | 1 000 000 | 5,33 | 2,52 | 13,6 | + 9,7 | + 9,2 | 63,9 | 267,8 | 1228,4 |
| 70 000 | 100 000 | 5,11 | 2,01 | 17,5 | + 5,5 | + 5,1 | 82,7 | 271,3 | 1249,8 |
| 70 000 | 300 000 | 4,54 | 2,28 | 20,6 | + 4,3 | + 3,3 | 22,8 | 295,0 | 319,6 |
| 7 000 | 10 000 | 5,73 | 1,98 | 20,8 | + 1,4 | + 0,6 | 4,6 | 238,0 | 48,7 |
| 10 000 | 0 | 5,75 | 1,39 | 21,4 | — 0,14 | — 2,7 | 63,5 | 212,0 | 459,2 |
| — | — | 6,35 | — | 22,2 | + 2,4 | + 3,9 | 72,5 | 275,0 | 1008,5 |
| 10 000 | 1 000 000 | 6,67 | 2,88 | 18,1 | + 5,7 | + 7,9 | 54,7 | 284,3 | 981,2 |
| — | — | 5,52 | — | 16,0 | + 8,7 | 10,4 | 65,2 | 298,0 | 1329,0 |
| — | — | 6,46 | — | 14,5 | 10,7 | 15,9 | 39,0 | 300,0 | 1009,9 |
| 75 000 | 10 000 | 6,23 | 2,16 | 13,6 | 14,5 | 17,1 | 59,6 | 332,0 | 1612,0 |
| — | — | 6,01 | — | 10,4 | 14,3 | 16,3 | 19,7 | 252,0 | 518,4 |
| 25 000 | 1 000 000 | 6,24 | 2,23 | 11,8 | 12,7 | 13,4 | 48,5 | 267,5 | 1136,0 |
| — | — | 6,50 | — | 14,4 | 8,2 | 9,2 | 62,8 | 256,0 | 1208,0 |
| 100 000 | 300 000 | 5,42 | 2,02 | 16,8 | 5,9 | + 5,9 | 71,5 | 267,3 | 1139,0 |
| 75 000 | 140 000 | 4,89 | 1,79 | 23,6 | + 0,6 | — 0,46 | 69,6 | 250,1 | 695,0 |
| 50 000 | 300 000 | 5,26 | 1,31 | 21,4 | — 0,9 | — 0,96 | 13,7 | 194,8 | 136,0 |
| 100 000 | 300 000 | 5,52 | 1,65 | 22,8 | — 0,7 | — 0,68 | 56,7 | 212,0 | 564,0 |
| 36 000 | 400 000 | 5,76 | 1,98 | 22,9 | — 0,4 | + 0,35 | 30,8 | 218,2 | 318,2 |
| 100 000 | 1 000 000 | 5,32 | 1,78 | 18,2 | + 2,8 | + 5,79 | 32,1 | 232,9 | 507,2 |
| 120 000 | 130 000 | 5,02 | 1,30 | 15,1 | 10,4 | 14,4 | 18,0 | 304,0 | 438,9 |
| 91 000 | 910 000 | 5,27 | 0,82 | 13,6 | 13,9 | 17,6 | 59,5 | 320,0 | 1642,5 |
| 130 000 | 1 300 000 | 5,43 | 0,55 | 9,7 | 15,0 | 18,58 | 47,5 | 242,2 | 1356,4 |
| 41 000 | 1 300 000 | 4,93 | 1,93 | 10,7 | 14,31 | 16,12 | 58,2 | 260,0 | 1519,7 |
| 60 000 | 950 000 | 5,04 | 1,48 | 10,9 | 8,7 | 15,8 | 60,4 | 202,0 | 1560,0 |
| 50 000 | 250 000 | 5,67 | 0,94 | 14,2 | 7,6 | 11,3 | 45,0 | 250,0 | 959,0 |
| 12 000 | 1 000 000 | 6,11 | 1,47 | 15,8 | 3,8 | + 5,7 | 10,3 | 219,0 | 164,0 |
| 60 000 | 400 000 | 4,98 | 1,17 | 16,3 | — 0,6 | — 1,2 | 17,6 | 163,0 | 174,0 |

Tabelle 32.

| Datum | | Gesamt- | Nitrat- | Bakterien | | | N-bindende | |
| | | Nitrogen g/g | | Aerob | Anaerob | Zusammen | Aerob | Anaerob |
|---|---|---|---|---|---|---|---|---|
| 1929. | I. | — | — | 3 600 000 | 3 700 000 | 7 300 000 | 0 | 0 |
| | II. | — | — | 1 710 000 | 130 000 | 1 840 000 | 0 | 0 |
| | III. | — | — | 2 500 000 | 60 000 | 2 560 000 | 0 | 0 |
| | IV. | 0,0005932 | 0,00002080 | 3 100 000 | 550 000 | 3 650 000 | 1 000 | 9 000 |
| | V. | 6188 | 4524 | 9 000 000 | 350 000 | 9 350 000 | 1 000 | 10 000 |
| | VI. | 2800 | 4134 | 20 000 000 | 1 300 000 | 21 300 000 | 10 000 | 100 000 |
| | VII. | 3640 | 2236 | 40 000 000 | 2 500 000 | 42 500 000 | 0 | 10 000 |
| | VIII. | 2268 | 2626 | — | — | — | — | — |
| | IX. | 2548 | 2860 | 9 000 000 | 200 000 | 9 200 000 | 10 000 | 100 000 |
| | X. | 2212 | 1520 | 3 400 000 | 1 800 000 | 5 200 000 | 3 000 | 7 000 |
| | XI. | 1960 | 2392 | 1 000 000 | 100 000 | 1 100 000 | 0 | 0 |
| | XII. | 3274 | 2496 | 1 200 000 | 30 000 | 1 230 000 | 0 | 0 |
| 1930. | I. | 5264 | 2184 | 600 000 | 30 000 | 630 000 | 0 | 0 |
| | II. | 3780 | 1742 | 200 000 | 40 000 | 240 000 | 0 | 0 |
| | III. | — | — | — | — | — | — | — |
| | IV. | 5740 | 2366 | 4 300 000 | 20 000 | 4 320 000 | 2 000 | 8 000 |
| | V. | — | — | — | — | — | — | — |
| | VI. | — | — | — | — | — | — | — |
| | VII. | 2800 | 3423 | 25 400 000 | 1 350 000 | 26 750 000 | 10 000 | 10 000 |
| | VIII. | — | — | — | — | — | — | — |
| | IX. | 3816 | 2520 | 4 600 000 | 100 000 | 4 700 000 | 10 000 | 100 000 |
| | X. | — | — | — | — | — | — | — |
| | XI. | 4340 | 3549 | 2 500 000 | 550 000 | 3 050 000 | 0 | 0 |
| | XII. | 5656 | 3381 | 7 500 000 | 250 000 | 7 750 000 | 0 | 0 |
| 1931. | I. | 4629 | 4284 | 2 300 000 | 500 000 | 2 800 000 | 0 | 0 |
| | II. | 4620 | 2562 | 2 000 000 | 700 000 | 2 700 000 | 0 | 1 000 |
| | III. | 5292 | 2604 | 3 300 000 | 300 000 | 3 600 000 | 0 | 0 |
| | IV. | 4816 | 2478 | 4 100 000 | 200 000 | 4 300 000 | 100 | 1 000 |
| | V. | 5040 | 3003 | 4 800 000 | 500 000 | 5 300 000 | 100 | 3 000 |
| | VI. | 7308 | 4725 | 16 800 000 | 1 300 000 | 18 100 000 | 300 | 3 000 |
| | VII. | 2604 | 2919 | 10 100 000 | 500 000 | 10 600 000 | 1 000 | 30 000 |
| | VIII. | 3892 | 2961 | 3 450 000 | 500 000 | 3 950 000 | 100 | 100 000 |
| | IX. | 4000 | 3633 | 2 900 000 | 900 000 | 3 800 000 | 10 000 | 30 000 |
| | X. | 3220 | 4494 | 3 900 000 | 250 000 | 4 150 000 | 100 | 3 000 |
| | XI. | 3472 | 4158 | 5 200 000 | 650 000 | 5 850 000 | 0 | 100 |
| | XII. | 5824 | 4620 | 1 800 000 | 400 000 | 2 200 000 | 0 | 0 |

Tabelle 33.

| Datum | | Gesamt- | Nitrat- | Bakterien | | | N-bindende | |
| | | Nitrogen g/g | | Aerob | Anaerob | Zusammen | Aerob | Anaerob |
|---|---|---|---|---|---|---|---|---|
| 1929. | I. | — | — | 1 550 000 | 600 000 | 2 150 000 | 0 | 0 |
| | II. | — | — | 2 900 000 | 130 000 | 3 030 000 | 0 | 0 |
| | III. | — | — | 4 550 000 | 600 000 | 5 150 000 | 2 500 | 7 500 |
| | IV. | 0,0003900 | 0,00001040 | 1 000 000 | 350 000 | 1 350 000 | 2 500 | 7 500 |
| | V. | 5056 | 1794 | 8 000 000 | 350 000 | 8 350 000 | 10 000 | 100 000 |
| | VI. | 3948 | 4498 | 32 000 000 | 860 000 | 32 860 000 | 10 000 | 100 000 |
| | VII. | 4396 | 2210 | 48 000 000 | 2 300 000 | 50 300 000 | 2 000 | 8 000 |
| | VIII. | 4480 | 2652 | — | — | — | — | — |
| | IX. | 2464 | 1898 | 4 500 000 | 500 000 | 5 000 000 | 10 000 | 100 000 |
| | X. | 1792 | 2336 | 3 000 000 | 1 900 000 | 4 900 000 | 2 500 | 7 500 |
| | XI. | 2436 | 2860 | 4 680 000 | 100 000 | 4 780 000 | 0 | 0 |
| | XII. | 3388 | 3376 | 2 100 000 | 10 000 | 2 110 000 | 0 | 0 |
| 1930. | I. | 5320 | 3062 | 300 000 | 100 000 | 400 000 | 0 | 0 |
| | II. | 2016 | 5174 | 440 000 | 120 000 | 560 000 | 0 | 0 |
| | III. | 4452 | 4992 | — | — | — | — | — |
| | IV. | 5096 | 2886 | 1 140 000 | 120 000 | 1 260 000 | 2 000 | 8 000 |

| Nitrifizierende | Denitrifizierende | $p_H$ | Humusgehalt % | Wassergehalt % | Bodentemperatur °C | Lufttemperatur °C | Niederschläge mm | Bodentemperatur × Wassergehalt $R_1$ | Lufttemperatur × Niederschläge $R_2$ |
|---|---|---|---|---|---|---|---|---|---|
| 10000 | 10000 | 5,14 | 1,60 | 13,9 | — 0,3 | — 5,2 | 70,3 | 138,5 | + 337,5 |
| 10000 | 100000 | 6,94 | 1,46 | 14,8 | — 1,5 | —11,2 | 11,0 | 126,0 | — 13,2 |
| 1000 | 10000 | 6,52 | 1,21 | 15,9 | + 0,45 | + 3,6 | 10,7 | 166,2 | + 145,7 |
| 10000 | 1000000 | 6,72 | 1,05 | 13,1 | 3,8 | 8,6 | 47,9 | 180,9 | 891,4 |
| 100000 | 1000000 | 6,80 | 0,73 | 11,8 | 9,9 | 16,5 | 63,3 | 234,5 | 1676,8 |
| 10000 | 1000000 | 7,25 | 0,91 | 13,9 | 10,0 | 17,6 | 68,5 | 278,0 | 1892,0 |
| 10000 | 1000000 | 7,40 | 0,99 | 19,1 | 15,5 | 20,9 | 83,0 | 487,0 | 2569,0 |
| — | — | 7,86 | — | 6,9 | 15,5 | 20,6 | 48,8 | 176,0 | 1495,0 |
| 100000 | 100000 | 7,61 | 3,25 | 5,8 | 14,1 | 16,9 | 12,8 | 139,5 | 344,0 |
| 10000 | 1000000 | 5,64 | 2,50 | 8,1 | 9,7 | 9,2 | 63,9 | 159,6 | 1228,0 |
| 100000 | 100000 | 5,42 | 1,44 | 8,9 | 5,5 | 5,1 | 82,7 | 138,0 | 1250,0 |
| 100000 | 1000000 | 5,10 | 1,54 | 11,7 | 4,3 | 3,3 | 22,8 | 167,2 | 320,0 |
| 10000 | 1000000 | 4,84 | 1,55 | 14,5 | 1,4 | + 0,6 | 4,6 | 165,4 | 48,7 |
| 10000 | 10000 | 5,24 | 1,55 | 16,8 | — 0,14 | — 2,7 | 63,5 | 165,6 | 459,2 |
| — | — | 5,37 | — | 16,6 | + 2,4 | + 3,9 | 72,5 | 206,0 | 1009,0 |
| 10000 | 1000000 | 5,54 | 3,02 | 18,8 | 5,7 | + 7,9 | 54,7 | 295,1 | 981,0 |
| — | — | 5,81 | — | 17,6 | 8,7 | 10,4 | 65,2 | 329,0 | 1329,0 |
| — | — | 6,02 | — | 16,8 | 10,7 | 15,9 | 39,0 | 353,0 | 1009,9 |
| 100000 | 1000000 | 6,23 | 1,31 | 16,6 | 14,5 | 17,1 | 59,6 | 418,0 | 1612,0 |
| — | — | 6,57 | — | 10,8 | 14,3 | 16,3 | 19,7 | 262,4 | 518,0 |
| 10000 | 1000000 | 6,18 | 0,39 | 12,0 | 12,7 | 13,4 | 48,5 | 272,2 | 1136,0 |
| — | — | 5,82 | — | 14,6 | 8,2 | 9,2 | 62,8 | 266,0 | 1208,0 |
| 100000 | 300000 | 5,44 | 1,34 | 16,9 | 5,9 | 5,9 | 71,5 | 268,0 | 1139,0 |
| 100000 | 1000000 | 4,51 | 1,02 | 23,3 | + 0,6 | — 0,46 | 69,6 | 247,0 | 695,0 |
| 50000 | 300000 | 5,33 | 1,16 | 20,2 | — 0,9 | — 0,96 | 13,7 | 183,7 | 136,0 |
| 30000 | 1000000 | 5,25 | 1,21 | 18,0 | — 0,7 | — 0,68 | 56,7 | 167,8 | 564,0 |
| 145000 | 400000 | 5,93 | 1,09 | 19,7 | — 0,47 | + 0,35 | 30,8 | 188,2 | 318,0 |
| 100000 | 1300000 | 4,91 | 1,43 | 20,3 | + 2,8 | 5,79 | 32,1 | 259,9 | 507,2 |
| 90000 | 416000 | 4,82 | 1,69 | 18,0 | 10,4 | 14,4 | 18,0 | 367,0 | 438,9 |
| 66000 | 1300000 | 5,00 | 1,10 | 16,5 | +13,9 | +17,6 | 59,5 | 394,0 | 1643,0 |
| 90000 | 1000000 | 4,90 | 0,63 | 9,0 | 15,0 | 18,58 | 47,5 | 225,0 | 1356,0 |
| 25000 | 1200000 | 4,95 | 2,08 | 13,0 | 14,31 | 16,12 | 58,2 | 316,0 | 1520,0 |
| 35000 | 1600000 | 5,06 | 2,19 | 12,1 | 8,7 | 15,8 | 60,4 | 226,2 | 1560,0 |
| 40000 | 450000 | 5,57 | 1,53 | 12,2 | 7,6 | 11,3 | 45,0 | 224,2 | 959,0 |
| 12000 | 830000 | 6,16 | 0,94 | 18,6 | + 3,8 | + 5,7 | 10,3 | 256,7 | 164,0 |
| 70000 | 500000 | 5,05 | 0,93 | 18,0 | — 0,6 | — 1,2 | 17,6 | 169,8 | 174,0 |

Versuchsfläche Nr. 14.

| Nitrifizierende | Denitrifizierende | $p_H$ | Humusgehalt % | Wassergehalt % | Bodentemperatur °C | Lufttemperatur °C | Niederschläge mm | Bodentemperatur × Wassergehalt $R_1$ | Lufttemperatur × Niederschläge $R_2$ |
|---|---|---|---|---|---|---|---|---|---|
| 100 | 100000 | 4,94 | 1,51 | 13,8 | — 0,3 | — 5,2 | 70,3 | 134,0 | + 337,5 |
| 10000 | 1000000 | 6,53 | 1,32 | 14,9 | — 1,5 | —11,2 | 11,0 | 126,7 | — 13,2 |
| 10000 | 1000000 | 6,59 | 1,45 | 15,7 | + 0,45 | + 3,6 | 10,7 | 164,0 | + 145,7 |
| 10000 | 1000000 | 6,50 | 1,53 | 13,0 | 3,8 | 8,6 | 47,9 | 186,5 | 891,4 |
| 100000 | 100 | 6,61 | 0,96 | 11,7 | 9,9 | 16,5 | 63,3 | 233,2 | 1676,8 |
| 10000 | 1000000 | 7,02 | 1,24 | 13,9 | 10,0 | 17,6 | 68,5 | 278,0 | 1892,4 |
| 10000 | 1000000 | 7,32 | 1,70 | 18,7 | 15,5 | 20,9 | 83,0 | 479,5 | 2568,5 |
| — | — | 7,81 | — | 7,7 | 15,5 | 20,6 | 48,8 | 196,3 | 1494,8 |
| 10000 | 1000000 | 7,58 | 2,95 | 5,9 | 14,1 | 16,9 | 12,8 | 142,2 | 344,2 |
| 10000 | 1000000 | 5,59 | 2,66 | 8,7 | 9,7 | 9,2 | 63,9 | 171,5 | 1228,4 |
| 100000 | 100000 | 5,33 | 1,46 | 9,6 | 5,5 | 5,1 | 82,7 | 148,9 | 1249,8 |
| 10000 | 1000000 | 4,84 | 1,65 | 11,6 | 4,3 | 3,3 | 22,8 | 166,0 | 319,6 |
| 10000 | 1000000 | 5,04 | 1,45 | 11,2 | + 1,4 | + 0,6 | 4,6 | 127,8 | 48,7 |
| 10000 | 0 | 5,31 | 1,45 | 15,9 | — 0,14 | — 2,76 | 63,5 | 157,1 | 459,2 |
| — | — | 5,49 | — | 15,8 | + 2,4 | + 3,9 | 72,5 | 195,9 | 1008,5 |
| 10000 | 1000000 | 5,78 | 2,43 | 19,6 | 5,7 | 7,9 | 54,7 | 308,0 | 981,2 |

Tabelle 33.

| Datum | Gesamt- | Nitrat- | Bakterien | | | N-bindende | |
| | Nitrogen g/g | | Aerob | Anaerob | Zusammen | Aerob | Anaerob |
|---|---|---|---|---|---|---|---|
| 1930.  V. | — | — | — | — | — | — | — |
| VI. | — | — | — | — | — | — | — |
| VII. | 0,0002619 | 0,00003294 | 28 500 000 | 1 675 000 | 30 175 000 | 2 000 | 8 000 |
| VIII. | — | — | — | — | — | — | — |
| IX. | 3675 | 2608 | 4 000 000 | 480 000 | 4 480 000 | 10 000 | 100 000 |
| X. | — | — | — | — | — | — | — |
| XI. | 3920 | 3339 | 1 600 000 | 100 000 | 1 700 000 | 0 | 0 |
| XII. | 5418 | 3517 | 3 700 000 | 300 000 | 4 000 000 | 0 | 0 |
| 1931.  I. | 3864 | 3528 | 2 200 000 | 300 000 | 2 500 000 | 0 | 0 |
| II. | 4956 | 2793 | 2 600 000 | 350 000 | 2 950 000 | 0 | 0 |
| III. | 5824 | 2415 | 3 700 000 | 400 000 | 4 100 000 | 100 | 1 000 |
| IV. | 5460 | 2562 | 4 900 000 | 550 000 | 5 450 000 | 100 | 1 000 |
| V. | 5320 | 3150 | 5 300 000 | 520 000 | 5 820 000 | 1 000 | 1 000 |
| VI. | 3808 | 3290 | 16 800 000 | 1 800 000 | 18 600 000 | 100 | 1 000 |
| VII. | 2350 | 2541 | 9 000 000 | 1 050 000 | 10 050 000 | 6 000 | 20 000 |
| VIII. | 3220 | 2457 | 4 000 000 | 600 000 | 4 600 000 | 3 000 | 30 000 |
| IX. | 3360 | 3276 | 2 050 000 | 750 000 | 2 800 000 | 1 000 | 3 000 |
| X. | 3500 | 2121 | 2 900 000 | 200 000 | 3 100 000 | 100 | 1 000 |
| XI. | 3584 | 4431 | 3 400 000 | 600 000 | 4 000 000 | 0 | 0 |
| XII. | 6160 | 4032 | 1 600 000 | 500 000 | 2 100 000 | 0 | 0 |

Tabelle 34.

| Datum | Gesamt- | Nitrat- | Bakterien | | | N-bindende | |
| | Nitrogen g/g | | Aerob | Anaerob | Zusammen | Aerob | Anaerob |
|---|---|---|---|---|---|---|---|
| 1930.  XI. | 0,0003500 | 0,00003318 | 3 500 000 | 330 000 | 3 830 000 | 0 | 0 |
| XI. | 6216 | 3864 | 3 500 000 | 600 000 | 4 100 000 | 0 | 0 |
| 1931.  I. | 3640 | 3927 | 4 800 000 | 900 000 | 5 700 000 | 0 | 0 |
| II. | 2520 | 2835 | 7 100 000 | 1 000 000 | 8 100 000 | 0 | 0 |
| III. | 4320 | 3150 | 3 600 000 | 380 000 | 3 980 000 | 100 | 1 000 |
| IV. | 4424 | 2310 | 7 800 000 | 450 000 | 8 250 000 | 1 000 | 10 000 |
| V. | 5936 | 3294 | 14 800 000 | 625 000 | 15 425 000 | 1 000 | 3 000 |
| VI. | 5628 | 4725 | 28 700 000 | 2 600 000 | 31 300 000 | 3 000 | 10 000 |
| VII. | 3025 | 2562 | 12 800 000 | 550 000 | 13 350 000 | 10 000 | 300 000 |
| VIII. | 3612 | 3087 | 7 400 000 | 500 000 | 8 100 000 | 1 000 | 300 000 |
| IX. | 2038 | 3591 | 9 500 000 | 1 000 000 | 10 500 000 | 30 000 | 10 000 |
| X. | 3360 | 2226 | 5 400 000 | 1 300 000 | 6 700 000 | 1 000 | 1 000 |
| XI. | 3360 | 2625 | 5 000 000 | 400 000 | 5 400 000 | 100 | 300 |
| XII. | 5768 | 3045 | 4 500 000 | 600 000 | 5 100 000 | 0 | 0 |

Tabelle 35.  Änderung des Ammonium-N-Gehaltes.

| Monat 1931 | Nr. der Versuchsfläche | | | |
| | 15 | 11 | 14 | 24 |
|---|---|---|---|---|
| I. | 0,000 008 680 | 0,000 008 864 | 0,000 008 813 | 0,000 004 544 |
| II. | 0,000 006 230 | 0,000 005 840 | 0,000 006 020 | 0,000 004 036 |
| III. | 0,000 003 390 | 0,000 002 296 | 0,000 002 990 | 0,000 003 620 |
| IV. | 0,000 003 735 | 0,000 003 500 | 0,000 003 190 | 0,000 002 311 |
| V. | 0,000 005 000 | 0,000 005 350 | 0,000 004 200 | 0,000 004 010 |
| VI. | 0,000 002 190 | 0,000 001 156 | 0,000 001 720 | 0,000 002 736 |
| VII. | 0,000 000 392 | 0,000 000 840 | 0,000 000 560 | 0,000 000 602 |
| VIII. | 0,000 005 040 | 0,000 004 536 | 0,000 001 144 | 0,000 001 730 |
| IX. | 0,000 003 080 | 0,000 003 920 | 0,000 004 480 | 0,000 002 080 |
| X. | 0,000 003 528 | 0,000 004 568 | 0,000 004 368 | 0,000 003 801 |
| XI. | 0,000 005 796 | 0,000 006 356 | 0,000 006 132 | 0,000 003 388 |
| XII. | 0,000 008 092 | 0,000 007 868 | 0,000 008 204 | 0,000 003 668 |

| Nitrifizierende | Denitrifizierende | $p_H$ | Humusgehalt % | Wassergehalt % | Bodentemperatur[1] °C | Lufttemperatur[1] °C | Niederschläge[1] mm | Bodentemperatur × Wassergehalt $R_1$ | Lufttemperatur × Niederschläge $R_2$ |
|---|---|---|---|---|---|---|---|---|---|
| (Fortsetzung). | | | | | | | | | |
| — | — | 5,71 | — | 16,7 | 8,7 | 10,4 | 65,2 | 312,1 | 1329,0 |
| — | — | 6,02 | — | 16,1 | 10,7 | 15,9 | 39,0 | 333,0 | 1009,9 |
| 10 000 | 1 000 000 | 6,50 | 1,34 | 14,7 | 14,5 | 17,1 | 59,6 | 360,0 | 1612,0 |
| — | — | 6,82 | — | 11,2 | 14,3 | 16,3 | 19,7 | 272,0 | 518,0 |
| 100 000 | 500 000 | 5,85 | 2,20 | 10,9 | 12,7 | 13,4 | 48,5 | 247,5 | 1136,0 |
| — | — | 5,30 | — | 14,1 | 8,2 | 9,2 | 62,8 | 256,4 | 1208,0 |
| 100 000 | 200 000 | 5,41 | 1,76 | 17,2 | 5,9 | 5,9 | 71,5 | 273,8 | 1139,0 |
| 75 000 | 220 000 | 4,46 | 1,95 | 23,0 | + 0,6 | — 0,46 | 69,6 | 243,6 | 695,0 |
| 50 000 | 1 000 000 | 5,53 | 1,84 | 20,4 | — 0,9 | — 0,96 | 13,7 | 186,0 | 136,0 |
| 100 000 | 1 000 000 | 5,45 | 1,79 | 18,5 | — 0,7 | — 0,68 | 56,7 | 172,1 | 564,0 |
| 125 000 | 350 000 | 5,90 | 1,94 | 20,1 | — 0,47 | + 0,35 | 30,8 | 192,0 | 318,0 |
| 50 000 | 1 300 000 | 5,27 | 1,65 | 20,8 | + 2,8 | 5,8 | 32,1 | 266,0 | 507,2 |
| 125 000 | 87 000 | 5,02 | 1,33 | 14,0 | 10,4 | 14,4 | 18,0 | 285,8 | 439,2 |
| 25 000 | 1 300 000 | 5,09 | 0,94 | 13,4 | + 13,9 | + 17,6 | 59,5 | 320,0 | 1642,5 |
| 55 000 | 550 000 | 4,95 | 0,42 | 10,0 | 15,0 | 18,6 | 47,5 | 250,0 | 1356,4 |
| 90 000 | 1 300 000 | 5,13 | 1,27 | 10,7 | 14,3 | 16,1 | 58,2 | 260,0 | 1519,7 |
| 100 000 | 1 300 000 | 4,96 | 2,39 | 12,0 | 8,7 | 15,8 | 60,4 | 224,2 | 1560,0 |
| 50 000 | 1 150 000 | 5,68 | 2,24 | 13,1 | 7,6 | 11,3 | 45,0 | 230,2 | 959,0 |
| 50 000 | 1 000 000 | 6,05 | 1,06 | 14,4 | + 3,8 | + 5,7 | 10,3 | 198,5 | 164,0 |
| 40 000 | 600 000 | 4,92 | 1,06 | 18,7 | — 0,6 | — 1,2 | 17,6 | 175,8 | 174,0 |

Versuchsfläche Nr. 24.

| Nitrifizierende | Denitrifizierende | $p_H$ | Humusgehalt % | Wassergehalt % | Bodentemperatur[1] °C | Lufttemperatur[1] °C | Niederschläge[1] mm | Bodentemperatur × Wassergehalt $R_1$ | Lufttemperatur × Niederschläge $R_2$ |
|---|---|---|---|---|---|---|---|---|---|
| 160 000 | 300 000 | 5,62 | 2,78 | 17,6 | 5,8 | + 7,3 | 61,7 | 278,0 | 1085,0 |
| 100 000 | 1 000 000 | 4,89 | 1,50 | 19,9 | 1,1 | 3,4 | 69,6 | 220,3 | 930,0 |
| 50 000 | 1 000 000 | 5,95 | 1,86 | 27,1 | + 0,4 | — 0,6 | 13,7 | 270,0 | 137,0 |
| 100 000 | 1 000 000 | 5,88 | 1,74 | 17,8 | + 0,6 | — 0,9 | 56,7 | 189,0 | 564,0 |
| 71 000 | 830 000 | 5,96 | 1,34 | 18,7 | 2,5 | + 6,6 | 30,8 | 234,0 | 510,0 |
| 125 000 | 1 250 000 | 5,61 | 1,22 | 10,7 | 5,3 | + 11,3 | 47,0 | 164,0 | 1001,0 |
| 125 000 | 1 300 000 | 7,06 | 0,89 | 10,3 | 20,8 | 20,3 | 20,6 | 317,2 | 625,0 |
| 125 000 | 1 000 000 | 6,41 | 1,51 | 14,6 | 24,7 | 23,1 | 66,5 | 506,0 | 2200,0 |
| 125 000 | 1 125 000 | 7,49 | 2,32 | 12,5 | 23,9 | 23,0 | 95,4 | 424,0 | 3150,0 |
| 125 000 | 1 300 000 | 6,99 | 0,97 | 13,2 | 20,7 | 21,2 | 74,1 | 405,0 | 2310,0 |
| 122 000 | 1 000 000 | 7,86 | 1,92 | 14,6 | 12,8 | 19,4 | 65,9 | 333,5 | 1940,0 |
| 50 000 | 1 200 000 | 6,87 | 2,17 | 14,4 | 10,6 | 14,5 | 46,4 | 296,0 | 1135,0 |
| 50 000 | 800 000 | 6,69 | 1,28 | 14,7 | 4,4 | + 6,3 | 13,2 | 212,0 | 215,0 |
| 100 000 | 1 000 000 | 6,47 | 1,07 | 19,5 | + 0,1 | — 0,7 | 17,6 | 197,0 | 175,0 |

hindurch systematisch untersucht wurden. Diese sind: Versuchsfläche 11 Weißbuchenwald, Versuchsfläche 14 und Versuchsfläche 15/1 Fichtenwälder in der Umgebung von Sopron und die zu ihrem Vergleich unerläßlich notwendige Versuchsfläche 24 (Brache). Die Untersuchungsergebnisse wurden in den Abb. 50, 51 und in den Tabellen 31—35 zusammengestellt.

Die zweite Gruppe der Versuchsflächen umfaßt jene, welche nur durch eine Jahresperiode systematisch untersucht wurden, und zwar im Jahre 1929/1930. Es sind folgende: Versuchsfläche 21 Kahlschlagsfläche und Versuchsfläche 22 Wiese in der Umgebung von Sopron. Diese Untersuchungsergebnisse sind in den Abb. 52 und 53 zusammengefaßt.

Wir wollen zunächst den jahreszeitlichen Verlauf des N-Stoffwechsels auf jenen Versuchsflächen verfolgen, auf welchen die Untersuchungsresultate sich

---

[1] Bei Versuchsfläche 24 die Daten der meteorologischen Freilandstation der Hochschule.

auf mehrere Jahre erstrecken. Es fällt gleich die fast ständige und konsequente Gesetzmäßigkeit, welche im Laufe des Stickstoffkreislaufes auf allen Versuchsflächen besteht, auf. Das merkwürdigste ist vor allem die periodische Änderung des Gesamtstickstoffgehaltes. Man findet überall an allen Versuchsflächen ganz deutliche und ausgeprägte Maxima im Spätfrühling bzw. im Anfang des Sommers. Das Minimum des Gesamt-N-Gehaltes fällt dagegen auf den Spätsommer. Es kommt aber merkwürdigerweise oft auch eine starke Depression im Laufe des

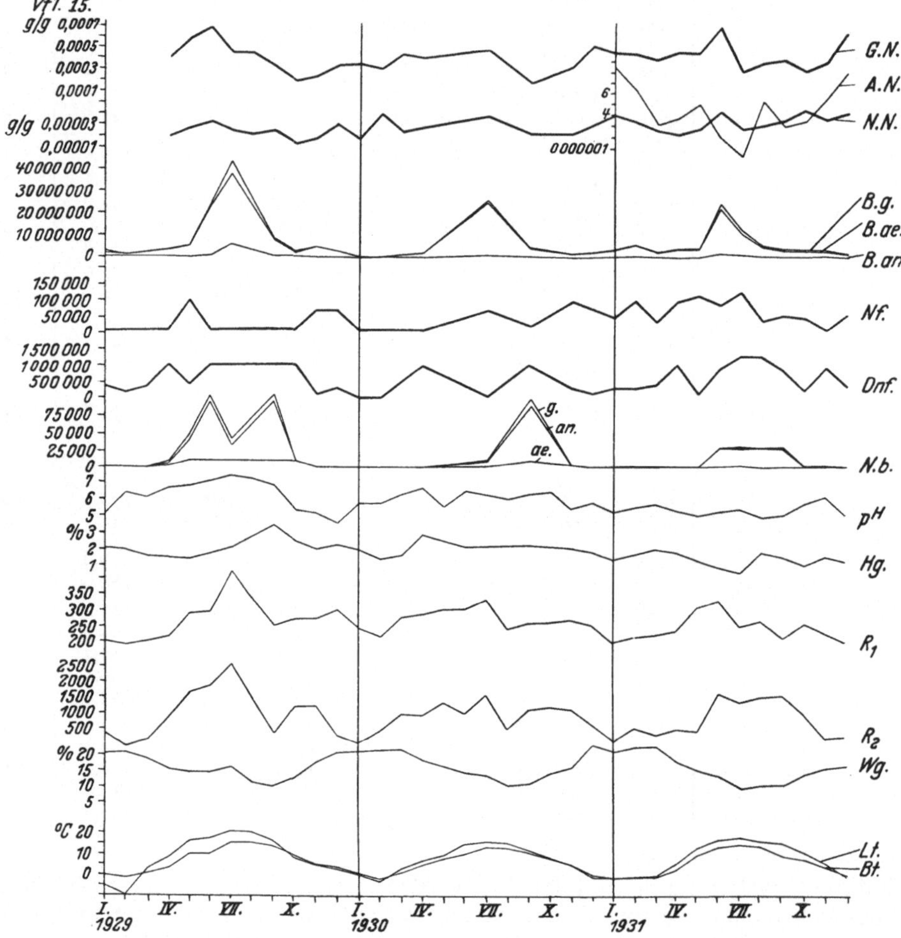



Abb. 51. Die jahreszeitlichen Änderungen des Stickstoffgehaltes der Versuchsfläche 15.

Hochsommers vor. Man kann außerdem auch noch andere Maxima beobachten, welche gewöhnlich im Laufe des Winters zu konstatieren sind.

Die Grundlage dieser Erscheinung ist nicht leicht zu erklären. Es kommen nämlich mitunter ganz bedeutende Unterschiede in dem Stickstoffgehalte der Versuchsflächen vor. In diesem Belange möchte ich z. B. die Kurve des Jahres 1930 erwähnen. Für eine allgemeine Erklärung möchten wir unserseits vorläufig folgendes annehmen: Das Minimum des Stickstoffgehaltes im Herbst ist sicherlich die Folge des starken Verbrauches seitens des Bestandes und der Bodenpflanzen in der Periode der höchsten Assimilationstätigkeit derselben. Im Herbst erfolgt sodann der Laubfall, welcher aber die Anreicherung des Bodens an Stickstoff nicht sofort herbeiführen kann, hauptsächlich aus dem Grunde, weil in dieser Zeit die Bodentemperaturen allmählich derart niedrig werden, daß die Zersetzungsprozesse im Boden ganz bedeutend verringert und verlangsamt werden. Es ist jedoch immerhin eine gewisse Stickstoffversorgung des Bodens infolge der noch bestehenden Zersetzungsprozesse zu konstatieren, wodurch das erste Wintermaximum erklärt werden kann. Verfolgt man jedoch aufmerksam die Kurve der Bodentemperatur, so sieht man es gleich, daß gerade in den Wintermonaten durch das allmähliche Sinken derselben, der Stickstoffanreicherung ein gewisser Einhalt getan wird, welche Erscheinung durch einen vorübergehenden Rückgang des N-Gehaltes in dieser Zeitperiode deutlich gekennzeichnet ist. Erst im Laufe des Frühlings und des Sommers wird wieder eine allmähliche Erhöhung des Stickstoffgehaltes eintreten, welche zweifelsohne durch die erhöhte Bakterientätigkeit und Zersetzungsprozesse bedingt wird. Hier greift aber auch der Verbrauch durch den Bestand bzw. durch die Bodenvegetation ein, und es wird außerdem natürlich auch allmählich der Rohsubstanzvorrat der Stickstoffver

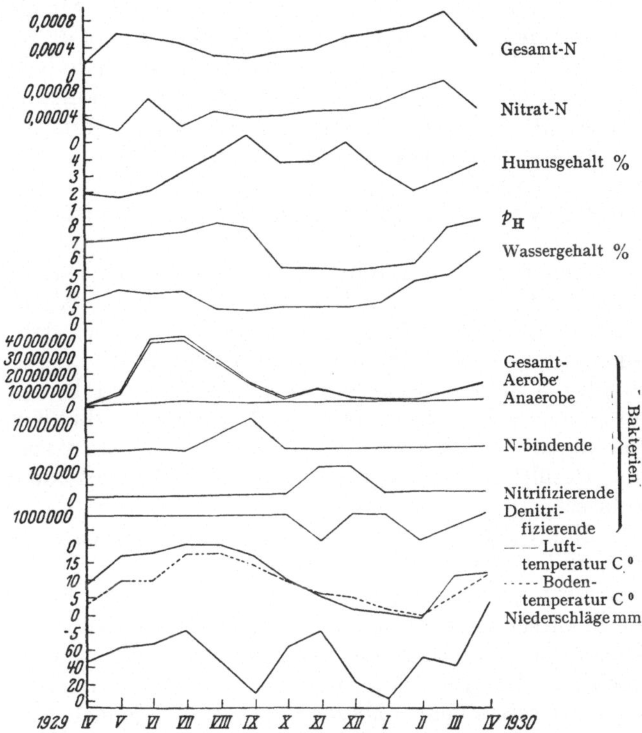

Abb. 52. Der jährliche Verlauf des Stickstoffgehaltes der Versuchsfläche 21. Kahlschlagsfläche.

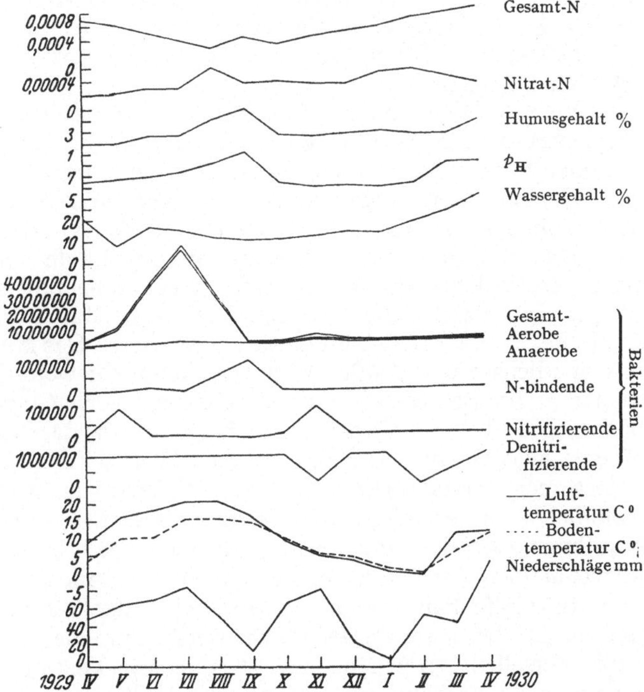

Abb. 53 Der jährliche Verlauf des Stickstoffgehaltes der Versuchsfläche 22. Wiese.

sorgung erschöpft. Es tritt nun eine rapide Abnahme des Stickstoffgehaltes ein, welchem nur durch den herbstlichen Laubfall wieder Einhalt getan wird. Man steht hier vor einer ganz merkwürdigen Erscheinung, wenn man bedenkt, daß zwischen den einzelnen Monaten ganz auffallende Schwankungen im Stickstoffgehalt auftreten können. Diese Schwankungen können durch die Stickstoffbindung aus der freien Luft ganz bedeutend beeinflußt werden. Es ist auch sicher, wie auch die Kurven zeigen, daß die stickstoffbindenden Bakterien einen gewissen Einfluß ausüben. Ihr Maximum fällt entweder mit einem Maximum des Stickstoffgehaltes zusammen, oder aber es folgt auf ihr Maximum gewöhnlich ein Maximum im Stickstoffgehalt. Diese Erscheinung ist überhaupt schwer zu erfassen, weil hier ganz komplizierte Wechselbeziehungen in korrelativer Hinsicht bestehen. Es ist jedoch sicher, daß der jeweilige Stickstoffgehalt des Bodens durch die biologische N-Bildung aus dem Waldhumus und durch die Stickstoffbindung einerseits und durch den Verbrauch des Bestandes andererseits korrelativ beeinflußt wird und die Kurven, die in unseren Abbildungen den Verlauf des Gesamtstickstoffumsatzes anzeigten, zweifelsohne als Resultierende zwischen den Einwirkungen dieser beiden Faktoren aufzufassen sind.

Der dritte Faktor, der den Stickstoffgehalt des Bodens noch namhaft beeinflußt, ist wohl die Denitrifikation, welcher schließlich in der Abweichung des gasförmigen Stickstoffes endet. Ein deutlicher Zusammenhang ist in dieser Beziehung im Verlaufe unserer Kurven vorderhand noch nicht zu konstatieren, obwohl die Verminderung des Stickstoffgehaltes im allgemeinen doch mit der Höhe der Anzahl der denitrifizierenden Bakterien im Zusammenhange zu sein scheint. Dieser Vorgang wird jedoch auch von anderen biologischen Faktoren derart beeinflußt, daß durch den Verlauf der dargestellten Kurven nicht mehr deutlich und eindrucksvoll demonstriert werden kann. Es ist aber wahrscheinlich, daß, wie es die Abbildungen zeigen, der starke Abfall der Stickstoffkurve im Herbste wenigstens teilweise auch durch die in dieser Jahreszeit eintretende Erhöhung der Anzahl der denitrifizierenden Bakterien zu erklären ist.

Wie wir schon früher betont haben, sind die Änderungen des Nitrifikationsvorganges in dem Waldboden bereits durch die Untersuchungen von CLARKE teilweise festgestellt worden. Unsere Abbildungen zeigen hier ganz auffallend wiederkehrende und regelmäßige, fast gesetzmäßig verlaufende Erscheinungen. Man kann im allgemeinen feststellen, daß die Nitrifikationskurve in der Regel zwei Maxima aufweist, und zwar eins im Laufe des Spätfrühlings oder des Sommers, welches gewöhnlich sehr regelmäßig und sehr deutlich aufzutreten pflegt. Das zweite ebenfalls sehr deutliche Maximum erscheint entweder im Laufe des Herbstes oder im Laufe des Winters. Das Minimum dagegen, und zwar das deutlichste und größte Minimum kommt gewöhnlich immer in den Herbstmonaten, im September oder im Oktober vor. Gewisse Verschiebungen sind natürlich auch hier teilweise zu beobachten. Die dazwischen geschalteten Minima hängen meistens mit dem periodischen Wechsel der Maxima zusammen. Es ist jedoch recht charakteristisch, daß die Schwankungen des Nitrat-N-Gehaltes gewöhnlich nicht so groß sind, wie die Dilatationen der Gesamtstickstoffkurven. Man kann auch die merkwürdige Tatsache gleich bemerken, daß, wenn auch der kurvenmäßige Verlauf dieser beiden Faktoren nicht ganz identisch ist, der Gesamtstickstoffgehalt und der Nitratstickstoffgehalt in der Regel und im allgemeinen in der Hauptvegetationsperiode kulminieren und ihren Tiefstand am Ende derselben erreichen. Es ist eine zweckmäßige Einrichtung der Natur, welche noch deutlicher wird, wenn man in Betracht zieht, daß auch die Kohlensäureproduktion des Bodens ebenfalls in den Sommermonaten ihren höchsten Stand erreicht.

Die Erklärung dieser qualitativen Änderungen ist außerordentlich deutlich, wenn man den Kurvenverlauf der nitrifizierenden und denitrifizierenden Bakterien miteinander vergleicht. *Man sieht auf den ersten Blick, daß gewöhnlich jedem Maximum der nitrifizierenden Bakterien ein Minimum der denitrifizierenden Bakterien entspricht.*

Geht man weiter und beobachtet man den ferneren Zusammenhang zwischen den korrelativen Änderungen dieser Bakteriengruppen und dem Verlauf der Nitrifikation, *so findet man gleich, daß jedem Maximum der nitrifizierenden Bakterien noch in demselben oder in dem darauffolgenden Monat ein Maximum bzw. eine Erhöhung des Nitratstickstoffgehaltes folgt.* Der Umstand, daß das Maximum des Nitratstickstoffgehaltes oft erst nach einem Monat sich nachweisen läßt, hängt mit der Versuchstechnik zusammen. Wir haben nämlich unsere Bodenproben gewöhnlich in der Mitte des Monats genommen, so daß es leicht vorkommen konnte, daß der höhere Nitratstickstoffgehalt erst in dem nächsten Monat gemessen und konstatiert wurde. Oft hat es allein die Erniedrigung der Anzahl der denitrifizierenden Bakterien eine Erhöhung des Stickstoffgehaltes bewirkt. Man könnte jedoch trotz dieser auffallenden Erscheinungen nicht behaupten, daß der Verlauf der Nitrifikation ausschließlich und allein durch dieses korrelative Verhältnis beeinflußt wird. Man muß nämlich auch den Verbrauch des Bestandes und der Bodenvegetation ebenfalls mit in Betracht ziehen, seine korrelative Wirkung entsprechend berücksichtigen. Außerdem darf man auch den Umstand nicht außer acht lassen, daß namentlich im Spätherbst und im Winter auch ziemlich bedeutende Auswanderung der Nitrate nach den tieferen Bodenschichten durch die Auswaschung erfolgen kann.

Alle diese Umstände müssen bei der Beurteilung dieses Problems nach ihrem Wirkungswert und ihrer Wichtigkeit vergleichend betrachtet und beurteilt werden. Der komplexe Verlauf des Nitrifikationsvorganges wird durch die korrelative Zusammenwirkung folgender Biofaktoren geregelt: *Bodentemperatur, Bodenfeuchtigkeit, korrelatives Verhalten der nitrifizierenden und denitrifizierenden Bakterien, Verbrauch durch die Bodenvegetation, Auswaschung in die unteren Bodenschichten.* Von diesen Faktoren ist die Wirkung der Auswaschung meistens nicht imstande allein ein Maximum oder ein Minimum des Nitratstickstoffgehaltes vorzurufen. Sie kann höchstens eine Depression im Winter noch mehr vertiefen, oder ein eventuelles Maximum in der gleichen Jahreszeit mehr oder weniger vermindern. Die Wirkung des Verbrauches durch die Bodenvegetation ist ebenso wie die Wirkung der Auswaschung von negativem Charakter. Diese Wirkung kommt übrigens nur in der Hauptvegetationsperiode zur vollen Geltung und nimmt aller Wahrscheinlichkeit nach an dem Hervorrufen der tiefen Nitratdepression im Herbst einen ganz beträchtlichen Anteil.

Wir können uns den ganzen Verlauf dieser Änderungen nach dem jetzt Gesagten ungefähr in folgender Weise vorstellen:

Infolge des herbstlichen Laubfalles und der günstigen Temperatur und Feuchtigkeitsverhältnisse erfolgt zunächst eine Erhöhung der Nitrifikation im Frühling. Dieser Vorgang macht sich in der Zunahme des Nitratstickstoffgehaltes des Bodens bemerkbar. Oft kommt es vor, daß im Winter, wenn die Temperatur es zuläßt, infolge der günstigen Feuchtigkeitsverhältnisse der Nitrifikationsvorgang ebenfalls beschleunigt wird. So kann man das Auftreten der Winter- bzw. der Frühjahrsmaxima erklären. Oft kommt es auch vor, daß dem Frühjahrsmaximum im Laufe des Frühsommers wieder ein kleineres Maximum folgt oder, falls im Frühling ungünstige Temperaturverhältnisse herrschen, das Hauptmaximum des Nitratstickstoffgehaltes erst im Laufe des Sommers zur Geltung kommen wird. Infolge der Erschöpfung des des Gesamtstickstoffvorrates und natürlich auch infolge des starken Verbrauches durch den Bestand und durch die Bodenpflanzen erfolgt sodann im Herbst ein starker Rückfall des Nitratstickstoffgehaltes, dem erst wieder durch den herbstlichen Laubfall bzw. durch teilweises Absterben und Verwesen der Bodenpflanzen, wie es schon vorher gesagt wurde, Einhalt getan wird. Das herbstliche Minimum kann auch oft durch die Auswaschung in die unteren Bodenniveaus wenigstens teilweise vertieft werden. Die Erscheinung der Auswaschung ist natürlich von den jeweiligen Niederschlagsmengen ziemlich abhängig. Die Wirkung der Bodentemperatur auf den jeweiligen Gang der Nitrifikation ist von dem Wassergehalt des Bodens in hohem Maße abhängig und der letztere Faktor kann in vielen Fällen derart begrenzend wirken, daß trotz optimaler Temperaturverhältnisse der Nitrifikationsvorgang empfindlich beschränkt wird infolge des Fehlens des notwendigen Wassergehaltes. Mit diesem Umstande kann man auch die Tatsache erklären, daß das Optimum der Nitrifikation fast immer in jenen Monaten zu konstatieren ist, wo die entsprechende Bodenfeuchtigkeit noch zur Verfügung steht.

Wir möchten aber hier gleich bemerken, daß in den Änderungen der Anzahl der beiden Bakteriengruppen ein unmittelbarer Einfluß der Temperatur oder der Bodenfeuchtigkeit sich nicht nachweisen läßt. Man kann insoweit gewisse Zusammenhänge ermitteln, daß in der Hauptvegetationsperiode die denitrifizierenden Bakterien in ziemlich großer Zahl vorkommen. Die nitrifizierenden Bakterien weisen dagegen oft gewöhnlich in der Periode der Maxima in der Gesamtbakterienzahl ihre Depression auf. Die Bewegungen dieser beiden Bakteriengruppen sind von derart vielen Faktoren abhängig, und sie beeinflussen sich gegenseitig in derart hohem Maße, daß man wenigstens in dieser Beziehung keine klaren Zusammenhänge konstatieren kann. Der Umstand, daß die nitrifizierenden Bakterien gerade in den trockenen Sommermonaten meistens im Minimum sind, deutet darauf hin, daß diese Bakterien gegen die Austrocknung des Bodens sehr empfindlich sind und ihre Maxima nur in jenen Vegetationsperioden entwickeln können, in welchem der Wassergehalt des Bodens ein für das Gedeihen dieser Bakterien unerläßliches Minimalmaß erreichen kann.

Die stickstoffbindenden Bakterien zeigen ein sehr charakteristisches Bild. Wir müssen hier gleich darauf hinweisen, daß zwischen ihnen in dem Waldboden in der Regel die anaeroben stickstoffbindenden Bakterien in der Mehrzahl vertreten sind, welcher Umstand durch den hohen Humus- und Wassergehalt des Waldbodens leicht zu erklären ist. *Azotobakter* kommt überhaupt gewöhnlich nur in den trockenen Sommermonaten vor, wo auch die $p_H$-Werte entsprechend günstig sind. Sie erreichen merkwürdigerweise ihr Maximum im Laufe des Hochsommers bzw. des Herbstes. *Gewisse Zusammenhänge zwischen den Änderungen der $p_H$-Werte und dem Vorkommen dieser Bakterienarten sind unverkennbar vorhanden.* Ihr maximales Vorkommen im Herbst ist wahrscheinlich auf die hohen $p_H$-Werte zurückzuführen. Es scheint auch die Temperatur eine gewisse Einwirkung auszuüben. Diese Wirkung macht sich besonders im Winter fühlbar, wo diese Bakterien immer in minimaler Anzahl vorhanden sind. Hier werden wahrscheinlich auch die niedrigen Aziditätswerte ebenfalls mitwirken. Daß sie im Sommer ihr größtes Maximum nicht gleichzeitig mit der Kulmination der Bodentemperatur erreichen, ist dagegen durch die $p_H$-Wirkung zu erklären. In den kalten Wintermonaten fehlen sie fast vollkommen. Sie beginnen erst im Laufe des Vorfrühlings zum Vorschein zu kommen, um mit der Kulmination der $p_H$-Kurve ihre maximale Anzahl zu erreichen.

Es ist jedoch auf fast allen Versuchsflächen die merkwürdige Erscheinung zu konstatieren, daß das Maximum der stickstoffbindenden Bakterien gewöhnlich mit einem Minimum des Wassergehaltes des Bodens zusammenfällt und außerdem mit ihrem Maximum in den meisten Fällen eine Erhöhung der Anzahl der denitrifizierenden Bakterien mit der korrelativen Abnahme der nitrifizierenden Bakterien einhergeht. In diesem Belange sind natürlich auf den einzelnen Versuchsflächen gewisse Abweichungen und Verschiebungen vorhanden. Im großen und ganzen aber lassen sich diese Zusammenhänge deutlich feststellen. Wie diese Erscheinungen biologisch zu begründen wären, dafür läßt sich vorläufig nicht so leicht eine Erklärung finden. Es ist jedoch wahrscheinlich, daß zwischen den denitrifizierenden und stickstoffbindenden Bakterien ebenfalls ein korrelatives Verhältnis besteht. Für den Stickstoffkreislauf ist es jedoch von einem außerordentlich großen Vorteil, daß gerade in dieser Jahreszeit, wo die Nitrifikation durch die ungünstige Korrelation der nitrifizierenden und denitrifizierenden Bakterien gehemmt wird, besser gesagt, wo durch die denitrifizierenden Bakterien sogar ein Stickstoffverlust herbeigeführt werden kann, die stickstoffbindenden Bakterien so massenhaft auftreten und den Verlust paralisieren. Daß die Lebensbedingungen der stickstoffbindenden Bakterien gerade durch Stickstoffbindung der denitrifizierenden Bakterien begünstigt werden, liegt klar auf der Hand und wir sind der Ansicht, daß die gleichsinnige Korrelation der beiden Bakteriengruppen gerade durch diesen Umstand zu erklären ist.

Die Depression des Wassergehaltes begünstigt ebenfalls aller Wahrscheinlichkeit nach den Mechanismus der Stickstoffbindung. Dieser Befund zeigt aber auch gleichmäßig, daß das Verhalten der denitrifizierenden Bakterien nicht immer und entscheidend von dem Wassergehalt des Bodens beeinflußt wird, sondern daß hier ganz andere Faktoren und von denen in der ersten Reihe die Korrelation mit den nitrifizierenden Bakterien am Werke ist. Wir möchten noch darauf hinweisen, daß bei dem Verhalten der stickstoffbindenden Bakterien auch die Änderungen des Humusgehaltes eine gewisse Rolle zu spielen scheinen. Diese Erscheinung steht ja wahrscheinlich mit dem ganzen Mechanismus der Stickstoffbindung im Zusammenhang, die ja durch die Anwesenheit von Kohlenstoffverbindungen bzw. von Zellulose im günstigen Sinne beeinflußt wird. Es ist vor allem sicher, daß dem Maximum der stickstoffbindenden Bakterien immer ein Maximum des Humusgehaltes voran- oder einhergeht.

Bei der sachlichen Prüfung der verschiedenen Kurven müssen wir jedoch gleich bemerken, daß der Einfluß des Humusgehaltes oft undeutlich wird. In diesen Fällen scheinen andere ökologische Faktoren einzugreifen, welche wahrscheinlich die Wirkung des Humusgehaltes in den Hintergrund drängen. Am deutlichsten ist, wie wir schon früher betont haben, der kausale Zusammenhang mit den denitrifizierenden Bakterien einerseits und mit dem Wassergehalte andererseits zu konstatieren. Hohe Bodentemperatur und Sinken des Wassergehaltes begünstigen sicherlich die Wirkung der Stickstoffbinder.

Bezüglich des Humusgehaltes haben gerade diese mehrjährigen Beobachtungen auch im Verlaufe der Humuskurven ausgeprägte Periodizität erwiesen. Das Hauptmaximum des Humusgehaltes kommt meistens nach dem Laubfall im Herbste, vor, und daneben kann man oft ein zweites Maximum im Laufe des Frühjahrs konstatieren. Es sind jedoch auch zwischen den einzelnen Jahren gewisse Unterschiede vorhanden. Das Minimum tritt gewöhnlich scharf vor dem allmählichen Ansteigen der Kurve auf. Abweichungen sind jedoch nicht ausgeschlossen. Die Depression des Humusgehaltes fällt sehr oft ziemlich regelmäßig mit dem Anstieg der beiden Stickstoffkurven zusammen. Das Minimum im Hochsommer ist wieder durch die intensive Zersetzung durch die Boden-

Tabelle 36.

| Zeitpunkt der Untersuchung | Versuchsfläche Nr. 15 | | | | Versuchsfläche Nr. 11 | | | | Versuchsfläche Nr. 14 | | | |
|---|---|---|---|---|---|---|---|---|---|---|---|---|
| | Gesamt-N. g/g | Humus-gehalt % | Karbon g/g | $\frac{C}{N}$ | Gesamt-N. g/g | Humus-gehalt % | Karbon g/g | $\frac{C}{N}$ | Gesamt-N. g/g | Humus-gehalt % | Karbon g/g | $\frac{C}{N}$ |
| 1929. IV. | 0,0003936 | 1,44 | 0,00835 | 21,2 | 0,0005932 | 1,05 | 0,00609 | 10,3 | 0,0003900 | 1,53 | 0,00887 | 22,7 |
| V. | 5721 | 1,39 | 0,00807 | 14,0 | 6188 | 0,73 | 0,00423 | 6,8 | 5056 | 0,96 | 0,00556 | 11,0 |
| VI. | 6732 | 1,74 | 0,01010 | 15,1 | 2800 | 0,91 | 0,00527 | 18,8 | 3948 | 1,24 | 0,00719 | 18,2 |
| VII. | 4463 | 2,14 | 0,01240 | 27,8 | 3640 | 0,99 | 0,00574 | 15,7 | 4396 | 1,70 | 0,00986 | 22,3 |
| VIII. | 4445 | — | — | — | 2268 | — | — | — | 4480 | — | — | — |
| IX. | 3242 | 3,48 | 0,02019 | 67,5 | 2548 | 3,25 | 0,01882 | 74,1 | 2464 | 2,95 | 0,01710 | 69,3 |
| X. | 1999 | 2,52 | 0,01460 | 73,3 | 2212 | 2,50 | 0,01449 | 65,4 | 1792 | 2,66 | 0,01542 | 86,0 |
| XI. | 2400 | 2,01 | 0,01165 | 48,6 | 1960 | 1,44 | 0,00835 | 42,6 | 2436 | 1,46 | 0,00847 | 35,9 |
| XII. | 3665 | 2,28 | 0,01322 | 36,1 | 3274 | 1,54 | 0,00893 | 27,2 | 3388 | 1,65 | 0,00957 | 28,3 |
| 1930. I. | 3439 | 1,98 | 0,01148 | 33,4 | 5264 | 1,55 | 0,00900 | 17,1 | 5320 | 1,45 | 0,00841 | 15,8 |
| II. | 3089 | 1,39 | 0,00807 | 26,1 | 3780 | 1,55 | 0,00900 | 23,9 | 2016 | 1,45 | 0,00841 | 41,6 |
| III. | 5430 | — | — | — | — | — | — | — | 4452 | — | — | — |
| IV. | 4120 | 2,88 | 0,01671 | 40,6 | 5740 | 3,02 | 0,01750 | 30,5 | 5096 | 2,43 | 0,01408 | 29,2 |
| V. | — | — | — | — | — | — | — | — | — | — | — | — |
| VI. | — | — | — | — | — | — | — | — | — | — | — | — |
| VII. | 4964 | 2,16 | 0,01252 | 25,2 | 2800 | 1,31 | 0,00760 | 27,1 | 2619 | 1,34 | 0,00777 | 29,6 |
| VIII. | — | — | — | — | — | — | — | — | — | — | — | — |
| IX. | 1848 | 2,23 | 0,01293 | 70,0 | 3816 | 0,39 | 0,00226 | 5,9 | 3675 | 2,20 | 0,01275 | 34,8 |
| X. | — | — | — | — | — | — | — | — | — | — | — | — |
| XI. | 3388 | 2,02 | 0,01171 | 34,5 | 4340 | 1,34 | 0,00776 | 17,9 | 3920 | 1,76 | 0,01019 | 26,0 |
| XII. | 5236 | 1,79 | 0,01038 | 19,8 | 5656 | 1,02 | 0,00593 | 10,5 | 5418 | 1,95 | 0,01132 | 20,9 |
| 1931. I. | 4624 | 1,31 | 0,00760 | 16,4 | 4629 | 1,16 | 0,00673 | 14,6 | 3864 | 1,84 | 0,01067 | 27,6 |
| II. | 4480 | 1,65 | 0,00957 | 21,3 | 4620 | 1,21 | 0,00702 | 15,2 | 4956 | 1,79 | 0,01038 | 21,0 |
| III. | 4956 | 1,98 | 0,01148 | 23,1 | 5292 | 1,09 | 0,00633 | 11,9 | 5824 | 1,94 | 0,01125 | 19,3 |
| IV. | 4620 | 1,78 | 0,01032 | 22,4 | 4816 | 1,43 | 0,00829 | 17,2 | 5460 | 1,65 | 0,00956 | 17,5 |
| V. | 4536 | 1,30 | 0,00754 | 16,6 | 5040 | 1,69 | 0,00981 | 19,5 | 5320 | 1,33 | 0,00772 | 14,5 |
| VI. | 7028 | 0,82 | 0,00475 | 6,5 | 7308 | 1,10 | 0,00638 | 8,7 | 3808 | 0,94 | 0,00544 | 14,0 |
| VII. | 2950 | 0,55 | 0,00319 | 10,8 | 2604 | 0,63 | 0,00365 | 14,0 | 2350 | 0,42 | 0,00243 | 10,4 |
| VIII. | 3780 | 1,93 | 0,01119 | 29,5 | 3892 | 2,08 | 0,01205 | 32,1 | 3220 | 1,27 | 0,00736 | 22,9 |
| IX. | 4025 | 1,48 | 0,00859 | 21,3 | 4000 | 2,19 | 0,01268 | 31,7 | 3360 | 2,39 | 0,01385 | 41,2 |
| X. | 2912 | 0,94 | 0,00545 | 15,2 | 3220 | 1,53 | 0,00887 | 27,5 | 3500 | 2,24 | 0,01298 | 37,0 |
| XI. | 3724 | 1,47 | 0,00852 | 22,8 | 3472 | 0,94 | 0,00544 | 15,7 | 3584 | 1,06 | 0,00615 | 17,2 |
| XII. | 6496 | 1,17 | 0,00678 | 10,4 | 5824 | 0,93 | 0,00539 | 9,3 | 6160 | 1,06 | 0,00615 | 10,0 |

bakterien infolge erhöhter Temperaturwirkungen zu erklären. Die Humusstoffe werden nämlich im Laufe des Sommers durch die Zersetzungsprozesse durch Bakterien und Pilze mehr oder weniger verbraucht, welche Erscheinung namentlich unter unseren klimatischen Verhältnissen ganz scharf zum Ausdruck kommt. Da im Waldboden, falls derselbe seine Lebensvorgänge ungestört entwickeln kann, nach der Verarbeitung der Humusstoffe im Hochsommer die Bereicherung des Bodens mit denselben nach dem Laubfall zeitlich und quantitativ immer gleichmäßig erfolgt, so kann man natürlich keinen unmittelbaren Einfluß des Humusgehaltes auf die Nitrifikation nachweisen, da der ganze Prozeß innerhalb des gleichen Waldtyps in ein gewisses dynamisches Gleichgewicht gekommen ist. Das auffallende ist jedoch der Umstand, daß das Maximum des Humusgehaltes fast immer mit einem Minimum des Gesamtstickstoffgehaltes zusammenfällt.

Über das Stickstoff- und Kohlenstoffverhältnis besitzen wir in der Literatur zahlreiche Angaben. Die bezüglichen Untersuchungen und Arbeiten sind in der Literatur[1] der Reihe nach aufgezählt. Vergleicht man die Ergebnisse dieser Arbeiten, so wird man gleich sehen, wie stark divergierend sind die einzelnen Angaben der verschiedenen Autoren.

Am meisten wird die durchschnittliche Zahl 1 : 10 angegeben. Alle Autoren bemerken jedoch, daß diese Zahl je nach der Beschaffenheit der Bodentypen außerordentlich verschieden ist. Die auffallende Tatsache, daß fast in jedem Jahre mit dem Maximum des Humusgehaltes meistens ein Minimum des Gesamtstickstoffgehaltes

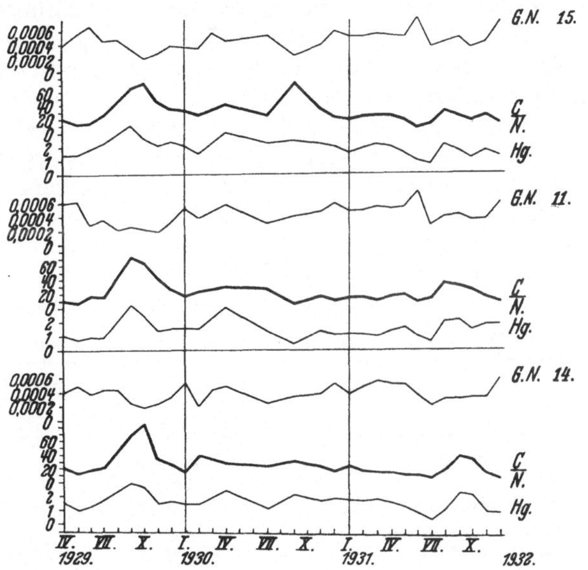

Abb. 54. Die Änderungen des C : N-Verhältnisses in den verschiedenen Jahreszeiten.

einhergeht, hat unsere Aufmerksamkeit auf die nähere Untersuchung dieser Frage gelenkt. Unsere Untersuchungsmethodik berechnet — wie bekannt — den jeweiligen Humusgehalt auf Grund der ermittelten $CO_2$-Unterschiede, aus welchen dann der jeweilige C-Gehalt berechnet werden kann. Da wir ihn überall gleichzeitig aus dem Gesamtstickstoffgehalt bestimmt haben, so konnten wir ohne Schwierigkeiten das C : N-Verhältnis berechnen. Diese Berechnungen sind in der Abb. 54 übersichtlich dargestellt und die zugehörigen Daten in den Tabellen 36 und 37 zusammengefaßt. Diese Untersuchungen, welche sich auf mehrere Jahre erstrecken, haben das interessante Resultat geliefert, daß das C : N-Verhältnis kein stetiges Gebilde darstellt, sondern jahreszeitlich bedingten dynamischen Änderungen unterworfen ist. In den meisten Jahren zeigt es ein Maximum in den Herbstmonaten und nur teilweise und ausnahmsweise kleinere oder größere Maxima in den Frühlingsmonaten. In den untersuchten Waldböden schwankten seine Werte ganz außerordentlich, z. B. im Jahre 1929:

---

[1] Siehe S. 267—270.

| | | |
|---|---|---|
| Mai | Versuchsfläche 15 | 1 : 11 |
| Oktober | ,, | 1 : 86 |
| Mai | Versuchsfläche 11 | 1 :  6,8 |
| Oktober | ,, | 1 : 65,4 |
| Mai | Versuchsfläche 14 | 1 : 14 |
| Oktober | ,, | 1 : 73 |

Das merkwürdige ist dabei, daß dieses Verhalten nicht nur innerhalb einer einzigen Vegetationsperiode, sondern auch innerhalb der großen Jahresperioden starke Unterschiede aufweist. Die Tabelle 37 zeigt übrigens auch die Tatsache, daß das durchschnittliche C : N-Verhältnis in den gut durchgelüfteten sandigen Steppenböden zugunsten des Stickstoffes verschoben wird und in den humiden Waldböden allmählich zunimmt. Die Ursache dieser Erscheinung ist darin zu suchen, daß die gut durchgelüfteten Steppenböden den Zersetzungsprozeß der Zelluloseverbindungen viel lebhafter durchführen, als die humiden Waldböden.

Die Erklärung der ganzen Erscheinung ist vorläufig ziemlich schwierig. Es zeigt sich jedoch, daß der Abbau und die Zersetzung der C- und N-haltigen organischen Substanzen des Waldhumus in den einzelnen Jahreszeiten und Klimagebieten quantitativ recht verschieden ist. Zwischen den zellulosezersetzenden Organismen und zwischen den den Abbau der organischen Stickstoffverbindungen bewirkenden Organismen besteht allem Anschein nach ein korrelatives Verhältnis, dessen nähere Einzelheiten noch der weiteren Untersuchung harren. Wir möchten vorläufig nur so viel feststellen, daß nach dem herbstlichen Laubfall, welcher schließlich den Humusgehalt des Bodens bereichert, zunächst der Abbau der Zellulose etwas langsamer vor sich geht. Im Winter und im Spätherbst, wo auch die nied-

Tabelle 37. Das C : N-Verhältnis der einzelnen Versuchsflächen.

| Nr. | | Gesamt-N g/g | Humus-gehalt % | Karbon g/g | $\frac{C}{N}$ | |
|---|---|---|---|---|---|---|
| 5. | Szeged . . . . . . | 0,0003336 | 0,48 | 0,00278 | 8,4 | |
| 6. | ,, . . . . . . | 3382 | 0,68 | 0,00394 | 11,7 | |
| 7. | Kecskemét . . . . | 3698 | 0,44 | 0,00256 | 6,9 | |
| 8[1]. | ,, . . . . | 4552 | 0,64 | 0,00371 | 8,2 | |
| 1. | Lenti . . . . . . . | 3934 | 2,34 | 0,01356 | 34,5 | Jahresdurchschnittswerte 1930/1931 |
| 2. | ,, . . . . . . . | 3739 | 2,60 | 0,01521 | 40,2 | |
| 11. | Sopron . . . . . . | 4223 | 0,98 | 0,00568 | 13,4 | |
| 15. | ,, . . . . . | 3993 | 1,96 | 0,01158 | 28,5 | |
| 19. | ,, . . . . . | 3925 | 2,22 | 0,01289 | 32,8 | |
| 20. | ,, . . . . . | 4766 | 1,28 | 0,00743 | 15,6 | |
| 21. | ,, . . . . . | 4670 | 0,91 | 0,00528 | 11,3 | |
| 14[1]. | ,, . . . . . | 4438 | 2,04 | 0,01182 | 26,7 | |
| 31. | Eberswalde . . . . | 3135 | 1,49 | 0,00864 | 27,6 | |
| 32. | ,, . . . . | 2929 | 1,72 | 0,00997 | 34,0 | |
| 33. | Hallands-Väderö . . | 3612 | 1,78 | 0,01032 | 28,6 | |
| 34. | ,, . . | 3283 | 1,73 | 0,01005 | 30,6 | |
| 35. | ,, . . | 3213 | 0,98 | 0,00568 | 17,7 | |
| 36[1]. | Osló . . . . . . | — | 0,82 | 0,00475 | — | Die Ergebnisse einer Messung im August 1931 |
| 37[1]. | Rajvola . . . . . | 2884 | 1,99 | 0,01155 | 40,0 | |
| 38[1]. | ,, . . . . . | 2100 | 1,23 | 0,00710 | 33,8 | |
| 39[1]. | Namdalseid . . . . | 2100 | 0,66 | 0,00383 | 18,3 | |
| 40[1]. | Kivalo . . . . . . | 2172 | 1,21 | 0,00700 | 32,4 | |
| 41[1]. | ,, . . . . . | 3360 | 1,79 | 0,01040 | 30,9 | |
| 42[1]. | ,, . . . . . | 2744 | 0,80 | 0,00464 | 16,8 | |
| 43[1]. | ,, . . . . . | 1036 | 1,12 | 0,00650 | 62,8 | |
| 44[1]. | Petsamo . . . . . | 0952 | 0,78 | 0,00452 | 47,5 | |
| 45[1]. | ,, . . . . . | 2072 | 0,99 | 0,00574 | 27,7 | |
| 46[1]. | ,, . . . . . | 2690 | 0,92 | 0,00534 | 19,9 | |
| 47[1]. | Kirkenes . . . . . | 1520 | 1,75 | 0,01015 | 66,7 | |

[1] Eine Untersuchung.

rigen Temperaturen die Zellulosezersetzung auf ein minimales Maß beschränken, beginnt die erhöhte Arbeit der ammonifizierenden Mikroorganismen, welche schließlich die Bereicherung des Gesamtstickstoffgehaltes des Bodens hervorrufen. Im Frühjahr und im Sommer wird allmählich wieder die Zellulosezersetzung überwiegen, welche schließlich vor dem herbstlichen Laubfall infolge der Erschöpfung des Nahrungsvorrates eine starke Depression erleidet. In dem jetzt geschilderten Vorgang können natürlich oft Verschiebungen eintreten, welche jedoch den jetzt beschriebenen allgemeinen Verlauf in seinem Wesen nicht besonders verändern. Zu diesen Verschiebungen gehört, daß der Gesamtstickstoffgehalt auch oft in den Frühlings- bzw. in den Sommermonaten mehr oder weniger deutliche Maxima aufweisen kann. Diese werden jedoch fast immer mit einem Minimum des Humusgehaltes begleitet[1].

In eine weitere Diskussion über diese Frage möchten wir nicht näher eingehen, da die Einzelheiten noch durch besondere Untersuchungen geklärt werden müssen.

Wir haben schon früher gezeigt, daß die $p_H$-Werte ebenfalls ganz deutliche jahreszeitliche Änderungen aufweisen. Man sieht aber gleich, daß was die Nitrifikation anbelangt, so konnte kein unmittelbarer Einfluß der Bodenazidität nachgewiesen werden, da gerade in der Periode der niedrigsten $p_H$-Werte oft deutliche Nitrifikationsvorgänge vorkommen und bei ihrer Erhöhung im Sommer meistens ein Rückgang im Verhalten der nitrifizierenden Bakterien und der Nitrifikation selbst zu bezeichnen ist.

Daß in ganz extremen Fällen die Nitrifikation in einem sauren Boden viel ungünstiger verlaufen wird als in einem mehr neutralen Boden, halten wir für sehr wahrscheinlich. Innerhalb des gleichen Waldtypes ist jedoch der Verlauf der jahreszeitlichen Änderungen der $p_H$-Werte ziemlich wirkungslos, oder wenn sie auch in gewisser Hinsicht wirken würde, so wird ihr Einfluß durch die Korrelation der anderen stärkeren Faktoren derart in den Hintergrund gedrängt, daß sie in dem dynamischen Bild der Kurvenverlaufe nicht mehr zum Ausdruck kommen kann.

Durch diese Untersuchungen wurde auch klar erwiesen, daß die frühere Annahme über die vollständige Nitratarmut oder den Nitratmangel der Waldböden nicht mehr zu halten ist. Daß in dem Waldboden die Anzahl der denitrifizierenden Bakterien die Anzahl der nitrifizierenden Bakterien in der Regel deutlich überschreitet, haben auch unsere Forschungsergebnisse bewiesen. Es sind aber, wie wir später noch zeigen werden, auch in dem nördlichen humiden Klima Europas immer noch so viel nitrifizierende Bakterien vorhanden, daß von einem völligen Mangel von Nitraten oder von einer fehlenden Nitrifikation nicht einmal vorübergehend die Rede sein kann. Viel mehr wurde ganz deutlich bewiesen, daß über den Stickstoffgehalt eines Waldbodens nur auf Grund planmäßig durchgeführter jahreszeitlicher Untersuchungen das sachliche Urteil ausgesprochen werden kann und darf. Die gleiche Gesetzmäßigkeit zeigen auch im großen und ganzen jene Versuchsflächen, welche nur durch eine Jahreszeit untersucht worden sind.

Die bisherigen Forschungsresultate, die wir soeben besprochen haben, beziehen sich größtenteils auf Waldböden, welche unter dem Schutze der schützenden Bestände stehen. Um der Frage näherzutreten, inwieweit diese Gesetzmäßigkeiten auch dort in Geltung bleiben, wo der schützende Bestand nicht mehr zur Einwirkung kommt, haben wir eine Kahlschlagsfläche, eine Wiese und seit November 1930 eine Versuchsfläche untersucht, welche auf einem brachliegenden Teil der Pflanzenschule des botanischen Gartens steht. Diese Versuchsfläche wurde in den letzten 8 Jahren nur mechanisch bearbeitet, aber überhaupt nicht gedüngt. Sie wurde vollkommen sich selbst überlassen und auch die Bodenvegetation bzw. die Entwicklung derselben in keiner Hinsicht beeinflußt. Wie die Abb. 55 und die Tabelle 34 ganz deutlich zeigen, verlaufen, von kleinen unbedeutenden Ab-

---

[1] Bezüglich der Zunahme des C:N-Verhältnisses nach dem humiden Norden siehe auch S. 160.

weichungen abgesehen, wobei gewisse zeitliche Änderungen vorkommen, alle biologischen Vorgänge im gleichen Sinne, wie in den Waldböden.

Als Vergleich wurden in die Abb. 55 mit gestrichelten Linien die Versuchsdaten der Versuchsfläche 15 eingetragen. Man sieht hier ganz deutlich, daß betreffs des zeitlichen Geschehens der biologischen Vorgänge zwischen den beiden Versuchsflächen kein wesentlicher Unterschied besteht. Die Entwicklung der Bakterienzahl, der Nitrifikation, der Denitrifikation, sogar auch der Ammoniumbildung verläuft ja vollkommen ähnlich wie bei den anderen Versuchsflächen. *Wir fühlen uns daher berechtigt, den Grundsatz auszusprechen, daß in allen Böden, wo die biologischen Vorgänge durch künstliche Eingriffe der Menschen nicht gestört werden, ohne Rücksicht darauf, ob dieser Boden mit einem Waldbestand bedeckt oder nicht bedeckt ist, die biologischen Vorgänge im gleichen Sinne verlaufen.* Man darf dabei nicht vergessen und nicht außer acht lassen, daß auch die Freilandböden, wenn ihr natürlicher Kreislauf nicht gestört wird, durch ihre Bodenvegetation wohl in die Lage versetzt werden, den Kreislauf ihrer natürlichen biologischen Vorgänge aufrechtzuerhalten.

Wir wollen noch den Verlauf der Nitrifikation auf der brachliegenden Versuchsfläche vergleichend kurz besprechen.

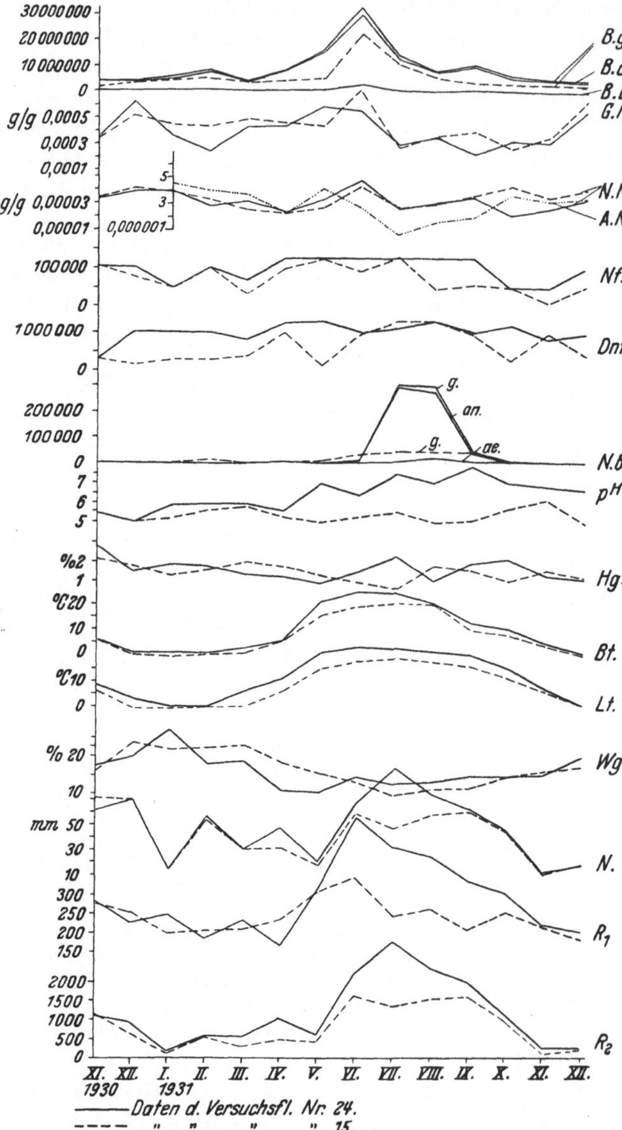



Abb. 55. Vergleichende Darstellung des Verlaufes der einzelnen Biofaktoren des Freilandbodens (Versuchsfläche 24) und des Waldbodens (Versuchsfläche 15). Das $RN$ bezieht sich nur auf die Versuchsfläche 24.

Die Abb. 55 zeigt uns ganz einwandfrei, daß alle dynamischen Bewegungen des Bodenlebens der freiliegenden Versuchsfläche im großen und ganzen·fast parallel mit dem Verlauf der gleichen Erscheinungen des geschützten Waldbodens verlaufen. Gewisse Unterschiede sind jedoch unzweifelhaft vorhanden. Es ist zunächst zu konstatieren, daß die Bodentemperatur des Freilandbodens zeitweise auch im Winter immer höher ist, als die Bodentemperatur der Waldböden. Diese Unterschiede werden besonders im Sommer deutlicher. Daß der Freilandboden im Sommer eine größere Bakterienzahl aufweist, als die meisten Waldböden, ist zunächst auf die Temperaturwirkung zurückzuführen. Der zweite Faktor, der hier entscheidender eingreift, ist der Wassergehalt des Bodens, welcher hier gerade im Hochsommer meistens immer größer ist als der Wassergehalt des Waldbodens. Diese Erscheinung ist bekannterweise durch die starke sommerliche Transpiration der Waldbestände zu erklären. Der Wassergehalt des Waldbodens ist übrigens etwas gleichmäßiger und ausgeglichener, als die ziemlich schwankende Feuchtigkeit des Freilandbodens. Infolge der guten und üppigen Bodenvegetation des letzteren bleibt auch der Humusgehalt desselben nicht wesentlich hinter der Eigenschaft des Waldbodens zurück. Besonders charakteristisch ist die Erscheinung, daß der Freilandboden fast in allen Jahreszeiten mehr nitrifizierende Bakterien aufweist, als der Boden des Vergleichswaldes. Da jedoch die Anzahl der denitrifizierenden Bakterien ebenfalls etwas höher ist, so kommt dieser Umstand in der Gestaltung des Nitratstickstoffgehaltes nur wenig zum Ausdruck. Die andere auffallende Erscheinung ist die verhältnismäßig bedeutend höhere Anzahl der stickstoffbindenden Bakterien in dem Boden der freiliegenden Versuchsfläche. Dieser Umstand ist wieder durch die höheren $p_H$-Werte des Freilandbodens zu erklären. Merkwürdigerweise bilden auch hier den größten Anteil dieser Bakterien die anaeroben Stickstoffbinder.

Um Mißverständnissen vorzubeugen, soll noch die Tatsache bemerkt werden, daß die freie Versuchsfläche in der Übergangszone ungefähr 10 km entfernt von dem Vergleichswald in der subalpinen Klimazone liegt. Dadurch kann man natürlich den großen Unterschied der Niederschlagsmengen in dem Monat Juli erklären, da gerade in diesem Jahre in der Übergangszone im Juli starke Gußregen gefallen sind, deren Wassermengen jedoch sehr rasch abgeflossen sind, so daß sie den Wassergehalt des Bodens dieser Versuchsfläche nur wenig beeinflussen konnten.

Zum Schlusse möchten wir noch einiges über die Rolle der Ammonifikation sprechen. Auf den vorwiegenden mullartigen Böden ist im allgemeinen der Nitratgehalt gewöhnlich viel größer als der Ammoniakgehalt. Man findet im allgemeinen bei der Ammoniakbildung zwei Maxima und zwar ein Hauptmaximum im Monat Mai und ein etwas größeres Maximum im Laufe des Spätherbstes (Oktober-November). Bei einer Versuchsfläche kam außerdem noch ausnahmsweise ein Zwischenmaximum im Monate August vor. Man sieht bei der Kurvengestaltung, daß die Maxima der Ammoniakbildung und des Nitratstickstoffgehaltes sich gegenseitig abwechseln und gewöhnlich nicht zusammenfallen. Die beiden Vorgänge: Nitrifikation und Ammoniakbildung beeinflussen sich auch gegenseitig wahrscheinlich derart, daß durch die Nitrifikation die gebildeten Ammoniak-N-Mengen regelmäßig verbraucht werden.

Wir wollen uns noch mit dem Zusammenhang der Ammonifikationskurven mit dem Verlauf der Gesamtstickstoffkurven vergleichend beschäftigen. Die Kurven verlaufen nämlich von gewissen Verschiebungen abgesehen beinahe ganz parallel. Es ist nicht ausgeschlossen, daß diese Unterschiede in den Hauptmaxima der beiden Kurven durch korrelative Erscheinungen hervorgerufen werden.

Wir möchten noch darauf hinweisen, daß innerhalb der gleichen Waldtypen bzw. innerhalb der gleichen Versuchsflächen die $p_H$-Kurve den Gang der Ammonifikation nicht besonders zu beeinflussen scheint. Nur bei dem herbstlichen Hauptmaximum sieht man es, daß die höchste Stufe der Ammonifikation mit den höchsten $p_H$-Werten zusammenfällt.

Außer den jetzt besprochenen Untersuchungen möchten wir noch mit einigen Worten auf die Ergebnisse jener jahreszeitlichen Untersuchungen hinweisen, von welchen wir in dem Kapitel über die jahreszeitlichen qualitativen und quantitativen Änderungen der Bakterienflora der Waldböden schon teilweise recht ausführlich gesprochen haben. An dieser Stelle möchten wir die dort angeführten nur bezüglich des Stickstoffumsatzes ergänzen.

Die jahreszeitlichen Änderungen des Gesamtstickstoff- und Nitratstickstoffgehaltes dieser Versuchsflächen enthalten die Abb. 56 und die Tabelle 38[1]; in dieser Abbildung sind die Versuchsflächen nach Klimazonen gruppiert. Man kann im allgemeinen gleich feststellen, daß die jahreszeitlichen Änderungen des Stickstoffumsatzes innerhalb der gleichen Klimazonen ziemlich gleichmäßig verlaufen. Auch hier müssen wir uns aber dessen bewußt sein, daß infolge des Umstandes, daß bei diesen Versuchsflächen die fraglichen Biofaktoren nicht monatlich, sondern nur in den Hauptjahreszeiten einmal untersucht wurden, die Untersuchungsergebnisse das bisher gewöhnte klare Bild mit allen seinen Einzelheiten nicht ergeben können. Wenn man aber die Durchschnittsdaten nach der Abbildung zusammengefaßt betrachtet, so wird man gleich sehen, daß die bereits ermittelten Gesetzmäßigkeiten auch durch diese Untersuchungen bestätigt worden sind.

In dieser Abbildung sind die untersuchten Versuchsflächen in zwei große Gruppen eingeteilt. In die erste Gruppe gehören die Versuchsflächen in Ungarn und die zweite Gruppe umfaßt die Versuchsflächen in Nordwestdeutschland und in Südschweden. Da unsere nördlichen Versuchsflächen in Nordwestdeutschland und in Südschweden noch nicht in die ganz extreme humide Klimazone gehören, so finden wir auch bei den nitrifizierenden Bakterien ungefähr das gleiche Verhalten. Wir finden sogar im Frühjahr mehr nitrifizierende Bakterien in Nordeuropa als in Mitteleuropa. Die Zahl der stickstoffbindenden Bakterien wird jedoch infolge der höheren $p_H$-Werte gewöhnlich in Mittel-Europa höher sein.

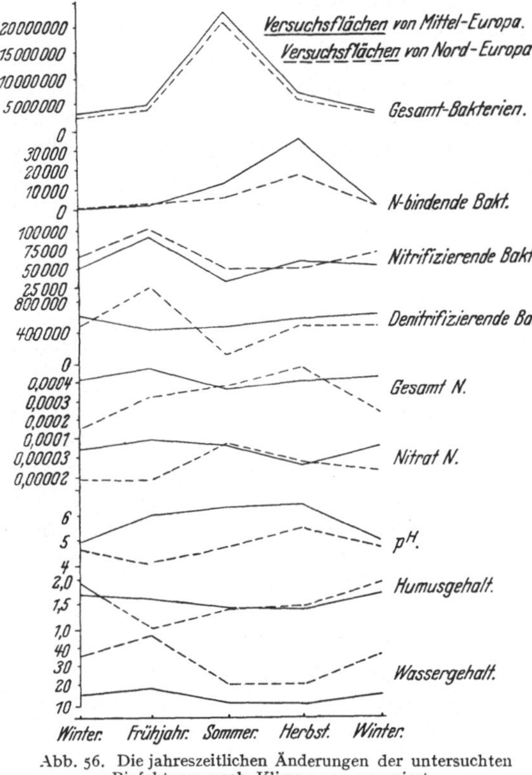


Abb. 56. Die jahreszeitlichen Änderungen der untersuchten Biofaktoren nach Klimazonen gruppiert.

Die denitrifizierenden Bakterien zeigen jedoch abweichendes Verhalten. Sie zeigen in Nordeuropa ein starkes Frühjahrsmaximum, während in den mitteleuropäischen Waldböden ihr Maximum gewöhnlich im Winter und im Herbst erscheint. Das starke Frühjahrsmaximum ist wahrscheinlich die Folge der ausreichenden Bodenfeuchtigkeit. Ein Vergleich mit der Bodenfeuchtigkeitskurve wird das jetzt Gesagte vollauf bestätigen.

Das jetzt gewonnene Bild ist, wie schon früher betont wurde, nicht in allen Einzelheiten charakteristisch. Man kann aber das korrelative Verhältnis der beiden wichtigen physiologischen Bakteriengruppen teilweise auch hier beob-

---

[1] Bezüglich der Einzelheiten vergleiche die Abb. 24, 25, 26, 27, 28.

Tabelle 38.

| Nr. | | 2<br>1930<br>VI—VII | 3<br>1930<br>VIII—IX | 4<br>1930<br>XI—XII | 5<br>1931<br>II—III |
|---|---|---|---|---|---|
| | **Versuchsflächen von Mitteleuropa.** | | | | |
| 1. | Gesamtbakterien . . . | 22 670 000 | 6 642 000 | 2 820 000 | 4 005 000 |
| 2. | N-bindende Bakterien . | 9 810 | 34 300 | 20 | 1 240 |
| 3. | Nitrifizierende Bakt. . | 61 500 | 38 500 | 40 500 | 93 000 |
| 4. | Denitrifizierende Bakt. | 361 000 | 820 000 | 440 000 | 381 000 |
| 5. | Gesamt-N g/g . . . . | 0,0003649 | 0,0003856 | 0,0004182 | 0,0004616 |
| 6. | Nitrat-N g/g . . . . . | 0,00003666 | 0,00002501 | 0,00003403 | 0,00003918 |
| 7. | $p_H$ . . . . . . . . | 6,38 | 6,38 | 4,94 | 5,93 |
| 8. | Humusgehalt % . . . | 1,31 | 1,17 | 1,62 | 1,44 |
| 9. | Wassergehalt % . . . | 10,8 | 10,5 | 16,5 | 16,7 |
| | **Versuchsflächen von Nordeuropa.** | | | | |
| 1. | Gesamtbakterien . . . | 21 180 000 | 5 760 000 | 2 308 000 | 3 880 000 |
| 2. | N-bindende Bakterien . | 3 440 | 16 400 | 0 | 700 |
| 3. | Nitrifizierende Bakt. . | 28 000 | 46 000 | 64 000 | 100 000 |
| 4. | Denitrifizierende Bakt. | 100 000 | 460 000 | 460 000 | 1 000 000 |
| 5. | Gesamt-N g/g . . . . | 0,0003711 | 0,0004629 | 0,0001490 | 0,0003107 |
| 6. | Nitrat-N g/g . . . . . | 0,00003633 | 0,00002776 | 0,00001848 | 0,00001809 |
| 7. | $p_H$ . . . . . . . . | 4,70 | 5,74 | 4,66 | 4,07 |
| 8. | Humusgehalt % . . . | 1,54 | 1,51 | 1,70 | 1,22 |
| 9. | Wassergehalt % . . . | 22,0 | 20,8 | 36,3 | 34,9 |

achten. Das Frühjahrsmaximum des Nitratstickstoffgehaltes ist sicherlich die Folge des Frühjahrsmaximums der nitrifizierenden und des Frühjahrsminimums der denitrifizierenden Bakterien. Daß im Herbst trotz der Erhöhung der nitrifizierenden Bakterien kein Nitratstickstoffmaximum zu beobachten ist, ist sicherlich die Folge des allmählichen Ansteigens der denitrifizierenden Bakterien und zweitens des starken Verbrauches durch die Bestände. Das jetzt Gesagte gilt für die mitteleuropäischen Waldböden. In den nordeuropäischen Waldböden sind im Frühjahr die denitrifizierenden Bakterien derart im Maximum, daß, obwohl die nitrifizierenden ebenfalls erhöhte Anzahl zeigen, ein Nitratstickstoffmaximum sich nicht entwickeln kann. Dasselbe stellt sich erst später im Laufe des Sommers ein, wo die denitrifizierenden Bakterien ein tiefes Minimum ergeben. Hier spielt aber sicher noch die Beeinflussung der Nitrifikationsintensität durch die Temperatur auch eine wichtige Rolle. Die Verschiebung des Nitratstickstoffmaximums vom Frühjahr auf den Sommer in Nordeuropa ist sicherlich auch größtenteils dem Temperatureinfluß zuzuschreiben. Der Umstand, daß der Nitratstickstoffgehalt im Winter und im Herbst tief unter dem Niveau der mitteleuropäischen Waldböden bleibt, ist sicherlich auch durch den Temperatureinfluß zu erklären. Man darf aber auch nicht vergessen, daß wahrscheinlich auch in diesen Jahreszeiten in Nordeuropa das Auslaugen in die tieferen Bodenschichten eine bedeutende Rolle spielt.

Außerordentlich interessant ist die Gestaltung des Gesamtstickstoffgehaltes in Nordeuropa. Hier ist die Verschiebung ganz bedeutend. Das Maximum des Gesamtstickstoffgehaltes zeigt sich in Mitteleuropa im Frühjahr und später im Winter. In den nordeuropäischen Waldböden stellt sich im Frühjahr auch ein gewisses Maximum ein, während des Sommers bis zum Herbst bleibt aber der Gesamtstickstoffgehalt ununterbrochen im Ansteigen, um schließlich in den Herbstmonaten zu kulminieren. Diese verspätete Kulmination ist aller Wahrscheinlichkeit nach durch die niedrigeren Temperaturen in den Frühlingsmonaten zu erklären. Der Anstieg im Frühjahr und der Abfall im Winter erfolgt ziemlich scharf.

Um die allgemeinen Grundlagen der Änderungen des Gesamtstickstoffgehalts überprüfen zu können, haben wir mit Professor WITTICH in Eberswalde zwei Vergleichsflächen aufgenommen, auf den der Gesamtstickstoffgehalt in jedem Monat einmal mittels einer anderen Art der Probeentnahme bestimmt wurde.

Die kurze Beschreibung dieser beiden Versuchsflächen geben wir im folgenden:

Nr. 1. Jagen 131 der Oberförsterei Eberswalde. Kiefernwald 90 jährig, Bonität: I/II mit unterständiger etwa 40 jähriger Buche. Mischungsverhältnis: Kiefer: 0,8, Buche: 0,2. Vollbestandsfaktor: 1,0. Mullboden mit schwacher Begrünung von Oxalis acetosella.

Nr. 2. Jagen 101. Kiefernwald 101 jährig, Bonität: III. Einzelne unterständige Buchen. Vollbestandsfaktor 0,8. Dichte Heidelbeerdecke über einer 5 cm starken Schicht von Auflagehumus.

Die Proben wurden aus einer Tiefe von 5—10 cm mittels eines kalibrierten Stahlrohres genommen. Sie sind Mischproben aus 12 Einzelproben.

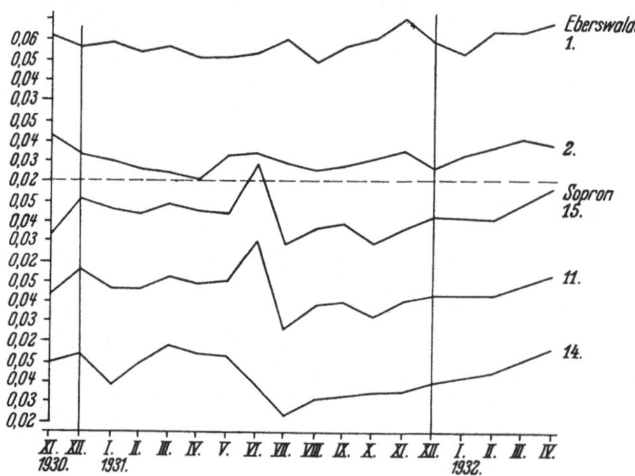


Abb. 57. Die Änderungen des Gesamtstickstoffgehaltes auf den Vergleichsflächen in Eberswalde vergleichend mit den Versuchsflächen in der subalpinen Klimazone.

Die Ergebnisse dieser Untersuchungen haben wir nun in der Abb. 57 zusammen mit den Forschungsergebnissen in der subalpinen Zone vergleichend dargestellt. Wir sehen hier zunächst, daß die periodischen Änderungen des Gesamtstickstoffgehaltes in Nordwestdeutschland und in der subalpinen Klimazone Ungarns zeitlich verschieden verlaufen. Innerhalb der einzelnen Klimazonen aber haben diese Untersuchungen eine auffallende Übereinstimmung erwiesen. Das Maximum des Gesamtstickstoffgehaltes entfiel in dem Jahre 1931 in der subalpinen Klimazone auf den Monat Juni bzw. März und Mai. Das Minimum trat scharf in dem Monate Juli hervor. In Eberswalde konnte ganz deutlich je ein Maximum in den Monaten Mai und Juni bzw. Juli und ein größeres Maximum im Monat November konstatiert werden. Das Minimum war in Eberswalde in dem Monat August zu konstatieren, wobei die beiden Versuchsflächen noch ein vorübergehendes Minimum im April gezeigt hatten.

Das zeitlich verschiedene Auftreten der Minima und Maxima ist sicherlich auf Klimawirkungen zurückzuführen. Das starke Sommermaximum in Ungarn ist sicherlich die Folge der höheren Bodentemperaturen und das scharfe Minimum ist auf den größeren Verbrauch durch die nitrifizierenden Bakterien und wahrscheinlich auf den starken Verbrauch durch den Bestand zurückzuführen. Die Klimawirkung tritt daher hauptsächlich dadurch hervor, daß in dem humiden Klimagebiet infolge der niederen Bodentemperaturen die Unterschiede geringer werden und der Verbrauch durch den Bestand ebenfalls bedeutend kleiner wird. Der Umstand, daß das starke Sommermaximum in Nordwesteuropa infolge ungenügender Bodentemperatur nicht zustande kommen kann, konnte auch bei unseren Untersuchungen deutlich festgestellt werden. (Siehe Abb. 56.)

Die stickstoffbindenden Bakterien erreichen ihr Maximum wahrscheinlich infolge der steigenden $p$H-Werte erst in den Herbstmonaten. Man kann ihnen im allgemeinen in den mitteleuropäischen Waldböden keinen sichtbaren Einfluß bezüglich der Erhöhung des Gesamtstickstoffgehaltes des Waldbodens zuschreiben. In den nordeuropäischen Waldböden scheint ein gewisser Zusammenhang doch vorhanden zu sein. Es ist auch möglich, daß in Mitteleuropa der Verbrauch durch die Bestände derart intensiv wird, daß dadurch, wie schon betont wurde, ihre stickstoffanreichende Rolle nicht deutlich zum Vorschein kommt. In der Richtung sind nach unserer Ansicht weitere Forschungen zur Klärung dieser Frage unbedingt notwendig.

Besonders interessant ist die Entwicklung der $p$H-Kurven. Diese Kurven bestätigen im allgemeinen, was wir über den zeitlichen Verlauf der Bodenazidität im Laufe der vorhergehenden Kapitel schon wiederholt betont haben. Es läßt sich im allgemeinen auch hier feststellen, daß die $p$H-Werte im Winter in Nord- und Mitteleuropa gleicherweise recht niedrige, d. h. recht saure Werte ergeben. Infolge der höheren Temperaturen und des niedrigen Wassergehaltes sind natürlich die Dilatationen nach der basischen Seite in Mitteleuropa viel größer. Die Kulmination erfolgt in Nord- und Mitteleuropa gleicherweise im Herbst. Der weitere Vergleich zeigt sodann die merkwürdige Tatsache, daß in Nordeuropa im Frühjahr zunächst ein weiterer Rückgang erfolgt, bis in Mitteleuropa im allgemeinen der Anstieg meistens schon in den Frühjahrsmonaten zu konstatieren ist.

Wir möchten auch hier darauf hinweisen, daß innerhalb der gleichen Versuchsflächen zwischen dem Verlauf der $p$H-Kurve und der Nitrifikation kein Parallelismus festzustellen ist. Man muß daher die auf diesem Gebiet erfolgten Laboratoriumsversuche in ökologischem Sinne recht vorsichtig bewerten. Auch die Anzahl der denitrifizierenden Bakterien ist ziemlich unabhängig von dem Verlauf der $p$H-Kurve. Nur die Anzahl der stickstoffbindenden Bakterien fällt in Nord- und Mitteleuropa mit dem Verlauf der $p$H-Kurven zusammen. Hier ist ein dominierender Einfluß der Bodenazidität als sicher anzunehmen. Bei der Nitrifikation steht aber die Sache etwas anders. Die Kurven des Wassergehaltes verlaufen mit den Änderungen der Anzahl der nitrifizierenden Bakterien ziemlich parallel. Zwischen der Bodenazidität und dem jeweiligen Wassergehalte besteht aber ein umgekehrtes Verhältnis. Die höchsten Wassergehaltswerte fallen mit den niedrigsten $p$H-Werten und umgekehrt zusammen. Wir sehen daher, daß in der freien Natur, wo die einzelnen Biofaktoren nicht nur das organische Geschehen, sondern auch sich selbst beeinflussen, die Beurteilung des Wirkungswertes der einzelnen Faktoren außerordentlich schwierig wird.

Noch schwieriger wird die Frage bei der Nitrifikation, wo bekanntlich zunächst die Intensität der ganzen Erscheinung auch durch die Temperatur recht deutlich beeinflußt wird. Man darf außerdem nicht außer acht lassen, daß, wenn man den Verlauf der Nitratstickstoffkurve als den Ausdruck für den Gang der Nitrifikation benützen will, auch den Umstand nicht vergessen darf, daß, wie wir schon bereits betont haben, der quantitative Verlauf dieser Kurve auch von dem Verbrauch durch den Bestand und durch die Bodenpflanzen sowie namentlich im Herbst und im Winter durch die Auswaschung in die tieferen Bodenschichten, wo die dorthin gelangten Nitratmengen sodann der Denitrifikation anheimfallen, wesentlich beeinflußt wird. Diese letzten Faktoren, darunter hauptsächlich der Verbrauch durch die Bestände spielen besonders in den Herbstmonaten eine nicht zu unterschätzende Rolle.

Es muß noch ergänzend erwähnt werden, daß der Wassergehalt natürlich auch die Anzahl der denitrifizierenden Bakterien beeinflußt, welche ihrerseits auf den Verlauf der Nitrifikationskurve einwirken. Es ist jedoch wahrscheinlich, daß im Sommer durch den niedrigen Wassergehalt des Bodens die Anzahl der denitrifizierenden Bakterien bedeutend größere Verminderung erleidet als die Anzahl der nitrifizierenden Bakterien, wodurch jenes korrelative

Verhältnis entsteht, welches seinerzeit den Nitratgehalt des Bodens deutlich beeinflußt.

Bezüglich des Verhaltens des Humusgehaltes möchten wir zuerst darauf hinweisen, daß der Verlauf der Humusbildung mit dem Zersetzungsprozesse in engem Zusammenhange steht. Er erreicht sein Minimum gewöhnlich im Herbste, bzw. bei den nordeuropäischen Versuchsflächen im Frühjahr. Das Maximum finden wir aber immer in den Wintermonaten. Die Ursache dieser Erscheinung ist zunächst darin zu suchen, daß durch die intensive Bakterientätigkeit im Sommer die Humusstoffe bis zum Eintritt des Herbstes aufgearbeitet werden. Nach dem herbstlichen Laubfall tritt dann wieder eine Erhöhung des Humusgehaltes ein, welche namentlich in Mitteleuropa im Laufe des Frühjahrs und des Sommers aufgearbeitet wird[1].

Wie in dem Kapitel über die qualitativen und quantitativen Änderungen der Bakterien schon angedeutet wurde, haben wir in der Tabelle 24 und in der

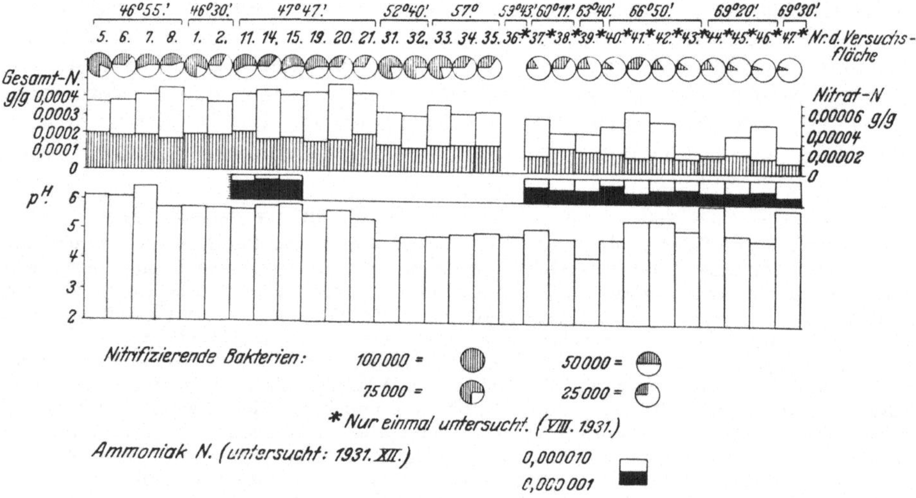


Abb. 58. Vergleichende Darstellung des Stickstoffgehaltes, der Stickstoffbakterien und der $p_H$-Werte aller untersuchten Versuchsflächen.

Abb. 58 vergleichshalber eine Reihe von Versuchsflächen zusammengestellt, welche möglichst alle unsere Waldtypen von dem 46. bis zum 70. Breitengrade vertreten. Von diesen Versuchsflächen sind die Versuchsflächen 5—35, also bis zu der geographischen Breite von Hallands-Väderö, gründlich in allen Jahreszeiten untersucht worden. Bezüglich der Versuchsflächen 36—47 liegen nur Herbstuntersuchungen aus dem Jahre 1931 (August) vor. Infolge der Periodizität der ganzen Erscheinung ist daher der Vergleich auf sicherer Basis nur für die Versuchsflächen 5—35 möglich. Der weitere Vergleich mit den Untersuchungsresultaten der Versuchsflächen 36—47 ist daher nur mit der genauen Beachtung der Jahreszeit durchführbar.

Trotz dieses Umstandes kann man hier als allgemeine Orientierung einen sehr guten Überblick über die Änderungen des Gesamtstickstoff- und Nitratstickstoffgehaltes, der $p_H$-Werte und der nitrifizierenden Bakterien gewinnen. Der Gesamtstickstoff- und hauptsächlich der Nitratstickstoffgehalt nimmt nach

---

[1] Das Frühjahrsminimum in Nord-Europa ist wahrscheinlich die Folge der ungenügenden Zersetzung in den kalten und feuchten Frühjahrsmonaten.

Norden gerechnet ununterbrochen ab. Besonders deutlich wird die Abnahme nach dem Breitengrade der Versuchsfläche 36. Das gleiche gilt auch für die nitrifizierenden Bakterien. Da die Anzahl der nitrifizierenden Bakterien von dem optimalen Wassergehalt des Bodens in hohem Maße abhängig ist, so ist es leicht zu verstehen, daß die Versuchsflächen in Hallands-Väderö und in Eberswalde, also bis zu dem Breitengrade 57, noch eine auffallend hohe Anzahl von nitrifizierenden Bakterien aufweisen, bis zu dieser geographischen Breite wird daher der Einfluß der langsam abnehmenden Bodentemperatur durch die optimale Bodenfeuchtigkeit wettgemacht. Von hier aus tritt aber bis zu dem 70. Breitengrade die begrenzende Wirkung der abnehmenden Bodentemperatur ganz deutlich hervor.

Wir möchten hier bemerken, daß die Abnahme der $p_H$-Werte nach dem Norden zwar allmählich ebenfalls zu konstatieren ist, jedoch nicht in solchem Maße, daß man dieser Erscheinung eine entscheidende Wirkung zuschreiben konnte. Es sind sogar gerade in den nördlichsten Versuchsflächen relativ hohe $p_H$-Werte zu beobachten. Schon bei der Besprechung des zeitlichen Verlaufes des Stickstoffumsatzes haben wir darauf hingewiesen, daß den Änderungen der $p_H$-Werte keine allzugroße Bedeutung zugeschrieben werden darf. Dieser Satz gilt auch bei der Beurteilung des Einflusses der Bodenazidität auf die Abnahme des Nitratstickstoffgehaltes und der Anzahl der nitrifizierenden Bakterien nach den nördlichen Breitegraden. Zwei Faktoren kommen hier in Frage: die Temperatur und Bodenfeuchtigkeit. Beide beeinflussen sich korrelativ. Die Bodentemperatur scheint jedoch ganz besonders deutlichen Einfluß auszuüben. Wir möchten auch hier unserer Meinung Ausdruck geben, daß mit der Zunahme der Bodentemperatur die Bodenfeuchtigkeit und mit dem Anwachsen der letzteren die Bodentemperatur als begrenzende Faktoren wirken, wobei unter den nördlichsten Breitengraden trotz der optimalen Bodenfeuchtigkeit die Abnahme der Bodentemperatur allmählich die Verminderung des Gesamt- und Nitratstickstoffgehaltes und der Anzahl der nitrifizierenden Bakterien verursacht. Daß außer der Abnahme der nitrifizierenden Bakterien auch die Intensität des Nitrifikationsvorganges durch die fallende Bodentemperatur ungünstig beeinflußt wird, braucht vielleicht nicht näher betont zu werden. Auch der Umstand, daß im Norden infolge des hohen Wassergehaltes des Bodens die schlechten Durchlüftungsverhältnisse desselben nicht nur die Nitrifikation, sondern alle Zersetzungsprozesse, welche sich im Waldboden abspielen, ungünstig beeinflussen, ist ebenfalls allgemein bekannt. Man darf außerdem nicht vergessen, daß auch die Intensität der Zersetzungsprozesse durch die niedrige Temperatur gleicherweise wesentlich herabgesetzt wird.

Auch die Anzahl der aeroben stickstoffbindenden Bakterien nimmt nach dem Norden gerechnet ständig ab. Diese Erscheinung ist zunächst durch den hohen Wassergehalt und durch die niedrigeren $p_H$-Werte zu erklären. Im Norden können nämlich im Herbst und im Sommer infolge des humiden Klimas nicht diese hohen $p_H$-Werte vorkommen, welche mehr im Süden durch die herbstliche fast basische Bodenazidität ermöglicht werden und welche sodann die Entwicklung der Stickstoffbinder günstig beeinflussen.

*Alle diese Umstände beweisen, daß das ganze organische Leben in allen seinen Wechselwirkungen wesentlich an die Entfaltung der Sonnenenergie gebunden ist und dem Einfluß derselben bei allen Lebensprozessen des Waldbodens ein dominierender Einfluß zuzuschreiben ist. Daß in extremen Fällen, so z. B. in den Wüstenregionen, auch die Bodentemperatur stark hemmend wirken kann, steht ja außer Zweifel,* aber den normalen Kreislauf der Klimaelemente vorausgesetzt kann man ihre überwältigende Wirkung fast immer ganz deutlich erkennen.

## VI. Die Änderungen der Jahresdurchschnittswerte der biologischen Umsetzungen im Waldboden[1].

Im Laufe der bisherigen Besprechungen haben wir uns mit jenen Änderungen des Mikrobenlebens des Waldbodens beschäftigt, welche größtenteils infolge der jahreszeitlichen Klimawirkungen zustande kommen. Diese Änderungen möchten wir als die kleinen Perioden der bodenbiologischen Lebensvorgänge bezeichnen. Außer diesen Änderungen sind aber auch große Perioden vorhanden, welche im Laufe mehrerer Jahre regelmäßig vorkommen. Da wir einige Versuchsflächen haben, von welchen Untersuchungsergebnisse bereits von 4 bzw. 3 Jahren vorliegen, so haben wir die Jahresdurchschnittswerte dieser Forschungen ebenfalls zusammengestellt (siehe Abb. 59 und Tabelle 39).

Fast alle Versuchsflächen zeigen bezüglich der biologischen Vorgänge und der Änderungen der anorganischen Umweltfaktoren beinahe vollkommen ähnliches Verhalten. Darüber müssen wir jedoch schon im voraus im klaren sein, daß zur Ableitung weitgehender Schlüsse und Folgerungen auch das bisherige umfassende Tatsachenmaterial nicht vollkommen ausreichen kann. Hierzu sind nach unserer Ansicht Untersuchungsergebnisse von mindestens 8—10 Jahren notwendig. Die jetzige Besprechung dieses Problems sollte daher in erster Linie als allgemeine Orientierung dienen.

Die erste auffallende Erscheinung ist der starke Wechsel der quantitativen Mengenverhältnisse der Bodenbakterien. Man sieht es, daß die Zahl derselben im Jahre 1929 an allen Versuchsflächen ihren Kulminationspunkt erreicht hat. Nach diesem Zeitpunkt erfolgte im allgemeinen eine ständige Abnahme. Die weitere Betrachtung der Umweltfaktoren zeigt es ganz deutlich, daß durch die Änderungen der absoluten Werte der Bodentemperatur und des Wassergehaltes des Bodens diese Erscheinung nicht genügend erklärt werden kann. Es ist auch

Tabelle

| Jahr | Bakterien | | | $p_H$ | Humus-gehalt | Wasser-gehalt | $R_1$ Bodentem-peratur × Wasser-gehalt | $R_2$ Lufttem-peratur × Nieder-schläge | Gesamt-Bakterien-Maximum |
|---|---|---|---|---|---|---|---|---|---|
| | Aerob | Anaerob | Gesamt | | % | % | | | |
| | | | | | | | | | Versuchsfläche VII. |
| 1928 | 5 416 000 | 1 186 000 | 6 602 000 | 6,23 | 2,51 | 15,4 | 253,4 | 961,9 | 10 800 000 |
| | | | | | | | | | VII. |
| 1929 | 8 212 000 | 897 000 | 9 109 000 | 6,31 | 1,88 | 16,1 | 264,6 | 1011,4 | 43 700 000 |
| | | | | | | | | | VII. |
| 1930 | 5 222 000 | 304 100 | 5 526 000 | 5,98 | 2,06 | 16,9 | 269,0 | 928,7 | 26 450 000 |
| | | | | | | | | | VI. |
| 1931 | 5 770 000 | 670 000 | 6 440 000 | 5,36 | 1,37 | 16,0 | 235,0 | 778,0 | 24 900 000 |
| | | | | | | | | | Versuchsfläche VII. |
| 1929 | 8 592 000 | 974 000 | 9 566 000 | 6,53 | 1,51 | 12,1 | 199,3 | 1011,4 | 42 500 000 |
| | | | | | | | | | VII. |
| 1930 | 6 443 000 | 334 000 | 6 777 000 | 5,63 | 1,45 | 16,3 | 270,6 | 928,7 | 26 750 000 |
| | | | | | | | | | VI. |
| 1931 | 5 054 000 | 558 000 | 5 612 000 | 5,24 | 1,33 | 16,3 | 248,2 | 778,0 | 18 100 000 |
| | | | | | | | | | Versuchsfläche VII. |
| 1929 | 10 207 000 | 700 000 | 10 907 000 | 6,38 | 1,67 | 12,1 | 202,2 | 1011,4 | 50 300 000 |
| | | | | | | | | | VII. |
| 1930 | 5 669 000 | 413 000 | 6 082 000 | 5,64 | 1,79 | 15,5 | 257,2 | 928,7 | 30 175 000 |
| | | | | | | | | | VI. |
| 1931 | 4 870 000 | 635 000 | 5 505 000 | 5,32 | 1,49 | 15,5 | 276,0 | 778,0 | 18 600 000 |

[1] Bakterienzahl pro Gramm feuchter Erde.

leicht zu verstehen, wenn man sich überlegt, daß der Wirkungswert der jetzt genannten anorganischen Umweltfaktoren ganz wesentlich verschieden ist. Die Niederschlagsmengen im Herbst, im Winter und im Frühjahr, mögen sie noch so hohen Wassergehalt des Bodens hervorrufen, sind für das Bakterienwachstum ziemlich wirkungslos, da in diesen Jahreszeiten die tiefe Bodentemperatur als begrenzender Faktor das organische Leben im Wachstum und Verminderung stark verhindert. Die Wirkung der Bodentemperatur wird andererseits im Sommer durch den jeweiligen Wassergehalt begrenzend beeinflußt. Da jedoch die entscheidende Wirkung der Temperatur unbedingt anzuerkennen ist, so wird die maximale Anzahl der Bodenbakterien in den Sommermonaten auch die Gestaltung des Jahresdurchschnittswertes dominierend beeinflussen. Will man daher die Änderungen der Jahresmittelwerte der

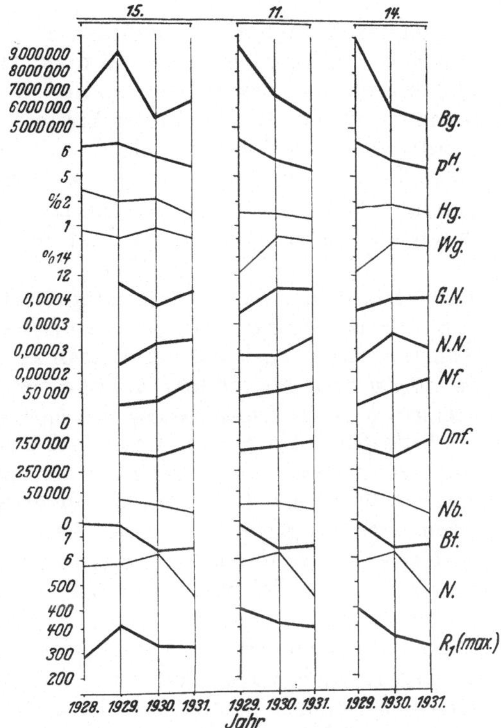


Abb. 59. Die Änderungen der Jahresdurchschnittswerte der untersuchten Biofaktoren auf Versuchsflächen 15, 11 u. 14.

39.

| $R_1$-Max. | $R_2$-Max. | Gesamt-N | Nitrat-N | Nitrifizierende | Denitrifizierende | N-bindende | Luft-temperatur | Boden-temperatur | Niederschläge |
|---|---|---|---|---|---|---|---|---|---|
| | | g pro g Erde | g pro g Erde | Bakterien | | | ° C | ° C | mm |
| **Nr. 15.** | | | | | | | | | |
| X.<br>309,0 | V.<br>2250,0 | — | — | — | — | — | 11,3 | 7,7 | 582,5 |
| VII.<br>416,0 | VII.<br>2569,0 | 0,0004067 | 0,00002347 | 27900 | 595000 | 30000 | 8,8 | 7,2 | 585,7 |
| VII.<br>332,0 | VII.<br>1612,0 | 3939 | 3017 | 43100 | 351000 | 17400 | 8,1 | 7,1 | 631,2 |
| VI.<br>326,0 | VI.<br>1643,0 | 4511 | 3408 | 70800 | 687000 | 12000 | 8,6 | 6,2 | 449,8 |
| **Nr. 11.** | | | | | | | | | |
| VII.<br>487,0 | VII.<br>2569,0 | 0,0003424 | 0,00002738 | 42000 | 574000 | 23700 | 8,8 | 7,2 | 585,7 |
| VII.<br>418,0 | VII.<br>1612,0 | 4485 | 2739 | 50700 | 760000 | 20000 | 8,1 | 7,1 | 631,2 |
| VI.<br>394,0 | VI.<br>1643,0 | 4510 | 2537 | 62000 | 858000 | 15200 | 8,6 | 6,2 | 449,8 |
| **Nr. 14.** | | | | | | | | | |
| VII.<br>479,5 | VII.<br>2569,0 | 0,0003540 | 0,00002518 | 25500 | 745000 | 33600 | 8,8 | 7,2 | 585,7 |
| VII.<br>360,0 | VII.<br>1612,0 | 4065 | 3609 | 45000 | 560000 | 18600 | 8,1 | 7,1 | 631,2 |
| VI.<br>320,0 | VI.<br>1643,0 | 4284 | 3050 | 71600 | 911000 | 5780 | 8,6 | 6,2 | 449,8 |

Bakterienzahl in ihrem Verhältnis zur Bodentemperatur und Bodenfeuchtigkeit korrelativ ausdrücken, so muß man auch hier das Multiplikat der Bodentemperatur und des Wassergehaltes des Bodens in den kritischen Sommermonaten, wo das Maximum der Bakterienzahl zustande kommt, berücksichtigen. Wird nun dieser Faktor, welcher mit dem Buchstaben $R_1$ bezeichnet wurde, ebenfalls bildlich dargestellt, so wird man zu der wichtigen Schlußfolgerung kommen, daß die Gestaltung der Bakterienzahl auch in den großen Perioden durch die Änderungen dieses Faktors entscheidend beeinflußt wird.

Die Änderungen der $p_H$-Werte zeigen merkwürdigerweise fast gleichmäßigen Verlauf mit der Kurve der Bakterienzahl. *Wir könnten jedoch nicht behaupten, wenn wir die Ergebnisse der früheren Forschungen vergleichend betrachten, daß diese Änderungen der $p_H$-Werte das Wachstum und die Vermehrung der Bodenbakterien im allgemeinen primär und unmittelbar beeinflussen könnten. Es ist eher anzunehmen, daß die Entwickelung der $p_H$-Werte mit der Gestaltung und Änderungen der Bodenfeuchtigkeit in gewissem Zusammenhange stehen, und zwar in jenem Sinne, daß der steigende Wassergehalt saure und die Abnahme desselben höhere, nahe neutrale Werte der Bodenazidität hervorruft, aus biologischen Gründen, über die schon eingehend gesprochen wurde. Es ist viel wahrscheinlicher, daß der Verlauf der $p_H$-Kurve primär durch die Änderungen der Bakterientätigkeit hervorgerufen wird.*

Außerordentlich interessant ist es, wenn man die Änderungen des Gesamtstickstoffgehaltes und des Nitratstickstoffgehaltes verfolgt. Zwei Versuchsflächen, die mehr nebeneinanderliegen, zeigen hier ganz gleichmäßiges Verhalten, die andere ist etwas abweichend. Die Änderungen des Nitratstickstoffgehaltes verlaufen ziemlich parallel mit den Änderungen der Anzahl der nitrifizierenden Bakterien. Hier spielt natürlich auch das korrelative Verhältnis der denitrifizierenden Bakterien ebenfalls eine nicht zu unterschätzende Rolle. Das starke Maximum des Nitratstickstoffes im Jahre 1930 auf der Versuchsfläche 14 ist sicherlich die Folge des starken Minimums der denitrifizierenden Bakterien an dieser Versuchsfläche. Bei der Beurteilung des gegenseitigen Einflusses dieser beiden Bakteriengruppen darf man jedoch nicht außer acht lassen, daß die korrelativen Änderungen derselben innerhalb einer Vegetationsperiode ganz anders bewertet werden müssen, als die korrelativen Änderungen innerhalb der großen Jahresperioden. Zur Beurteilung dieser Frage halten wir die Fortsetzung unserer bisherigen Untersuchungen unbedingt für notwendig.

Die Zahl der stickstoffbindenden Bakterien zeigt seit dem Jahre 1929 fallende Tendenz. Daß die Entwicklung der $p_H$-Werte einen gewissen Einfluß auf das Wachstum und die Vermehrung dieser Bakterien ausüben kann, kann als erwiesen betrachtet werden.

Wie nun die Änderungen des Gesamtstickstoff- und des Nitratstickstoffgehaltes, sowie die Änderungen der nitrifizierenden und denitrifizierenden Bakterien erklärt werden sollen, darüber läßt sich auch auf Grund dieser langjährigen Untersuchungen noch nicht viel Sicheres sagen. Soviel scheint jedoch schon jetzt annehmbar zu sein, daß zunächst der Humusgehalt des Bodens, wie das z. B. die Versuchsfläche 15 zeigt, durch das Ansteigen der Anzahl der Bodenbakterien, welche Erscheinung den Verlauf der Zersetzungsprozesse stark beschleunigt, wesentlich beeinflußt wird. Mit dem Humusgehalte ziemlich parallel verläuft nun die Kurve des Gesamtstickstoffes. Hier scheinen gewisse Zusammenhänge zu bestehen. Es ist möglich, daß, wenn die Humusstoffe nicht ganz verarbeitet werden, der Gesamtstickstoffgehalt des Waldbodens allmählich vermehrt wird. Die Änderungen des Nitratstickstoffgehaltes stehen zunächst mehr oder weniger mit dem Gesamtstickstoffgehalte in gewissem Zusammenhange. Sie werden jedoch andererseits, wie darauf schon angedeutet wurde, auch durch die nitrifizierenden Bakterien beeinflußt. Für die Entwicklung dieser Bakteriengruppen ist aber auch die Zunahme der Bodenfeuchtigkeit ausschlaggebend. Um jedoch über diese Fragen ein klares Bild zu gewinnen, sollten erst die Ergebnisse der weiteren Untersuchungen, welche wenigstens eine Untersuchungsperiode von 8—10 Jahren umfassen sollen, abgewartet werden. Auch hier möchten wir besonders den Umstand betonen, wie stark die einzelnen Faktoren sich gegenseitig beeinflussen, so daß eine vollständige Klärung dieser Probleme nur durch lange Jahre dauernde und mühevolle Vergleichsuntersuchungen möglich sein wird. Daß man bei diesen Untersuchungen auf die ökologische Seite des Problems ein besonders großes Gewicht legen muß, steht ja außer Zweifel, wenn man bedenkt, wie vorsichtig die Ergebnisse der Laboratoriumsuntersuchungen bezüglich ihrer Wirkung unter natürlichen Verhältnissen bewertet werden können.

## VII. Die mikrobiologischen Eigenschaften der Sandböden[1].

Zur Erforschung der mikrobiologischen Verhältnisse der sandigen Waldböden in der ariden Steppenklimazone Ungarns wurden Untersuchungen seit dem Jahre 1928 von uns systematisch durchgeführt. Die Untersuchung dieser Waldböden ist auch von allgemeinem Interesse, schon aus dem Grunde, weil die meisten bodenbiologischen Forschungen in den mittel- und nordeuropäischen humiden Waldböden durchgeführt werden und, soweit man die Literatur heute überblicken kann, diese Arbeiten die erste planmäßige bodenbiologische Durchforschung dieses Gebietes bedeuten. Daß diese Forschungen auch praktisch gewisse Bedeutung haben und namentlich bei der Nutzbarmachung besonders aber bei der Aufforstung dieser ariden Sandböden eine gewisse Rolle spielen, steht ja außer Zweifel.

Die Detailfragen unserer Untersuchungen waren die folgenden: a) Die Feststellung der Größe der Bodenatmung und des damit eventuell in Verbindung stehenden $CO_2$-Gehaltes der Waldluft im Zusammenhang mit der biologischen Tätigkeit des Waldbodens. b) Die Erforschung des mit der Kohlenstoffernährung des Waldes eng verbundenen Stickstoffkreislaufes dieser Böden und die Wirkung der Bakterienflora auf denselben. c) Die Untersuchung des Zusammenhanges und des Einflusses, welche die wichtigsten klimatischen Faktoren auf die Gestaltung der obigen Probleme ausüben.

Die hierbei verwendeten Versuchsflächen waren: Versuchsfläche 7 und 8 Robinienwälder bei Kecskemét, Versuchsfläche 5 Robinienwald und Versuchsfläche 6 Schwarzkiefernwald bei Szeged. Außerdem haben wir einige kleinere, nur vorübergehend untersuchte Versuchsflächen aufgenommen, welche später einzeln aufgezählt werden.

*a) Die Bodenatmung und die mikrobiologische Untersuchung der Versuchsflächen.* Die Resultate dieser Untersuchungen enthalten die Tabelle 40 und die Abb. 60—63. Außerdem haben wir in der Tabelle 41 die biologischen Eigenschaften der Sandböden mit der Tätigkeit einiger anderer schweren Waldböden parallel verglichen.

Die Ergebnisse dieser Forschungen haben erwiesen, daß natürlich auch in den Sandböden der ungarischen Tiefebene der $CO_2$-Gehalt der Waldluft mit der Bodenatmung und mit dem Bakteriengehalt des Waldbodens in engem und kausalem Zusammenhange steht.

Wenn wir die Bodenatmungswerte der untersuchten Sandböden näher betrachten und dieselbe mit den Untersuchungsergebnissen der früheren Untersuchungen, welche vorwiegend auf Lehmböden durchgeführt worden sind, ver-

---

[1] Bakterienzahl pro Gramm feuchter Erde.

Tabelle

| Bezeichnung der Versuchsfläche | Zahl der Bakterien | | | N- bindende | Nitri- fizierende | Denitri- fizierende | Zellulose- zersetzer | Aerobe Harnstoff- vergärer |
|---|---|---|---|---|---|---|---|---|
| | Aerob | Anaerob | Zusammen | | | | | |
| **Kecskemét:** | | | | | | | | |
| Versuchsfläche 7 . . | 5 800 000 | 7 000 000 | 12 800 000 | 10 010 | 100 000 | 100 000 | 30 000 | 10 000 |
| ,, 8 . . | 4 800 000 | 2 900 000 | 7 700 000 | 10 000 | 100 000 | 100 000 | 16 000 | 10 000 |
| **Szeged:** | | | | | | | | |
| Versuchsfläche 5. | | | | | | | | |
| Tiefe 0—20 cm . . | 6 600 000 | 1 400 000 | 8 000 000 | 1 100 | 10 000 | 100 000 | 30 100 | 10 000 |
| ,, 20—40 ,, . . | 3 800 000 | 2 000 000 | 6 400 000 | 100 | 10 000 | 100 000 | 14 000 | 10 000 |
| Versuchsfläche 6. | | | | | | | | |
| Tiefe 0—20 cm . . | 6 400 000 | 1 500 000 | 7 900 000 | 1 100 | 10 000 | 100 000 | 21 000 | 10 000 |
| ,, 20—40 ,, . . | 2 500 000 | 800 000 | 3 300 000 | 100 | 1 000 | 1 000 | 10 000 | 100 |

gleichen und zum Zwecke der Verallgemeinerung auch die Resultate der in Nordeuropa durchgeführten Untersuchungen in Vergleich ziehen, so werden wir auf die überraschende Tatsache kommen, daß die biologische Tätigkeit und die

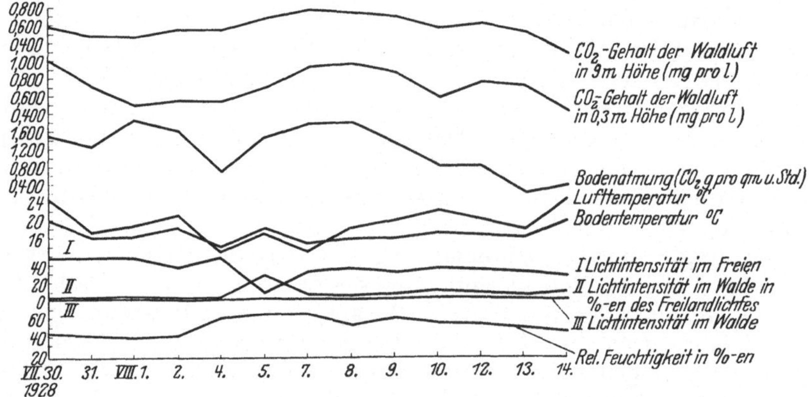


Abb. 60. Der Verlauf der Bodenatmung auf der Versuchsfläche 7.

$CO_2$-Produktion der Sandböden der ungarischen Tiefebene in vieler Hinsicht günstiger verläuft, als die gleiche Tätigkeit der schweren Lehmböden. Wir haben

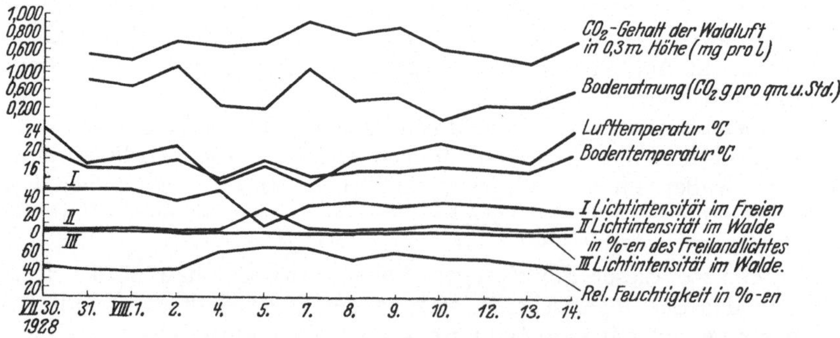


Abb. 61. Der Verlauf der Bodenatmung auf der Versuchsfläche 8.

schon hat im Jahre 1926 bei der mikrobiologischen Analyse einiger schwedischen Waldböden gelegentlich darauf hingewiesen, daß die Mikrobentätigkeit der sandigen Waldböden in vieler Hinsicht lebhafter vor sich geht, als dieselbe bei den schwereren Waldböden der Fall zu sein pflegt.

40.

| Anaerobe Buttersäurebazillen | Pilze | $p_H$ | Bodenatmung g pro m² u. Std. | $CO_2$-Gehalt in 0,3 m Höhe mg/Liter | $CO_2$-Gehalt in 9m Höhe mg pro Liter | Lufttemperatur ° C | Bodentemperatur ° C | Humusgehalt % | Gesamt-N g pro g Erde | Nitrat-N g pro g Erde | Zeitpunkt der Bestimmung |
|---|---|---|---|---|---|---|---|---|---|---|---|
| 1 000 000 | 100 000 | 6,58 | 1,211 | 0,725 | 0,596 | 19,1 | 17,6 | 1,65 | 0,000650 | 0,0000478 | 30. VII. bis 14. VIII. 1928. |
| 100 000 | 20 000 | 6,40 | 0,560 | 0,687 | — | 19,1 | 17,6 | 1,40 | 734 | 758 | |
| 100 000 | 40 000 | 6,17 | 1,182 | 0,729 | 0,491 | 18,1 | 14,5 | 1,47 | 0,000303 | 0,0000975 | 31. VIII. bis 7. IX. 1928. |
| 1 000 | 1 000 | 6,28 | — | — | — | — | — | 0,98 | 476 | 1098 | |
| 100 000 | 110 000 | 6,35 | 0,847 | 0,708 | — | 18,1 | 14,5 | 1,35 | 0,000516 | 0,0000617 | |
| 10 000 | 100 | 6,69 | — | — | — | — | — | 0,59 | 585 | 1065 | |

Die sandigen Waldböden besitzen nämlich gewöhnlich infolge von physikalischen Ursachen eine verhältnismäßig hohe Luftkapazität, und infolgedessen wird sich auch die Durchlüftung und der $O_2$-Umsatz in diesen Böden sehr günstig gestalten. Wenn wir die Daten der Vergleichstabelle 41 vergleichen und näher betrachten, so können wir bereits auf Grund dieser orientierenden Untersuchungen ohne weiteres feststellen, daß die Entwicklung der Mikroflora und die damit im Zusammenhang stehende Bodenatmung in keiner Hinsicht hinter den gleichen Eigenschaften der anderen schweren Waldböden zurückbleiben wird. Wir möchten hier bemerken, daß wir hier nur jene Untersuchungsergebnisse in Vergleich gezogen haben, welche in ungefähr gleichen Jahreszeiten ermittelt worden sind, um dadurch diese Resultate auf einer gemeinschaftlichen Grundlage vergleichen zu können.

Es ist eine auffallende Tatsache, daß, obwohl die Mikroflora der sandigen Waldböden im allgemeinen zahlenmäßig die Mikroflora der lehmigen Waldböden nicht wesentlich überschreitet, sogar in vielen Fällen quantitativ hinter dieser etwas zurückbleibt, die Intensität der Mikrobentätigkeit dieser meistens beträchtlich übertrifft. Diese Erscheinung ist zweifellos, wie wir

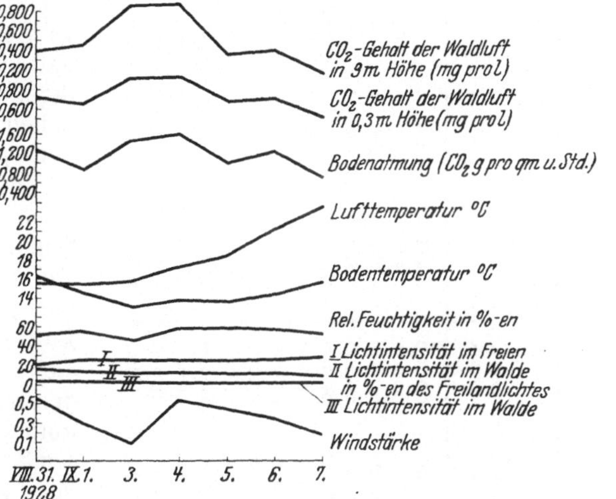


Abb. 62. Der Verlauf der Bodenatmung auf der Versuchsfläche 5.

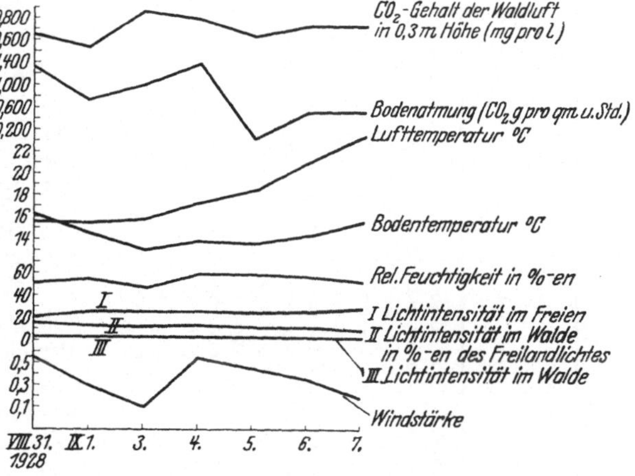


Abb. 63. Der Verlauf der Bodenatmung auf der Versuchsfläche 6.

bereits betont haben, das Resultat der guten Durchlüftungsverhältnisse der sandigen Waldböden, wodurch selbstverständlich die Atmungsintensität der Bodenmikroorganismen ebenfalls bedeutend erhöht wird.

Tabelle 41.

| Versuchsfläche Nr. | Bakterien pro g feuchter Erde | | | | | | CO₂-Produktion g pro m² und Std. | CO₂-Gehalt der Waldluft mg pro Liter (Durchschnittswerte) | | | Beobachtungszeit |
|---|---|---|---|---|---|---|---|---|---|---|---|
| | Aerob | Anaerob | Zusammen | N-bindende (aerobe u. anaerobe) | Nitrifizierende | Denitrifizierende | | 0,3 m | 3 m | 9 m | |
| 7¹ | 5 800 000 | 7 000 000 | 12 800 000 | 1 0010 | 100 000 | 100 000 | 1,211 | 0,725 | — | 0,596 | 30. VII. bis 14. VIII. 1928 |
| 8¹ | 4 800 000 | 2 900 000 | 7 700 000 | 10 000 | 100 000 | 100 000 | 0,560 | 0,687 | — | — | |
| 5¹ | 6 600 000 | 1 400 000 | 8 000 000 | 1 100 | 10 000 | 100 000 | 1,182 | 0,729 | — | 0,491 | 31. VIII. bis 7. IX. 1928 |
| 6¹ | 6 400 000 | 1 500 000 | 7 900 000 | 1 100 | 10 000 | 100 000 | 0,847 | 0,708 | — | — | |
| 4 | 9 000 000 | 2 000 000 | 11 000 000 | 1 0010 | 10 000 | 100 000 | 0,878 | 0,901 | 0,745 | 0,628 | 26. VII. bis 8. VIII. 1927 |
| 3 | 36 000 000 | 8 800 000 | 44 800 000 | 5 100 | 10 000 | 100 000 | 1,057 | 0,843 | 0,732 | 0,478 | 15. bis 25. VII. 1927 |
| 17 | 4 000 000 | 750 000 | 4 750 000 | 10 100 | 1 000 | 100 000 | 0,597 | — | 0,582 | — | 1. bis 31. VIII. 1928 |
| 33 | 11 500 000 | 3 000 000 | 14 500 000 | 1 0010 | 100 | 10 000 | 0,870 | 0,779 | 0,748 | 0,669 | 14. VII. bis 3. VIII. 1926 |
| 34 | 2 950 000 | 500 000 | 3 450 000 | 100 | 100 | 10 000 | 0,298 | 0,707 | 0,677 | 0,627 | 28. VIII. bis 11. IX. 1926 |
| 35 | 5 700 000 | 5 000 000 | 10 700 000 | 1 000 | 100 | 10 000 | 0,237 | 0,641 | 0,578 | 0,537 | 19. VI. bis 7. VII. 1926 |
| 18 | 3 600 000 | 200 000 | 3 800 000 | 1 100 | 1 000 | 10 000 | 0,555 | — | 0,940 | — | 11. bis 13. IX. 1927 |
| 15/1 | 3 200 000 | 2 000 000 | 5 200 000 | 200 | 1 000 | 100 000 | 0,562 | 0,876 | 0,788 | 0,646 | 1. bis 10. IX. 1927 |
| 20a | 4 500 000 | 900 000 | 5 400 000 | 1 0010 | 100 | 1 000 | 0,583 | 0,775 | 0,762 | 0,700 | 12. bis 16. X. 1927 |

[1] Sandböden

Es ist auch recht interessant, daß im allgemeinen trotz der intensiven Bodenatmung der $CO_2$-Gehalt der Waldluft der auf Sandböden stehenden Wälder oft geringer wird als der Luftkohlensäuregehalt der auf schweren Böden stehenden Bestände. Diese Erscheinung ist durch den Umstand zu erklären, daß bei den Sandböden, namentlich in den Sommermonaten die Temperatur stark erhöht und naturgemäß auch die Assimilation entsprechend gesteigert wird, wodurch natürlich größere $CO_2$-Mengen verbraucht werden.

b) *Der Stickstoff-Stoffwechsel der Sandböden.* Die Ergebnisse dieser Untersuchung enthalten die Abb. 64 und 65. Wenn man diese Ergebnisse miteinander vergleicht, so läßt sich gleich feststellen, daß auch der Stickstoffhaushalt der sandigen Waldböden einen ausgeprägt zeitlichen Verlauf aufweist. Wir müssen jedoch gleich bemerken, daß die Baumart auf die Gestaltung der einzelnen biologischen Faktoren einen wesentlichen Einfluß ausübt. Das gilt um so mehr, da die Robinie bekanntlich ihren Stickstoffbedarf größtenteils durch ihr symbiotisches Bakterium, durch das Bacterium radiciola, deckt. Diese Baumart wird daher den Nitratgehalt des Bodens fast vollkommen unausgenutzt lassen. Wir müssen daher bei unserer Besprechung schon von vornherein die Situation bei den Robinienwäldern gesondert besprechen.

Wie man aus den Abbildungen feststellen kann, erreicht der Gesamtstickstoffgehalt des Robinienbodens seine maximalen Werte in den Monaten Juni bis September. Nach diesem Zeitpunkt wird der Gesamtstickstoffgehalt allmählich kleiner und erreicht sein Minimum in dem Monat November, um dann wieder anzusteigen.

Die Änderungen des Nitratstickstoffgehaltes zeigen jedoch ein vollkommen abweichendes Bild. Der Nitratgehalt des Robinienbodens erreicht bei allen Versuchsflächen in dem Monat September sein Maximum. Nach diesem Monat sinkt er ziemlich rasch, um sein Minimum in den Wintermonaten zu erreichen und dann nach dem Monat Mai bzw. Juni wieder ziemlich rasch anzusteigen.

Es ist recht charakteristisch, daß die Änderungen des Humusgehaltes und der $p_H$-Werte ungefähr das gleiche Bild zeigen.

Wenn man nun die Änderungen des Gesamtbakteriengehaltes mit den vorher Gesagten vergleicht, so sieht man gleich, daß die Kulmination der Gesamtbakterienkurve ebenfalls auf die Sommermonate fällt. Wenn man nun die Änderungen der stickstoffbindenden und der nitrifizierenden Bakterien mit den obigen Resultaten vergleicht, so bekommt man Ergebnisse, die ich in meinen früheren Untersuchungen bei den lehmigen Waldböden nicht feststellen konnte und die schließlich ein vollkommen abweichendes Bild geben. Diese zwei Bakteriengruppen erreichen nämlich ihr Maximum im Monat September, also in jenem Monat, in welchem der Nitratstickstoffgehalt seine maximalen Werte aufweist. Man sieht nun gleich, daß infolge der guten Durchlüftungsverhältnisse der sandigen Waldböden die stickstoffbindenden und die nitrifizierenden Bakterien viel intensivere Tätigkeit entfalten

als in den lehmigen, schweren Waldböden. Infolge dieses Umstandes kann man hier ihren Einfluß auf die Gestaltung des Nitratstickstoffgehaltes noch deutlicher feststellen. Wie ich in meinen früheren Untersuchungen über den zeitlichen Verlauf der Mikrobentätigkeit der Waldböden festgestellt habe, üben auf die Anzahl der Bakterien die Änderungen der Luft- und Bodentemperatur einen ausschlaggebenden Einfluß aus. Diesen Einfluß kann man auch hier feststellen, nur mit der kleinen Abweichung, daß die maximalen Werte der biologischen Faktoren sich einen Monat nach der Kulmination der Boden- und Lufttemperaturwerte einstellen[1].

Diese Erscheinung, daß die Gesamtbakterienzahl der sandigen Waldböden der Robinienwälder ihre maximalen Werte nicht, wie dies bei den lehmigen

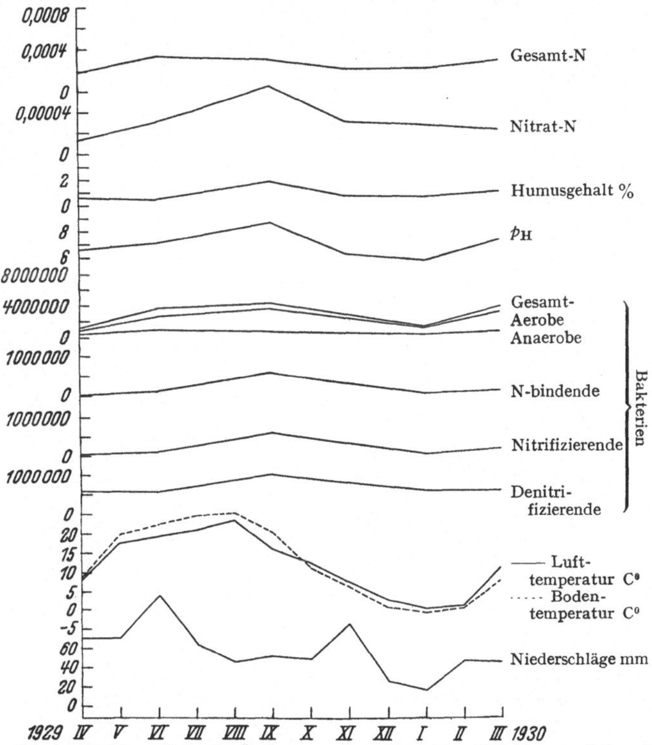


Abb. 64. Die Darstellung der Änderungen der untersuchten Biofaktoren auf Grund der Durchschnittswerte der Versuchsflächen 7 und 8. Zweimonatliche Analysen.

Waldböden der Fall ist, in den Monaten Juni und Juli, sondern erst im September erreicht, findet darin seine Erklärung, daß die lichtbedürftigen Robinienbestände den Boden verhältnismäßig schlecht beschatten und außerdem mit Humus nur in geringem Maße bereichern. Infolgedessen wird der Boden dieser Bestände in den besonders heißen Sommermonaten übermäßig erwärmt und ausgetrocknet, wodurch die für die Entwicklung der Bakterien erforderliche optimale Temperatur überschritten wird und außerdem der Wassergehalt des Bodens unterhalb seiner für das Bakteriumwachstum optimalen Grenze bleibt. Das Maximum der Bakterienzahl wird daher erst im Monat September, wo die Temperatur auf die optimalen Grenzen herabsinkt, erreicht. Diese Erscheinung beweist ebenfalls ganz deutlich, wie stark der periodische Verlauf der biologischen Tätigkeit der

---

[1] Infolge der abnormen Nitratanreicherung zeigen diese Böden nicht so deutlich die Gegenläufigkeit der nitrifizierenden und denitrifizierenden Bakterien wie die übrigen Waldböden. (Siehe Versuchsfläche 6.)

Tabelle 42.

| Bodentiefe cm | Zahl der Bakterien | Bodentiefe cm | Zahl der Bakterien | Bodentiefe cm | Zahl der Bakterien | Bodentiefe cm | Zahl der Bakterien |
|---|---|---|---|---|---|---|---|
| 0— 2 | 3 570 000 | 10—15 | 660 000 | 25—35 | 200 000 | 75— 80 | 78 000 |
| 2— 5 | 3 600 000 | 15—20 | 600 000 | 35—50 | 180 000 | 80— 90 | 12 000 |
| 5—10 | 1 440 000 | 20—25 | 323 000 | 50—75 | 158 000 | 90—105 | 8 000 |

Waldböden von den Umweltfaktoren beeinflußt wird. Daß dies tatsächlich der Fall ist, beweist nun vollkommen deutlich der Umstand, daß im Boden des Schwarzkiefernwaldes in Szeged, der sich in unmittelbarer Nähe des Vergleichsrobinienwaldes befindet, das Maximum der Bakterienzahl sich ganz wie in den übrigen Waldböden, welche einen guten Bestandesschluß aufweisen, in den Monaten Juni und Juli einstellt. Der gut geschlossene Bestand des Schwarzkiefernwaldes beschattet ausreichend den an Humus ohnedies reicheren Boden, wodurch die Wirkung der hohen Temperaturen sich nicht mehr so scharf geltend machen kann. (Siehe Abb. 65.)

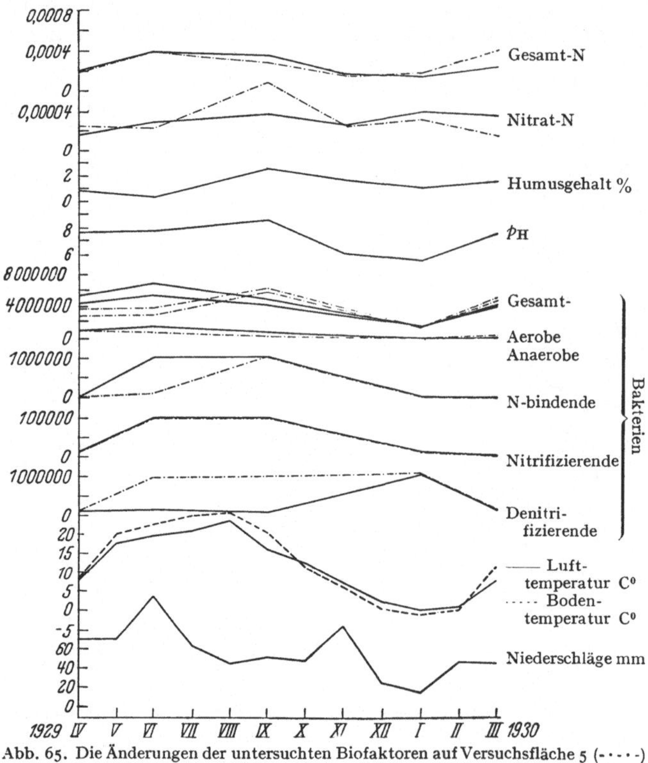

Abb. 65. Die Änderungen der untersuchten Biofaktoren auf Versuchsfläche 5 (-·····)
Robinienwald und Versuchsfläche 6 (———) Schwarzkiefernwald in Szeged.

Tabelle 42 zeigt die Änderungen der Gesamtbakterienzahl eines Sandbodens in den verschiedenen Bodentiefen. Wie diese Daten zeigen, nimmt die Bakterienzahl nach der Tiefe rapid ab.

Besonders auffallend sind die relativ großen Änderungen des Nitratstickstoffgehaltes. Diese Erscheinung ist jedoch leicht zu erklären, wenn man be-

Tabelle

| Bezeichnung der Versuchsfläche | Zahl der Bakterien | | | N-bindende aerobe u. anaerobe | Nitrifizierende | Denitrifizierende |
|---|---|---|---|---|---|---|
| | aerob | anaerob | zusammen | | | |
| A. Robinie . . . . . . . . | 12 000 000 | 2 100 000 | 14 100 000 | 1000 | 10 000 | 10 000 |
| B.   ,,  . . . . . . . . | 2 900 000 | 1 200 000 | 4 100 000 | 1 | 100 | 100 000 |
| C.   ,,  . . . . . . . . | 2 480 000 | 500 000 | 2 980 000 | 0 | 0 | 100 000 |
| D.   ,,  . . . . . . . . | 9 500 000 | 2 000 000 | 11 500 000 | 110 | 10 000 | 1 000 |
| E. Schwarzkiefer . . . . | 1 800 000 | 1 200 000 | 3 000 000 | 0 | 100 | 10 000 |
| F.    ,,  . . . . | 2 600 000 | 2 400 000 | 5 000 000 | 10 | 100 | 100 |
| G. Ödland . . . . . . . | 540 000 | 400 000 | 940 000 | 0 | 10 | 1 000 |
| H.   ,,  mit Fumana . | 2 500 000 | 100 000 | 2 600 000 | 0 | 100 | 10 000 |
| I. Naturschutzpark . . . | 11 000 000 | 3 000 000 | 14 000 000 | 110 | 100 000 | 100 000 |

denkt, daß der Nitratstickstoffgehalt des Robinienwaldbodens infolge der im vorstehenden geschilderten Verhältnisse fast vollkommen unausgenutzt bleibt, infolgedessen sich in den niederschlagsarmen Sommer- und Vorherbstmonaten anhäuft und dann später durch die steigenden Niederschlagsmengen in den Untergrund gewaschen wird. Dieser Vorgang ist natürlich in den Sandböden viel lebhafter als in den lehmigen Waldböden.

Die Betrachtung der Verhältnisse des Schwarzkiefernbestandes führt zu vollkommen abweichenden Resultaten. Erstens bleiben die maximalen Werte der Nitratstickstoffkurve bedeutend unter den Werten der sandigen Waldböden und zweitens sind hier die denitrifizierenden Bakterien in viel höherer Zahl vertreten als in dem Robinienboden. Im allgemeinen weist jedoch der Boden des Schwarzkiefernwaldes einen größeren Bakteriengehalt als der Robinienboden auf. Außerdem wird hier das Maximum des Gesamtbakteriengehaltes viel früher, schon im Laufe des Hochsommers, erreicht. Wie man auf Grund der Abbildungen beim Vergleich ohne weiteres feststellen kann, bleibt der Nitratstickstoffgehalt des Bodens des Kiefernwaldes immer geringer. Dieses Resultat bestätigt nun vollkommen die Ergebnisse unserer früheren Untersuchungen bezüglich der sandigen Waldböden.

Wenn man nun die im vorstehenden geschilderten Erscheinungen in ihrem allseitigen Zusammenhang betrachtet und näher erklären will, so kann man leicht folgendes feststellen.

Da der Nitrat-Stickstoffgehalt durch den Robinienwald weniger ausgenützt wird, so ist wahrscheinlich das Sinken der Nitrat-Stickstoffkurve hier vor allem durch den Verbrauch durch die Bodenvegetation und durch das Auslaugen in die tieferen Bodenschichten zu erklären. Daß die Nitrat-Stickstoffkurve des Schwarzkiefernwaldes nicht die Höhe der Nitrat-Stickstoffkurve des Robinienwaldes erreicht, ist wohl durch den Umstand zu erklären, daß der Nitrat-Stickstoffgehalt des Bodens durch den Kiefernbestand intensiv verbraucht und ausgenutzt wird. Infolge dieses Umstandes wird der Stickstoffgehalt, welcher in dem Humus sich aufstapelt, durch die Schwarzkiefer ausgenutzt und aufgenommen und sodann bei dem Laubfall dem Boden wieder zurückgegeben. Da die Nitrate durch die Robinie nicht ausgenutzt werden und durch ihre leichte Löslichkeit leicht in den Untergrund abgewaschen werden, so gehen sie allmählich für den Bestand verloren.

Ein besonderer Teil dieser Untersuchungen hat sich mit dem Zusammenhange zwischen dem biologischen Zustand des Bodens und den Charakterpflanzen desselben beschäftigt. Für die Aufforstung der ungarischen Steppenböden hat nämlich KISS (507) durch jahrelanges mühevolles Arbeiten die sog. Charakterpflanzen zusammengestellt, nach welchen die Aufforstung auch jetzt praktisch erfolgt. Wir haben zu diesem Behufe vorübergehend eine Reihe von Versuchsflächen aufgenommen, welche alle in der Umgebung der Freistadt Szeged liegen. Die Beschreibung dieser Versuchsflächen wird hier kurz angegeben (siehe Tabelle 43).

A. Robinienbestand mit gutem Wachstum, 19jährig, Dichte 0,8. Mittlere Bestandeshöhe: 17,5 m. Boden: Sand mit Humusschicht. Bodenpflanzen: Anthriscus trichospermus und Urtica dioica.

43.

| Zellulose-zersetzende | Aerobe Harnstoff-vergärer | Anaerobe Buttersäure-bazillen | Pilze | $p_H$ | Humusgehalt % | Gesamt-N g pro g Erde | Nitrat-N. g pro g Erde | Zeitpunkt der Bestimmung |
|---|---|---|---|---|---|---|---|---|
| 11 000 | 10 000 | 100 000 | 10 000 | 6,7 | 1,65 | 0,000832 | 0,0000440 | |
| 1 100 | 100 | 100 | 1 000 | 6,38 | 1,05 | 150 | 120 | |
| 10 100 | 1 000 | 10 000 | 10 000 | 6,39 | 0,33 | 334 | — | |
| 101 000 | 100 000 | 1 000 | 10 000 | 6,61 | 0,58 | 568 | 181 | |
| 11 000 | 100 | 1 000 | 10 | 6,43 | 0,14 | 640 | 105 | 12. IX. 1928 |
| 100 000 | 100 | 1 000 | 10 000 | 6,63 | 1,87 | 960 | 198 | |
| 100 | 0 | 0 | 100 | 6,30 | — | 124 | 5 | |
| 11 000 | 10 000 | 1 000 | 1 000 | 6,20 | — | 310 | 98 | |
| 40 000 | 1 000 000 | 100 000 | 100 000 | 7,70 | — | 720 | 510 | |

B. Mit A in Verbindung stehender, auf demselben Standort ein schlechtes Wachstum zeigender, gleichaltriger Bestand, dessen Höhe 12 m nicht überschreitet, obwohl die Anpflanzung gleichzeitig geschah und die Bestandespflege dieselbe war. Dichte: 0,6. Es zeigt sich auch ein Unterschied bei den Bodenpflanzen. Dieselben sind: Poa angustifolia, Euphorbia cyparissias, vereinzelt Festuca pseudovina, Triticum repens.

Nicht weit entfernt von A und B, auf einem anderen Sandgebiet, haben wir auch je einen ein gutes und ein schlechtes Wachstum zeigenden, zueinander naheliegenden Bestand untersucht, um gegenseitig mit A und B vergleichen zu können.

C. Robinienbestand auf Flugsand mit schlechtem Wachstum im zweiten Umtrieb, 7 jährig. Dichte: 0,2. Die Stöcke waren größtenteils unfähig, Stockausschläge hervorbringen zu können. Bodenpflanzen vereinzelt: Fumana vulgaris, Festuca vaginata. Keine Laubstreu.

D. Standortsverhältnisse wie bei C, aber Wachstum fast normal. Bestandesalter: 18 Jahre. Dichte: 0,9. Höhe: 17 m. Bodenpflanzen auch wenig, aber von denselben des C-Typs verschieden. Leitpflanze: Anthriscus trichospermus. Der Boden ist mit Laub bedeckt.

Aus demselben Gesichtspunkte haben wir die bodenbiologischen Zustände von zwei, im Wachstum voneinander verschiedenen, nahe zueinander liegenden Schwarzkieferbeständen untersucht.

E. Schwarzkiefer auf Flugsand, 32 jährig, sehr schlechtes Wachstum zeigend. Bestandesschluß durch allmähliches Absterben der Bäume auf 0,6 herabgesunken. Bodendecke: Dünne Nadelstreu mit wenig Bodenpflanzen: Calamagrostis epigeios und Salix rosmarinifolia.

F. Standortsverhältnisse wie bei E. Schwarzkieferbestand mit normalem Wachstum. Bestandesschluß: 0,8. Boden mit dicker Nadelstreudecke und mit einzelnen Hieracium umbellatum.

G. Ödland im Flugsandgebiet, dessen Aufforstung mit Robinie mißlang; ohne Bodenvegetation.

H. Derselbe wie G, nur mit Fumana vulgaris-Vegetation.

I. Naturschutzpark, gebildet von einem schönen gemischten Bestand von alten Robinien, Eichen, Ulmen und Eschen auf gutem Sand. Des vollen Bestandesschlusses wegen ohne Bodenpflanzen.

Wenn wir auf Grund dieser Untersuchungsergebnisse die bodenbiologisch analysierten Boden- und Waldtypen miteinander vergleichen, so werden wir ohne weiteres feststellen können, daß jene Böden, welche biologisch den Ansprüchen der Robinie nicht mehr entsprechen können, für das Gedeihen der Schwarzkiefer wahrscheinlich noch geeignet sind. Zur näheren Erklärung dieser Beobachtung möchten wir kurz folgende Beispiele erörtern:

In dem Boden von A finden wir rund 14 Millionen Bakterien, dagegen im Boden von B nur 4 Millionen. In dem Boden von A finden wir beinahe tausendmal mehr N-bindende Bakterien und fast hundertmal mehr nitrifizierende Bakterien als im Boden von B. Dementsprechend haben wir bei A fast sechsmal mehr Gesamtstickstoffgehalt gefunden als bei B. Die Leitpflanzen des ersten Waldtypes sind: Anthriscus trichospermus und Urtica dioica. Dagegen die Leitpflanzen des zweiten sind: Poa angustifolia und Festuca pseudovina. Der Waldtyp C hat ebenfalls einen reinen Robinienbestand, dessen Zustand stark verschlechtert ist. In dem Boden dieser Versuchsfläche finden wir kaum 3 Millionen Bakterien, und die aktiven Stickstofforganismen sind überhaupt nicht nachzuweisen. Die Leitpflanzen des Bodens sind: Fumana vulgaris und Festuca vaginata.

Besonders lehrreich ist, wenn man jetzt die Verhältnisse der beiden Schwarzkiefernwälder miteinander vergleicht. Wir sehen vor allem, daß der Waldtyp *F*, welcher auf einem guten Sandboden liegt, sehr gute bodenbiologische Verhältnisse aufweist. Dieser Umstand kommt ja auch in der Gesamtbakterienzahl, in der Zahl der Stickstoffbakterien, in dem Humusgehalt, sowie in dem Gesamt-Stickstoff- und Nitrat-Stickstoffgehalt zum Ausdruck. Der Unterschied zwischen diesem Bestand und dem Bestand *E*, welcher auf einem schlechten Boden liegt, ist besonders auffallend.

Die Gesamtbakterienzahl der gänzlich unfruchtbaren Bodentypen erreicht kaum 1 Million Bakterien, die Stickstoffbakterien fehlen da fast vollkommen. Der mit *Fumana vulgaris* bedeckte Sandboden zeigt ebenfalls recht ungünstige biologische Verhältnisse. Der Naturschutzpark dagegen weist einen sehr guten bodenbiologischen Zustand auf.

Wir haben daher schon auf Grund dieser orientierenden Untersuchungen gewisse Zusammenhänge nachweisen können, welche zwischen dem biologischen Zustande des Bodens und den herrschenden Baumarten der einzelnen Bestände bestehen. Diese Zusammenhänge wollen wir kurz folgenderweise zusammenfassen:

Bei jenen Bodentypen, an welchen als Leitpflanze die *Fumana vulgaris, Salix rosmarinifolia, Poa angustifolia, Festuca vaginata* und *Calamagrostis epigeios* gedeihen, wird sich der Boden gewöhnlich im schlechten biologischen Zustande befinden. Hier bleibt gewöhnlich die Gesamtbakterienzahl unter 3 Millionen. Es fehlen da meistens die N-bindenden Bakterien. Die Zahl der nitrifizierenden Bakterien bleibt in der Regel unter 100, und der Gesamtstickstoffgehalt wird 3 mg pro 100 g Boden kaum überschreiten. An diesen Böden wird die Anpflanzung der Robinie schwerlich gelingen, da, wie die vorher erwähnten Untersuchungsergebnisse zeigen, diese Baumart an den biologischen Zustand des Bodens ziemlich hohe Anforderungen stellt.

Falls der Boden als Leitpflanzen *Anthriscus trichospermus* und *Euphorbia cyparissias* aufweist, so wird hier die Intensität der mikrobiologischen Tätigkeit des betreffenden Bodens bedeutend höher sein. An diesen Böden bewegt sich die Gesamtzahl der Bakterien um 10 Millionen, die Anzahl der stickstoffbindenden Bakterien 1000, der nitrifizierenden Bakterien um 1000, der zellulosezersetzenden Bakterien um 10000 und der Gesamtstickstoffgehalt wird wohl 5 mg pro 100 g Erde überschreiten. An diesen Böden kann man bereits auch die Robinie mit Erfolg anpflanzen, und sie eignen sich natürlich vorzüglich auch für die Aufforstung für Schwarzkiefer.

*Es ist eine äußerst bemerkenswerte Tatsache, daß unsere Analysenresultate im großen und ganzen die Ergebnisse von* Kiss *(507) bestätigen.*

Zum Schlusse möchten wir noch kurz auf die Tatsache hinweisen, daß die Bakterienflora der sandigen Waldböden zahlenmäßig die Bakterienflora der schweren Waldböden hinter sich läßt, und nur die Intensität der Tätigkeit der ersteren übertrifft ja das biologische Verhalten der letzteren. Diese Erscheinung kann man nach unserer Meinung folgenderweise erklären:

Die verhältnismäßig niedrige Zahl der Bakterienflora der sandigen Waldböden wird dadurch verursacht, daß infolge der äußerst guten Durchlüftung und der starken Erwärmung dieser Böden, die Intensität der Bakterientätigkeit bedeutend gesteigert wird, und infolgedessen im Herbst die auf den Boden gelangende organische Substanz namentlich in den heißen Sommermonaten derartig rasch verarbeitet wird, daß eine Reduktion der Bakterienzahl, abgesehen von der starken Austrocknung des Bodens, schon wegen der auf diese Art und Weise entstehenden Nahrungsmittelnot stattfinden muß. Wenn wir nun das Gesagte miteinander vergleichen, so werden wir im allgemeinen feststellen können, daß bezüglich der allgemeinen ernährungsphysiologischen Vorgänge die biologische Tätigkeit der sandigen Waldböden weder betreffs des N-Stoffwechsels, noch bezüglich der Bodenatmung hinter den schweren Waldböden zurückbleiben wird. Die Hauptschwierigkeit bei der Aufforstung dieser Böden wird sicherlich die bekannte Niederschlagsarmut und der ungünstige Wasserhaushalt der Sandböden verursachen und außerdem ist es auch nicht ausgeschlossen, daß in den Sandböden einige andere anorganische Nährstoffe in minimalen Mengen vorhanden sind. Dieser Umstand muß natürlich mit eigens für diesen Zweck eingerichteten Untersuchungen erforscht werden. Die Frage der Aufforstung kann man daher ganz kurz als die Frage der Anpassungsfähigkeit der einzelnen Baumarten an diese schweren klimatischen Verhältnisse bezeichnen. Hat man daher die entsprechende

Baumart ausgewählt, so wird das Gedeihen derselben wohl günstig ausfallen, wie dieser Umstand durch das schöne Wachstum der seit Jahrzehnten angepflanzten Schwarzkieferbestände bestätigt wird.

## VIII. Die mikroskopischen Pilze des Waldbodens[1].

Im Leben des Waldbodens kommt den Bodenpilzen eine außerordentlich wichtige biologische Rolle und Bedeutung zu. Wenn wir von den makroskopischen, darunter von den sogenannten Mykorrhyzapilzen absehen, bleibt noch immer eine große Anzahl größtenteils mikroskopischer Pilze, welche zwar von dem Gesichtspunkte des Mykorrhizaproblems weniger wichtig sind, bei den biologischen Lebensprozessen des Waldbodens aber immerhin eine recht bedeutungsvolle Rolle spielen. Namentlich die Zellulosezersetzung ist jene Funktion, welche hier in der ersten Linie in Betracht kommt. Wir wissen ja aus den vielen diesbezüglichen Untersuchungen, daß bei der Zellulosezersetzung einige Schimmelpilze, darunter die *Aspergillus-* und *Penicillium*-Arten, sehr intensiv tätig sind. Diese Arten entfalten ihre Tätigkeit am wirksamsten in dem Falle, wenn ihnen stickstoffhaltige Nahrungsmittel in genügender Menge zur Verfügung stehen. Sie greifen die Zellulose nur dann an, wenn dieselbe ligninfrei ist und nicht viele inkrustierte Bestandteile enthält. Es ist ja auch allgemein bekannt, daß eine große Anzahl der *Basidiomyzeten* und auch einige Pilze aus der Reihe der *Askomyzeten* noch fähig sind, die Zellulose abzubauen. Zwischen den *Fungi imperfecti*, namentlich in der Reihe der *Hyphomyzeten*, finden wir auch viele Arten, welche bei dem Abbau der Zellulose auch intensiv tätig sind. Ich möchte hier nur die bekannten Gattungen: *Trichoderma, Trichothecium, Acremonium, Verticillium, Cladosporium, Alternaria*-Arten usw. erwähnen. Den Abbau der verholzten Zellulose bewirken meistens die *Basidiomyzeten*, darunter hauptsächlich die *Fomes-, Trametes-, Telephora-, Lonzites-, Merulius-* usw. Arten. Diese Pilze gehören schon der Reihe der makroskopischen Pilze an.

Zwischen den mikroskopischen Arten der Pilzflora finden wir noch eine Reihe von *Mukor-, Rhizopus* usw. Arten, welche im allgemeinen die zellulosehaltigen Stoffe nicht angreifen, bei dem Abbau der Kohlehydrate jedoch eine außerordentlich wichtige Rolle spielen. Von den Bodenpilzen werden übrigens die stickstoffhaltigen organischen Stoffe ebenfalls angegriffen, wobei sie als Ammoniakbildner auftreten.

Durch diese vielseitigen Funktionen spielen sie im Leben des Waldbodens eine sehr wichtige Rolle.

In Anbetracht unserer bereits dargelegten Problemstellung haben sich natürlich unsere Forschungen nur auf die mikroskopischen Bodenpilze erstreckt, da nur je diese in Begriff der Mikrobiologie des Waldbodens mit Fug und Recht eingereiht werden können. Die makroskopischen Bodenpilze, darunter auch die Mykorrhizapilze bilden den Gegenstand einer besonderen Forschungsrichtung des Institutes.

Im Laufe unserer Untersuchungen haben wir daher nur die mikroskopischen Pilze des Waldbodens untersucht. Die diesbezüglichen Forschungen waren zunächst rein quantitativer Art. Wir hatten zunächst das quantitative Vorkommen der Pilze untersucht. Da schon in diesem Zeitpunkte uns die jahreszeitlichen Schwankungen der bodenbiologischen Erscheinungen vollkommen klar waren, so haben wir außer Einzeluntersuchungen hauptsächlich den zeitlichen Verlauf des quantitativen Vorkommens der Pilze im Boden untersucht. Zu diesem Behufe haben wir anläßlich der bakteriologischen Untersuchungen drei Versuchs-

---

[1] Keimgehalt pro Gramm feuchter Erde. Das Zeichen — bedeutet, daß keine Analyse erfolgte.

flächen, und zwar die Versuchsfläche 15/1, 17 und 18 zwölf Monate hindurch regelmäßig auf das quantitative Vorkommen der Bodenpilze untersucht.

Bezüglich der Probeentnahme, sowie der Untersuchungsmethodik verweise ich hier kurz auf den methodischen Teil dieses Buches. Auch hier sollte es hervorgehoben werden, daß die quantitative Untersuchung der Pilzflora mittels des Plattenverfahrens nicht als vollkommen exakt bezeichnet werden kann. Bei der mechanischen Vorbereitung der Bodenproben werden die Myzelien größtenteils zerstört. Da aus den Bruchstücken dieser Myzelien auf den Platten sich gewöhnlich ganze Kolonien entwickeln, so kann dieser Umstand natürlich die Resultate ungünstig beeinflussen. Man sollte auch nicht vergessen, daß gerade durch die Plattenmethode der größte Teil des Basidiomyzeten nicht zur Entwicklung gebracht werden kann. Trotz dieses Mangels kann man aber die Plattenmethode doch dazu benützen, um in die quantitativen Verhältnisse des Vorkommens der Bodenpilze einen gewissen Einblick bekommen zu können. Aus diesem Grunde haben wir uns für die Plattenmethode entschieden und während unserer Untersuchungen genau dasselbe Verfahren eingehalten.

Die Abbildung 66 zeigt uns ganz genau den quantitativen Verlauf des jahreszeitlichen Vorkommens der Bodenpilze im Waldboden. Von den untersuchten Versuchsflächen sind die Versuchsflächen 15 und 17 gut geschlossene Fichtenwälder und die Versuchsfläche 18 ein mit Tanne und Fichte unterbauter Niederwald. Es fällt vor allem auf, daß das Verhalten der drei Versuchsflächen nicht in allen Punkten

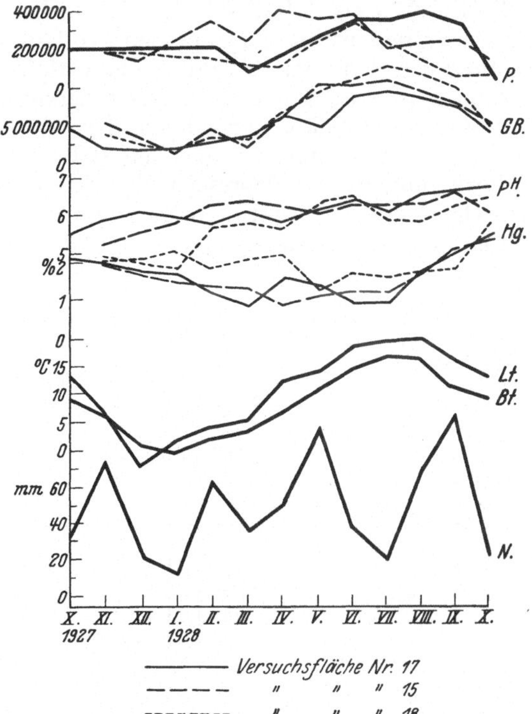



——————— Versuchsfläche Nr. 17
– – – –    „   „   „ 15
- - - - - -    „   „   „ 18

*P.* = Pilze; *GB.* = Gesamtbakterienzahl; *Hg.* = Humusgehalt; *Lt.* = Lufttemperatur; *Bt.* = Bodentemperatur; *N.* = Niederschlag.

Abb. 66. Der quantitative Verlauf der mikroskopischen Pilze des Waldbodens.

übereinstimmt. Es scheint auch, daß zwischen den einzelnen Jahren gewisse Unterschiede vorliegen. So sehen wir, daß im Jahre 1927 das Minimum der Anzahl der Pilze auf der Versuchsfläche 15 sich im Dezember eingestellt hat, während die anderen Versuchsflächen ihr Minimum erst im Vorfrühling 1928 aufweisen. In diesem Jahre finden wir das Minimum bei allen Versuchsflächen gleichmäßig im Monate Oktober. Das Maximum des Pilzgehaltes entfällt bei der Versuchsfläche 15 auf die Monate April bis Juni, bei der Versuchsfläche 18 auf den Monat Juni und bei der Versuchsfläche 15 auf den Zeitraum zwischen Juli und September. Hier macht sich natürlich in der ersten Reihe die Temperaturwirkung geltend, dadurch können wir das Auftreten der Maxima in dem Sommer- bzw. Spätfrühlingsmonate erklären. Es zeigt sich hier übrigens im allgemeinen eine gewisse Übereinstimmung mit dem quantitativen Verhalten der Bodenbakterien.

Bei diesen Untersuchungen wurde der Wassergehalt des Bodens noch nicht gemessen, so daß wir hier nur den mittelbaren Einfluß der Niederschlagsmengen feststellen können. So ist es sicher anzunehmen, daß der Rückfall in dem Monate März hauptsächlich durch den Rückgang der Niederschlagsmengen zu erklären ist, und es ist auch sicher anzunehmen, daß die Niederschlagsmengen im Monate Mai ganz wesentlich zur Entwicklung der Maxima beigetragen haben. Die Trockenheit in dem Monate Juli zeigt sich zunächst in dem Umstand, daß die Pilzflora ziemlich zurückgegangen ist und bei der Versuchsfläche 15 das Maximum sich nicht mehr entwickeln konnte. Dieser Umstand konnte natürlich in dem Monate September durch die großen Niederschlagsmengen nicht mehr wettgemacht werden, da hier bereits das Sinken der Bodentemperatur eingetreten ist, die ja die quantitative Entwicklung der Pilze augenscheinlich gehemmt hat.

Es ist übrigens auffallend, daß die $p_\mathrm{H}$-Kurve bei allen Versuchsflächen eine ziemliche Übereinstimmung mit dem Verlauf der Pilzkurve zeigt. Da die Entwicklung der Bodenazidität durch die Tätigkeit der Pilze stark beeinflußt wird, so kann man vorläufig diese Übereinstimmung der Änderungen der $p_\mathrm{H}$-Werte eher als eine sekundäre Erscheinung der Pilztätigkeit auffassen. Diese Annahme wird auch noch dadurch begründet, daß mit der maximalen Entwicklung der Pilzkurve immer eine Depression der Humuskurve einhergeht. Da bekanntlich diese Depression auch mit dem Maximum der Bakterienzahl kongruiert, so kann man hier mit vollem Recht annehmen, daß die Verminderung des Humusgehaltes

Tabelle

| Versuchsfläche | | | Zahl der Pilze | Zahl der Bakterien | Aerob % | An-aerob % | N-bindende | | Nitri-fizierende |
| --- | --- | --- | --- | --- | --- | --- | --- | --- | --- |
| Nr. | Ort | Breitengrade | | | | | Aerob | Anaerob | |
| 3. | Kiskomárom | 46⁰ 30′ | 280000 | 44800000 | 80,0 | 20,0 | 100 | 5000 | 10000 |
| 4. | ,, | 46⁰ 30′ | 120000 | 11000000 | 81,9 | 18,1 | 10 | 10000 | 10000 |
| 5. | Szeged | 46⁰ 15′ | 90000 | 8690000 | 82,5 | 17,5 | 30000 | 100000 | 18000 |
| 6². | ,, | 46⁰ 15′ | 110000 | 9100000 | 81,0 | 19,0 | 1000 | 180000 | 10000 |
| 7. | Kecskemét | 46⁰ 55′ | 100000 | 12800000 | 75,0 | 25,0 | 10 | 10000 | 100000 |
| 8. | ,, | 46⁰ 55′ | 20000 | 7700000 | 72,8 | 27,2 | 0 | 10000 | 100000 |
| 11. | Sopron | 47⁰ 47′ | 132000 | 18100000 | 92,8 | 7,2 | 300 | 3000 | 66000 |
| 15. | ,, | 47⁰ 47′ | 211000 | 24900000 | 91,6 | 8,4 | 1000 | 30000 | 91000 |
| 17. | ,, | 47⁰ 47′ | 400000 | 10570000 | 82,8 | 17,2 | 100 | 1000 | 1000 |
| 24. | ,, | 47⁰ 47′ | 540000 | 31300000 | 91,6 | 8,4 | 3000 | 10000 | 125000 |
| 20a. | ,, | 47⁰ 47′ | 150000 | 5400000 | 84,0 | 16,0 | 1000 | 10000 | 10000 |
| 25. | Miskolc | 48⁰ 10′ | 123000 | 14600000 | 95,2 | 4,8 | — | — | 30000 |
| 28. | ,, | 48⁰ 10′ | 99000 | 12700000 | 90,5 | 9,5 | — | — | 30000 |
| 31. | Eberswalde | 52⁰ 40′ | 380000 | 19210000 | 99,5 | 0,5 | 100 | 1000 | 10000 |
| 32. | ,, | 52⁰ 40′ | 239000 | 16810000 | 99,4 | 0,6 | 1000 | 1000 | 100000 |
| 33. | Hallands-Väderö | 57⁰ — | 147000 | 23400000 | 96,9 | 3,1 | 100 | 1000 | 10000 |
| 34. | ,, | 57⁰ — | 180000 | 23900000 | 96,4 | 3,6 | 1000 | 1000 | 10000 |
| 35. | ,, | 57⁰ — | 165000 | 22600000 | 97,4 | 2,6 | 1000 | 10000 | 10000 |
| 38. | Rajvola | 60⁰ 17′ | 165000 | 5740000 | 88,8 | 11,2 | 100 | 18000 | 30000 |
| 40. | Kivalo | 66⁰ 50′ | 275000 | 3000000 | 82,7 | 13,3 | 3000 | 10000 | 10000 |
| 41. | ,, | 66⁰ 50′ | 286000 | 10200000 | 92,2 | 7,8 | 1000 | 30000 | 30000 |
| 42. | ,, | 66⁰ 50′ | 256000 | 6600000 | 89,4 | 10,6 | 300 | 30000 | 18000 |
| 43. | ,, | 66⁰ 50′ | 491000 | 7300000 | 76,8 | 23,2 | 100 | 100000 | 10000 |
| 45. | Petsamo | 69⁰ 20′ | 538000 | 7500000 | 88,0 | 12,0 | 100 | 10000 | 14000 |
| 46. | ,, | 69⁰ 20′ | 354000 | 4900000 | 85,8 | 14,2 | 100 | 10000 | 10000 |
| 47. | Kirkenes | 69⁰ 30′ | 365000 | 6300000 | 85,3 | 14,7 | 30 | 1000 | 10000 |
| | | | | | | | | | Tiefen- |
| 5. | Szeged in Tiefe 0—20 cm | 46⁰ 15′ | 40000 | 8000000 | 82,5 | 17,5 | 100 | 1000 | 10000 |
| | ,, ,, ,, 20—40 ,, | 46⁰ 15′ | 1000 | 6400000 | 59,7 | 40,3 | 0 | 100 | 10000 |
| 6. | Szeged in Tiefe 0—20 cm | 46⁰ 15′ | 110000 | 7900000 | 81,0 | 19,0 | 100 | 1000 | 10000 |
| | ,, ,, ,, 20—40 ,, | 46⁰ 15′ | 100 | 3300000 | 75,8 | 24,2 | 0 | 100 | 1000 |

[1] Es ist besonders lehrreich, die Angaben dieser Tabelle mit den Daten der Tabelle 24 bezüg-zersetzenden und aeroben stickstoffbindenden Bakterien und des N-Gehaltes nach dem Norden zu

der Zersetzungstätigkeit der Bakterien und der Bodenpilze zuzuschreiben ist, womit natürlich infolge der allmählichen Verarbeitung der sauren Humusstoffe auch die Erhöhung der $p_H$-Werte einhergeht.

Auf Grund dieser Beobachtungen kann man auch bei der Entwicklung des quantitativen Verhaltens der Pilzflora auch die dominierende Wirkung der Temperatur feststellen, welche dann durch die Bodenfeuchtigkeit in dem in dem Kapitel über die Bakterien des Waldbodens dargelegten Sinne korrelativ beeinflußt wird.

Die Rolle der Bodenpilze bei der Bodenatmung ist natürlich unverkennbar. Da sie die Zellulose meistens auf aerobem Wege zersetzen, so können sie ganz beträchtliche Mengen von Kohlensäure entwickeln. Man kann daher mit Recht annehmen, daß die quantitative Entwicklung der Pilzflora auch eine wesentliche Ursache der Bodenatmung bildet. Da jedoch die Entwicklung der Bodenpilze von der Bodenfeuchtigkeit sehr stark beeinflußt wird, so kann man natürlich diese Wirkung nicht immer ganz klar nachweisen. Verfolgt man aber die Bodenatmung an der Hand der Abb. 48, so wird man gleich sehen, daß die Maximumperiode der Bodenatmung mehr oder weniger mit der maximalen Entwicklung der Bodenpilze in Verbindung steht. Besonders möchte ich hier auf den Umstand hinweisen, daß der Anteil der Bodenpilze gerade im Norden stetig zu-

44[1].

| Dentrifizierende | Zellulosezersetzende | Gesamt-N<br>g/g | Nitrat-N<br>g/g | Humusgehalt<br>% | Karbongehalt<br>g/g | $\dfrac{C}{N}$ | $p_H$ | Wassergehalt<br>% | Bakterienzahl<br>Pilzezahl | Zeitpunkt der Untersuchung |
|---|---|---|---|---|---|---|---|---|---|---|
| 100000 | 60000 | 0,0001650 | 0,00002070 | 0,73 | 0,00424 | 25,6 | 5,20 | 10,34 | 160,0 | 1928. VII. |
| 100000 | 110000 | 0,0009730 | 0,00001820 | 0,81 | 0,00464 | 4,76 | 5,40 | 4,97 | 91,5 | 1928. VII. |
| 180000 | 30100 | 0,0003035 | 0,00009750 | 1,47 | 0,00855 | 28,3 | 6,17 | 1,2 | 88,5 | 1932. VIII. |
| 100000 | 21000 | 0,0005166 | 0,00006170 | 1,35 | 0,00780 | 15,2 | 6,35 | 1,6 | 71,8 | 1932. VIII. |
| 100000 | 30000 | 0,0006507 | 0,00004780 | 1,65 | 0,00955 | 19,9 | 6,58 | — | 128,0 | 1928. VIII. |
| 100000 | 16000 | 0,0007348 | 0,00007580 | 1,40 | 0,00807 | 10,7 | 6,40 | — | 385,0 | 1928. VIII. |
| 1300000 | 2000 | 0,0007308 | 0,00004725 | 1,10 | 0,00636 | 8,7 | 5,00 | 16,5 | 137,0 | 1931. VI. |
| 910000 | 2100 | 0,0007028 | 0,00004284 | 0,82 | 0,00475 | 6,5 | 5,27 | 13,6 | 117,0 | 1931. VI. |
| 10000 | 20000 | — | — | 0,97 | 0,00561 | — | 6,23 | 15,2 | 23,7 | 1928. VII. |
| 1000000 | 1000 | 0,0005628 | 0,00004725 | 1,51 | 0,01342 | 23,8 | 6,41 | 14,6 | 57,9 | 1931. VI. |
| 421000 | 5000 | — | — | 1,13 | 0,00654 | — | 6,80 | — | 36,0 | 1928. VII. |
| 1000000 | — | — | — | — | — | — | 6,30 | — | 88,5 | 1932. VII. |
| 1000000 | — | — | — | — | — | — | 6,06 | — | 86,0 | 1932. VII. |
| 100000 | 1000 | 0,0003422 | 0,00003162 | 1,83 | 0,01194 | 32,7 | 4,61 | 18,9 | 50,6 | 1930. VII. |
| 100000 | 1000 | 0,0003317 | 0,00002930 | 2,24 | 0,01299 | 39,1 | 4,24 | 17,3 | 70,1 | 1930. VII. |
| 100000 | 1000 | 0,0004368 | 0,00004326 | 1,22 | 0,00705 | 13,7 | 4,96 | 21,2 | 159,0 | 1930. VI. |
| 100000 | 1000 | 0,0003612 | 0,00003969 | 1,36 | 0,00775 | 16,1 | 4,76 | 18,4 | 133,0 | 1930. VI. |
| 100000 | 1000 | 0,0003836 | 0,00003780 | 0,93 | 0,00548 | 14,3 | 4,99 | 34,1 | 137,0 | 1930. VI. |
| 1000000 | 100 | 0,0002100 | 0,00002068 | 1,23 | 0,00710 | 33,8 | 4,70 | 12,2 | 34,8 | 1931. VIII. |
| 1000000 | 10 | 0,0002172 | 0,00001953 | 1,21 | 0,00700 | 32,2 | 4,64 | 11,3 | 10,9 | 1931. VIII. |
| 300000 | 0 | 0,0003360 | 0,00001428 | 1,79 | 0,01040 | 30,9 | 5,30 | 16,1 | 35,4 | 1931. VIII. |
| 120000 | 0 | 0,0002744 | 0,00001680 | 0,80 | 0,00464 | 16,8 | 5,30 | 12,6 | 25,8 | 1931. VIII. |
| 30000 | 10 | 0,0001036 | 0,00001470 | 1,12 | 0,00650 | 62,8 | 5,05 | 12,4 | 14,9 | 1931. VIII. |
| 100000 | 10 | 0,0002072 | 0,00001946 | 0,99 | 0,00574 | 27,7 | 4,96 | 28,6 | 13,8 | 1931. VIII. |
| 100000 | 0 | 0,0002696 | 0,00001596 | 0,92 | 0,00534 | 19,9 | 4,74 | 6,1 | 13,9 | 1931. VIII. |
| 185000 | 30 | 0,0001520 | 0,00001092 | 1,75 | 0,01015 | 66,7 | 5,74 | 23,3 | 17,3 | 1931. VIII. |

untersuchung.

| | | | | | | | | | | |
|---|---|---|---|---|---|---|---|---|---|---|
| 100000 | 30100 | 0,000303 | 0,0000975 | 1,47 | 0,00852 | 28,1 | 6,17 | 1,2 | 88,5 | 1928. IX. |
| 100000 | 14000 | 0,000476 | 0,0001098 | 0,98 | 0,00567 | 11,9 | 6,28 | — | 6400,0 | 1928. IX. |
| 100000 | 21000 | 0,000516 | 0,0000617 | 1,35 | 0,00782 | 15,2 | 6,35 | 1,6 | 72,0 | 1928. IX. |
| 10000 | 10000 | 0,000585 | 0,0001065 | 0,59 | 0,00342 | 58,5 | 6,69 | — | 33000,0 | 1928. IX. |

lich der Abnahme der Gesamtbakterienzahl, der nitrifizierenden, der denitrifizierenden, zellulosevergleichen. [2] Vergleiche noch die Angaben der Tabelle 43.

nimmt, so daß ihre Rolle bei der Entwicklung der Bodenatmung gerade unter den nördlichen Breitengraden besonders ausschlaggebend wird.

Außer diesen zeitlichen Untersuchungen haben wir im Laufe unserer Arbeiten eine Reihe von weiteren Versuchsflächen neben den allgemeinen bodenbiologischen Analysen auch bezüglich der Pilzflora quantitativ untersucht. Wir haben diese Untersuchungsergebnisse in der Tabelle 44 übersichtlich dargestellt, wobei alle charakteristischen Daten angegeben sind. Bei der Zusammenstellung dieser Tabelle wurde streng darauf geachtet, daß die aufgenommenen Analysenresultate ungefähr der gleichen Beobachtungszeit entstammen. Wenn man jetzt in dieser Tabelle die Bakterienzahl mit der Anzahl der Pilze dividiert, so bekommt man zunächst eine Verhältniszahl, welche das relative Verhältnis der Pilze und Bakterien wenigstens in relativer Hinsicht in dem Waldboden zum Ausdruck bringt.

Durch die vergleichende Betrachtung dieser Ergebnisse gewinnt man schließlich ein auffallend überraschendes und interessantes Bild. Man sieht zunächst, daß der relative Anteil der Bodenpilze nach dem Norden zunimmt, welcher Umstand in der stetigen Verminderung der Verhältniszahl zum Ausdruck kommt. Auf Grund dieser Resultate kann man ohne weiteres feststellen, daß der quantitative Anteil der Bodenpilze in den nördlichen Waldböden bei dem dortigen extremen humiden Klima beträchtlich größer wird als in den Waldböden der mehr südlichen Breitengraden. Besonders auffallend wird diese Erscheinung bei den Versuchsflächen, die über dem 60. Breitengrade liegen. Da die nördlichen Versuchsflächen auch im Jahresdurchschnitt immer niedrigere $p_\mathrm{H}$-Werte haben, als die übrigen Versuchsflächen, so spielt hierbei natürlich auch die Bodenazidität eine nicht zu unterschätzende Rolle. Ich bin aber auch der Ansicht, daß die Aziditätsfrage bei der Beurteilung dieser Erscheinung mehr oder weniger als eine sekundäre und Folgeerscheinung zu betrachten ist. Der Umstand, daß nach dem Norden gerechnet die Pilze im allgemeinen die Oberhand gewinnen, konnte man viel eher durch die Abnahme der Temperatur erklären, wodurch die Anzahl der Bodenbakterien allmählich verringert wird. Verstärkt wird diese Annahme auch durch die Tatsache, daß die absolute Anzahl der Pilze nach dem Norden nicht in diesem Maße zunimmt, wie die Abnahme der Bakterienzahl erfolgt. Die Erhöhung des relativen Pilzanteils wird daher hauptsächlich durch die niedrige Bakterienzahl hervorgerufen.

Eine vergleichende Betrachtung dieser Tabelle wird uns auch die Tatsache zeigen, daß nach dem Norden auch das Verhältnis C/N ständig zunimmt. Es ist ohne weiteres einzusehen, daß die Zunahme des C/N-Verhältnisses vor allem hauptsächlich durch zwei Umstände hervorgerufen werden kann. Erstens dadurch, daß die Zersetzung der C-haltigen Stoffe ungenügend wird, wodurch in dem Boden eine Anhäufung dieser Stoffe erfolgt. Er kann aber auch dadurch verursacht werden, daß die Anreicherung der N-haltigen Substanzen ebenfalls unzureichend wird. Daß natürlich die Verringerung der freien Luftstickstoffbindung hier auch eine wichtige Rolle spielen kann, wird man ohne weiteres verstehen können. Die vergleichende Betrachtung unserer Forschungsresultate wird uns aber bald davon überzeugen, daß die starke Zunahme des C/N-Verhältnisses hauptsächlich durch die ungenügende Stickstoffversorgung dieser Waldböden hervorgerufen wird. Da der Stickstoffkreislauf des Waldbodens vorwiegend durch Bakterien aufrechterhalten wird, so wird natürlich hierbei die starke Verminderung der Bakterienzahl infolge des kalten humiden Klimas wichtige Rolle spielen. Die ungenügende Zellulosezersetzung kommt hierbei sekundär in Betracht, da dieser Vorgang unter den nördlichen Breitengraden hauptsächlich durch die Bodenpilze verursacht wird, die die Rolle der zellulosezersetzenden Bakterien, welche im Norden fast vollkommen fehlen, beinahe gänzlich übernehmen. Daß auch die zellulose-zersetzende Tätigkeit der Bodenpilze durch die stärkeren Kältegrade zeitweise sehr stark gehemmt wird, kommt ja in der mehr oder weniger größeren Bereicherung der Rohhumusdecke zum Ausdruck. Selbst der Umstand, daß es in den Böden der nördlichen Versuchsflächen nie zu einer besonderen Anhäufung von C-haltigen Zersetzungsstoffen kommt, dürfte ebenfalls mit dem obigen Umstand in Verbindung stehen, da infolge der ungenügenden Zersetzungstätigkeit der Bodenpilze nur wenig C-haltige Zersetzungsprodukte in den Boden gelangen können. Bei der Beurteilung dieser Frage muß man daher die Zersetzungstätigkeit im Boden selbst und die Zersetzungsarbeit in dem Humusniveau im komplexen Sinne vergleichen und betrachten. Daß unter den nördlichen Breitengraden und überhaupt unter dem humiden Klima infolge der verringerten Bakterienzahl und des vollständigen Fehlens der echten zellulosezersetzenden Bakterien bei der Bodenatmung den Pilzen eine sehr wichtige oder fast ausschlaggebende Rolle zukommt, kann auf Grund dieser Untersuchungsergebnisse mit vollem Recht behauptet werden.

Zur Orientierung möge hier noch bemerkt werden, daß wir auch einige Tiefenuntersuchungen vorgenommen haben, die hier mitgeteilt werden. Diese Ergebnisse zeigen uns, daß die Tätigkeit der Bodenpilze nach der Tiefe auch in den sonst ganz gut durchgelüfteten Sandböden außerordentlich rasch abnimmt, so daß in einer Tiefe von 40—50 cm den Bodenpilzen gar keine nennenswerte Tätigkeit mehr zukommen kann. Diese Ergebnisse sprechen sehr stark für die aerobe Natur der Bodenpilze.

Ich möchte noch kurz einige Worte über die Rolle des Wassergehaltes des Bodens bezüglich der Pilzflora sprechen. Bei der zeitlichen Gestaltung und bei der komplexen Natur der bodenbiologischen Erscheinungen ist es natürlich sehr schwer, auf Grund des vorliegenden Tatsachenmaterials über die Wirkung des Wassergehaltes charakteristische Schlüsse zu ziehen. Außer den bereits dargelegten Betrachtungen möchte ich hier noch auf den extremen Fall der Sandböden hinweisen. Wir sehen ja in der Tabelle 43 und 44, daß die untersuchten Sandböden eine verhältnismäßig hohe Anzahl der Pilze aufweisen, obwohl der Wassergehalt derselben natürlich recht niedrig ist. *Diese Erscheinung können wir nach unserer Ansicht nur mit der Annahme einer besonderen Anpassungsfähigkeit der Pilze erklären, die bei den Bodenalgen und Bodenprotozoen ebenfalls zu konstatieren ist.*

Im Anschlusse an diese Untersuchungen haben wir auch eine Reihe von Versuchsflächen bezüglich der qualitativen Entwicklung der Pilzflora bearbeitet. Um den technischen Schwierigkeiten dieser Massenuntersuchungen wenigstens teilweise entgegentreten zu können, wurden diese Untersuchungen im Sommer 1932 durchgeführt, also in der Zeit, wo die Pilzflora auf den meisten Versuchsflächen ihre maximale quantitative Entwicklung zeigt und wo natürlich auch ihre Tätigkeit die größte Intensität entfaltet.

Bei der Bestimmung der Pilzflora wurde das vorzügliche Bestimmungsbuch LINDAU: Die mikroskopischen Pilze (1922) benützt[1], wobei natürlich in zweifelhaften Fällen auch die „Kryptogamenflora" von RABENHORST zu Rate gezogen wurde. Die Reinkultur erfolgte mit dem im methodischen Teil angegebenen Züchtungsverfahren. Es wurden von den Verdünnungen je vier Platten gegossen und in wichtigeren Fällen, wo die Fruchtkörper der Pilze in der ursprünglichen Kultur nicht bestimmt werden konnten, auch die Reinzüchtung der betreffenden Art mit den angegebenen Verfahren durchgeführt. Um auch über das gegenseitige quantitative Vorkommen der einzelnen Pilzarten ein gewisses Bild bekommen zu können, haben wir gewöhnlich auf den Platten alle Kolonien bestimmt, genau abgezählt und die Prozente gebildet. Diese Daten

---

[1] Siehe auch P. LINDNER: Atlas der mikroskopischen Grundlagen der Gärungskunde.

     Die mikroskopischen Pilze des Waldbodens.



| Nr. | Namen der Pilze | Breitengrade 46° 15′ | | 47° 47′ | | | | 48° 10′ | | 52° 40′ | | 57° — | | |
|---|---|---|---|---|---|---|---|---|---|---|---|---|---|---|
| | Nr. der Versuchsfläche | 5 | 6 | 11 | 15 | 17 | 24 | 25 | 28 | 31 | 32 | 33 | 34 | 35 |
| | Wassergehalt | 1,2 | 1,6 | 16,5 | 13,6 | 15,2 | 14,6 | — | — | 14,9 | 17,3 | 31,2 | 12,4 | 34,1 |
| | $p_H$ | 6,17 | 6,35 | 5,00 | 5,27 | 6,23 | 6,41 | 6,33 | 6,06 | 4,61 | 4,24 | 4,96 | 4,76 | 4,99 |
| | **Eumycetes** | | | | | | | | | | | | | |
| | I. Klasse: Phycomycetes | | | | | | | | | | | | | |
| | II. Unterklasse: *Zygomycetes* | | | | | | | | | | | | | |
| | I. Reihe: Mucorineae | | | | | | | | | | | | | |
| | 1. Familie: Mucoraceae | | | | | | | | | | | | | |
| 1. | Mucor mucedo | + | · | · | + | · | + | · | + | · | + | + | + | · |
| 2. | „ Ramannianus | · | · | · | · | · | · | · | · | · | + | · | · | · |
| 3. | „ racemosus | + | · | + | · | · | · | · | + | + | · | · | · | · |
| 4. | Rhizopus nigricans | · | · | · | · | · | · | · | · | · | · | · | + | · |
| 5. | „ elegans | · | · | · | · | · | · | · | · | · | · | · | · | · |
| 6. | Absidia capillata | · | · | + | · | · | · | · | · | · | · | · | · | · |
| 7. | Thamnidium elegans | · | · | + | + | · | · | · | · | · | · | · | · | · |
| | II. Klasse: Mycomycetes | | | | | | | | | | | | | |
| | III. Unterklasse: *Askomycetes* | | | | | | | | | | | | | |
| | II. Reihe: Exoascineae | | | | | | | | | | | | | |
| | 1. Familie: Saccharomycetaceae | | | | | | | | | | | | | |
| 8. | Saccharomyces ellipsoideus | · | · | · | · | · | · | · | · | · | · | · | · | · |
| 9. | „ cerevisiae | · | · | · | · | · | · | · | · | · | · | · | + | · |
| 10. | „ glutinis | · | · | · | + | · | · | · | · | · | · | · | · | · |
| | 2. Familie: Endomycetaceae | | | | | | | | | | | | | |
| 11. | Endomyces decipiens | · | · | · | · | + | · | · | · | · | · | · | · | · |
| | III. Reihe: Plectascineae | | | | | | | | | | | | | |
| | 2. Familie: Aspergillaceae | | | | | | | | | | | | | |
| 12. | Aspergillus nidulans | + | · | · | + | + | · | · | · | · | · | + | + | + |
| 13. | „ glaucus | · | + | + | · | · | · | · | · | · | · | · | · | · |
| 14. | Penicillium crustaceum | · | · | · | + | · | + | · | + | + | · | + | + | + |
| 15. | „ luteum | · | · | · | · | + | · | · | · | · | · | · | + | · |
| | IV. Reihe: Pyrenomycetes | | | | | | | | | | | | | |
| | 1. Unterreihe: Perisporiineae | | | | | | | | | | | | | |
| | 2. Familie: Perisporiaceae | | | | | | | | | | | | | |
| 16. | Perisporium vulgare | · | · | · | · | · | · | · | · | · | · | · | · | + |
| | **Fungi imperfecti** | | | | | | | | | | | | | |
| | I. Ordnung: Sphaeropsideae | | | | | | | | | | | | | |
| | 1. Familie: Sphaerioidaceae | | | | | | | | | | | | | |
| | 1. Abteilung: Hyalosporae | | | | | | | | | | | | | |
| 17. | Phoma lineolata | · | · | + | · | · | · | · | · | · | · | · | · | · |
| | III. Ordnung: Hyphomycetes | | | | | | | | | | | | | |
| | 1. Familie: Mucedinaceae | | | | | | | | | | | | | |
| | I. Abteilung: Hyalosporae | | | | | | | | | | | | | |
| | 1. Unterabteilung: Chromosporieae | | | | | | | | | | | | | |
| 18. | Chromosporium viride | · | · | · | · | · | · | · | · | · | · | · | · | · |
| 19. | „ roseum | · | · | · | · | · | · | · | · | · | · | · | · | · |
| | 2. Unterabteilung: Oosporeae | | | | | | | | | | | | | |
| 20. | Monilia aurea | · | · | · | · | · | · | · | · | · | · | · | + | · |
| 21. | „ candida | · | · | · | · | · | · | · | · | · | · | · | + | · |
| 22. | Fusidium candidum | · | · | · | · | · | + | · | · | · | · | · | · | · |
| | 3. Unterabteilung: Cephalosporieae | | | | | | | | | | | | | |
| 23. | Trichoderma lignorum | · | + | + | · | · | · | · | · | · | · | · | · | · |
| | 4. Unterabteilung: Aspergilleae | | | | | | | | | | | | | |
| 24. | Aspergillus clavatus | · | · | · | · | · | · | · | · | · | · | · | · | + |
| 25. | „ sulfureus | · | · | · | · | · | · | · | · | · | · | · | · | + |
| 26. | „ ochraceus | · | · | · | · | · | · | · | · | · | · | · | + | · |
| 27. | „ candidus | · | · | · | · | · | · | + | · | + | · | · | + | · |
| 28. | Penicillium candidum | · | · | · | · | + | · | · | + | + | · | · | · | · |
| 29. | „ brevicaule | · | · | · | · | · | · | + | + | + | + | · | · | + |

45.

Column groups (top header): **60°17'** = column 38; **66°50'** = columns 40, 41, 42, 43; **69°20'** = columns 45, 46; **69°30'** = column 47.

| 38 | 40 | 41 | 42 | 43 | 45 | 46 | 47 | Laubwälder | Nadelholzwälder | Die Verbreitung in Breitengrade | $p_H$ Maximum | $p_H$ Minimum | Wassergehalt Maximum | Wassergehalt Minimum | $p_1$ | $p_2$ | $p_1 \cdot p_2$ |
|---|---|---|---|---|---|---|---|---|---|---|---|---|---|---|---|---|---|
| 12,2 | 11,3 | 16,1 | 12,6 | 12,4 | 28,6 | 6,1 | 23,3 | | | | | | | | | | |
| 4,89 | 4,90 | 5,11 | 5,02 | 4,89 | 4,36 | 4,74 | 5,31 | | | | | | | | | | |
| · | · | + | + | + | + | · | + | + | + | 46°15'—69°30' | 6,41 | 4,24 | 31,2 | 1,2 | 57,0 | 22,6 | 1288,0 |
| · | · | · | + | · | · | · | · | · | + | 52°—40' 66°50' | 5,02 | 4,24 | 17,3 | 12,6 | 9,5 | 20,0 | 190,0 |
| + | · | · | · | · | + | + | · | + | · | 46°15'—69°20' | 6,17 | 4,36 | 28,6 | 1,2 | 33,4 | 18,6 | 621,2 |
| + | · | + | · | · | + | · | · | + | + | 57°—69°20' | 5,11 | 4,36 | 28,6 | 12,2 | 14,2 | 11,0 | 156,2 |
| · | · | + | · | · | · | · | · | · | + | 66°50' | 5,11 | — | 16,1 | — | 4,7 | 5,0 | 23,5 |
| · | · | + | · | · | · | · | · | + | + | 47°47'—66°50' | 4,89 | 5,00 | 16,5 | 16,1 | 9,5 | 12,5 | 119,0 |
| · | · | + | + | · | · | · | + | + | + | 47°47'—69°30' | 5,31 | 5,00 | 23,3 | 12,6 | 23,8 | 6,6 | 157,0 |
| + | + | · | + | · | · | · | · | + | + | 60°17'—66°50' | 5,02 | 4,89 | 12,6 | 11,3 | 14,2 | 3,0 | 42,6 |
| · | · | · | · | · | · | · | + | + | + | 57°—69°30' | 5,31 | 4,76 | 23,3 | 12,4 | 9,5 | 3,0 | 28,5 |
| + | · | · | · | + | · | · | · | · | + | 47°47'—66°50' | 5,27 | 4,89 | 13,6 | 12,4 | 14,2 | 1,7 | 24,2 |
| + | · | · | · | · | · | · | · | · | + | 47°47'—60°17' | 6,23 | 4,99 | 15,2 | 12,2 | 9,5 | 13,5 | 128,0 |
| · | · | + | + | · | + | + | · | + | + | 46°15'—69°20' | 6,17 | 4,36 | 34,1 | 1,2 | 47,5 | 23,3 | 1105,0 |
| · | + | · | · | + | · | · | + | + | + | 46°15'—69°30' | 6,35 | 4,89 | 23,3 | 1,6 | 23,8 | 30,0 | 714,0 |
| · | · | · | + | + | · | · | + | + | + | 47°67'—69°30' | 6,41 | 4,76 | 34,1 | 12,4 | 52,4 | 24,6 | 1289,0 |
| · | · | · | · | · | · | · | · | · | + | 47°47'—57° | 6,23 | 4,76 | 15,2 | 12,4 | 9,5 | 5,0 | 47,5 |
| · | · | · | · | · | · | · | · | + | · | 57° | 4,99 | — | 34,1 | — | 4,7 | 10,0 | 47,0 |
| · | · | · | · | · | · | · | · | + | · | 47°47' | 5,00 | — | 16,5 | — | 4,7 | 2,0 | 9,4 |
| · | · | · | + | · | · | · | · | · | + | 66°50' | 5,02 | — | 12,6 | — | 4,7 | 1,0 | 4,7 |
| · | · | · | · | · | · | · | + | + | · | 69°30' | 5,31 | — | 23,3 | — | 4,7 | 5,0 | 23,5 |
| · | · | · | · | · | · | · | · | · | + | 57° | 4,96 | — | 12,4 | — | 4,7 | 1,0 | 4,7 |
| · | · | · | · | · | · | · | · | · | + | 57° | 4,96 | — | 12,4 | — | 4,7 | 2,0 | 9,4 |
| · | · | · | · | + | · | · | · | · | + | 47°47'—66°50' | 6,41 | 4,89 | 14,6 | 12,4 | 9,5 | 5,5 | 52,25 |
| + | · | + | + | · | · | + | · | + | + | 46°15'—69°20' | 6,35 | 4,74 | 16,1 | 1,6 | 28,6 | 7,0 | 200,0 |
| · | · | · | · | · | · | · | · | + | · | 57° | 4,99 | — | 34,1 | — | 4,7 | 5,0 | 23,5 |
| · | · | · | · | · | · | · | · | + | + | 57° | 4,99 | — | 34,1 | — | 4,7 | 5,0 | 23,5 |
| · | · | · | · | · | · | · | · | · | + | 57° | 4,76 | — | 12,4 | — | 4,7 | 2,0 | 9,4 |
| · | · | + | · | · | + | · | · | + | + | 48°10'—69°20' | 6,33 | 4,36 | 28,6 | 12,4 | 23,8 | 10,1 | 240,4 |
| · | · | · | · | · | · | · | + | + | + | 47°47'—69°30' | 6,23 | 4,61 | 23,3 | 14,9 | 19,0 | 30,0 | 570,0 |
| · | · | · | · | · | · | + | · | + | + | 48°10'—69°20' | 6,33 | 4,24 | 34,1 | 6,1 | 28,6 | 11,8 | 337,5 |

II*

Tabelle 45

| Nr. | Namen der Pilze | 46° 15′ | | 47° 47′ | | | | 48° 10′ | | 52° 40′ | | 57° — | | |
|---|---|---|---|---|---|---|---|---|---|---|---|---|---|---|
| | Nr. der Versuchsfläche | 5 | 6 | 11 | 15 | 17 | 24 | 25 | 28 | 31 | 32 | 33 | 34 | 35 |
| | Wassergehalt | 1,2 | 1,6 | 16,5 | 13,6 | 15,2 | 14,6 | — | — | 14,9 | 17,3 | 31,2 | 12,4 | 34,1 |
| | $p_H$ | 6,17 | 6,35 | 5,00 | 5,27 | 6,23 | 6,41 | 6,33 | 6,06 | 4,61 | 4,24 | 4,96 | 4,76 | 4,99 |
| 30. | Penicillium simplex[1] | · | · | · | · | · | · | · | · | · | · | · | · | · |
| 31. | Gliocladium penicillioides | · | · | · | · | · | · | · | · | · | · | · | · | · |
| 32. | Amblysporium botrytis | · | · | · | · | + | · | · | · | · | · | · | · | · |
| | 5. Unterabteilung: Botrytideae | | | | | | | | | | | | | |
| 33. | Acremonium alternatum | · | · | · | · | · | · | · | · | · | · | · | · | · |
| 34. | „ verticillatum | · | · | · | · | · | · | · | · | · | · | · | · | · |
| 35. | Sporotrichum polysporum | · | + | · | · | · | · | · | · | · | + | · | + | · |
| 36. | „ sporulosum | · | · | · | · | · | · | + | · | · | · | · | · | · |
| 37. | „ flavissimum | · | · | · | · | · | · | · | · | · | · | · | · | · |
| 38. | „ laxum | · | · | · | · | · | · | + | + | · | · | · | · | · |
| 39. | Rhinotrichum repens | + | · | · | · | · | · | + | · | + | + | · | + | · |
| 40. | Physospora albida | · | + | · | + | · | + | · | · | · | · | · | + | · |
| 41. | Botrytis geniculata | · | · | · | + | · | · | · | · | · | · | · | · | · |
| 42. | „ cinerea | · | · | · | · | · | · | · | · | · | · | · | · | · |
| 43. | „ carnea | · | · | · | · | · | · | · | · | · | · | · | · | · |
| 44. | „ ochracea | · | · | · | · | · | · | · | · | · | · | · | · | · |
| 45. | „ epigaea | · | · | · | · | · | · | · | · | · | · | + | · | · |
| | 6. Unterabteilung: Verticillieae | | | | | | | | | | | | | |
| 46. | Verticillium glaucum | · | · | · | · | · | · | · | · | · | · | · | · | · |
| 47. | Acrostalagmus albus | + | · | · | · | · | · | · | · | · | · | · | · | · |
| 48. | „ cinnabarinus | · | · | · | · | · | · | · | · | + | · | · | · | · |
| | 7. Unterabteilung: Gonatobotrydideae | | | | | | | | | | | | | |
| 49. | Gonatobotrys flava | · | · | · | · | · | · | · | · | · | · | · | + | · |
| | II. Abteilung: Hyalodidymae | | | | | | | | | | | | | |
| 50. | Trichothecium candidum | · | · | · | · | · | · | + | · | · | · | · | · | + |
| | III. Abteilung: Hyalophragmiae | | | | | | | | | | | | | |
| 51. | Dactylella ellipsospora | · | · | · | · | + | · | · | · | · | · | · | · | · |
| | 2. Familie: Dematiaceae<br>I. Abteilung: Phaeosporae<br>2. Unterabteilung: Toruleae | | | | | | | | | | | | | |
| 52. | Torula conglutinata | · | · | · | · | · | · | · | · | · | · | · | · | · |
| 53. | „ pulveracea | · | · | · | · | · | · | · | · | · | · | · | · | · |
| | 6. Unterabteilung: Trichosporieae | | | | | | | | | | | | | |
| 54. | Rhinocladium torulosum | · | · | · | · | · | · | · | · | · | + | · | · | · |
| | 7. Unterabteilung: Monotosporeae | | | | | | | | | | | | | |
| 55. | Acremoniella atra | · | · | · | · | + | · | · | · | · | · | · | · | · |
| | 8. Unterabteilung: Haplographieae | | | | | | | | | | | | | |
| 56. | Dematium hispidulum | · | · | · | · | · | · | · | · | · | · | · | · | · |
| 57. | Hormodendrum elatum | · | · | · | · | · | · | + | · | · | · | · | · | · |
| | 10. Unterabteilung: Chloridieae | | | | | | | | | | | | | |
| 58. | Gonytrichum caesium | · | · | · | + | · | · | · | · | · | · | · | · | · |
| | II. Abteilung: Phaeodidymae<br>2. Unterabteilung: Cladosporieae | | | | | | | | | | | | | |
| 59. | Cladosporium gracile | · | · | · | · | · | · | · | · | · | + | · | · | · |
| 60. | „ herbarum | · | · | + | · | · | · | · | · | · | · | · | · | + |
| 61. | Cladotrichum polysporum | · | · | · | · | · | · | · | · | · | · | · | · | · |
| | IV. Abteilung: Phaeodictyae<br>4. Unterabteilung: Alternarieae | | | | | | | | | | | | | |
| 62. | Alternaria tenuis | · | · | · | · | · | · | · | · | · | · | · | · | · |
| | 4. Familie: Tuberculariaceae<br>I. Abteilung: Hyalosporae | | | | | | | | | | | | | |
| 63. | Periola hirsuta | · | · | + | · | · | · | · | · | · | · | · | · | · |
| | II. Abteilung: Hyalophragmosporae | | | | | | | | | | | | | |
| 64. | Fusarium betae | · | · | + | · | + | · | · | · | · | · | · | · | · |
| 65. | „ solani | · | · | · | + | · | · | · | · | · | · | · | · | · |
| 66. | „ culmorum | · | · | · | + | · | · | · | · | · | · | · | · | · |

Es kommen in den Böden der Laubwälder 13, in den Böden der Nadel-

[1] Siehe SCHNEGG: Mikr. Prakt. II, S. 152.

(Fortsetzung).

| 38 | 40 | 41 | 42 | 43 | 45 | 46 | 47 | Laubwälder | Nadelholzwälder | Die Verbreitung in Breitengrade | $p_H$ Maximum | $p_H$ Minimum | Wassergehalt Maximum | Wassergehalt Minimum | $p_1$ | $p_2$ | $p_1 \cdot p_2$ |
|---|---|---|---|---|---|---|---|---|---|---|---|---|---|---|---|---|---|
| 60°17' | 66°50' | | | | 69°20' | | 69°30' | | | | | | | | | | |
| 12,2 | 11,3 | 16,1 | 12,6 | 12,4 | 28,6 | 6,1 | 23,3 | | | | | | | | | | |
| 4,89 | 4,90 | 5,11 | 5,02 | 4,89 | 4,36 | 4,74 | 5,31 | | | | | | | | | | |
| + | + | · | · | · | · | + | · | + | + | 60°17'—69°20' | 4,90 | 4,74 | 12,2 | 6,1 | 14,2 | 18,3 | 260,0 |
| · | + | · | · | · | · | · | · | · | + | 66°50' | 4,90 | — | 11,3 | — | 4,7 | 30,0 | 141,0 |
| · | · | · | · | · | · | · | · | · | + | 47°47' | 6,23 | — | 15,2 | — | 4,7 | 5,0 | 23,5 |
| + | · | · | · | · | · | · | · | · | + | 60°17' | 4,89 | — | 12,2 | — | 4,7 | 5,0 | 23,5 |
| · | · | · | · | · | · | · | + | + | · | 69°30' | 5,31 | — | 23,3 | — | 4,7 | 3,0 | 14,1 |
| · | · | · | · | · | · | + | · | + | + | 46°15'—69°20' | 6,35 | 4,24 | 17,3 | 1,6 | 19,0 | 3,0 | 57,0 |
| + | · | · | · | · | · | · | · | + | + | 48°10'—60°17' | 6,33 | 4,89 | 12,2 | — | 9,5 | 5,0 | 47,5 |
| + | · | · | · | · | · | · | · | + | + | 60°17' | 4,89 | — | 12,2 | — | 4,7 | 5,0 | 23,5 |
| · | · | · | · | · | · | · | · | + | · | 48°10' | 6,33 | 6,06 | — | — | 9,5 | 7,0 | 66,5 |
| · | · | · | · | · | · | · | · | + | + | 46°15'—57° | 6,35 | 4,24 | 17,3 | 1,2 | 23,8 | 11,0 | 261,8 |
| · | · | · | · | · | · | · | · | · | + | 46°15'—57° | 6,41 | 4,76 | 14,6 | 1,6 | 19,0 | 18,0 | 342,0 |
| · | · | · | · | · | · | · | · | · | + | 47°47' | 5,27 | — | 13,6 | — | 4,7 | 3,0 | 14,1 |
| · | · | + | + | + | · | · | · | + | + | 66°50'—69°20' | 5,02 | 4,36 | 28,6 | 12,4 | 14,2 | 6,7 | 95,14 |
| · | · | · | · | · | + | · | · | + | · | 69°20' | 4,74 | — | 6,1 | — | 4,7 | 5,0 | 23,5 |
| · | · | · | · | + | · | · | · | · | + | 66°50' | 4,89 | — | 12,4 | — | 4,7 | 2,0 | 9,4 |
| · | · | · | · | · | · | · | · | + | · | 57° | 4,96 | — | 31,2 | — | 4,7 | 10,0 | 47,0 |
| · | + | · | · | · | · | · | · | · | + | 66°50' | 4,90 | — | 11,3 | — | 4,7 | 15,0 | 70,5 |
| · | · | + | + | · | · | · | · | + | + | 46°15'—66°50' | 5,02 | 4,89 | 12,6 | 1,2 | 14,2 | 5,6 | 79,5 |
| · | · | · | · | · | · | · | · | + | · | 52°40' | 4,61 | — | 14,9 | — | 4,7 | 5,0 | 23,5 |
| · | · | · | · | · | · | · | · | · | + | 57° | 4,76 | — | 12,4 | — | 4,7 | 1,0 | 4,7 |
| · | · | + | · | · | · | · | · | + | + | 48°10'—66°50' | 6,33 | 4,99 | 34,1 | 16,1 | 14,2 | 6,7 | 95,14 |
| · | · | · | · | · | · | · | · | · | + | 47°47' | 6,23 | — | 15,2 | — | 4,7 | 10,0 | 47,0 |
| · | + | · | · | · | · | · | · | · | + | 66°50' | 4,90 | — | 11,3 | — | 4,7 | 1,0 | 47,0 |
| + | · | · | · | · | · | · | · | + | + | 60°17' | 4,89 | — | 12,2 | — | 4,7 | 3,0 | 14,1 |
| · | · | · | · | · | · | · | · | · | + | 52°40' | 4,24 | — | 17,3 | — | 4,7 | 1,0 | 4,7 |
| · | · | · | · | · | · | · | · | · | + | 47°47' | 6,23 | — | 15,2 | — | 4,7 | 15,0 | 70,5 |
| · | · | · | + | + | · | · | · | · | + | 66°50' | 4,89 | — | 12,4 | — | 4,7 | 2,0 | 9,4 |
| · | · | · | + | + | + | · | · | + | + | 48°10'—69°20' | 6,23 | 4,36 | 28,6 | 12,4 | 19,0 | 4,0 | 76,0 |
| · | · | · | · | · | · | · | · | · | + | 47°47' | 5,27 | — | 13,6 | — | 4,7 | 5,0 | 23,5 |
| · | · | · | · | · | · | · | · | · | + | 52°40' | 4,24 | — | 17,3 | — | 4,7 | 14,0 | 65,8 |
| · | · | + | + | · | + | + | + | + | + | 47°47'—69°30' | 5,31 | 4,36 | 34,1 | 6,1 | 33,4 | 9,6 | 320,0 |
| · | · | · | · | · | · | + | · | + | · | 69°20' | 4,36 | — | 6,1 | — | 4,7 | 5,0 | 23,5 |
| + | + | · | · | · | + | · | · | + | + | 60°17'—69°20' | 4,90 | 4,36 | 28,6 | 11,3 | 14,2 | 9,0 | 128,0 |
| · | · | · | · | · | · | · | · | + | · | 47°47' | 5,00 | — | 16,5 | — | 4,7 | 2,0 | 9,4 |
| · | · | · | · | · | · | · | · | + | + | 47°47' | 6,23 | 5,00 | 16,5 | 15,2 | 9,5 | 5,5 | 52,25 |
| · | · | · | · | · | · | · | · | · | + | 47°47' | 5,27 | — | 13,6 | — | 4,7 | 2,0 | 9,4 |
| · | · | · | · | · | · | · | · | · | + | 47°47' | 5,27 | — | 13,6 | — | 4,7 | 5,0 | 23,5 |

wälder 27 und in den beiden Gattungen der Waldböden 26 Arten vor.

Tabelle 46.

| Nr. | Namen der Pilze | Ver-breitungs-zahl | $p_H$ | | Wassergehalt | | Die Verbreitung in Breitengraden |
|---|---|---|---|---|---|---|---|
| | | | Max. | Min. | Max. | Min. | |
| 1. | Penicillium crustaceum . . | 1289 | 6,41 | 4,76 | 34,1 | 12,4 | 47⁰ 47′—69⁰ 30′ |
| 2. | Mucor mucedo . . . . . | 1288 | 6,41 | 4,24 | 31,2 | 1,2 | 46⁰ 15′—69⁰ 30′ |
| 3. | Aspergillus nidulans . . . | 1105 | 6,17 | 4,36 | 34,1 | 1,2 | 46⁰ 15′—69⁰ 20′ |
| 4. | „ glaucus . . . | 715 | 6,35 | 4,89 | 23,3 | 1,6 | 46⁰ 15′—69⁰ 30′ |
| 5. | Mucor racemosus . . . . | 621 | 6,17 | 4,36 | 28,6 | 1,6 | 46⁰ 15′—69⁰ 20′ |
| 6. | Penicillium candidum . . | 570 | 6,23 | 4,61 | 23,3 | 14,9 | 47⁰ 47′—69⁰ 30′ |
| 7. | „ brevicaule . . . | 348 | 6,33 | 4,24 | 34,1 | 6,1 | 48⁰ 10′—69⁰ 20′ |
| 8. | Physospora albida . . . . | 342 | 6,41 | 4,76 | 14,6 | 1,6 | 46⁰ 15′—57⁰ |
| 9. | Cladosporium herbarum . | 320 | 5,31 | 4,36 | 34,1 | 6,1 | 47⁰ 47′—69⁰ 30′ |
| 10. | Penicillium simplex . . . | 260 | 4,90 | 4,74 | 12,2 | 6,1 | 60⁰ 17′—69⁰ 20′ |
| 11. | Rhinotrichum repens . . . | 262 | 6,35 | 4,24 | 17,3 | 1,2 | 46⁰ 15′—57⁰ |
| 12. | Aspergillus candidus . . . | 238 | 6,33 | 4,36 | 28,6 | 12,4 | 48⁰ 10′—69⁰ 20′ |
| 13. | Trichoderma lignorum . . | 200 | 6,35 | 4,74 | 16,1 | 1,6 | 46⁰ 15′—69⁰ 20′ |
| 14. | Mucor Ramannianus . . . | 190 | 5,02 | 4,24 | 17,3 | 12,6 | 52⁰ 40′—66⁰ 50′ |
| 15. | Thamnidium elegans . . . | 157 | 5,31 | 5,00 | 23,3 | 12,6 | 47⁰ 47′—69⁰ 30′ |
| 16. | Rhizopus nigricans . . . . | 156 | 4,89 | 4,36 | 28,6 | 12,2 | 57⁰—69⁰ 20′ |
| 17. | Gliocladium penicillioides . | 141 | 4,90 | 4,90 | 11,3 | 11,3 | 66⁰ 50′ |
| 18. | Alternaria tenuis . . . . | 128 | 4,90 | 4,36 | 28,6 | 11,3 | 60⁰ 17′—69⁰ 20′ |
| 19. | Endomyces decipiens . . . | 128 | 6,23 | 4,99 | 15,2 | 12,2 | 47⁰ 47′—60⁰ 17′ |
| 20. | Absidia capillata . . . . | 119 | 5,11 | 5,00 | 16,5 | 16,1 | 47⁰ 47′—66⁰ 50′ |

Tabelle 47.

| Nr. | Namen der Pilze | Ver-breitungs-zahl | $p_H$ | | Wassergehalt | | Die Verbreitung in Breitengraden |
|---|---|---|---|---|---|---|---|
| | | | Max. | Min. | Max. | Min. | |
| 1. | Gattung: Penicillium . . . | 2467 | 4,24 | 6,41 | 34,1 | 6,1 | 47⁰ 47′—69⁰ 30′ |
| 2. | „ Mucor . . . . . | 2099 | 4,24 | 6,41 | 31,2 | 1,2 | 46⁰ 15′—69⁰ 30′ |
| 3. | „ Aspergillus . . . | 2058 | 4,36 | 6,35 | 34,1 | 1,2 | 46⁰ 15′—69⁰ 30′ |
| 4. | „ Physospora . . | 342 | 4,76 | 6,41 | 14,6 | 1,6 | 46⁰ 15′—57⁰ |
| 5. | „ Cladosporium . . | 320 | 4,24 | 5,31 | 34,1 | 6,1 | 47⁰ 47′—69⁰ 30′ |
| 6. | „ Rhinotrichum . | 262 | 4,24 | 6,35 | 17,3 | 1,2 | 46⁰ 15′—57⁰ |
| 7. | „ Trichoderma . . | 200 | 4,74 | 6,35 | 16,1 | 1,6 | 46⁰ 15′—69⁰ 20′ |
| 8. | „ Thamnidium . . | 157 | 5,00 | 5,31 | 23,3 | 12,6 | 47⁰ 47′—69⁰ 30′ |
| 9. | „ Rhizopus . . . | 156 | 4,36 | 4,89 | 28,6 | 12,2 | 57⁰—69⁰ 20′ |
| 10. | „ Gliocladium . . | 141 | 4,90 | 4,90 | 11,3 | 11,3 | 66⁰ 50′ |
| 11. | „ Alternaria . . . | 128 | 4,36 | 4,90 | 28,6 | 11,3 | 60⁰ 17′—69⁰ 20′ |
| 12. | „ Endomyces . . | 128 | 4,99 | 6,23 | 15,2 | 12,2 | 47⁰ 47′—60⁰ 17′ |
| 13. | „ Absidia . . . . | 119 | 5,00 | 5,31 | 23,3 | 12,6 | 47⁰ 47′—69⁰ 30′ |

sind in der Rubrik $p_1$ angegeben. Außer diesen haben wir auch das prozentuelle Vorkommen in den einzelnen Versuchsflächen bestimmt. Diese Zahl finden wir in der Rubrik $p_2$. Sodann haben wir schließlich durch die Multiplikation von $p_1 \cdot p_2$ eine Verhältniszahl gebildet, die zur Beurteilung des quantitativen Vorkommens der Bodenpilze dient. Bei der Zusammenstellung der Untersuchungsergebnisse wurden die Nomenklatur und das System von LINDAU beibehalten.

Die Resultate sind in der Tabelle 45 zusammenfassend dargestellt. Die Daten dieser Tabelle zeigen uns, daß die mikroskopische Pilzflora der Waldböden aus verhältnismäßig wenig Arten besteht. Auch zwischen diesen Arten überwiegen die *Fungi imperfecti* und namentlich die III. Ordnung derselben: *die Hyphomyzeten*. Um aus der Fülle der Einzelergebnisse jene Arten und Gattungen hervorheben zu können, welche den überwiegenden Teil der Pilzflora des Waldbodens ausmachen, haben wir in der Tabelle 46 jene Arten zusammengefaßt, welche eine größere Verbreitungszahl als 100 aufweisen, und unter dem gleichen Gesichtspunkte haben wir in der Tabelle 47 die führenden Gattungen dargestellt. Die Tabelle 46 zeigt uns zunächst, daß die meisten der verbreitetsten Pilzarten ausgesprochen kosmopolitisch sind.

Wenn man jetzt die Tabelle 45 beobachtet, so wird man gleich feststellen können, daß in der Zusammensetzung der Pilzflora der Waldböden zunächst die Schimmelpilzgattungen *Penicillium* und *Aspergillus* die Oberhand gewinnen. Das Gesamtvorkommen der Schimmelpilzgattungen ist ungefähr 2,5 mal größer als das Vorkommen der *Mucor*-Gattung. Die übrigen Gattungen der *Hyphomyzeten* bleiben im allgemeinen weit dahinter zurück. Diese Tatsache zeigt uns die überwiegende Wichtigkeit der Zellulosezersetzung in den Waldböden. Die Hefen sind auch in manchen Waldböden konstatiert worden. Das massenhafte Vorkommen der *Mucor*-Arten zeigt uns auch, daß die Verarbeitung vieler Kohlehydrate im Waldboden wahrscheinlich hauptsächlich durch die *Mucor*-Arten durchgeführt wird.

Bezüglich des Vorkommens der *Fusarium*-Arten möchte ich noch kurz bemerken, daß ihr Vorkommen nur in der subalpinen Klimazone konstatiert wurde. Es sind auch einige Gattungen, die nur auf einer einzigen Versuchsfläche vorgekommen sind, so vor allem *Perisporium, Phoma, Gonatobotrys, Rhinocladium, Acremoniella, Gonytrichum* und *Periola*.

Die Vegetationsgrenzen der Pilzflora bezüglich Bodenazidität und Wassergehalt sind ziemlich weit gezogen. *Nur an jenen Arten, welche erst im Norden vorkommen, sind die Grenzen der Bodenazidität enger gezogen. Auch die Wassergehaltgrenzen zeigen große Schwankungen. Dieser Umstand zeigt, wie es schon früher betont wurde, auf die große Anpassungsfähigkeit der wichtigsten Bodenpilze.* Auf Grund dieser Untersuchungen kann wohl mit Recht behauptet werden, daß der weit überwiegende Teil der Pilzflora der Waldböden von drei Gattungen, und zwar *Penicillium, Aspergillus* und *Mucor* gebildet wird und der restliche Teil im ganzen und großen von den einzelnen Gattungen der *Hyphomyzeten* eingenommen wird.

Wie die Tabelle 45 ansonsten zeigt, enthalten die Böden der Nadelholzwälder bedeutend mehr Pilzarten als die Böden der Laubwälder.

Wir möchten noch am Schlusse dieser Betrachtungen nochmals hervorheben, daß diese Untersuchungen natürlich nur die mikroskopische Pilzflora des Waldbodens umfassen. Die Untersuchung der höheren Pilzflora, darunter auch der Mykorrhizenpilze, müßte schon aus prinzipiellen Gründen späteren und anderweitigen Untersuchungen vorbehalten werden, da sie sonst den Rahmen unserer ursprünglichen Problemstellung nur schwer angepaßt hätten werden können.

## IX. Untersuchungen über die regionale Verbreitung der Algen in den europäischen Waldböden[1].

Die biologische Rolle, welche den Bodenalgen in den edaphischen Lebensorganen zukommt, ist noch ziemlich unbekannt. Die Angaben, welche über angebliche Mitwirkung dieser Lebewesen bei der Stickstoffbindung berichten, bedürfen noch entschieden der weiteren Nachprüfung und Bestätigung.

Wir können vorläufig ihre wichtigste biologische Rolle im Waldboden nur darin erblicken, daß sie als autotrophe Organismen durch ihre Assimilationstätigkeit den Boden und die dort lebenden heterotrophen Organismen wenigstens teilweise mit Sauerstoff versorgen. Es dürfte auch die Verwesung der abgestorbenen Algenkörper mit ihrem organischen Substanzgehalt nicht unwesentlich den organischen Stoffgehalt des Bodens bereichern.

---

[1] Siehe Literaturverzeichnis auf Seite 271.

Tabelle

| Nr. | Systematische Einteilung | Name | 46°15′ · 5 · I | 5 · 2 | 6 · I | 6 · 2 | 7 · I | 47°7′ · 11 · I | 11 · 2 | 15 · I | 15 · 2 | 48°10′ · 25 · 2 | 28 · 2 | 52°40′ · 31 · I | 57° · 33 · I | 60°17′ · 37 · 2 | 38 · I | 38 · 2 |
|---|---|---|---|---|---|---|---|---|---|---|---|---|---|---|---|---|---|---|
| | | $p_{\mathrm{H}}$ | 7,11 | 6,75 | 7,16 | 6,73 | 7,08 | 4,90 | 5,05 | 5,43 | 4,98 | 5,23 | 4,90 | 4,49 | 4,02 | 4,86 | 4,70 | 4,89 |
| | | Wassergehalt | 2,2 | 5,9 | 3,8 | 7,2 | 3,8 | 9,3 | 18,4 | 9,5 | 16,3 | 11,1 | 8,3 | 16,7 | 66,7 | 28,6 | 12,2 | 36,2 |
| | *Schyzophyta — Schyzophyceae.* | | | | | | | | | | | | | | | | | |
| 1. | Chroococcales | Aph. Castagnei | · | · | · | · | · | · | · | · | · | + | · | · | · | · | · | · |
| 2. | | Chr. macrococcus | + | · | · | · | · | · | · | · | · | · | · | · | · | + | · | · |
| 3. | | „ minimus | · | + | · | + | · | · | + | · | · | + | + | · | · | + | · | + |
| 4. | | „ minor | + | · | · | · | + | + | · | + | · | · | · | · | · | + | + | · |
| 5. | | „ tenax | · | · | · | · | · | · | · | · | · | · | · | · | · | · | · | · |
| 6. | | Gloeoc. coracina | · | · | · | · | · | · | · | · | · | · | · | · | · | · | · | · |
| 7. | | Gl. monococca | · | · | · | · | · | · | · | · | · | · | · | · | · | · | · | · |
| 8. | Chamaesiphonales | Cham. fuscus | · | · | · | · | · | · | + | · | · | · | · | · | · | · | · | · |
| 9. | | „ polonicus | · | · | · | · | · | · | · | · | · | + | · | · | · | · | · | · |
| 10. | Gloeosiphonales / Oscillatoriaceae | Lyng. Kuetzingiana | · | · | · | · | · | · | · | · | · | · | · | · | · | · | · | · |
| 11. | | Oscill. irrigua | · | · | · | · | · | · | · | · | · | · | · | · | · | · | · | · |
| 12. | | „ limosa | · | · | · | · | · | · | · | · | · | · | · | · | · | · | · | · |
| 13. | | „ sancta | + | · | · | · | · | · | · | · | · | · | · | · | · | · | · | · |
| 14. | | „ subtilissima | + | · | · | · | · | · | · | · | · | · | · | · | · | · | · | · |
| 15. | | Phor. autumnale | · | · | · | · | · | · | + | · | · | · | · | · | · | · | · | · |
| 16. | | „ foveolarum | · | · | · | · | · | · | · | · | · | · | · | · | · | · | · | · |
| 17. | Gloeosiphonales / Nostocaceae | Isoc. infusionum* | · | · | + | · | · | · | · | + | · | · | · | · | · | · | · | · |
| 18. | | Anab. minutissima | · | · | + | · | + | · | · | · | · | · | · | · | · | · | · | · |
| 19. | | „ elliptica* | · | · | · | · | · | · | + | · | · | · | · | · | · | · | · | · |
| 20. | | „ variabilis | + | · | + | + | · | · | + | · | · | · | · | + | · | · | · | · |
| 21. | | Cylindr. muscicola | + | · | + | · | · | · | · | · | · | · | · | · | + | · | · | · |
| 22. | | Nostoc communis | · | · | · | · | · | · | · | · | · | · | · | · | · | · | · | · |
| 23. | | „ minutissima | · | · | · | · | · | · | · | · | · | · | · | · | + | · | · | · |
| 24. | | „ parmelioides | · | · | · | · | · | · | · | · | · | · | · | · | + | · | · | · |
| 25. | | „ sphaericum | · | · | · | · | · | · | · | · | · | · | · | · | + | · | · | · |
| 26. | | „ verrucosum | · | · | · | · | + | · | · | · | · | · | · | · | · | · | · | · |
| | *Zygophyta — Bacillarieae.* | | | | | | | | | | | | | | | | | |
| 27. | Pennatae / Naviculoideae | Bac. paradoxa* | · | + | · | · | · | · | · | · | · | · | · | + | + | · | · | · |
| 28. | | Mast. elliptica* | · | · | · | · | · | · | · | · | · | · | · | · | · | · | · | · |
| 29. | | Cymb. aspera* | · | · | · | · | · | · | · | · | · | · | · | · | · | · | · | · |
| 30. | | „ austriaca* | · | · | · | · | · | · | + | · | · | · | · | · | · | · | · | · |
| 31. | | „ Ehrenbergii* | · | · | · | · | · | · | · | · | · | · | · | · | · | · | · | · |
| 32. | | Nav. alpina* | + | · | · | · | · | · | · | · | · | · | · | · | · | · | · | · |
| 33. | | „ bacillum* | · | · | · | · | · | · | · | · | · | · | + | · | · | · | · | · |
| 34. | | „ borealis | · | · | · | · | · | · | · | · | + | · | · | · | + | + | · | · |
| 35. | | „ Brebissonii | + | · | · | · | · | · | · | · | · | · | · | · | · | + | · | · |
| 36. | | „ exilis* | · | · | · | · | + | · | · | · | · | · | · | · | · | · | · | · |
| 37. | | „ intermedia | · | · | + | · | · | · | + | · | · | · | · | · | · | + | · | + |
| 38. | | „ interrupta* | · | · | · | · | · | · | · | · | · | · | · | · | · | + | · | · |
| 39. | | „ minima | · | · | + | · | · | · | · | · | · | · | · | · | · | · | · | · |
| 40. | | „ stomatophora* | · | · | · | · | · | · | · | · | · | · | · | + | · | · | · | · |
| 41. | | „ viridis* | · | · | + | · | · | · | · | · | · | · | · | · | · | + | · | · |
| 42. | | „ terricola[2] | + | + | · | · | · | + | + | · | · | · | · | · | · | + | · | · |
| 43. | | N. amphioxys | · | + | · | · | · | · | + | · | · | · | · | · | · | · | + | · |
| 44. | | „ frustulum | · | · | · | · | · | · | · | · | · | · | · | · | · | · | + | · |
| 45. | | „ vermicularis* | · | · | · | · | · | · | · | · | · | · | · | · | · | · | · | · |
| 46. | Pennatae / Surirelloideae | Surirella ovalis* | · | · | · | · | · | · | · | · | + | · | · | · | · | · | · | · |
| 47. | Pennatae / Fragilarioideae | Diatoma vulgare* | · | · | · | · | · | · | + | · | + | · | · | + | · | · | · | · |
| 48. | | Eunotia gracilis* | · | · | · | · | · | · | · | · | · | · | · | · | · | · | · | + |

Aph. = Aphanothece;   Chr. = Chroococcus;   Gloeoc. = Gloeocapsa;   Gl. = Gloeothece;   Cham. =
Cylindr. = Cylindrospermum;   Isoc. = Isocystis;   Bac. = Bacillaria; Mast. =
Bei den mit * bezeichneten Arten ist bei Lindau

[1] Zeitpunkt der Untersuchung: I = 1931, VII—VIII; 2 = 1931, XI—XII.    [2] S. Waksman:

48.

| 63°40'<br>39<br>I<br>4,12<br>13,8 | 66°50'<br>40<br>I<br>4,64<br>11,3 | 40<br>2<br>5,16<br>19,1 | 41<br>2<br>5,11<br>8,8 | 42<br>2<br>5,02<br>16,1 | 43<br>2<br>4,89<br>12,5 | 69°20'<br>44<br>I<br>5,96<br>6,1 | 44<br>2<br>4,93<br>37,0 | 45<br>2<br>4,96<br>23,0 | 46<br>2<br>4,74<br>15,0 | 69°30'<br>47<br>I<br>5,83<br>23,3 | 47<br>2<br>5,31<br>26,2 | Die Verbreitung in Breitengraden<br>von | bis | $p_H$ Max | $p_H$ Min | Wassergehalt Max | Min | $p_1$ | $p_2$ | $p_1 \cdot p_2$ |
|---|---|---|---|---|---|---|---|---|---|---|---|---|---|---|---|---|---|---|---|---|
| · | · | · | · | · | · | · | · | · | · | · | · | 48°10' | — | 5,23 | — | 11,1 | — | 5 | 1,0 | 5,0 |
| · | + | · | · | · | · | · | · | · | · | · | · | 46°15' | 66°50' | 4,86 | 4,64 | 28,6 | 11,3 | 15 | 5,3 | 79,5 |
| · | · | · | · | · | · | · | · | + | · | · | + | 46°15' | 69°30' | 6,75 | 4,86 | 36,2 | 5,9 | 45 | 12,1 | 544,0 |
| · | · | + | · | · | + | · | · | · | · | · | · | 46°15' | 66°50' | 7,11 | 4,70 | 28,6 | 3,8 | 40 | 10,9 | 436,0 |
| · | · | · | · | · | + | · | · | · | · | · | · | 66°50' | — | 4,84 | — | 12,5 | — | 5 | 0,5 | 2,5 |
| · | · | + | · | · | · | · | · | · | · | · | · | 66°50' | — | 5,16 | — | 19,1 | — | 5 | 8,7 | 43,5 |
| · | · | · | · | · | · | · | · | · | · | · | + | 69°30' | — | 5,31 | — | 26,2 | — | 5 | 0,3 | 1,5 |
| · | · | · | · | · | · | · | · | · | · | · | · | 47°7' | — | 5,05 | — | 18,4 | — | 5 | 0,1 | 0,5 |
| · | · | · | · | · | · | · | · | · | · | · | · | 48°10' | — | 5,23 | — | 11,1 | — | 5 | 0,2 | 1,0 |
| · | · | + | · | · | · | · | · | · | · | · | · | 66°50' | — | 5,16 | — | 19,1 | — | 5 | 17,4 | 87,0 |
| · | · | + | · | · | · | · | · | · | · | · | · | 66°50' | — | 5,16 | — | 19,1 | — | 5 | 1,0 | 5,0 |
| · | · | + | · | · | · | · | · | · | · | · | · | 66°50' | — | 5,16 | — | 19,1 | — | 5 | 2,2 | 11,0 |
| · | · | · | · | · | · | · | · | · | · | · | · | 46°15' | — | 7,11 | — | 2,2 | — | 5 | 0,2 | 1,0 |
| · | · | · | · | · | · | · | · | · | · | · | · | 46°15' | — | 7,11 | — | 2,2 | — | 5 | 0,2 | 1,0 |
| · | · | · | · | · | · | · | · | · | · | · | · | 47°7' | — | 5,05 | — | 18,4 | — | 5 | 0,3 | 1,5 |
| · | + | · | · | · | · | · | · | · | · | · | · | 66°50' | — | 4,64 | — | 11,3 | — | 5 | 4,8 | 24,0 |
| · | · | + | · | · | · | · | · | · | · | · | · | 46°15' | 66°50' | 7,16 | 5,16 | 19,1 | 3,8 | 15 | 1,8 | 27,0 |
| · | · | + | · | · | · | · | · | · | · | · | · | 46°15' | 46°15' | 7,16 | 7,08 | 3,8 | 3,8 | 10 | 0,8 | 8,0 |
| · | · | · | · | · | · | · | · | · | · | · | · | 47°7' | — | 5,05 | — | 18,4 | — | 5 | 0,1 | 0,5 |
| · | + | + | + | · | · | · | · | + | · | · | · | 46°15' | 69°20' | 7,11 | 4,64 | 37,0 | 2,2 | 35 | 4,6 | 161,0 |
| · | · | · | · | · | · | · | + | + | + | · | · | 46°15' | 69°20' | 7,16 | 4,02 | 37,0 | 2,2 | 30 | 10,3 | 309,0 |
| · | + | · | · | · | · | · | · | · | · | + | · | 66°50' | 69°30' | 5,83 | 4,64 | 23,3 | 11,3 | 10 | 3,8 | 38,0 |
| · | · | · | · | · | · | + | · | + | · | · | · | 47°7' | 69°20' | 5,96 | 4,96 | 23,0 | 9,5 | 15 | 5,1 | 20,5 |
| · | · | · | · | · | · | · | · | · | · | · | · | 57° | — | 4,02 | — | 66,7 | — | 5 | 3,2 | 16,0 |
| · | · | · | · | · | · | · | · | · | · | · | · | 57°7' | — | 4,02 | — | 66,7 | — | 5 | 6,4 | 32,0 |
| · | · | · | · | · | · | · | · | · | · | · | · | 46°15' | — | 7,08 | — | 3,8 | — | 5 | 0,8 | 4,0 |
| · | · | · | · | + | + | · | · | · | · | · | · | 46°15' | 66°50' | 6,75 | 4,89 | 16,1 | 5,9 | 25 | 3,6 | 90,0 |
| · | · | · | · | · | · | · | · | · | · | · | + | 49°30' | — | 5,31 | — | 26,2 | — | 5 | 0,5 | 2,5 |
| · | · | · | · | · | · | · | · | · | + | · | · | 69°20' | — | 4,74 | — | 15,0 | — | 5 | 11,1 | 55,5 |
| · | · | · | · | · | · | · | · | · | · | · | · | 47°7' | — | 5,05 | — | 18,4 | — | 5 | 0,1 | 0,5 |
| · | + | · | · | · | · | · | · | · | · | · | · | 48°10' | — | 4,64 | — | 11,3 | — | 5 | 0,6 | 3,0 |
| · | · | · | · | · | · | · | · | · | · | · | · | 46°15' | — | 7,11 | — | 2,2 | — | 5 | 1,7 | 8,5 |
| · | · | · | · | · | · | · | · | · | · | · | · | 48°10' | — | 4,90 | — | 8,3 | — | 5 | 0,1 | 0,5 |
| · | + | · | + | · | · | + | + | + | + | + | + | 47°7' | 69°30' | 5,96 | 4,02 | 66,7 | 8,8 | 50 | 7,3 | 365,0 |
| · | · | · | + | · | · | · | · | · | · | · | · | 60°17' | 66°50' | 5,11 | 4,86 | 28,6 | 8,8 | 15 | 1,6 | 24,0 |
| · | · | · | · | · | · | · | · | · | · | · | · | 46°15' | — | 7,08 | — | 3,8 | — | 5 | 5,0 | 25,0 |
| · | · | · | + | · | · | · | · | · | · | + | · | 46°15' | 69°30' | 7,16 | 4,02 | 66,7 | 3,8 | 25 | 5,8 | 145,0 |
| · | · | · | + | · | · | · | · | · | · | · | · | 60°17' | 66°50' | 5,11 | 4,86 | 28,6 | 8,8 | 10 | 1,4 | 14,0 |
| · | · | · | + | · | · | · | · | · | · | · | · | 46°15' | — | 7,16 | — | 3,8 | — | 5 | 5,0 | 25,0 |
| · | · | · | · | · | · | · | · | + | · | · | · | 48°10' | 69°20' | 5,11 | 4,90 | 23,0 | 8,3 | 15 | 9,2 | 13,8 |
| · | · | · | · | · | · | · | · | · | + | · | · | 46°15' | 69°20' | 7,16 | 4,74 | 28,6 | 3,8 | 20 | 8,4 | 168,0 |
| + | + | · | · | · | · | · | · | · | · | · | · | 46°15' | 69°30' | 7,11 | 4,12 | 28,6 | 2,2 | 30 | 6,2 | 186,0 |
| · | · | · | · | · | · | · | · | · | · | + | · | 46°15' | 60°17' | 6,75 | 4,70 | 18,4 | 5,9 | 15 | 3,5 | 52,5 |
| · | · | · | · | · | · | · | · | · | · | · | · | 60°17' | — | 4,70 | — | 12,2 | — | 5 | 9,3 | 46,5 |
| + | · | · | · | · | · | · | · | · | · | · | · | 63°40' | — | 4,12 | — | 13,8 | — | 5 | 13,8 | 69,0 |
| · | · | · | · | · | · | · | · | · | · | · | · | 47°7' | — | 5,43 | — | 9,5 | — | 5 | 4,9 | 24,5 |
| · | · | · | · | · | · | · | · | · | · | · | + | 47°7' | 69°30' | 5,31 | 4,89 | 26,2 | 8,3 | 25 | 0,7 | 17,5 |
| + | · | · | · | · | · | · | · | · | · | · | · | 63°40' | — | 4,12 | — | 13,8 | — | 5 | 3,4 | 17,0 |

Chamaesiphon;  Lyng. = Lyngbia;  Oscill. = Oscillatoria;  Phor. = Phormidium;  Anab. = Anabaena;
Mastogloia;  Cymb. = Cymbella;  Nav. = Navicula;  N. = Nitzschia.
ihr Vorkommen im Boden *nicht* angegeben.

| Nr. | Systematische Einteilung | Name | 5 (1) | 5 (2) | 6 (1) | 6 (2) | 7 (1) | 11 (1) | 11 (2) | 15 (1) | 15 (2) | 25 (2) | 28 (2) | 31 (1) | 33 (1) | 37 (2) | 38 (1) | 38 (2) |
|---|---|---|---|---|---|---|---|---|---|---|---|---|---|---|---|---|---|---|
| | | **Breitengrade** | 46°15′ | | | | | 47°7′ | | | | 48°10′ | | 52°40′ | 57° | 60°17′ | | |
| | | **$p_H$** | 7,11 | 6,75 | 7,16 | 6,73 | 7,08 | 4,90 | 5,05 | 5,43 | 4,98 | 5,23 | 4,90 | 4,49 | 4,02 | 4,86 | 4,70 | 4,89 |
| | | **Wassergehalt** | 2,2 | 5,9 | 3,8 | 7,2 | 3,8 | 9,3 | 18,4 | 9,5 | 16,3 | 11,1 | 8,3 | 16,7 | 66,7 | 28,6 | 12,2 | 36,2 |
| 49. | Pennatae — Fragilarioideae | Eunotia lunaris* | · | · | · | · | · | · | · | · | · | · | · | · | + | · | · | · |
| 50. | | „ robusta* | · | · | · | · | · | · | · | · | · | · | · | · | · | + | · | · |
| 51. | | „ tridentula* | · | · | · | · | · | · | · | · | · | · | · | · | · | · | · | · |
| 52. | | Frag. capucina* | · | · | · | · | · | · | · | · | · | · | · | · | · | · | · | · |
| 53. | | Synedra ulna* | · | · | · | · | · | · | · | · | · | · | · | · | · | · | · | · |

Zygophyta — Conjugatae.

| Nr. | Systematische Einteilung | Name | 5 (1) | 5 (2) | 6 (1) | 6 (2) | 7 (1) | 11 (1) | 11 (2) | 15 (1) | 15 (2) | 25 (2) | 28 (2) | 31 (1) | 33 (1) | 37 (2) | 38 (1) | 38 (2) |
|---|---|---|---|---|---|---|---|---|---|---|---|---|---|---|---|---|---|---|
| 54. | Mesotaeniaceae | Cylindr. crassa | · | · | · | · | · | · | · | · | + | · | + | · | · | + | · | · |
| 55. | | „ Brebissonii | · | · | · | · | · | · | · | · | · | · | · | · | · | · | · | + |
| 56. | | „ muscicola | · | · | · | · | · | · | · | · | · | · | · | · | · | · | · | + |
| 57. | | Mes. Braunii | · | · | · | · | · | · | · | · | · | · | · | · | · | · | · | · |
| 58. | | „ caldariorum | · | · | · | · | · | · | · | · | · | · | · | · | · | + | · | · |
| 59. | | „ Ehrenbergii | · | · | · | · | · | · | · | · | · | · | · | · | · | · | · | · |
| 60. | | „ Enlicherianum | · | · | · | · | · | · | · | + | · | · | · | · | · | · | · | + |
| 61. | | „ macrococcum | · | · | · | · | · | · | + | + | · | · | · | · | · | · | · | · |
| 62. | | „ n. sp.? | · | · | · | · | · | · | · | · | · | · | · | · | · | · | · | · |
| 63. | | „ violascens | · | · | + | · | + | + | + | + | + | + | + | + | + | · | + | + |
| 64. | Desmidiaceae | Clost. Kuetzingii | + | · | · | · | · | · | · | · | · | · | · | · | · | · | · | · |
| 65. | | „ rostratum* | · | · | · | · | · | · | · | · | · | · | · | · | · | · | + | · |
| 66. | | „ n. spec.? | · | · | · | · | + | · | · | · | · | · | · | · | · | · | · | · |
| 67. | | „ turgidum* | · | · | · | · | · | · | · | + | · | · | · | · | · | · | · | · |
| 68. | | Cosm. laeve* | · | · | · | · | · | · | · | · | + | · | · | · | · | · | · | · |
| 69. | | „ nitidulum* | · | · | · | · | · | · | · | · | · | · | + | · | · | · | · | · |
| 70. | | „ palangula | · | · | · | · | · | · | · | · | · | · | · | · | · | · | · | · |
| 71. | | „ parvulum* | · | · | · | + | · | · | · | · | · | · | · | · | · | · | · | · |
| 72. | | „ subcucumis* | · | · | · | + | · | · | · | · | · | · | + | · | · | · | · | · |
| 73. | | „ subtumidum* | · | · | · | · | · | · | · | · | · | · | · | · | · | + | · | · |
| 74. | | „ n. sp.? | + | · | · | · | · | · | · | · | · | · | · | · | · | · | · | · |
| 75. | | „ Thwaitesii | · | · | · | · | · | · | · | · | · | · | · | · | · | · | · | · |
| 76. | | „ undulatum | · | · | · | · | · | · | · | · | · | · | · | + | · | · | · | · |
| 77. | | Docidium baculum* | · | · | · | · | · | · | · | · | · | · | · | + | · | · | · | · |
| 78. | | „ nobile | · | · | · | · | · | · | · | · | · | · | · | · | · | + | + | · |
| 79. | | Gon. Brebissonii | · | · | · | · | · | · | + | · | · | · | · | · | · | + | · | · |
| 80. | | „ monotaenium | · | · | · | · | · | · | · | · | + | · | + | · | · | · | · | · |
| 81. | | Netrium digitus | · | · | · | · | · | · | · | · | · | · | · | · | · | · | · | · |
| 82. | | Penium curtum | · | · | · | · | · | · | · | · | · | · | · | · | · | + | · | · |
| 83. | | „ Jenneri | · | · | · | · | · | · | · | · | · | · | + | · | · | · | · | · |
| 84. | | „ minutum | · | · | · | · | · | · | · | · | + | · | · | · | · | · | · | · |
| 85. | | „ navicula | · | · | · | · | · | · | · | · | · | · | + | · | · | · | · | · |
| 86. | | Pleur. coronatum | · | · | · | · | · | · | + | · | · | · | · | · | · | · | · | · |
| 87. | | „ Ehrenbergii* | · | · | · | · | · | · | · | · | · | · | · | · | · | + | · | · |
| 88. | | „ truncatum* | · | · | · | · | · | · | · | · | · | · | · | + | · | · | · | · |
| 89. | | Spir. endospira | · | · | · | · | · | · | · | · | · | · | · | · | · | · | · | · |
| 90. | | Staur. minutissimum | · | · | · | · | · | · | · | · | · | · | · | · | · | · | · | · |
| 91. | | „ muricatum | · | · | · | · | · | · | · | · | · | · | + | · | · | · | · | + |
| 92. | | Tetm. minutus* | · | · | · | · | · | · | · | · | · | · | · | · | · | · | · | · |

Eutallophyta — Chlorophyceae.

| Nr. | Systematische Einteilung | Name | 5 (1) | 5 (2) | 6 (1) | 6 (2) | 7 (1) | 11 (1) | 11 (2) | 15 (1) | 15 (2) | 25 (2) | 28 (2) | 31 (1) | 33 (1) | 37 (2) | 38 (1) | 38 (2) |
|---|---|---|---|---|---|---|---|---|---|---|---|---|---|---|---|---|---|---|
| 93. | Protococcales — Oocystaceae | Chlor. miniata | · | · | · | · | · | · | · | · | · | · | · | · | · | · | · | · |
| 94. | | „ saccharophila | · | · | · | + | · | · | · | · | · | · | · | · | · | · | · | + |
| 95. | | „ vulgaris | + | + | + | + | + | + | + | + | + | + | + | · | + | + | + | + |
| 96. | | Eremosph. viridis* | · | + | · | + | · | · | · | + | + | + | + | · | · | + | · | + |
| 97. | | Kirchn. lunaris* | · | · | · | · | · | · | · | · | · | · | · | · | · | · | · | · |

Frag. = Fragilaria; Cylindr. = Cylindrocistis; Mes. = Mesotaenium; Clost. = Closterium; Cosm. = Cosmarium; Tetm. = Tetmemorus; Chlor. = Chlorella;

(Fortsetzung).

| 63°40'<br>39<br>1<br>4,12<br>13,8 | 66°50'<br>40<br>1<br>4,64<br>11,3 | 40<br>2<br>5,16<br>19,1 | 41<br>2<br>5,11<br>8,8 | 42<br>2<br>5,02<br>16,1 | 43<br>2<br>4,89<br>12,5 | 69°20'<br>44<br>1<br>5,96<br>6,1 | 44<br>2<br>4,93<br>37,0 | 45<br>2<br>4,96<br>23,0 | 46<br>2<br>4,74<br>15,0 | 69°30'<br>47<br>1<br>5,83<br>23,3 | 47<br>2<br>5,31<br>26,2 | Die Verbreitung in Breitengraden von | bis | $p_H$ Maximum | $p_H$ Minimum | Wassergehalt Maximum | Wassergehalt Minimum | $p_1$ | $p_2$ | $p_1 \cdot p_2$ |
|---|---|---|---|---|---|---|---|---|---|---|---|---|---|---|---|---|---|---|---|---|
| · | · | · | · | · | · | · | · | · | · | · | · | 57° | — | 4,02 | — | 66,7 | — | 5 | 6,4 | 32,0 |
| · | + | · | · | · | · | · | · | · | · | · | · | 60°17' | 66°50' | 4,86 | 4,64 | 28,6 | 11,3 | 10 | 0,6 | 6,0 |
| · | · | · | + | · | · | · | · | + | · | · | · | 66°50' | 69°20' | 5,11 | 4,96 | 23,0 | 8,8 | 10 | 1,2 | 12,0 |
| · | · | + | · | · | · | · | · | + | · | · | · | 66°50' | 69°20' | 5,16 | 4,96 | 23,0 | 19,1 | 10 | 1,2 | 12,0 |
| · | · | · | + | · | · | · | + | · | · | · | · | 66°50' | 69°20' | 5,11 | 4,93 | 37,0 | 8,8 | 10 | 1,3 | 13,0 |
| · | · | + | · | · | · | · | · | · | · | · | + | 47°7' | 69°30' | 5,31 | 4,86 | 26,2 | 8,3 | 25 | 1,6 | 40,0 |
| · | · | · | · | · | · | · | · | · | · | · | · | 47°7' | 60°17' | 4,98 | 4,89 | 36,2 | 16,3 | 10 | 0,7 | 7,0 |
| · | · | · | · | · | · | · | + | · | · | · | · | 60°20' | — | 4,93 | — | 37,0 | — | 5 | 4,0 | 20,0 |
| · | · | + | · | · | + | · | · | · | · | · | · | 66°50' | 66°50' | 5,16 | 4,89 | 19,1 | 12,5 | 10 | 3,2 | 32,0 |
| · | · | · | · | · | · | · | · | · | · | · | + | 60°17' | 69°30' | 5,31 | 4,86 | 28,6 | 26,2 | 10 | 4,0 | 40,0 |
| · | · | · | · | + | · | · | · | · | · | · | · | 66°50' | — | 5,02 | — | 16,1 | — | 5 | 1,7 | 8,5 |
| · | · | + | + | · | · | · | · | + | · | · | · | 47°7' | 69°20' | 5,16 | 4,89 | 36,2 | 9,5 | 25 | 1,8 | 4,5 |
| · | · | · | · | · | · | · | · | · | · | · | · | 47°7' | 48°10' | 5,43 | 4,90 | 18,4 | 8,3 | 15 | 1,0 | 15,0 |
| · | · | · | · | · | · | · | · | · | · | + | · | 69°30' | — | 5,83 | — | 23,3 | — | 5 | 10,5 | 52,5 |
| · | · | · | · | · | · | · | · | · | + | + | · | 46°15' | 69°30' | 7,16 | 4,49 | 36,2 | 3,8 | 55 | 3,3 | 181,5 |
| · | · | · | · | · | · | · | · | · | · | · | · | 46°15' | — | 7,11 | — | 2,2 | — | 5 | 0,2 | 1,0 |
| · | · | · | · | · | · | · | · | · | · | · | · | 60°17' | — | 4,70 | — | 12,2 | — | 5 | 0,6 | 3,0 |
| · | · | · | · | · | · | · | · | · | · | · | · | 46°15' | — | 7,08 | — | 3,8 | — | 5 | 0,4 | 2,0 |
| · | · | · | · | · | · | · | · | · | · | · | · | 47°7' | — | 5,43 | — | 9,5 | — | 5 | 2,5 | 12,5 |
| · | · | · | · | · | · | · | · | · | · | · | · | 47°7' | — | 4,98 | — | 16,3 | — | 5 | 0,1 | 0,5 |
| · | · | · | · | · | · | · | · | · | · | · | · | 48°10' | — | 4,90 | — | 8,3 | — | 5 | 0,1 | 0,5 |
| · | · | · | + | · | · | · | · | · | · | · | · | 66°50' | — | 5,11 | — | 8,8 | — | 5 | 4,9 | 24,5 |
| · | · | · | · | · | · | · | · | · | · | · | · | 46°15' | — | 6,73 | — | 7,2 | — | 5 | 0,1 | 0,5 |
| · | · | · | · | · | · | · | · | · | · | · | + | 46°15' | 69°30' | 5,31 | 4,90 | 26,2 | 8,3 | 15 | 2,8 | 14,0 |
| · | · | · | · | · | · | · | · | · | · | · | · | 60°17' | — | 4,86 | — | 28,6 | — | 5 | 0,3 | 1,5 |
| · | · | · | · | · | · | · | · | · | · | · | · | 46°15' | — | 7,11 | — | 2,2 | — | 5 | 0,1 | 0,5 |
| · | · | · | · | + | · | · | · | · | · | · | · | 46°50' | — | 5,02 | — | 16,1 | — | 5 | 1,0 | 5,0 |
| · | · | · | · | · | · | · | · | · | · | · | · | 48°10' | — | 5,23 | — | 11,1 | — | 5 | 7,7 | 36,5 |
| · | · | · | · | · | · | · | · | · | · | · | · | 48°10' | — | 5,23 | — | 11,1 | — | 5 | 0,5 | 2,5 |
| · | · | · | · | · | · | · | · | · | · | · | · | 60°17' | 60°17' | 4,86 | 4,70 | 28,6 | 12,2 | 10 | 0,7 | 7,0 |
| · | · | · | · | · | · | · | + | · | · | · | + | 47°7' | 69°20' | 5,31 | 4,86 | 37,0 | 18,4 | 20 | 2,2 | 42,0 |
| · | · | · | · | · | · | · | · | · | · | · | + | 47°7' | 69°30' | 5,31 | 4,90 | 26,2 | 8,3 | 25 | 0,7 | 17,5 |
| · | · | · | · | · | · | · | · | · | · | · | + | 69°30' | 69°30' | 5,31 | — | 26,2 | — | 5 | 0,2 | 1,0 |
| · | · | · | · | · | · | · | · | · | · | · | · | 60°17' | — | 4,86 | — | 28,6 | — | 5 | 0,1 | 0,5 |
| · | · | · | · | · | · | · | · | · | · | · | · | 48°10' | — | 4,90 | — | 8,3 | — | 5 | 0,1 | 0,5 |
| · | · | · | · | · | · | · | · | · | · | · | · | 47°7' | — | 4,98 | — | 16,3 | — | 5 | 0,3 | 1,5 |
| · | · | · | + | · | · | · | · | · | · | · | · | 48°10' | 66°50' | 5,11 | 4,90 | 8,8 | 8,3 | 10 | 0,5 | 5,0 |
| · | · | · | · | · | · | · | · | · | · | · | · | 47°7' | — | 5,05 | — | 18,4 | — | 5 | 1,1 | 5,5 |
| · | · | + | + | · | · | · | · | · | · | · | · | 60°17' | 66°50' | 5,17 | 4,86 | 28,6 | 8,8 | 15 | 1,2 | 18,0 |
| · | · | · | · | · | · | · | · | · | · | · | · | 48°10' | — | 5,23 | — | 11,1 | — | 5 | 1,0 | 5,0 |
| · | · | + | · | · | · | · | · | · | · | · | + | 66°50' | 69°30' | 5,31 | 5,10 | 26,2 | 19,1 | 10 | 4,5 | 45,0 |
| · | · | · | · | · | · | · | · | · | · | · | + | 69°30' | — | 5,31 | — | 26,2 | — | 5 | 2,0 | 10,0 |
| · | · | · | · | · | · | · | · | · | · | · | · | 48°10' | 60°17' | 4,90 | 4,89 | 36,2 | 8,3 | 10 | 0,3 | 3,0 |
| · | · | · | + | · | · | · | · | · | · | · | · | 66°50' | — | 5,11 | — | 8,8 | — | 5 | 0,6 | 3,0 |
| + | · | · | · | · | · | · | · | · | · | · | · | 63°40' | — | 4,12 | — | 13,8 | — | 5 | 3,4 | 17,0 |
| · | · | · | · | · | · | · | · | · | · | · | · | 46°15' | — | 6,73 | — | 7,2 | — | 5 | 0,2 | 1,0 |
| + | + | · | · | · | + | + | · | · | · | + | + | 46°15' | 69°30' | 7,16 | 4,02 | 66,7 | 2,2 | 75 | 12,0 | 90,0 |
| + | · | · | + | + | · | · | · | · | · | · | + | 46°15' | 69°30' | 6,75 | 4,12 | 36,2 | 5,9 | 55 | 3,9 | 214,0 |
| · | · | · | · | · | · | · | · | · | · | · | + | 69°30' | — | 5,31 | — | 26,2 | — | 5 | 4,0 | 20,0 |

Cosmarium; Gon. = Gonatozygon; Pleur. = Pleurotaenium; Spir. = Spirotaenia; Staur. = Staurast-
Eremosph. = Eremosphaera; Kirchn. = Kirchneriella.

Tabelle 48

| Nr. | Systematische Einteilung | Name | Breitengrade → | | | | | | | | | | | | | | | |
|---|---|---|---|---|---|---|---|---|---|---|---|---|---|---|---|---|---|---|
| | | | 46° 15′ | | | | | 47° 7′ | | | | 48° 10′ | | 52° 40′ | 57° | 60° 17′ | | |
| | | Nr. der Versuchsfläche | 5 | 5 | 6 | 6 | 7 | 11 | 11 | 15 | 15 | 25 | 28 | 31 | 33 | 37 | 38 | 38 |
| | | Zeitpunkt der Untersuchung | I | 2 | I | 2 | I | I | 2 | I | 2 | 2 | 2 | I | I | 2 | I | 2 |
| | | $p_H$ | 7,11 | 6,75 | 7,16 | 6,73 | 7,08 | 4,90 | 5,05 | 5,43 | 4,98 | 5,23 | 4,90 | 4,49 | 4,02 | 4,86 | 4,70 | 4,89 |
| | | Wassergehalt | 2,2 | 5,9 | 3,8 | 7,2 | 3,8 | 9,3 | 18,4 | 9,5 | 16,3 | 11,1 | 8,3 | 16,7 | 66,7 | 28,6 | 12,2 | 36,2 |
| 98. | Oocystaceae (Protococcales) | Nephr. Agardhianum* | · | · | · | · | · | · | · | · | · | + | · | · | · | · | · | + |
| 99. | | Oocystis crassa* | · | · | · | · | · | · | · | · | · | · | + | · | · | · | · | · |
| 100. | | „ Marsonii* | · | · | · | · | · | · | · | · | + | + | · | · | · | · | · | + |
| 101. | | „ solitaria* | · | · | · | + | · | · | · | · | · | · | · | · | · | + | + | · |
| 102. | | Tetr. minimum* | · | · | · | · | · | · | · | · | · | + | · | · | · | · | · | · |
| 103. | | „ muticum | · | · | · | · | · | · | · | · | · | · | · | · | · | + | · | · |
| 104. | | „ regulare* | · | + | · | · | · | · | · | · | · | · | · | · | · | · | · | · |
| 105. | | Trochiscia aspera | · | · | · | · | · | · | · | · | · | · | · | · | · | · | · | · |
| 106. | | „ hirta | · | · | · | · | · | · | · | · | · | · | · | · | · | · | · | · |
| 107. | Tetrasporaceae | Gloeococcus mucosus* | + | + | · | · | + | · | + | + | · | · | + | + | · | + | · | · |
| 108. | | Hormotila mucigena | · | · | · | · | · | · | · | · | · | · | · | · | · | · | · | + |
| 109. | | Palmella miniata | · | · | · | · | · | · | · | · | · | · | · | · | · | · | · | · |
| 110. | | Schiz. gelatinosa* | · | + | · | · | · | · | · | · | · | · | · | · | · | · | · | · |
| 111. | | Tetraspora lubrica | · | · | · | + | · | · | + | · | · | · | · | · | · | + | · | · |
| 112. | Pleurococcaceae | Coccomyxa dispar | · | + | · | + | · | + | + | + | + | + | · | · | · | + | + | · |
| 113. | | Pleuroc. vulgaris | + | + | + | + | + | + | + | + | + | + | + | + | + | + | + | + |
| 114. | Protococcaceae | Chl. humicolum | + | + | · | + | + | + | + | · | + | + | + | · | · | + | + | + |
| 115. | | Kentrosph. Facciolae | · | + | · | · | · | + | + | · | · | · | · | · | · | · | · | · |
| 116. | Coelastraceae | Crucigenia quadrata | · | + | · | · | · | · | · | · | · | · | + | · | · | · | · | · |
| 117. | | D. Ehrenbergianum | · | · | · | · | · | · | · | · | · | · | + | · | · | · | · | · |
| 118. | | Kerat. raphidioides | · | · | · | · | · | · | · | · | · | · | · | · | · | · | · | · |
| 119. | Chlorosphaeraceae | Scened. quadricaudea | · | · | · | · | · | · | + | · | · | · | · | · | · | · | · | · |
| 120. | | Chloros. angulosa | · | · | · | · | · | · | · | · | · | · | + | · | · | · | · | · |
| 121. | Volvocaceae (Volvocales) | Carteria Klebsii | · | + | · | · | · | · | · | + | · | · | + | · | · | + | · | · |
| 122. | | „ multifilis | · | + | · | + | · | · | · | + | · | + | + | · | · | · | · | · |
| 123. | | „ obtusa | · | · | · | · | · | · | · | · | · | · | · | · | · | · | · | + |
| 124. | | „ oleifera | · | · | · | · | + | · | · | · | · | · | · | · | · | + | · | · |
| 125. | | Cocc. orbicularis | · | · | · | · | + | · | · | · | · | · | + | · | · | + | · | · |
| 126. | | Gonium sociale | · | + | · | + | · | · | · | · | · | · | · | · | · | + | · | · |
| 127. | | Pyr. tetrarhynchus | · | · | · | · | · | · | · | · | · | · | · | · | · | + | + | · |
| 128. | Chlamydomonadaceae | Chlam. angulosa | · | · | · | · | · | · | · | · | · | · | + | · | · | · | · | · |
| 129. | | „ Braunii | · | + | · | + | · | · | + | · | + | · | + | · | · | + | · | · |
| 130. | | „ Ehrenbergii | · | · | · | + | · | · | + | · | · | + | · | · | · | + | · | · |
| 131. | | „ intermedia* | · | · | · | · | + | + | · | · | · | · | · | · | · | · | · | · |
| 132. | | „ gloeocystiformis | · | · | · | · | · | · | · | · | · | · | · | · | · | + | · | · |
| 133. | | „ globulosa | · | · | · | · | · | · | · | · | · | · | · | + | · | · | · | · |
| 134. | | „ pisiformis* | · | · | · | · | · | · | · | + | · | · | · | · | · | · | · | · |
| 135. | | „ Reinhardi | · | + | · | · | · | · | · | · | · | · | · | · | · | · | · | · |
| 136. | | „ reticulata | + | · | + | + | · | · | · | · | · | · | · | · | · | · | · | · |
| 137. | | „ sp. | · | · | · | · | · | · | + | · | · | · | · | · | · | · | · | · |
| 138. | Ulothrichaceae (Ulothrichales) | Gl. protogenita | · | + | · | · | · | · | + | · | · | + | · | · | · | · | · | + |
| 139. | | Horm. flaccidum | · | · | · | · | · | · | + | · | · | · | · | · | · | + | · | + |
| 140. | | Micr. stagnorum* | · | · | · | · | · | · | · | · | · | · | + | · | · | · | · | · |
| 141. | | Ulothrix tenuissima* | · | · | · | · | · | · | · | · | · | · | · | · | · | · | · | · |
| 142. | | „ zonata* | · | · | · | · | · | · | + | · | · | · | · | · | · | · | · | · |
| 143. | Oedogoniaceae | Oedocladium sp. | · | · | · | · | · | · | · | + | · | · | · | · | · | · | · | · |
| 144. | Chroolepidaceae | Trent. aurea | · | · | · | · | · | · | + | · | · | · | · | · | · | · | · | · |
| 145. | Chaetopeltidaceae | „ iolithus | · | · | · | · | · | · | · | · | + | + | + | · | · | · | · | · |
| 146. | | Dichr. reniformis | · | · | · | · | · | · | · | · | · | · | + | · | · | · | · | · |
| 147. | Heterocoutae — Chlorobotrydaceae | Chlorocl. terrestris | · | · | · | · | · | · | + | · | · | + | · | · | · | + | · | + |
| 148. | | Pleur. commutata | · | · | · | · | · | · | · | · | + | · | · | · | · | · | · | · |

Nephr. = Nephrocytium;  Tetr. = Tetraedron;  Schiz. = Schizochlamys;  Pleuroc. = Pleurococcus;
Scened. = Scenedesmus;  Chloros. = Chlorosphaera;  Cocc. = Coccomonas;  Pyr. = Pyramidomonas;
Trentepohlia;  Dichr. = Dichranochaete;

(Fortsetzung).

| 63°40' | 66°50' | | | | | 69°20' | | | | 69°30' | | Die Verbreitung in Breitengraden | | $p_H$ | | Wassergehalt | | Prozentuelles Vorkommen im Verhältnis zu den Versuchsflächen | Mittelwert in Proz. der proz. Vork. an den einzelnen Versuchsflächen | $p_1 \cdot p_2$ |
|---|---|---|---|---|---|---|---|---|---|---|---|---|---|---|---|---|---|---|---|---|
| 39 | 40 | | 41 | 42 | 43 | 44 | | 45 | 46 | 47 | | | | Maximum | Minimum | Maximum | Minimum | | | |
| I | I | 2 | 2 | 2 | 2 | I | 2 | 2 | 2 | I | 2 | | | | | | | | | |
| 4,12 | 4,64 | 5,16 | 5,11 | 5,02 | 4,89 | 5,96 | 4,93 | 4,96 | 4,74 | 5,83 | 5,31 | | | | | | | | | |
| 13,8 | 11,3 | 19.1 | 8,8 | 16,1 | 12,5 | 6,1 | 37,0 | 23,0 | 15,0 | 23,3 | 26,2 | von | bis | | | | | $p_1$ | $p_2$ | |
| · | · | · | · | · | · | · | · | · | · | · | + | 48°10' | 69°30' | 5,31 | 4,89 | 36,2 | 11,1 | 15 | 1,4 | 21,0 |
| · | · | · | · | · | · | · | · | · | · | · | · | 48°10' | — | 4,90 | — | 8,3 | — | 5 | 0,1 | 0,5 |
| · | · | · | · | + | + | · | · | · | · | · | + | 47°7' | 69°30' | 5,31 | 4,89 | 36,2 | 11,1 | 30 | 2,0 | 60,0 |
| · | · | · | · | + | · | · | · | · | · | · | · | 46°15' | 66°50' | 6,73 | 4,70 | 28,6 | 7,2 | 20 | 6,2 | 124,0 |
| · | · | · | · | · | · | · | · | · | · | · | · | 48°10' | — | 5,23 | — | 11,1 | — | 5 | 0,2 | 1,0 |
| · | · | · | · | · | + | · | · | · | · | · | · | 60°17' | 66°50' | 5,02 | 4,86 | 28,6 | 16,1 | 10 | 1,2 | 12,0 |
| · | · | · | · | · | · | · | · | · | · | · | · | 46°15' | — | 6,15 | — | 5,9 | — | 5 | 0,1 | 0,5 |
| · | · | · | · | · | + | · | · | · | · | · | · | 66°50' | — | 4,89 | — | 12,5 | — | 5 | 3,9 | 19,5 |
| · | · | · | · | · | · | · | · | · | · | · | + | 69°30' | — | 5,31 | — | 26,2 | — | 5 | 4,0 | 20,0 |
| + | · | · | · | + | · | + | · | · | · | · | · | 46°15' | 69°20' | 7,11 | 4,12 | 28,6 | 2,2 | 50 | 20,6 | 1030,0 |
| · | · | · | · | + | + | · | · | · | · | · | · | 60°57' | 66°50' | 5,02 | 4,89 | 36,2 | 12,5 | 15 | 4,0 | 60,0 |
| · | · | · | · | · | + | · | · | · | · | · | · | 66°50' | — | 4,89 | — | 12,5 | — | 5 | 7,9 | 39,5 |
| · | · | · | · | · | · | · | · | · | · | · | · | 46°15' | — | 6,75 | — | 5,9 | — | 5 | 0,1 | 0,5 |
| · | · | + | · | · | · | · | · | · | · | · | · | 46°15' | 66°50' | 6,73 | 4,86 | 28,6 | 7,2 | 20 | 2,6 | 52,0 |
| · | · | · | · | + | + | · | · | · | · | · | + | 46°15' | 69°30' | 6,75 | 4,70 | 28,6 | 5,9 | 50 | 5,8 | 290,0 |
| + | + | · | + | + | + | · | · | · | · | + | + | 46°15' | 69°30' | 7,16 | 4,02 | 66,7 | 2,2 | 85 | 15,4 | 1310,0 |
| + | + | + | + | + | + | · | + | + | · | + | · | 46°15' | 69°30' | 7,11 | 4,12 | 37,0 | 2,2 | 85 | 10,0 | 850,0 |
| · | · | · | · | · | · | · | · | · | · | · | · | 46°15' | 47°7' | 6,75 | 4,90 | 18,4 | 5,9 | 10 | 0,4 | 4,0 |
| · | · | · | · | · | · | · | · | · | · | · | · | 46°15' | 48°10' | 6,75 | 4,90 | 8,3 | 5,9 | 10 | 0,4 | 4,0 |
| · | · | · | · | · | · | · | · | · | · | · | · | 47°7' | — | 5,23 | — | 11,1 | — | 5 | 10,1 | 50,5 |
| · | · | · | · | · | + | · | · | · | · | · | · | 66°50' | — | 5,02 | — | 16,1 | — | 5 | 0,8 | 4,0 |
| · | · | · | · | · | · | · | · | · | · | · | · | 47°7' | — | 5,05 | — | 18,4 | — | 5 | 2,4 | 12,0 |
| · | · | · | · | · | · | · | · | · | · | · | · | 48°10' | — | 4,90 | — | 8,3 | — | 5 | 0,7 | 3,5 |
| · | · | · | + | + | + | · | · | · | · | · | · | 46°15' | 66°50' | 6,75 | 4,86 | 28,6 | 5,9 | 35 | 8,6 | 301,0 |
| · | · | · | · | · | · | · | · | · | · | · | + | 46°15' | 69°30' | 6,75 | 5,05 | 26,2 | 5,9 | 30 | 12,5 | 375,0 |
| · | · | · | · | · | · | · | · | · | · | · | · | 60°17' | — | 4,89 | — | 36,2 | — | 5 | 4,7 | 23,5 |
| · | · | · | · | · | · | · | · | · | · | · | · | 46°15' | 60°17' | 6,73 | 4,86 | 28,6 | 7,2 | 10 | 1,5 | 15,0 |
| · | · | · | · | · | + | · | · | · | · | · | · | 46°15' | 66°50' | 6,73 | 4,86 | 28,6 | 7,2 | 20 | 0,3 | 6,0 |
| · | · | · | · | · | · | · | · | · | · | · | · | 46°15' | 46°15' | 7,16 | 6,75 | 7,2 | 5,9 | 10 | 0,2 | 2,0 |
| · | · | · | · | · | · | · | · | · | · | · | · | 60°17' | 60°17' | 4,86 | 4,70 | 28,6 | 12,2 | 10 | 2,4 | 24,0 |
| · | · | + | + | + | + | · | + | + | · | · | · | 48°10' | 69°20' | 5,23 | 4,89 | 37,0 | 8,8 | 35 | 16,3 | 570,0 |
| · | · | · | · | · | · | · | · | · | · | · | · | 46°15' | 48°10' | 6,75 | 4,90 | 18,4 | 5,9 | 25 | 13,9 | 348,0 |
| · | · | · | · | · | · | · | · | · | · | · | · | 46°15' | 60°17' | 6,73 | 4,86 | 28,6 | 7,2 | 25 | 3,2 | 80,0 |
| + | · | · | · | · | · | · | · | · | · | · | · | 46°15' | 63°40' | 7,08 | 4,12 | 18,4 | 3,8 | 15 | 22,2 | 333,0 |
| · | + | · | · | · | · | · | · | · | · | · | · | 60°17' | 66°50' | 4,70 | 4,64 | 12,2 | 11,3 | 10 | 14,2 | 142,0 |
| · | · | · | · | · | · | · | · | · | · | + | · | 52°40' | 69°30' | 4,49 | 5,83 | 23,3 | 16,7 | 10 | 24,3 | 243,0 |
| · | · | · | · | · | · | · | · | · | · | · | · | 47°7' | — | 5,05 | — | 18,4 | — | 5 | 0,6 | 3,0 |
| · | · | · | · | · | · | · | · | · | · | · | · | 46°15' | — | 6,75 | — | 5,9 | — | 5 | 0,3 | 1,5 |
| · | · | · | · | · | · | · | · | · | · | · | · | 46°15' | 46°15' | 7,16 | 6,73 | 7,2 | 2,2 | 10 | 25,4 | 254,0 |
| · | · | · | · | · | · | · | · | · | · | · | · | 47°7' | — | 5,43 | — | 9,5 | — | 5 | 4,9 | 24,5 |
| · | · | · | · | · | + | · | · | · | · | · | · | 46°15' | 66°50' | 6,75 | 4,89 | 36,2 | 5,9 | 25 | 2,4 | 60,0 |
| · | · | · | · | · | · | · | · | · | · | · | · | 47°7' | 60°17' | 5,05 | 4,86 | 36,2 | 18,4 | 15 | 2,8 | 42,0 |
| · | · | · | · | · | · | · | · | · | · | · | · | 48°10' | — | 4,90 | — | 8,3 | — | 5 | 0,1 | 0,5 |
| · | + | · | · | · | · | · | · | · | · | · | · | 66°50' | — | 4,64 | — | 11,3 | — | 5 | 4,9 | 24,5 |
| · | · | · | · | · | · | · | · | · | · | · | · | 47°7' | — | 5,05 | — | 18,4 | — | 5 | 0,1 | 0,5 |
| · | · | · | · | · | · | · | · | · | · | · | · | 47°7' | — | 5,43 | — | 9,5 | — | 5 | 1,2 | 6,0 |
| · | · | · | · | · | · | · | · | · | · | · | · | 47°7' | — | 5,05 | — | 18,4 | — | 5 | 2,4 | 12,0 |
| · | · | · | · | · | · | · | · | · | · | · | · | 47°7' | 48°10' | 5,23 | 4,90 | 16,3 | 8,3 | 15 | 3,8 | 57,0 |
| · | · | · | · | · | · | · | · | · | · | · | · | 48°10' | — | 4,90 | — | 8,3 | — | 5 | 10,1 | 50,5 |
| · | · | · | + | + | + | · | · | · | · | · | · | 47°7' | 66°50' | 5,11 | 4,86 | 36,2 | 8,8 | 35 | 3,2 | 112,0 |
| · | · | · | · | · | · | · | · | · | · | · | · | 47°7' | — | 4,98 | — | 16,3 | — | 5 | 2,8 | 14,0 |

Chl. = Chlorococcum; Kentrosph. = Kentrosphaera; D. = Dictyosphaerium; Kerat. = Keratococcus; Chlam. = Chlamydomonas; Gl. = Gloeotila; Horm. = Hormidium; Micr. = Microspora; Trent. = Chlorocl. = Chlorocloster; Pleur. = Pleurochloris.

Man darf nämlich nicht vergessen, daß das massenhafte Vorkommen der Algen einen ganz bedeutenden Stoffzuwachs des Bodens bedeutet. Wenn z. B. zu 1 g Boden durchschnittlich 50 000 einfachheitshalber kugelförmige Algen mit dem durchschnittlichen Durchmesser von 5 $\mu$ vorausgeschickt werden, so entspricht das einem Rauminhalt von $\frac{4 \cdot 0{,}0025^3 \pi}{3} \cdot 50\,000$. Multipliziert man diesen Betrag mit dem spezifischen Gewicht des lebenden Protoplasmas, welches ungefähr dem spezifischen Gewicht des Wassers gleich ist und sicherlich nicht zu hoch bemessen wurde, so bekommt man das Gewicht von

$$\frac{4 \cdot 0{,}0025^3 \cdot 3{,}14}{3} \cdot 1 \cdot 50\,000 = 0{,}00327 \text{ g pro Gramm feuchte Erde.}$$

Wenn man dagegen die Menge und das Gewicht der Bakterien des Waldbodens berechnet und als Grundlage die Bakterien in Kugelform mit dem durchschnittlichen Durchmesser von ca. 1 $\mu$ annimmt, so bekommt man bei einem Bakteriengehalt von 10 000 000 (Jahresdurchschnittswert) pro Gramm Erde

$$\frac{4 \cdot 0{,}0005^3 \cdot 3{,}14}{3} \cdot 1 \cdot 10\,000\,000 = 0{,}00523 \text{ g pro Gramm feuchte Erde .}$$

Es ist klar, daß die Bakterienmasse die Menge der Algen weit übertrifft. Ihre Anzahl und ihr Vorkommen ist immerhin recht beträchtlich, welcher Umstand bei der Beurteilung über ihre Tätigkeit und biologische Rolle sicherlich nicht außer acht gelassen werden dürfte.

In vollem Bewußtsein des oben Gesagten haben wir den Zweck unserer Algenuntersuchungen in der ersten Reihe darauf beschränkt, auch hinsichtlich ihres Vorkommens zunächst die klimatisch bedingten jahreszeitlichen Änderungen zu erfassen, und zweitens durch die regionale und systematische Bearbeitung aller unserer Flächen auch die geographische Verbreitung der wichtigsten Algenarten des Waldbodens mit ihren charakteristisch-biologischen Daten zu erfassen. Die quantitative Bestimmung der Bodenalgen erfolgte auf Grund der Methodik, welche in dem methodischen Teil angegeben wurde. Es wurde immer die Gesamtmasse der Algen bestimmt ohne die Trennung zwischen Sporen und Dauerformen einerseits und lebenden Formen andererseits. Da unser Hauptzweck war, das Vorkommen der Algen in toto zu erfassen, und in Anbetracht der ohnedies schwierigen Massenuntersuchungen gewisse Einschränkungen unerläßlich waren, so mußten wir uns entschließen, von der letztgenannten Trennung vorläufig abzusehen.

Wie die Resultate zeigen werden, ist es uns trotzdem in genügender Weise gelungen, die wichtigsten Zusammenhänge auch durch die erstere einfachste Methode ermitteln zu können. Im Laufe der Besprechungen werden übrigens unter Algen nur jene pflanzlichen Lebewesen verstanden, welche nach dem System von WETTSTEIN zu der Klasse Schyzophyceae des Stammes Schyzophyten, sowie dem Stamme Zygophyten und der Klasse Chlorophyceae des Stammes Euthallophyta gehören. Die Flagellaten wurden nach unserem Arbeitsplan zu den Protozoen eingereiht. Bezüglich der Nomenklatura haben wir als Grundlage das Werk von LINDAU angenommen, wobei jedoch die einzelnen Arten und Gattungen von uns in die entsprechenden systematischen Gruppen und Einheiten des Systems von WETTSTEIN eingereiht wurden. In zweifelhaften Fällen wurden auch die großen Handbücher: RABENHORSTS Kryptogamenflora sowie PASCHERS Süßwasserflora zu Rate gezogen.

Da die ökologische Rolle und Bedeutung der Bodenalgen im Verhältnis zu der gleichen Eigenschaft der Bodenbakterien wohl hinter der letzteren steht, so haben wir die fraglichen Versuchsflächen nicht in allen Jahreszeiten untersucht, sondern infolge des Umstandes, daß die entscheidende und vorwiegende Rolle der Bodenfeuchtigkeit mit vollem Rechte vorausgesetzt werden konnte, dieselben nur jährlich zweimal, und zwar im Hochsommer und im Spätherbst bzw. anfangs Winter bearbeitet. In diese Kategorie gehören die folgenden Versuchsflächen: 5, 6, 11, 15, 38, 40, 44. Die übrigen Versuchsflächen 7, 25, 28, 31, 33, 37, 39, 41, 42, 43, 45, 46, 47, sind nur bezüglich des systematischen und geographischen Vorkommens der Algen bearbeitet wurden. Den systematischen Teil unserer Forschungen enthält die große umfassende Tabelle 48. Aus dieser Tabelle kann man zunächst feststellen, daß die meisten Bodenalgen bezüglich ihrer Verbreitung ausdrücklich kosmopolitisch sind. Ihre $p_H$-Grenzen schwanken auch ziemlich beträchtlich. Das Merkwürdige ist aber, daß bei vielen Algen auch der Wassergehalt des Bodens recht bedeutend variieren kann. Um ein ungefähres Bild über ihr quantitatives Vorkommen in dem Waldboden gewinnen zu können, haben wir auch hier das Multiplikat zwischen ihrem prozentuellen Massenverhältnis und ihrer prozentuellen Verbreitung auf den einzelnen Versuchsflächen gebildet.

Nach dieser Zusammenstellung erscheinen uns die weitaus verbreitetsten und massenhaft vorkommenden Algen der Waldböden die folgenden. Als Ausgangspunkt wurde der Wert des Faktors gleich 50 genommen.

*Schizophyten*: Chroococcus minimus 544, Ch. minor 436, Ch. macrococcus 79,5, Lingbia Kuetzingiana 87, Cylindrospermum muscicola 309, Anabaena variabilis 161.

*Zygophyten*: Bacillaria paradoxa 90, Cimbella aspera 55,5, Navicula borealis 365, N. intermedia 145, N. terricola 186, Nitzschia amphioxys 52,5, N. vermicuralis 69, Navicula viridis 168, Mesothaenium violascens 181,5, M. sp. 52,5.

*Chlorophyceae*: Eremosphaera viridis 214, Oocystis solitaria 124, Gloeococcus mucosus 1030, Tetraspora lubrica 52, Coccomyxa dispar 290, Pleurococcus vulgaris 1310, Chlorococcum humicolum 850, Dictiosphaerium Ehrenbergianum 50,5, Carteria multifilis 375, C. Klebsii 301, Chlamydomonas angulosa 570, Chl. Braunii 348, Chl. intermedia 333, Chl. globulosa 243, Chl. reticulata 254, Chl. gloeocystiformis 142, Chl. Ehrenbergii 80, Gloeotila protogenita 60, Trentepohlia iolithus 57, Dichranochaete reniformis 50,5, Chlorocloster terrestris 112.

Über die quantitativen Verhältnisse sowie die jahreszeitlichen Änderungen der Algen des Waldbodens gibt uns weiter die Abb. 67 und die zugehörige Tabelle 49 wertvolle Aufschlüsse. Es wurden hier die Untersuchungsergebnisse jener Versuchsflächen, welche im Sommer und im Winter untersucht wurden, je nach der geographischen Lage tabellarisch behandelt und dargestellt. Wir wollen jetzt diese Ergebnisse etwas näher besprechen.

Die vergleichende Analyse der Versuchsflächen in Nord- und Mitteleuropa zeigt übrigens auch, daß in Mitteleuropa nicht nur das sommerliche Maximum bedeutend höher ist als in Nordeuropa, sondern daß auch die Anzahl der Algen in den mitteleuropäischen Waldböden meistens höher ausfällt, als in den Böden der nordeuropäischen Waldböden.

Es kann zunächst ohne weiteres festgestellt werden, daß das quantitative Vorkommen der Algen von dem Wassergehalt des Bodens in hohem Maße abhängig ist. Dieser Satz gilt für Nord- und Mitteleuropa gleichmäßig. Das Verhalten der Bodenbakterien und Bodenalgen zeigt in diesem Belange etwas gegenläufiges Verhalten. Das zweite, was hier gleich auffällt, daß in Mitteleuropa im allgemeinen die Waldböden viel reichlicher Bodenalgen enthalten, als die nordeuropäischen Waldböden. Hier möchte zunächst die erhöhte Bodentemperatur und vor allem die besseren Durchlüftungsverhältnisse der mitteleuropäischen Waldböden eine wichtige Rolle spielen. Besonders charakteristisch ist das Verhalten der Chlorophyceen. Diese Algen kommen nämlich in den mitteleuropäischen Waldböden viel häufiger vor, als in den nordeuropäischen Waldböden. Dagegen ist die Anzahl der Schizophyten und Zygophyten in den letzteren viel größer als in den mitteleuropäischen Waldböden. Die Chlorophyceen zeigen übrigens auch geographisch verschiedenes Verhalten. In Nordeuropa nehmen sie vom Sommer zum Winter zu und in Mitteleuropa zeigen sie dagegen ein entgegengesetztes Verhalten. Das Verhalten der Schizophyten und Zygophyten ist vollkommen gleichmäßig. Die Schizophyten steigen im Winter

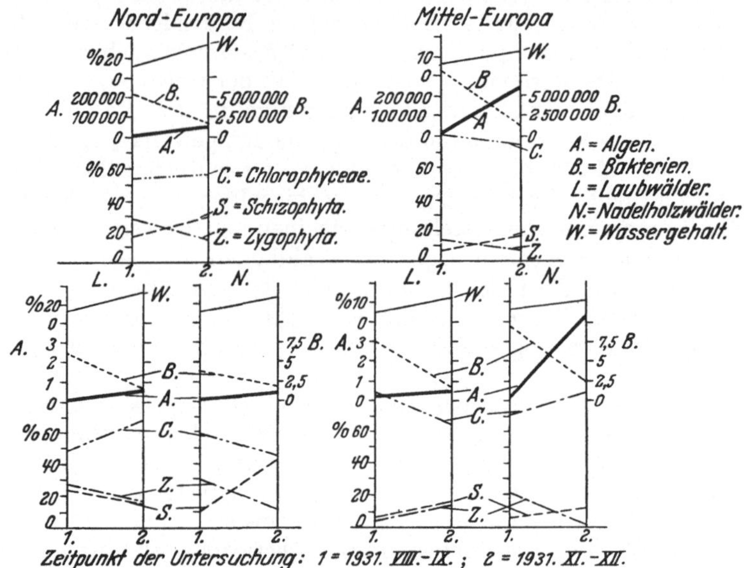


Abb. 67. Die quantitativen Änderungen der Algen in den Waldböden in Nord- und Mittel-Europa.

und die Zahl der Zygophyten nimmt vom Winter zum Sommer regelmäßig ab. Betrachtet man aber die Daten nach Waldtypen, und zwar nach Laub-

Tabelle 49.

| | Zeitpunkt der Untersuchung | Nr. der Versuchsfläche | $p_H$ | Wassergehalt | Bakterien | | | Bodenalgen | | | |
|---|---|---|---|---|---|---|---|---|---|---|---|
| | | | | | Gesamt | Aerob % | Anaerob % | Gesamt | Schizophyten | Zygophyten | Chlorophyceae |
| I. Nördliche Versuchsflächen. | | | | | | | | | | | |
| Laubwälder . . | 1 | 38, 44, 47 | 5,46 | 13,9 | 6 747 000 | 87,3 | 12,7 | 7 413 | 23,4 | 27,6 | 49,0 |
| | 2 | — | 5,04 | 33,1 | 1 700 000 | 85,2 | 14,8 | 61 627 | 15,6 | 17,2 | 67,2 |
| Nadelholzwälder | 1 | 38, 40 | 4,67 | 11,8 | 4 310 000 | 87,8 | 12,2 | 10 180 | 10,6 | 30,3 | 59,1 |
| | 2 | — | 5,02 | 27,6 | 1 900 000 | 82,8 | 17,2 | 34 360 | 42,7 | 12,8 | 44,5 |
| Zusammen . . . | 1 | — | 5,06 | 12,9 | 5 558 500 | 87,6 | 12,4 | 8 796 | 17,0 | 28,9 | 54,1 |
| | 2 | — | 5,03 | 30,3 | 1 800 000 | 84,0 | 16,0 | 47 983 | 29,2 | 15,0 | 55,8 |
| II. Mitteleuropäische Versuchsflächen. | | | | | | | | | | | |
| Laubwälder . . | 1 | 5, 11 | 6,00 | 5,8 | 7 600 000 | 92,2 | 7,8 | 24 840 | 6,8 | 4,8 | 88,4 |
| | 2 | — | 5,90 | 12,2 | 2 150 000 | 83,9 | 16,1 | 49 844 | 22,5 | 13,8 | 63,7 |
| Nadelholzwälder | 1 | 6, 15 | 6,29 | 6,7 | 9 900 000 | 87,3 | 12,7 | 9 550 | 6,7 | 21,5 | 71,7 |
| | 2 | — | 5,85 | 11,8 | 2 925 000 | 87,5 | 12,5 | 436 850 | 11,0 | 3,3 | 85,7 |
| Zusammen . . . | 1 | — | 6,15 | 6,2 | 8 750 000 | 89,7 | 10,3 | 17 195 | 6,8 | 13,1 | 80,1 |
| | 2 | — | 5,87 | 12,0 | 2 537 000 | 85,7 | 14,3 | 243 347 | 16,8 | 8,5 | 74,7 |
| Nördl. + mitteleurop. Versuchsflächen | 1 | — | 5,61 | 9,6 | 7 154 250 | 88,6 | 11,4 | 13 825 | 11,9 | 21,0 | 67,1 |
| | 2 | — | 5,45 | 21,2 | 2 168 750 | 84,8 | 15,2 | 144 725 | 23,0 | 11,7 | 65,3 |

1 = Zeitpunkt der Untersuchung: 1931, VII. bis VIII.
2 = Zeitpunkt der Untersuchung: 1931, XI. bis XII.

und Nadelholzwäldern, so kommt man zu merkwürdigen und trotzdem regelmäßig verlaufenden Erscheinungen, für die eine biologische oder ökologische Erklärung vorläufig noch nicht so leicht zu finden ist.

Wir wollen zuerst die mitteleuropäischen Wälder betrachten. Wir finden hier die ganz interessante Tatsache, daß das quantitative Verhalten der Chlorophyceen in den Laub- und Nadelholzwäldern entgegengesetzt verläuft. Die Schizophyten und Zygophyten zeigen ebenfalls etwa, abweichendes Verhalten. Hier dürfte daher wahrscheinlich vor allem die abweichende Belichtung, dann die verschiedene Bodentemperatur, wahrscheinlich auch die Verschiedenheit der chemischen Natur der Humusstoffe eine gewisse Rolle spielen.

Betrachtet man schließlich die nordeuropäischen Waldböden, nach Laub- und Nadelholzwäldern getrennt, so kommt man zu dem ganz überraschenden Resultate, daß das Verhalten der Chlorophyceen, im Verhältnis zu den mitteleuropäischen Waldböden in allen Einzelheiten entgegengesetzt verläuft. Da die näheren Ursachen dieser Erscheinung durch unsere Untersuchungen höchstens in spekulativem Sinne aufgeklärt werden könnten, so wollen wir uns vorläufig auf die Feststellung der ermittelten Tatsachen beschränken. Wir können höchstens die Vermutung aussprechen, daß hier eine komplexe Wirkung der organischen und unorganischen Umweltfaktoren vorliegt, die in ihren Einzelheiten nur durch weitere, recht eingehende Untersuchungen näher aufgeklärt werden konnte.

Es läßt sich aber schon jetzt mit aller Bestimmtheit feststellen, daß das Algenleben in den Waldböden außer den Klimafaktoren auch durch die Artenzusammensetzung der Waldbestände deutlich beeinflußt wird. Wir können auch mit vollem Recht annehmen, daß zwischen den verschiedenen Gruppen von Algen, d. h. die Chlorophyceen, Schizophyten und Zygophyten wahrscheinlich nicht nur ernährungsphysiologische Wechselbeziehungen bestehen, sondern daß auch die quantitativen Lebensverhältnisse derselben von den verschiedenen organischen und unorganischen Biofaktoren derart wirkungsvoll beeinflußt werden, daß ihr gegenseitiges Verhalten schließlich infolge dieser Einwirkungen und Einflüsse regelmäßig verlaufenden qualitativen und quantitativen Änderungen unterworfen ist.

Wir möchten noch zum Schlusse einiges über das ökologische Verhalten der Waldbodenalgen bemerken. Es wurde schon früher darauf hingewiesen, daß die Bodenalgen einen außerordentlich hohen Grad der Anpassungsfähigkeit aufweisen[1]. Das gilt hauptsächlich für ihr Verhalten gegen die Änderungen der Bodenfeuchtigkeit. Man findet z. B., daß in extremen Fällen viele Algen auch eine Bodenfeuchtigkeit von kaum 2,2 % noch überdauern können. Ihre Vegetationsgrenzen schwanken in dieser Hinsicht außerordentlich. Über die durchschnittlichen Schwankungen dieses Faktors gibt uns die Tabelle 48 näheren Aufschluß. Daß viele von ihnen in der trockenen Sommerzeit und in der kalten Winterzeit in Dauerformen übergehen, ist als sicher anzunehmen. Trotzdem bleibt aber die Tatsache bestehen, daß durch das ständige Leben im Boden die meisten von ihnen sich dem oft minimalen Wassergehalt des Bodens ausgezeichnet angepaßt haben. Daß in ihrer Anpassung auch gewisse Abstufungen in klimatischer Hinsicht vorhanden sind, beweist die Tatsache, daß die meisten von ihnen in Nordeuropa viel höherem Wassergehalt angepaßt sind als in Mitteleuropa. Daß ihre Zahl trotz dem geringen Wassergehalt in den mitteleuropäischen Waldböden gewöhnlich immer höher bleibt als in Nordeuropa, ist natürlich nicht nur auf die günstigere Bodentemperatur, sondern auch auf den Umstand zurückzuführen, daß unter dem mehr kontinentalen Klima Mitteleuropas natürlich auch die Lichtverhältnisse immer

---

[1] Vergleiche die Ausführungen auf S. 161 und 206 bezüglich der gleichen biologischen Erscheinungen bei den Bodenpilzen und Bodenprotozoen.

Tabelle 50.

| Nr. | Ort | Zeitpunkt der Untersuchung | Waldtyp | | $p_\mathrm{H}$ | Wassergehalt | Bakterien | | | Bodenalgen | | | |
| | | | Laubwälder | Nadelholzwälder | | | Zusammen | Aerob % | Anaerob % | Zusammen | Schizophyta | Zygophyta | Clorophiceae |
|---|---|---|---|---|---|---|---|---|---|---|---|---|---|
| 5. | Szeged 46⁰ 15′ . . . . | 1 | + | · | 7,11 | 2,2 | 4 600 000 | 89,2 | 10,8 | 37 640 | 2,8 | 8,8 | 88,4 |
| | | 2 | + | · | 6,75 | 5,9 | 2 100 000 | 85,8 | 14,2 | 56 560 | 4,6 | 25,5 | 69,9 |
| 6. | „ . . . . | 1 | · | + | 7,16 | 3,8 | 6 900 000 | 87,0 | 13,0 | 6 180 | 5,5 | 22,8 | 71,7 |
| | | 2 | · | + | 6,73 | 7,2 | 3 600 000 | 86,1 | 13,9 | 186 880 | 22,1 | 0,2 | 77,7 |
| 7. | Kecskemét 46⁰ 55′ . . | 1 | + | · | 7,08 | 3,8 | 9 200 000 | 91,3 | 8,7 | 20 400 | 1,5 | 1,5 | 97,0 |
| 11. | Sopron 47⁰ 47′ . . . . | 1 | + | · | 4,90 | 9,3 | 10 600 000 | 95,3 | 4,7 | 12 040 | 10,7 | 0,9 | 88,4 |
| | | 2 | + | · | 5,05 | 18,4 | 2 200 000 | 81,9 | 18,1 | 43 128 | 40,5 | 2,1 | 57,4 |
| 15. | „ . . . . | 1 | · | + | 5,43 | 9,5 | 12 900 000 | 87,6 | 12,4 | 12 920 | 8,0 | 20,2 | 71,8 |
| | | 2 | · | + | 4,98 | 16,3 | 2 250 000 | 88,9 | 11,1 | 686 820 | — | 6,4 | 93,6 |
| 25. | Miskolc 48⁰ 10′ . . . | 2 | + | · | 5,23 | 11,1 | — | — | — | 33 200 | 9,4 | 25,3 | 65,3 |
| 28. | „ . . . | 2 | + | · | 4,90 | 8,3 | — | — | — | 793 300 | 20,3 | 1,8 | 77,9 |
| 31. | Eberswalde 52⁰ 40′ . . | 1 | + | · | 4,49 | 16,7 | 6 600 000 | 87,9 | 12,1 | 2 320 | — | 3,6 | 96,4 |
| 33. | Hallands-Väderö 57⁰ . | 1 | + | · | 4,02 | 66,7 | 4 200 000 | 88,1 | 11,9 | 4 960 | 16,0 | 32,2 | 51,8 |
| 37. | Rajvola 60⁰ 17′ . . . | 2 | · | + | 4,86 | 28,6 | 2 000 000 | 90,0 | 10,0 | 135 120 | 24,4 | 9,7 | 65,9 |
| 38. | „ . . . | 1 | + | + | 4,70 | 12,2 | 5 740 000 | 88,8 | 11,2 | 13 760 | 0,6 | 29,8 | 69,6 |
| | | 2 | + | + | 4,89 | 36,2 | 1 950 000 | 87,2 | 12,8 | 54 000 | 19,1 | 4,9 | 76,0 |
| 39. | Namdalseid 63⁰ 40′ . | 1 | · | + | 4,12 | 13,8 | 6 700 000 | 94,4 | 5,6 | 9 280 | — | 24,1 | 75,9 |
| 40. | Kivalo 66⁰ 50′ . . . . | 1 | · | + | 4,64 | 11,3 | 3 000 000 | 82,7 | 13,3 | 6 600 | 20,6 | 30,9 | 48,5 |
| | | 2 | · | + | 5,16 | 19,1 | 1 850 000 | 78,4 | 21,6 | 14 720 | 66,3 | 20,7 | 13,0 |
| 41. | „ . . . . | 2 | · | + | 5,11 | 8,8 | 1 650 000 | 84,9 | 15,1 | 6 520 | 2,5 | 19,0 | 78,5 |
| 42. | „ . . . . | 2 | · | + | 5,02 | 16,1 | 1 300 000 | 84,7 | 15,3 | 12 440 | — | 3,8 | 96,2 |
| 43. | „ . . . . | 2 | · | + | 4,89 | 12,5 | 1 700 000 | 82,4 | 17,6 | 16 320 | 32,0 | 3,2 | 64,8 |
| 44. | Petsamo 69⁰ 20′ . . . | 1 | + | · | 5,96 | 6,1 | 8 200 000 | 87,4 | 12,2 | 2 400 | 67,0 | 13,3 | 19,7 |
| | | 2 | + | · | 4,93 | 37,0 | 1 550 000 | 80,7 | 19,3 | 4 080 | 19,4 | 22,0 | 58,6 |
| 45. | „ . . . | 2 | + | · | 4,96 | 23,0 | 1 900 000 | 73,8 | 26,2 | 19 360 | 27,4 | 57,9 | 14,7 |
| 46. | „ . . . | 2 | + | · | 4,74 | 15,0 | 1 800 000 | 77,8 | 22,2 | 1 440 | 22,2 | 66,7 | 11,1 |
| 47. | Kirkenes 69⁰ 30′ . . . | 1 | + | · | 5,74 | 23,3 | 6 300 000 | 85,3 | 14,7 | 6 080 | 2,7 | 39,5 | 57,8 |
| | | 2 | + | · | 5,31 | 26,2 | 1 600 000 | 87,5 | 12,5 | 126 800[1] | 8,4 | 24,5 | 67,1 |

1. 1931, VII. bis VIII.         2. 1931, XI. bis XII.

günstiger sind als in Nordeuropa. Man darf auch nicht vergessen, daß viele von unseren Versuchsflächen, das sind die Versuchsflächen 44, 45, 46 und 47, oberhalb des nördlichen Polarkreises liegen, wo sie natürlich im Winter wegen der Polarnacht überhaupt kein Licht bekommen. Daß die Algen den harten Winter und den vollständigen Lichtmangel nur im Übergang in die Dauerformen mit erleben können, steht außer Zweifel.

Interessant ist es übrigens, daß im Norden und im Süden ohne Unterschied den größten Anteil der Bodenalgen die Chlorophycaea ausmachen. Der relative Anteil der Schizophyten und Zygophyten ist dagegen in Nordeuropa immer etwas größer als in Mitteleuropa.

Eine fast noch vollkommen unbeantwortete Frage ist, wie eigentlich die Bodenalgen in einer Bodentiefe von 10—15 cm, wo sie eigentlich nur ganz minimale Mengen von Licht bekommen, noch gedeihen können. Wenn diese Frage schon für die Freilandböden kaum zu beantworten ist, so wird die Lösung dieses Problems in bezug auf die Waldböden noch schwieriger und komplizierter. In dem Kapitel über die $CO_2$-Atmung der Waldböden haben wir bereits gesehen, wie wenig Licht in den geschlossenen Beständen den Waldboden erreicht. Unter diesen Bedingungen können natürlich in jene Bodenschichten, wo die intensivste Bakterientätigkeit stattfindet und aus welchen unsere Bodenproben entnommen wurden, nur noch ganz geringe Lichtmengen gelangen. Daß bei diesen Verhält-

---

[1] Diese hohe Zahl dürfte auf lokale Einflüsse unbekannter Art zurückzuführen sein.

nissen noch die unbedingt lichtbedürftigen Algen gedeihen und sich vermehren können, ist wieder ein Umstand, der ebenfalls auf die außerordentlich hohe Anpassungsfähigkeit dieser autotrophen Organismen hinweist.

Auch hier müssen wir noch mit allem Nachdruck bemerken, daß in der Ökologie der Bodenalgen eine Reihe von Problemen noch unbekannt ist, deren Erforschung betreffs der Lebenstätigkeit dieser Organismengruppe unerläßlich ist.

# X. Die Protozoen des Waldbodens.

## Von L. VARGA.

1. **Einleitung.** Jene Untersuchungen, welche ich gemeinschaftlich mit D. FEHÉR begonnen und über ein ganzes Jahr fortgesetzt hatte, hatten zu ganz interessanten und bisher nicht bekannten Resultaten geführt (549). Es war jedoch uns beiden schon bei der Publizierung unserer ersten Forschungsresultate vollkommen klar, daß wir die Untersuchungen auch weiterhin fortsetzen müssen. Jene Versuchsflächen, welche wir damals untersuchten, gaben noch nicht genügend Material, um daraus Resultate größeren Umfanges gewinnen zu können. Es ergab sich daher die Notwendigkeit, die Anzahl der Versuchsflächen zu vergrößern und gleichzeitig die biologischen und biochemischen sowie die biophysikalischen Faktoren derselben noch eingehender zu untersuchen.

Außerdem, um den richtigen Vergleich zu treffen, mußten wir auch einen Boden, der nicht mit Wald bedeckt war, ebenfalls systematisch untersuchen. Bei der Wahl desselben haben wir die Untersuchung der landwirtschaftlich bebauten Böden, wo die Einwirkung der Menschenhand stark zum Ausdruck kommt, vorläufig ausgeschaltet. Aus diesem Grunde haben wir eine Waldwiese in der unmittelbaren Nähe unserer Versuchsflächen ausgewählt und bearbeitet. Da diese Wiese nur jährlich zweimal gemäht, aber niemals geweidet wird, so ist sie von künstlichen Eingriffen des Menschen möglichst verschont.

Bei unserer ersten Untersuchung haben wir nur vier verschiedene Waldtypen untersucht. Von diesen waren drei Fichtenwälder, und der vierte war ein mit Nadelhölzern unterbauter Niederwald. Sie liegen alle, mit der Ausnahme des einen Fichtenwaldes, der in unmittelbarer Nähe von Sopron liegt, im Revier der Hochschule. Wir hatten daher zunächst mehrere Laubwaldtypen in die Reihe der Versuchsflächen eingeschaltet. Die spezielle Untersuchung der Protozoenfauna habe ich in der weiteren Folge der Untersuchungen selbst durchgeführt. Die Erforschung der anderen Faktoren fiel D. FEHÉR zu, der die Resultate seiner bezüglichen Untersuchungen in den vorhergehenden Kapiteln bereits veröffentlicht hat. Daher entstammen jene Resultate, welche in dieser Arbeit die Protozoen betreffen, meinen Untersuchungen, dagegen jene, welche die sonstigen biologischen Faktoren des Waldbodens berühren, sind die Ergebnisse der Forschungen von FEHÉR. Die ausgewählten acht Versuchsflächen habe ich fast $1\frac{1}{2}$ Jahre lang monatlich systematisch untersucht. Ungefähr zwischen dem 10. und 20. eines jeden Monats wurden die Bodenproben steril entnommen. Möglichst gleich nach der Entnahme haben wir von der Probe eine bestimmte Menge auf Agarplatten geimpft.

Mein Zweck war auch diesmal, die quantitativen Mengenverhältnisse der Protozoenfauna zu erfassen. Dabei trachtete ich jedoch, ähnlich wie früher, möglichst alle bodenbiologischen Faktoren zu erfassen, welche das Protozoenleben im Waldboden beeinflussen. Daß dieses Ziel nur durch langdauernde periodische Untersuchungen erreicht werden konnte, liegt an der Hand. Der Zeitpunkt der Untersuchungen, wie dies aus unseren früheren Untersuchungen klar hervorgeht, wurde auch diesmal genau beobachtet.

Wir konnten bereits in unseren früheren Untersuchungen klar zeigen, daß die Protozoen des Waldbodens in je zwei Perioden ihre Maxima erreichen, und zwar ein Hauptmaximum im Spätherbst (November und Dezember) und ein kleineres im Anfang des Sommers. Wir haben auch beobachtet, daß die aktiven

Protozoen in einigen Sommermonaten fast vollkommen fehlen. Man findet sie in dieser Periode meistens in Zystenform. Nur durch die Ausdehnung der Untersuchungen auf *alle* Jahreszeiten konnte ich hoffen, den Wandel aller Lebenserscheinungen der Protozoen des Waldbodens eingehend untersuchen zu können. Der engere Zweck meiner Untersuchungen war nun die *systematische* und *individuelle* Verbreitung der Protozoen, auch in quantitativer Hinsicht, in den untersuchten Waldböden zu bestimmen. Daß das quantitative Vorkommen der Protozoen aus dem Gesichtspunkte der Waldbodenbiologie eine eminente Bedeutung besitzt, steht außer Zweifel. Jene physiologisch und biologisch wichtigen Änderungen im Waldboden, deren Zustandekommen von den Protozoen involviert wird, werden in erster Linie durch die quantitativen Änderungen der Protozoenfauna bedingt.

Es ist in erster Linie ihr Mehrverhältnis, jener Faktor, der bei den biologischen Erscheinungen des Waldbodens die entscheidende Rolle ausübt. Ich kann nämlich bereits auf Grund der bisherigen Untersuchungen behaupten, daß im Gegensatz zu der bekannten Auffassung der amerikanischen Bodenbiologen, die Protozoen wohl eine bestimmte Wirkung auf die Lebensverhältnisse der Bodenbakterien ausüben. Sie sind auch infolge ihres oft massenhaften Auftretens von bedeutendem Einfluß auf die allgemeinen biologischen Verhältnisse des Bodens. Ich war im allgemeinen bestrebt, zunächst die *quantitativen Lebensbeziehungen der Protozoen* zu erforschen. Habe aber dabei auch die systematische Stellung derselben sorgfältig untersucht. Außer diesen Gesichtspunkten hatte ich meine Forschungen auch auf ökologisches und biozönotisches Gebiet ausgedehnt.

Der Boden selbst ist ein außerordentlich interessanter Lebensraum, der für seine mikroskopische Lebewelt ganz eigenartige Lebensbedingungen und Lebensverhältnisse schafft. Dies gilt ja noch in höherem Maße für die ökologischen Verhältnisse dieser Lebewesen. Die größte Anzahl der Individuen der bodenbewohnenden Mikroflora und Mikrofauna besteht ja aus Lebewesen, welche ursprünglich wasserbewohnend waren. Dies gilt in erster Reihe für die Mehrzahl der Individuen der Mikrofauna. Dieselbe wird ja größtenteils von Arten gebildet, welche hauptsächlich an das Wasserleben angepaßt sind. Der Wassergehalt des Bodens wechselt aber ganz bedeutend im Verlaufe der Jahreszeiten. Dies gilt auch für den Waldboden, dessen Wassergehalt ebenfalls recht erheblichen Schwankungen unterworfen ist. Namentlich unter dem oft ariden Klima von Ungarn kann er hohe Grade von Trockenheit erreichen. In diesem Falle geht ein Teil der Bodenprotozoen fast vollkommen zugrunde, bis der weitaus größere Teil sich den veränderten Verhältnissen anpassen muß.

Die *ökologische* Forschung muß daher gerade auf die Frage Antwort geben, *wie sich diese Lebewesen den Bedingungen ihres Lebensraumes anpassen können.* Die Lösung dieser Frage besitzt nicht nur von dem Standpunkte der Bodenbiologie, sondern auch im allgemeinen eine besondere Wichtigkeit. Zu diesem Problem kommt noch die wichtige Frage nach der spezifischen Rolle der Bodenprotozoen im Leben des Waldbodens. Da diese Frage in erster Linie ein biozönotisches Problem ist, so sieht man gleich, wie die Erforschung der ökologischen Verhältnisse zu der Untersuchung der biozönotischen Bedingungen der Bodenprotozoen hinüberleitet. Wie in der Einleitung schon betont wurde, stellt der Waldboden eigentlich in seinem organischen Zusammenhange einen besonderen Lebensraum, ein sog. „*Biotop*" dar, wo unter bestimmten physikalischen, chemischen und biologischen Verhältnissen verschiedene Arten der bodenbewohnenden pflanzlichen und tierischen Organismen ihr Leben vollziehen. Sie bilden zusammen eine Lebensgemeinschaft, eine „*Biozönose*". Daß die einzelnen

Individuen dieser Lebensgemeinschaft sich gegenseitig stark beeinflussen, ist ohne weiteres einzusehen. Es lehrt ja auch die moderne Biologie, daß die Mitglieder der Biozönose gegenseitig unzertrennbar aufeinander angewiesen sind. Sie beeinflussen sich gegenseitig, und sie sind in ihren sämtlichen Lebenserscheinungen voneinander vollkommen abhängig. Die Erforschung dieser Abhängigkeit scheint vom reinen theoretischen Standpunkte wie vom praktischen (waldbaulichen) Gesichtspunkte aus gleichmäßig wichtig. Außerdem müssen wir noch ein heute stark umstrittenes Problem in Betracht ziehen, und zwar die bereits erwähnte biologische Rolle der Bodenprotozoen im Bodenleben. Die bisherigen Untersuchungen konnten bisher noch nicht die nötige Klarheit in dieser Frage erbringen. RUSSEL hat z. B. die allbekannte Erscheinung der Bodenmüdigkeit bekanntlich mit dem quantitativen Überhandnehmen der Bodenprotozoen erklärt.

Neuerdings werden die Bodenprotozoen auch für die Verminderung des Nitratstickstoffgehaltes des Bodens verantwortlich gemacht. Es sollen angeblich die Bodenprotozoen hauptsächlich die Tätigkeit der Nitrit- und Nitratbakterien schädlich beeinflussen, wenn nicht gar ganz unmöglich machen. Es wird den Bodenprotozoen eine recht schädliche biologische Rolle zugeschrieben.

Ich muß aber schon jetzt bemerken, daß diese Meinungen noch experimentell nicht einwandfrei begründet sind. WINOGRADOW hat eben in der letzten Zeit nachgewiesen, daß die stickstoffbindende Fähigkeit des *Azotobakter* von den Bodenprotozoen *günstig* beeinflußt wird. Die Laboratoriumsversuche sind jedoch bei der Entscheidung dieser Fragen nicht immer ausreichend, da bei der experimentellen Lösung es fast unmöglich ist, diesen Faktorenkomplex, mit welchem die *Natur arbeitet*, in seiner originellen vollständigen Zusammensetzung darzustellen. Schon eine flüchtige Ansicht der bezüglichen Literatur kann uns überzeugen, daß über die bodenbiologische Rolle der Bodenprotozoen noch keine einheitliche Auffassung besteht.

Darüber sind jedoch alle Meinungen einig, daß die Protozoen überaus wichtige Komponente der Biozönose des Bodens oder des *Edaphons* im Sinne von FRANCÉ sind.

Es sind auch in den letzten Jahren viele Arbeiten erschienen, welche sich mit dem korrelativen Verhältnis zwischen den Bakterien und Protozoen des Bodens beschäftigen. Die Auffassungen hierüber sind jedoch noch immer geteilt. Die Anhänger der einen Theorie, welche hauptsächlich von den amerikanischen Bodenbiologen aufgestellt wurde, sind der Meinung, daß die Bodenprotozoen im Boden vorwiegend im enzystierten Zustande vorhanden sind und infolgedessen keine aktive Lebenstätigkeit entfalten. Sie können daher keinen merklichen Einfluß auf die sonstigen Lebensverhältnisse der Bakterien ausüben. Ganz entgegengesetzte Ansichten vertreten die englischen Bodenbiologen und die in der neuesten Zeit mit recht schönen Erfolgen arbeitenden russischen Protozoenforscher. Sie vertreten im vollen Gegensatz zu der Auffassung der amerikanischen Schule die Ansicht, daß im Boden auch unter normalen Verhältnissen eine ansehnliche Menge von lebenden (aktiven) Protozoen immer vorhanden ist. Da sich diese fast vorwiegend mit Bakterien ernähren, so können sie die Menge der letzteren oft empfindlich vermindern, wodurch sie auf die biologischen Bodenumsetzungen einen weit schädlichen Einfluß ausüben. Es ist den englischen Forschern (CUTLER, CRUMP, SANDON usw.) bereits gelungen, mit direkten Zählungen nachzuweisen, daß die Menge der Bodenbakterien mit der Anzahl der Bodenprotozoen im umgekehrten Verhältnisse steht. Die letzten Untersuchungen scheinen die Richtigkeit der letzteren Auffassung zu beweisen. Ich bin im Laufe meiner letzten Untersuchungen immer mehr zu der Überzeugung gelangt, daß eine befriedigende und endgültige Lösung dieser noch immer offenen Frage nur durch während aller Jahreszeiten systematisch durchgeführte Beobachtungen herbeigeführt werden könne. Zu diesem Zweck ist aber der Waldboden ganz hervorragend geeignet, da er sein individuelles Leben, in seiner Originalität möglichst geschont von künstlichen Eingriffen und biologischen Störungen, fortsetzen kann.

Da andererseits bei dem Waldboden die Anzahl der beeinflussenden Faktoren ziemlich beschränkt und verhältnismäßig leicht zu erfassen ist, so kann die Untersuchung und Erforschung desselben in theoretischer und absoluter Hinsicht viel allgemeinere Ergebnisse liefern als die Untersuchung der landwirtschaftlichen Böden.

Wir müssen jedoch bei derartigen Untersuchungen nach Kräften bestrebt sein, möglichst *alle wichtigeren* beeinflussenden Standortsfaktoren quantitativ erfassen zu können. Diese Auffassung war der Leitgedanke der bodenbiologischen Untersuchungen von FEHÉR, und diese während langjähriger Erfahrung gereifte Überzeugung hat auch mich geleitet, als ich durch lange Jahre diese wichtigen Individuen der Biozönose des Bodens systematisch in allen ihren Lebenserscheinungen verfolgt und untersucht habe.

2. **Die Untersuchungsmethode.** Es ist ja allgemein bekannt, daß die Bodenprotozoen mikroskopische Lebewesen sind, welche ihr gewöhnlich kurzes Leben an den Bodenteilchen gebunden im Wasser der Bodenkapillaren fortsetzen. Ihre Körperstruktur ist außerordentlich fein und empfindlich. Dieser Umstand erschwert natürlich recht erheblich ihre direkte Isolierung und mikroskopische Beobachtung. Dazu kommt noch, daß jede künstliche Veränderung sehr rasch das Leben dieser überaus empfindlichen Lebewesen gefährden kann.

Falls die Änderungen der Lebensverhältnisse langsam und sukzessive vonstatten gehen, wodurch die Protozoen zur Durchführung ihrer biologischen Anpassungserscheinungen Zeit gewinnen können, so vollziehen sie ihren charakteristischen Lebenswandel, indem sie in Zystenform übergehen. Falls sie aber diese Umwandlung infolge von Zeitmangel nicht bewerkstelligen können, so gehen sie gewöhnlich ziemlich rasch zugrunde. Da wir Massenuntersuchungen gemacht haben, so hatten wir im allgemeinen die CUTLERsche Verdünnungsmethode benützt, die in dem Kapitel über Methodik schon eingehend beschrieben wurde. Wir haben schon mit FEHÉR (549) in unserer ersten Arbeit darauf hingewiesen, daß die Verdünnungsmethode von CUTLER (128) an gewissem Mangel leidet. Es trat nämlich im Laufe unserer Arbeiten bald der Umstand zutage, daß viele Arten von Protozoen auf der Agarplatte nicht gedeihen können. Es ist außerdem nicht ganz sicher, daß *alle* Zysten der Wirkung der 2%-m Salzsäure widerstehen können.

Die größte Schwierigkeit hat jedoch der Umstand verursacht, daß die Agarplatten in den Petrischalen sich bald zu einer harten kolloidalen Masse erhärtet haben. Das Wachstum und die Vermehrung der Protozoen ist im allgemeinen normal verlaufen, man merkte aber bald, daß sie doch nicht unter natürlichen Verhältnissen gezüchtet werden. Ich habe schon früher betont, daß die Protozoen in erster Linie Wasserorganismen sind, welche in der Regel in liquiden Medien leben. Der gallertartige kolloidale Zustand der Agarplatten entspricht ihnen nicht. Im Laufe unserer langdauernden Untersuchungen habe ich schon oft beobachtet, daß die Protozoen am besten in den kleineren noch etwas Flüssigkeit enthaltenden Hohlräumen der Agarplatte gedeihen. Angesichts dieser Tatsache waren wir nun bestrebt, die Agarplatten im möglichst feuchten Zustand zu erhalten. Wir hatten sie daher in der Regel wöchentlich mit sorgfältig sterilisiertem Wasser begossen. Der Zustand der Agarplatten hat uns aber auch nach dieser Manipulation nicht voll befriedigt. Ich sah mich daher gezwungen, die Methode weiter zu verbessern. Zu diesem Zweck schnitten wir in die Agarplatten mit sterilem Messer einige sog. „Fenster", d. h. wir haben an einigen (3—4) Stellen die Agarmasse in der Form von ca. 1 cm² breiten Quadraten ausgehoben und den so entstandenen Raum mit besonders sorgfältig vorbereitetem und aufbewahrtem sterilen Wasser gefüllt.

Es ist am besten die ganze Manipulation ungefähr 1 Woche nach der Impfung der Platten vorzunehmen. Es empfiehlt sich, je zwei Fenster in der Nähe der Schalenwand und eines in der Mitte der Platte auszuschneiden. In diesen kleinen Fensterkammern gedeihen nun ganz ausgezeichnet die *Amöben, Mastigophoren* und *Ciliaten*. Es ist recht interessant, daß die *Mastigophoren*, welche in der zu zähen kolloidalen Agarmasse ihre Schwimmapparate nicht entwickeln können und im Amöbenzustand verharren, in dem leichtflüssigen Medium der Fenster mit vollentwickelten Schwimmorganen (Flagellen) sich lebhaft bewegen und auffallend gut vermehren.

Ich muß jedoch ausdrücklich betonen, daß bei der Anwendung dieser verbesserten CUTLERschen Methode alle Eingriffe besonders steril durchgeführt werden müssen und alle Utensilien vor jeder Detailmanipulation sorgfältig abgeflammt bzw. sterilisiert werden müssen. Beim Schneiden der Fenster sollen die Deckel der Petrischalen nur auf ganz minimale Zeitdauer im sterilisierten Raume aufgehoben werden, um Luftinfektionen zu vermeiden. Man kann nach einer gewissen Übung in einigen Sekunden 3—4 Fenster ausschneiden, wodurch die Möglichkeit der Infektion auf ein minimales Maß zurückgedrängt wird. Es ist vorteilhaft, mit langgestielten Spatulen und möglichst stark ausgezogenen Pipetten zu arbeiten.

Die in den kleinen Wasserreservoiren angesammelten Protozoen werden folgenderweise auf den Objektträger gebracht: Mit einer sterilisierten Kapillarpipette wird ein Tropfen der Flüssigkeit in die Mitte des Objektträgers gebracht, und mit einem reinen Deckglas zugedeckt, und in situ fixiert. Wir können das Präparat auch ohne Fixieren zudecken und sodann das überaus lebhafte Treiben der verschiedensten Arten von Bodenbakterien und -protozoen in vivo beobachten. Die Lebhaftigkeit der Bewegungen dieser im dunklen Raume der Thermostaten erzogenen Lebewesen wird auch durch das Licht der Mikroskopierlampe vielfach erhöht. Wir müssen natürlich auch den Inhalt der übrigen Teile der Agarplatte ebenfalls untersuchen. Für diesen Zweck schneiden wir einige Stücke mit dem sterilen Messer aus, bringen dieselben auf den Objektträger, wo sie mit dem Deckglas, mit einem Tropfen Wasser vermischt und möglichst flach zerdrückt werden.

Mit dem modifizierten Züchtungsverfahren können wir für die Protozoen sehr günstige Lebensbedingungen schaffen. Nach unseren Beobachtungen gedeihen die Bakterien ebenfalls besser in den Kammern als in der festen Agarplatte. Dieses Verfahren könnte man daher auch für die Kultivierung anderer Mikroorganismen verwenden. Wir müssen aber gleich bemerken, daß alle Nachteile des CUTLERschen Verfahrens auch mit dieser Methode nicht vollkommen eliminiert werden können. Die Züchtung der *Ziliaten* gelingt z. B. auch derart sehr kümmerlich. Die *Colpoden* und *Paramaecien* gehen ebenfalls sehr schwer an. Für die letztere muß man andere, geeignetere Nährböden verwenden. So ergab sich für mich die Notwendigkeit, an Stelle der festen Nährmedien andere, womöglich vollkommen flüssige Nährböden heranzuziehen. Mein Leitgedanke war auch diesmal die eingangs erwähnte Auffassung über die ursprüngliche wasserbewohnende Eigenschaft der Protozoen, welche ja fast kategorisch die Verwendung der flüssigen Nährböden verlangt. Nach langwierigen Versuchen ist es mir endlich gelungen, entsprechende Nährböden zu finden. Da dieselben jedoch meiner Ansicht nach noch wenig erprobt wurden und außerdem die jetzigen Untersuchungen noch alle mit dem Verfahren von CUTLER erreicht wurden, möchte ich auf die detaillierte Beschreibung dieser Nährböden vorläufig nicht eingehen. Dies um so weniger, da bei den bisherigen Forschungen die CUTLERsche Methode restlos angewendet wurde und infolgedessen jede nachträgliche Systemänderung den richtigen Vergleich der Resultate vollkommen unmöglich machen würde. Die so gewonnenen Resultate bedeuten nun in allen Tabellen, Abbildungen und im Text die Anzahl der Bodenprotozoen pro Gramm natürlich feuchter Erde. Außer der Bestimmung der Anzahl der Protozoen haben wir noch folgende teils organische, teils anorganische Biofaktoren gemessen:

1. Die Anzahl der Bodenbakterien auch nach physiologischen Gruppen. Bezüglich der Methode verweise ich auf die Angaben des Abschnittes über die Methodik.

Die wichtigsten Faktoren der Biocönose des Waldbodens sind die Bakterien. Die Untersuchungen von FEHÉR und BOKOR haben zu ihrer Erkenntnis viel beigetragen. Die Erforschung ihres Zusammenlebens mit den Bodenprotozoen ist überaus wichtig.

2. Der *Humusgehalt* des Bodens nach der in den vorhergehenden Abschnitten beschriebener Methodik.

3. Die Werte der *Bodenazidität* wurden ebenfalls mit der bereits genau geschilderten Apparatur bestimmt. Die Untersuchungen von FEHÉR haben bereits einwandfrei erwiesen, daß der Säuregrad des Bodens ziemlich bedeutenden jahreszeitlichen Schwankungen unterworfen ist. Die niedrigsten, daher am meisten sauren Werte wurden im Herbst und stellenweise im Frühjahr, die höchsten im Hochsommer bzw. im Herbst gefunden. Die Unterschiede zwischen dem extremen Werte sind unter Umständen so bedeutend, daß sie für die Lebensbedingungen der Bodenprotozoen schwerwiegende Folgen haben können. Da nach den letzten bezüglichen Untersuchungen die Änderungen der $p_H$-Werte auf den Verlauf der physiologischen Prozesse des Tierkörpers großen Einfluß ausüben, so ist es ohne weiteres einzusehen, daß die Bodenazidität auf den Lebensverlauf der Bodenprotozoen ebenfalls einen recht bedeutenden Einfluß ausüben kann. Es ist noch ausdrücklich zu bemerken, daß nach unseren Untersuchungen auch der Humusgehalt des Waldbodens periodische jahreszeitliche Änderungen zeigt. Derselbe ist gewöhnlich nach dem Laubfall im September und Oktober am größten, während er später infolge der ständigen Zersetzung sukzessive abnimmt und in den Sommermonaten ihren niedrigsten Wert erreicht. Wir konnten im Laufe unserer Forschungen auch deutlich die Wirkung des Humusgehaltes des Waldbodens wahrnehmen und gewisse Zweckmäßigkeiten zwischen dem Humusgehalt einerseits und der Anzahl der Bodenprotozoen andererseits nachweisen.

4. Es versteht sich von selbst, daß wir immer sehr sorgfältig auch den *Wassergehalt des Bodens* gemessen haben (siehe S. 33).

Die Kenntnis dieses Faktors ist außerordentlich wichtig, wenn man die hydrophyle Natureigenschaften der Protozoen in Betracht zieht. Wir haben während unserer ersten Untersuchungen auf diesen Faktor nicht genügend Bedacht genommen, hatten jedoch später das anfangs Versäumte gründlich nachgeholt und während unserer Untersuchungen den Wassergehalt des Bodens immer sorgfältig gemessen.

5. Der *Gesamtstickstoffgehalt* des Bodens spielt bei den Lebensbedingungen der Protozoen ebenfalls eine wichtige Rolle. Seine Bestimmung wurde in dem Abschnitt über die Methodik eingehend geschildert. In unseren Tabellen fehlen einige Daten und zwar aus den ersten Beobachtungsmonaten. Es geben jedoch auch die Ergebnisse der späteren Untersuchungen ein ziemlich deutliches Bild.

6. Der *Nitratstickstoffgehalt* wurde ebenfalls berücksichtigt (bezüglich Methodik siehe S. 32). Er wurde leider ebenfalls nur vom April des Beobachtungsjahres gemessen. Die beigeschlossenen Diagramme zeigen jedoch auch für diesen wichtigen Faktor sehr wertvolle Zusammenhänge.

7. Die *meteorologischen Daten: Temperatur, Bodentemperatur, Luftfeuchtigkeit, Barometerdruck* und *Niederschlagsmengen* wurden auf den einzelnen meteorologischen Stationen gewissenhaft gemessen. Wir benützten für unsere Diagramme im allgemeinen nur die Mittelwerte für die einzelnen Monate.

Die oben geschilderten *biologischen*, *physikalischen*, *chemischen* Faktoren sind jene, welche von uns bei unseren Forschungen berücksichtigt wurden. FEHÉR und seine Mitarbeiter haben auch andere Faktoren gemessen: elektrische Leitfähigkeit, Licht, Bodenporosität, Bodenatmung usw. Wir konnten jedoch bei unseren Forschungen von diesen absehen, da sie für die Protozoenforschung belanglos sind.

**3. Die Versuchsflächen.** Die bei meinen Untersuchungen benützten Versuchsflächen sind auf S. 38—42 bereits alle detailliert beschrieben worden. Ich zähle sie daher hier nur kurz auf.

*15/1.* Mittelalteriger Fichtenwald, Sopron, Kaltwassertal.

*15/2.* Wie 15/1. Etwas durchgeforstet. Die unterdrückten Laubhölzer entfernt.

*15/3.* Stark durchgeforstet. Alle unterdrückten Bäume entfernt.

*21.* Rodungsfläche, Sopron, Diebmannsgraben.

*18.* Unterbauter Niederwald, Sopron, Kaltwassertal.

*11.* Weißbuchenwald, Niederwald, Sopron, Bogenriegel.

*14.* Mittelalteriger Fichtenwald, Sopron, Bogenriegel.

*22.* Wiese, Sopron, Kaltwassertal.

Wie diese Zusammenstellung zeigt, sind die Versuchsflächen nach Waldtypen wie folgt verteilt: vier Fichtenwälder, ein mit Fichte und Tanne unterbauter Niederwald, ein Laubwald, eine Kahlschlagsfläche und eine Wiese.

Alle Versuchsflächen sind von den menschlichen Siedlungen ziemlich entfernt, wodurch die störenden Einflüsse der Menschen und der etwaigen Haustiere möglichst ferngehalten werden. Infolge dieses Umstandes konnten hier die Naturkräfte und das Zusammenspiel der biologischen und bioklimatischen Faktoren der Biozönose des Waldbodens sich ungestört voll entfalten.

### 4. Vergleichende Besprechung der Forschungsresultate.

*A. Die Mengenverhältnisse der Protozoen des Waldbodens.* Ich habe schon erwähnt, daß die beigeschlossenen Tabellen und Abbildungen die *Anzahl der Protozoen f̈r 1 g* naturgleicher Erde ergeben. Wie die Abbildungen 68, 69, 70, 71 und die Daten der Tabellen 51, 52 und 53 zeigen, ergeben sich die folgenden Änderungen in der Gesamtzahl der Protozoen:

*Versuchsfläche 15/1* (Fichtenwald, Kaltwassertal). Die Anzahl der Protozoen hat ihren Höhepunkt im *Dezember* erreicht. (Siehe Abb. 68.) Ungefähr in der Mitte des Winters (1929) ist diese Zahl infolge Zufrierens des Bodens wesentlich herabgesunken. Das *Minimum* wurde im *September*, wel-

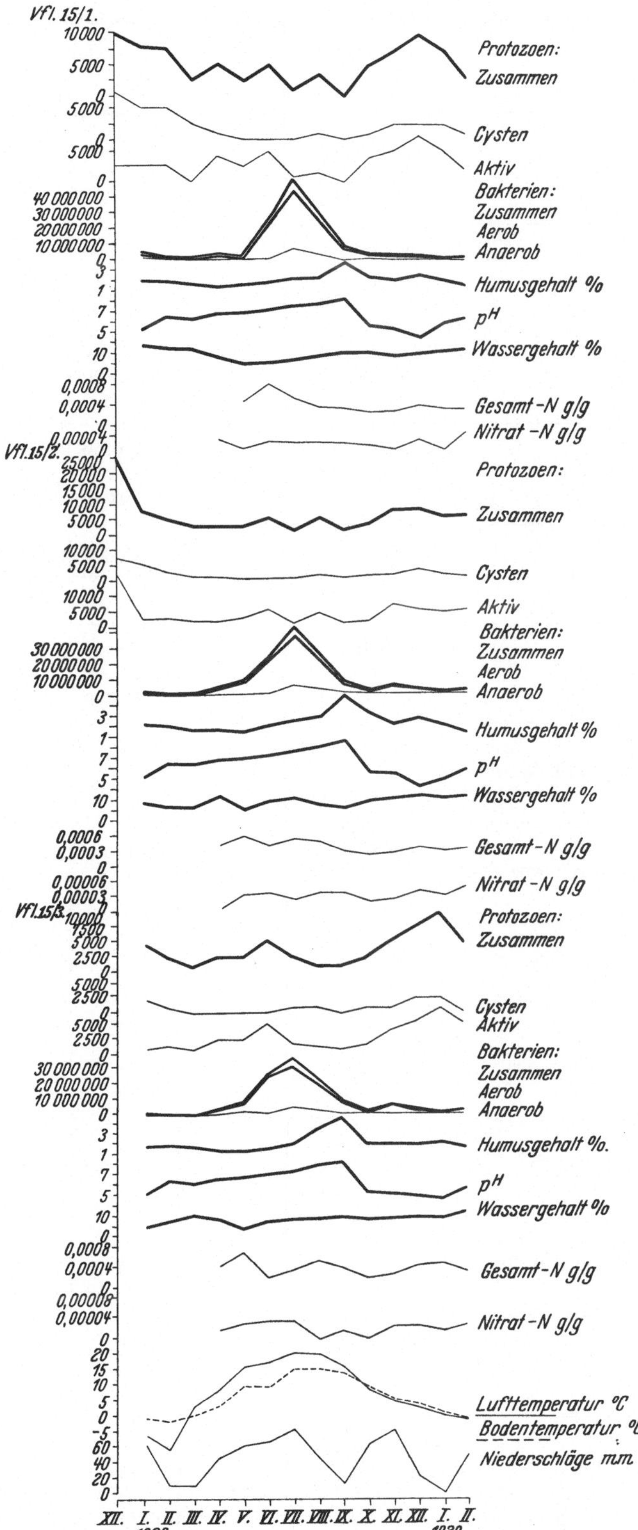



Abb. 68. Der zeitliche Verlauf des Protozoengehaltes des Waldbodens auf den Versuchsflächen 15/1, 15/2 und 15/3.

Tabelle

| | | Jahr: | 1928 | 1929 | | | | |
|---|---|---|---|---|---|---|---|---|
| | | Monat: | XII. | I. | II. | III. | IV. | V. |
| **Protozoen** | Gesamt- | Versuchsfl. 15/1 | 10000 | 7500 | 7500 | 2500 | 5000 | 2500 |
| | | ,, 15/2 | 25000 | 7500 | 5000 | 2500 | 2500 | 2500 |
| | | ,, 15/3 | — | 5000 | 2500 | 1000 | 2500 | 2500 |
| | Zysten | Versuchsfl. 15/1 | 7500 | 5000 | 5000 | 2500 | 1000 | 100 |
| | | ,, 15/2 | 7500 | 5000 | 2500 | 1000 | 1000 | 100 |
| | | ,, 15/3 | — | 2500 | 1000 | 100 | 100 | 100 |
| | Aktiv | Versuchsfl. 15/1 | 2500 | 2500 | 2500 | — | 4000 | 2400 |
| | | ,, 15/2 | 17500 | 2500 | 2500 | 1500 | 1500 | 2400 |
| | | ,, 15/3 | — | 1000 | 1500 | 900 | 2400 | 2400 |
| **Bakterien** | Gesamt- | Versuchsfl. 15/1 | — | 4900000 | 900000 | 1570000 | 3050000 | 1080000 |
| | | ,, 15/2 | — | 2430000 | 470000 | 910000 | 4350000 | 9350000 |
| | | ,, 15/3 | — | 1360000 | 205000 | 136000 | 4040000 | 6800000 |
| | Aerob | Versuchsfl. 15/1 | — | 3000000 | 570000 | 1350000 | 2900000 | 1000000 |
| | | ,, 15/2 | — | 1730000 | 420000 | 860000 | 3500000 | 9200000 |
| | | ,, 15/3 | — | 1250000 | 180000 | 131000 | 3850000 | 6200000 |
| | Anaerob | Versuchsfl. 15/1 | — | 1900000 | 330000 | 220000 | 150000 | 80000 |
| | | ,, 15/2 | — | 700000 | 50000 | 250000 | 850000 | 150000 |
| | | ,, 15/3 | — | 110000 | 25000 | 5000 | 190000 | 600000 |
| Humusgehalt % | | Versuchsfl. 15/1 | — | 1,96 | 1,85 | 1,62 | 1,36 | 1,59 |
| | | ,, 15/2 | — | 2,11 | 1,93 | 14,6 | 1,49 | 1,24 |
| | | ,, 15/3 | — | 1,95 | 2,01 | 1,74 | 1,45 | 1,35 |
| Hydrogenionkonz. ($p_H$) | | Versuchsfl. 15/1 | — | 5,14 | 6,36 | 6,11 | 6,64 | 6,86 |
| | | ,, 15/2 | — | 5,14 | 6,33 | 6,20 | 6,64 | 6,79 |
| | | ,, 15/3 | — | 5,14 | 6,33 | 6,20 | 6,64 | 6,79 |
| Wassergehalt % | | Versuchsfl. 15/1 | — | 17,3 | 14,0 | 13,3 | 10,9 | 7,8 |
| | | ,, 15/2 | — | 11,6 | 9,8 | 8,5 | 13,0 | 9,6 |
| | | ,, 15/3 | — | 8,9 | 10,2 | 11,5 | 9,8 | 7,6 |
| Gesamt-Nitrogen | | Versuchsfl. 15/1 | — | — | — | — | — | 0,0004480 |
| | | ,, 15/2 | — | — | — | — | 0,0003868 | 0,0005768 |
| | | ,, 15/3 | — | — | — | — | 0,0004004 | 0,0006916 |
| Nitrat-Nitrogen | | Versuchsfl. 15/1 | — | — | — | — | 0,0000317 | 0,0000125 |
| | | ,, 15/2 | — | — | — | — | 0,0000064 | 0,0000304 |
| | | ,, 15/3 | — | — | — | — | 0,0000192 | 0,0000312 |
| Lufttemperatur C⁰ | | Versuchsfl. 15/1 | — | —5,2 | —11,2 | +3,6 | +8,6 | +16,5 |
| | | ,, 15/2 | — | —5,2 | —11,2 | +3,6 | +8,6 | +16,5 |
| | | ,, 15/3 | — | —5,2 | —11,2 | +3,6 | +8,6 | +16,5 |
| Bodentemperatur C⁰ | | Versuchsfl. 15/1 | — | —0,3 | —1,5 | +0,45 | +3,85 | +9,9 |
| | | ,, 15/2 | — | —0,3 | —1,5 | +0,45 | +3,85 | +9,9 |
| | | ,, 15/3 | — | —0,3 | —1,5 | +0,45 | +3,85 | +9,9 |
| Niederschläge (mm) | | Versuchsfl. 15/1 | — | 70,3 | 11,0 | 10,7 | 47,9 | 63,3 |
| | | ,, 15/2 | — | 70,3 | 11,0 | 10,7 | 47,9 | 63,3 |
| | | ,, 15/3 | — | 70,3 | 11,0 | 10,7 | 47,9 | 63,3 |

Die Probeentnahme für die Protozoenuntersuchungen erfolgte zu einem anderen Zeitpunkte als
Tabellen sind auf diesen

51.

| | 1929 | | | | | | | 1930 | |
| VI. | VII. | VIII. | IX. | X. | XI. | XII. | I. | II. |
|---|---|---|---|---|---|---|---|---|
| 5 000 | 1 000 | 2 500 | 100 | 5 000 | 7 500 | 10 000 | 7 500 | 2 500 |
| 5 000 | 1 000 | 5 000 | 1 000 | 2 500 | 7 500 | 7 500 | 5 000 | 5 000 |
| 5 000 | 2 500 | 1 000 | 1 000 | 2 500 | 5 000 | 7 500 | 10 000 | 5 000 |
| 100 | 100 | 1 000 | 100 | 1 000 | 2 500 | 2 500 | 2 500 | 1 000 |
| 100 | 100 | 1 000 | 100 | 1 000 | 1 000 | 2 500 | 1 000 | 100 |
| 100 | 1 000 | 1 000 | 100 | 1 000 | 1 000 | 2 500 | 2 500 | 100 |
| 4 900 | 900 | 1 500 | — | 4 000 | 5 000 | 7 500 | 5 000 | 1 500 |
| 4 900 | 900 | 4 000 | 900 | 1 500 | 6 500 | 5 000 | 4 000 | 4 900 |
| 4 900 | 1 500 | — | 900 | 1 500 | 4 000 | 5 000 | 7 500 | 4 900 |
| 24 900 000 | 43 000 000 | — | 7 850 000 | 3 500 000 | 3 060 000 | 2 530 000 | 1 010 000 | 1 650 000 |
| 22 850 000 | 43 500 000 | — | 8 100 000 | 2 600 000 | 5 530 000 | 2 550 000 | 1 370 000 | 2 200 000 |
| 26 000 000 | 36 500 000 | — | 8 900 000 | 2 800 000 | 6 135 000 | 3 230 000 | 610 000 | 1 910 000 |
| 24 000 000 | 36 000 000 | — | 7 600 000 | 3 000 000 | 2 960 000 | 2 450 000 | 990 000 | 1 650 000 |
| 22 000 000 | 37 000 000 | — | 7 000 000 | 1 900 000 | 5 450 000 | 2 500 000 | 1 370 000 | 2 200 000 |
| 25 000 000 | 32 000 000 | — | 8 400 000 | 1 900 000 | 6 100 000 | 3 150 000 | 610 000 | 1 910 000 |
| 900 000 | 7 000 000 | — | 250 000 | 500 000 | 100 000 | 80 000 | 20 000 | — |
| 850 000 | 5 500 000 | — | 1 100 000 | 700 000 | 80 000 | 50 000 | — | — |
| 1 000 000 | 4 500 000 | — | 500 000 | 900 000 | 35 000 | 80 000 | — | — |
| 1,83 | 2,11 | 2,16 | 3,77 | 2,30 | 2,00 | 2,44 | 2,09 | 1,56 |
| 1,88 | 2,33 | 2,70 | 4,92 | 3,09 | 1,97 | 2,53 | 1,77 | 1,01 |
| 1,57 | 2,01 | 3,48 | 4,64 | 2,13 | 2,06 | 1,87 | 2,05 | 1,58 |
| 7,02 | 7,41 | 7,65 | 7,79 | 5,50 | 5,18 | 4,38 | 5,74 | 6,37 |
| 7,02 | 7,38 | 7,86 | 7,91 | 5,25 | 5,12 | 4,90 | 4,64 | 5,53 |
| 7,02 | 7,38 | 7,86 | 7,94 | 5,25 | 5,12 | 4,90 | 4,64 | 5,53 |
| 10,8 | 13,8 | 13,2 | 8,7 | 7,9 | 10,8 | 14,1 | 16,1 | 17,3 |
| 10,3 | 13,2 | 10,5 | 8,2 | 9,2 | 11,0 | 12,1 | 11,4 | 13,5 |
| 10,2 | 12,8 | 13,1 | 10,0 | 9,2 | 11,2 | 12,0 | 10,8 | 14,4 |
| 0,0008228 | 0,0005152 | 0,0003304 | 0,0003192 | 0,0002324 | 0,0002464 | 0,0003752 | 0,0003192 | 0,0002912 |
| 0,0003976 | 0,0004844 | 0,0004788 | 0,0002754 | 0,0001820 | 0,0002150 | 0,0003276 | 0,0002408 | 0,0003052 |
| 0,0002156 | 0,0003500 | 0,0005244 | 0,0003808 | 0,0001820 | 0,0002576 | 0,0004256 | 0,0004760 | 0,0003276 |
| 0,0000278 | 0,0000239 | 0,0000254 | 0,0000257 | 0,0000189 | 0,0000109 | 0,0000301 | 0,0000109 | 0,0000471 |
| 0,0000330 | 0,0000189 | 0,0000312 | 0,0000317 | 0,0000148 | 0,0000192 | 0,0000340 | 0,0000234 | 0,0000438 |
| 0,0000343 | 0,0000330 | 0,0000088 | 0,0000161 | 0,0000078 | 0,0000239 | 0,0000273 | 0,0000166 | 0,0000280 |
| +17,6 | +20,9 | +20,6 | +16,9 | +9,2 | +5,1 | +3,3 | +0,6 | −2,7 |
| +17,6 | +20,9 | +20,6 | +16,9 | +9,2 | +5,1 | +3,3 | +0,6 | −2,7 |
| +17,6 | +20,9 | +20,6 | +16,9 | +9,2 | +5,1 | +3,3 | +0,6 | −2,7 |
| +10,0 | +15,5 | +15,5 | +14,1 | +9,7 | +5,5 | +4,3 | +1,4 | −0,14 |
| +10,0 | +15,5 | +15,5 | +14,1 | +9,7 | +5,5 | +4,3 | +1,4 | −0,14 |
| +10,0 | +15,5 | +15,5 | +14,1 | +9,7 | +5,5 | +4,3 | +1,4 | −0,14 |
| 68,5 | 83,0 | 48,8 | 12,8 | 63,9 | 82,7 | 22,8 | 4,6 | 63,5 |
| 68,5 | 83,0 | 48,8 | 12,8 | 63,9 | 82,7 | 22,8 | 4,6 | 63,5 |
| 68,5 | 83,0 | 48,8 | 12,8 | 63,9 | 82,7 | 22,8 | 4,6 | 63,5 |

die Probeentnahme für die Bakterienforschungen. Die geringen Unterschiede in den Daten der Umstand zurückzuführen.

Tabelle

| | | Jahr: | 1928 | 1929 | | | | |
|---|---|---|---|---|---|---|---|---|
| | | Monat: | XII. | I. | II. | III. | IV. | V. |
| **Protozoen** | Gesamt- . . . . | Versuchsfl. 21 | — | — | 2 500 | 1 000 | 2 500 | 1 000 |
| | | „ 18 | 5 000 | 2 500 | 2 500 | 2 500 | 2 500 | 1 000 |
| | | „ 11 | 10 000 | 2 500 | 5 000 | 1 000 | 5 000 | 4 100 |
| | Zysten . . . . . | Versuchsfl. 21 | — | — | 2 500 | 1 000 | 1 000 | 100 |
| | | „ 18 | 1 000 | 2 500 | 2 500 | 1 000 | 1 000 | 100 |
| | | „ 11 | 5 000 | 1 000 | 5 000 | 100 | 1 000 | 100 |
| | Aktiv . . . . . | Versuchsfl. 21 | — | — | — | — | 1 500 | 900 |
| | | „ 18 | 4 000 | — | — | 1 500 | 1 500 | 900 |
| | | „ 11 | 5 000 | 1 500 | — | 900 | 4 000 | 4 000 |
| **Bakterien** | Gesamt- . . . . | Versuchsfl. 21 | — | 1 150 000 | 17 090 000 | 1 311 000 | 1 450 000 | 7 400 000 |
| | | „ 18 | — | 19 200 000 | 2 430 000 | 3 200 000 | 3 600 000 | 12 200 000 |
| | | „ 11 | — | 7 300 000 | 1 840 000 | 2 560 000 | 3 650 000 | 9 350 000 |
| | Aerob . . . . . | Versuchsfl. 21 | — | 900 000 | 16 600 000 | 1 300 000 | 1 300 000 | 6 700 000 |
| | | „ 18 | — | 16 100 000 | 2 300 000 | 3 000 000 | 3 500 000 | 10 200 000 |
| | | „ 11 | — | 3 600 000 | 1 710 000 | 2 500 000 | 3 100 000 | 9 000 000 |
| | Anaerob . . . . | Versuchsfl. 21 | — | 250 000 | 490 000 | 11 000 | 150 000 | 700 000 |
| | | „ 18 | — | 3 100 000 | 130 000 | 200 000 | 100 000 | 2 000 000 |
| | | „ 11 | — | 3 700 000 | 130 000 | 60 000 | 550 000 | 350 000 |
| | Humusgehalt % . . . | Versuchsfl. 21 | — | 2,90 | 3,15 | 2,53 | 1,99 | 1,63 |
| | | „ 18 | — | 2,73 | 2,51 | 1,98 | 1,86 | 1,52 |
| | | „ 11 | — | 1,60 | 1,46 | 1,21 | 1,05 | 0,73 |
| | Hydrogenionkonz. ($p_H$) | Versuchsfl. 21 | — | 5,30 | 6,27 | 6,61 | 6,90 | 7,01 |
| | | „ 18 | — | 4,64 | 7,10 | 6,45 | 6,54 | 6,80 |
| | | „ 11 | — | 5,14 | 6,94 | 6,52 | 6,72 | 6,80 |
| | Wassergehalt % . . . | Versuchsfl. 21 | — | 13,4 | 13,6 | 15,2 | 12,0 | 14,9 |
| | | „ 18 | — | 12,3 | 14,2 | 16,3 | 11,4 | 3,3 |
| | | „ 11 | — | 13,9 | 14,8 | 15,9 | 13,1 | 11,8 |
| | Gesamt-Nitrogen . . . | Versuchsfl. 21 | — | — | — | — | 0,0001559 | 0,0005880 |
| | | „ 18 | — | — | — | — | 0,0005152 | 0,0005620 |
| | | „ 11 | — | — | — | — | 0,0005932 | 0,0006188 |
| | Nitrat-Nitrogen . . . | Versuchsfl. 21 | — | — | — | — | 0,0000377 | 0,0000145 |
| | | „ 11 | — | — | — | — | 0,0000205 | 0,0000936 |
| | | „ 18 | — | — | — | — | 0,0000208 | 0,0000452 |
| | Lufttemperatur C⁰ . . | Versuchsfl. 21 | — | —5,2 | —11,2 | +3,6 | +8,6 | +16,5 |
| | | „ 18 | — | —5,2 | —11,2 | +3,6 | +8,6 | +16,5 |
| | | „ 11 | — | —5,2 | —11,2 | +3,6 | +8,6 | +16,5 |
| | Bodentemperatur C⁰ . | Versuchsfl. 21 | — | —0,3 | —1,5 | +0,45 | +3,85 | +9,9 |
| | | „ 18 | — | —0,3 | —1,5 | +0,45 | +3,85 | +9,9 |
| | | „ 11 | — | —0,3 | —1,5 | +0,45 | +3,85 | +9,9 |
| | Niederschläge (mm) . . | Versuchsfl. 21 | — | 70,3 | 11,0 | 10,7 | 47,9 | 63,3 |
| | | „ 18 | — | 70,3 | 11,0 | 10,7 | 47,9 | 63,3 |
| | | „ 11 | — | 70,3 | 11,0 | 10,7 | 47,9 | 63,3 |

52.

| | 1929 | | | | | | | 1930 | |
|---|---|---|---|---|---|---|---|---|---|
| VI. | VII. | VIII. | IX. | X. | XI. | XII. | I. | II. |
| 1 000 | 1 000 | 1000 | 100 | 2 500 | 1 000 | 5 000 | 7 500 | 2 500 |
| 2 500 | 1 000 | 1000 | 1 000 | 2 500 | 10 000 | 5 000 | 5 000 | 5 000 |
| 5 000 | 1 000 | 1000 | 100 | 5 000 | 10 000 | 5 000 | 7 500 | 5 000 |
| 100 | 100 | 100 | 100 | 1 000 | 1 000 | 2 500 | 5 000 | 1 000 |
| 100 | 100 | 1000 | 1 000 | 100 | 2 500 | 1 000 | 1 000 | 1 000 |
| 100 | 100 | 1000 | 100 | 1 000 | 1 000 | 1 000 | 2 500 | 1 000 |
| 900 | 900 | 900 | — | 1 500 | 900 | 2 500 | 2 500 | 1 500 |
| 2 400 | 900 | — | — | 2 400 | 7 500 | 4 000 | 4 000 | 4 000 |
| 4 900 | 900 | — | — | 4 000 | 9 000 | 4 000 | 5 000 | 4 000 |
| 38 800 000 | 40 500 000 | — | 12 000 000 | 3 000 000 | 7 700 000 | 3 020 000 | 964 000 | 1 000 000 |
| 10 900 000 | 33 330 000 | — | 6 900 000 | 3 000 000 | 13 650 000 | 4 550 000 | 1 020 000 | 550 000 |
| 21 300 000 | 42 500 000 | — | 9 200 000 | 5 200 000 | 1 100 000 | 1 230 000 | 630 000 | 240 000 |
| 37 500 000 | 38 000 000 | — | 11 700 000 | 2 300 000 | 7 600 000 | 3 000 000 | 900 000 | 1 000 000 |
| 8 400 000 | 30 300 000 | — | 6 400 000 | 1 800 000 | 13 500 000 | 4 400 000 | 1 000 000 | 450 000 |
| 20 000 000 | 40 000 000 | — | 9 000 000 | 3 400 000 | 1 000 000 | 1 200 000 | 600 000 | 200 000 |
| 1 300 000 | 2 500 000 | — | 300 000 | 700 000 | 100 000 | 20 000 | 64 000 | — |
| 2 500 000 | 3 000 000 | — | 500 000 | 1 200 000 | 150 000 | 150 000 | 20 000 | 100 000 |
| 1 300 000 | 2 500 000 | — | 200 000 | 1 800 000 | 100 000 | 30 000 | 30 000 | 40 000 |
| 1,98 | 2,94 | 3,95 | 5,07 | 3,47 | 3,45 | 4,58 | 2,81 | 1,52 |
| 2,27 | 2,30 | 1,98 | 3,15 | 1,75 | 2,04 | 2,52 | 1,47 | 1,59 |
| 0,91 | 1,99 | 3,06 | 3,25 | 2,50 | 1,44 | 1,54 | 1,55 | 1,55 |
| 7,29 | 7,42 | 7,83 | 7,59 | 5,12 | 5,08 | 4,98 | 5,04 | 5,37 |
| 7,25 | 7,40 | 7,91 | 7,52 | 5,34 | 5,30 | 5,29 | 4,74 | 5,54 |
| 7,25 | 7,40 | 7,86 | 7,61 | 5,64 | 5,42 | 5,10 | 4,84 | 5,24 |
| 13,7 | 14,3 | 8,9 | 8,35 | 8,9 | 8,6 | 8,5 | 4,75 | 16,7 |
| 9,5 | 11,8 | 5,7 | 4,4 | 9,9 | 10,8 | 12,6 | 13,2 | 12,9 |
| 13,9 | 19,1 | 6,7 | 5,8 | 8,1 | 8,9 | 11,7 | 14,5 | 16,8 |
| 0,0005228 | 0,0004376 | 0,0001988 | 0,0001736 | 0,0002352 | 0,0002604 | 0,0004256 | 0,0003439 | 0,0003089 |
| 0,0006552 | 0,0003808 | 0,0005600 | 0,0002296 | 0,0002624 | 0,0003136 | 0,0003556 | 0,0003548 | 0,0003920 |
| 0,0002800 | 0,0003640 | 0,0002268 | 0,0002548 | 0,0002212 | 0,0001960 | 0,0003274 | 0,0005264 | 0,0003780 |
| 0,0000603 | 0,0000195 | 0,0000392 | 0,0000301 | 0,0000306 | 0,0000259 | 0,0000343 | 0,0000410 | 0,0000590 |
| 0,0000569 | 0,0000423 | 0,0000304 | 0,0000015 | 0,0000210 | 0,0000176 | 0,0000119 | 0,0000239 | 0,0000304 |
| 0,0000413 | 0,0000223 | 0,0000262 | 0,0000286 | 0,0000152 | 0,0000239 | 0,0000249 | 0,0000218 | 0,0000174 |
| +17,6 | +20,9 | +20,6 | +16,9 | +9,2 | +5,1 | +3,3 | +0,6 | −2,7 |
| +17,6 | +20,9 | +20,6 | +16,9 | +9,2 | +5,1 | +3,3 | +0,6 | −2,7 |
| +17,6 | +20,9 | +20,6 | +16,9 | +9,2 | +5,1 | +3,3 | +0,6 | −2,7 |
| +10,0 | +15,5 | +15,5 | +14,1 | +9,7 | +5,5 | +4,3 | +1,4 | −0,14 |
| +10,0 | +15,5 | +15,5 | +14,1 | +9,7 | +5,5 | +4,3 | +1,4 | −0,14 |
| +10,0 | +15,5 | +15,5 | +14,1 | +9,7 | +5,5 | +4,3 | +1,4 | −0,14 |
| 68,5 | 83,0 | 48,8 | 12,8 | 63,9 | 82,7 | 22,8 | 4,6 | 63,5 |
| 68,5 | 83,0 | 48,8 | 12,8 | 63,9 | 82,7 | 22,8 | 4,6 | 63,5 |
| 68,5 | 83,0 | 48,8 | 12,8 | 63,9 | 82,7 | 22,8 | 4,6 | 63,5 |

Tabelle

| | | Jahr: | 1929 | | | | |
|---|---|---|---|---|---|---|---|
| | | Monat: | I. | II. | III. | IV. | V. |
| **Protozoen** | Gesamt- | Versuchsfl. 14 | 7 500 | 7 500 | 2 500 | 2 500 | 5 000 |
| | | ,, 22 | — | — | 5 000 | 5 000 | 5 000 |
| | Zysten | Versuchsfl. 14 | 2 500 | 2 500 | 1 000 | 1 000 | 100 |
| | | ,, 22 | — | — | 2 500 | 1 000 | 100 |
| | Aktiv | Versuchsfl. 14 | 5 000 | 5 000 | 1 500 | 1 500 | 4 900 |
| | | ,, 22 | — | — | 2 500 | 4 000 | 4 900 |
| **Bakterien** | Gesamt- | Versuchsfl. 14 | 2 150 000 | 3 030 000 | 5 150 000 | 1 350 000 | 8 350 000 |
| | | ,, 22 | 8 960 000 | 3 740 000 | 2 860 000 | 2 600 000 | 10 250 000 |
| | Aerob | Versuchsfl. 14 | 1 550 000 | 2 900 000 | 4 550 000 | 1 000 000 | 8 000 000 |
| | | ,, 22 | 8 760 000 | 3 700 000 | 2 600 000 | 2 400 000 | 9 800 000 |
| | Anaerob | Versuchsfl. 14 | 600 000 | 130 000 | 600 000 | 350 000 | 350 000 |
| | | ,, 22 | 200 000 | 40 000 | 260 000 | 200 000 | 450 000 |
| Humusgehalt % | | Versuchsfl. 14 | 1,51 | 1,32 | 1,25 | 1,53 | 0,96 |
| | | ,, 22 | 1,82 | 1,95 | 2,05 | 1,97 | 1,78 |
| Hydrogenionkonz. ($p_H$) | | Versuchsfl. 14 | 4,94 | 6,53 | 6,59 | 6,50 | 6,61 |
| | | ,, 22 | — | 6,62 | 6,22 | 6,50 | 6,58 |
| Wassergehalt % | | Versuchsfl. 14 | 13,8 | 14,9 | 15,7 | 13,5 | 11,7 |
| | | ,, 22 | 13,1 | 14,3 | 19,7 | 19,2 | 7,9 |
| Gesamt-Nitrogen | | Versuchsfl. 14 | — | — | — | 0,0003906 | 0,0005056 |
| | | ,, 22 | — | — | — | 0,0006804 | 0,0006152 |
| Nitrat-Nitrogen | | Versuchsfl. 14 | — | — | — | 0,0000104 | 0,0000179 |
| | | ,, 22 | — | — | — | 0,0000473 | 0,0000213 |
| Lufttemperatur C⁰ | | Versuchsfl. 14 | —5,2 | —11,2 | +3,6 | +8,6 | +16,5 |
| | | ,, 22 | —5,2 | —11,2 | +3,6 | +8,6 | +16,9 |
| Bodentemperatur C⁰ | | Versuchsfl. 14 | —0,3 | —1,5 | +0,45 | +3,85 | +9,9 |
| | | ,, 22 | —0,3 | —1,5 | +0,45 | +3,85 | +9,9 |
| Niederschläge (mm) | | Versuchsfl. 14 | 70,3 | 11,0 | 10,7 | 47,9 | 63,3 |
| | | ,, 22 | 70,3 | 11,0 | 10,7 | 47,9 | 63,3 |

cher Monat bei uns gewöhnlich recht warm und trocken ist, erreicht. Es ist recht interessant, daß in dieser Zeit auch die Zysten nur schwer vorzufinden waren. Von diesem Zeitpunkt an nimmt die Protozoenzahl sehr rapid und ständig zu, um ihr Maximum im Dezember zu erreichen. Von diesem Zeitpunkt an tritt wieder die Abnahme ein. Ich muß jedoch gleich hier bemerken, daß in dem fraglichen Monate (Dezember) das Wetter ziemlich mild und der Boden kaum eingefroren war. Die Jahreskurve der Änderungen der Anzahl des enzystierten Protozoen zeigt nicht so scharfe Änderungen, wie der Kurvenverlauf der Aktiven. Wir finden jedoch auch hier ein Hauptmaximum im Dezember. Es scheint, daß auch die *aktiven Protozoen* in diesem Monat viel häufiger in Zystenzustand überzugehen pflegen.

53.

| 1929 | | | | | | | 1930 | |
|---|---|---|---|---|---|---|---|---|
| VI. | VII. | VIII. | IX. | X. | XI. | XII. | I. | II. |
| 5000 | 2500 | 2500 | 2500 | 5000 | 10000 | 25000 | 10000 | 7500 |
| 10000 | 5000 | 5000 | 2500 | 7500 | 25000 | 10000 | 5000 | 7500 |
| 100 | 100 | 1000 | 1000 | 1000 | 2500 | 2500 | 2500 | 1000 |
| 100 | 100 | 1000 | 100 | 2500 | 1000 | 5000 | 2500 | 2500 |
| 4900 | 2400 | 1500 | 1500 | 4000 | 7500 | 22500 | 7500 | 6500 |
| 9900 | 4900 | 4000 | 2400 | 5000 | 24000 | 5000 | 2500 | 5000 |
| 32860000 | 50300000 | — | 5000000 | 4900000 | 4780000 | 2110000 | 400000 | 560000 |
| 37000000 | 58500000 | — | 1900000 | 1690000 | 4400000 | 1740000 | 950000 | 910000 |
| 32000000 | 48000000 | — | 4500000 | 3000000 | 4680000 | 2100000 | 300000 | 440000 |
| 36000000 | 56500000 | — | 1400000 | 1600000 | 2900000 | 1650000 | 850000 | 850000 |
| 860000 | 2300000 | — | 500000 | 1900000 | 100000 | 10000 | 100000 | 120000 |
| 1000000 | 2000000 | — | 500000 | 90000 | 1500000 | 90000 | 100000 | 60000 |
| 1,24 | 1,70 | 1,77 | 2,95 | 2,66 | 1,46 | 1,65 | 1,45 | 1,45 |
| 2,34 | 2,29 | 3,59 | 4,49 | 2,06 | 1,83 | 1,97 | 2,11 | 1,71 |
| 7,02 | 7,32 | 7,81 | 7,58 | 5,59 | 5,33 | 4,84 | 5,04 | 5,31 |
| 6,75 | 7,03 | 7,65 | 7,55 | 5,79 | 5,40 | 5,31 | 5,14 | 5,31 |
| 13,9 | 18,7 | 7,7 | 5,9 | 8,7 | 9,6 | 11,6 | 11,2 | 15,9 |
| 15,6 | 13,5 | 10,2 | 8,8 | 8,9 | 9,8 | 11,1 | 10,1 | 15,7 |
| 0,0003948 | 0,0004396 | 0,0004480 | 0,0002464 | 0,0001792 | 0,0002436 | 0,0003388 | 0,0005320 | 0,0002016 |
| 0,0001732 | 0,0005040 | 0,0002072 | 0,0003640 | 0,0002352 | 0,0003276 | 0,0003808 | 0,0004368 | 0,0005516 |
| 0,0000449 | 0,0000221 | 0,0000265 | 0,0000189 | 0,0000233 | 0,0000286 | 0,0000337 | 0,0000306 | 0,0000517 |
| 0,0000252 | 0,0000236 | 0,0000517 | 0,0000288 | 0,0000299 | 0,0000234 | 0,0000221 | 0,0000387 | 0,0000418 |
| +17,6 | +20,9 | +20,6 | +16,9 | +9,2 | +5,1 | +3,3 | +0,6 | −2,7 |
| +17,6 | +20,9 | +20,6 | +16,9 | +9,2 | +5,1 | +3,3 | +0,6 | −2,7 |
| +10,0 | +15,5 | +15,5 | +14,1 | +9,7 | +5,5 | +4,3 | +1,4 | −0,14 |
| +10,0 | +15,5 | +15,5 | +14,1 | +9,7 | +5,5 | +4,3 | +1,4 | −0,14 |
| 68,9 | 83,0 | 48,8 | 12,8 | 63,9 | 82,7 | 22,8 | 4,6 | 63,5 |
| 68,5 | 83,0 | 48,8 | 12,8 | 63,9 | 82,7 | 22,8 | 4,6 | 63,5 |

Es ist einleuchtend, daß im Leben und in der Biozönose des Bodens die Hauptrolle den aktiven Protozoen zukommt. Die enzystierten Protozoen befinden sich nämlich vollkommen im Ruhestand, im Zustande des latenten Lebens. Ihre Lebenstätigkeit ist während des latenten Lebenszustandes derart geringfügig, daß man ihren Einfluß ohne weiteres außer acht lassen kann.

Die Bestimmung der *Gesamtprotozoen* ist nur ein Hilfsmittel, um mit ihrer Hilfe die Zahl der *aktiven* Protozoen berechnen zu können. Uns interessieren jedoch im wesentlichen die *aktiven* Protozoen, da, wie gesagt, ihnen im Bodenleben eine recht wichtige Rolle zukommt. Die Anzahl der Gesamtprotozoen gibt dagegen noch sehr wertvolle Aufklärungen über die allgemeinen Mengenverhält-

nisse der Bodenprotozoen in der Erde. Ich habe daher die Änderungen der Anzahl der aktiven Protozoen mit erhöhter Aufmerksamkeit verfolgt. Möchte aber
hier nochmals bemerken, daß die Anzahl der Gesamtprotozoen keinesfalls un-
beachtet bleiben darf. Es kann nämlich leicht vorkommen, daß während der
Einstellung bzw. Vorbereitung der Kulturen auch dann, wenn wir noch so rasch
arbeiten, einige aktive Tierchen sich enzystieren können.

Der Kurvenverlauf der aktiven Protozoen zeigt ein sehr interessantes Bild.
Man kann gleich bemerken, daß im Boden der Versuchsfläche 15/2 überhaupt
keine Protozoen vorzu-
finden sind.

Neben den kleinen
Maxima im April und
Juni finden wir, wie
bereits schon erwähnt
wurde, die größte aktive
Protozoenanzahl im De-
zember. Wir müssen
daher im Laufe der Än-
derungen der Mengen-
verhältnisse der aktiven
Protozoen ein Sommer-
und ein Wintermaximum
unterscheiden.

Außerordentlich auf-
fallend ist das Verhal-
ten der Protozoenfauna
der *Versuchsfläche 15/2.*
(Siehe Abb. 68.) Diese
Parzelle liegt in der
unmittelbaren Nachbar-
schaft der Fläche 15/1,
wurde aber durchgefor-
stet und sein Boden er-
hält infolgedessen mehr
direktes Sonnenlicht.
Auffallend ist hier die
starke Abnahme der Pro-
tozoenzahl. Das Maxi-
mum der Gesamtproto-

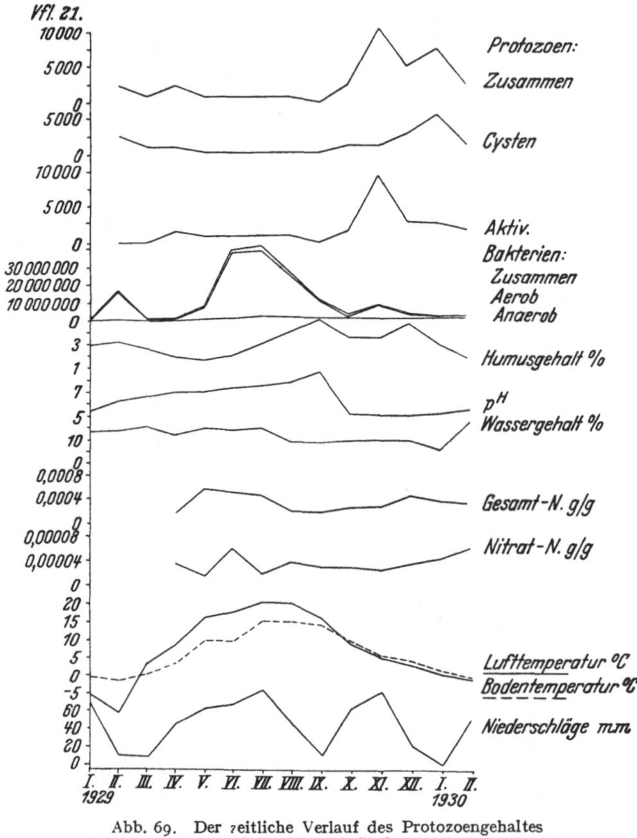


Abb. 69.   Der zeitliche Verlauf des Protozoengehaltes
auf der Versuchsfläche 21.

zoenzahl war 25000 im Dezember, beim Eintritt des kalten Winterwetters hat
sich jedoch ihre Zahl stark vermindert.   Nach zwei kleinen Sommermaxima
wurde sodann wieder im Spätherbst das Hauptmaximum erreicht. Die Anzahl
der enzystierten Protozoen bewegte sich ungefähr auf der gleichen Linie und
zeigte nur ein Hauptmaximum im Herbst. Der Kurvenverlauf der *aktiven Protozoen* zeigte dagegen zwei Kulminationspunkte: einen niedrigen im Sommer und
einen höheren im Spätherbst.

Das quantitative Verhalten der Protozoenfauna der *Versuchsfläche 15/3*
zeigt jedoch ein etwas anderes Bild. Das Sommermaximum stellt sich hier im
Juni, das Wintermaximum dagegen im Dezember. Der Kurvenverlauf der
Zysten ist ziemlich gleichmäßig.

Die Protozoenfauna der *Versuchsfläche 21* zeigt große Unterschiede zu den
jetzt geschilderten Waldtypen. (Siehe Abb. 69.) Diese Versuchsfläche ist, wie ge-

sagt, eine frischge-
rodete Kahlschlag-
fläche, deren Boden
nur mit den son-
stigen Bodenpflan-
zen, die nach der
Freistellung sehr
zahlreich erschienen
sind, zugedeckt ist.
Die *Gesamtzahl* der
Protozoen weist im
April ein kleineres
Maximum auf, zeigt
aber bis Oktober
eine steigende Ten-
denz, worauf im No-
vember eine rapide
Steigerung erfolgt
und die Anzahl
der Protozoen pro
Gramm Erde 10000
erreicht. Im De-
zember tritt sodann
wieder die Abnah-
me ein, auf welche
jedoch im Januar
wieder eine Zunah-
me folgt. Von die-
sem Zeitpunkt an
können wir wieder
eine Verminderung
der Protozoenan-
zahl beobachten.
Der Kurvenverlauf
der aktiven Proto-
zoen zeigt ungefähr
das gleiche Bild, wo-
bei das November-
maximum deutlich
zu beobachten ist.
In den Monaten
Februar, März und
September konnte
ich überhaupt keine
aktiven Protozoen
beobachten. Die An-
zahl der enzystier-
ten Protozoen er-
reicht ihren Höhe-
punkt im Monat
Januar. Diese Er-
scheinung ist die na-

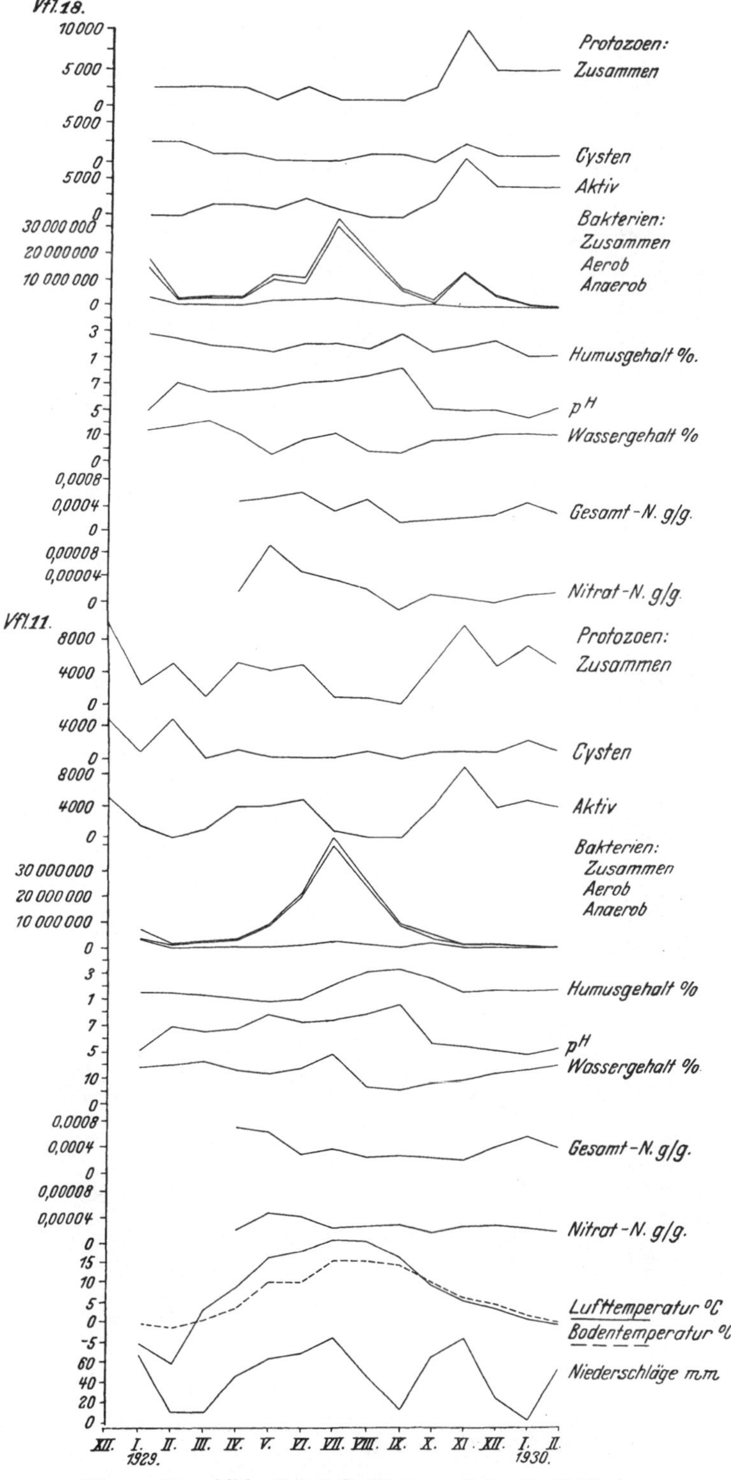


Abb. 70. Der zeitliche Verlauf des Protozoengehaltes des Waldbodens
auf den Versuchsflächen 18 und 11.

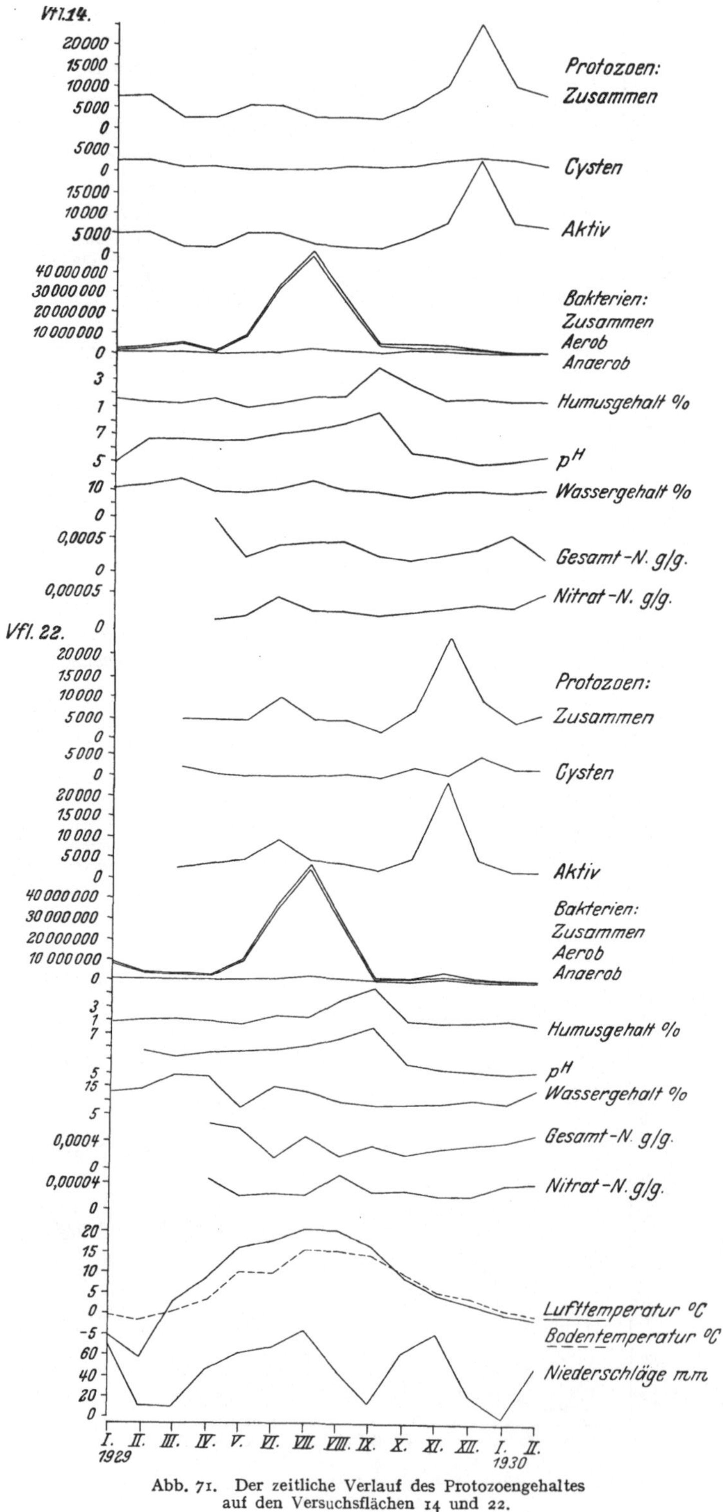



Abb. 71. Der zeitliche Verlauf des Protozoengehaltes
auf den Versuchsflächen 14 und 22.

türliche Folge der großen Protozoenanzahl des Vormonates; sie läßt bestimmt vermuten, daß beim Gefrieren des Bodens die aktiven Protozoen sich größtenteils enzystiert haben. Die quantitativen Änderungen der Protozoenfauna dieser Versuchsfläche weist wie ersichtlich ziemlich große Abweichungen im Verhältnis zu den vorher beschriebenen auf. Sie repräsentiert einen ganz alleinstehenden Typus. Es ist sehr interessant, daß Änderungen der anderen organischen und anorganischen Faktoren ebenfalls ziemlich abweichend verlaufen, wie das die Kurven der Abb. 69 ganz deutlich zeigen.

Das Maximum der Zahl der aktiven Protozoen kann man auch hier deutlich nachweisen.

Die *Versuchsfläche 18* ist ein mit Fichte und Tanne unterbauter Niederwald. Sie zeigt eine ziemliche Übereinstimmung mit dem Verhalten der Protozoenfauna der Versuchsfläche 21. Die Zahl der *Gesamtprotozoen* und die Anzahl der *aktiven* Protozoen ergeben ein kleineres

Maximum im Juni und charakteristisches Hauptmaximum im November. (Siehe Abb. 70.) Sonst bleiben diese Faktoren ziemlich auf dem gleichen Niveau. Es ist noch zu bemerken, daß in 4 Monaten des Jahres, d. h. im Januar, Februar, August und September *keine aktiven* Protozoen nachzuweisen waren. Diese Versuchsfläche gehört somit mit der vorhergehenden einem *gleichen* Typ an. Diese Tatsache läßt sich bereits auch von dem Kurvenverlauf der übrigen Standortsfaktoren vermuten. Es ist daher wahrscheinlich, daß der Boden des jungen Niederwaldes und der Kahlschlagfläche ungefähr den gleichen mikrobiologischen Charakter besitzt.

*Versuchsfläche 11* ist ein typischer Laubwald (*Carpinus betulus*). Wie Abb. 70 zeigt, kann man *zwischen* den *Laub-* und *Koniferenwäldern* bezüglich der Protozoenfauna ziemlich *bedeutende Unterschiede* nachweisen. Die Gesamtzahl der Protozoen zeigt ein deutliches Frühjahrsmaximum und ein noch deutlicheres Novembermaximum. Diese Kulmination der Protozoenzahl konnte in diesem Maße in keinem anderen Waldboden nachgewiesen werden. Es ist besonders auffallend das kräftige Frühjahrsmaximum, welches vom April bis Juni dauert und während dessen die Zahl der aktiven Protozoen mitunter auch 5000, jedoch den Höchstwert 9000 des Novembermaximums doch nicht erreicht hat. Es gab trotzdem 3 Monate, und zwar Februar, August und September, in welchen sie auch im Boden des Laubwaldes nicht zu konstatieren waren. In dieser Hinsicht ist daher kein Unterschied zwischen Laubwald und Nadelwald. Das charakteristische Novembermaximum kommt nämlich in beiden regelmäßig vor.

Die *Versuchsfläche 14* repräsentiert einen älteren Fichtenwald. Das Verhalten seiner Protozoenfauna ist sehr charakteristisch. Das Auffallendste ist jedoch, daß in ihrem Boden im Gegensatz zu den bisherigen Versuchsflächen die *aktiven Protozoen* während des ganzen Jahres vorhanden sind. Der Boden dieses älteren Bestandes zeigt uns ein Biotop, dessen Lebensbedingungen vollkommen ausgeglichen sind. Hier ist zunächst der Boden wärmer und der Wassergehalt gleichmäßiger (siehe Abb. 71). Es war ja während des ganzen Jahres genügend Wasser vorhanden und infolgedessen konnte man *aktive Protozoen* auch im *Winter* und im *Spätsommer* konstatieren. Ich konnte sogar noch im Januar und Februar 5000 Protozoen nachweisen. Die niedrigsten Zahlen (1500 Protozoen pro Gramm Erde) fand ich im März, April, August und September. Das Sommermaximum der aktiven Protozoen begann im Mai und endete im Juli. Dauerte daher genau so 3 Monate, wie dasselbe des Bodens der mit Laubwald bedeckten Versuchsfläche 11. Vom Oktober angefangen steigt dann die Anzahl der aktiven Protozoen plötzlich, um im Dezember die Höchstzahl 22500 zu erreichen. Hier stellt sich das Maximum einen Monat später als auf den übrigen Versuchsflächen ein. Die Abb. 71 zeigt ganz besonders deutlich diese Erscheinung, welche genau so charakteristisch ist wie das auffallende Sommermaximum der Gesamtbakterien im Juli. Die Kurve zeigt übrigens außer dem Maximum auch das Minimum in der übrigen Vegetationszeit. Die regelmäßigen periodischen Änderungen der Maxima und Minima sind auch hier deutlich zu konstatieren. Der Kurvenverlauf der *enzystierten* Protozoen (Zysten) zeigt ebenfalls ein recht charakteristisches Bild. Dasselbe ist während des ganzen Jahres ziemlich einförmig. Wir können nur in den Wintermonaten eine ganz geringfügige Erhöhung beobachten. Dies zeigt die *Ausgeglichenheit* dieses Biotops. Die Wirkung der Winterfröste und der Sommerdürre konnte nicht so stark zur Geltung kommen wie in den Böden der jüngeren Bestände. Der Boden dieses älteren Bestandes bietet daher derart günstige Lebensbedingungen den Individuen der Biozönose desselben, daß sie während des ganzen Jahres im Leben bleiben können. Die Notwendigkeit der Enzystierung tritt hier fast vollständig in den Hintergrund.

Der Boden der *Versuchsfläche 22* ist *kein Waldboden*. Diese Versuchsfläche ist eine Waldwiese auf alluvialem Boden, in dem Tal des Krebsenbaches. Sie liegt zwischen bewaldeten Hügeln und hat eine üppige Pflanzendecke. Sie wird nur für Heugewinnung benützt und niemals beweidet. Infolgedessen sind die künstlichen Eingriffe der Menschenhand auf ein Mindestmaß reduziert. Sie kann daher im großen und ganzen ebenfalls als ein von menschlichen Einflüssen ziemlich unabhängiges Biotop aufgefaßt werden. Ihre Protozoenfauna zeigt außerordentlich interessante Entwicklung. Abb. 71 zeigt ganz deutlich das kurze Sommermaximum im Juni. Desgleichen zeigen ähnliche andere Waldböden das stark entwickelte, jedoch ziemlich kurz anhaltende Novembermaximum. Charakteristisch ist auch für diese Versuchsfläche, daß auch hier *während des ganzen Jahres aktive* Protozoen nachzuweisen sind, deren Anzahl bedeutend größer ist als in den übrigen Waldböden. Das Jahresmaximum, welches sich hier gewöhnlich im Monat September einstellt, zeigt noch immer 2400 aktive Protozoen. Das Sommermaximum ist 9900, wird aber von dem bedeutenden Novembermaximum mit 24000 Protozoen mehr als doppelt übertroffen. Eine derartig hohe Zahl konnte ich bisher in keinem Waldboden nachweisen. Es scheint auch diese Beobachtung die bereits erwähnte Tatsache zu bestätigen, daß der Protozoengehalt der landwirtschaftlich benützten Böden im allgemeinen viel höher ist, als die Protozoenmenge der Waldböden. Daß sich im Wiesenboden durch den ganzen Sommer *aktive* Protozoen befinden können, ist leicht zu erklären und zu verstehen, wenn wir den verhältnismäßig hohen Wassergehalt desselben in Betracht ziehen. Auch Abb. 71 zeigt ja ganz deutlich, daß der Wiesenboden ziemlich hohen Wassergehalt gehabt hat. Derselbe war sogar auch während des Minimums in den Monaten April und Mai noch immer recht bemerkenswert. Es dürfte übrigens allgemein bekannt sein, daß der Boden der alluvialen Wiesen, welcher ja meistens von Bächen gewässert wird, auch bedeutend höheren Wassergehalt aufweist als die Waldböden. Das oben geschilderte Verhalten der Bodenprotozoen führt zu der recht interessanten Feststellung, daß die periodischen quantitativen Änderungen der Protozoenfauna der im normalen Betriebe befindlichen Wiese den gleichen Erscheinungen der Waldböden fast vollkommen ähnlich sind.

Auf diese gleiche Erscheinung bei der Bakterienzahl und den Änderungen der $p_\mathrm{H}$-Werte hat schon FEHÉR (211) hingewiesen. Meine Ergebnisse bestätigen nun ebenfalls die Beobachtungen.

*B. Die Rolle und die Änderungen der übrigen untersuchten Faktoren.* Ich möchte mich nun mit der Betrachtung jener Faktoren näher beschäftigen, welche in erster Linie das Hervortreten der beiden Jahresmaxima der Protozoenzahl zu beeinflussen scheinen. Wie bereits bekannt ist, erscheinen von diesen beiden Kulminationspunkten einer am Anfang des Sommers und einer im November oder Dezember.

Das *Maximum im Spätherbst* ist jedoch auffallend charakteristisch. Es erscheint pünktlich und zeigt in der Regel ziemlich hohe Werte. Dagegen erscheint das Sommermaximum ziemlich unregelmäßig und weist meistens ziemlich niedrige Werte auf. Die nähere Betrachtung des Verhaltens der einzelnen Faktoren erklärt in mancher Hinsicht diese Änderungen der Protozoenzahl. Die Abbildungen zeigen ganz deutlich die quantitativen Wechsel der einzelnen Biofaktoren. Ich möchte hier nur so viel erwähnen, was zur Erklärung der Mengenveränderungen der *Protozoenfauna* unbedingt notwendig ist. Zwecks Erforschung der periodischen quantitativen Änderungen der *Bodenbakterien* haben FEHÉR (211) und seine Mitarbeiter viele Untersuchungen durchgeführt. Auf Grund seiner Ergebnisse wissen wir, daß sowohl die *aeroben*, wie die *anaeroben*

Bakterien ihre *Höchstzahl im Hochsommer* erreichen. Ihr Maximum ist ziemlich hoch sowohl in Waldböden wie in dem Wiesenboden. Wenn wir nun auf Grund der Abbildungen und Tabellen die uns am meisten interessierende Anzahl der *aktiven* Protozoen mit dem Kurvenverlauf der Gesamtbakterienzahl vergleichen, so werden wir gleich bemerken, daß das unbedeutende Sommermaximum der Protozoenfauna sich immer mit 1—2 Monaten früher einstellt, als das mächtige Maximum der Gesamtbakterienzahl. Das Maximum der Bakterienzahl fällt jedoch mit dem Hauptminimum der aktiven Protozoen in großen Zügen zusammen.

Es ist recht interessant, daß man auf den Versuchsflächen 15/2, 21, 18 und 22 gleichzeitig mit dem Auftreten des Hauptmaximums der Protozoenzahl auch eine geringe Erhöhung der Gesamtbakterienzahl beobachten kann. Aus diesen Tatsachen darf man jedoch keinen Zusammenhang zwischen der Bakterienflora und Protozoenfauna des Bodens herleiten. Wir haben bereits mit FEHÉR (549) in unserer ersten Arbeit hierzu darauf hingewiesen, daß die Entwicklung der Gesamtbakterienzahl vor allen von der Temperatur der Luft und des Bodens beeinflußt wird. Wir möchten uns daher in diesem Belange nur soweit aussprechen, daß zwischen der *Bakterienflora* und *Protozoenfauna des Bodens* höchstens ein *biozönotischer* Zusammenhang vorhanden ist, dessen nähere Kriterien vorläufig noch nicht erforscht sind. Ihre Existenz und ihr Wachstum entwickeln sich jedoch ziemlich unabhängig.

Ich kann daher bezüglich der Protozoenfauna des Waldbodens der Auffassung der *russischen* und *englischen* Protozoenforscher betreffs der direkten Beeinflussung der Bodenbakterien durch Bodenprotozoen nicht beipflichten. Die Resultate meiner Untersuchungen bestätigen vielmehr die Ergebnisse und Auffassungen der *amerikanischen* Protozoenforscher, die entschieden behaupten, daß *zwischen Bodenbakterien und -protozoen kein unmittelbarer Zusammenhang* nachzuweisen ist. Ich möchte jedoch dieser Feststellung in dieser scharfen Form nicht ganz beipflichten, da zwischen den beiden Gruppen wohl biozönotische Zusammenhänge existieren, welche man nicht außer acht lassen darf. Ich glaube, daß die objektive Wahrheit wohl zwischen den beiden extremen Auffassungen in der Mitte zu suchen ist. Die *Protozoen* spielen sicherlich eine recht *wichtige Rolle* im Bodenleben. Es ist wahr, daß in einigen Monaten die lebenden, d. h. die aktiven Formen vollkommen fehlen. In anderen Perioden treten sie jedoch derart massenhaft auf, daß man ihre aktive Rolle wohl anerkennen muß. *Ihre Bedeutung sollte man weder so hoch einschätzen, wie dies die englische Auffassung tut, noch so geringfügig halten, wie die amerikanischen Bodenbiologen.* Man könnte sogar *theoretisch* auch behaupten, daß vielleicht durch die hochgradige Vermehrung der Bakterien das Minimum der Bodenprotozoen verursacht wird. Es ist auch leicht möglich, daß wahrscheinlich das *biozönotische Gleichgewicht* diese Korrelation bedingen kann. Wir werden jedoch gleich sehen, daß alle diese theoretischen Erwägungen ziemlich überflüssig werden, weil man die zahlenmäßigen Änderungen mit dem Wechsel der anorganischen Umweltfaktoren sehr leicht erklären kann.

*a) Der Humusgehalt des Bodens.* FEHÉR (210) hat gezeigt, daß der Humusgehalt des Waldbodens regelmäßige periodische Änderungen zeigt. Diese Änderungen hängen mit dem Laubfall und mit den darauffolgenden Zersetzungserscheinungen zusammen. Der Humusgehalt erreicht gewöhnlich im September seinen maximalen und im Mai seinen minimalen Wert. Es sind jedoch auch solche Böden vorgekommen (15/2, 21, 18), deren Humusgehalt auch in dem Monat Dezember noch gewisse Steigerung erfährt. Wenn wir in den Abbildungen die Kurve des *Humusgehaltes* mit der Kurve der *aktiven* Protozoen vergleichen, so werden wir gleich sehen, daß gerade in der Zeit des maximalen Humusgehaltes das Minimum der aktiven Protozoen vorzukommen pflegt. In den meisten untersuchten Böden fehlen sogar fast vollkommen die aktiven Formen. Wir finden dagegen gerade im November, in dem Monate des Hauptmaximums der aktiven Protozoen, die *geringsten Werte des Humusgehaltes*. An dieser Tatsache ändert ja nicht viel der Umstand, daß in den erwähnten Böden auch im Dezember eine kleine Erhöhung des Humusgehaltes zu konstatieren ist. Gerade die Abbildungen dieser Böden (2, 4 und 5) zeigen ganz deutlich, daß der Humusgehalt im November das gewöhnliche Minimum und darauffolgend im Dezember ein unbedeutendes Maximum gezeigt hat, und auffallenderweise weisen nun die Protozoen ihr Hauptmaximum auch in dem Monate November auf.

Es ist unzweifelhaft, daß *zwischen dem Humusgehalt und der Anzahl der Bodenprotozoen ein umgekehrtes Verhältnis besteht*. Man kann dafür nach meiner Ansicht nicht den Zufall verantwortlich machen. Wir müssen andererseits auch darüber klar sein, daß man natürlich mit *dem* Humusgehalt *allein* das Protozoenleben im Waldboden nicht regeln kann. Es sinkt ja auch die Gesamtzahl der Bakterien in der Periode, wo das Maximum des Humusgehaltes zutage tritt, ohne daß man dafür den hohen Humusgehalt mit Sicherheit verantwortlich machen könnte, da hier wohl zunächst die *Temperatur*wirkung in den Vordergrund tritt.

Der Humusgehalt spielt sicherlich eine ganz bedeutende Rolle bei der quantitativen Entwicklung der Lebensverhältnisse der Bodenprotozoen, ohne daß man ihn als einen *entscheidenden* Faktor bezeichnen könnte. Er wirkt korrelativ mit den anderen Umweltfaktoren. Ich möchte hier ergänzend bemerken, daß bezüglich der *Thecamöben* bereits P. VOLZ (559) einen gewissen Zusammenhang mit dem Humusgehalt des Bodens festgestellt hat.

*b) Die Rolle der Bodenazidität ($p_H$).* In der modernen Biologie sind in der letzten Zeit über die biologische Rolle der Bodenazidität recht zahlreiche Untersuchungen durchgeführt worden. Wir selbst waren auch bestrebt, bei unseren mikrobiologischen Untersuchungen den Einfluß und die Wirkung derselben eingehend zu studieren, da gerade in der letzten Zeit recht viele Untersuchungen den entscheidenden Einfluß dieses Biofaktors bezüglich der physiologischen Vorgänge der Kleinlebewesen einwandfrei erwiesen haben. Die letzten Untersuchungen von FEHÉR (210) haben ganz klar gezeigt, daß es nicht genügt, die Bestimmung der $p_H$-Werte auf Grund weniger Proben durchzuführen. Da dieser Biofaktor oft recht beträchtlichen jahreszeitlich bedingten Schwankungen unterworfen ist, so muß man, um zuverlässige Resultate erreichen zu können, das Jahresmittel der Bodenazidität durch systematische Untersuchungen während einer vollen Vegetationsperiode bestimmen. Nach den Untersuchungen von FEHÉR (217) findet man gewöhnlich die *niedrigsten* $p_H$-Werte in den *Wintermonaten,* wo gewöhnlich der Boden auffallend sauer ist. Die *höchsten*, also fast neutralen und oft *basischen* Werte kommen im Laufe der ersten *Herbstmonate* vor. Zwischen den maximalen und minimalen Werten können oft recht bedeutende Unterschiede (mitunter 60—80 %) vorkommen. Die $p_H$-Kurven der beigeschlossenen Abbildungen zeigen, daß die $p_H$-Werte ungefähr während eines halben Jahres in der Nähe des neutralen Wertes bleiben und während der gleichen Zeitperiode mehr oder minder saure Werte zeigen.

Von den Wintermonaten angefangen steigen die $p_H$-Werte allmählich nach der neutralen Seite. Oft überschreiten sie diese im Laufe des Herbstes. Nach dem Kulminationspunkt erfolgt sodann ein jäher Abfall nach der sauren Seite hin, wo sie bis zum Frühjahr ausharren.

Vergleichen wir nun die Kurve der *Bodenazidität* mit der Kurve der *aktiven Protozoen*, so werden wir gleich sehen, daß die Protozoen ihr *Minimum* im September aufweisen. Ich habe schon erwähnt, daß im Waldboden im September gewöhnlich überhaupt keine aktiven Protozoen zu finden sind. Im November und Dezember, wo die $p_H$-Werte kulmimieren, erreicht auch die Gesamtzahl der Protozoen ihr Hauptmaximum. Nach dieser vergleichenden Darstellung werden wir ganz leicht und deutlich den Zusammenhang zwischen den Lebensvorgängen der aktiven Bodenprotozoen und der Gestaltung der $p_H$-Werte erkennen. Dieser Zusammenhang deutet dahin, daß die Entwicklung der Bodenprotozoen von der sauren Reaktion abhängig ist, ganz im Gegensatz zu den Bodenbakterien, welche bekanntlich ihr Maximum eher bei der neutralen bzw. basischen Bodenreaktion erreichen. Die Protozoen des Waldbodens und des Waldwiesenbodens scheinen daher für ihre optimale Entrichtung eher (ähnlich wie die *Pilze*) die *saure Bodenreaktion* zu fordern. Die aktiven Formen verschwinden fast immer, wenn die Reaktion des Waldbodens nach der basischen Seite schreitet. Man darf aber auch der *Bodenazidität keine alleinstehende* und *entscheidende Rolle zuschreiben*. Ihre Rolle ist ebenso korrelativ, wie die der übrigen Umweltfaktoren.

Daß ihre bedeutende Wirkung unverkennbar ist, steht ja außer Zweifel. Wir möchten jedoch vorläufig noch nicht definitiv aussprechen, daß die quantitative Entwicklung der Bodenprotozoen von den Änderungen der Bodenazidität entscheidend beeinflußt wird. Zu diesem Behufe sind noch weitere Laboratoriumsversuche unbedingt notwendig. Wir möchten aber soviel schon jetzt feststellen, daß für die optimale Entwicklung der Protozoen des Waldbodens wahrscheinlich die schwache saure Reaktion des Bodens von besonders günstiger Wirkung ist. Wenn die $p_H$-Werte die Zahl 8 überschritten haben, so ist der ungünstige Einfluß unverkennbar.

*c) Die Rolle des Wassergehaltes des Bodens.* Ich habe schon erwähnt, daß die meisten Arten der bodenbewohnenden *Rhizopoden, Mastigophoren* und *Ziliaten* ausgesprochene *Wasserorganismen* sind. Daß der Wassergehalt des Bodens in ihrem Leben eine außerordentlich wichtige Rolle spielen wird, ist infolgedessen selbstverständlich. Dieser Biofaktor spielt daher nicht nur im Leben der Pflanzen, sondern auch im Leben der Bodenprotozoen eine ausschlaggebende Rolle; er ist hier für sie eine unentbehrliche und grundlegende Lebensbedingung. Das Wasser bedeutet ja für sie ihren Lebensraum, ihr Biotop, der Wassergehalt des Bodens sichert für sie ihr lebensnotwendiges biologisches Milieu. Wenn im Boden kein Wasser mehr vorhanden ist, dann wird das Leben dieser par excellence Wasserorganismen gänzlich unmöglich. Wir finden auch keine aktiven Protozoen in dem trockenen Boden. Hier sind sie meistens im enzystierten Zustande. Steht jedoch genügend Wasser zur Verfügung, so werden sie sogleich aktiv. Wir wissen, daß der Boden den größten Teil des Wassers in der Form von a) *hygroskopischem* und b) *kapillarischem* Wasser auch in den trockenen Jahreszeiten zurückhält.

Der Boden ist dagegen vollkommen unfähig dazu, die Luftfeuchtigkeit aufzusaugen. Ihre einzige Wasserquelle bilden die atmosphärischen Niederschläge. Sein Wasser kommt auch als *Kondenswasser* und *Adhäsionswasser* vor.

Wir wollen zunächst jene Formen seines Vorkommens näher untersuchen, welche den Protozoen am meisten nützlich sein können.

Unter *hygroskopischem* Wasser verstehen wir jene dünne Wasserschicht, welche infolge der Adhäsion an der Oberfläche der Bodenteilchen haftet (90, 187). Ihre Menge ist außerordentlich gering, die Schichtdicke beträgt kaum 2,5 Millimikron. Es haftet nur an der Außenfläche der Bodenteilchen, bei den Bodenkolloiden drängt es aber auch zwischen die Kolloidteilchen, da dieselben viel Wasser aufnehmen und dasselbe kräftig zurückhalten können.

Wahrscheinlich wird das hygroskopische Wasser in dem Leben der Bodenprotozoen keine besonders große Rolle spielen können, da die kleinsten Amöben bereits eine Größe von etlichen Mikronen erreichen können. Sie sind zwar oft erheblich abgeplattet, eine Bewegungsmöglichkeit ist jedoch in der geringen Menge dieser Wasserschicht fast gänzlich ausgeschlossen. Viel wichtiger ist für sie das sog. *Kapillarwasser* in den Bodenkapillaren, welches mit dem hygroskopischen Wasser eng zusammenhängt. Es wird von der Kapillarkraft nach den Gesetzen der Kapillarität in dem Boden zurückgehalten. Da aber die Kapillarkräfte und die Adhäsion bedeutend größer sind als die Schwerkraft der Erde, so werden diese beiden Erscheinungsformen des Bodenwassers von den Bodenteilchen zurückgehalten.

Wir unterscheiden außerdem noch im Boden das sog. *Adhäsionswasser,* welches an den Bodenteilchen haftet und mit dem hygroskopischen Wasser zusammenhängt. Dieses Wasser und seine Molekülen stehen also unter normalem Druck, und in dieser Eigenschaft unterscheidet es sich auch von dem hygroskopischen Wasser. Es sickert nicht und hat keinen Zusammenhang mit dem Grundwasser. Von unserem Standpunkte besitzt dieses Wasser eine erhöhte Bedeutung, da es die Bodenteilchen überzieht und die Hohlräume zwischen den Bodenteilchen gänzlich oder teilweise ausfüllt. Es ist unschwer einzusehen, daß *für das Leben der Bodenprotozoen zweifelsohne das kapillare und das Adhäsionswasser die größte Bedeutung haben dürften,* da sie ihnen einen richtigen Biotop bieten.

Zwischen den anderen Formen des Bodenwassers ist noch das „*Sickerwasser*". Dieses Wasser ist jener Teil des Niederschlagswassers, welches von dem Boden nicht mehr zurückgehalten werden kann, und infolgedessen allmählich nach den tieferen Bodenniveaus sickert. Wenn dieses Wasser auf eine wasserundurchlässige Bodenschicht stößt, so entsteht das unbewegliche Grundwasser. Das Sickerwasser und das Grundwasser sind beide in gleicher Weise fähig, den Bodenprotozoen entsprechendes Biotop zu bieten. Da sie aber während der verschiedenen Jahreszeiten großen Schwankungen unterworfen sind, so können sie keinen verläßlichen Lebensraum bilden. Sie können ja von verschiedenen Seiten gestört werden. Wir können daher ruhig behaupten, daß die weitaus wichtigere Rolle den beiden anderen Arten des Bodenwassers: dem Kapillar- und dem Adhäsionswasser zukommen wird.

Der Wassergehalt der einzelnen Bodenarten ist jedoch ziemlich veränderlich und von der Struktur des Bodens abhängig.

Die Fähigkeit eines Bodens, eine gewisse Wassermenge festzuhalten, nennen wir die „*wasserzurückhaltende Kraft*" oder die *Wasserkapazität* des betreffenden Bodens. Es leuchtet ohne weiteres ein, daß die *Wasserkapazität des Bodens mit der Anzahl der Bodenprotozoen in geradem Verhältnis* steht. *Je größer die Wasserkapazität des Bodens ist, sonst optimale Lebensbedingungen vorausgesetzt, desto größer wird die Anzahl der Bodenprotozoen werden.* Die Wasserkapazität hängt anderseits auch von der Größe der Bodenteilchen, von der Mullstruktur, von der Qualität der Bodenpartikeln und von dem Humusgehalte ab.

Es ist klar, daß bei der quantitativen Entwicklung der Lebensverhältnisse der Bodenprotozoen indirekt auch diese Eigenschaften eine nicht zu unterschätzende Rolle spielen.

Ich habe absichtlich so lange bei diesem Gegenstand geweilt. Sonst könnten wir uns kaum erklären, daß die Protozoen als ausgesprochene Wasserorganismen im Boden leben und sich oft in fast unglaublich großen Mengen vermehren können. Man findet zwar nur 25000 Protozoen in 1 g feuchten Waldbodens. CUTLER hat aber in *Gartenerde* pro Gramm auch 1193000 gefunden. Wir legen daher der pünktlichen Bestimmung des Wassergehaltes des Bodens eine besondere Wichtigkeit bei. Die Resultate derselben werden in den Tabellen und

Abbildungen in Prozenten, bezogen auf den naturfeuchten Zustand des Bodens, angegeben. Der Vergleich der Wassergehaltskurven zeigt sehr interessante Resultate. Wir werden gleich sehen, daß in bezug auf Wassergehalt die Böden der einzelnen Waldtypen ziemlich bedeutende Unterschiede aufweisen. Auch in den jahreszeitlichen Schwankungen sind gewisse Schwankungen zu beobachten. Der Wassergehalt des Fichtenwaldbodens (15/1, 15/2, 15/3) ist z. B. während des Jahres ziemlich gleichmäßig, es zeigt dagegen der Boden der Kahlschlagsfläche des Niederwaldes und des Laubwaldes schon bedeutendere Schwankungen. Den *größten Wassergehalt* finden wir natürlich in dem Wiesenboden. Hier finden wir auch die *meisten Protozoen* während des ganzen Jahres. Der Wassergehalt der übrigen Böden ist bedeutend weniger. Am niedrigsten aber gleichzeitig auch am gleichmäßigsten ist er in dem Boden der Fichtenwälder. Und trotzdem kommen hier die größten Schwankungen der Protozoenanzahl vor. Es ist wahrscheinlich, daß die Gleichmäßigkeit des Wassergehaltes größere quantitative Änderungen zuläßt, welcher Umstand wahrscheinlich der stärkeren Wirkung anderer Biofaktoren zuzuschreiben ist.

Zwischen den Kurven des *Wassergehaltes* und der *Protozoenzahl* kann man keine ausgesprochene Parallelität nachweisen. Von unserem Standpunkte aus ist das auch nicht wichtig. Wichtig ist es, daß wir in den untersuchten Waldböden immer einen gewissen Wassergehalt nachweisen konnten.

Die Wassergehaltskurven beweisen zur Genüge, daß mit *den Minima des Wassergehaltes immer die Minima der aktiven Protozoen einhergegangen sind.* Auf Grund des jetzt Gesagten können wir die Gesetzmäßigkeit aussprechen, daß *die Anzahl der Bodenprotozoen in den Waldböden und in den Wiesenböden von dem Wassergehalt des Bodens in hohem Maße abhängig ist.* Die aktiven Protozoen kommen übrigens erst dann zum Vorschein, wenn der *Wassergehalt des Bodens 5—8 % übersteigt.* Unterhalb dieser Grenze sind die elementaren Lebensbedingungen der Bodenprotozoen nicht mehr vorhanden, sie gehen daher zugrunde oder sind gezwungen, den Enzystierungsprozeß vorzunehmen. Der gesetzmäßige Charakter dieser Erscheinung kann den beigeschlossenen Abbildungen und Tabellen ganz deutlich entnommen werden. Es ist jedoch oft vorgekommen, daß ich auch bei relativ hohem Wassergehalt *keine* aktiven Bodenprotozoen nachweisen konnte. Man findet in den Tabellen auch hierfür einige Beispiele. Diese Erscheinung wurde besonders häufig in den Wintermonaten beobachtet. Das Fehlen der aktiven Formen kann man hier durch das Gefrieren des Bodenwassers erklären. Im Sommer sind dagegen die zu hohen basischen $p_\mathrm{H}$-Werte, welche das Vorkommen der aktiven Bodenprotozoen oft gänzlich verhindern. Aus dem jetzt Gesagten erhellt es nur zur Genüge, daß die Lebenstätigkeit der Bodenprotozoen nicht von einem Biofaktor, sondern von einem vollen Komplexe dieser Faktoren beeinflußt und geregelt wird. Man könnte hier höchstens von der Reihenfolge der einzelnen Faktoren in bezug auf ihre biologische Bedeutung sprechen.

*d) Die Rolle des Gesamtstickstoffgehaltes.* Dieser Faktor wurde von uns ebenfalls längere Zeit hindurch systematisch gemessen. Die zeitlichen Änderungen desselben wurden bereits von FEHÉR in dem Kapitel über den Stickstoffkreislauf des Waldbodens ausführlich besprochen. Die Gesetzmäßigkeit der Erscheinung wird von FEHÉR (384) folgenderweise charakterisiert: Der Stickstoffkreislauf des Waldbodens zeigt eine ausgesprochene jahreszeitliche Periodizität. Der Gesamtstickstoffgehalt des Waldbodens erreicht seine maximalen Werte in den Sommermonaten (Juni, Juli), im Herbst zeigt er fallende Tendenz und erreicht sein Minimum meistens im September und Oktober. Später beginnt er wieder zu steigen. Die Abbildungen zeigen sehr übersichtlich den Verlauf dieser Erscheinung. Auffallend ist nur, daß auch die aktiven Protozoen im September ein deutliches Minimum zeigen. Sie hängen mit diesem Faktor aller Wahrscheinlichkeit nach korrelativ zusammen. Wenn wir den Verlauf der Gesamt-N-Kurve weiter verfolgen, so werden wir gleich bemerken, daß sie von Oktober an wieder ansteigt, um im Dezember und im Januar ein kleineres Maximum zu zeigen. Also gerade in den Monaten, welche auf das Maximum der aktiven Protozoen folgt.

Aus dieser Erscheinung kann man nach meiner Ansicht mit vollem Recht folgern, daß *der Gesamtstickstoffgehalt des Waldbodens durch das Absterben der Protozoen und durch die darauffolgende Verwesung der toten Protozoenkörper im positiven Sinne beeinflußt wird.* Man darf hierbei den Umstand nicht vergessen, daß, wie unsere Untersuchungen dies zur Genüge bewiesen haben, ein großer Teil der aktiven Protozoen im Herbst nach der Erreichung ihres Hauptmaximums nicht in Zystenzustand übergeht, sondern unmittelbar zugrunde geht und infolge dieses Umstandes die Verwesung ihrer toten Körper den Gesamtstickstoffgehalt des Bodens *bereichert.* Sie sind in diesem Belange ganz *entschieden nützlich.* Wir können daher im allgemeinen den Grundsatz aussprechen, daß *die Bodenprotozoen für den biologischen Nährstoffkreislauf des Waldbodens* insofern *nützlich* sind, daß durch die Verwesung ihrer toten Körper der Gesamtstickstoffgehalt des Bodens bereichert wird. Ich kann daher der Meinung jener Bodenbiologen, die behaupten, daß die Bodenprotozoen dem Boden zum Schaden gereichen, nicht beipflichten. Im Gegenteil, sie sind entschieden nützlich. Der Umstand, daß das Sommermaximum des Gesamtstickstoffgehaltes des Bodens nicht gleichzeitig auch eine starke Vermehrung der Bodenprotozoen verursacht, ist wahrscheinlich damit zu erklären, daß die starke Vermehrung der Bodenprotozoen im Sommer wahrscheinlich von anderen Faktoren gehemmt wird. Auf Grund des jetzt Gesagten glauben wir unserer Meinung Ausdruck geben zu können, daß der Gesamtstickstoffgehalt des Bodens die Lebenstätigkeit der Bodenprotozoen ganz entschieden begünstigt und an der Entwicklung des Sommermaximums derselben sicherlich einen nicht unbedeutenden Anteil nimmt.

*e) Die Rolle des Nitratstickstoffes.* Die zeitlichen Änderungen dieses Faktors sind in den vorhergehenden Kapiteln bereits eingehend besprochen worden. Der Verlauf der ganzen Erscheinungen stimmt mit der Gestaltung der Gesamtstickstoffkurve ziemlich überein, mit dem einzigen Unterschied, daß das Maximum des Nitratstickstoffgehaltes sich meistens im Frühjahr entwickelt, wobei noch im Winter kleinere Maxima vorzukommen pflegen. Der Zusammenhang zwischen diesem Faktor und den aktiven Protozoen ist daher ziemlich ähnlich dem Zusammenhange zwischen den letzteren und dem Verlauf der Änderungen des Gesamtstickstoffgehaltes. Die beigeschlossenen Abbildungen zeigen es ganz deutlich, daß besonders in den Böden der Nadelholzwälder mit dem Maximum der Nitratstickstoffkurve in der Regel auch eine Erhöhung der Anzahl der aktiven Protozoen und umgekehrt zusammenfällt. Bemerkenswert ist noch die Erscheinung, daß der Nitrat-N-Gehalt des Waldbodens gerade nach dem Wintermaximum der Bodenprotozoen gewöhnlich wesentliche Erhöhung zeigt. Die Ursache dieser Erscheinung ist wahrscheinlich ebenfalls darin zu suchen, daß durch die Verwesung der toten Protozoenkörper der Gesamtstickstoffgehalt und unmittelbar auch der Nitratgehalt des Waldbodens wesentlich bereichert wird. Auf die Frage, wie weit der Stickstoffgehalt des Waldbodens die Lebenstätigkeit der Bodenprotozoen biologisch beeinflußt, könnte ich eine definitive und exakte Antwort noch nicht geben. Diese Frage müßte erst durch entsprechende Laboratoriumsversuche geklärt und entschieden werden.

*f) Der Einfluß der Luft- und Bodentemperatur.* Die bezüglichen Daten haben wir in monatlichen Durchschnittswerten angegeben. Die Abbildungen zeigen nun ganz deutlich, daß die Luft- und Bodentemperatur sich gleichzeitig bewegen. Die Bodentemperatur bleibt aber im Walde in der Regel immer unter dem Niveau der Lufttemperatur. Sie bleibt außerdem in dem Monate Mai längere Zeit auf der gleichen Höhe. Dieser Umstand ist für unsere Waldböden außerordentlich charakteristisch.

Die Böden unserer subalpinen Versuchsflächen erwärmen sich übrigens auch in den obersten Niveaus selten über $15^0$ C, und ihre Temperatur sinkt im Winter kaum etwas unter den Gefrierpunkt. Da die Lufttemperatur die Bodenprotozoen *unmittelbar* nicht beeinflußt, so wird uns im folgenden nur die *Bodentemperatur* beschäftigen. Besonders auffallend ist der Umstand, daß gerade während der Kulmination der Bodentemperatur vom Juli bis September keine oder nur ganz außerordentlich wenige *aktive* Protozoen in dem Waldboden nachzuweisen sind. Das Maximum der Protozoenzahl erfolgt dagegen fast immer in jenen Monaten, wo die Bodentemperatur sich ihrem tiefsten Stand nähert. Aus dem jetzt Gesagten folgt, daß man die Protozoen des Waldbodens als der niedrigen Bodentemperatur angepaßte sog. „*kalt-stenothermische*" Lebewesen betrachten muß. Es muß jedoch gleich hier bemerkt werden, daß es zwischen den Protozoen des Waldbodens auch solche gibt, welche höhere Temperaturgrade begünstigen, daher ausgesprochen „*warm-stenothermische*" Lebewesen sind. Die *Vahlkampfia*-Arten und die meisten *Ziliaten* sind z. B. meistens *nur in den Sommermonaten aktiv.* In den Wintermonaten kommen ausschließlich die enzystierten Formen vor. Die meisten Protozoen sind jedoch, wie gesagt, ausgesprochen kalt-stenothermische Tiere. Diese Tatsachen sind vom biologischen Standpunkte aus besonders interessant, weil gerade für die Protozoen die bekannte These ausgesprochen wurde, daß sie den jeweiligen Temperaturwechsel gut ertragen: sie sind „*eurytherm*". Besonders auffallend ist die Tatsache, daß man in den Waldböden auch dann *aktive Protozoen findet,* wenn *die Temperatur des Bodens unter* $0^0$ *sinkt.*

Nur in den Böden der Kahlschlagsfläche und des Niederwaldes fand ich im Januar und im Februar *keine aktiven Protozoen.* In den Böden der älteren und gut geschlossenen Bestände (sogar auch im Wiesenboden) kommen aktive Protozoen auch in diesen kalten Wintermonaten vor. Die Bodentemperatur sank natürlich dabei nicht *wesentlich* unter $0^0$. Den tiefsten Stand hatten sie im Februar 1929 mit $-1,5^0$ C. Auch bei dieser Bodentemperatur konnte ich fast in allen untersuchten Waldböden aktive Protozoen finden. Im Winter 1930 war in dem obersten (d. h. kältesten) Bodenniveau von 10—20 cm die Temperatur nur $-0,8^0$ C. Ich konnte auch in dieser Jahresperiode fast immer aktive Protozoen finden.

Daß die Bodenprotozoen auch Temperaturgrade von $-2^0$ C sogar in aktiver Form und in verhältnismäßig großer Zahl ertragen können, ist nicht ausgeschlossen. Es ist auch möglich, daß das Kapillarwasser zwischen den Bodenteilchen bei dieser Temperatur noch nicht gefriert, oder die Bodenprotozoen selbst im Eise eine Zeitlang noch aktiv bleiben und erst dann enzystieren, wenn die Bodentemperatur weiter herabsinkt. Dieser Fall kommt aber bei den Klimaverhältnissen Ungarns sehr selten vor.

*g) Die Niederschläge.* In den Abbildungen und Tabellen wurden auch bezüglich dieses Faktors nur die monatlichen Durchschnittswerte angegeben. *Sie spielen keine unmittelbare Rolle* im Leben der Bodenprotozoen. Sie wirken nur *mittelbar* durch die Beeinflussung des Wassergehaltes des Bodens. Während der Dauer der größeren Niederschlagsmengen steigt fast immer die Anzahl der Bodenprotozoen. Die

Erhöhung ist jedoch nur vorübergehend, weil der Wassergehalt des Bodens und damit auch die jeweilige Erhöhung der Protozoenmenge bald ausgeglichen werden. Aus den Abbildungen kann man übrigens auch entnehmen, daß während unserer Untersuchungen die Niederschläge je ein Maximum im Winter, im Juli und im November aufgewiesen haben. Daß die großen Niederschlagsmengen im November den Wassergehalt und die Protozoenzahl des Bodens wesentlich erhöhen und daß die Niederschlagsminima im Winter und im September eine Depression der beiden jetzt erwähnten Faktoren verursacht haben, steht außer Zweifel.

*C. Der Einfluß der übrigen Umweltfaktoren.* Bei der Erklärung der fast gesetzmäßig verlaufenden periodischen Änderungen des Protozoenlebens des Waldboden müssen wir auch jene Biofaktoren berücksichtigen, welche regelmäßig zu verfolgen infolge von Zeitmangel und technischer Schwierigkeiten leider nicht möglich war.

*Die Wirkung des Sonnenlichtes.* Die Lichtmenge, welche in den Lebensraum des Waldbodens gelangt, ist außerordentlich gering (siehe Kap. III). Wir müssen daher voraussetzen, daß die bodenbewohnenden Mikroorganismen zu jenen Lebewesen gehören, welche *dauernd bei Lichtentzug leben können.* Am deutlichsten wird dieser Umstand dadurch bewiesen, daß die Protozoen während ihrer künstlichen Kulturen fast dauernd in geschlossenen, völlig dunklen Thermostaten ungestört gedeihen können.

Ich muß hier darauf hinweisen, daß meine Resultate zu den Ergebnissen von O. W. RICHARDS (553) in gewissem Gegensatze stehen. Dieser Forscher hat nämlich 3 Jahre lang Individuen von *Blepharisma undulans, Paramaecium aurelia* und *Histrio complanatus* kultiviert, wobei streng darauf geachtet wurde, daß die äußeren Lebensbedingungen immer gleichmäßig gehalten bleiben. Bei der Verarbeitung seiner Ergebnisse gelangte er zu dem merkwürdigen Resultate, daß der Gang der Vermehrung der Protozoen einen gewissen Jahresrhythmus zeigt, mit einem deutlichen Maximum im Juli. Er bezeichnet die *Wirkung der Sonnenstrahlen* als die Ursache dieser Erscheinung. Meine Untersuchungen haben dagegen ganz klar erwiesen, daß die Anzahl der Protozoen im November kulminiert.

Die Untersuchungen von SCHEITZ (265), welche in unserem Institute durchgeführt wurden, haben übrigens zu dem interessanten Resultate geführt, daß in jenen Kulturen, welche der Wirkung des direkten Sonnenlichtes ungeschützt ausgesetzt wurden, durch die Wirkung der ultravioletten Strahlen die Zahl der aktiven Protozoen wesentlich vermindert wurde. Die ultravioletten Strahlen sind daher ganz entschieden schädlich.

Man darf aber nicht vergessen, daß in dem Waldboden die Lichtverhältnisse ganz anders sind als in den Freilandböden. Der beschattete Waldboden erhält nämlich bedeutend geringere Lichtmengen als die ungeschützten Freilandböden. Die Verhältnisse werden in dem Boden der Laubwälder auch im Winter nicht günstiger. In dieser Jahreszeit verhindert nämlich der ganz geringe Einfallwinkel der Sonnenstrahlen das Eindringen größerer Lichtmengen in den Boden. Diese Umstände waren daher recht günstig für die biologischen Verhältnisse der Protozoenfauna. Sie können jedoch das Zustandekommen des Herbstmaximums dieser Lebewesen nicht erklären. Das letztere stellt sich nämlich in den Wald- und Freilandböden regelmäßig zu gleicher Zeit ein.

Im Laufe einer früheren Untersuchungsreihe haben wir mit FEHÉR (549) die Schwankungen der Lichtintensität ebenfalls gemessen. Im Laufe dieser Arbeiten hat es sich dann herausgestellt, daß die maximalen Lichtintensitäten meistens nach dem Laubfall zu konstatieren sind. Dies gilt auch für die Nadelwälder. Es hat den Anschein, daß die Maxima der Protozoenzahl und der Lichtintensität zeitlich ungefähr gleichzeitig erscheinen. Man könnte daraus folgern, daß das

Licht unter gewissen Umständen auf die Vermehrung der Bodenprotozoen günstig einwirken kann. Dieser Fall tritt wahrscheinlich während der kurzen Tage des Spätherbstes ein, wo durch die Lichtwirkung eine mäßige Erwärmung des Bodens verursacht wird, wobei die Wirkung der ultravioletten Strahlen infolge des verminderten Einfallwinkels stark herabgesetzt wird. Die endgültige Lösung dieses Problems können erst weitere Versuche herbeiführen.

*D. Die biologische Rolle der Nahrungsstoffe.* Es ist bereits als sicher anzunehmen, daß die *wichtigsten Nahrungsstoffe der Bodenprotozoen* die *Bodenbakterien* sind. In den Kulturen kann man auch regelmäßig beobachten, wie die *Amöben* die *Bakterien* einverleiben. Ihre Vermehrung begrenzt sogar oft das weitere Gedeihen der letzteren. Ich habe sogar in meinen neuen Kulturflüssigkeiten die Beobachtung gemacht, daß die üppig gedeihenden Protozoen die Bakterienflora fast vollkommen vernichtet haben. Oft konnte ich auch den sog. *Kannibalismus der Protozoen* beobachten, indem die *Rhizopoden* des öfteren bei der Verzehrung von Protozoen ertappt wurden. Dieser Fall dürfte auch in der Natur recht häufig vorkommen. In den künstlichen Kulturflüssigkeiten gedeihen aber die Protozoen auch dann ungestört, wenn in diesen die Bakterien gänzlich zugrunde gegangen sind. Daß in diesem Falle sie einfach mit den *geformten* und *gelösten* organischen Stoffen der Kulturflüssigkeiten sich ernährt haben, steht außer Zweifel. Diese Beobachtung beweist wieder, daß die *Bodenprotozoen* die *organischen Stoffe* des Bodens (sowohl in geformtem als auch in gelöstem Zustande) als Nahrung ganz gut verwenden können.

Die meisten organischen Stoffe werden wir *nach dem Laubfall* und *nach dem Absterben der Bodenpflanzen* in dem Waldboden finden. In dieser Jahreszeit ist die Tätigkeit der *Bodenbakterien* vollkommen hinreichend dazu, um den Boden mit organischen Stoffen zu bereichern, welche durch die günstige Bodenfeuchtigkeit bequem weitertransportiert und verteilt werden können. Die günstige und gleichmäßige Bodenfeuchtigkeit in dieser Jahreszeit wird auch dadurch sehr günstig beeinflußt, daß die Wasseraufnahme durch den Bestand und durch die Bodenpflanzen auf ein Minimalmaß beschränkt wird. Es ist unzweifelhaft, daß *die Fülle der organischen Stoffe im Herbste* auf das *Zustandekommen des Maximums der Protozoenanzahl wesentlich* einwirkt.

Da das Bodenwasser im Herbste viele organische Zersetzungsprodukte in gelöstem Zustande enthält, so könnten wir auf Grund der Theorie von PÜTTER auch daran denken, daß die Protozoen auch diese gelösten Stoffe als Nahrung verwenden könnten. Die PÜTTERsche Auffassung ist jedoch noch derart umstritten, daß ohne exakte Versuche die Erklärung dieses Problems nur mit der größten Vorsicht behandelt werden dürfte. Immerhin ist es aber höchstwahrscheinlich, daß die Bodenprotozoen auch die gelösten organischen Substanzen zu ihrer Nahrung verwenden können.

**5. Die Biologie der Protozoen des Waldbodens.** Ich habe mich bisher mit den *quantitativen* Änderungen der Bodenprotozoen und mit den sie beeinflussenden Umweltfaktoren beschäftigt. Ich werde nun im folgenden *ihre Lebensweise* und die *Änderungen derselben* kurz darstellen. Ich habe schon öfters darauf hingewiesen, daß die Bodenprotozoen vorwiegend Wasserorganismen sind, welche in aktivem Zustande nur mit Hilfe des Kapillarwassers des Bodens leben können. Da der Wassergehalt des Bodens außerordentlich veränderlich ist und oft recht minimale Werte aufweist, so ist es klar, daß *in dem Boden* nur *jene Protozoen leben können, welche sich dieser minimalen Bodenfeuchtigkeit anpassen können.* Sie müssen daher über eine *rasche Enzystierungsfähigkeit* verfügen, damit sie im Falle der Austrocknung des Bodens rasch in Zystenzustand übergehen und sich mit einer widerstandsfähigen Hülle umgeben können. In diesem *Zysten-*

*zustande* können sie nicht nur den verhängnisvollen Wassermangel überdauern, sondern auch den extremen Schwankungen der Bodentemperatur und eventuellen gefährlichen chemischen Veränderungen desselben widerstehen, da sie durch ihre Zystenhülle gegen alle diese Einflüsse wirksam geschützt werden.

In diesem Zustande können die Protozoen, falls ihre Umweltfaktoren ungünstig werden, lange in „*Anabiose*" ausharren. Tritt jedoch in ihren Lebensbedingungen eine günstige Wendung ein (Erhöhung der Temperatur und der Bodenfeuchtigkeit), so zerreißen sie ihre Hülle, welche gewöhnlich schon früher erweicht wird, und sie erwachen sodann zu neuem Leben. Der Umstand, daß sie *aus ihrem Zystenzustand außerordentlich rasch zum aktiven Leben übergehen können, beweist ihre hohe Anpassungsfähigkeit.* In diesem Belange wurden von mir einige sehr interessante Versuche angestellt.

So habe ich im April 1929 mit den Protozoen besiedelten Fleischagarnährboden einer Petrischale in einem Fenster des Laboratoriums tagelang an der Sonne gehalten und absichtlich eingetrocknet, wobei der angetrocknete Agar fast steinhart geworden ist. Nach 9 Monaten (am 20. Januar 1930) habe ich ein Stück Agar herausgeschnitten, oder besser gesagt, vom Boden der Petrischale abgekratzt, mit destilliertem Wasser befeuchtet und sodann unter dem Mikroskop mit 1600facher Vergrößerung untersucht. Im Gesichtsfelde des Mikroskops fand ich 11 Zysten. 5 Minuten nach der Befeuchtung waren einige Zystenhüllen bereits größtenteils weich geworden und angeschwollen. Die Protozoen in den Zystenhüllen begannen sich langsam zu bewegen, und nach 8 Minuten konnten sie bereits ihre gewohnten Bewegungen durchführen. Auf die amöboide Bewegung folgten sodann nach 14 Minuten die auf die *Mastigophoren* so charakteristischen Geißelbewegungen. 14 Minuten nach der Befeuchtung waren daher alle *Vahlkampfia*-Individuen zu normalen Geißelbewegungen befähigt. Aus den 11 Zysten entstanden übrigens 5 *Vahlkampfia magna Jollos*, aus den restlichen 6 3 *Amoeba limax*, 3 Zysten blieben unverändert. Sie sind aller Wahrscheinlichkeit nach zugrunde gegangen. Die Zysten der *Amoeba limax*-Individuen wurden erst nach 8—12 Minuten weich, und die Tiere konnten sich erst nach 12—15 Minuten bewegen. Die enzystierten *Amöben* scheinen ihren aktiven Zustand erst später zu erreichen, als die Individuen der Gattung *Vahlkampfia*. Andere ähnliche Versuche mit einer Versuchsdauer von $^1/_2$—9 Monaten ergaben fast gleiche Resultate. Die Ergebnisse dieser Versuche haben übrigens deutlich bewiesen, daß *je länger die Versuchstiere im Zystenzustande verweilen, desto rascher beginnen sie ihr aktives Leben nach der Befeuchtung.* Bei einer Eintrocknungsdauer von 2 Wochen konnten die *Vahlkampfien* erst nach 28—36, und die *Amöben* nach 35—56 Minuten ihr aktives Leben beginnen. Auch das *Tempo der Vermehrung* der durch *längere Zeitdauer enzystierter Protozoen* war bedeutend *lebhafter* als der während kurzer Zeit entschlüpften Tiere.

Es scheint, daß der *länger andauernde anabiotische Zustand die Lebensenergie der Protozoen ganz wesentlich erhöhen kann.* Auf Grund dieser Versuchsergebnisse kann man übrigens feststellen, daß wahrscheinlich auch im Waldboden die gleichen biologischen Erscheinungen zustande kommen können. In bezug auf den Zystenzustand habe ich auch noch andere bemerkenswerte Beobachtungen gemacht. Wir haben bereits bei der Beschreibung der Untersuchungsmethoden gesehen, daß ein Teil der Bodenemulsion mit 2proz. Salzsäure behandelt wurde. Ich konnte auf Grund von Beobachtungen, die ich hier nicht näher beschreiben möchte, feststellen, daß die *2proz. Salzsäure* auf die *Winterzysten* viel *stärker einwirkt als auf die Sommerzysten.* Ich habe im Winter gewöhnlich immer häufiger solche toten Zysten gefunden, aus welchen *keine* Protozoen entschlüpfen konnten. Wir können daher ohne weiteres annehmen, daß *die Zystenhüllen im Sommer* viel *stärker sind als im Winter*. Dieser Umstand beweist die interessante Tatsache, daß *die Bodenprotozoen gegen die Sommerhitze und Dürre* sich viel *stärker schützen müssen als gegen die kalten Wintertemperaturen* und gegen das *Gefrieren des Kapillarwassers* des Bodens. Der *Sommer* ist daher für die *Protozoen viel gefährlicher* als der Winter.

Ausgezeichnete Beispiele der *Anpassung* bietet uns das Verhalten der *Vahlkampfia*arten und im allgemeinen der *Rhizopoden*. Diese Lebewesen bewegen sich nämlich während eines Teiles ihres Lebens mit *Pseudopodien* als die echten *Amöben*, um später, wie die *Flagellaten*, typische Geißelbewegungen zu zeigen.

Ist im Boden wenig Wasser vorhanden, so können sie ihre Geißel vollkommen einziehen und sich mit Pseudopodien bewegen. Wird das Bodenwasser reichlicher, so ändern sie zunächst ihre Körperform, indem sie ihren flachen Körper zu einer tropfenähnlichen Form umformen. In dieser Gestalt strecken sie ihre Geißel wieder aus und bewegen sich wieder mit Hilfe derselben, wobei die Schnelligkeit ihrer Körperbewegungen im Verhältnis zu den früheren amöboiden Bewegungen außerordentlich beschleunigt wird.

Durch diese Eigenschaft erlangen die Protozoen auch die Fähigkeit, in relativ minimalen Wassermengen leben zu können. Ihre flachen amöboiden Körper können auch in einer $1$—$2\,\mu$ dicken Wasserschicht ihren Lebensraum finden. Steht mehr Wasser zur Verfügung, so nehmen sie die mehr Raum beanspruchende Tropfenform an. Die *Ziliaten beanspruchen* übrigens *viel mehr Wasser* zu ihrem Leben. Die *Colpoden, Colpidien* und *Paramaecien* gedeihen nur dann, wenn ihnen reichliche Mengen des Bodenwassers zur Verfügung stehen. Nach den neuesten Untersuchungen von LOSINA-LOSINSKY und MARTINOW (552) ist die Möglichkeit des aktiven Protozoenlebens an eine minimale Bodenfeuchtigkeit von $15$—$20\,\%$ gebunden ($25$—$40\,\%$ Wasserkapazität). Bei dieser Bodenfeuchtigkeit ist jedoch ihre Bewegungsfähigkeit auf ein Mindestmaß beschränkt. Die *Amöben* und *Vahlkampfien* können nach meiner Erfahrung auch bei einer Bodenfeuchtigkeit von $8$—$15\,\%$ aktiv bleiben. Auf Grund unserer Kenntnisse über Enzystierungsfähigkeit der Protozoen können wir uns auch die Art und Weise erklären, *wie dieselben in den Waldboden gelangt sind*. Wir können mit der größten Wahrscheinlichkeit annehmen, daß sie einst aus den Freilandböden und ausgetrockneten Pfützen durch den Wind in den Wald getragen wurden. Nur durch diese Annahme können wir uns die merkwürdige Tatsache erklären, daß in unseren Kulturen solche Arten vorkommen, welche im Boden jeglicher Art nur ganz selten vorkommen, da sie ausgesprochene Süßwasserbewohner sind (*Amoeba dubia Schaeffer, Amoeba fluida Gruber, A. proteus* usw.). Diese Protozoen müssen wir in den Waldböden als seltene *Gäste* betrachten, welche im Zystenzustande *durch den Wind* hierher befördert wurden. Sie können eine gewisse Zeitlang im Boden ganz gut gedeihen, bei Wassermangel verschwinden sie aber fast vollständig und spurlos.

Es gibt aber auch eine Reihe von Arten, welche in den Waldböden ganz *gewöhnlich* sind. Diese Individuen haben sich den besonderen biologischen Verhältnissen des Waldbodens vollkommen *angepaßt*. Einige Arten sind in dieser Anpassung derart vorgeschritten, daß außer der Fähigkeit, rasch *in den Zystenzustand* überzugehen, mit den unnormal wenigen Wassermengen auszukommen, welche Eigenschaft als ein besonderes Zeichen ihrer bodenbewohnenden Eigenart aufzufassen ist. Aber trotz den jetzt erwähnten Anpassungserscheinungen sind sie noch immer weit davon entfernt, auch im *trockenen* Boden *aktives* Leben führen zu können.

Bedenken wir jedoch das interessante Verhalten der ausschließlich im Boden wohnenden *Amoeba terricola*, von welcher schon MATHES die *Unfähigkeit zur*

*Zystenbildung* festgestellt hat, indem sie sich einfach mit der Erhärtung ihrer äußersten Protoplasmaschicht (des Ektoplasmas) gegen die Austrocknung schützt, so werden wir zu der Annahme gelangen, daß wohl die Möglichkeit dazu vorhanden ist, daß *typische Wasserorganismen allmählich zu bodenbewohnenden Individuen umgebildet werden*, für diesen Fall gibt das biologische Verhalten der *Amoeba terricola* ein sehr gutes Beispiel ab. Ich bin entschieden der Meinung, daß durch diese langsame Anpassung *viele Wasserorganismen zu bodenbewohnenden Lebewesen umgewandelt werden*.

Die *Winterfauna* der Waldböden ist übrigens trotz der großen Individuenzahl ziemlich *arm an Arten*. Wir finden nur einige Protozoenarten im Waldboden in dieser Jahreszeit. Die *Sommerfauna* weist dagegen ziemlich *viele Arten* auf bei verhältnismäßig *niedriger Individuenzahl*. In dieser Hinsicht ist das Verhalten der Protozoenfauna des Waldbodens ziemlich ähnlich der gleichen Eigenschaft der *Süßwasserfauna*. Wir wissen von dieser, daß je weniger chemisch-physikalischen und biologischen Änderungen ihr Biotop ausgesetzt ist, desto größer wird die *Individuenzahl* seiner Mikrofauna bei relativ großer Armut an *Arten*.

Tritt der entgegengesetzte Fall ein, so werden wir den umgekehrten Vorgang beobachten. Die gleiche Erscheinung kommt also auch in dem Waldboden vor. Im Winter finden wir übrigens in den Böden der *Laub-* und *Nadelholzwälder* die *gleichen Protozoa*arten, im Sommer kommen jedoch ziemlich große Unterschiede vor. Auch dieser Umstand weist darauf hin, daß im Sommer die unorganischen Umweltfaktoren viel größere Schwankungen erleiden als im Winter, welcher Umstand sodann zu der Entwicklung der artenreichen Sommer- und der *monotonen Winterfauna* führt.

Über die gefundenen *Protozoenarten* werde ich in dem letzten Kapitel ganz gesondert sprechen.

**6. Die forstwirtschaftliche Bedeutung der Bodenprotozoen.** Es gibt einige Forscher, die den Bodenprotozoen *keine* besondere biologische oder wirtschaftliche Rolle zuschreiben wollen. Besonders scharf trat in dieser Hinsicht ALEXEIEFF (541) hervor. Er hat ganz entschieden behauptet, daß *aktive Protozoen* im Boden überhaupt nicht existieren können und infolgedessen auch vollkommen bedeutungslos sind. Er übertreibt gewiß, wenn er behauptet: ,,Ainsi, j'affirme que les protozaires du sol n'existent pas." Meine Forschungen haben etwa das Gegenteil bewiesen. Aus den Resultaten derselben geht ganz klar hervor, daß man *im Waldboden fast in allen Jahreszeiten aktive Protozoen findet*, deren Anzahl oft ganz beträchtlich sein kann. Es gibt nur ganz wenige Ausnahmen, wo *aktive* Protozoen im Boden nicht vorzufinden sind. In den meisten Böden kann man sie in aktiver Form in allen Jahreszeiten beobachten. Auch in den Fällen, wo die aktiven Protozoen überhaupt nicht vorhanden waren, kann man sich mit Recht die Frage vergegenwärtigen, ob nicht gerade *nur* während der engbegrenzten Zeit der *Probeentnahme* ihre aktiven Formen gefehlt haben. Diese Annahme wird durch die außerordentlich veränderlichen und labilen biologischen und biochemischen Verhältnisse im Waldboden ganz gut bestätigt. Da die Fortsetzung dieser und ähnlicher Gedankengänge allmählich in das Gebiet der spekulativen Betrachtungen überführt, so hatte es keinen Zweck, dieselben fortzuführen, da ich der Ansicht bin, daß bei der Lösung dieser Probleme der einzuschlagende Weg durch die Grenzen der ermittelten objektiven Tatsachen vorgezeichnet ist.

Wie die *Rolle der Bodenprotozoen* schließlich aus dem *forstwirtschaftlichen Standpunkte* zu beurteilen ist, darüber will ich kurz folgendes bemerken.

Durch die umfangreichen Untersuchungen von FEHÉR wurde es ganz klar erwiesen, daß im Leben des Waldes der *Bakterienflora* des Waldbodens eine außerordentlich wichtige ernährungsphysiologische Tätigkeit zukommt. Durch die Tätigkeit der Bodenbakterien wird zunächst ein beträchtlicher Teil jener Kohlensäuremengen der Waldluft erzeugt, welche zur Assimilation der Waldbäume verwendet werden. Daß den Bodenbakterien bei der Eiweißzersetzung und überhaupt bei dem Stickstoffkreislauf des Waldbodens ebenfalls eine entscheidende Rolle zukommt, braucht hier nicht näher erörtert zu werden. Die ernährungsphysiologische Rolle der *Protozoen* des Waldbodens ist natürlich bei weitem nicht so klar aufgeklärt wie die der Bakterien. Wir sind auf Grund unserer Untersuchungen ganz entschieden der Ansicht, daß ihre Bedeutung bis jetzt ziemlich unterschätzt wurde. Es ist nicht zu leugnen, daß auch durch ihre Lebenstätigkeit merkliche Kohlensäuremengen erzeugt werden.

Auf Grund von ausgedehnten Untersuchungen hat bereits JOHANNSON (326) darauf hingewiesen, daß jene $CO_2$-Mengen, welche im Laufe der Bodenatmung durch die Mikroorganismen des Bodens im Laufe der Tageszeiten gebildet werden, für die Beurteilung der Intensität ihrer Tätigkeit sehr guten Maßstab abgeben können. Aus seinen Untersuchungen geht es auch ganz klar hervor, daß die Bodenatmung nicht nur die bekannten jahreszeitlichen Schwankungen aufweist, sondern auch während der einzelnen Tageszeiten ziemlich großen Schwankungen ausgesetzt ist. Bei Tag ist die Kohlensäureproduktion immer größer als während der Nacht. JOHANNSON ist übrigens der Ansicht, daß die Aktivität der Mikroorganismen des Bodens in den verschiedenen Bodenschichten nicht die gleiche Intensität aufweist. Die Ursache dafür gibt JOHANNSON nicht an.

Wir sind unsererseits auf Grund unserer Untersuchungen der Ansicht, daß die Mikroorganismen im Boden infolge der labilen biologischen und physikalisch-chemischen Verhältnisse ungleichmäßig verteilt sind. Daß bei der Bodenatmung die Bodenprotozoen eine wichtige Rolle spielen dürften, und daß ihre Tätigkeit wenigstens teilweise auch die Schwankungen derselben beeinflußt, ist mit Recht anzunehmen. Die gegenseitige Annahme von CUTLER und CRUMP (545) bedarf sicherlich einer gründlichen Revision. Die Klärung der Einzelheiten dieser Frage können erst weitere Untersuchungen herbeiführen. Da auf das Sommermaximum der Bodenbakterien das Herbstminimum der Bodenprotozoen folgt, so ist es nicht ausgeschlossen, daß jene beträchtlichen Kohlensäuremengen, welche durch die sommerlichen Bakterienmassen gebildet werden, derart schädlich wirken, daß schließlich ihre Vermehrung empfindlich gehemmt wird. Auch die Lösung dieses Problems dürfte eine dankbare Aufgabe der künftigen Protozoenforschung bilden. Die andere bedeutende *biologische* Rolle der Bodenprotozoen besteht darin, daß sie infolge ihres *massenhaften Absterbens* durch die Verwesung ihrer toten Körper auch den Stickstoffgehalt des Waldbodens vermehren können. Daß ein großer Teil der Protozoen sich *nicht enzystieren* kann und infolgedessen zugrunde geht, erklärt sich, daß die Mengen der Gesamtprotozoen großen quantitativen Schwankungen unterworfen sind. Die obige Annahme wird auch durch die Beobachtung bestätigt, daß der gesamte N-Gehalt des Waldbodens nach dem Abklingen des Maximums der Protozoenzahl fast immer steigende Tendenz zeigt. Sie können übrigens auch durch die teilweise Verarbeitung der auf den Boden fallenden organischen Substanz (Pflanzen, Nadeln, Laubblätter) eine wirtschaftlich nützliche Tätigkeit entfalten.

Zum Schlusse möchte ich noch erwähnen, daß ihre Tätigkeit durch den Kahlschlag ungünstig beeinflußt wird, da durch diese waldbauliche Maßnahme der Boden plötzlich freigestellt wird, wodurch die schädliche Wirkung der Temperaturschwankungen und der Austrocknung der obersten Bodenschichten gegen diese außerordentlich empfindlichen Lebewesen zur vollen Geltung kommen kann.

**7. Zusammenfassung der Resultate.** 1. Die Protozoenzahl des Waldbodens ist gewöhnlich immer kleiner als die der Garten- und Ackerböden. Schon die Böden der Waldwiesen weisen immer größere Protozoenzahlen als die benachbarten Waldböden auf.

2. Die größte Masse der *edaphischen* Protozoen des Waldbodens bilden die *Rhizopoden*. Es kommen auch einige *Ciliaten-* und *Mastigophoren*gattungen vor.

3. Die Protozoen des Waldbodens sind größtenteils Wasserorganismen, welche sich den labilen physikalisch-chemischen und biologischen Verhältnissen des Waldbodens sehr gut angepaßt haben.

4. Es können außerdem sehr viele Protozoen aus den vorübergehenden Wasseransammlungen im enzystierten Zustande auch durch den Wind auf den Waldboden getragen werden.

5. Der Waldboden besitzt seine eigenen Protozoenarten. Man findet in ihm aber auch solche, welche zufällig durch den Wind hingetragen wurden und dort, günstige Lebensbedingungen vorausgesetzt, weitergedeihen können.

6. Die *Anzahl* der Protozoen des Waldbodens weist *zwei Maxima* auf, und zwar ein kleineres im Sommer und ein charakteristisches und stark entwickeltes im Spätherbst.

7. Die *Minima* der *aktiven* Protozoenzahl stellen sich in der Regel in den Wintermonaten und im Frühherbste ein. Das Hauptminimum kommt gewöhnlich im Monat September vor. Diese Regel gilt hauptsächlich für Waldböden mit gut geschlossenen Beständen, welche in dieser Jahreszeit aktive Protozoen fast immer enthalten. In vielen Waldböden mit gelichteten Beständen kann man in dieser Zeit überhaupt keine aktiven Formen finden.

8. Die *Hauptnahrung* der Bodenprotozoen wird von den Bodenbakterien und den verwesenden organischen Stoffen gebildet. Auch Fälle von Kannibalismus kommen vor. Sie können aber die kräftige Vermehrung der letzteren in den Sommermonaten nicht verhindern. Die durch die hohe Bakterienzahl bedingte starke sommerliche $CO_2$-Produktion des Waldbodens wirkt dagegen wahrscheinlich recht schädlich auf die Bodenprotozoen.

9. Durch die *Tätigkeit der Bodenprotozoen* wird die *Bodenatmung* erhöht; sie erleichtern die Verarbeitung der organischen Stoffe, und die Verwesung der abgestorbenen toten Protozoenkörper nimmt sicher einen nicht zu unterschätzenden Anteil an der Bereicherung des N-Gehaltes des Waldbodens.

10. Der *Humusgehalt* des Waldbodens übt einen ungünstigen Einfluß aus. Bei dem Ansteigen desselben sinkt die Protozoenzahl und umgekehrt.

11. Die stärkere *alkalische Reaktion* des Waldbodens wirkt schädlich. Für ihr Gedeihen ist die schwach saure Reaktion des Bodens am günstigsten.

12. Der *Wassergehalt* des Bodens ist von entscheidender Bedeutung, da die Protozoen größtenteils ausgesprochene Wasserorganismen sind. Für das Gedeihen der *aktiven* Protozoen ist unbedingt ein Feuchtigkeitsgehalt von mehr als 5—8 % erforderlich.

13. Zwischen den Protozoen des Waldbodens gibt es *kalt-stenothermische* und *warm-stenothermische* Arten. Sie sind jedoch größtenteils *eurithermische* Lebewesen, da sie sich den wechselnden Temperaturen des Waldbodens angepaßt haben.

14. Sie können in aktiver Form auch Bodentemperaturen von —2° C lebend ertragen.

15. Die *ultravioletten* Strahlen der Sommersonne sind ausgesprochen schädlich, dagegen ist die abgeschwächte Sonnenstrahlung im Spätherbst

für ihre Vermehrung infolge der Erhöhung der Bodentemperatur von günstiger Wirkung.

16. Das *Entschlüpfen* aus den Zysten und die damit verbundene Wiederbelebung dauert gewöhnlich 5—30 Minuten. Je länger der Ruhezustand ist, desto rascher wird der obige Prozeß vollzogen.

17. In dem Waldboden können nur solche Protozoen gedeihen, welche sich den *labilen physikalisch-chemischen* und *biologischen* Verhältnissen desselben anpassen und sich rasch enzystieren können. Es gibt aber auch solche Protozoen, welche sich nicht enzystieren können (50—60 % sämtlicher Protozoen). Der Enzystierungsprozeß kann von denselben Individuen zwei- bis dreimal hintereinander durchgeführt werden.

18. Im *Sommer* ist die Protozoenfauna des Waldbodens *artenreich*, aber gering an der Zahl. Im *Winter* wird sie zahlreich, aber *artenarm*. In dieser Hinsicht zeigt sie große Ähnlichkeit zu dem biologischen Verhalten der Biozönose der kleineren Wasseransammlungen.

19. Die Protozoenfauna der *Laubwälder* und die der *Nadelwälder* zeigt im Winter in ihrer Artenzusammensetzung keine namhaften Unterschiede. Im Sommer tritt der entgegengesetzte Fall ein.

20. Zwischen der Protozoenfauna der *Laubholz-* und *Nadelholzwaldböden* einerseits und der des Kahlschlags- und des Niederwaldbodens andererseits kann man ganz deutliche Unterschiede nachweisen.

21. Der *Kahlschlag* wirkt im allgemeinen ungünstig.

22. Obwohl der *Tätigkeit* der Protozoen des Waldbodens entgegen der Auffassung der amerikanischen Forscher eine nicht zu unterschätzende biologische Rolle zukommt, bleibt die Bedeutung derselben weit hinter der überwiegenden Bedeutung der Bodenbakterien zurück.

**8. Einiges über die vertikale Verteilung der Bodenprotozoen.** Die meisten Untersuchungen über die Bodenprotozoen wurden in den Waldböden in der Umgebung von Sopron durchgeführt. Da dieselben an dem Alpenostrande liegen und fast subalpin aufgefaßt werden können, lag es sehr nahe, Vergleiche zu machen, *welche* Protozoen-*Arten* und in *welcher Masse* sie in dem Boden *eines* ausgesprochenen *Hochgebirges* zu finden sind. Obwohl ich bisher hauptsächlich die *Anzahl* der Bodenprotozoen festzustellen bemüht war, versäumte ich nie, auch die systematischen Verhältnisse der einzelnen Arten und Gattungen zu berücksichtigen. Durch meine bisherigen Untersuchungen kenne ich schon ziemlich gut die in den Waldböden der Umgebung von Sopron vorkommenden Protozoenarten und -gattungen. Nun interessierte mich die Frage, wie diese Verhältnisse in einem *naheliegenden* Hochgebirge sind. Zu diesen Studien wählten wir den schönen österreichischen Schneeberg.

Dieses schöne Hochgebirge besteht aus *Kalkstein* und steigt mit ziemlich steilen Wänden aus der Umgebung des Wiener Beckens in die Höhe. Seine höchsten Spitzen sind der *Kaiserstein* (2061 m) und das *Klosterwappen* (2075 m). Die Waldgrenze liegt in der Höhe von ungefähr 1500—1600 m.

Um die Protozoen des Waldbodens des Schneeberges zu studieren, sammelte FEHÉR Ende Juni 1931 von mehreren Stellen Bodenmaterial in sterilen Glasflaschen. Die Bodenproben wurden nach Hause gebracht und gleich nach ihren physikalischen und chemischen Verhältnissen untersucht. Gleichzeitig wurden Nährkulturen eingestellt, um die Mikroflora und Mikrofauna der gesammelten Bodenproben zu studieren.

Die Bodenproben wurden am Schneeberg an drei Stellen in verschiedener absoluter Höhe genommen.

1. Wald beim *Baumgartner Hause*.

*Absolute Höhe:* etwa 1440 m; *Wassergehalt* des Bodens: 34,3 %; *Hydrogenionkonzentration* ($p_H$) des Bodens: 5, also ziemlich sauer; *Temperatur* des Bodens: 11,4° C; *Mischungsverhältnisse* des Waldes: 0,8 Fichte *(Picea excelsa Lam. et DC.)*, 0,2 Lärche *(Larix decidua Mill.)*.

*Bodenpflanzen: Erica carnea L., Leontodon hispidus L., Melampyrum silvaticum L., Senecio Fuchsii Gmel., Achillea millefolium L., Alchemilla hybrida (L.) Mill., Primula officinalis Scop., Arctostaphylos uva ursi (L.) Spr.*

Für die Anzahl der Bodenprotozoen (in 10 g Erde) ergaben sich aus den Züchtungsmethoden nach CUTLER die folgenden Resultate:

> *Gesamtzahl* der Bodenprotozoen in 10 g Erde . . 25000
> Zahl der *Zysten* in 10 g Erde . . . . . . . . 10000
> Zahl der *aktiven* Protozoen in 10 g Erde . . . . 15000

Es wurden die folgenden Protozoenarten gezüchtet:

a) Rhizopoda.

*1. Amoeba albida Naegler, 2. Amoeba cucumis Glaeser, 3. Amoeba diploidea Hartm.-Naegl., 4. Amoeba dubia Schaeffer, 5. Amoeba fluida Gruber, 6. Amoeba guttula Duj., 7. Amoeba limax Duj., 8. Amoeba (Vahlkampfia) magna Jollos, 9. Amoeba terricola Ehrbg., 10. Amoeba verrucosa Ehrbg., 11. Amoeba vesiculata Pénard, 12. Arcella vulgaris Ehrbg., 13. Difflugia globulosa Ehrbg., 14. Euglypha tuberculata Duj., 15. Naegleria gruberi Wilson, 16. Parmulina obtecta Gruber, 17. Pelomyxa binucleata Gruber, 18. Vahlkampfia tachypodia Gruber.*

b) Mastigophora:

*1. Allas diplophysa Sandon, 2. Bodo celer Klebs, 3. Bodo edax Klebs, 4. Bodo saltans Ehrbg., 5. Cercobodo agilis Moroff, 6. Cercobodo vibrans Sandon, 7. Mastigamoeba limax Moroff, 8. Monas guttula Ehrbg., 9. Polytoma uvella Ehrbg., 10. Scytomonas pusilla Stein, 11. Tetramitus rostratus Perty, 12. Tetramitus sp.?*

c) Ciliata:

*1. Balantiophorus elongatus Schew., 2. Chilodon cucullus O. F. Müller, 3. Colpidium colpoda Stein, 4. Colpoda cucullus O. F. Müll., 5. Colpoda steini Maupas., 6. Cyclidium glaucoma O. F. Müll., 7. Enchelys arcuata Cl. et Lach., 8. Glaucoma scintillans Ehrbg., 9. Metopus sigmoides Cl. et Lach., 10. Oxytricha pellionella O. F. Müll., 11. Paramaecium caudatum Ehrbg., 12. Urotricha lagenula S. Kent.*

Es wurden also insgesamt 42 Protozoenarten gefunden. Die Artenzahl ist also ziemlich hoch.

Sehr interessant ist das Vorkommen der folgenden Ziliaten: *Pelomyxa binucleata Gruber, Urotricha lagenula S. Kent.,* die *in der Fauna des Bodens bisher noch nicht beobachtet wurden.* Sie sind nur in solchen Kulturflüssigkeiten herausgekommen, welche nicht in Thermostaten, sondern bei Zimmertemperatur in einem Fenster, das westlich ausgesetzt ist, gehalten wurden. Zum Züchten brauchen sie also Licht. Sie können daher wohl als Gäste betrachtet werden, die nur in *Zystenform* in den Boden des Waldes hineingelangt sind.

2. *Weide* in der Umgebung des Schneeberg-Hotels über der Baumgrenze.

*Absolute Höhe:* 1880 m; *Lage* nach Süden; *Wassergehalt* des Bodens: 35,6 %; *Bodentemperatur:* 13,5° C; *Hydrogenionkonzentration* ($p_H$): 6,46.

*Bodenpflanzen: Anthyllis alpestris (Kit.) Heg., Pedicularis verticillata L., Festuca varia Hke., Anemone narcissiflora L., Hedysarum hedysaroides (L.) Schinz et Thell., Phleum alpinum L., Primula auricula L., Primula minima L.,*

*Helianthemum alpestre (Jacq.) DC., Aster alpinus L., Saxifraga sp., Thymus alpestris Tausch., Dryas octopetala L., Linum alpinum Jacq.*

*Gesamtzahl* der Bodenprotozoen in 10 g Erde . . 10000
*Zysten* in 10 g Erde . . . . . . . . . . . . 2500
*Aktive* Protozoen in 10 g Erde . . . . . . . . 7500

Die folgenden Protozoenarten wurden gefunden:

a) R h i z o p o d a:

*1. Amoeba albida Naegler, 2. Amoeba diploidea Hartm.-Naegl., 3. Amoeba dubia Schaeffer, 4. Amoeba limax Duj., 5. Amoeba radiosa Ehrbg., 6. Amoeba terricola Ehrbg., 7. Amoeba verrucosa Ehrbg., 8. Arcella vulgaris Ehrbg., 9. Naegleria Gruberi Wilson, 10. Parmulina obtecta Gruber, 11. Vahlkampfia tachypodia Gruber.*

b) M a s t i g o p h o r a:

*1. Allas diplophysa Sandon, 2. Bodo caudatus Duj., 3. Bodo celer Klebs., 4. Bodo saltans Ehrbg., 5. Cercobodo agilis Moroff, 6. Cercomonas crassicauda Alex., 7. Mastigamoeba limax Moroff, 8. Monas guttula Ehrbg., 9. Tetramitus rostratus Perty.*

c) C i l i a t a:

*1. Chilodon cucullulus O. F. Müll., 2. Colpoda steini Maupas, 3. Cyclidium glaucoma O. F. Müll., 4. Euplotes charon O. F. Müll., 5. Glaucoma scintillans Ehrbg., 6. Paramaecium putrinum Clap. et Lach.*

Hier fand ich also insgesamt 26 Protozoenarten. In dem niederen Waldgebiete fehlten die folgenden Arten: *Amoeba radiosa Ehrbg., Bodo caudatus Duj., Cercomonas crassicauda Alex., Euplotes charon O. F. Müll.* und *Paramaecium putrinum Clap. et Lach.*

*3. Klosterwappen* (höchster Gipfel des Schneeberges).

*Absolute Höhe:* 2075 m; *Lage* nach Nordosten; *Bodentemperatur:* 16,5⁰ C; *Wassergehalt* des Bodens: 43,6 %; *Hydrogenionkonzentration (pH):* 6,93; *Humusschicht* an der Stelle des Sammelns: 32 cm, darunter Kalkfelsen.

*Bodenpflanzen: Salix retusa L., Anemone narcissiflora L., Aster bellidiastrum (L.) Scop., Anthyllis alpestris (Kit.) Heg., Ranunculus montanus Willd., Carex forma Hort.*

*Gesamtzahl* der Bodenprotozoen in 10 g Erde . . 7500
Zahl der *Zysten* in 10 g Erde . . . . . . . . 0000
*Aktive* Protozoen in 10 g Erde . . . . . . . . 7500

Es ist sehr interessant, daß in dem Boden solcher Höhe *keine Zysten* vorhanden waren, sondern alle Protozoen in *aktivem Stadium* lebten. In der Umgebung an geschützten Teilen lag noch alter Schnee in großen Massen.

In der Bodenprobe des *Klosterwappens* fand ich die folgenden Protozoenarten:

a) R h i z o p o d a:

*1. Amoeba agricola Goodey, 2. Amoeba guttula Duj., 3. Amoeba limax Duj., 4. Amoeba terricola Ehrbg., 5. Euglypha tuberculata Duj., 6. Naegleria gruberi Wilson.*

b) M a s t i g o p h o r a:

*1. Bodo edax Klebs., 2. Bodo saltans Ehrbg., 3. Cercobodo agilis Moroff., 4. Cercobodo vibrans Sandon., 5. Helkesimastix faecicola Woode. et Lap., 6. Oikomonas mutabilis Kent., 7. Oikomonas termo (Ehrbg.) Martin, 8. Phalansterium solitarium Sandon, 9. Tetramitus rostratus Perty.*

c) C i l i a t a:

*1. Chilodon cucullulus O. F. Müll., 2. Colpidium colpoda Stein, 3. Colpoda cucullus O. F. Müll., 4. Glaucoma scintillans Ehrbg., 5. Oxytricha pellionella O. F. Müll., 6. Urotricha lagenula S. Kent.*

Zahl der gefundenen Protozoenarten: 21.

In den früher beschriebenen Proben wurde nur *Amoeba agricola Goodey* nicht gefunden. Die anderen Arten kommen auch in den tieferen Stellen vor.

Vergleichen wir nun die *physikalisch-chemischen* und *protozoologischen* Verhältnisse in verschiedenen Höhen des Hochschneeberges miteinander, so können wir einige interessante Resultate nachweisen.

Der erste untersuchte Boden liegt in 1440 m, der zweite in 1880 m und der dritte in 2075 m Höhe. Der erste Boden stammt aus einem gut geschlossenen Walde, der zweite von einer hochgebirgigen Weide und der dritte von dem höchsten Gipfel des Hochgebirges. Hierauf, bis zum höchsten Gipfel, kommen weidende Tiere sehr selten. Obwohl höhere Pflanzen vorhanden sind, taugt diese Stelle zum Weiden doch nicht, da die Gramineen schlecht und rar wachsen. Im Walde und auf dem höchsten Gipfel finden wir also unberührte Naturverhältnisse.

Die *physikalischen* und *chemischen* Verhältnisse waren in der Zeit der Probeentnahme sehr verschieden. Die Temperaturen des Bodens waren

in 1440 m Höhe: 11,4⁰ C, in 1880 m Höhe: 13,5⁰ C, in 2075 m Höhe: 16,5⁰ C.

Es ist also sehr interessant, daß die Bodentemperatur immer größer war, je höher sie zum Gipfel gemessen wurde. Die dicke Bodenschicht im Walde erwärmt sich nicht so stark wie in den frei liegenden, der Sonnenbestrahlung gut ausgesetzten Stellen, wo die Humusschicht viel dünner ist. Aus diesen Temperaturmessungen dürfen wir aber keine weitgehenden Schlüsse ziehen, da sie nicht in gleicher Zeit, sondern im Abstand von einigen Stunden einander folgten. Wegen technischer Schwierigkeiten konnten nämlich die Temperaturmessungen nicht gleichzeitig ausgeführt werden.

Auch der *Wassergehalt* des Bodens war verschieden. Der Wassergehalt des Bodens war

in 1440 m Höhe: 34,3%, in 1880 m Höhe: 35,6%, in 2075 m Höhe: 43,6%.

Der Wassergehalt war also mit der Höhe steigend. Für uns ist der Wassergehalt sehr wichtig, da die Bodenprotozoen zu ihrem aktiven Leben viel kapillares Wasser benötigen. Meinen Erfahrungen nach ist die Bodentemperatur ziemlich gleichgültig für die aktiven Protozoen, hingegen sehr wichtig der Wassergehalt. Je höher derselbe ist, desto größer ist die Zahl der aktiven Protozoen. Durch diesen Umstand können wir erklären, daß in dem viel tiefer liegenden Walde ziemlich viel Protozoen in *enzystiertem* Zustande vorhanden waren, in dem Boden des Klosterwappens (in Höhe von 2075 m) dagegen *alle Protozoen in aktivem* Zustande gefunden wurden. Dieser Fall ist sehr selten.

Sehr verschieden war auch die *Hydrogenionkonzentration* ($p_H$) der untersuchten Böden:

$p_H$ in 1440 m Höhe: 5,00, in 1880 m Höhe: 6,46, in 2075 m Höhe: 6,93.

Diese Reaktion der Böden ist sauer und ist im Walde besonders ausgeprägt. Der Wert der Azidität steigt also sogleich, wenn Waldboden vorhanden ist. Was nun die *quantitative Zusammensetzung* der Protozoen in verschiedenen Höhen betrifft, so können wir aus dem Graphikon auf folgende wichtigste Daten schließen. Je niedriger der untersuchte Boden liegt, desto größer ist die Gesamtzahl der Bodenprotozoen, und das Verhältnis der aktiven Protozoen und der Zysten zueinander ist ziemlich gleich. Zysten kamen aber in der größten Höhe gar nicht vor. Je höher die Böden liegen, relativ desto größer ist die Zahl der *aktiven* Protozoen, und in 2075 m Höhe kommen nur *aktive* Protozoen vor (s. Abb. 72).

Diese interessante Erscheinung kann wohl damit erklärt werden, daß die Bodenprotozoen in einer großen Höhe sehr kurz andauernde vegetative Zeit zur Verfügung haben. Im Mai liegt noch oftmals Schnee in solcher Höhe, und wenn auch der Schnee schmilzt, sind noch Nachtfröste. Im Hochsommer, wenn die Fröste ausbleiben, müssen auch die Bodenprotozoen die kurze Zeit zu ihrer Lebensfrist wohl gut ausnützen. In einem Jahre haben sie zu ihrem aktiven Leben bestenfalls nur 3 Monate (Juni, Juli, August). Hingegen sind sie gezwungen, ihr Leben etwa 9 Monate hindurch im enzystierten Zustande, in Art der *Anabiose* zu verbringen. Sind aber die Verhältnisse günstig, so gelangen sie zum aktiven Leben und können in diesem Zustande eine große Lebensenergie entfalten.

Im Waldboden in einer Höhe von 1400 m sind die Lebensverhältnisse mit denen der Waldböden in der Umgebung von Sopron insofern gleich, als dort ebenfalls viele Protozoenzysten vorhanden sind. Aber ein großer Unterschied liegt darin, daß in den Soproner Waldböden die Gesamtzahl sowie die Zahl der aktiven Protozoen im Sommer nie zu solcher Höhe gelangt. Hier sind die Maxima, wie ich schon früher nachgewiesen habe, immer im Spätherbst (Ende November, Anfang Dezember) und im Sommer die Minima fallend. Im Sommer kommen auch solche Fälle vor, daß in den meisten Waldböden Soprons *keine aktiven Protozoen* vorhanden sind,

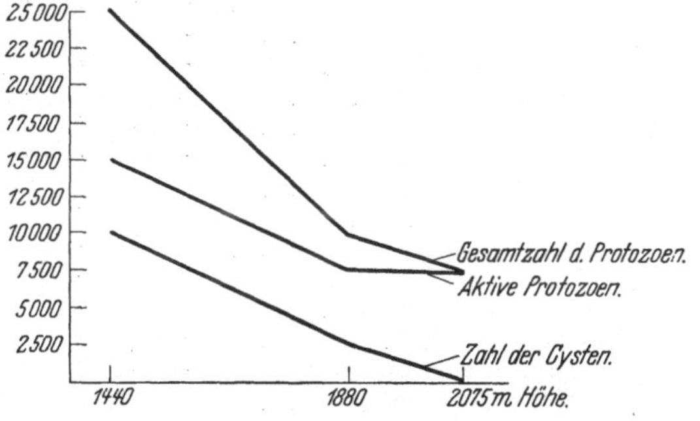


Abb. 72.  Die vertikale Verteilung der Protozoen des Waldbodens.

sondern wegen der Trockenheit sich alle in Zystenform befinden. Es scheint also, daß sich in den über 1000 m liegenden Fichtenwäldern der Hochgebirge die Bodenverhältnisse und das Leben der Bodenprotozoen anders gestalten als in den Wäldern eines niedriger liegenden Hügellandes. Es unterliegt aber keinem Zweifel, daß noch viele Untersuchungen dazu notwendig wären, diese Erscheinungen als Naturgesetz zu erklären. Von den Ergebnissen der von *drei* Bodenproben stammenden Untersuchungen wage ich natürlich noch keine weitgehenderen Behauptungen aufzustellen.

Es ist noch interessant zu erwähnen, daß in dem Boden von 2075 m Höhe gerade um die Hälfte weniger Protozoenarten vorkommen als im Boden von 1440 m Höhe; es sind wahrscheinlich nur solche Arten, welche den viel mehr ungünstigeren klimatischen Verhältnissen besser angepaßt sind. In 1880 m Höhe ist die Zahl der Bodenprotozoenarten fast um ein Drittel kleiner. Aus diesen Tatsachen könnten wir darauf schließen, daß je höher wir an einem Hochgebirge hinaufsteigen, desto weniger Protozoenarten im Boden finden werden.

**9. Systematische Untersuchungen über die regionale Verbreitung der Waldbodenprotozoen.** Ich habe die Bodenprotozoen der verschiedenen Versuchsflächen auch nach ihrer qualitativen Zusammensetzung untersucht. Von Südungarn bis hinauf zum europäischen Eismeer wurden Bodenproben in unser Institut eingeschickt. Diesen Proben entnahm ich 10 g Erde, verdünnte diese mit doppelt destilliertem Wasser und züchtete die Protozoen steril in Agar-Agar sowie in verschiedenen flüssigen Nährlösungen. Diese Methode hat sich sehr gut bewährt, und ich konnte eine ziemlich große Menge der ver-

Tabelle

| Nr. | Name | 46° 30' | | | | 46° 15' | | | | 46° 55' | | | 47° 17' | | | | |
|---|---|---|---|---|---|---|---|---|---|---|---|---|---|---|---|---|---|
| | Nr. der Versuchsfläche | 1 | | 2 | | 5 | | 6 | | 7 | | 8 | 11 | 14 | 15 | 21 | 24 |
| | Zeitpunkt der Untersuchung | 1 | 2 | 1 | 2 | 1 | 2 | 1 | 2 | 1 | 2 | 2 | 3 | 3 | 3 | 3 | 3 |
| | $p_H$ | 6,23 | 4,53 | 6,46 | 4,49 | 5,98 | 4,97 | 5,56 | 4,97 | 5,90 | 4,94 | 4,96 | 5,25 | 5,45 | 5,52 | 5,40 | 5,88 |
| | Wassergehalt | 16,4 | 22,1 | 14,6 | 19,8 | 1,8 | 5,7 | 2,7 | 6,1 | 3,5 | 8,8 | 8,5 | 18,8 | 19,0 | 22,8 | 26,8 | 25,0 |
| | *I. Rhizopoda.* | | | | | | | | | | | | | | | | |
| 1. | Actinophrys sol Ehrbg. | · | · | · | · | · | · | · | · | · | · | · | · | · | · | · | · |
| 2. | Allogromia fluvialis Duj. | · | · | · | · | · | · | · | · | · | · | · | · | · | · | · | · |
| 3. | Amoeba albida Naegler | · | · | · | · | · | · | · | · | + | · | · | · | · | · | · | + |
| 4. | „ alveolata Mereschk. | · | · | · | · | · | + | + | · | · | · | + | · | · | · | · | · |
| 5. | „ aquarum Joll.* | · | · | · | · | · | · | + | · | + | · | · | · | · | · | · | · |
| 6. | „ cucumis Gl. | · | · | · | · | · | · | · | · | · | · | · | · | · | · | · | · |
| 7. | „ diploidea Hartm.-Naegl. | · | · | · | · | · | · | · | · | · | · | · | · | · | + | · | + |
| 8. | „ dubia Schaeff. | · | · | · | · | + | · | · | · | + | · | · | · | · | · | · | · |
| 9. | „ fasciculata Pén. | · | · | · | · | · | · | · | · | + | · | · | · | · | · | · | · |
| 10. | „ fluida Gruber | + | · | · | · | · | · | · | · | + | · | + | · | · | · | · | · |
| 11. | „ guttula Duj. | · | · | + | · | · | · | · | · | · | · | + | · | · | · | · | · |
| 12. | „ horticola Naegl. | · | · | · | · | · | · | · | · | + | · | + | + | · | · | · | + |
| 13. | „ lacustris Naegl.* | · | · | · | · | · | · | + | · | · | · | · | + | · | · | · | · |
| 14. | „ limax Duj. | + | + | + | + | + | · | + | + | + | · | + | + | + | + | + | + |
| 15. | „ lucens Frenzel | · | · | · | · | + | · | · | · | · | · | · | · | · | · | · | + |
| 16. | „ magna Jollos | + | · | · | · | + | · | + | · | + | · | · | · | · | · | · | + |
| 17. | „ polyphaga Pusch | · | · | · | · | · | · | · | · | · | · | · | · | · | · | · | · |
| 18. | „ radiata Duj. | · | + | · | · | · | + | + | + | + | · | + | · | · | · | · | · |
| 19. | „ sphaeronucleolus Greeff. | · | · | · | · | · | · | · | • | · | · | + | · | · | · | · | · |
| 20. | „ terricola Greeff. | + | + | + | + | · | + | + | · | · | · | + | · | · | · | · | · |
| 21. | „ velata Parona | · | · | · | · | · | · | · | · | · | · | · | + | · | · | · | · |
| 22. | „ verrucosa Ehrbg. | · | + | · | · | · | · | · | · | + | · | + | · | · | · | · | · |
| 23. | „ vesiculata Pén. | · | · | · | · | · | · | · | · | + | · | · | · | · | · | · | · |
| 24. | „ villosa Wallich | · | · | · | · | + | · | · | · | · | · | · | · | · | · | · | · |
| 25. | Arcella discoides Ehrbg. | · | · | · | · | · | · | · | · | · | · | · | · | · | · | · | · |
| 26. | „ vulgaris Ehrbg. | · | · | · | · | · | · | · | · | + | · | · | · | · | · | · | · |
| 27. | Centropyxis laevigata Pén. | + | · | · | · | · | · | · | · | · | · | · | · | · | · | · | · |
| 28. | Cochliopodium ambiguum Pén.* | · | · | · | · | · | · | · | · | + | · | · | · | · | · | · | · |
| 29. | Corycia flava Greeff. | · | · | · | · | · | · | · | · | + | · | · | · | · | · | · | · |
| 30. | Corythion dubium Tar. | · | · | · | · | · | · | · | · | · | · | · | · | + | · | · | · |
| 31. | Difflugia binucleata Pén.* | · | · | · | · | · | · | · | · | · | · | · | · | · | · | · | · |
| 32. | „ corona Wall. | · | · | · | · | · | · | · | · | · | · | · | · | · | · | · | · |
| 33. | „ constricta (Ehrbg.) Leidy | + | · | · | · | · | · | · | · | · | · | · | · | · | · | · | · |
| 34. | „ elegans Pén.* | · | · | · | · | · | · | · | · | + | · | · | · | · | · | · | · |
| 35. | „ fallax Pén. | · | · | · | · | · | · | · | · | + | · | · | · | · | · | · | · |
| 36. | „ lithoplites Pén.* | · | · | · | · | · | · | · | · | · | · | · | · | · | · | · | · |
| 37. | „ lucida Pén.* | · | · | · | · | · | · | · | · | · | · | · | · | · | · | · | · |
| 38. | „ penardi Wailes | · | · | · | · | · | · | · | · | · | · | · | · | · | · | · | · |
| 39. | „ pulex Pén. | · | · | · | · | · | + | · | · | · | · | · | · | · | · | · | · |
| 40. | „ sp.? | · | · | · | · | · | · | · | · | · | · | · | · | · | · | · | · |
| 41. | „ varians Pén.* | · | · | · | · | · | · | · | · | + | · | · | · | · | · | · | · |
| 42. | Dinamoeba mirabilis Leidy* | · | · | · | · | · | · | · | · | · | · | · | · | + | · | · | · |
| 43. | Euglypha alveolata Duj. | · | · | · | · | · | · | · | · | · | · | + | · | · | · | · | · |
| 44. | „ filifera Pén.* | · | · | · | · | · | · | · | · | · | · | · | · | · | · | · | · |
| 45. | „ tuberculata Duj. | · | · | · | · | · | · | · | · | · | · | · | · | · | · | · | · |
| 46. | „ sp.? | · | · | · | · | · | · | · | · | · | · | · | · | · | · | · | · |
| 47. | Gloidium mutabile Pén.* | · | + | · | · | · | · | · | · | + | · | · | · | + | · | · | · |
| 48. | Hartmannella hyalina Alex-Less. | · | · | · | · | · | · | · | · | · | · | · | · | · | · | · | · |
| 49. | Lecythium hyalinum Hertw.-Less. | · | · | · | · | · | · | · | · | · | · | · | · | · | · | · | · |
| 50. | Naegleria Gruberi Wilson | · | · | · | · | + | + | · | + | + | · | + | · | · | · | + | · |
| 51. | Nebela collaris Ehrbg. | · | · | · | · | · | · | · | · | · | · | · | · | · | · | · | · |
| 52. | „ tubulosa Pén. | · | · | · | · | · | · | · | · | + | · | · | · | · | · | · | · |

* Arten, die im Boden bisher

Zeitpunkt der Untersuchung: 1 = 1930, I.—II.; 2 = 1930, V.—VI.; 3 = 1930,

54.

<table>
<tr>
<th colspan="3">57⁰</th>
<th>59⁰ 43′</th>
<th colspan="3">60⁰ 17′</th>
<th colspan="5">66⁰ 50′</th>
<th colspan="4">69⁰ 20′</th>
<th>69⁰ 38′</th>
<th rowspan="5">Die Verbreitung in Breitengraden</th>
<th colspan="2">$p_H$</th>
<th colspan="2">Wassergehalt</th>
</tr>
<tr>
<th>33</th><th>34</th><th>35</th><th>36</th><th colspan="2">37</th><th>38</th><th>40</th><th colspan="2">41</th><th>42</th><th>43</th><th>44</th><th colspan="2">45</th><th>46</th><th>47</th>
<th rowspan="4">Maximum</th><th rowspan="4">Minimum</th><th rowspan="4">Maximum</th><th rowspan="4">Minimum</th>
</tr>
<tr>
<td>3</td><td>3</td><td>3</td><td>4</td><td>5</td><td>6</td><td>6</td><td>6</td><td>5</td><td>6</td><td>6</td><td>6</td><td>6</td><td>5</td><td>6</td><td>6</td><td>4</td>
</tr>
<tr>
<td>4,02</td><td>3,96</td><td>3,99</td><td>4,39</td><td>5,08</td><td>4,86</td><td>4,89</td><td>5,16</td><td>5,30</td><td>5,11</td><td>5,02</td><td>4,89</td><td>4,93</td><td>5,86</td><td>4,96</td><td>4,74</td><td>5,41</td>
</tr>
<tr>
<td>66,7</td><td>14,3</td><td>71,8</td><td>31,0</td><td>18,9</td><td>28,6</td><td>36,2</td><td>19,1</td><td>16,1</td><td>8,8</td><td>16,1</td><td>12,5</td><td>37,0</td><td>28,6</td><td>23,0</td><td>15,0</td><td>20,6</td>
</tr>

<tr><td>·</td><td>·</td><td>·</td><td>·</td><td>·</td><td>·</td><td>·</td><td>·</td><td>·</td><td>·</td><td>·</td><td>·</td><td>·</td><td>+</td><td>+</td><td>·</td><td>·</td><td>69⁰ 20′</td><td>5,86</td><td>4,96</td><td>28,6</td><td>23,0</td></tr>
<tr><td>·</td><td>·</td><td>·</td><td>·</td><td>·</td><td>+</td><td>+</td><td>·</td><td>·</td><td>·</td><td>·</td><td>·</td><td>·</td><td>·</td><td>·</td><td>·</td><td>·</td><td>60⁰ 17′</td><td>4,89</td><td>4,86</td><td>36,2</td><td>28,6</td></tr>
<tr><td>·</td><td>+</td><td>+</td><td>+</td><td>+</td><td>+</td><td>+</td><td>+</td><td>+</td><td>+</td><td>+</td><td>+</td><td>·</td><td>+</td><td>·</td><td>+</td><td>+</td><td>46⁰ 55′—69⁰ 38′</td><td>5,90</td><td>3,96</td><td>71,8</td><td>3,5</td></tr>
<tr><td>·</td><td>·</td><td>·</td><td>·</td><td>·</td><td>·</td><td>·</td><td>·</td><td>·</td><td>·</td><td>·</td><td>·</td><td>·</td><td>·</td><td>·</td><td>·</td><td>·</td><td>46⁰ 15′—46⁰ 55′</td><td>5,56</td><td>4,96</td><td>8,5</td><td>2,7</td></tr>
<tr><td>·</td><td>·</td><td>·</td><td>·</td><td>·</td><td>·</td><td>·</td><td>·</td><td>·</td><td>·</td><td>·</td><td>·</td><td>·</td><td>·</td><td>·</td><td>·</td><td>·</td><td>46⁰ 15′—46⁰ 55′</td><td>5,90</td><td>5,56</td><td>3,5</td><td>2,7</td></tr>
<tr><td>·</td><td>·</td><td>·</td><td>·</td><td>·</td><td>·</td><td>·</td><td>·</td><td>+</td><td>·</td><td>·</td><td>·</td><td>+</td><td>+</td><td>·</td><td>·</td><td>·</td><td>66⁰ 50′—69⁰ 20′</td><td>5,86</td><td>4,93</td><td>37,0</td><td>16,1</td></tr>
<tr><td>·</td><td>·</td><td>·</td><td>·</td><td>·</td><td>·</td><td>·</td><td>·</td><td>·</td><td>·</td><td>·</td><td>·</td><td>·</td><td>+</td><td>+</td><td>+</td><td>·</td><td>47⁰ 07′—69⁰ 20′</td><td>5,86</td><td>4,74</td><td>28,6</td><td>15,0</td></tr>
<tr><td>·</td><td>·</td><td>·</td><td>·</td><td>·</td><td>·</td><td>·</td><td>·</td><td>·</td><td>·</td><td>·</td><td>·</td><td>·</td><td>·</td><td>·</td><td>·</td><td>·</td><td>46⁰ 15′—46⁰ 55′</td><td>5,89</td><td>5,90</td><td>3,5</td><td>1,8</td></tr>
<tr><td>·</td><td>·</td><td>·</td><td>·</td><td>·</td><td>·</td><td>·</td><td>·</td><td>·</td><td>·</td><td>·</td><td>·</td><td>·</td><td>·</td><td>·</td><td>·</td><td>·</td><td>46⁰ 55′</td><td>5,90</td><td>—</td><td>3,5</td><td>—</td></tr>
<tr><td>·</td><td>·</td><td>·</td><td>+</td><td>·</td><td>·</td><td>·</td><td>+</td><td>·</td><td>·</td><td>+</td><td>+</td><td>·</td><td>·</td><td>·</td><td>·</td><td>·</td><td>46⁰ 30′—66⁰ 50′</td><td>6,23</td><td>4,89</td><td>31,0</td><td>3,5</td></tr>
<tr><td>·</td><td>·</td><td>·</td><td>·</td><td>+</td><td>+</td><td>·</td><td>·</td><td>·</td><td>·</td><td>·</td><td>·</td><td>·</td><td>+</td><td>·</td><td>·</td><td>·</td><td>46⁰ 30′—69⁰ 20′</td><td>6,46</td><td>4,86</td><td>37,0</td><td>8,5</td></tr>
<tr><td>·</td><td>·</td><td>·</td><td>·</td><td>·</td><td>·</td><td>·</td><td>·</td><td>·</td><td>·</td><td>·</td><td>·</td><td>·</td><td>·</td><td>·</td><td>·</td><td>·</td><td>46⁰ 55′—47⁰ 07′</td><td>5,90</td><td>4,96</td><td>23,0</td><td>3,5</td></tr>
<tr><td>·</td><td>·</td><td>·</td><td>·</td><td>·</td><td>·</td><td>·</td><td>·</td><td>·</td><td>·</td><td>·</td><td>·</td><td>·</td><td>·</td><td>·</td><td>·</td><td>·</td><td>46⁰ 15′—47⁰ 07′</td><td>5,56</td><td>5,25</td><td>18,8</td><td>2,7</td></tr>
<tr><td>+</td><td>+</td><td>+</td><td>+</td><td>+</td><td>+</td><td>+</td><td>+</td><td>+</td><td>+</td><td>+</td><td>+</td><td>+</td><td>·</td><td>·</td><td>+</td><td>·</td><td>46⁰ 30′—69⁰ 20′</td><td>6,46</td><td>3,96</td><td>71,8</td><td>1,8</td></tr>
<tr><td>·</td><td>·</td><td>·</td><td>·</td><td>·</td><td>·</td><td>·</td><td>+</td><td>+</td><td>+</td><td>·</td><td>·</td><td>·</td><td>·</td><td>·</td><td>·</td><td>·</td><td>46⁰ 15′—66⁰ 50′</td><td>5,98</td><td>5,11</td><td>23,0</td><td>1,8</td></tr>
<tr><td>·</td><td>·</td><td>·</td><td>·</td><td>+</td><td>·</td><td>+</td><td>·</td><td>·</td><td>·</td><td>·</td><td>·</td><td>·</td><td>·</td><td>·</td><td>·</td><td>·</td><td>46⁰ 30′—60⁰ 17′</td><td>6,23</td><td>4,89</td><td>36,2</td><td>1,8</td></tr>
<tr><td>·</td><td>·</td><td>·</td><td>·</td><td>+</td><td>·</td><td>·</td><td>·</td><td>·</td><td>·</td><td>·</td><td>·</td><td>·</td><td>·</td><td>·</td><td>·</td><td>·</td><td>60⁰ 17′</td><td>5,08</td><td>—</td><td>18,9</td><td>—</td></tr>
<tr><td>+</td><td>·</td><td>·</td><td>+</td><td>·</td><td>+</td><td>+</td><td>+</td><td>+</td><td>+</td><td>+</td><td>+</td><td>+</td><td>+</td><td>·</td><td>·</td><td>+</td><td>46⁰ 30′—69⁰ 20′</td><td>5,86</td><td>4,02</td><td>66,7</td><td>7,2</td></tr>
<tr><td>·</td><td>·</td><td>·</td><td>·</td><td>·</td><td>+</td><td>·</td><td>+</td><td>·</td><td>+</td><td>+</td><td>+</td><td>·</td><td>·</td><td>·</td><td>·</td><td>·</td><td>46⁰ 55′—66⁰ 50′</td><td>5,16</td><td>4,89</td><td>28,6</td><td>8,5</td></tr>
<tr><td>+</td><td>·</td><td>·</td><td>+</td><td>+</td><td>+</td><td>+</td><td>+</td><td>+</td><td>+</td><td>+</td><td>+</td><td>+</td><td>+</td><td>·</td><td>+</td><td>+</td><td>46⁰ 30′—69⁰ 38′</td><td>6,46</td><td>4,02</td><td>66,7</td><td>2,7</td></tr>
<tr><td>·</td><td>·</td><td>·</td><td>·</td><td>·</td><td>·</td><td>·</td><td>·</td><td>·</td><td>·</td><td>·</td><td>·</td><td>·</td><td>·</td><td>·</td><td>·</td><td>·</td><td>47⁰ 07′</td><td>5,25</td><td>—</td><td>18,8</td><td>—</td></tr>
<tr><td>·</td><td>·</td><td>·</td><td>·</td><td>+</td><td>+</td><td>+</td><td>+</td><td>+</td><td>+</td><td>+</td><td>+</td><td>·</td><td>+</td><td>·</td><td>+</td><td>·</td><td>46⁰ 30′—69⁰ 20′</td><td>5,86</td><td>4,53</td><td>36,2</td><td>6,1</td></tr>
<tr><td>·</td><td>·</td><td>·</td><td>·</td><td>·</td><td>·</td><td>·</td><td>·</td><td>·</td><td>·</td><td>·</td><td>·</td><td>·</td><td>·</td><td>·</td><td>·</td><td>·</td><td>46⁰ 55′</td><td>5,90</td><td>—</td><td>3,5</td><td>—</td></tr>
<tr><td>·</td><td>·</td><td>·</td><td>·</td><td>·</td><td>·</td><td>·</td><td>·</td><td>+</td><td>+</td><td>+</td><td>·</td><td>·</td><td>·</td><td>·</td><td>·</td><td>·</td><td>46⁰ 30′—66⁰ 50′</td><td>5,98</td><td>5,02</td><td>16,1</td><td>1,8</td></tr>
<tr><td>·</td><td>·</td><td>·</td><td>·</td><td>·</td><td>·</td><td>·</td><td>·</td><td>·</td><td>+</td><td>·</td><td>·</td><td>·</td><td>+</td><td>·</td><td>·</td><td>·</td><td>66⁰ 50′—69⁰ 20′</td><td>5,86</td><td>5,11</td><td>28,6</td><td>8,8</td></tr>
<tr><td>·</td><td>·</td><td>·</td><td>·</td><td>·</td><td>+</td><td>·</td><td>·</td><td>·</td><td>·</td><td>·</td><td>·</td><td>·</td><td>·</td><td>·</td><td>·</td><td>·</td><td>46⁰ 55′—66⁰ 50′</td><td>5,90</td><td>4,86</td><td>28,6</td><td>3,5</td></tr>
<tr><td>·</td><td>·</td><td>·</td><td>·</td><td>·</td><td>·</td><td>·</td><td>·</td><td>·</td><td>·</td><td>·</td><td>·</td><td>·</td><td>·</td><td>·</td><td>·</td><td>·</td><td>46⁰ 30′</td><td>6,23</td><td>—</td><td>16,4</td><td>—</td></tr>
<tr><td>·</td><td>·</td><td>·</td><td>·</td><td>·</td><td>·</td><td>·</td><td>·</td><td>·</td><td>·</td><td>·</td><td>·</td><td>·</td><td>·</td><td>·</td><td>·</td><td>·</td><td>46⁰ 55′</td><td>5,90</td><td>—</td><td>3,5</td><td>—</td></tr>
<tr><td>·</td><td>·</td><td>·</td><td>·</td><td>·</td><td>·</td><td>·</td><td>·</td><td>·</td><td>·</td><td>·</td><td>·</td><td>·</td><td>·</td><td>·</td><td>·</td><td>·</td><td>46⁰ 55′</td><td>5,90</td><td>—</td><td>3,5</td><td>—</td></tr>
<tr><td>·</td><td>·</td><td>·</td><td>·</td><td>·</td><td>·</td><td>·</td><td>·</td><td>·</td><td>·</td><td>·</td><td>·</td><td>·</td><td>·</td><td>·</td><td>·</td><td>·</td><td>46⁰ 55′</td><td>5,45</td><td>—</td><td>19,0</td><td>—</td></tr>
<tr><td>·</td><td>·</td><td>·</td><td>·</td><td>·</td><td>·</td><td>+</td><td>·</td><td>·</td><td>·</td><td>·</td><td>·</td><td>·</td><td>·</td><td>·</td><td>·</td><td>·</td><td>60⁰ 17′</td><td>4,89</td><td>—</td><td>36,2</td><td>—</td></tr>
<tr><td>·</td><td>·</td><td>·</td><td>·</td><td>·</td><td>·</td><td>+</td><td>·</td><td>·</td><td>·</td><td>·</td><td>·</td><td>·</td><td>·</td><td>·</td><td>·</td><td>·</td><td>60⁰ 17′</td><td>4,89</td><td>—</td><td>36,2</td><td>—</td></tr>
<tr><td>·</td><td>+</td><td>·</td><td>·</td><td>·</td><td>·</td><td>·</td><td>+</td><td>·</td><td>·</td><td>·</td><td>·</td><td>·</td><td>+</td><td>+</td><td>·</td><td>·</td><td>57⁰—69⁰ 20′</td><td>6,23</td><td>3,96</td><td>28,6</td><td>14,3</td></tr>
<tr><td>·</td><td>·</td><td>·</td><td>·</td><td>·</td><td>·</td><td>·</td><td>·</td><td>·</td><td>·</td><td>·</td><td>·</td><td>·</td><td>·</td><td>·</td><td>·</td><td>·</td><td>46⁰ 55′</td><td>5,90</td><td>—</td><td>3,5</td><td>—</td></tr>
<tr><td>·</td><td>·</td><td>·</td><td>·</td><td>·</td><td>·</td><td>·</td><td>·</td><td>·</td><td>·</td><td>·</td><td>·</td><td>·</td><td>·</td><td>·</td><td>·</td><td>·</td><td>46⁰ 55′</td><td>5,90</td><td>—</td><td>3,5</td><td>—</td></tr>
<tr><td>·</td><td>·</td><td>·</td><td>·</td><td>·</td><td>+</td><td>·</td><td>·</td><td>·</td><td>·</td><td>·</td><td>·</td><td>·</td><td>·</td><td>·</td><td>·</td><td>·</td><td>60⁰ 17′</td><td>4,89</td><td>—</td><td>36,2</td><td>—</td></tr>
<tr><td>·</td><td>·</td><td>·</td><td>·</td><td>·</td><td>+</td><td>·</td><td>·</td><td>·</td><td>·</td><td>·</td><td>·</td><td>·</td><td>·</td><td>·</td><td>·</td><td>·</td><td>60⁰ 17′</td><td>4,89</td><td>—</td><td>36,2</td><td>—</td></tr>
<tr><td>·</td><td>·</td><td>·</td><td>·</td><td>·</td><td>·</td><td>·</td><td>·</td><td>·</td><td>·</td><td>·</td><td>·</td><td>·</td><td>+</td><td>·</td><td>·</td><td>·</td><td>69⁰ 20′</td><td>5,86</td><td>—</td><td>28,6</td><td>—</td></tr>
<tr><td>·</td><td>·</td><td>·</td><td>·</td><td>·</td><td>·</td><td>·</td><td>·</td><td>·</td><td>·</td><td>·</td><td>·</td><td>·</td><td>·</td><td>·</td><td>·</td><td>·</td><td>46⁰ 15′</td><td>5,56</td><td>—</td><td>2,7</td><td>—</td></tr>
<tr><td>·</td><td>·</td><td>·</td><td>·</td><td>·</td><td>·</td><td>·</td><td>·</td><td>·</td><td>·</td><td>+</td><td>·</td><td>·</td><td>·</td><td>·</td><td>·</td><td>·</td><td>66⁰ 50′</td><td>5,30</td><td>—</td><td>16,1</td><td>—</td></tr>
<tr><td>·</td><td>·</td><td>·</td><td>·</td><td>·</td><td>·</td><td>·</td><td>·</td><td>·</td><td>·</td><td>·</td><td>·</td><td>·</td><td>·</td><td>·</td><td>·</td><td>·</td><td>46⁰ 55′</td><td>5,90</td><td>—</td><td>3,5</td><td>—</td></tr>
<tr><td>·</td><td>·</td><td>·</td><td>·</td><td>·</td><td>·</td><td>·</td><td>·</td><td>·</td><td>·</td><td>·</td><td>·</td><td>·</td><td>·</td><td>·</td><td>·</td><td>·</td><td>47⁰ 07′</td><td>5,45</td><td>—</td><td>19,0</td><td>—</td></tr>
<tr><td>·</td><td>·</td><td>·</td><td>·</td><td>+</td><td>·</td><td>+</td><td>·</td><td>·</td><td>·</td><td>·</td><td>·</td><td>·</td><td>·</td><td>·</td><td>·</td><td>·</td><td>46⁰ 55′—66⁰ 50′</td><td>5,16</td><td>4,86</td><td>28,6</td><td>8,5</td></tr>
<tr><td>·</td><td>+</td><td>·</td><td>·</td><td>·</td><td>·</td><td>·</td><td>·</td><td>·</td><td>·</td><td>·</td><td>·</td><td>·</td><td>·</td><td>·</td><td>·</td><td>·</td><td>57⁰</td><td>3,96</td><td>3,96</td><td>14,3</td><td>19,1</td></tr>
<tr><td>·</td><td>·</td><td>+</td><td>·</td><td>+</td><td>·</td><td>+</td><td>·</td><td>·</td><td>·</td><td>·</td><td>·</td><td>·</td><td>·</td><td>·</td><td>·</td><td>·</td><td>57⁰—66⁰ 50′</td><td>5,16</td><td>3,99</td><td>71,8</td><td>8,8</td></tr>
<tr><td>·</td><td>·</td><td>·</td><td>·</td><td>·</td><td>·</td><td>·</td><td>+</td><td>·</td><td>+</td><td>·</td><td>·</td><td>·</td><td>·</td><td>·</td><td>·</td><td>·</td><td>66⁰ 50′</td><td>5,16</td><td>5,11</td><td>19,1</td><td>3,5</td></tr>
<tr><td>·</td><td>·</td><td>·</td><td>·</td><td>·</td><td>·</td><td>·</td><td>·</td><td>·</td><td>·</td><td>·</td><td>·</td><td>·</td><td>·</td><td>·</td><td>·</td><td>·</td><td>46⁰ 30′—47⁰ 07′</td><td>5,90</td><td>4,53</td><td>22,1</td><td>8,8</td></tr>
<tr><td>·</td><td>·</td><td>·</td><td>·</td><td>+</td><td>+</td><td>+</td><td>·</td><td>+</td><td>·</td><td>+</td><td>·</td><td>·</td><td>·</td><td>·</td><td>·</td><td>·</td><td>60⁰ 17′—66⁰ 50′</td><td>5,11</td><td>4,86</td><td>36,2</td><td>1,8</td></tr>
<tr><td>·</td><td>·</td><td>·</td><td>·</td><td>·</td><td>+</td><td>·</td><td>·</td><td>·</td><td>·</td><td>·</td><td>·</td><td>·</td><td>·</td><td>·</td><td>·</td><td>·</td><td>60⁰ 17′</td><td>4,86</td><td>—</td><td>28,6</td><td>—</td></tr>
<tr><td>·</td><td>+</td><td>·</td><td>·</td><td>·</td><td>·</td><td>+</td><td>+</td><td>+</td><td>+</td><td>·</td><td>·</td><td>·</td><td>·</td><td>·</td><td>·</td><td>·</td><td>46⁰ 15′—66⁰ 50′</td><td>5,98</td><td>3,96</td><td>22,8</td><td>16,1</td></tr>
<tr><td>·</td><td>·</td><td>·</td><td>·</td><td>·</td><td>·</td><td>+</td><td>·</td><td>·</td><td>·</td><td>·</td><td>·</td><td>·</td><td>·</td><td>·</td><td>·</td><td>+</td><td>66⁰ 50′—69⁰ 20′</td><td>5,41</td><td>5,30</td><td>20,6</td><td>15,0</td></tr>
<tr><td>·</td><td>·</td><td>·</td><td>·</td><td>·</td><td>·</td><td>·</td><td>·</td><td>·</td><td>·</td><td>·</td><td>·</td><td>·</td><td>·</td><td>·</td><td>·</td><td>·</td><td>46⁰ 55′</td><td>5,90</td><td>—</td><td>3,5</td><td>—</td></tr>
</table>

nicht nachgewiesen wurden.

VIII.—IX.; 4 = 1930, XI.—XII.; 5 = 1931, VII.—VIII.; 6 = 1931, XI.—XII.

Tabelle 54

| Nr. | Name | 46° 30′ | | | | 46° 15′ | | | | 46° 55′ | | | 47° 17′ | | | | |
|---|---|---|---|---|---|---|---|---|---|---|---|---|---|---|---|---|---|
| | Nr. der Versuchsfläche | 1 | | 2 | | 5 | | 6 | | 7 | | 8 | 11 | 14 | 15 | 21 | 24 |
| | Zeitpunkt der Untersuchung | 1 | 2 | 1 | 2 | 1 | 2 | 1 | 2 | 1 | 2 | 2 | 3 | 3 | 3 | 3 | 3 |
| | $p_H$ | 6,23 | 4,53 | 6,46 | 4,49 | 5,98 | 4,97 | 5,56 | 4,97 | 5,90 | 4,94 | 4,96 | 5,25 | 5,45 | 5,52 | 5,40 | 5,88 |
| | Wassergehalt | 16,4 | 22,1 | 14,6 | 19,8 | 1,8 | 5,7 | 2,7 | 6,1 | 3,5 | 8,8 | 8,5 | 18,8 | 19,0 | 22,8 | 26,8 | 25,0 |
| 53. | Nuclearia simplex Cienk. | · | · | · | · | · | · | · | · | · | · | · | · | · | · | · | · |
| 54. | Parmulina obtecta Gruber | · | · | · | · | · | · | · | · | + | · | · | · | · | · | · | · |
| 55. | Pelomyxa binucleata Gruber | · | · | · | · | · | · | · | · | + | · | · | · | · | · | · | · |
| 56. | „ fragilis Pén. | · | · | · | · | · | · | · | · | · | · | · | · | · | · | · | · |
| 57. | „ palustris Greeff. | · | · | · | · | · | · | · | · | + | · | + | · | · | · | · | · |
| 58. | Vahlkampfia tachypodia Gruber* | + | · | + | · | + | · | + | · | + | · | + | + | · | + | + | · |
| | *II. Mastigophora.* | | | | | | | | | | | | | | | | |
| 59. | Allas diplophysa Sandon | · | · | · | · | + | + | · | · | · | · | + | + | + | · | · | · |
| 60. | Bodo angustus Duj.* | · | · | · | · | · | · | · | · | · | · | · | · | · | · | · | · |
| 61. | „ caudatus Duj. | · | · | · | · | · | · | · | · | · | · | · | · | · | · | · | · |
| 62. | „ celer Klebs | · | · | · | · | · | · | · | · | · | · | + | · | · | · | · | · |
| 63. | „ edax Klebs | + | + | · | · | + | + | · | · | · | · | + | · | · | · | · | · |
| 64. | „ ovatus Duj. | · | · | · | · | · | · | · | · | · | · | · | · | · | · | · | · |
| 65. | „ saltans Ehrbg. | + | + | + | · | · | + | + | + | · | · | + | + | · | · | · | · |
| 66. | „ (Prowazekia) terricolus Mart. | · | · | · | · | · | · | · | · | · | · | · | · | · | · | · | · |
| 67. | Cercobodo agilis Moroff | · | · | + | · | + | + | + | + | + | · | + | · | + | + | + | + |
| 68. | „ vibrans Sandon | + | + | + | + | · | + | + | · | · | · | + | + | + | + | + | + |
| 69. | Cercomonas crassicauda Alex. | + | · | · | + | · | + | · | + | · | · | + | · | + | + | · | + |
| 70. | „ longicauda Stein | · | · | · | · | · | · | · | · | · | · | + | · | · | · | · | · |
| 71. | „ sp.? | · | · | · | · | · | · | · | · | · | · | · | · | · | · | · | · |
| 72. | Chilomonas paramaecium Ehrbg. | · | · | · | · | · | · | · | · | · | · | · | · | · | · | · | · |
| 73. | Euglena viridis Ehrbg. | · | · | · | · | · | · | · | · | · | · | + | · | · | · | · | · |
| 74. | „ sp.? | · | · | · | · | · | + | · | · | · | · | · | · | · | · | · | · |
| 75. | Helkesimastix faecicola Lapp. | · | · | · | + | + | · | · | · | · | · | · | · | + | · | · | · |
| 76. | Heteromita globosa Stein | · | · | · | · | · | · | · | · | · | · | · | · | · | · | · | · |
| 77. | „ obovata Lemm. | · | · | · | · | · | · | · | · | · | · | + | · | · | · | · | · |
| 78. | Mastigamoeba limax Moroff | · | · | · | + | + | + | · | · | · | · | · | · | + | · | · | · |
| 79. | Monas arhabdomonas Fisch.* | · | · | · | · | · | · | · | · | · | · | · | · | · | · | · | · |
| 80. | „ guttula Ehrbg. | · | · | · | · | · | · | · | · | · | · | + | · | · | · | · | · |
| 81. | „ socialis Kent.* | · | · | · | · | · | · | · | · | · | · | · | · | · | · | · | · |
| 82. | „ vivipara Ehrbg. | · | · | · | · | · | · | · | · | · | · | + | · | · | · | · | · |
| 83. | „ sp.? | · | · | · | · | · | · | · | · | · | · | · | · | · | · | · | · |
| 84. | Oikomonas termo Martin | · | · | · | · | · | + | · | · | · | · | · | · | · | · | · | · |
| 85. | Phalansterium solitarium Sandon | · | · | · | · | + | + | + | · | · | · | + | + | + | · | + | + |
| 86. | Phyllomitus undulans Stein | · | · | · | · | · | · | + | · | · | · | · | · | · | + | · | · |
| 87. | Rhizomastix gracilis Alex. | · | · | · | · | · | · | · | · | · | · | · | · | · | · | · | · |
| 88. | Scitomonas pusilla Stein | · | · | · | · | · | · | · | · | · | · | + | · | · | · | · | + |
| 89. | Tetramitus rostratus Perty | + | + | + | · | · | · | · | · | + | · | + | + | + | + | · | + |
| 90. | „ spiralis Goodey | · | · | · | · | + | · | · | · | + | · | · | · | + | + | · | + |
| 91. | „ variabilis Stokes | · | · | · | · | + | · | · | · | · | · | · | · | · | · | · | · |
| 92. | Trepomonas agilis Duj. | · | · | · | · | + | · | · | · | · | · | + | · | · | · | · | · |
| | *III. Ciliata.* | | | | | | | | | | | | | | | | |
| 93. | Balantiophorus elongatus Schew. | + | · | + | · | · | · | · | · | · | · | + | · | + | · | · | · |
| 94. | Chilodon cucullulus O. F. Müll. | + | · | + | · | · | · | · | · | · | · | + | · | · | · | · | + |
| 95. | Colpidium colpoda Stein | · | · | · | + | · | · | · | · | · | · | · | · | · | · | · | + |
| 96. | Colpoda cucullus O. F. Müll. | + | + | · | · | + | · | + | · | · | · | · | · | + | · | · | + |
| 97. | „ Maupasii Enriques | + | + | · | + | · | + | + | + | + | · | + | + | + | + | · | + |
| 98. | „ Steinii Maupas | + | + | · | + | + | + | + | + | + | · | + | + | · | + | · | + |
| 99. | Cyclidium glaucoma O. F. Müll. | · | · | · | · | · | · | · | + | · | · | · | · | + | · | · | · |
| 100. | Enchelys arcuata Cl.-L. | · | · | · | · | · | · | · | · | · | · | + | · | · | · | · | · |
| 101. | Ervilia fluviatilis St.* | · | · | · | · | · | · | · | · | · | · | · | · | · | · | + | · |
| 102. | Euplotes charon O. F. Müll. | · | · | + | · | · | · | · | · | · | · | + | · | · | · | · | · |

(Fortsetzung).

| 57° | | | 59° 43' | 60° 17' | | | 66° 50' | | | | | 69° 20' | | | | 69° 38' | Die Verbreitung in Breitengraden | $p_H$ Maximum | $p_H$ Minimum | Wassergehalt Maximum | Wassergehalt Minimum |
|---|---|---|---|---|---|---|---|---|---|---|---|---|---|---|---|---|---|---|---|---|---|
| 33 | 34 | 35 | 36 | 37 | 37 | 38 | 40 | 41 | 41 | 42 | 43 | 44 | 45 | 45 | 46 | 47 | | | | | |
| 3 | 3 | 3 | 4 | 5 | 6 | 6 | 6 | 5 | 6 | 6 | 6 | 6 | 5 | 6 | 6 | 4 | | | | | |
| 4,02 | 3,96 | 3,99 | 4,39 | 5,08 | 4,86 | 4,89 | 5,16 | 5,30 | 5,11 | 5,02 | 4,89 | 4,93 | 5,86 | 4,96 | 4,74 | 5,41 | | | | | |
| 66,7 | 14,3 | 71,8 | 31,0 | 18,9 | 28,6 | 36,2 | 19,1 | 16,1 | 8,8 | 16,1 | 12,5 | 37,0 | 28,6 | 23,0 | 15,0 | 20,6 | | | | | |
| · | · | · | · | · | · | · | · | · | · | · | · | · | + | + | + | · | 69° 20' | 5,86 | — | 28,6 | — |
| · | · | · | · | · | · | · | · | · | · | · | · | · | · | · | · | · | 46° 55' | 5,90 | — | 3,5 | — |
| · | · | · | · | · | · | · | · | · | · | · | · | · | · | · | · | · | 46° 55' | 5,90 | — | 3,5 | — |
| · | · | + | · | · | · | · | · | · | · | · | · | · | · | · | · | · | 57° 55' | 3,99 | — | 71,8 | — |
| · | · | · | · | + | · | · | + | · | + | + | · | · | + | + | · | · | 46° 55'—69° 20' | 5,90 | 4,74 | 19,1 | 3,5 |
| + | · | · | · | + | + | · | + | · | · | · | · | · | + | + | + | + | 46° 30'—69° 38' | 6,46 | 4,02 | 66,7 | 1,8 |
| · | · | · | + | + | · | · | · | · | · | · | · | · | · | · | · | · | 46° 15'—60° 17' | 5,98 | 4,39 | 31,0 | 1,8 |
| · | · | · | + | · | · | · | · | · | · | · | · | · | + | + | · | · | 59° 43'—69° 20' | 5,86 | 4,39 | 31,0 | 23,0 |
| · | · | · | · | · | + | · | · | + | + | · | · | · | + | + | + | · | 60° 17'—69° 20' | 5,86 | 4,89 | 36,2 | 8,8 |
| · | · | · | + | + | · | + | + | · | + | + | + | + | + | + | + | + | 46° 55'—69° 38' | 5,86 | 4,39 | 37,0 | 8,5 |
| · | · | · | + | + | + | + | + | · | · | + | + | + | + | · | + | + | 46° 30'—69° 38' | 6,23 | 4,53 | 37,0 | 1,8 |
| · | · | · | + | · | + | · | · | · | · | · | · | · | · | · | · | · | 59° 30'—60° 17' | 4,86 | 4,39 | 31,0 | 28,6 |
| · | · | · | + | + | + | + | · | + | · | · | + | · | + | · | + | + | 46° 30'—69° 38' | 6,46 | 4,39 | 36,2 | 2,7 |
| · | · | · | · | · | · | · | · | · | · | · | · | · | · | · | · | + | 69° 38' | 5,41 | — | 20,6 | — |
| + | + | · | + | + | · | + | + | + | · | + | + | + | + | · | + | + | 46° 30'—69° 38' | 6,46 | 3,96 | 66,7 | 1,8 |
| + | + | + | · | + | · | + | + | · | · | + | · | + | · | · | + | + | 46° 30'—69° 38' | 6,46 | 3,96 | 71,8 | 2,7 |
| · | · | · | + | + | · | + | + | · | + | · | + | · | + | + | · | + | 46° 30'—69° 38' | 6,23 | 4,39 | 36,2 | 5,7 |
| · | · | · | + | · | · | · | · | · | · | · | + | · | · | · | · | + | 46° 55'—69° 38' | 5,41 | 4,39 | 37,0 | 8,5 |
| · | · | · | · | · | · | · | + | · | + | · | + | · | · | · | · | · | 66° 50'—69° 20' | 5,16 | 4,89 | 19,1 | 8,8 |
| · | · | · | · | · | · | · | · | · | + | · | · | · | · | · | · | + | 60° 17'—69° 38' | 5,41 | 4,89 | 36,2 | 28,6 |
| · | · | · | · | · | · | · | · | · | · | · | · | · | · | · | + | + | 46° 55'—69° 38' | 5,41 | 4,96 | 20,6 | 8,5 |
| · | · | · | · | · | · | · | · | · | · | · | · | · | · | · | · | · | 46° 15' | 4,97 | — | 6,1 | — |
| · | · | · | · | · | · | · | · | · | · | · | · | · | · | · | · | · | 46° 30'—47° 07' | 5,98 | 4,49 | 19,8 | 1,8 |
| · | · | · | · | + | · | · | · | · | · | · | · | · | · | · | · | · | 60° 17' | 4,86 | — | 28,6 | — |
| · | · | · | · | + | + | · | + | · | · | + | · | · | · | · | · | · | 46° 55'—66° 50' | 5,16 | 4,86 | 28,6 | 8,5 |
| · | · | · | · | + | · | · | + | · | + | · | · | · | · | · | · | · | 46° 30'—69° 20' | 5,98 | 4,49 | 28,6 | 1,8 |
| · | · | · | + | + | · | · | · | + | · | · | · | · | · | · | · | · | 59° 43'—66° 50' | 5,30 | 4,39 | 31,0 | 16,1 |
| · | · | · | · | + | · | + | + | · | + | + | + | + | + | + | · | + | 46° 55'—69° 38' | 5,86 | 4,86 | 37,0 | 8,5 |
| · | · | · | + | · | · | · | · | · | · | · | · | · | · | · | · | · | 59° 43' | 4,39 | — | 31,0 | — |
| · | · | · | · | + | + | + | + | + | + | + | + | · | · | · | · | · | 46° 55'—69° 20' | 5,30 | 4,86 | 37,0 | 8,5 |
| · | · | · | · | · | + | · | · | + | + | · | · | · | · | · | · | · | 60° 17'—69° 38' | 5,41 | 4,86 | 28,6 | 12,5 |
| · | + | · | + | + | · | + | · | · | · | + | + | · | + | + | · | · | 46° 15'—69° 20' | 5,86 | 3,96 | 36,2 | 5,7 |
| · | · | · | + | + | · | · | · | · | · | · | · | · | · | · | · | · | 46° 15'—60° 17' | 5,98 | 4,96 | 26,8 | 1,8 |
| · | · | · | · | · | · | · | · | · | · | · | · | · | · | · | · | · | 46° 15'—47° 07' | 5,56 | 5,40 | 28,6 | 2,6 |
| · | · | · | · | · | · | · | · | · | · | · | · | · | · | · | · | + | 69° 38' | 5,41 | — | 20,6 | — |
| · | · | · | · | + | + | + | + | + | + | + | · | + | · | · | · | · | 46° 55'—69° 20' | 5,86 | 3,99 | 71,8 | 8,5 |
| · | · | · | · | · | + | · | · | · | · | + | + | · | · | · | · | · | 46° 30'—69° 20' | 6,46 | 3,96 | 71,8 | 3,5 |
| · | · | · | · | + | · | · | · | · | · | · | · | · | · | · | · | · | 46° 15'—69° 20' | 5,98 | 3,96 | 66,7 | 1,8 |
| · | · | · | · | · | · | · | · | · | · | · | · | · | · | · | · | · | 46° 15' | 5,98 | — | 1,8 | — |
| · | · | · | + | · | · | · | · | · | · | · | · | · | · | · | · | · | 46° 15'—59° 43' | 5,98 | 4,39 | 31,0 | 1,8 |
| · | · | · | · | · | · | · | · | · | · | · | · | · | · | · | · | · | 46° 30'—47° 07' | 6,46 | 4,96 | 19,0 | 8,5 |
| + | · | · | · | + | · | + | · | + | · | · | · | + | + | · | + | · | 46° 30'—69° 38' | 6,46 | 4,74 | 23,0 | 8,5 |
| + | + | + | · | + | · | + | · | · | · | · | · | · | · | · | · | · | 46° 30'—60° 17' | 5,98 | 4,49 | 36,2 | 18,9 |
| + | · | · | · | + | · | + | · | + | · | · | · | + | + | · | · | · | 46° 30'—69° 20' | 6,23 | 4,02 | 66,7 | 1,8 |
| + | + | + | · | + | · | + | + | · | · | · | · | · | · | + | + | · | 46° 30'—69° 20' | 6,23 | 3,96 | 71,8 | 2,7 |
| + | + | + | · | + | + | + | + | · | · | · | + | · | · | + | + | · | 46° 30'—69° 20' | 6,23 | 3,96 | 71,8 | 1,8 |
| · | · | · | · | + | · | · | · | · | · | · | · | · | · | · | · | · | 46° 15'—60° 17' | 5,45 | 4,97 | 19,0 | 6,1 |
| · | · | · | · | + | · | · | + | · | · | + | · | · | · | · | · | · | 46° 55'—66° 50' | 5,16 | 4,39 | 19,1 | 8,5 |
| · | · | · | · | · | · | · | · | · | · | · | · | · | · | · | · | · | 47° 07' | 5,52 | — | 22,8 | — |
| · | · | · | · | · | + | · | · | · | · | + | + | · | · | + | + | · | 46° 30'—69° 20' | 6,46 | 4,74 | 36,2 | 8,5 |

| Nr. | Name | 46° 30' | | | | 46° 15' | | | | 46° 55' | | | 47° 17' | | | | |
|---|---|---|---|---|---|---|---|---|---|---|---|---|---|---|---|---|---|
| | Nr. der Versuchsfläche | 1 | | 2 | | 5 | | 6 | | 7 | | 8 | 11 | 14 | 15 | 21 | 24 |
| | Zeitpunkt der Untersuchung | 1 | 2 | 1 | 2 | 1 | 2 | 1 | 2 | 1 | 2 | 2 | 3 | 3 | 3 | 3 | 3 |
| | $p_H$ | 6,23 | 4,53 | 6,46 | 4,49 | 5,98 | 4,97 | 5,56 | 4,97 | 5,90 | 4,94 | 4,96 | 5,25 | 5,45 | 5,52 | 5,40 | 5,88 |
| | Wassergehalt | 16,4 | 22,1 | 14,6 | 19,8 | 1,8 | 5,7 | 2,7 | 6,1 | 3,5 | 8,8 | 8,5 | 18,8 | 19,0 | 22,8 | 26,8 | 25,0 |
| 103. | Glaucoma scintillans Ehrbg. | | | | | | | | | | | + | | | | | |
| 104. | Halteria grandinella O. F. Müll. | | + | | | + | | | + | | | + | | + | | | + |
| 105. | Holophrya discolor Ehrbg.* | | | | | | | | | | | | | | | | + |
| 106. | „ simplex Schew.* | | | | | | | + | | | | | | | | | |
| 107. | Leucophryidium putrinum Roux* | | | | | | | | | | | | | | + | | |
| 108. | Lionotus fasciola Ehrbg. | | | | | | | | | | | | | | | | |
| 109. | Lionotus lamella Ehrbg.* | | | | | | | | | | | + | | | | | |
| 110. | Metopus sigmoides Clap-Lach. | | | | | | | | | | | | | | | | |
| 111. | Nassula elegans Ehrbg. | | | | | | | | | | | | | | + | | |
| 112. | Oxytricha pellionella O. F. Müll. | | | | | | | | | | | + | | | | | |
| 113. | Paramaecium putrinum Cl.-L. | | | | | | | | | | | + | | | | | |
| 114. | Pleuronema sp.? | | | | | | | | | | | | | + | | | |
| 115. | Pleurotricha lanceolata Ehrbg. | | | | | | | | | | | | | | | | |
| 116. | Prorodon teres Ehrbg. | | | | | | | | | | | | | | | | |
| 117. | Spathidium spathula O. F. Müll. | | | | | | | | | | | | | | | | |
| 118. | Stichotricha sp.? | | | | | | | | | | | | | | | | |
| 119. | Stylonychia pustulata O. F. Müll. | | | | | | | | | | | + | | | | | |
| 120. | Uroleptus musculus Ehrbg. | | | | | | | | | | | + | | | | | |
| 121. | Urotricha agile Stokes | | | | | | | | | + | | | | | | | |
| 122. | „ farcata Clap.-Lach. | | | | | | | | + | | | | | | | | |
| 123. | „ globosa Schew.* | + | | | | | | | | | | + | | | | | |
| 124. | Vorticella microstoma Ehrbg. | + | | | | | | | | | | | | | | | |

schiedenen Waldbodenprotozoen lange Zeit hindurch züchten und ihre Arten bestimmen. Ohne hier viele Worte zu verlieren, stellte ich die Tabelle 54 zusammen. Aus dieser kann man viele Daten ohne weiteres herauslesen. Es wurden insgesamt 25 Versuchsflächen in verschiedenen Jahreszeiten untersucht. Ich gebe den Breitengrad, Wasserstoffionkonzentration und Wassergehalt der untersuchten Böden an. Die zwei letzteren sind meinen Erfahrungen nach für das Leben der Bodenprotozoen ausschlaggebend.

Die Protozoenarten stellte ich alphabetisch zusammen, und zwar zuerst die *Rhizopoden,* dann die *Mastigophoren* und schließlich die *Ziliaten.* Engere systematische Einheiten vermied ich bewußt. Aus der Tabelle 54 ist ersichtlich, welche Protozoen im Waldboden *regelmäßig vorkommen* und deshalb sozusagen *kosmopolitisch* sind (z. B. *Amoeba limax Duj., Cercobodo vibrans Sandon, Colpoda steini Maupas* usw.), und welche nur in einzelnen Böden vorkommen. Es sind aber auch viele solche vorhanden, welche nur in einem Boden gefunden wurden und deren Vorkommen nur als zufällig betrachtet werden kann. Sie sind die echten Gäste, die wahrscheinlich als Zysten in den Boden hineingelangt und beim Züchten zum Leben erwacht sind. Es wurden auch viele solche Arten gefunden, welche bisher im Boden nicht nachgewiesen waren. In der Tabelle bezeichnete ich dieselben mit einem *.

Die Tabelle gibt nur eine kurze Übersicht der gefundenen Arten, und ich betone hier, daß die bezüglichen Untersuchungen nicht als abgeschlossen betrachtet werden können.

Im übrigen verweise ich auf den Inhalt der erwähnten Tabelle.

(Fortsetzung).

| 57° | | | 59° 43' | 60° 17' | | | 66° 50' | | | | | 69° 20' | | | | 69° 38' | Die Verbreitung in Breitengraden | $p_\mathrm{H}$ Maximum | $p_\mathrm{H}$ Minimum | Wassergehalt Maximum | Wassergehalt Minimum |
|---|---|---|---|---|---|---|---|---|---|---|---|---|---|---|---|---|---|---|---|---|---|
| 33 | 34 | 35 | 36 | 37 | | 38 | 40 | 41 | | 42 | 43 | 44 | 45 | | 46 | 47 | | | | | |
| 3 | 3 | 3 | 4 | 5 | 6 | 6 | 6 | 5 | 6 | 6 | 6 | 6 | 5 | 6 | 6 | 4 | | | | | |
| 4,02 | 3,96 | 3,99 | 4,39 | 5,08 | 4,86 | 4,89 | 5,16 | 5,30 | 5,11 | 5,02 | 4,89 | 4,93 | 5,86 | 4,96 | 4,74 | 5,41 | | | | | |
| 66,7 | 14,3 | 71,8 | 31,0 | 18,9 | 28,6 | 36,2 | 19,1 | 16,1 | 8,8 | 16,1 | 12,5 | 37,0 | 28,6 | 23,0 | 15,0 | 20,6 | | | | | |
| · | · | · | · | · | · | · | + | · | + | · | · | · | · | · | · | · | 46° 55'—66° 50' | 5,16 | 4,96 | 19,1 | 8,5 |
| · | · | · | · | · | · | · | · | + | · | · | · | · | · | · | · | + | 46° 30'—69° 38' | 5,98 | 4,49 | 23,0 | 1,8 |
| · | · | · | · | · | · | · | · | · | · | · | · | · | · | · | · | · | 47° 07' | 5,88 | — | 23,0 | — |
| · | · | · | · | · | · | · | · | · | · | · | · | · | · | · | · | · | 46° 15' | 5,56 | — | 2,7 | — |
| · | · | · | · | · | · | · | · | · | · | · | · | · | · | · | · | · | 47° 07' | 5,52 | — | 22,8 | — |
| · | · | · | + | · | · | · | · | · | · | · | · | · | · | · | · | · | 59° 43' | 5,08 | 4,79 | 18,9 | 15,0 |
| · | · | · | · | + | · | · | · | · | · | · | · | · | · | · | · | · | 46° 55'—60° 17' | 5,08 | 4,96 | 18,9 | 8,5 |
| · | · | · | · | · | + | · | · | · | · | · | · | · | · | · | · | · | 60° 17' | 4,86 | — | 28,6 | — |
| · | · | · | · | · | · | · | · | · | · | · | · | · | · | · | + | + | 47° 07'—69° 38' | 5,52 | 4,74 | 22,8 | 15,0 |
| · | · | · | · | + | · | + | + | + | + | · | · | · | · | + | · | · | 46° 55'—69° 20' | 5,30 | 4,96 | 36,2 | 8,5 |
| · | · | · | · | · | + | · | · | + | · | · | · | · | · | · | · | · | 46° 55'—66° 50' | 5,11 | 4,89 | 36,2 | 8,5 |
| · | · | · | · | · | · | · | · | · | · | · | · | · | · | · | · | · | 47° 07' | 5,45 | — | 19,0 | — |
| · | · | · | · | + | + | · | · | · | · | · | · | + | · | · | · | · | 60° 17'—69° 20' | 5,30 | 4,74 | 36,2 | 15,0 |
| · | · | · | · | · | · | · | · | + | · | · | · | · | · | + | · | · | 66° 50'—69° 20' | 5,86 | 4,89 | 19,1 | 12,5 |
| · | · | · | · | · | · | · | · | · | · | + | · | · | · | · | + | · | 66° 50'—69° 20' | 5,02 | 4,74 | 16,1 | 15,0 |
| · | · | · | · | + | · | · | · | · | · | · | · | · | · | · | · | · | 60° 17' | 5,08 | — | 18,9 | — |
| · | · | · | · | + | · | · | · | · | · | · | · | · | · | · | · | · | 46° 55'—60° 17' | 5,08 | 4,89 | 36,2 | 8,5 |
| · | · | · | · | + | · | + | + | + | + | · | · | · | + | + | + | · | 46° 55'—69° 20' | 5,86 | 4,74 | 36,2 | 8,5 |
| · | · | · | · | · | · | · | · | · | · | · | · | · | · | · | · | · | 46° 55' | 5,90 | — | 3,5 | — |
| · | · | · | · | · | · | · | · | · | · | · | · | · | · | · | · | · | 46° 15' | 4,97 | — | 6,1 | — |
| · | · | · | · | · | · | · | · | · | · | · | · | · | + | + | + | · | 46° 15—69° 20' | 6,23 | 4,74 | 16,4 | 6,1 |
| · | · | · | · | + | · | + | · | · | · | · | · | · | · | · | · | · | 46° 30'—60° 17' | 6,23 | 4,89 | 36,2 | 16,4 |

# XI. Anhang.

## Die Mikrobiologie der Szik- (Salz- oder Alkali-) Böden mit besonderer Berücksichtigung ihrer Fruchtbarmachung[1].

### Von R. BOKOR.

Einleitung. Die sog. Szikböden[2] sind in die Reihe der intrazonalen Böden des ariden (semiariden) Klimas einzureihen. Sie werden von uns als selbständiger Bodentyp aufgefaßt. Bei ihrer Bildung spielen das trockene, warme Klima und besonders die hohe Verdunstung, die zeitweise eintretenden zu großen Niederschlagsmengen und der wasserundurchlässige Untergrund eine wichtige Rolle.

Die Klassifikation der ungarischen Salzböden nach Soda und Gesamtsalzgehalt hat 'SIGMOND durchgeführt. Diese Klassifikation eignet sich sehr gut zur chemisch-physikalischen Charakterisierung der Salzböden und wurde bereits international anerkannt. Die Szikbodenklassifikation nach 'SIGMOND (560 und 561) ist in großen Zügen die folgende:

Auf Grund der Gesamtsalzkonzentration:

    1. Klasse, wenn der Gesamtsalzgehalt kleiner als 0,1 %
    2. Klasse, wenn der Gesamtsalzgehalt 0,1—0,25 %
    3. Klasse, wenn der Gesamtsalzgehalt 0,25—0,50 %
    4. Klasse, wenn der Gesamtsalzgehalt mehr als 0,50 % ist.

---

[1] Keimgehalt pro Gramm feuchter Erde. Das Zeichen — bedeutet, daß keine Analyse erfolgte.

[2] Szikböden ist eine alte ungarische Bezeichnung dieser an der ungarischen Tiefebene gelegenen unfruchtbaren Salzböden.

Auf Grund des $Na_2CO_3$-Gehaltes:

1. Klasse, wenn der $Na_2CO_3$-Gehalt kleiner als  0,05 %
2. Klasse, wenn der $Na_2CO_3$-Gehalt       0,05—0,10 %
3. Klasse, wenn der $Na_2CO_3$-Gehalt       0,10—0,20 %
4. Klasse, wenn der $Na_2CO_3$-Gehalt  höher als  0,20 % ist.

Auf Grund dieser beiden Klassifikationen hat nun 'SIGMOND seine *Vereinigte-Klassifikation* aufgebaut:

| Klasse | Klasse auf Grund des Gesamtsalz-Gehaltes | | | Klasse auf Grund des $Na_2CO_3$-Gehaltes | | |
|---|---|---|---|---|---|---|
| I. | 1. | | | 1. | | |
| II. A | 2. | | | 1. | | |
| II. B | 2. | 3. | | 2. | 1. | |
| III. A | 3. | 2. | 4. | 2. | 3. | 1. |
| III. B | 3. | 4. | 2. | 3. | 2. | 4. |
| IV. | 4. | 4. | 3. | 3. | 4. | 4. |

Die ungarischen Szikböden können auf Grund des $CaCO_3$-Gehaltes der obersten Bodenschicht in zwei große Gruppen eingeteilt werden, und zwar 1. in kalkführende und 2. in kalkarme Szikböden. Die erste Gruppe gehört nach russischer Bezeichnung dem Solontschak-, die zweite Gruppe dem Solonetztyp an.

In den Szikböden der ersten Gruppe, welche in dem ganzen Bodenprofil mehr oder weniger $CaCO_3$ und öfter auch $MgCO_3$ enthalten, können wasserlösliche Alkalisalze in verschiedener Menge gefunden werden, wobei es öfters zu einer Salzausscheidung kommen kann. Diese Salze sind größtenteils $Na_2CO_3$ und $NaHCO_3$, $NaCl$ und $Na_2SO_4$. Der größere Teil der Alkalisalze wird von $Na_2CO_3$ und $NaHCO_3$ gebildet, welche neben OH-Ionen auch freie Na-Ionen enthalten, die mit den Ultramikronen des Humus-Zeolithkomplexes Ultraionen bilden können, worauf Azid-Natrium gebildet wird. Der Umstand, daß eine zu hohe Dispersität und die darauffolgende Auswaschung des Humus in der Regel ausbleibt, kann der Wirkung der Ca-Ionen zugeschrieben werden. Bei diesen sog. „keine Struktur aufweisenden" Böden ist das Grundprinzip der Melioration: Möglichste Entfernung des $Na_2CO_3$ bzw. die Herabsetzung der starken alkalischen Reaktion. Dieses Ziel kann im allgemeinen mit Säuren, sauren Salzen, Sulfaten oder Chloriden von Ca, Fe, Al, weiteres mit Schwefel der im Boden von den Mikroben oxydiert wird, selbstverständlich in größeren, als die äquivalenten Mengen angewendet, erreicht werden. Wenn dazu noch die Durchwaschung (Auslaugung) des Bodens sich gesellt, so ist ein sehr großer Schritt zur Herstellung der Produktionskraft dieser Böden gemacht worden.

Die Böden der zweiten Gruppe, die kurz als Solonetzböden bezeichnet werden können, sind in den oberen Schichten kalkarm, öfters kalkfrei und die zweiwertigen Kationen sind deshalb in ihrem Humus-Zeolithkomplex durch Alkalikationen (Na, K) ausgetauscht. Sie enthalten also viel Azid-Natrium und weisen eine zu große Peptisation wegen der hohen Dispersität auf. Die Unfruchtbarkeit dieser Böden wird also in erster Reihe durch die schlechten physikalischen Eigenschaften hervorgerufen. Die Menge der wasserlöslichen Salze in den oberen Schichten ist relativ gering; diese Salze sind größtenteils $Na_2SO_4$ und $NaCl$, manchmal auch $NaHCO_3$; $Na_2CO_3$ kann auch gänzlich fehlen oder kommt nur in einer sehr kleinen Konzentration vor. Falls die Gesamtsalzkonzentration dieser Böden nicht zu hohes Maß erreicht, können sie durch Anwendung von $CaCO_3$ (meistens wird der Abfallstoff der Zuckerfabrikation: die Schlammkreide verwendet) erfolgreich verbessert werden.

Auf Grund der oben angegebenen Klassifikation habe ich nun die Mikrobiologie dieser zwei Hauptbodentypen zum Gegenstand meiner Untersuchungen gemacht.

Ich habe zunächst innerhalb der beiden Typen mehrere Naturböden, welche verschiedene Pflanzenassoziationen aufweisen als Kontrollflächen mit der Anwendung von gleichen Methoden biochemisch und mikrobiologisch untersucht und parallel damit auch die gleichen Eigenschaften der meliorierten Böden zu erforschen versucht. Daß die Probeflächen und nebenan die meliorierten Parzellen die gleichen Eigenschaften aufgewiesen haben, braucht nicht besonders erwähnt zu werden.

Bevor ich an die detaillierte Besprechung meiner Untersuchungsergebnisse herantrete, möchte ich zur Orientierung jene Versuche erwähnen, welche von FEHÉR und VÁGI bezüglich der physiologischen Wirkung im allgemeinen Sinne durchgeführt wurden.

Die ersten Laboratoriumsversuche zur Frage der forstlichen Nutzbarmachung dieser Böden haben nämlich FEHÉR und VÁGI (562) im Jahre 1924 durchgeführt. Der Zweck dieser Untersuchungen war, den Einfluß jener biologischen Faktoren zu erforschen, welche bei der Aufforstung der Alkaliböden abweichend von anderen Kulturböden von der Natur dargeboten werden und den Lebenslauf der Waldbäume am meisten berühren können. Die ersten Versuche wollten vor allem die Wirkung der Nitrite, welche in den Alkaliböden vorkommen, aufklären. P. TREITZ (563) hat seinerzeit behauptet, daß die Nitrite, welche infolge spezifischen Standortverhältnissen in den Alkaliböden in ziemlich beträchtlichen Mengen gebildet werden, das Pflanzenwachstum schädlich beeinflussen. Es mußte nach seiner Meinung das überaus pflanzenschädliche Verhalten der meisten Alkaliböden der Anwesenheit der Nitrite zugeschrieben werden. Nach seinen Angaben kann der Nitritgehalt der Alkaliböden ziemlich beträchtliche Werte erreichen. Er fand auf einem Katastraljoch[1] bis zu einer Tiefe von 1,5 m ungefähr 25 kg $NaNO_2$. Diese Menge entspricht 0,00005 Gewichtsprozenten. Nach seinen anderen Angaben fand er in den Monaten Januar, April, Juni und Juli bis zu einer Tiefe von 110 cm 0,27—1,64 mg Nitritmengen in je 1 kg der untersuchten Böden.

Auf Grund eigener Untersuchungen ist es nun FEHÉR und VÁGI gelungen nachzuweisen, daß selbst das 1000fache jener Nitritmengen, welche TREITZ in den Alkaliböden ermittelt hat, noch keinen schädlichen Einfluß hervorrufen kann.

Im Laufe der darauffolgenden Untersuchungen haben nun FEHÉR und VÁGI (564) auf Grund von Laboratoriumsversuchen das pflanzenphysiologische Verhalten des $Na_2CO_3$ untersucht. Bei den Nitrituntersuchungen haben die beiden Autoren nur die normalen Getreidepflanzen: Weizen, Roggen, Gerste und Hafer untersucht. Bei den Sodaversuchen aber haben sie bereits auch das pflanzenphysiologische Verhalten jener Waldbäume, welche bei der Aufforstung dieser Böden in erster Linie in Betracht kommen, untersucht. Da die Resultate dieser Untersuchungen theoretisch und praktisch von großem Interesse sind, mögen sie hier kurz in ihren wesentlichen Zügen aufgeführt werden:

1. Die Verbindung $Na_2CO_3$ ist als Pflanzengift zu betrachten, dessen volle Wirkung bei vollständiger Lösung und der darauffolgenden vollen Ionisation der frei werdenden NaOH zur Geltung kommt. Die Giftwirkung ist daher hauptsächlich dem Vorhandensein von OH-Ionen zuzuschreiben.

2. Entsprechend dem in Punkt 1 Gesagten: Sodalösungen, welche die Gewichtskonzentration von 0,4—0,5 % überschreiten, können die Keimung und das Pflanzenwachstum praktisch vollkommen verhindern.

3. In humusarmen Sandböden werden bessere Resultate erreicht, aber bei einem Konzentrationsgrad von 1,5 % hört auch hier das Pflanzenwachstum vollkommen auf.

4. Die untersuchten Holzpflanzen sind weit höher empfindlich als die Getreidepflanzen. Im destillierten Wasser bei 0,3 und 0,4 % wird die Keimung ganz

---

[1] 1 Katastraljoch = 0,5755 ha.

verhindert und das Resultat auch im Sandboden nicht merklich besser, so daß bei den obigen Konzentrationsgraden bei Alkaliböden die Aufforstung auf große Schwierigkeiten stoßen wird.

5. Bei geringer Konzentration verspricht jedoch die Aufforstung infolge der Humusbereicherung gute Ergebnisse, weil der Humusgehalt die Giftwirkung des $Na_2CO_3$ bzw. der OH-Ionen stark herabsetzen kann.

Diese Resultate gestatten nun einen tieferen Einblick in den Wirkungsmechanismus des Soda als Pflanzengift.

Wenn man daher die ersten Schwierigkeiten der Aufforstung durch künstliche Verbesserung der chemisch-physikalischen Eigenschaften, oder bei geringerem Sodagehalt durch entsprechende Bearbeitungsmethoden überwindet, so wird der Wald durch einen jährlich wiederkehrenden Laubfall den Zustand dieser Böden allmählich auf natürlichem Wege verändern.

1. **Mikrobiologische Charakterisierung der Böden.** Seit sehr langer Zeit hat die Bodenbiologie ihr höchstes Ziel in dem Bestreben, die einzelnen Böden durch mikrobiologische Analyse charakterisieren zu können, erblickt. Besondere Wichtigkeit wird aber diese Frage erst dann gewinnen, wenn sie vom land- oder forstwirtschaftlichem Gesichtspunkte aus betrachtet wird. Daß die Tätigkeit der Mikroben eine formative, Produktion bestimmende und steigernde, den notwendigen Kreislauf der Stoffe aufrechterhaltende Kraft in der Bodenbildung bedeutet, ist heutzutage nicht mehr abzuleugnen. Die land- und forstwirtschaftliche Produktion wird daher immer erstreben, die Böden in einem solchen biologischen Gleichgewichte zu erhalten, bei dem unter den gegebenen Standortsverhältnissen die maximalen Erträge erreicht werden können. Diesen biologisch optimalen Bodenzustand charakterisieren zu können, ist eine der schwersten Aufgaben der bodenbiologischen Forschung. Die Bodenmikrobiologie hat dieses Problem noch nicht vollständig lösen können. Der Grund hierfür liegt aber nicht etwa im Fehlen der bezüglichen Untersuchungen, sondern einzig und allein in der Kompliziertheit der Aufgabe. Es sind hier mehrere Faktorenkomplexe zu erforschen, deren Analyse und Erfassung auf fast unüberwindliche Schwierigkeiten stoßen. Es handelt sich ja hier um Lebewesen, welche miteinander in Metabiose leben. Um den Sinn dieser Metabiose zu erfassen und das Leben der Mikroben als Gesamterscheinung in ihrer korrelativen Beziehung mit der Außenwelt zu verstehen, müssen wir zuerst die in Frage kommenden wichtigsten Lebewesen kennenlernen, ihre Physiologie feststellen und dann ihre gegenseitigen Wirkungen und ihre Beziehungen zu den organischen und anorganischen Umweltfaktoren erforschen. Zur Erreichung dieses Zieles haben die Untersuchungen unseres Institutes grundlegende dynamische Zusammenhänge ermittelt.

Diese bodenbiologischen Arbeiten kann man in zwei Gruppen einteilen. Die Arbeiten der ersten Gruppe beschäftigen sich hauptsächlich mit der Zahl der Kleinlebewesen des Bodens mit Berücksichtigung der Arten resp. Formen (Pilze, Bakterien, Vibrio, sporenbildende Bazillen usw.) derselben, ohne auf das gegenseitige Verhältnis Gewicht zu legen. Die Untersuchungen der zweiten Gruppe beschäftigen sich mit der Erforschung der von den Kleinlebewesen verursachten Veränderungen, d. h. mit der Leistung der Mikroben, ohne die Organismen selbst zu beachten. Wir haben beide Kulturen vereinigt.

Aus wirtschaftlichen Gründen betrachtet, ist die Kenntnis beiderlei Untersuchungsergebnisse für die Charakterisierung der Böden unbedingt notwendig. Die Erkenntnis der Mikroben selbst (qualitative Analyse), weiter ihres gegenseitigen zahlenmäßigen Verhaltens (quantitative Untersuchung), müssen mit der Untersuchung ihrer Produktionsleistung in den verschiedenen Bodentypen verbunden sein. Auf diesem Wege wird es möglich sein die mikrobiologische Charakterisierung der wald- und landwirtschaftlichen Böden zu erreichen.

Dieser Versuch kann aber bei den in optimaler Produktionskraft befindlichen, d. h. bei den guten Böden nicht durchgeführt werden, da die Zahl und die Arten der Mikroben, sowie der Einfluß der Düngung und der anderen künstlichen Eingriffe zu kompliziert sind, um die hier recht zahlreichen Faktoren isolieren und quantitativ erfassen zu können. Man sollte daher bei den schlechtesten Böden anfangen, wo die herrschenden Faktoren und die qualitativen und quantitativen Erscheinungsformen der Mikroben verhältnismäßig einfach sind. Nach schrittweise erfolgter Melioration kann man sodann die allmählich eintretenden biologischen Veränderungen bei gleichzeitiger Untersuchung der veränderten chemisch-physikalischen Eigenschaften der Böden feststellen, um den veränderten chemischen, physikalischen und biologischen Zustand der Böden charakterisieren zu können.

Nach diesen Erwägungen wurde meinen Untersuchungen, dem allgemeinen Arbeitsprogramm des Institutes entsprechend, folgender Versuchsplan zugrunde gelegt: Charakterisierung und Kennenlernen der in diesen Böden lebenden Mikroorganismen, ihr zahlenmäßiges Vorkommen im allgemeinen, und die Erfassung ihres gegenseitigen quantitativen Verhältnisses und ihrer korrelativen Beziehungen zu den chemischen und physikalischen Standortsfaktoren. Schließlich die Untersuchung und Bestimmung jener, die Bodeneigenschaften charakterisierenden Daten, welche die Veränderungen der Mikroflora hervorzurufen vermögen. Die Grundlage der Erkenntnis der Mikroflora ist die quantitative und qualitative Analyse derselben.

Der angeschlagene Arbeitsgang war daher der folgende:

1. Die Bestimmung der Gesamtzahl der Bakterien,
2. die Bestimmung der qualitativen Zusammensetzung derselben.

Aus wirtschaftlichem Gesichtspunkte gesellt sich dazu:

3. die Bestimmung der den freien Luftstickstoff bindenden,
4. der ammonifizierenden,
5. der nitrifizierenden,
6. der $CO_2$ produzierenden Kraft der Böden.

Aus chemisch-physikalischen Gründen wurden noch bestimmt:

7. die Reaktion,
8. der Sodagehalt,
9. die Gesamtsalzkonzentration und
10. der Humusgehalt.

*ad* 1. Unter Mikroflora verstehe ich die Gesamtheit jener pflanzlichen Mikroorganismen, welche in den Böden die Hauptrolle bei dem Stoffumsatz spielen. Der Begriff: Edaphon faßt dagegen sämtliche im Boden lebenden Organismen zusammen. Die Gesamtzahl der Mikroflora stellt sich aus der Zahl der aeroben und anaeroben Bakterien zusammen. Die Zahl der aeroben wurde durch die Plattenmethode auf Erdextraktagar und Fleischbouillongelatin, die der anaeroben, durch Zuckeragar hoher Schicht, in Burryröhrchen, auf übliche Weise der bakteriologischen Arbeitsmethoden bestimmt.

Bei diesem Verfahren werden von dem Boden auf quantitativer Weise verschiedene Verdünnungen hergestellt und der größeren Pünktlichkeit halber wenigstens in 4 Verdünnungen je 4 Platten gegossen. Waren die Schwankungen auf den einzelnen Platten nicht zu groß, so wurde das arithmetische Mittel gezogen. Da alle Bodenmikroorganismen, vor allem die sehr wichtigen physiologischen Gruppen, auf diesen Nährboden gewöhnlich nicht heranwachsen, habe ich parallel mit der Plattenmethode auch die mit dem Verdünnungsverfahren kombinierte elektive Kultur angewendet[1]. Durch diese Methode kann man nämlich

---

[1] Siehe S. 12.

nicht nur die einzelnen Mikroorganismengruppen feststellen, sondern auch in ihre Mengenverhältnisse einen gewissen Einblick bekommen.

Die Zahl der Pilze wurde mit synthetischem Dextroseagar bestimmt, bei welchem das Bakteriumwachstum durch Einstellung des Nährbodens auf $p_H = 4$ möglichst verhindert wurde.

*ad 2.* In den einzelnen Bodentypen habe ich nach genauer Durchmusterung und Betrachtung der zusammengehörigen Platten nach Form, Farbe und Wachstum der Kolonien, wo es nötig erschien, auch mittels mikroskopischer Ausstrichpräparate, die ungefähre Zahl der vorkommenden Arten bestimmt. Die einzelnen Arten wurden auf Fleischagar- oder Bodenextraktagarröhrchen abgeimpft bei gleichzeitiger Bestimmung ihres prozentualen Vorkommens innerhalb der auf einer Platte gewachsenen Kolonien. In zweifelhaften Fällen wurden die schwer erkennbaren Kolonien selbstverständlich alle abgeimpft, um die Arbeit zu beschleunigen. Daß all diese Momente der Untersuchung in die Protokolle sorgfältig eingetragen wurden, versteht sich von selbst. Bei Aufarbeitung mehrerer Böden kam es oft vor, daß eine Art 3—4mal abgeimpft und bestimmt wurde, bis die endgültige Bestimmung, zuletzt mit Hilfe der Protokolle, gelang. Diese Arbeit fordert volle Aufmerksamkeit, Beobachtungsfertigkeit und Gewandtheit in der Mikrobiologie.

Die einzelnen noch unbekannten Arten wurden durch Anwendung von Differenzialnährböden bestimmt, bei gleichzeitiger Feststellung des morphologischen Charakters. Bezüglich der weiteren Einzelheiten verweise ich auf das in dem Kapitel über die Untersuchungsmethodik Gesagte.

Im Besitze der Kenntnis aller Arten und ihres zahlenmäßigen Vorkommens können wir endlich zur mikrobiologischen Charakterisierung des Bodentyps schreiten. Ich habe die Mikroflora als eine Assoziation aufgefaßt, da auch hier gegenseitige Beeinflussung und Metabiose stattfindet. Eine Assoziation kann durch die Menge der Individuen und durch das Verhältnis zueinander ausgeprägt werden.

Ich habe in den einzelnen Böden die Mikrofloraassoziation mit Hilfe der *Verhältniszahl* zu charakterisieren versucht.

Unter Verhältniszahl wird der Anteil verstanden, welche die betreffenden Organismen in der Gesamtheit einnehmen. Zum Ausdrucke der Verhältniszahl habe ich folgendes Verhältnis als Grundlage genommen:

| | | | | | |
|---|---|---|---|---|---|
| 5 | bedeutet | 50 —100 proz. | 2 | bedeutet | 5—12,5 proz. |
| 4 | ,, | 25 — 50 proz. | 1 | ,, | 1— 5 proz. |
| 3 | ,, | 12,5— 25 proz. | + | ,, | spärliches |

Vorkommen, bezogen auf die Gesamtzahl der Mikroorganismen.

Die Verhältniszahl ist nur für einen Boden charakteristisch. Um einen Bodentyp charakterisieren zu können, und die autochtone Mikroflora herauszuarbeiten, ist es notwendig, mehrere zu einem Typ gehörenden Böden zu untersuchen, um die Leitorganismen ausfindig zu machen. Ich bin der Meinung, daß wahrscheinlich für die einzelnen Bodentypen gleicher Abstammung jene Mikroorganismen charakteristisch werden, welche in jeder, zu einem Typ gehörenden Probe oder im größten Teil der Proben in größerer Menge vorkommen.

Jene Zahl, welche das Vorkommen der einzelnen charakteristischen Bakterienarten bezeichnet, wurde *Verbreitungszahl* genannt. Die Verhältniszahl bezieht sich daher auf die einzelnen Bodenproben, die Verbreitungszahl charakterisiert dagegen die verschiedenen, aber zu einem Bodentyp gehörenden Mikroben. Die Verbreitungszahl bedeutet nun, in wieviel Prozent der untersuchten, zu einem Typ gehörenden Böden, die einzelnen Arten wenigstens mit einer Verhältniszahl 3

vorkommen. Hier habe ich 5 Stufen gebildet und der kurzen Bezeichnung halber
mit Ziffern 1—5 bezeichnet.

$$
\begin{array}{ll}
1\text{—}20\% = 1 & 60\text{—}\ 80\% = 4 \\
20\text{—}40\% = 2 & 80\text{—}100\% = 5. \\
40\text{—}60\% = 3 &
\end{array}
$$

Als Konstanten habe ich nur diejenigen Arten betrachtet, welche eine höhere
Verbreitungszahl besitzen. Hier können wir nicht so rigoros vorgehen, wie in der
Botanik, deshalb habe ich diejenigen Mikroorganismen als Konstanten angesehen,
die in einem Bodentyp mit der Verbreitungszahl 3 vorkommen.

Die Untersuchungsergebnisse enthält die Assoziationstabelle 57.

*ad 3—6* siehe den Text.

*ad 7.* Die Reaktion des Bodens wurde auf elektrometrischem Wege mit dem
von FEHÉR zusammengestellten Apparat mit Hilfe der BIILLMANschen Chinhydronelektrode bestimmt. Bei den Alkaliböden ist die sofortige Ablesung nach
Zugabe des Chinhydrons, bevor noch die OH-Ionen den Chinhydron angreifen
und verändern, unbedingt notwendig. Bei entsprechender Übung kann man
bis $p_H = 9\text{—}10$ ganz verläßliche Resultate bekommen. Höhere Alkalität kann
man nur kolorimetrisch am genauesten bestimmen.

*ad 8.* Den $Na_2CO_3$-Gehalt habe ich nach 'SIGMOND mit Anwendung von
Phenolphthalein als Indikator durch Titration mit $n/10$ $KHSO_4$ bestimmt. Ein
klares Filtrat kann man aber von Alkaliböden im Wege des normalen Labora-
toriumsverfahrens wegen der weitgehenden Peptisation der Böden nicht gewinnen. Dazu diente bisher die von amerikanischen Forschern zuerst angewendete
CHAMBERLIN-Filterkerze, welche zur Entkeimung der Lösungen angewendet wird.
Die Bodenlösung wurde durch die Kerze unter Druck mittels komprimierter Luft
filtriert. Die Filtration geht aber auf diese Weise sehr langsam, die Kerze muß
sehr oft gereinigt werden. Wegen der Unzulänglichkeit der Manipulation haben
wir im Institute nach besserer Methode geforscht, und eine brauchbare Methode,
in der Anwendung der von ZSIGMONDY für Solfiltration hergestellten Membranfilter angewendet, der sich auch für die Filtration der die ungünstigsten Eigenschaften aufweisenden Szikböden sehr bewährt hat. Der Apparat arbeitet unter
dem Druck von mehreren Atmosphären und liefert in kurzer Zeit ein wasserklares
Filtrat. Die Membranfilter werden mit verschiedenen Porengrößen hergestellt;
das betreffende Filter auszuwählen ist nach einer Übung sehr leicht; man kann
nach erfolgter Ausschüttelung von der Farbe und Trübung der Bodenlösung
darauf folgern. Den nötigen Druck kann man mit komprimierter Luft oder mit
komprimiertem Sauerstoff herstellen. Die Filter halten übrigens einen 40—50 Atm.
Druck bequem aus, welcher Umstand die Filtration sehr beschleunigt. Der Boden-
auszug wird mittels 100 g Boden in 1 l dest. kohlensäurefreiem Wasser hergestellt.

Den $NaHCO_3$-Gehalt habe ich durch Weitertitration der auf $Na_2CO_3$ bis zum
Umschlagpunkt des Phenolphthaleins fertig titrierten Lösung mit $n/10$ HCl bei
Anwendung des Indikators: Kongorot bestimmt.

*ad 9.* Die Gesamtsalzkonzentration wurde mittels der Bestimmung der elektrischen Leitfähigkeit der Bodenlösung nach 'SIGMOND (560) ermittelt[1].

*ad 10.* Der Humusgehalt wurde mit dem Chromsäureverfahren ermittelt[2].

**2. Die Beschreibung der Versuchsflächen.** Bei der Wahl der Versuchsflächen war ich vor allem bestrebt, die zu einem Typ gehörenden Böden, welche
verschiedene Pflanzenassoziationen aufweisen und sich noch im Naturzustande
befinden, in genügender Zahl vertreten zu lassen. Diese Böden haben auch zur
Kontrolle der neben ihnen liegenden meliorierten Böden gedient. Anderseits

---

[1] Siehe S. 34.    [2] Siehe S. 11.

haben dieselben auch für eine vergleichende Untersuchung des Zusammenhanges zwischen den grünen Pflanzen und der Mikrobenwelt Anhaltspunkte geliefert.

Es ist ein altes Bestreben der bodenkundlichen und botanischen Forschung auf Grund der Bodenpflanzen oder der Pflanzenassoziationen gewisse Rückschlüsse auf den Bodenzustand ableiten zu können. Um diese Folgerungen auch praktisch für den Waldbau verwerten zu können, sind gerade in der letzten Zeit viele Untersuchungen in Gang gesetzt worden. Solche Untersuchungen hat Dr. P. MAGYAR (566) auf den solonetzartigen Szikböden durchgeführt. Durch mehrjährige Beobachtungen gelang es ihm, die Zusammenhänge zwischen Bodenzustand und Pflanzenassoziationen festzustellen und durch praktische Versuche diese Ergebnisse auf die Auswahl der Aufforstung in Frage kommenden Baumarten zu erweitern. Seine Ergebnisse kann man kurz folgenderweise zusammenfassen:

MAGYAR unterscheidet zunächst 6 Gruppen von Pflanzen, geordnet nach ihrer Resistenz gegen den Sodagehalt des Bodens:

Gruppe I. Camphorosma ovata.

Gruppe II. Puccinellia limosa, Artemisia monogyna, Statice Gmelini, Festuca pseudovina, Plantago tenuiflora, Aster pannonicus, Matricaria chamomilla.

Gruppe III. Festuca pseudovina, Plantago maritima, Scorzonera cana, Pholiurus pannonicus, Hordeum Gussoneanum, Atriplex litorale, Bassia sedoides, Polygonum aviculare, Kochia prostrata, Eragrostis pilosa, Polycnemum arvense, Bupleurum tenuissimum.

Gruppe IV. Festuca pseudovina, Inula britannica, Plantago lanceolata, Achillea setacea und A. collina, Agropyron repens, Centaurea pannonica, Bromus hordeaceus.

Gruppe V. Festuca pseudovina, Cynodon dactylon, Lotus tenuifolius, Alopecurus pratensis, Trifolium repens, Heleochloa alopecuroides, Euphorbia cyparissias.

Gruppe VI. Poa angustifolia, Lolium perenne, Agrostis tenuis, Trifolium pratense, Ononis spinosa, Potentilla reptans, Cichorium intybus, Eryngium campestre, Galium verum, Andropogon ischaemum, Hieracium pilosella, Verbena officinalis, Taraxacum officinale.

Auf Grund dieser Gruppen hat nun MAGYAR seine Pflanzenassoziationen aufgestellt, und zwar derart, daß diese Assoziationen auch gleichzeitig teilweise als Wegweiser bei der Bodenklassifikation herangezogen werden können.

I. Poa angustifolia-Cynodon dactylon-Assoziation. Die Pflanzen der Gruppen V und VI.

II. Achillea-Inula britannica-Assoziation. Gruppen IV und V (II$_2$). Übergang von dieser zur nächsten Assoziation bildet Gruppe IV und III (II$_1$).

III. Festuca pseudovina-Assoziation. Die Pflanzen der Gruppe III (III$_2$). Übergang zur nächsten Assoziation gibt Gruppe III, II und I (III$_1$).

IV. Camphorosma ovata-Assoziation. Die Pflanzen der Gruppen I und II.

Auf den nassen Stellen fand MAGYAR folgende Assoziationen:

I. Glyceria poiformis-Alopecurus pratensis-Assoziation. Begleitpflanzen: Lysimachia nummularia, Veronica scutellata, Potentilla reptans, Trifolium repens, Mentha pulegium, Agrostis alba usw.

II. Agrostis alba-Alopecurus geniculatus-Assoziation. Begleitpflanzen: Lotus tenuifolius, Heleochloa alopecuroides, Polygonum aviculare, Mentha pulegium, Heleocharis palustris, Agropyron repens usw.

III. Beckmannia eruciformis-Assoziation. Begleitpflanzen: Heleocharis, Pholiurus pannonicus, Plantago tenuiflora, Roripa Kerneri, Artemisia monogyna usw.

IV. Bolboschoenus maritimus-Puccinellia limosa-Assoziation. Begleitpflanzen: Heleocharis, Plantago tenuiflora, Salsola soda usw.

Es ist charakteristisch, daß die letzteren hauptsächlich auf den nassen Stellen der obigen Assoziationen vorkommen.

Außer diesen Untersuchungen hat sich MAGYAR auf dem Versuchsfelde von Püspökladány auch mit praktischen Aufforstungsversuchen befaßt. Nach langen, mehrjährigen Versuchen hat er die verschiedenen Aufforstungsmethoden für die Solonetzböden ausprobiert. Es ist ihm gelungen zu beweisen, daß, wenn die Szikböden, die kein Soda enthalten und geringe Gesamtsalzkonzentration aufweisen, durch entsprechende, hauptsächlich physikalische Bearbeitungsmethoden entsprechend vorbereitet werden, auch die Aufforstung gute Resultate erreichen kann. Das gilt namentlich für jene Alkaliböden, welche nach seiner Klassifizierung der Bodenklassen I, II und III gehören. Die Alkaliböden der Klassen I und $II_1$ kann man mit gutem Erfolg mit allen Baumarten, welche den dortigen klimatischen Verhältnissen angepaßt sind, aufforsten. Die Aufforstung gelingt sogar in diesem Falle ohne vorhergehende Bodenbearbeitung. Es muß jedoch hier gleich bemerkt werden, daß diese Bodenklassen auch für die landwirtschaftliche Benutzung gut geeignet sind. Die Aufforstung kommt daher bei diesen Bodengattungen nur in zweiter Linie in Betracht. Auf den Böden der Bodenklasse $II_2$ kann die Aufforstung ohne mechanische Bearbeitung mit Rabattenkultur erfolgreich mit den folgenden Baumarten versucht werden: Ulmus glabra, U. levis, Fraxinus americana, Pirus piraster, Elaeagnus angustifolia. Bei der Bodenklasse $III_1$ kommen sodann folgende Baumarten in Betracht: Pirus piraster, Elaeagnus angustifolia, Ulmus glabra, Tamarix tetrandra, T. odessana, Amorpha fruticosa oder nur die letzteren; und bei der Bodenklasse $III_2$ die folgenden Arten: Tamarix tetrandra und T. odessana. Bei den letzten muß man jedoch den Boden bereits gründlich bearbeiten und chemisch verbessern.

Diese Untersuchungen beziehen sich sämtlich auf die solonetzartigen Alkaliböden. Assoziationsstudien an Böden des Solontschak-Typs zwischen Donau und Theiß sind leider noch nicht vorhanden.

Die untersuchten Versuchsflächen des *Solontschak-Types* liegen bei Szeged und gehören zu den Versuchsflächen der bodenkundlichen und agrikultur-chemischen Station des landwirtschaftlichen Forschungsinstitutes in Szeged. Die Meliorationsarbeiten hat die Station durchgeführt und unter landwirtschaftlicher Nutzung gehalten. Für das freundliche Entgegenkommen der Station, besonders dem Leiter derselben, Herrn ALEXANDER HERKE, bin ich zu aufrichtigem Dank verpflichtet.

*Versuchsfläche Szeged.* Die Böden Nr. 1—20 liegen näher bezeichnet bei Baktó auf dem Grunde eines früheren, jetzt aber entwässerten Sees. Die nicht meliorierten Teile sind von einer Assoziation von Camphorosma ovata, Festuca pseudovina, teilweise allein, meistens aber gemischt gedeckt. In der Umgebung sind auch Salzausscheidungen ohne Vegetation zu treffen. Die meliorierten Parzellen sind, um die Ungleichheit des Bodens möglichst auszuschalten, ca. 4 m² groß und voneinander durch schmale Schutzstreifen abgesondert.

I. Die Versuchsflächen in der Umgebung von Szeged.

*Solontschak-Typ.*

Versuchsfläche 1. Wurde im Jahre 1926 mit $CaSO_4$ verbessert.

Versuchsfläche 2. Wurde im Jahre 1926 mit aufgeschlossenem Bauxit verbessert.

Versuchsfläche 3. Wurde im Jahre 1926 mit Kalkschlamm verbessert.

Versuchsfläche 4. Kontrollparzelle.

Versuchsfläche 5. Der gleiche Bodentyp wie Vfl. 1 mit $CaSO_4$ verbessert und mit Stallmist gedüngt.

Versuchsfläche 6. Wie Vfl. 3, jedoch mit Kalkscheideschlamm behandelt und mit Stallmist gedüngt.

Versuchsfläche 7. Wie Vfl. 2, jedoch mit Bauxit verbessert und mit Stallmist gedüngt.

Versuchsfläche 8. Wie Vfl. 4, wurde aber mit Stallmist gedüngt.

Versuchsfläche 9. Wurde im Jahre 1926 mit Schwefelsäure verbessert.

Versuchsfläche 10. Wie Vfl. 9 mit Schwefelsäure behandelt, jedoch mit Stallmist gedüngt.

Versuchsfläche 11. Bodenprobe aus der Tiefe von 40 cm.

Versuchsfläche 12. Boden unter landwirtschaftlicher Nutzung und mit Stallmist gedüngt.

Versuchsfläche 13. Szikboden mit Festuca-Assoziation.

Versuchsfläche 18. Szikboden mit Camphorosma-Assoziation.

Versuchsfläche 20. Böden vom Ufer des „Nagyszéksóstó"-Teiches mit Festuca-Assoziation.

Versuchsfläche 21. Boden vom Grunde des „Nagyszéksóstó"-Teiches mit Puccinellia-Assoziation.

Versuchsfläche 22. Am Grunde des „Nagyszéksóstó"-Teiches ohne Bodenvegetation mit Salzausblühung.

II. Die Versuchsflächen in Püspökladány.

*Solonetz-Typ.*

Versuchsfläche 31. Szikböden mit Camphorosma-Assoziation ohne landwirtschaftliche Benutzung.

Versuchsfläche 32. Szikböden mit Festuca-Assoziation ohne landwirtschaftliche Benutzung.

Versuchsfläche 33. Szikböden mit Festuca-Camphorosma-Artemisia-Assoziation ohne landwirtschaftliche Benutzung.

Versuchsfläche 34. Szikböden mit Festuca-Achillea-Statice-Cynodon-Assoziation ohne landwirtschaftliche Benutzung.

Versuchsfläche 35. Bodenprobe aus der Tiefe 20—40 cm der Vfl. 34.

Versuchsfläche 36. Szikboden mit Festuca, Scorzonera, Inula-Assoziation.

Versuchsfläche 37. B-Schicht der Vfl. 36.

Versuchsfläche 38. Szikboden mit Festuca, Cynodon-Assoziation.

Versuchsfläche 39. Bodenprobe aus der Tiefe 20—40 cm der Vfl. 38.

Versuchsfläche 40. Bodenprobe aus der Tiefe 20—40 cm der Vfl. 31.

Versuchsfläche 41. Szikboden mit Eisenkonkretionen.

Versuchsfläche 42. Kontrollparzelle, Festuca, Statice, Inula-Assoziation.

Versuchsfläche 43. Der gleiche Bodentyp wie Vfl. 33 und 42, jedoch mit Kalkschlamm verbessert.

Versuchsfläche 44. Der gleiche Bodentyp wie Vfl. 32, aber mit „Digóerde"[1] verbessert.

Versuchsfläche 45. Der gleiche Bodentyp wie Vfl. 32, jedoch unter ständiger Bodenbearbeitung.

Versuchsfläche 46. Der gleiche Bodentyp wie Vfl. 31 unter ständiger Bodenbearbeitung.

Versuchsfläche 47. Der gleiche Bodentyp wie Vfl. 31, jedoch vor 2 Jahren mit Stalldünger gedüngt.

---

[1] Der Name „Digóerde" ist ein ungarischer Volksausdruck, der sich nicht übersetzen, nur beschreiben läßt. Unter diesem Ausdruck versteht man folgendes Verfahren: Der allgemein nicht über 0,15 % Sodagehalt aufweisende Boden wird mit einem anderen, gewöhnlich in der Nähe in 1—1,5 m Tiefe befindlichen sodafreien, kalk- und tonhaltigen Mergel gründlich vermischt. Hauptsächlich durch den Kalkgehalt wird der Dispersitätsgrad der Sodaböden in günstiger Richtung beeinflußt.

**3. Vergleichende Besprechung der Untersuchungsergebnisse.** Die chemisch-physiologischen Bodeneigenschaften und die bakteriologischen Untersuchungsergebnisse enthalten die Tabellen 55 und 56. Mit diesen Tabellen hängt auch die Assoziationstabelle 57 zusammen. Außerdem wurden die Tabellen 55 und 56 in der Abb. 73 auch übersichtlich dargestellt.

*Die Solontschak-Böden.* Die Naturböden dieses Types weisen eine sehr niedrige Bakterienzahl auf, deren Größe zwischen 150000—200000 schwankt. Sie weisen auch eine sehr einseitige, aus wenig Arten und meistens in 80—100 % aus *Actinomyceten* bestehende Bodenmikroflora auf. Ein Unterschied zwischen

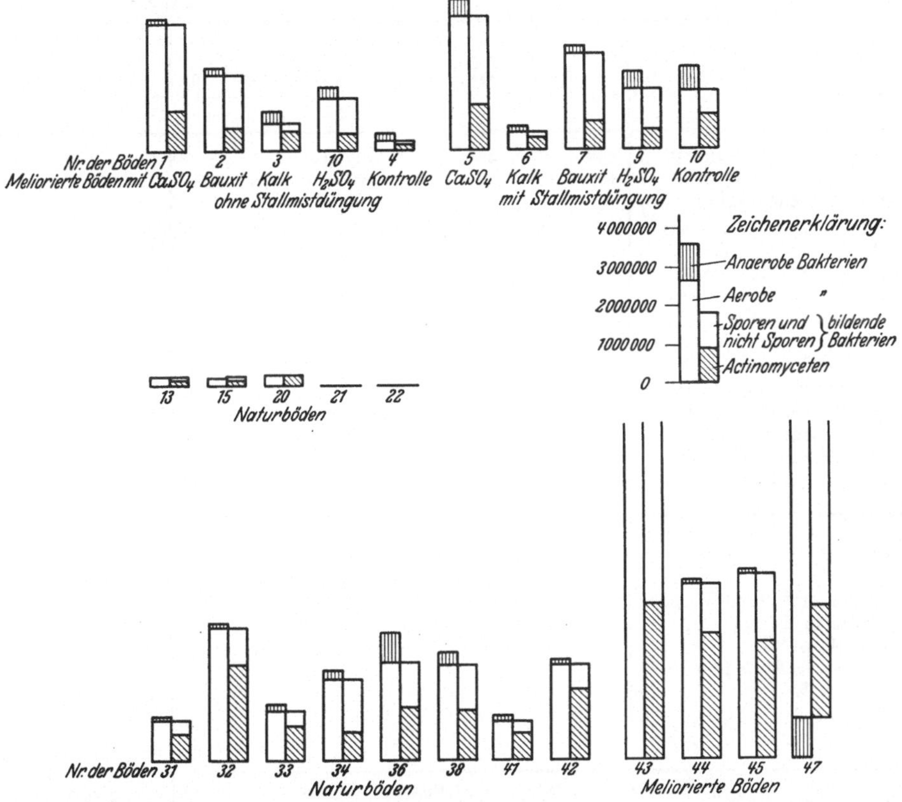


Abb. 73. Die Böden Nr. 1—22 stammen aus der Umgebung von Szeged, die Nr. 31—47 stammen aus Püspökladány.

*Camphorosma*- (13)[1] und *Festuca*-Assoziation (15) kann weder in der Zahl der Bakterien, noch in ihrer Artzusammensetzung festgestellt werden, obwohl der Sodagehalt verschieden hoch ist. Eine Abweichung in der Verhältniszahl ist jedoch vorhanden. Ohne Verbesserung (4) ruft die Kultivierung des Bodens in der Zahl der Bakterien keinen Unterschied hervor, sie ermöglicht dagegen eine Ansiedelung einiger anderer Mikroorganismen, ohne die Majorität (ca. 80 %) der *Actinomyceten* wesentlich zu vermindern. In Soda- und Gesamtsalzgehalt konnte ebenfalls eine Verminderung festgestellt werden. Kultivierung kombiniert mit Stalldüngung (Versuchsfläche 8 und 4), verringert höchstwahrscheinlich durch die Einwirkung der durch die lebhaftere Tätigkeit der vorwiegend aeroben Mikroorganismen (ihre Zahl wird auf das 10fache gesteigert, die Zahl der Actinomyceten dagegen auf 40—50 % reduziert) gebildeter organischen Säuren und durch Ein-

---

[1] Die eingeklammerten Zahlen bedeuten die Nummern des Bodens.

Tabelle 55. Böden der

| Nr. der Böden | 1 | 2 | 3 |
|---|---|---|---|
| | | | Chemische Charak- |
| $p_H$ auf elektrometrischem Wege . | 8,25 | 8,35 | 8,85 |
| $Na_2CO_3$-Gehalt in % | Spur | Spur | 0,02625 |
| $NaHCO_3$-Gehalt in % | 0,017875 | 0,016275 | 0,054600 |
| Gesamtsalzkonz. d. Bodenlös. in % | 0,13 | 0,08 | 0,12 |
| Humusgehalt in % | 0,21 | 0,23 | 0,25 |
| $CaCO_3$-Gehalt in % | 2,2 | 2,4 | 5,0 |

Ergebnisse der bakterio-

| Zeitpunkt der Untersuchung — Jahr: | 1930 | | | 1931 | 1930 | | | 1931 | 1930 | | | 1931 |
|---|---|---|---|---|---|---|---|---|---|---|---|---|
| Monat: | V. | VIII. | XII. | VI. | V. | VIII. | XII. | VI. | V. | VIII. | XII. | VI. |
| | | | | | Zahlen in Tausenden | | | | | | | |
| Aerob auf Erdextraktagarpl. | 3300 | 5000 | 450 | 3800 | 2000 | 4000 | 90 | 3000 | 700 | 720 | 410 | 1000 |
| Aerob auf Fleischgelatinpl. | 1850 | 500 | 200 | 2400 | 1500 | 700 | 350 | 750 | 600 | 250 | 70 | 650 |
| Anaerob in zuckeragarhoher Schicht | 130 | 650 | 200 | 400 | 120 | 260 | 90 | 750 | 300 | 550 | 75 | 250 |
| Bodenpilze | 40 | 70 | 5 | 70 | 35 | 70 | 2 | 90 | 20 | 35 | 1 | 30 |
| Aerobe N-bindende Bakt. | 1 | 1 | 10 | 1 | 1 | 1 | 0,1 | 1 | 0,01 | 1 | 0,1 | 0,01 |
| Anaerobe N-bindende Bakt. | 1 | 0,001 | 0,01 | 1 | 10 | — | 0,001 | 10 | 0,1 | — | 0,001 | 0,01 |
| Nitrifizierende Bakt. | 0,01 | 1 | 10 | 0,1 | 0,1 | 1 | 1 | 1 | 0,1 | 0,1 | 1 | 1 |
| Denitrifizierende Bakt. | 0,01 | 1 | 10 | 10 | 1 | 0,01 | 10 | 10 | 1 | — | 1 | 1 |
| Aerobe eiweißzersetz. Bakt. | 190 | 75 | 30 | — | 60 | 60 | 10 | — | 20 | 10 | 1 | — |
| Anaerobe zellulosezersetz. Bakt. | 0,001 | 0,01 | — | 0,01 | 0,001 | 0,01 | — | 0,01 | — | — | — | — |
| Aerobe zellulosezersetz. Bakt. | 0,01 | 1 | 0,001 | 0,1 | 0,01 | 0,1 | 0,001 | 0,01 | — | 0,1 | — | 0,01 |
| Harnstoffzersetz. Bakt. | 10 | 10 | 10 | 10 | 10 | 10 | 10 | 10 | 10 | 1 | 10 | 1 |
| Anaerobe Buttersäurebakt. | 100 | 0,1 | 20 | — | 10 | 1 | 10 | — | 10 | 0,1 | 0,1 | — |
| Nitratreduzierende Bakt. | 1 | 1 | 0,01 | 1 | 1 | 0,1 | 0,01 | 1 | 0,1 | 0,1 | — | 1 |

| Nr. der Böden | 8 | 9 | 10 |
|---|---|---|---|
| | | | Chemische Charak- |
| $p_H$ auf elektrometrischem Wege . | 7,87 | 8,40 | 7,50 |
| $Na_2CO_3$-Gehalt in % | — | Spur | — |
| $NaHCO_3$-Gehalt in % | 0,0630 | 0,01420 | 0,0567 |
| Gesamtsalzkonz. d. Bodenlös. in % | 0,08 | 0,09 | 0,10 |
| Humusgehalt in % | 0,70 | 0,45 | 0,30 |
| $CaCO_3$-Gehalt in % | 1,7 | 2,2 | 1,0 |

Ergebnisse der bakterio-

| Zeitpunkt der Untersuchung — Jahr: | 1930 | | | 1931 | 1930 | | | 1931 | 1930 | | | 1931 |
|---|---|---|---|---|---|---|---|---|---|---|---|---|
| Monat: | V. | VIII. | XII. | VI. | V. | VIII. | XII. | VI. | V. | VIII. | XII. | VI. |
| | | | | | Zahlen in Tausenden | | | | | | | |
| Aerob auf Erdextraktagarpl. | 1500 | 2600 | 3500 | — | 1550 | 1000 | — | — | 1400 | 600 | 300 | — |
| Aerob auf Fleischgelatinpl. | 1200 | 1600 | 400 | 2000 | 1650 | 950 | 350 | — | 720 | 450 | 300 | — |
| Anaerob in zuckeragarhoher Schicht | 700 | 800 | 230 | 800 | 450 | 600 | 200 | — | 200 | 400 | 800 | — |
| Bodenpilze | 70 | — | 30 | 20 | 10 | 15 | 5 | — | — | — | 3 | — |
| Aerobe N-bindende Bakt. | 1 | 0,1 | 10 | 1 | 0,1 | — | — | 1 | 0,1 | — | — | 0,01 |
| Anaerobe N-bindende Bakt. | — | — | 0,1 | — | — | — | 0,01 | — | — | — | 0,01 | — |
| Nitrifizierende Bakt. | 100 | 10 | 1 | 0,1 | 10 | 10 | 1 | 0,1 | 0,01 | 10 | 0,1 | 0,1 |
| Denitrifizierende Bakt. | 10 | 1 | 10 | 10 | 10 | 1 | 100 | 1 | 10 | 1 | 100 | 1 |
| Aerobe eiweißzersetz. Bakt. | 150 | 150 | 2 | — | 30 | — | 20 | — | 40 | — | 10 | — |
| Anaerobe zellulosezersetz. Bakt. | 0,1 | 0,1 | — | 0,01 | 0,1 | 0,1 | — | 0,01 | 0,01 | 1 | — | 0,01 |
| Aerobe zellulosezersetz. Bakt. | 0,1 | 1 | 0,01 | 1 | 0,1 | 1 | 0,01 | 1 | 0,1 | 1 | — | 1 |
| Harnstoffzersetzende Bakt. | 10 | 10 | 10 | 1 | 0,001 | — | 10 | 1 | 0,01 | — | 1 | 1 |
| Anaerobe Buttersäurebakt. | 100 | 0,1 | 1 | — | 0,1 | 0,01 | 1 | — | 0,1 | 0,1 | 1 | — |
| Nitratreduzierende Bakt. | 10 | 1 | 0,1 | 1 | 1 | 1 | 0,1 | 1 | 0,01 | 1 | 0,1 | 1 |

Umgebung von Szeged.

terisierung der Böden

| 4 | 5 | 6 | 7 |
|---|---|---|---|
| 8,65 | 8,12 | 8,80 | 7,5 |
| 0,0212 | — | 0,01795 | — |
| 0,0567 | 0,00875 | 0,08400 | 0,00525 |
| 0,12 | 0,11 | 0,08 | 0,09 |
| 0,29 | 0,50 | 0,60 | 0,55 |
| 2,2 | 2,0 | 4,0 | 0,6 |

logischen Untersuchung

Zahlen in Tausenden

| 4 | | | | 5 | | | | 6 | | | | 7 | | | |
|---|---|---|---|---|---|---|---|---|---|---|---|---|---|---|---|
| 1930 | | | 1931 | 1930 | | | 1931 | 1930 | | | 1931 | 1930 | | | 1931 |
| V. | VIII. | XII. | VI. | V. | VIII. | XII. | VI. | V. | VIII. | XII. | VI. | V. | VIII. | XII. | VI. |
| 200 | 4000 | 700 | 1500 | 3600 | 2000 | 200 | 3500 | 500 | 350 | 247 | 1000 | 2500 | 3500 | 300 | 2000 |
| 150 | 120 | 100 | 1400 | 900 | 1000 | 150 | 2500 | 200 | 300 | 230 | 900 | 1700 | 1800 | 250 | 3800 |
| | | | | | | | | | | | | | | | |
| 100 | 190 | 170 | 150 | 400 | 900 | 180 | 2400 | 50 | 100 | 80 | 40 | 130 | 400 | 120 | 350 |
| 100 | 100 | 8 | 10 | 100 | — | 10 | 40 | 20 | — | 1 | 10 | 40 | — | 40 | 15 |
| 0,1 | 0,1 | 1 | 0,1 | 1 | 0,1 | 1 | 1 | 0,01 | 0,01 | 10 | — | 0,1 | 0,01 | 10 | 1 |
| 0,01 | 0,1 | 0,001 | 0,1 | — | 0,001 | 0,01 | — | — | — | 0,01 | — | — | — | 0,01 | — |
| 0,01 | 1 | 10 | 0,1 | 10 | 10 | 10 | 1 | 1 | 1 | 1 | 1 | 10 | 10 | 1 | 0,1 |
| 0,1 | 0,1 | 10 | 10 | 10 | 1 | 10 | 10 | 10 | 1 | 1 | 0,1 | 10 | 1 | 1 | 1 |
| 10 | 90 | 10 | — | 100 | 60 | 18 | — | 1 | 65 | 40 | — | 400 | 80 | 1 | — |
| 0,001 | 0,1 | — | 0,001 | 0,1 | 0,1 | — | 0,01 | 0,01 | 0,01 | — | — | 0,01 | 0,01 | — | — |
| 0,1 | 1 | 0,01 | 0,1 | 0,1 | 10 | 0,01 | 0,1 | 0,01 | 0,1 | — | 0,01 | 0,01 | 1 | — | 0,01 |
| 10 | 1 | 10 | 1 | 100 | 10 | 10 | 10 | 100 | 1 | 1 | 1 | 1 | 1 | 10 | 10 |
| 10 | 1 | 1 | — | 10 | 0,01 | 1 | — | 10 | 0,001 | 0,1 | — | 10 | 0,1 | 1 | — |
| 1 | 1 | 0,1 | 1 | 1 | 1 | 0,1 | 10 | 0,1 | 1 | 0,01 | 1 | 0,1 | 1 | 0,01 | 1 |

terisierung der Böden

| 11 | 13 | 15 | 22 | 21 | 20 |
|---|---|---|---|---|---|
| 9,04 | — | — | | | |
| 0,03445 | 0,43 | 0,02 | | | |
| 0,1533 | 0,147 | 0,087 | | | |
| 0,28 | 0,37 | 0,20 | | | |
| — | 0,40 | 0,52 | | | |
| — | 0,8 | 0,4 | | | |

logischen Untersuchung

Zahlen in Tausenden

| 11 | | | | 13 | | | | 15 | | | | 22 | 21 | 20 |
|---|---|---|---|---|---|---|---|---|---|---|---|---|---|---|
| 1930 | | | 1931 | 1930 | | | 1931 | 1930 | | | 1931 | 1930 | 1930 | 1930 |
| V. | VIII. | XII. | VI. | V. | VIII. | XII. | VI. | V. | VIII. | XII. | VI. | V. | V. | V. |
| 40 | 40 | — | — | 200 | 250 | 400 | 400 | 200 | 150 | 100 | 300 | 20 | 80 | 250 |
| 25 | 30 | 450 | — | 200 | 150 | 320 | 300 | 160 | 100 | 80 | 200 | 12 | 5 | 300 |
| | | | | | | | | | | | | | | |
| 8 | 10 | 20 | — | 1 | 10 | 18 | 10 | — | 10 | 30 | 30 | — | — | — |
| 2 | 2 | 3 | 2 | 3 | 1 | 2 | 4 | 10 | 10 | 8 | 10 | 2 | 1 | 2 |
| — | — | — | — | 0,01 | — | — | 0,01 | 0,01 | — | — | — | — | — | — |
| — | — | 0,01 | — | — | — | — | — | — | — | — | — | — | — | — |
| 10 | — | — | 0,001 | 10 | — | 0,1 | — | 10 | — | 0,1 | — | — | — | — |
| — | — | 1 | — | 1 | — | 10 | 1 | 1 | — | — | — | — | — | — |
| — | — | — | — | 60 | — | 3 | — | 15 | — | 2,6 | — | — | — | — |
| — | — | — | 0,001 | — | — | — | — | — | — | — | — | — | — | — |
| — | — | — | 0,01 | — | — | — | — | — | — | — | — | — | — | — |
| 0,001 | — | — | 1 | 0,1 | — | 0,1 | — | — | — | 0,1 | — | — | — | — |
| 1 | — | — | — | 0,1 | — | 0,01 | — | 0,1 | — | 0,01 | — | — | — | — |
| 0,01 | — | 0,01 | 0,01 | 0,01 | — | — | — | 0,01 | — | — | — | — | — | — |

Tabelle 56. Böden in Püspökladány.

| Nr. der Böden | 31 | 32 | 33 | 34 | 35 | 36 | 37 | 38 | 39 | 40 | 41 | 42 | 43 | 44 | 45 | 46 | 47 |
|---|---|---|---|---|---|---|---|---|---|---|---|---|---|---|---|---|---|
| **Chemische Charakterisierung der Böden.** | | | | | | | | | | | | | | | | | |
| Wassergehalt in % | 5,76 | 4,13 | — | — | — | — | — | — | — | 7,47 | 7,56 | 4,36 | 10,77 | 9,90 | 11,10 | 8,12 | 9,25 |
| $p_H$ auf elektrometrischem Wege | 9,2 | 8,7 | 9,6 | 7,9 | 8,0 | 8,1 | 8,5 | 8,6 | 8,9 | 9,9 | 8,1 | 8,0 | 7,5 | 8,0 | 8,2 | 8,0 | 7,4 |
| $Na_2CO_3$-Gehalt in % | 0,013 | 0,0 | 0,03 | 0,0 | 0,01 | 0,12 | 0,18 | 0,01 | 0,02 | 0,02 | 0,0 | 0,0 | 0,0 | 0,0 | 0,0 | — | — |
| $NaHCO_3$-Gehalt in % | 0,012 | 0,5 | — | 0,05 | 0,08 | 0,20 | 0,25 | 0,03 | 0,50 | 0,015 | 0,07 | 0,04 | 0,25 | 0,03 | 0,04 | 0,01 | 0,01 |
| Gesamtsalzkonzentration der Bodenlösung in % | 0,42 | 0,15 | 0,56 | 0,14 | 0,20 | 0,37 | 0,40 | 0,17 | 0,20 | 0,50 | 0,03 | 0,08 | 0,05 | 0,05 | 0,05 | 0,03 | 0,03 |
| Humusgehalt in % | 0,35 | 0,42 | 1,30 | 1,12 | 0,10 | 1,94 | — | 0,92 | — | — | 2,03 | 0,74 | 0,64 | 0,47 | 0,75 | 1,97 | 2,06 |
| **Ergebnisse der bakteriologischen Untersuchung, bezogen auf 1 g feuchter Erde. (Zahlen in Tausenden.)** | | | | | | | | | | | | | | | | | |
| Aerob auf Fleischgelatinplatte | 800 | 2000 | 1300 | 2100 | 300 | 800 | 100 | 700 | 100 | 20 | 400 | 2500 | 9000 | 4800 | 3500 | 1500 | 12000 |
| Aerob auf Erdextraktagarplatte | 1100 | 3500 | 1250 | 3500 | 500 | 2500 | 500 | 2500 | 200 | 40 | 1000 | 4000 | 9300 | 4600 | 4800 | 2400 | 15000 |
| Anaerob auf Zuckeragar hoher Schicht | 80 | 10 | 100 | 250 | 1 | 800 | 80 | 300 | 10 | 10 | 80 | 10 | 6 | 30 | 10 | 200 | 100 |
| Bodenpilze | 100 | 40 | 20 | 20 | 2 | 300 | 20 | 140 | 1 | 50 | 10 | 30 | 1 | 1 | 1 | 20 | 50 |
| Aerob N-bindende Bakterien | — | — | — | — | — | — | — | — | — | — | 10 | — | — | — | — | 100 | — |
| Anaerob N-bindende Bakterien | 50 | 1 | 0,1 | — | — | — | — | — | — | — | 0,1 | 1 | 1 | 0,1 | 0,1 | 0,01 | 0,1 |
| Nitrifizierende Bakterien | 1 | 0,01 | 1 | 1 | — | 0,1 | — | 0,01 | — | — | 1 | 0,01 | 1 | 0,01 | 0,1 | 0,001 | 0,1 |
| Denitrifizierende Bakterien | 10 | 100 | 100 | 10 | 0,01 | 10 | — | 1 | — | — | 10 | 10 | 10 | 10 | 1 | 1 | 1 |
| Aerobe eiweißzersetzende Bakterien | 100 | 50 | 100 | 300 | 1 | 300 | — | 10 | — | — | 10 | 100 | 200 | 50 | 1 | 20 | 100 |
| Anaerobe zellulosezersetzende Bakterien | 0,1 | 0,1 | 10 | 1 | 2 | 0,1 | 0,1 | 2 | 1 | 0,001 | 1 | 0,1 | 10 | 0,1 | 0,1 | 1 | 10 |
| Aerobe zellulosezersetzende Bakterien | 1 | 1 | 10 | 40 | 0,4 | 1 | — | 0,4 | — | 0,01 | 1 | 0,3 | 30 | 1 | 1 | 10 | 100 |
| Harnstoffzersetzende Bakterien | 1 | 100 | 1 | 100 | 10 | 10 | — | 10 | — | 0,01 | 0,1 | 10 | 100 | 10 | 10 | 10 | 100 |
| Anaerobe Buttersäurebakterien | 1 | 10 | 0,1 | 10 | 1 | 10 | — | 1 | — | — | 0,1 | 1 | 1 | 1 | 10 | 1 | 10 |

waschung(Verringerung der Kapillarität und dadurch Verringerung der Verdunstung) in tieferen Schichten, den Sodagehalt auf chemisch nicht mehr erfaßbare Höhe (bei 4: $p_H$ = 8,65, bei 8: $p_H$ = 7,87).

Betrachtet man die zusammengehörigen Versuchsflächenserie 1—4 und 5—8, so kann man gleich feststellen, daß die größte Wirkung in der Melioration die Anwendung von $CaSO_4$ hervorgerufen hatte (1 und 5). Die Zahl der anaeroben Bakterien stieg ja auf das 3 fache; bei beiden Bodenproben verringerte sich die Zahl der anaeroben Bakterien (hohe Luftkapazität), und das Verhältnis der *Actinomyceten* sank auf 30%. Derselbe Erfolg konnte auch bei Anwendung von aufgeschlossenem Bauxit festgestellt werden, wenn auch nicht in gleich hohem Maße. Weit geringere Wirkung konnten wir bei der Benutzung von $H_2SO_4$ feststellen (9 und 10), nur das Verhältnis der *Actinomyceten* wurde ebenfalls auf 30% verringert. Die Assoziationstabelle zeigt bei allen meliorierten Böden ein ziemlich buntes Bild der Artzusammensetzung. Die einfache chemische Verbesserung aber zeigt nur die Zunahme von drei bis vier neuen Arten, die durch Staub oder sonstwie hineinkommen durften (1, 2). Eine gleichzeitige biologische Verbesserung (5) kann den Boden schon mit 15—20 Arten bereichern.

Es ist interessant der Verschiebung der Artzusammensetzung der anaerobenArten zu folgen (Tabelle 57). Es ist hier zu bemerken, daß die Stallmistflora fast verschwunden ist, nur die mit ihr in den Boden zufällig hineingekommenen Bodenmikroben lebten weiter. Hier liegt also die Abhilfe durch die Bodenimpfung nahe, und zwar für biologische Verbesserung wäre die Anwendung von aus Gartenboden hergestellter Komposterde am zweckmäßigsten. Es ist nämlich nicht zu vergessen, daß hier von der Melioration sehr großer Flächen (insgesamt ca. 500000 ha) die Rede ist. Bei rascher Durchführung der Meliorationsarbeiten wird Stallmist nicht in genügender Menge zur Verfügung stehen. Meiner Meinung nach — da der Stallmist die Bodenflora nicht wesentlich bereichert, da nur die bereits anwesenden Arten desselben sich vermehren — könnte man mit besserem Erfolge zur Bereicherung des Humus (welcher Umstand hier notwendig ist) künstliche organische Düngemittel mit Komposterdeimpfung kombiniert anwenden. Die Impfung soll in 2 oder 3 Jahren wiederholt werden, bis sich das biologische und chemische Gleichgewicht im Boden eingestellt hat. In den ersten Jahren fallen nämlich die neu hinzugekommenen Arten der autochtonen Flora größtenteils zum Opfer. Eine sehr gute Wirkung zeigen Gips und Bauxit auf die physiologischen Bakteriengruppen.

Zum Schlusse möchte ich noch auf die Tatsache hinweisen, daß die Kalkung bei diesen kalkführenden Böden, weder chemisch-physikalische, noch biologische Wirkung aufweist. Eine Erhöhung des Kalkgehaltes von 2% auf 5—6% vernichtet sogar die Wirkung der Stallmistdüngung.

In diesen Böden kann ein Mikrobenleben noch bei 40 cm Tiefe festgestellt werden (Nr. 11). Die Zahl verringert sich auf ein minimales Maß, wobei die physiologischen Gruppen fast vollkommen verschwinden. Es ist daher mit vollem Recht anzunehmen, daß die tieferen Schichten keine lebensfähigen Mikroorganismen enthalten.

Wie die bezüglichen Untersuchungen von FEHÉR in Waldböden gezeigt hatten, daß die Zahl der Bakterien einer periodischen Änderung unterworfen ist, so konnte auch bei den Szikböden eine jahreszeitliche Periodizität nachgewiesen werden. Die Zahl der Bakterien ist im Monat Dezember am niedrigsten, sie steigt an im Frühjahr (Mai) und erreicht ihren Kulminationspunkt etwa im August. Die Zahl der Bakterien ist im Monat Juni höher als im Monat Mai. Die bezüglichen Daten enthält die Tabelle 55[1].

Die Zellulosezersetzung ist ein sehr wichtiger Prozeß im Boden. In den natürlichen Alkaliböden fehlen die zellulosezersetzenden Bakterien, sie finden ihre Lebensbedingungen erst nach der Verbesserung. Bei diesen Böden halten die Pilze[2] diesen Vorgang aufrecht, welcher Umstand zur Anhäufung von stickstoffhaltigen Substanzen führt, die erst später den Pflanzen zugute kommen. Der wichtigste zellulosezersetzende Organismus: *Mycococcus cytophagus* (567) findet seine Lebensbedingungen nur in jenen Böden, welche bereits mit Gips, Säure oder Bauxit mit gleichzeitiger Stallmistdüngung vorbehandelt wurden.

*Nach den vorliegenden Untersuchungen bedürfen daher die Solontschak-Böden nach erfolgter chemisch-physikalischer Melioration auch einer Verbesserung biologischer Art.*

*Die Solonetz-Böden.* Die Resultate der Untersuchungen wurden in der Tabelle 56 vergleichend und zusammenfassend dargestellt. Tabelle 58 zeigt die Verteilung der Bakterien bis 210 cm Tiefe und auch die vertikale Verteilung der untersuchten biochemischen und biophysikalischen Standortsfaktoren. Die Ver-

---

[1] Das quantitative Verhalten der nitrifizierenden und denitrifizierenden Bakterien zeigt ebenfalls das von FEHÉR zuerst nachgewiesene gegenläufige Verhalten. (Siehe S. 129.)

[2] Wenn man die Verbreitung der Pilze in den humiden Waldböden mit in Vergleich zieht, so bekommt man ein überraschendes Bild über die hochgradige Anpassungsfähigkeit dieser Organismen. Siehe Tabelle 43 und 44.

Tabelle 57. Assoziationstabelle

**Umgebung von Szeged** — Verhältniszahl

Nr. des Bodens: 1 / 2 / 3 / 4 / 5 / 6; Monat der Untersuchung: V., XII., VI.

|  | 1<br>V. | 1<br>XII. | 1<br>VI. | 2<br>V. | 2<br>XII. | 2<br>VI. | 3<br>V. | 3<br>XII. | 3<br>VI. | 4<br>V. | 4<br>XII. | 4<br>VI. | 5<br>V. | 5<br>XII. | 5<br>VI. | 6<br>V. | 6<br>XII. | 6<br>VI. |
|---|---|---|---|---|---|---|---|---|---|---|---|---|---|---|---|---|---|---|
| *[Aerobe Bakterien]* Actinomyces flavochromogenus Krainszky | — | — | — | — | — | — | — | — | — | — | — | — | — | — | — | — | — | — |
| „ microflavus Krainszky | — | — | — | — | — | — | — | — | — | — | — | — | — | — | — | — | — | — |
| „ alföldiensis n. sp. | — | — | — | + | 2 | + | — | — | — | + | — | + | + | + | + | — | 1 | + |
| „ bobili Waksman et Curtis | + | + | 1 | 1 | 2 | + | — | — | — | 1 | + | 1 | + | + | + | — | — | — |
| „ hungaricus n. sp. | 2 | + | 3 | 3 | 4 | 2 | — | — | — | 3 | 4 | — | + | 1 | — | 1 | 3 | 1 |
| „ olivochromogenus Waksman | 2 | + | 2 | 2 | 4 | 2 | 2 | 3 | 2 | 3 | + | 4 | + | 1 | + | 4 | 3 | 2 |
| „ pheochromogenus Conn | 1 | 4 | 2 | — | — | — | 4 | 4 | 4 | 4 | 2 | 3 | 2 | 3 | 3 | 3 | 3 | 3 |
| „ Rippelii n. sp. | 3 | 4 | 2 | 1 | 3 | 4 | — | — | — | 2 | + | 4 | + | 1 | — | 4 | + | 4 |
| „ viridochromogen. Krainszky | 1 | 3 | 1 | — | — | — | — | — | — | 3 | + | 4 | 3 | 4 | 3 | 2 | 3 | 2 |
| Achromobacter salinum n. sp. | 3 | 1 | 4 | 2 | + | 3 | — | — | — | 2 | + | 2 | 1 | 1 | 1 | 1 | + | + |
| „ liquefaciens Bergey et al. | — | — | — | — | — | — | — | — | — | — | — | — | — | — | — | — | — | — |
| Bacillus anthraciformae n. sp. | — | — | — | — | — | — | — | — | — | — | — | — | + | + | + | — | — | — |
| „ amylobakter v. Tieghem | 1 | 1 | 1 | 1 | + | 2 | — | — | — | + | + | 1 | 2 | + | 3 | — | — | — |
| „ cohaerens Gottheil | — | — | — | — | — | — | — | — | — | 1 | + | + | 1 | 1 | 1 | + | + | + |
| „ concentricus | — | — | — | — | — | — | — | — | — | — | — | — | — | — | — | — | — | — |
| „ ellenbachiensis Stutzer | — | — | — | — | — | — | — | — | — | 2 | + | 3 | 2 | + | 2 | — | — | — |
| „ flexus Batchelor | — | — | — | — | — | — | — | — | — | — | — | — | + | + | + | — | — | — |
| „ graveolens Gottheil | 1 | 1 | 1 | 1 | + | 2 | + | + | + | — | — | — | + | + | + | + | + | o |
| „ megaterium De Bary | 2 | + | 3 | — | — | — | + | + | + | — | — | — | 2 | 2 | 2 | — | — | — |
| „ mycoides Flügge | — | — | — | — | — | — | — | — | — | — | — | — | — | — | — | — | — | — |
| „ prausnitzii Trevisan | 2 | 1 | 2 | 2 | 1 | 4 | 2 | 1 | 2 | 3 | 1 | 3 | 3 | 1 | 3 | + | + | + |
| „ pseudoanthracis Fehér | — | — | — | — | — | — | — | — | — | — | — | — | + | + | + | — | — | — |
| „ simplex Gottheil | 3 | + | 3 | 2 | + | 3 | 1 | + | + | 2 | + | 3 | 3 | 2 | 3 | — | — | — |
| „ subtilis Cohn | — | — | — | — | — | — | — | — | — | — | — | — | + | + | 1 | + | — | — |
| „ tumescens Gottheil | — | — | — | — | — | — | — | — | — | — | — | — | — | — | — | — | — | — |
| „ verrucosus Lehm et Süssmann | — | — | — | — | — | — | — | — | — | — | — | — | + | + | 1 | — | — | — |
| „ vulgatus Flügge | 3 | 1 | 3 | — | — | — | — | — | — | 2 | — | + | 1 | + | + | + | + | + |
| Chromobacterium hungaricum n. sp. | — | — | — | 1 | + | + | + | + | + | — | — | — | 1 | + | 1 | — | — | — |
| Flavobacterium aurescens Bergey et al. | — | — | — | — | — | — | — | — | — | — | — | — | 1 | + | 1 | — | — | — |
| „ antenniformis B. et al. | — | — | — | — | — | — | — | — | — | — | — | — | 1 | + | 1 | — | — | — |
| „ denitrificans B. et al. | 1 | + | 1 | + | + | + | — | — | — | + | + | + | 2 | + | 3 | + | + | 1 |
| „ flavescens Bergey et al. | — | — | — | — | — | — | — | — | — | — | — | — | — | — | — | — | — | — |
| „ szikense n. sp. | — | — | — | 1 | + | + | — | — | — | — | — | — | 1 | + | 1 | + | + | 1 |
| Micrococcus varians Migula | — | — | — | — | — | — | — | — | — | — | — | — | 1 | + | + | — | — | — |
| „ candidus Cohn | — | — | — | — | — | — | — | — | — | — | — | — | — | — | — | — | — | — |
| „ terrestris n. sp. | — | — | — | — | — | — | — | — | — | — | — | — | + | + | + | — | — | — |
| Mycococcus cytophagus Bokor | — | — | — | — | — | — | — | — | — | — | — | — | 1 | + | + | — | — | — |
| Pseudomonas denitrificans Bergey et al. | — | — | — | — | — | — | — | — | — | + | — | + | + | + | + | — | — | — |
| „ fluorescens Migula | — | — | — | — | — | — | — | — | — | — | — | — | — | — | — | — | — | — |
| „ non liquefaciens B. et al. | — | — | — | — | — | — | — | — | — | — | — | — | — | — | — | — | — | — |
| Nitrosomonas europea Winogradsky | + | + | + | + | + | + | + | + | + | + | + | + | + | + | + | + | + | + |
| „ winogradsky Buchanan | + | + | + | + | + | + | + | + | + | + | + | + | + | + | + | + | + | + |
| Azotobacterarten | + | + | + | + | + | + | + | + | + | + | + | + | + | + | + | + | + | + |
| *[Anaerobe Bakterien]* Clostridium aerofoetidum B. et al. | — | — | — | — | — | — | — | — | — | — | — | — | + | + | + | — | — | — |
| „ centrosporogenes B. et al. | 4 | 3 | 4 | — | — | — | 5 | 2 | 5 | 2 | + | 3 | 3 | 2 | 4 | 3 | 3 | 3 |
| „ cochlearum B. et al. | — | — | — | — | — | — | — | — | — | — | — | + | + | + | + | — | — | — |
| „ coagulans B. et al. | + | — | + | — | — | — | — | — | — | — | — | — | 1 | + | + | — | — | — |
| „ Kleinii B. et al. | 1 | 4 | 1 | 2 | + | + | — | — | — | — | — | — | 3 | 2 | 3 | 4 | 3 | 4 |
| „ multifermentans B. et al. | — | — | — | + | + | 1 | — | — | — | — | — | — | 2 | 1 | 2 | — | — | — |
| „ nigricans n. sp. | 1 | + | 1 | 3 | 4 | 3 | + | + | + | 4 | 3 | 3 | 2 | 3 | 3 | + | o | + |
| „ sporogenes B. et al. | 3 | 3 | 3 | 3 | 2 | 3 | 2 | 4 | 3 | 3 | 5 | 3 | — | — | — | — | — | — |
| „ szikense n. sp. | 2 | 1 | 2 | 4 | 4 | 4 | 1 | 2 | 2 | 4 | 3 | 4 | 1 | + | 1 | 3 | 4 | 3 |

Die mit n. sp. (nova species) bezeichneten Arten sind bei der Zugrundelegung der Angaben von der untersuchten Szikböden.

*Umgebung von Szeged* (Verhältniszahl: Spalten 7, 8, 13, 14 — je V, XII, VI)  |  *Umgebung von Püspökladány* (Verhältniszahl: Spalten 31–47)

| 7 V | 7 XII | 7 VI | 8 V | 8 XII | 8 VI | 13 V | 13 XII | 13 VI | 14 V | 14 XII | 14 VI | Verbr.-zahl | Konst. | 31 | 32 | 33 | 34 | 35 | 36 | 38 | 41 | 42 | 43 | 44 | 45 | 47 | Verbr.-zahl | Konst. |
|---|---|---|---|---|---|---|---|---|---|---|---|---|---|---|---|---|---|---|---|---|---|---|---|---|---|---|---|---|
| — | — | — | — | — | — | — | — | — | — | — | — | — | — | 5 | 0 | 5 | 2 | 5 | 4 | 5 | 2 | 5 | 0 | 5 | 5 | 3 | 5 | + |
| — | — | — | 2 | + | 2 | — | — | — | — | — | — | 2 | — | 5 | — | 4 | 4 | 0 | + | 0 | 0 | 0 | 0 | 4 | — | — | 2 | — |
| — | — | — | + | + | 1 | — | — | — | — | — | — | 1 | — | — | — | — | — | — | — | — | — | — | — | — | — | — | — | — |
| — | — | — | 1 | 3 | 3 | 1 | — | 2 | 4 | — | 4 | 4 | + | 3 | — | — | — | — | — | — | — | — | — | — | — | — | 1 | — |
| 1 | + | 1 | 1 | 2 | 1 | 4 | — | 3 | — | — | — | 5 | + | — | — | — | — | — | — | — | — | — | — | — | — | — | — | — |
| 3 | + | 2 | 4 | 3 | 4 | 1 | — | 2 | 1 | — | 1 | 5 | + | — | — | — | 2 | — | — | — | — | — | — | — | — | — | 1 | — |
| 1 | 3 | 1 | 2 | 1 | 2 | 2 | — | 2 | 1 | — | 1 | 4 | + | 4 | 5 | 4 | 4 | 4 | 5 | 0 | 4 | 5 | 4 | 4 | 5 | 3 | 5 | + |
| 3 | 2 | 3 | 2 | 4 | 2 | — | — | — | — | — | — | 2 | — | — | — | — | — | — | — | — | — | — | — | — | — | — | — | — |
| — | — | — | 3 | 3 | 3 | — | — | — | — | — | — | 2 | — | — | — | — | — | — | — | — | — | — | — | — | — | — | — | — |
| — | — | — | — | — | — | — | — | — | — | — | — | — | — | 0 | 1 | 1 | 1 | 0 | 2 | 1 | 1 | 2 | 1 | 1 | 2 | 3 | 3 | + |
| — | — | — | + | + | + | — | — | — | — | — | — | 1 | — | — | — | — | — | — | — | — | — | — | — | — | — | — | — | — |
| + | + | + | 1 | + | 1 | — | — | — | — | — | — | 3 | + | — | — | — | — | — | — | — | — | — | — | — | — | + | — | — |
| — | — | — | 2 | 1 | 2 | — | — | — | — | — | — | 2 | — | — | + | — | — | — | + | — | — | — | — | — | — | — | — | — |
| — | — | — | — | — | — | — | — | — | — | — | — | — | — | — | — | — | — | — | + | — | — | — | — | — | — | — | — | — |
| — | — | — | + | + | + | — | — | — | — | — | — | 2 | — | — | — | — | + | — | — | — | — | — | — | — | — | — | — | — |
| — | — | — | 1 | + | 1 | — | — | — | — | — | — | 1 | — | — | — | — | — | — | — | — | — | — | — | — | — | + | — | — |
| 1 | + | 1 | + | + | + | + | — | + | — | — | — | 4 | + | — | — | — | — | — | — | — | — | — | — | — | — | — | — | — |
| — | — | — | 2 | 1 | 1 | — | — | — | — | — | — | 2 | — | — | — | — | — | — | — | — | — | — | — | — | — | 1 | — | — |
| — | — | — | — | — | — | — | — | — | — | — | — | — | — | — | — | — | — | — | — | — | — | — | — | — | — | — | — | — |
| 2 | 1 | 2 | 3 | 2 | 3 | + | — | + | + | — | — | 5 | + | — | — | — | — | — | — | — | — | — | — | — | — | — | — | — |
| — | — | — | 1 | + | 1 | — | — | — | — | — | — | 1 | — | — | — | — | — | — | — | — | — | — | — | — | — | — | — | — |
| 1 | + | + | 3 | + | 2 | — | — | — | — | — | — | 3 | + | — | — | — | — | — | — | — | — | — | — | — | — | — | — | — |
| — | — | — | 1 | — | + | — | — | — | — | — | — | 1 | — | — | — | — | — | — | — | — | — | — | — | — | — | — | — | — |
| — | — | — | + | + | + | — | — | — | — | — | — | 1 | — | — | — | — | + | — | — | — | — | — | — | — | — | — | — | — |
| — | — | — | 2 | + | 1 | — | — | — | — | — | — | 2 | — | — | — | — | — | — | — | — | — | — | — | — | — | — | — | — |
| — | — | — | 2 | + | 1 | + | — | + | — | — | — | 3 | + | — | — | — | — | — | + | — | — | — | — | — | — | — | — | — |
| — | — | — | 1 | — | + | — | — | — | — | — | — | 1 | — | — | — | — | — | — | — | — | — | — | — | — | — | — | — | — |
| — | — | — | 3 | + | 3 | — | — | — | — | — | — | 3 | + | — | — | — | — | — | — | — | — | — | — | — | — | — | — | — |
| — | — | — | — | — | — | — | — | — | — | — | — | — | — | — | — | — | 1 | 2 | + | 2 | 2 | 2 | — | — | — | + | 2 | — |
| — | — | — | — | — | — | — | — | — | — | — | — | — | — | 2 | 1 | — | — | — | 2 | — | — | + | 1 | — | + | — | 2 | — |
| — | — | — | — | — | — | — | — | — | — | — | — | — | — | — | — | 2 | — | — | — | 1 | — | — | 2 | 2 | 2 | 1 | 1 | — |
| + | + | + | + | + | + | + | + | + | + | + | + | 5 | + | + | + | + | + | + | + | + | + | + | + | + | + | + | 5 | + |
| + | + | + | + | + | + | + | + | + | + | + | + | 5 | + | + | + | + | + | + | + | + | + | + | + | + | + | + | 5 | + |
| + | + | + | + | + | + | + | + | + | + | + | + | 5 | + | — | — | — | — | — | — | — | — | — | — | — | — | — | — | — |
| + | + | + | — | — | — | — | — | — | — | — | — | 1 | — | — | — | — | — | — | — | — | — | — | — | — | — | — | — | — |
| 4 | 3 | 4 | 4 | 2 | 4 | — | — | — | — | — | — | 4 | + | — | — | — | — | — | — | — | — | — | — | — | — | — | — | — |
| + | + | + | — | — | — | — | — | — | — | — | — | 1 | — | — | — | — | — | — | — | — | — | — | — | — | — | — | — | — |
| 2 | 1 | 2 | + | — | — | — | — | — | — | — | — | 1 | — | — | — | — | — | — | — | — | — | — | — | — | — | — | — | — |
| + | + | + | 1 | + | 1 | — | — | — | — | — | — | 3 | + | — | — | — | — | — | — | — | — | — | — | — | — | — | — | — |
| 1 | + | + | + | 1 | 2 | — | — | — | — | — | — | 1 | — | — | — | — | 1 | 2 | — | — | + | + | — | — | + | 1 | 2 | — |
| 1 | + | 1 | + | + | + | 3 | — | — | 4 | — | — | 5 | + | — | — | — | — | — | — | — | — | — | — | — | — | — | — | — |
| 1 | + | 1 | 3 | 4 | 3 | + | — | — | + | — | — | 5 | + | 1 | 1 | 1 | 1 | 1 | 1 | 1 | + | + | + | 1 | + | 2 | 5 | + |
| 3 | 4 | 3 | + | 2 | 2 | 5 | — | — | 5 | — | — | 4 | + | — | — | — | — | — | — | — | — | — | — | — | — | — | — | — |

BERGEY wahrscheinlich neue Arten, worüber an einem anderen Orte noch eingehend berichtet wird.

| | Boden Nr. 31 | | | | |
|---|---|---|---|---|---|
| | 0—10 | 20—30 | 40—50 | 90—100 | 200—210 |
| | cm Tiefe | | | | |

Daten der chemisch-

| | | | | | |
|---|---|---|---|---|---|
| Reaktion des Bodens in $p_H$ | 7,2 | 8,7 | 8,62 | 9,0 | 9,2 |
| Sodagehalt in Proz. | 0,0 | 0,12 | 0,02 | 0,01 | 0,13 |
| Gesamtsalzkonzentration der Bodenlösung in Proz. | 0,10 | 0,172 | 0,28 | 0,25 | 0,102 |
| Humusgehalt in Proz. | 1,7 | 1,7 | 0,16 | 0,06 | 0,00 |

Daten der bakteriologischen

| | | | | | |
|---|---|---|---|---|---|
| Auf Erdextraktagarplatte gedeihend | 3100 | 2800 | 1400 | 450 | 0 |
| Auf Fleischgelatineplatte gedeihend | 2400 | 450 | 350 | 15 | 10 |
| Anaerob zuckeragarhohe Schicht | 1200 | 180 | 100 | 50 | 40 |
| Aerob N-bindende Bakterien | 0 | 0 | 0 | 0 | 0 |
| Anaerob N-bindende Bakterien | 0 | 0 | 0 | 0 | 0 |
| Nitrifizierende Bakterien | 0,1 | 0,1 | 0 | 0 | 0 |
| Denitrifizierende Bakterien | 1 | 1 | 0 | 0 | 0 |
| Anaerob zellulosezersetzende Bakterien | 0 | 0 | 0 | 0 | 0 |
| Aerob zellulosezersetzende Bakterien | 0,1 | 0,1 | 0 | 0 | 0 |
| Harnstoffzersetzende Bakterien | 10 | 10 | 0,1 | 0 | 0 |
| Anaerob Buttersäurebazillen | 0 | 0 | 0 | 0 | 0 |

hältniszahl und die Verbreitungszahl der Bodenmikroflora wurden dagegen in der Tabelle 57 dargestellt. Dort findet man auch die Assoziationskonstanten derselben.

Die Zahl der Bakterien der Naturböden und auch der Pflanzenassoziationen ist bedeutend höher als bei dem vorigen Typ. Das zahlenmäßige Verhältnis der Aktinomyzeten zu den anderen Bakterien ist viel günstiger als bei den oben besprochenen Böden. Die Versuchsflächen 31—38 weisen z. B. 30—50 % Aktinomyzeten auf. Nur bei sehr schlechten Verhältnissen (41, 43) steigt dieser Prozentsatz auf 70 %. Auffallend ist die niedrige Zahl der anaeroben Bakterien. Ihr prozentuales Vorkommen in der Gesamtzahl der Mikroben ist bedeutend niedriger, als bei den Solontschak-Böden (s. Tabelle 55 und 56).

Vom Standpunkte der Nutzbarmachung dieser Alkaliböden ist es besonders lohnend, wenn man die Zusammensetzung der Mikroflora der bereits meliorierten Versuchsflächen 43, 44, 45, 46 und 47 vergleichend betrachtet. Die diesbezüglichen bakteriologischen Daten enthält Tabelle 2. Daneben wurde die spezifische Zusammensetzung der Mikroflora dieser Böden in der Tabelle 3 dargestellt. Die Daten der zitierten Tabellen zeigen nun ganz deutlich, daß die Bakterienarten und ihre Konstanten dieselben bleiben, wie auf den nichtmeliorierten Versuchsflächen. Wir können daher konstatieren, daß infolge der physikalischen und chemischen Verbesserung die qualitative Zusammensetzung der Mikroflora der Szikböden keine wesentliche Änderung erleidet. Dagegen wird die quantitative Entwicklung der Mikroflora durch die einzelnen Bodenbearbeitungsmethoden, welche gewöhnlich für die Melioration der Szikböden gegenwärtig angewendet werden, ganz deutlich beeinflußt.

Bei diesen kalkarmen Sodaböden übt zweifelsohne die größte Wirkung die Kalkung aus. Die Gesamtzahl der Bakterien wird durch diese Behandlung im allgemeinen verdoppelt. Die qualitative Zusammensetzung derselben bleibt jedoch fast vollkommen unverändert. Besonders hervorzuheben ist der Umstand, daß die Kalkung der Anzahl der zellulosezersetzenden Bakterien beinahe verdoppelt, sogar gegenüber den überhaupt nicht meliorierten Böden auch oft verdreifacht wird. Es ist auffallend, daß die sog. „Digóerde" für die quantitative und qualitative Zusammensetzung der Mikroflora fast vollkommen wirkungslos bleibt. Beide Methoden führen aber eine wesentliche Verminderung des Sodagehaltes und der Gesamtsalzkonzentration herbei, wobei meistens auch der Gehalt an

58.

| Boden Nr. 32 | | | | | Boden Nr. 33 | | | | | Boden Nr. 34 | | | | |
|---|---|---|---|---|---|---|---|---|---|---|---|---|---|---|
| 0—10 | 20—30 | 40—50 | 90—100 | 200—210 | 0—10 | 20—30 | 40—50 | 90—100 | 200—210 | 0—10 | 20—30 | 40—50 | 90—100 | 200—210 |
| cm Tiefe | | | | | | | | | | | | | | |

physikalischen Bodenuntersuchung

| Boden Nr. 32 | | | | | Boden Nr. 33 | | | | | Boden Nr. 34 | | | | |
|---|---|---|---|---|---|---|---|---|---|---|---|---|---|---|
| 8,5 | 8,3 | 8,1 | 8,5 | 8,8 | 8,7 | 8,9 | 9,1 | 9,0 | 9,0 | 8,2 | 7,5 | 7,7 | 7,8 | 8,0 |
| 0,0 | 0,0 | — | 0,10 | 0,0 | 0,168 | 0,14 | 0,14 | 0,14 | 0,05 | 0,0 | 0,0 | 0,0 | 0,0 | 0,0 |
| weniger als 0,03 | | | | | 0,42 | 0,53 | 0,38 | 0,15 | 0,07 | weniger als 0,03 | | | | |
| 1,5 | 3,2 | 1,9 | 1,2 | 0,5 | 0,7 | 1,1 | 0,95 | 0,9 | 0,01 | 2,6 | 2,2 | 1,6 | 1,6 | 0,5 |

Untersuchung (Zahlen in Tausenden)

| Boden Nr. 32 | | | | | Boden Nr. 33 | | | | | Boden Nr. 34 | | | | |
|---|---|---|---|---|---|---|---|---|---|---|---|---|---|---|
| 4700 | 4000 | 2000 | 220 | 20 | 2100 | 1200 | 750 | 420 | 30 | 3000 | 2700 | 2000 | 850 | 90 |
| 3000 | 2500 | 1200 | 500 | 25 | 850 | 250 | 175 | 25 | 0 | 3000 | 900 | 700 | 350 | 120 |
| 1750 | 1500 | 850 | 25 | 0 | 200 | 200 | 95 | 55 | 0 | 350 | 30 | 130 | 100 | 35 |
| 0 | 0 | 0 | 0 | 0 | 0 | 0 | 0 | 0 | 0 | 0 | 0 | 0 | 0 | 0 |
| 0 | 0 | 0 | 0 | 0 | 0 | 0 | 0 | 0 | 0 | 0 | 0 | 0 | 0 | 0 |
| 10 | 10 | 0,1 | 0 | 0 | 10 | 10 | 1 | 0 | 0 | 1 | 1 | 0 | 0 | 0 |
| 10 | 10 | 0,1 | 0 | 0 | 0,1 | 0,01 | 0 | 0 | 0 | 1 | 10 | 0,1 | 0 | 0 |
| 0,01 | 0 | 0 | 0 | 0 | 0 | 0 | 0 | 0 | 0 | 0,1 | 0,1 | 0 | 0 | 0 |
| 0,1 | 0,1 | 0 | 0 | 0 | 0,1 | 0 | 0 | 0 | 0 | 0,1 | 0,1 | 0 | 0 | 0 |
| 10 | 1 | 1 | 0 | 0 | 10 | 1 | 0 | 0 | 0 | 100 | 10 | 1 | 0 | 0 |
| 0,1 | 0 | 0 | 0 | 0 | 0,01 | 0 | 0 | 0 | 0 | 10 | 1 | 0 | 0 | 0 |

organischer Substanz verringert wird. Durch die Überführung der Na-Zeolithen in Ca-Zeolithen wird nämlich die Porosität des Bodens gesteigert und infolge dieses Umstandes kommt immer mehr und schärfer das Auswaschungsvermögen des Niederschlagswassers zur Geltung, wodurch die wasserlöslichen Salze in die tieferen Bodenschichten wandern.

Ein guter Wasserhaushalt dieser Böden, namentlich die Verhinderung der Verdunstung übt einen entscheidenden Einfluß auf die quantitative Entwicklung der Mikroflora aus. Durch die zweckmäßige Anwendung der verschiedenen Bodenbearbeitungsverfahren kann man den Wassergehalt des Bodens, gleiche Verhältnisse vorausgesetzt, um 4—5 % erhöhen. Diese Feststellung ist besonders vom Standpunkte der Aufforstung wichtig. Sie zeigt die praktisch außerordentlich wichtige Tatsache, daß im Falle der Aufforstung die verschiedenen Bodenbearbeitungsmethoden so lange fortgesetzt werden müssen, bis der neue Wald den entsprechenden Bestandesschluß erreicht und die durch den Laubfall entstandene Humusschicht die Deckung des Bodens und damit den günstigen Wasserhaushalt des Waldes herbeiführt. Zur Erreichung dieses Zustandes bedarf aber der Wald wohl etliche Jahre. Die genaue Abgrenzung der Zeitdauer dieses Umwandlungsprozesses hängt jedoch sehr stark von den Boden- und Baumarten ab.

Durch Anwendung von Stalldünger wird die Menge der Bodenbakterien beinahe verdoppelt. Die Zusammensetzung der Arten bleibt jedoch unverändert. Dieses intensive Anwachsen der Bakterienzahl kann aller Wahrscheinlichkeit nach durch die Wirkung jener organischen Substanzmengen erklärt werden, welche mit dem Stalldünger dem Boden reichlich zugeführt werden. Was nun die obenerwähnte Konstanz der Artenzusammensetzung auch nach Düngung mit Stalldünger anbelangt, so kann man diesen Umstand am besten mit der Annahme erklären, daß die spezifische Mikroflora des Stalldüngers in den Alkaliböden keine günstigen Lebensbedingungen vorfindet und infolgedessen zugrunde geht.

Die andere recht eigentümliche mikrobiologische Eigenschaft der zu diesem Typ gehörenden Alkaliböden besteht darin, daß in diesen Böden die den freien Stickstoff der Luft bindenden Bakterien und namentlich die wichtige Gattung derselben, die Azotobakter, gewöhnlich fehlen. Ich konnte sie bloß in den Böden der Versuchsflächen 39 und 40 nachweisen, jedoch in einer derart geringen Menge, daß ihr Vorkommen praktisch fast vollkommen bedeutungslos ist. Wie die Daten der Tabelle 58 ganz einwandfrei zeigen, gibt die Tiefenuntersuchung der einzelnen Bodenprofile ebenfalls negative Resultate. Wir fühlen uns daher auf Grund dieser Massenuntersuchungen berechtigt, unsere Vermutung auszusprechen, daß das wichtige stickstoffbindende Azotobakter-Genus in den ursprünglichen Solonetzböden gewöhnlich nicht vorzufinden ist. Näheres über diese Frage wird in dem Abschnitt über die N-Bindung der Alkaliböden mitgeteilt.

Aus wirtschaftlichem Gesichtspunkte ist es sehr wichtig, die Leistung einiger physiologisch-selbständigen Mikrobengruppen festzustellen, um gewisse Rückschlüsse auf den biologischen Zustand der Böden ziehen zu können. Besonders wichtig sind die folgenden Charaktereigenschaften der Böden: 1. Die stickstoffbindende Kraft der Böden. 2. Der Abbau der N-haltigen organischen Substanzen bis zum Ammoniak, die sog. Ammonifikation der Böden. 3. Die Oxydation des Ammoniaks zu Nitrate, durch die Nitritstufe (die Nitrifikation) und zuletzt 4. die $CO_2$-Produktion der Böden.

a) *Die Stickstoffbindung der Alkaliböden.* Bei der Untersuchung dieser Frage ist besonders wichtig vor allem festzustellen, ob jene Organismen, die den freien Stickstoff der Luft zu binden vermögen, hier überhaupt vorzufinden sind oder nicht. Die darauf folgende Untersuchung muß sich dann auf die Intensität der N-Bindung erstrecken. Es sind in dieser Beziehung die wichtigsten Organismen die Azotobakter-Arten. Die Untersuchung ergab, daß die solonetzartigen Böden im ursprünglichen Zustande kein Azotobakter enthalten, die Solontschak-Böden dagegen eine beträchtliche Menge dieser Organismen aufweisen — wie dies die Tabelle 55 zeigt.

Um die Einwirkung des Hauptfaktors, der $Na_2CO_3$-Konzentration dieser Böden auf Azotobakter festzustellen, habe ich mit Reinkulturen von Azotobacter chroococcum und A. agile zwei Versuchsreihen in Nährlösungen aufgestellt.

Zu diesem Zwecke habe ich 300 cm³ ERLENMEYER-Kolben mit 50 cm³ Nährlösung folgender Zusammensetzung:

| | |
|---|---|
| 1000 cm³ dest. Wasser | 0,2 g NaCl |
| 20 g Mannit | 0,1 g $FeSO_4$ |
| 1 g $K_2HPO_4$ | 0,1 g $Al_2(SO_4)_3$ |
| 0,2 g $MgCl_2$ | Spuren von $MnCl_2$ und $ZnSO_4$ |
| 0,5 g $CaCO_3$ | |

verwendet, die mit steigenden Sodamengen versehen und mit Reinkulturen geimpft wurden. Die großen Kolbenflächen und die dünne Schicht von Nährlösung sicherten hier einen guten Luftzutritt. Die Kulturen wurden in Thermostaten bei 26⁰ C bebrütet. Versuchsanordnung und die Versuchsergebnisse enthält die Tabelle 59. Nach den Ergebnissen dieser Versuchsreihen kann man feststellen, daß Azotobacter chroococcum in N-freier Nährlösung bei 0,10 % Sodagehalt noch lebensfähig ist. Das normale Wachstum hört aber schon bei 0,05 % Sodagehalt auf. A. agile scheint gegen Sodakonzentration weit empfindlicher zu sein. Bei 0,1 % Sodagehalt verbüßt er schon seine Lebenstätigkeit. Das Verhalten der Azotobakter-Arten gegen den Sodagehalt der Freilandböden scheint aber ganz anderes zu sein, als in Nährlösungen. Es ließ sich ihre Anwesenheit noch bei 0,2 % Sodagehalt in Solontschakböden feststellen, wogegen bei dem Solonetztyp bereits bei 0,01 % fast gänzlich fehlten. Es läßt sich daraus folgern, daß der Kalkgehalt der Böden wahrscheinlich eine antagonistische Wirkung gegen Soda aufweist, andererseits dürften aber auch die schlechten physikalischen Eigenschaften der solonetzartigen Böden (schlechte Durchlüftung der Böden) und das Mindestmaß der organischen Substanz, die zur Energiegewinnung nötig ist, die Wirkung des $Na_2CO_3$ steigern.

Die überaus wichtige Feststellung, daß die N-bindenden Organismen in den Alkaliböden teils fehlen, teils in so geringer Menge vorhanden sind, daß ihr Vorkommen aus praktischem und wirtschaftlichem Gesichtspunkte fast vollkommen bedeutungslos ist, ist für die landwirtschaftliche und forstwirtschaftliche Nutzbarmachung dieser Böden von grundlegender Bedeutung. Es drängt sich nachher die Frage in den Vordergrund, ob diese Organismen nach erfolgter chemisch-

Tabelle 59.

| Na$_2$CO$_3$-Gehalt in % | Azotobacter chroococcum | Azotobacter agile |
|---|---|---|
| 0,000 | Starkes Wachstum mit zusammenhängender brauner Haut, Bakterienform normal | Starkes Wachstum, Trübung ohne Haut, grüne Farbe, Form normal |
| 0,002 | Starkes Wachstum, Trübung ohne Haut | Starke Trübung, grüne Farbe, Form normal |
| 0,005 | Starkes Wachstum, Trübung ohne Haut | Starke Trübung, grüne Farbe, Form normal |
| 0,010 | Schwaches Wachstum, ohne Haut | Starke Trübung, grüne Farbe, Form wird kleiner |
| 0,020 | Schwaches Wachstum, ohne Haut | Schwache, grüne Trübung, Form kleine Kugeln oft fadenförmig zusammengeklebt |
| 0,050 | Schwaches Wachstum, Bakterienform dünne, kleine Stäbchen | Grüne Farbe bleibt weg, Form kleine Kugeln oft fadenförmig zusammengeklebt |
| 0,075 | Sehr schwache Trübung, Bakterienform dünne, kleine Stäbchen | Einige Individuen, Bakterienform wie oben |
| 0,100 | Die Flüssigkeit bleibt rein, wenige Individuen, Bakterienform wie oben | Kein Wachstum |
| 0,150 | Dasselbe, Form kleine Stäbchen linsenförmig zusammenhängend | Kein Wachstum |
| 0,200 | Kein Wachstum | Kein Wachstum |
| 0,250 | Kein Wachstum | Kein Wachstum |

Beobachtungszeit 15 Tage.

physikalischer Melioration ihr Gedeihen vorfinden würden, und ob eine Bodenimpfung von Nutzen sein könnte? Zu diesem Zweck habe ich mit den 2 Hauptbodentypen 2 Versuchsreihen mit urwüchsigen und meliorierten Bodenproben angestellt, die mit Kohlehydraten versetzt und teilweise mit Reinkulturen von Azotobacter chroococcum oder mit Bodenextrakt aus guter Gartenerde geimpft wurden. Die Detailausführung dieser Versuchsreihe war kurz die folgende:

Die Bodenproben wurden in flache Glasschalen mit 0,5 % Laktose und mit 1 % Mannit versetzt und gut durchgemischt, danach durch Befeuchtung vorher berechneter Menge destillierten Wasser auf 60 % der absoluten Wasserkapazität gebracht. Nach 24stündigem Stehen wurde eine Serie mit Azotobakter Reinkultur und die zweite Serie mit Azotobakter reichlich enthaltender Bodenextraktlösung geimpft und in Thermostaten bei 26⁰ C bebrütet. Der Wasserverlust wurde zweitäglich durch Wägung festgestellt und ersetzt. Eine ohne Düngung und Impfung gebliebene Serie diente zur Kontrolle. Am Ende des Versuches wurde der Gesamtstickstoffgehalt nach KJELDAHL bestimmt und der Stickstoffgewinn in Prozenten, bezogen auf die betreffende Kontrollserie ausgedrückt. Die Versuchsergebnisse zeigen die Tabelle 60 und Abb. 74.

*Solontscha-Typ.* Die Naturböden dieses Types sind verhältnismäßig N-arm. Die Düngung mit Stallmist (8) erhöht selbstverständlich den N-Gehalt auch dann, wenn der Boden chemisch nicht behandelt wurde. Ein Zeichen, daß das Mikrobenleben durch einfache Düngung nicht lebhafter oder intensiver wird. Die Melioration mit CaSO$_4$, Bauxit, Schwefel oder Schwefelsäure wirkt recht auffallend auf die Tätigkeit der Mikroben, so daß der N-Gehalt dieser Böden auf $^1/_3$—$^1/_4$ des Ursprünglichen herabsinkt. Die Melioration muß daher mit reichlicher N-Düngung parallel gehen, mit anderen Worten, es muß der Humusgehalt der auf diese Weise behandelten Böden erhöht werden. Die Impfung mit Azotobakter weist bei unbehandelten Böden keine Wirkung auf. Also schon bei 0,02 % Sodagehalt und 0,06 % Gesamtsalzkonzentration findet keine N-Bindung mehr statt. Das Azotobakter lebt allem Anschein nach bei diesen schlechten Verhältnissen saprophytisch.

Tabelle 60.

| Nr. des Bodens | $p_H$ | $Na_2CO_3$ % | $NaHCO_3$ % | Gesamt-Salzgehalt % | Humusgehalt % | Bodengewicht g | Düngung mit Mannit und Laktose — Geimpft — mit Azotobakter | mit Bodenextrakt | Kontrolle | Also mehr + oder weniger — % |
|---|---|---|---|---|---|---|---|---|---|---|
| 1 | 2 | 3 | 4 | 5 | 6 | 7 | 8 | 9 | 10 | 11 |

Solontschak-Böden (Szeged).

| Nr. des Bodens | $p_H$ | $Na_2CO_3$ % | $NaHCO_3$ % | Gesamt-Salzgehalt % | Humusgehalt % | Bodengewicht g | mit Azotobakter | mit Bodenextrakt | Kontrolle | Also mehr + oder weniger — % |
|---|---|---|---|---|---|---|---|---|---|---|
| 1 | 8,35 | Spur | 0,018 | 0,13 | 0,21 | 100 | 93,00 | 83,20 | 21,80 | + 320<br>+ 280 |
| 2 | 8,38 | Spur | 0,016 | 0,08 | 0,23 | 100 | 98,80 | 97,40 | 91,80 | + 7<br>+ 6 |
| 3 | 8,75 | 0,026 | 0,055 | 0,12 | 0,25 | 100 | 97,40 | 84,80 | 77,80 | + 25<br>+ 9 |
| 4 | 8,65 | 0,021 | 0,057 | 0,12 | 0,29 | 100 | 79,40 | 79,20 | 79,60 | ± 0<br>± 0 |
| 5 | 8,12 | 0 | 0,009 | 0,11 | 0,50 | 100 | 57,20 | 66,20 | 21,80 | + 160<br>+ 200 |
| 6 | 8,80 | 0,180 | 0,084 | 0,08 | 0,60 | 100 | 104,20 | 137,40 | 30,40 | + 240<br>+ 350 |
| 7 | 7,5 | 0 | 0,005 | 0,09 | 0,55 | 100 | 29,40 | 34,80 | 22,00 | + 3<br>+ 50 |
| 8 | 7,87 | 0 | 0,063 | 0,08 | 0,70 | 100 | 165,20 | 157,00 | 107,40 | + 53<br>+ 46 |
| 9 | 8,40 | Spur | 0,014 | 0,09 | 0,45 | 100 | 153,40 | 104,80 | 21,80 | + 603<br>+ 380 |
| 10 | 7,50 | 0 | 0,057 | 0,10 | 0,30 | 100 | 112,60 | 118,40 | 20,00 | + 460<br>+ 490 |
| 11 | 9,04 | 0,034 | 0,153 | 0,28 | — | 100 | 90,40 | 90,40 | 69,40 | + 30<br>+ 30 |
| 12 | 7,6 | 0 | 0,004 | — | — | 100 | 20,16 | 17,34 | 11,70 | + 72<br>+ 48 |

Solonetz-Böden (Püspökladány).

| Nr. des Bodens | $p_H$ | $Na_2CO_3$ % | $NaHCO_3$ % | Gesamt-Salzgehalt % | Humusgehalt % | Bodengewicht g | mit Azotobakter | mit Bodenextrakt | Kontrolle | Also mehr + oder weniger — % |
|---|---|---|---|---|---|---|---|---|---|---|
| 33 | 9,6 | 0,03 | — | 0,56 | — | 100 | 112,0 | 96,0 | 96,0 | + 16<br>± 0 |
| 34 | 7,9 | 0,00 | — | 0,14 | — | 100 | 222,0 | 175,0 | 212,0 | + 5<br>— 21 |
| 36 | 8,1 | 0,12 | — | 0,37 | — | 100 | 153,0 | 149,0 | 149,0 | + 3<br>± 0 |
| 37 | 8,5 | 0,18 | — | 0,40 | — | 100 | 90,0 | 80,0 | 79,0 | + 14<br>+ 1 |
| 38 | 8,6 | 0,01 | — | 0,17 | — | 100 | 188,0 | 174,0 | 170,0 | + 10<br>+ 2,2 |

Sein Dasein ist bei größerem Sodagehalt ohne weiteres festzustellen, aber ohne
N-bindende Tätigkeit. Anders bei den meliorierten Böden. Bei ihnen ist bei der
Anwesenheit genügender Kohlehydrate eine gute N-Bindung festzustellen, wie
überhaupt bei den Böden, die vor Jahren mit Stallmist gedüngt wurden.

Die Behandlung mit CaSO$_4$ weist einen 3fachen, mit Bauxit einen 2fachen, mit Schwefelsäure einen 5fachen N-Gehalt gegenüber der Kontrolle auf, hier ist also eine lebhafte N-bindende Tätigkeit festzustellen und eine Impfung mit lebenskräftigen Azotobakter-Kulturen wohl am Platze. Hoher Kalkgehalt des Bodens wirkt sehr günstig auf das N-Bindungsvermögen.

Nach diesen Ergebnissen kann man folgern, daß die Azotobakter-Arten ihr N-Bindungsvermögen, falls sie durch lange Zeit unter andauernden schlechten Ernährungsverhältnissen leben müssen, einbüßen können und wahrscheinlich nicht mehr regenerierungsfähig sein dürften.

*Solonetz-Typ.* Diese Versuche haben nun gezeigt, daß die normale Entwicklung des Azotobakter nur noch bei einem Sodagehalt von 0,10% normal verlaufen kann. Das gleiche gilt auch für eine Gesamtsalzkonzentration von 0,4%,

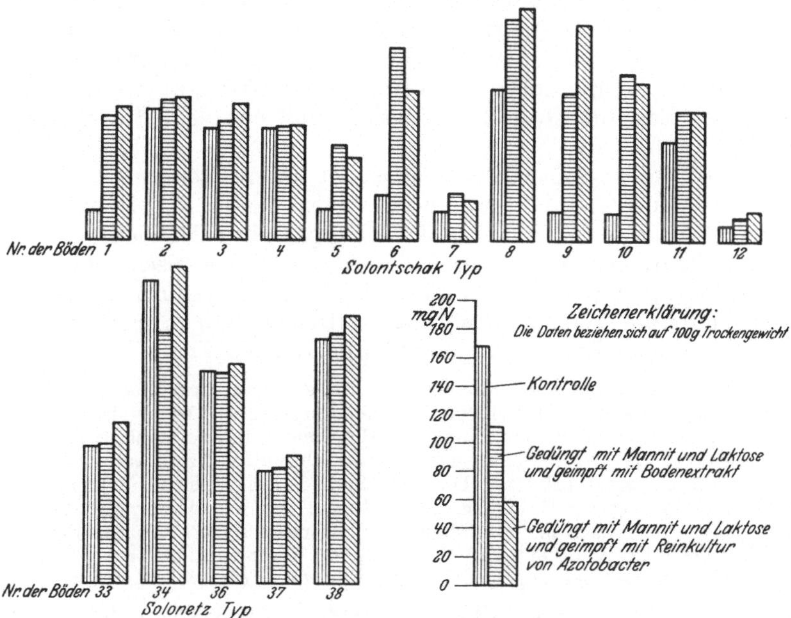


Abb. 74. Die Stickstoffbindung in den Alkaliböden.

hier findet aber eine nennenswerte N-Bindung nicht mehr statt (33—38). Daß das Azotobakter im Freien doch fehlt, resp. seine Wirkung ausbleibt, ist auf die schlechte Durchlüftung und auf den mangelhaften Wasserhaushalt zurückzuführen. Daß der niedrige Humusgehalt, also das Fehlen der zur N-Bindung nötigen energieliefernden C-Verbindungen, ebenfalls eine wichtige Rolle spielt, steht ja außer Zweifel. Die mit Kalkerde behandelten Böden zeigen schon einen fast normalen physikalischen Zustand, und hier kann man nach erfolgter organischer Düngung wirklich eine gute N-Bindung feststellen.

Die Versuche zeigen also, daß es sehr zweckmäßig scheint, Azotobakter in die Solonetz-Böden nach erfolgter chemisch-physikalischen Verbesserung durch Bodenimpfung einzuführen. Es muß aber eine Düngung mit organischer Substanz — womöglich mit wenig lebenden Mikroben — parallel stattfinden, um eine günstige, wirtschaftlich lohnende Wirkung erzielen zu können. Die Aufforstung der Szikböden — wo es gelingt — wird die nötigen Bedingungen für das Gedeihen der stickstoffbindenden Mikroorganismen wahrscheinlich allmählich selbst durch die Humusbildung verschaffen. Versuche zeigen aber, daß in gewissen Fällen

die organische Düngung der Aufforstung vorauseilen muß, um eben die äußersten
Lebensbedingungen der Bäume zu sichern.

*b) Die Ammonifikation der Salzböden.* Zu der Beurteilung des biologischen
Zustandes eines Bodens hinsichtlich der Produktionskraft gehört die Kenntnis der
Ammonifikationsfähigkeit, d. h. der Abbauvorgang der N-haltigen wasserlöslichen
organischen Substanzen, die von den Pflanzen direkt nicht aufgenommen werden
können. Das Endprodukt der Mikrobenlebenstätigkeit bei dem Abbau der N-
haltigen, organischen Substanz ist Ammoniak. Nach neueren Untersuchungen
von PRIANISCHNIKOW können zwar die Ammoniumsalze direkt zur Ernährung
der Pflanze dienen, es bleibt aber als Tatsache hingestellt, daß die grünen Pflanzen
mit Nitraten, obwohl sie dieselbe im Pflanzenleib erst reduzieren müssen, um die
Eiweißstoffe aufzubauen, größere Ernte produzieren. Besonders im Waldboden
ist es sehr wichtig die Abbauvorgänge der stickstoffhaltigen organischen Stoffe
im Gange zu halten. Die meisten Waldbäume sind nämlich Mykorrhizapflanzen
und — wie bekannt — die Pilze assimilieren sehr leicht die Ammonverbindungen,
ja sogar die Zwischenprodukte des Eiweißabbauvorganges können zur Nahrung
dienen. Auch der intensiven Nitrifikation muß eine lebhafte Ammonifikation
vorangehen.

Bezüglich der ungarischen Szikböden ist unsere Kenntnis über diese Frage
bis jetzt sehr mangelhaft. Es wären bei diesem Vorgange 3 Hauptfragen zu beantworten: 1. Existiert überhaupt solcher Vorgang in Salzböden? 2. Könnte man
das Ammonifikationsvermögen der Salzböden durch organische Düngung bei Anwesenheit der autochthonen Mikroflora steigern? 3. Wenn man die bereits vor-
handene Mikroflora durch Hineinbringung fremder Organismen ändert, könnte
man vielleicht eine bessere Ammonifikation erzielen?

Die Versuchsanordnung war die folgende: Von den ursprünglichen und meliorierten
Böden wurden in flachen Glasschalen 3 Serien eingestellt. Die erste Serie wurde mit
gleicher Menge Gartenbodenextrakt und 4% Blutmehl, die zweite ohne Impfung nur mit
Blutmehl versetzt, der Wassergehalt auf 60% der absoluten Wasserkapazität gebracht und
bei 26° C in Thermostaten bebrütet. Die dritte Serie diente in gleicher Behandlung aber ohne
Düngung und Impfung zur Kontrolle. Nach Ablauf von 21 Tagen wurde der Ammoniakgehalt in jeder Probe nach mehrstündigem Auszug mit 5% KCl enthaltendem Wasser und
darauf folgender Filtration, bei alkalischer Reaktion durch Destillierung mit MgO bestimmt.
Daß jeder Versuch parallel eingestellt und analysiert wurde, versteht sich von selbst.

Die Versuchsergebnisse enthält Tabelle 61. Sie wurden übersichtshalber in
der Abb. 75 graphisch dargestellt.

*Solotschak-Typ.* Das Ammonifikationsvermögen der Naturböden ist sehr
gering, obwohl der Humus- und Gesamtstickstoffgehalt ziemlich hoch sind. Bei
Boden Nr. 4 ist der Gesamtstickstoffgehalt 0,08%, der einem 0,57% Eiweißstoff-
gehalt entspricht, bei Nr. 8 ist der Gesamtstickstoffgehalt 0,107% gleich 0,7%
Eiweißstoff, dagegen enthält Nr. 4 nur 0,001% und Nr. 8 nur 0,0007% $NH_3$.
Somit verhält sich der Gesamtstickstoffgehalt zu $NH_3$-Gehalt wie 80 : 1 resp.
70 : 1. Dieses Verhältnis wird durch Verbesserung mit $CaSO_4$ auf 30 : 1, mit
Bauxit auf 30 : 1, mit $H_2SO_4$ auf 50 : 1, verbessert. Die Kalkung übt keine besondere Wirkung aus. Die Zugabe vom Blutmehl steigert die Ammonifikation
auf das 15—20fache (Nr. 4, 8), bei meliorierten Böden sogar auf das 30—50fache
(bei Nr. 1, 2, 5, 7 Böden). Die Bodenimpfung übt auf die Böden 1—3, also die
ohne Stallmistdüngung melioriert waren, keinen Einfluß aus, dagegen ist bei den
Böden 5, 7, 8, 9, 10 eine deutliche Wirkung festzustellen. Die vorherige Stallmistdüngung scheint die Konstruktion der Böden in jene Richtung geändert zu haben,
wo die fremden Organismen ihre Tätigkeit ausüben können. Bei den Naturböden scheint die autochthone Flora das Übergewicht in dem biologischen Gleichgewicht zu haben.

Tabelle 61.

| Nr. des Bodens | $p_H$ | Na$_2$CO$_3$ % | NaHCO$_3$ % | Gesamt-Salzgehalt % | Humusgehalt % | Bodengewicht g | NH$_3$-Gehalt des Bodens als N-Äquivalentgewicht in Milligramm — Düngung mit Blutmehl, Geimpft mit Bodenextrakt | Ungeimpft | Kontrolle | Also mehr + oder weniger — % |
|---|---|---|---|---|---|---|---|---|---|---|
| 1 | 2 | 3 | 4 | 5 | 6 | 7 | 8 | 9 | 10 | 11 |
| | | | | | | | **Solontschak-Böden (Szeged)** | | | |
| 1 | 8,35 | Ny. | 0,018 | 0,13 | 0,21 | 100 | 67,275 | 67,175 | 5,150 | + 1206<br>+ 1200 |
| 2 | 8,38 | Ny. | 0,016 | 0,08 | 0,23 | 100 | 64,584 | 62,928 | 5,130 | + 1160<br>+ 1120 |
| 3 | 8,75 | 0,026 | 0,055 | 0,12 | 0,25 | 100 | 23,900 | 18,025 | 1,680 | + 1200<br>+ 970 |
| 4 | 8,65 | 0,021 | 0,057 | 0,12 | 0,29 | 100 | 20,650 | 23,675 | 1,015 | + 1940<br>+ 2300 |
| 5 | 8,12 | 0 | 0,009 | 0,11 | 0,50 | 100 | 52,350 | 54,275 | 1,505 | + 3300<br>+ 3500 |
| 6 | 8,80 | 0,180 | 0,084 | 0,08 | 0,60 | 100 | 20,625 | 20,628 | 1,025 | + 1920<br>+ 1920 |
| 7 | 7,5 | 0 | 0,005 | 0,09 | 0,55 | 100 | 60,525 | 41,275 | 5,925 | + 920<br>+ 600 |
| 8 | 7,87 | 0 | 0,063 | 0,08 | 0,70 | 100 | 49,000 | 10,125 | 0,665 | + 7200<br>+ 1400 |
| 9 | 8,40 | Ny. | 0,014 | 0,09 | 0,45 | 100 | 63,000 | 47,925 | 0,875 | + 7000<br>+ 5300 |
| 10 | 7,50 | 0 | 0,057 | 0,10 | 0,30 | 100 | 43,025 | 2,075 | 1,925 | + 2100<br>+ 8 |
| 11 | 9,04 | 0,034 | 0,153 | 0,28 | — | 100 | 18,650 | 19,350 | 1,025 | + 1720<br>+ 1790 |
| 12 | 7,6 | 0 | 0,004 | — | — | 100 | 64,025 | 45,825 | 6,100 | + 1040<br>+ 650 |
| | | | | | | | **Solonetz-Böden (Püspökladány)** | | | |
| 31 | 9,3 | 0,013 | — | 0,42 | — | 100 | 24,20 | 10,30 | 7,04 | 245<br>43 |
| 32 | 8,7 | 0,00 | — | 0,15 | — | 100 | 7,25 | 5,40 | 2,68 | 170<br>107 |
| 33 | 9,6 | 0,03 | — | 0,56 | — | 100 | 62,34 | 55,73 | 13,97 | 345<br>320 |
| 36 | 8,1 | 0,12 | — | 0,37 | — | 100 | 28,84 | 23,02 | 15,88 | 86<br>43 |
| 37 | 8,5 | 0,18 | — | 0,30 | — | 100 | 63,61 | 56,00 | 21,98 | 200<br>150 |
| 38 | 8,6 | 0,01 | — | 0,17 | — | 100 | 90,40 | 101,00 | 26,45 | 245<br>325 |
| 41 | 8,1 | 0,00 | — | weniger 0,03 | — | 100 | 84,00 | 75,00 | 1,00 | 8400<br>7500 |

Tabelle 61 (Fortsetzung).

| Nr. des Bodens | $p_H$ | $Na_2CO_3$ | $NaHCO_3$ | Gesamt-Salzgehalt | Humusgehalt | Bodengewicht | NH$_3$-Gehalt des Bodens, als N-Äquivalentgewicht in Milligramm | | | Also mehr + oder weniger — |
| | | | | | | | Düngung mit Blutmehl | | Kontrolle | |
| | | | | | | | Geimpft mit Bodenextrakt | Ungeimpft | | |
| | | % | % | % | % | g | | | | % |
| 1 | 2 | 3 | 4 | 5 | 6 | 7 | 8 | 9 | 10 | 11 |
| 42 | 8,0 | 0,00 | — | 0,08 | — | 100 | 53,32 | 28,85 | 7,13 | 650 / 7500 |
| 43 | 7,5 | 0,00 | — | 0,05 | — | 100 | 43,24 | 54,91 | 1,10 | 4200 / 5300 |
| 44 | 8,0 | 0,00 | — | 0,05 | — | 100 | 27,48 | 26,48 | 0,10 | 2700 / 2600 |
| 45 | 8,2 | 0,00 | — | 0,05 | — | 100 | 56,19 | 61,72 | 13,16 | 330 / 370 |
| 46 | 8,0 | 0,00 | — | weniger 0,03 | — | 100 | 90,10 | 89,77 | 3,45 | 2470 / 2460 |
| 47 | 7,4 | 0,00 | — | weniger 0,03 | — | 100 | 45,95 | 61,10 | 1,27 | 4400 / 6000 |
| 48 | — | — | — | — | — | 100 | 64,69 | 34,51 | 0,50 | 6350 / 3300 |

*Solonetz-Typ*. Die zur Ammonifikation fähigen Mikroorganismen sind — wie die Assoziationstabelle zeigt — bei diesem Typ in kleinerer Zahl als bei dem vorherigen Typ vertreten. Die Bildung von NH$_3$ ist daher sehr gering. Das Ver-

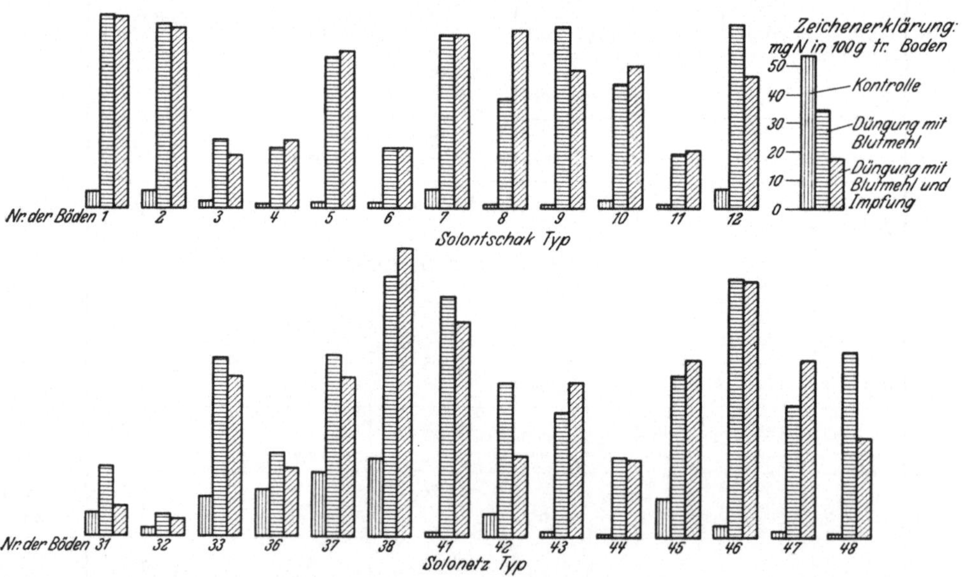


Abb. 75. Die Ammonifikation der Alkaliböden.

hältnis von Gesamtstickstoffgehalt zu Ammoniakstickstoff ist durchschnittlich bei den ursprünglichen Böden 70 : 1. Durch Kalkung und Bodenbearbeitung ändert sich das Verhältnis auf 20 : 1. Steigender Sodagehalt hemmt proportional die Ammonifikation. Nach den Versuchsergebnissen ohne vorherige physikalische und chemische Melioration führt man fast umsonst organische stickstoffhaltige Substanzen diesen Böden zu. Die mechanische Bodenbearbeitung mit Kalkung und Stallmistdüngung kombiniert, erhöht die Ammonifikation auf das 14fache, die Kalkung allein auf das 12fache, die Digóerde auf das 6fache, vergleichend mit den Kontrollparzellen. Die große Masse der mit der Stallmistdüngung zugeführten Mikroorganismen geht größtenteils zugrunde und nur sehr wenige Arten vermögen sich den neuen Verhältnissen anzupassen. Ebenso übt die Bodenimpfung mit aus anderen Böden herangezüchteten ammonifizierenden Mikroben keinen Einfluß auf die Ammonifikation aus, woraus gefolgert werden kann, daß eine Steigerung — wo sie vorhanden ist — nur durch die Erhöhung der Tätigkeit der autochtonen Mikroorganismen herbeigeführt wird. Es ist notwendig zu bemerken, daß die Böden Nr. 39 und 41, die keinen Sodagehalt aufweisen, und bei welchen die Gesamtsalzkonzentration 0,03 % nicht übersteigt, einen normalen Ammonifikationsverlauf zeigen.

Zusammenfassend kann festgestellt werden: Die Salzböden weisen ein sehr niedriges Ammonifikationsvermögen auf, das ohne chemische und physikalische Verbesserung, wenn auch Stallmist zugeführt wird, erheblich nicht gesteigert werden kann. Die meliorierten Böden weisen dagegen eine normale Ammonifikation auf, wenn genügend ammonifizierende Substanz ihnen zugeführt wird. Eine Bodenimpfung ist nur am Platze, wo sich das biologische Gleichgewicht zwischen autochthonen und fremden Organismen bereits eingestellt hat.

*c) Der N-Gehalt und die Nitrifikation der Szikböden.* Der Stickstoffgehalt der Alkaliböden ist im allgemeinen relativ recht gering. Wie die Tabelle 62 zeigt, weisen der Gesamtstickstoff- und der Nitratstickstoffgehalt der untersuchten Alkali-

Tabelle 62.

| Versuchsfläche | Gesamt-N-Gehalt<br>g pro g | Nitrat- und Nitritgehalt als N-Äquivalent<br>g pro g | N-Koeffizient<br>$\frac{C}{N}$ | Carbon-Gehalt<br>g pro g |
|---|---|---|---|---|
| Szikboden Nr. 1 | 0,000218 | 0,0000235 | 5,2 | 0,001134 |
| ,, Nr. 2 | 0,000918 | 0,0000300 | 13 | 0,001234 |
| ,, Nr. 3 | 0,000778 | 0,0000580 | 17 | 0,001354 |
| ,, Nr. 4 | 0,000796 | 0,0000305 | 19 | 0,001566 |
| ,, Nr. 5 | 0,000218 | 0,0000440 | 12 | 0,002700 |
| ,, Nr. 6 | 0,000304 | 0,0000560 | 10 | 0,003240 |
| ,, Nr. 7 | 0,000220 | 0,0000270 | 13 | 0,002970 |
| ,, Nr. 8 | 0,001074 | 0,0000305 | [1] 3,5 | 0,003780 |
| ,, Nr. 9 | 0,000218 | 0,0000350 | 11 | 0,002430 |
| ,, Nr. 10 | 0,000200 | 0,0000315 | 8 | 0,001620 |
| ,, Nr. 33 | 0,000960 | 0,0000332 | 7 | 0,007020 |
| ,, Nr. 34 | 0,002120 | 0,0000606 | 3 | 0,006048 |
| ,, Nr. 36 | 0,001490 | 0,0000600 | 7 | 0,010476 |
| ,, Nr. 37 | 0,000790 | 0,0000446 | 6 | 0,005400 |
| ,, Nr. 38 | 0,001700 | 0,0000894 | 3 | 0,004968 |
| Sandboden I, Kecskemét, Robinie | 0,0003698 | 0,00003442 | 6,9 | 0,00256 |
| ,, II, Kecskemét, Robinie | 0,0004552 | 0,00003094 | 8,2 | 0,00371 |
| ,, I, Szeged, Robinie | 0,0003336 | 0,00003538 | 8,4 | 0,00218 |
| ,, II, Szeged, Schwarzkiefer | 0,0003382 | 0,00003609 | 11,7 | 0,00394 |
| Lehmboden, Kiskomárom, Eiche | 0,0001650 | 0,00002070 | [2] 25,6 | 0,00424 |
| ,, Kiskomárom, Kiefer | 0,0009730 | 0,00001820 | 4,76 | 0,00464 |
| ,, Sopron, Mischlaubwald | 0,0004399 | 0,00002747 | 28,6 | 0,01258 |
| ,, Sopron, Fichtenwald | 0,0003993 | 0,00003015 | 28,5 | 0,01138 |
| ,, Sopron, Weißbuche | 0,0004223 | 0,00002971 | 13,4 | 0,00568 |
| ,, Sopron, Wiese | 0,0004290 | 0,00003345 | 31,9 | 0,01368 |

[1] Nitrat- und Nitritgehalt.  [2] Nitratgehalt.

böden sehr geringe Werte auf, und sie erreichen im allgemeinen in den Naturböden die jährlichen Durchschnittswerte der Waldböden, die — wie bekannt — unter dem Niveau der Ackerböden stehen. Nach erfolgter Melioration tritt aber eine lebhafte Nitrifikation ein, vorausgesetzt, daß der Boden an Gesamtstickstoffgehalt durch Düngung bereichert wurde.

Ein bedeutender Teil des Stickstoffgehaltes fällt auf die Nitrite, dessen Größe besonders in den nassen Perioden stark steigt, aber niemals die untere Schwelle jener Größe erreicht, welche — wie FEHÉR und VAGI (562) zeigten — auf das Pflanzenwachstum schädigend wirken könnte. Nach meinen noch nicht veröffentlichten Versuchen scheint *Nitrosomonas* das $NH_3$ zu Nitriten oxdyierendes Bakterium gegen hohen Sodagehalt weniger empfindlich zu sein als *Nitrobakter*, welches Bakterium — wie bekannt — im Vorgange der Nitrifikation die Nitrite zu Nitrate zu oxydieren vermag. Die Auswirkung der Aufforstung wird sich ohne Zweifel in der Bereicherung des Bodens an Gesamt- und Nitratstickstoff bemerkbar machen.

Nach den Angaben der Tabelle 62 bleibt der Gesamtstickstoffgehalt der nichtmeliorierten Alkaliböden im allgemeinen unter dem Stickstoffgehalt der tonhaltigen Waldböden in dem Maße, daß er nur 40—50 % desselben der Waldböden ausmacht. Auch der in Form von Nitraten anwesende Stickstoffgehalt bleibt hinter derjenigen Menge, die die Waldböden im Durchschnitt aufweisen. Die in nächster Nähe der Alkaliböden befindlichen Sandböden enthalten eine fast gleiche Menge an Gesamtstickstoff, aber weit kleinere Mengen an Nitrit- und Nitratstickstoff.

Es ist bemerkenswert, daß der Boden der Camphorosma ovata-Assoziation keinen Stickstoff in Form von Nitraten enthält, dagegen den größten Gehalt an Nitraten die Achillea-Inula britannica-Assoziation aufweist. Die Nitrifikation wird bei einem höheren Sodagehalt an der Nitritstufe unterbunden. Aus diesem Umstande folgt, daß in den Alkaliböden die Lebensbedingungen des Nitrobakters fehlen, wogegen die Tätigkeit des Nitrosomonas von den chemischen und physikalischen Eigenschaften der Alkaliböden nicht wesentlich beeinflußt wird. Es bestände die Möglichkeit, die Nitritkonzentration weiter zu steigern, bis die Konzentration bereits auf das Wachstum der höheren Pflanzen schädigend wirkte, wenn keine denitrifizierenden und Nitrat und Nitrit reduzierenden Bakterien anwesend wären. Diese sind jedoch in jeder Probe in großer Zahl aufzufinden, und es ist wahrscheinlich, daß deren Tätigkeit die übergroße Anhäufung der Nitrite in diesen Böden verhindert. Man kann vielleicht diesen Fall als alleinstehend in der landwirtschaftlichen Bakteriologie hinstellen, wo wir der *Denitrifikation und Nitrat- resp. Nitritreduktion eine ausgleichende Rolle zumuten können.* Bezügliche weitere Untersuchungen sind im Gange.

Die Tiefenverteilung des Gesamtstickstoffgehaltes ist folgende: Die Größe des Gesamtstickstoffes nimmt nach den tieferen Schichten allmählich ab, in 40 bis 50 cm Tiefe steigt sie ein wenig wieder (Akkumulationsschicht), dann fällt sie rasch nach abwärts gegen 0.

Nach den Angaben der Tabellen enthalten sämtliche Alkaliböden in den oberen Schichten nitrifizierende Organismen, deren Zahl nach den tieferen Schichten rasch abnimmt und in der Tiefe von 40—50 cm verschwinden sie sogar meistens gänzlich.

Der Stickstoffkoeffizient C/N, das Verhältnis des C-Gehaltes zum Gesamt-N-Gehalt, liefert sehr oft gute Anhaltspunkte zur Beurteilung des im Humus vor sich gehenden N-Umsatzes. Je größer dieser Koeffizient ist, desto weniger ist der N-Gehalt im Verhältnis zum C-Gehalt. Bei den großen numerischen Werten des Koeffizienten ist immer eine C-Anreicherung im Gange. Die Größe der Koeffizienten schwankt beim Solontschak-Typ zwischen 10—19 und bei dem Solonetz-Typ zwischen 3—7. Daraus kann gefolgert werden, daß die Solonetz-

Böden einen schlechteren Humushaushalt oder Stoffumsatz haben als die Solontschak-Böden. Die Tabelle 62 zeigt noch zur allgemeinen Orientierung einige Daten über N-Koeffizient der Waldböden verschiedener Herkunft. Meiner Meinung nach ist eine Vergleichung dieser letzten Daten nur mit Berücksichtigung der klimatischen Faktoren, die sich voneinander prinzipiell unterscheiden, möglich.

Um den Verlauf der Nitrifikation in diesen Böden zu studieren und einen Einblick in die Einzelheiten der Ökologie derselben gewinnen zu können, habe ich von beiden Typen Versuche in je drei Serien durchgeführt. Zwei Serien wurden mit $(NH_4)_2SO_4$ gedüngt, sodann die erste mit Reinkultur von nitrifizierenden Organismen geimpft, die zweite bekam keine Impfung. Eine dritte Serie ohne Behandlung und Düngung diente zur Kontrolle. Die Proben wurden alle in flachen Glasschalen angesetzt, ihr Wassergehalt auf 60% der absoluten Wasserkapazität gebracht und in Thermostaten bei 26° C kultiviert. Das verdunstete Wasser wurde jeden zweiten Tag durch Wägung der Proben ersetzt. Nach Ablauf der Versuchszeit, 21 Tage, wurde der Nitrat- und Nitritgehalt auf folgende Weise bestimmt:

100 g Boden und 500 g destilliertes Wasser wurden mit 5 g CaO 15 Minuten lang in einem rotierenden Schüttelapparat geschüttelt, hierauf filtriert und das klare Filtrat auf 2 Teile mit je 200 cm³ Filtrat = 40 g Boden geteilt und bis zum Siedepunkt so lange erhitzt, bis das gesamte Ammoniak ausgetrieben ist. Diese Manipulation beansprucht etwa 15 Minuten. Hierauf wurden die Nitrite und Nitrate in einer Destillationsvorrichtung mit der Devardalegierung, nachdem die Kolben mit den Vorlagen verbunden worden sind, zur $NH_3$ reduziert und in n/10 $H_2SO_4$ überdestilliert und das Destillat auf übliche Weise zurücktitriert. Das kolorimetrische Verfahren läßt sich hier nicht gut anwenden, weil es bei Anwesenheit von viel $NH_3$ keine verläßlichen Resultate liefert[1].

Die diesbezüglichen Versuchsergebnisse enthält die Tabelle 63; dieselben sind auch in der Abb. 76 graphisch dargestellt. Eine Gesamtsalzkonzentration bis 0,5 % übt auf die Nitrifikation keine schädigende Wirkung aus, dagegen wirkt der Sodagehalt bei höherer Konzentration hemmend, in niedrigen Konzentrationen (bis 0,15 %) stimulierend, wie das bei den meisten Pflanzengiften der Fall zu sein pflegt. Daß die Alkaliböden *keine spezielle nitrifizierende Organismen besitzen*, zeigten die Impfversuche in sterilisiertem und nachher mit Reinkulturen von nitrifizierenden Oganismen geimpften Böden. Auch die Ergebnisse bei unsterilisierten, mit fremden Organismen geimpften Böden, fielen stark positiv aus. Die Zugabe von Ammonsulfat fördert die Nitrifikation in allen Fällen, und zwar bei wenig Soda enthaltenden Böden besser als dort, wo überhaupt kein Soda in der Probe vorhanden war. Nach den bakteriologischen Untersuchungen ist anzunehmen, daß die nitrifizierenden Organismen in keinem Alkaliboden fehlen, und daher die Verbesserung dieser Böden bzw. jede Art und Zuführung von Stoffen, die nitrifiziert werden können, die Intensität der Lebenstätigkeit dieser höchst wichtigen Organismen fördert.

Bei den *Solontschak-Böden* übt die chemische Verbesserung keinen wesentlichen Einfluß auf die Zahl der nitrifizierenden Bakterien aus, dagegen bei gleichzeitiger Erhöhung des Gesamtstickstoffgehaltes (organische Düngung) steigt jedoch ihre Zahl bald auf das Hundert-, ja sogar auf das Tausendfache. Nach erfolgter Kalkung (Bildung von Ca-Zeolithkomplexen aus den Na-Zeolithen) steigt die Zahl der nitrifizierenden Organismen bei den Solonetz-Böden auf das 10fache, bei sehr guten Bodeneigenschaften sogar auf das Hundertfache. Dagegen wird ihre Zahl durch intensive Bodenbearbeitung ohne Melioration bloß verdoppelt, und eine einfache Stallmistdüngung weist überhaupt keinen namhaften Einfluß auf.

Bei Solontschak-Böden kann bei Verbesserung mit Gips und Bauxit ohne Zuführung von N-haltigen Stoffen keine wesentliche Steigerung wahrgenommen werden; dagegen die Zugabe von Ammonsulfat verdoppelt, sogar verdreifacht die Intensität der Nitrifikation gegenüber den unbehandelten Böden. Die Impfung mit fremden Organismen bei gleichzeitiger Düngung steigert den Gehalt an

---

[1] Jeder Versuch wurde parallel eingestellt und chemisch zweimal untersucht. Die Tabelle enthält das arithmetische Mittel der 4 Bestimmungen, die nur die erlaubte Divergenz zeigten.

Tabelle 63.

| Nr. des Bodens | $p_H$ | $Na_2CO_3$ % | $NaHCO_3$ % | Gesamt-Salzgehalt % | Humusgehalt % | Bodengewicht g | $N_2O_3 + N_2O_5$-Gehalt in N-Äquivalent in Milligramm (0,001 g) pro 100 g Boden — Düngung mit $(NH_4)_2SO_4$, Geimpft, mit Bodenextrakt | mit nitrifiz. Organismen | Kontrolle | Also mehr + oder weniger — % |
|---|---|---|---|---|---|---|---|---|---|---|
| 1 | 2 | 3 | 4 | 5 | 6 | 7 | 8 | 9 | 10 | 11 |
| | | | | | | | **Solontschak-Böden (Szeged)** | | | |
| 1 | 8,35 | Spur | 0,018 | 0,13 | 0,21 | 100 | 14,650 | 6,675 | 2,350 | + 520 / + 180 |
| 2 | 8,38 | Spur | 0,016 | 0,08 | 0,23 | 100 | 28,525 | 18,125 | 3,000 | + 900 / + 600 |
| 3 | 8,75 | 0,026 | 0,055 | 0,12 | 0,25 | 100 | 18,275 | 8,075 | 5,800 | + 210 / + 40 |
| 4 | 8,65 | 0,021 | 0,057 | 0,12 | 0,29 | 100 | 25,125 | 8,050 | 3,050 | + 680 / + 160 |
| 5 | 8,12 | o | 0,009 | 0,11 | 0,50 | 100 | 12,425 | 11,375 | 4,400 | + 180 / + 160 |
| 6 | 8,80 | 0,180 | 0,084 | 0,08 | 0,60 | 100 | 24,900 | 30,100 | 5,600 | + 340 / + 440 |
| 7 | 7,5 | o | 0,005 | 0,09 | 0,55 | 100 | 30,800 | 30,800 | 2,700 | + 1000 / + 1000 |
| 8 | 7,87 | o | 0,063 | 0,08 | 0,70 | 100 | 45,300 | 31,150 | 3,050 | + 1300 / + 920 |
| 9 | 8,40 | Ny. | 0,014 | 0,09 | 0,45 | 100 | 40,450 | 41,400 | 3,500 | + 1080 / + 1100 |
| 10 | 7,5 | o | 0,057 | 0,10 | 0,30 | 100 | 18,500 | 16,300 | 3,150 | + 500 / + 400 |
| 11 | 9,04 | 0,034 | 0,153 | 0,28 | — | 100 | 15,200 | 11,025 | 3,150 | + 430 / + 300 |
| 12 | 7,6 | o | 0,004 | — | — | 100 | 15,250 | 11,025 | 3,500 | + 440 / + 300 |
| | | | | | | | **Solonetz-Böden (Püspökladány)** | | | |
| 31 | 9,3 | 0,013 | — | 0,42 | — | 100 | 1,837 | 1,734 | 1,000 | 83,7 / 17,1 |
| 32 | 8,7 | — | — | 0,15 | — | 100 | 7,530 | 7,020 | 7,020 | 7,5 / 0,0 |
| 33 | 9,6 | 0,03 | — | 0,56 | — | 100 | 6,682 | 6,359 | 3,326 | 100,1 / 91,1 |
| 34 | 7,9 | 0,00 | — | 0,14 | — | 100 | 10,654 | 6,424 | 6,066 | 76,6 / 7,0 |
| 36 | 8,1 | 0,12 | — | 0,37 | — | 100 | 8,120 | 6,040 | 6,000 | 35,3 / 0,6 |
| 37 | 8,5 | 0,18 | — | 0,30 | — | 100 | 17,984 | 5,632 | 4,458 | 307,4 / 26,0 |
| 38 | 8,6 | 0,01 | — | 0,17 | — | 100 | 13,279 | 9,642 | 8,937 | 48,7 / 7,9 |

Tabelle 63 (Fortsetzung).

| Nr. des Bodens | $p_H$ | $Na_2CO_3$ % | $NaHCO_3$ % | Gesamt-Salzgehalt % | Humusgehalt % | Bodengewicht g | $N_2O_3 + N_2O_5$-Gehalt in N-Äquivalent in Milligramm (0,001 g) pro 100 g Boden | | | Also mehr + oder weniger — % |
| | | | | | | | Düngung mit $(NH_4)_2SO_4$ | | Kontrolle | |
| | | | | | | | Geimpft | | | |
| | | | | | | | mit Bodenextrakt | mit nitrifiz. Organismen | | |
| 1 | 2 | 3 | 4 | 5 | 6 | 7 | 8 | 9 | 10 | 11 |
| 41 | 8,1 | 0,00 | — | weniger 0,03 | — | 100 | 2,610 | 2,600 | 1,600 | 62,0 / 62,0 |
| 42 | 8,0 | 0,00 | — | 0,08 | — | 100 | 4,124 | 4,100 | 4,000 | 3,1 / 2,5 |
| 43 | 7,5 | 0,00 | — | 0,05 | — | 100 | 38,866 | 22,500 | 16,410 | 140,4 / 38,1 |
| 44 | 8,0 | 0,00 | — | 0,05 | — | 100 | 22,120 | 10,520 | 10,120 | 120,0 / 4,0 |
| 45 | 8,2 | 0,00 | — | 0,05 | — | 100 | 6,724 | 5,720 | 5,120 | 32,0 / 12,0 |
| 46 | 8,0 | 0,00 | — | weniger 0,03 | — | 100 | 6,800 | 4,800 | 4,800 | 41,7 / 0,0 |
| 47 | 7,4 | 0,00 | — | weniger 0,03 | — | 100 | 9,720 | 9,420 | 6,920 | 40,0 / 35,7 |
| 48 | — | — | — | — | — | 100 | 11,800 | 5,900 | 5,800 | 100,0 / 1,7 |

Nitrat- und Nitritstickstoffgehalt auf die 5—8fache Größe des unbehandelten Bodens. Eine gleichzeitige Stallmistdüngung bei den meliorierten Böden ruft in dem physikalischen Zustand der Böden eine so günstige Änderung hervor, daß eine spätere Impfung oder eine mineralische Düngung (5, 6, 7, 9) mit $(NH_4)_2SO_4$

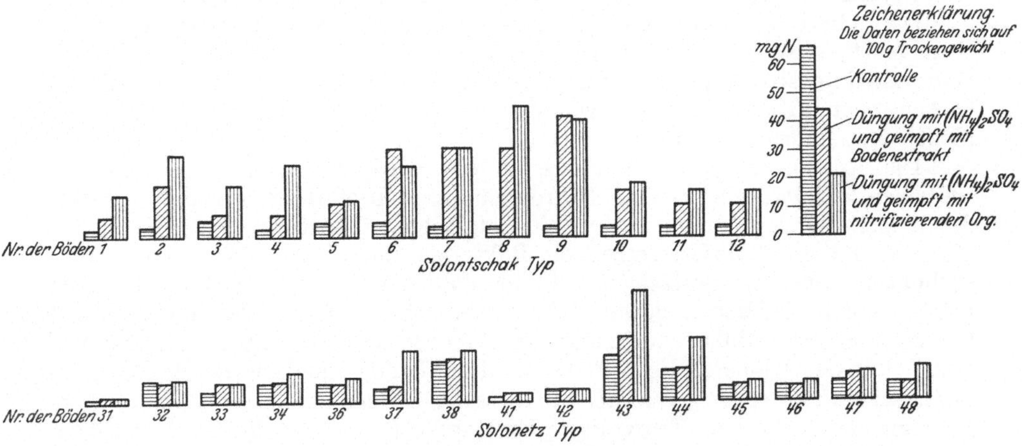


Abb. 76. Die Nitrifikation der Alkaliböden.

eine weit größere Wirkung aufzuweisen vermag als die erste Serie (1, 2, 3). Die Erhöhung des bereits vorhandenen Kalkgehaltes ruft keine Änderung in der Nitrifikation vor.

Die Solonetz-Böden weisen weit schlechtere physikalische Eigenschaften auf als die früheren, da bei diesen weder eine mineralische Düngung noch eine Impfung eine nennenswerte Änderung in der Nitrifikation hervorruft (31, 36, 42). Die Verbesserungsmethode durch Kalk ($CaCO_3$ oder Schlämmkreide) erhöht die nitrifizierende Kraft dieser Böden auf die 15—16fache, die Stallmistdüngung auf die 10—12fache, die mechanische Bodenbearbeitung auf die 2fache Größe der Kontrollparzellen.

Die Impfversuche zeigen bei Solonetz-Böden folgende Resultate: Impfung bei gleichzeitiger Kalkung steigert die Nitrifikation auf das 30fache, bei Anwendung von Digóerde auf das 15fache im Vergleich zu den Kontrollen. Bodenbearbeitung, Stallmistdüngung ohne chemische Verbesserung haben keinen Einfluß ausgeübt. Bei diesen Böden muß also die mit $CaCO_3$ erfolgte Melioration den biologischen Verbesserungsarbeiten vorangehen.

*d) Die $CO_2$-Produktion der Alkaliböden.* Die Untersuchungen von FEHÉR und seinen Mitarbeitern, welche in diesem Buche auf anderer Stelle bereits besprochen wurden, haben erwiesen, daß die Mikroflora bzw. ihr quantitatives Vorkommen im Waldboden für die Kohlensäureerzeugung und somit für die $CO_2$-Produktion des Waldbodens eine außerordentlich wichtige Rolle spielt. Die Kohlensäureproduktion des Waldbodens liefert einen großen Teil jener Kohlensäure, welche für die Assimilation der grünen Pflanzen auf der Erde notwendig ist. Die oberen Schichten der Waldluft im Niveau der Baumkronen weichen in ihrem $CO_2$-Gehalte von dem der Atmosphäre nicht wesentlich ab, in den unteren Schichten, nahezu der Bodenoberfläche, wo die Pflänzchen einer natürlichen Verjüngung assimilieren, ist der $CO_2$-Gehalt der Luft gewöhnlich weit höher als im Freien. Dieser Umstand gleicht in dem Faktorenkomplex $CO_2$-Licht (Spirgatis) den Lichtmangel aus. In der landwirtschaftlichen Praxis — wie bezügliche Untersuchungen von LUNDE-GÅRDH (53) zeigen — kann man durch Erhöhung des $CO_2$-Gehaltes der Luft die Produktion steigern. Es ist eine andere Frage, ob es durch Zuführung von fabrikmäßig hergestellter $CO_2$ rentabel ist oder nicht? Letzten Endes muß man doch annehmen, daß die $CO_2$-Produktion des Bodens an Ort und Stelle nicht ganz ohne Wirkung auf die kleineren Pflanzen — bei der natürlichen und künstlichen Aufforstung handelt es sich jahrelang um kleine Pflänzchen — sein kann.

Die hohe $CO_2$-Produktion des Bodens — wie die Bodenbakteriologie schon lange lehrt — ist ein Anzeiger der intensiven Tätigkeit der Mikroben. Daß die hohe und intensive Mikrobentätigkeit mit dem guten chemischen und physikalischen Zustand des Bodens gewöhnlich immer eng zusammenhängt, braucht nicht näher erörtert zu werden.

Die Kohlensäureproduktion des Bodens wird in erster Linie durch die speziellen zellulosezersetzenden Mikroorganismen beeinflußt, die den Kreislauf der in der Zellulose durch lange Zeit festgelegten C-haltigen Stoffen einleiten. Diese sind die zellulosezersetzenden Bakterien und Pilze. Wie diese Untersuchungen nun klar aufzeigen, ist die Zahl der zellulosezersetzenden Bakterien in den Salzböden gewöhnlich immer sehr niedrig. Der allerwichtigste Organismus der Zellulosezersetzung der Mycococcus cytophagus fehlt fast vollkommen in den solonetzartigen Böden, und nur bei den meliorierten und auch mit organischem Material gedüngten Solontschak-Böden kann er seine Lebensbedingungen vorfinden. Trotz dieses Umstandes findet man in den Alkaliböden, wie diese Tatsache die Laboratoriumsversuche beweisen, immer eine verhältnismäßig hohe Kohlensäureproduktion. Wir müssen daher annehmen, daß die Pilze bei der Zellulosezersetzung in den Alkaliböden eine recht wichtige Rolle spielen. Durch diese Feststellung scheint aber die Frage noch nicht gelöst zu sein. Die Pilze bevorzugen nämlich bekanntlich immer die saure Reaktion des Bodens. Man trennt sie ja in den Reinkulturen durch künstlich hervorgerufene niedrige $p_H$-Werte von den Bakterien, welche jene Aziditätsgrade, bei dem die Pilze noch gut gedeihen, nicht mehr gut vertragen. Es ist nicht ausgeschlossen, daß es sich in diesem Falle um Pilzarten handelt, welche biologisch dem alkalischen Reaktionszustand sich angepaßt haben.

Da es uns aus technischen Gründen nicht möglich war, die Kohlensäureproduktion der Alkaliböden an Ort und Stelle zu untersuchen, so mußte ich auch hier den Weg der Laboratoriumsversuche einschlagen. Die bezügliche Methode habe ich folgendermaßen durchgeführt: Die Bodenproben wurden zuerst auf 50% der absoluten Wasserkapazität gebracht und sodann um den zellulosezersetzenden Mikroorganismen einen entsprechenden Nährboden bieten zu können, mit feingemahlenem Roggenstroh gemischt. Die so behandelten Bodenproben kamen nun in zylindrischen Flaschen, welche oben und unten Öffnungen besaßen. Diese Flaschen wurden dann reihenweise aufgestellt. In den Flaschen mußte ich zunächst im Interesse des normalen Verlaufes der Zellulosezersetzung und der Bodenatmung die gute Durchlüftung des Bodens sichern. Dieses Ziel wurde so erreicht, daß der Boden der Flaschen mit zweimal gewaschenen reinen Flußkieselsteinen gefüllt wurde. Die obere Glasleitung, welche die Flaschen verbindet, wurde mit einer Reihe von U-Gläsern versehen, und zwar derart nacheinander geschaltet, daß auf je ein $H_2SO_4$ und $CaCl_2$-U-Rohr je zwei Natronkalk-U-Röhrchen folgten, diese Reihe von U-Röhrchen wurde gegen die Zurückströmung von Wasserdämpfen mit einem $CaCl_2$ enthaltenden U-Glas abgeschlossen. Die unteren Eintrittsöffnungen der flaschenverbindenden Leitung wurden sodann mit einer Waschflasche, welche mit wenig Wasser gefüllt wurde, verbunden, um den Boden vor der Austrocknung zu schützen. Mehrere auf diese Weise aufgestellte Reihen von Böden wurden sodann nacheinander geschaltet und somit ein Kolonnenapparat hergestellt. Am Ende der Reihen hat ein Natronkalk und Kalilauge enthaltendes Gefäß für die vollständige Befreiung der Luft von der Kohlensäure gesorgt. Die Durchsaugung der Luft wurde mit einem Aspirator besorgt, welcher sehr vorsichtig derart eingestellt wurde, daß durch die Flaschen in 12 Stunden mit einer ganz außerordentlich langsamen Strömungsgeschwindigkeit ca. 10 Liter Luft passieren konnten. (Siehe Abb. 10.)

Bei dieser Versuchsanordnung ist es uns gelungen, vollkommen $CO_2$-freie Luft durch das System saugen zu können, wobei die Zeit und die Temperatur genau abgemessen werden konnten. Bei der Durchsaugung der Luft hat sich natürlich infolge des sich im Boden abspielenden Zersetzungsprozesses $CO_2$ gebildet. Diese $CO_2$ wurde sodann mit Hilfe dieser Versuchsanordnung von den Wasserdämpfen befreit, absorbiert und gewogen. Aus dem Mehrgewicht konnte das Resultat bzw. die $CO_2$-Produktion des Bodens beziehend auf Bodengewicht und Fläche auf der üblichen Weise berechnet werden. Die Gefäße enthielten je 1 kg Boden mit einer freien Bodenfläche von 113 cm².

Die Resultate dieser Untersuchungen zeigt Tabelle 64 vergleichend mit den Resultaten der von FEHÉR untersuchten schweren lehmigen und leichten sandigen Waldböden.

Wenn wir nun auf Grund dieser Tabelle die Atmungsintensität der Sodaböden mit der der Waldböden vergleichen, so stellt sich heraus, daß die Atmung der Sodaböden der Solonetz-Typ die Kohlensäureproduktion der im guten Zustande befindlichen Waldböden fast erreicht und im allgemeinen der $CO_2$-Atmung der landwirtschaftlich bebauten Böden fast gleichgestellt werden kann. Die Atmung des Solontschak-Types bleibt aber bei weitem zurück in Vergleich mit den vorigen. Durch Melioration ohne organische Düngung steigt sie kaum bemerkenswert und nach erfolgter Düngung erreicht sie erst die Höhe der Bodenatmung die des urwüchsigen Solonetz-Types. Auch der Humusgehalt ist bei den Solontschak-Böden nur die Hälfte des Solonetz-Types. Beide Typen zeigen aber nach erfolgter chemisch-physikalischer Verbesserung eine Atmungsintensität, die der Größe der urwüchsigen Böden 10—15mal übertrifft.

Ich bemerke aber, daß die Ergebnisse dieser Untersuchungen durch Laboratoriumsversuche unter optimalen Bedingungen gewonnen wurden, und es ist sehr fraglich, ob sich diese Werte auch im Freien in der ursprünglichen Lagerung so gestalten werden. Die Sodaböden weisen sehr schlechte physikalische Eigenschaften auf, sind sehr schlecht durchlüftet, da die Faktoren die die aerobe Atmung beeinflussen: Porosität und Krümelstruktur sich im schlechten Zustande befinden. Es müssen diese Eigenschaften geändert werden, bevor man zur biologischen Verbesserung schreitet.

Tabelle 64.

| Versuchsfläche | Bakterien pro g feuchter Erde | | | $CO_2$ Produktion pro Stunde und m² in g (Durchschnittswerte) | Humusgehalt | $p_H$ | Beobachtungsdauer in Tage |
|---|---|---|---|---|---|---|---|
| | Aerob | Anaerob | Zusammen | | | | |
| Szikboden Nr. 1 . . . . . . . . . . . | 3 300 000 | 130 000 | 3 430 000 | 0,045 | 0,21 | 8,2 | 21 |
| ,, Nr. 2 . . . . . . . . . . . | 2 000 000 | 120 000 | 2 120 000 | 0,035 | 0,23 | 8,3 | 21 |
| ,, Nr. 4 . . . . . . . . . . | 200 000 | 100 000 | 300 000 | 0,030 | 0,29 | 8,6 | 21 |
| ,, Nr. 5 . . . . . . . . . . | 3 600 000 | 400 000 | 4 000 000 | 0,150 | 0,50 | 8,1 | 21 |
| ,, Nr. 7 . . . . . . . . . . | 2 500 000 | 130 000 | 2 630 000 | 0,130 | 0,55 | 7,5 | 21 |
| ,, Nr. 8 . . . . . . . . . . | 1 500 000 | 700 000 | 2 200 000 | 0,105 | 0,70 | 7,8 | 21 |
| ,, Nr. 13 . . . . . . . . . . | 200 000 | 1 000 | 201 000 | 0,018 | 0,40 | — | 21 |
| ,, Nr. 15 . . . . . . . . . . | 160 000 | 100 | 160 100 | 0,012 | 0,52 | — | 21 |
| ,, Nr. 31 . . . . . . . . . . | 1 900 000 | 80 000 | 1 980 000 | 0,281 | 0,35 | 9,2 | 14 |
| ,, Nr. 32 . . . . . . . . . . | 5 500 000 | 10 000 | 5 510 000 | 0,574 | 0,42 | 8,7 | 14 |
| ,, Nr. 36 . . . . . . . . . . | 1 400 000 | 80 000 | 1 480 000 | 0,467 | 2,00 | 8,1 | 14 |
| ,, Nr. 47 . . . . . . . . . . | 27 000 000 | 1 000 000 | 28 000 000 | 0,730 | 2,06 | 7,4 | 14 |
| ,, Nr. 43 . . . . . . . . . . | 18 300 000 | 6 000 | 18 306 000 | 1,182 | 0,64 | 7,5 | 14 |
| ,, Nr. 44 . . . . . . . . . . | 9 400 000 | 30 000 | 9 430 000 | 0,972 | 0,47 | 8,0 | 14 |
| ,, Nr. 46 . . . . . . . . . . | 3 900 000 | 200 000 | 4 100 000 | 0,708 | 1,97 | 8,0 | 14 |
| Kiskomárom (Ungarn), Eichenwald . . | 36 000 000 | 8 800 000 | 44 800 000 | 1,057 | 0,73 | 5,2 | 10 |
| ,, ,, Kiefernwald . . | 9 000 000 | 2 000 000 | 11 000 000 | 0,878 | 0,81 | 5,4 | 12 |
| Sopron (Ungarn), Fichtenwald . . . . | 4 970 000 | 1 200 000 | 6 170 000 | 0,562 | 2,81 | 6,1 | 9 |
| ,, ,, Niederwald . . . . . | 5 790 000 | 870 000 | 6 660 000 | 0,555 | 2,68 | 5,7 | 2 |
| ,, ,, Fichtenwald . . . . | 4 820 000 | 870 000 | 5 690 000 | 0,597 | 1,67 | 6,24 | 12 |
| Hallands-Väderö (Schweden),Buchenwald | 11 500 000 | 3 000 000 | 14 500 000 | 0,870 | 4,2 | 5,2 | 20 |
| ,, ,, ,, Kiefernwald | 2 950 000 | 500 000 | 3 450 000 | 0,298 | 0,5 | 4,2 | 14 |
| ,, ,, ,, Erlenwald . | 5 700 000 | 5 000 000 | 10 700 000 | 0,237 | 8,6 | 4,1 | 28 |

Die Intensität der bioloigschen Tätigkeit der Böden steht mit ihrem Humusgehalt im engen Zusammenhang; es muß daher für die Erhöhung des Humusgehaltes durch organische Düngung solange Sorge getragen werden, bis der Humusgehalt infolge der gelungenen Aufforstung oder bei der landwirtschaftlichen Benutzung durch Düngung von sich selbst aus allmählich steigen wird. Da, wie unsere Untersuchungen zeigen, die Mikroorganismen des Stallmistes in Sodaböden nicht gedeihen und bald zugrunde gehen, und es ist sogar sehr wahrscheinlich, daß dieselben die autochthonen Mikroorganismen der Sodaböden im Kampfe ums Dasein teilweise vernichten, so scheint es am zweckmäßigsten zu sein, statt Stallmist *künstlich zubereitete Strohdünger* oder den sog. keimarmen „Edelmist" für diesen Zweck zu verwenden. Die Versuche zeigen, daß die Flora der Mikroorganismen sich nach erfolgter Stallmistdüngung qualitativ durch Auftreten von neuen Arten nicht vermehrt, sogar die Zahl der Arten im ersten Jahre quantitativ abnimmt und erst später wieder steigt, nachdem sich das physiologische Gleichgewicht zwischen den autochthonen Arten wieder eingestellt hatte.

4. **Zusammenfassung der Resultate.** 1. Diese auf breiter Basis durchgeführten Untersuchungen haben einwandfrei erwiesen, daß die Salzböden eine ganz eigene spezifische und sehr einfache Mikroflora besitzen, die den zwei Haupttypen gemäß verschiedene qualitative und quantitative Zusammensetzung aufweisen, und den Anforderungen der zu einer entsprechenden Metabiose erforderlichen Bedingungen nicht entsprechen. Diese Böden charakterisiert ein 50- bis 70proz. Vorkommen von Aktinomyzeten, welcher Umstand auf eine einseitige Zersetzung der organischen Substanz hinweist; andererseits liefert dieser Umstand einen Beweis, daß die Aktinomyzeten unter den schlechtesten Bodenverhältnissen ihr kümmerliches Dasein noch fristen können, wo die Bakterien schon längst zugrunde gegangen sind.

Die verschiedenen Meliorationsmethoden, die bisher chemischer Art waren, können an der qualitativen Zusammensetzung der Mikroflora kaum etwas ändern, sie bleibt weiter einseitig und aus wenig Arten zusammengesetzt. Diese Böden bedürfen neben chemischer Melioration auch einer biologischen Verbesserung, welche kurz in zwei Hauptpunkten zusammengefaßt werden können: a) Für die Mikroben notwendigen und in diesen Böden noch fehlenden Ernährungsstoffe zu ersetzen (manche sind noch zu erforschen!). b) Künstliche Zuführung von Mikroorganismen nach erfolgter Melioration und organischer Düngung. Zu diesem Zwecke würde die Anwendung von Komposterde sehr zweckentsprechend sein. Eine Impfung mit Azotobakterkulturen ist bei diesen Böden nach der Melioration am Platze, da die N-bindenden Bakterien aus vielen Salzböden fehlen. Auf diesem Wege könnte man einer auf natürlichem Wege sehr langsam stattfindenden Ansiedelung vorarbeiten.

2. Um die Szikböden mikrofloristisch charakterisieren und die durch die verschiedenen Meliorationsmethoden hervorgerufenen Veränderungen feststellen zu können, wurde eine neue Methode ausgearbeitet, die sich bei diesen mikrofloraarmen Böden gut bewährt hat und eine Anleitung zu dem Bestreben die Produktionskraft eines Bodens mikrofloristisch zu charakterisieren, liefert. Zur Charakterisation der Mikrofloraassoziation wird der Begriff der Verhältniszahl und der Verbreitungszahl eingeführt.

3. Die quantitativen Veränderungen der Mikroben und die prozentuale Zusammensetzung der einzelnen Arten unter sich werden von den verschiedenen Meliorationsmethoden verschieden beeinflußt.

4. Bei den solonetzartigen Böden kann als beste Meliorationsmethode in biologischer Hinsicht die Kalkung (mit $CaCO_3$ oder Schlämmkreide), bei Solontschak-Böden die Anwendung von Gips ($CaSO_4$) bezeichnet werden, wenn eine zu hohe Gesamtsalzkonzentration eine künstliche Auswaschung (Auslaugung) der oberen Schichten nicht herbeiführt. Daß die Böden nach erfolgter Melioration einer organischen Düngung bedürfen, versteht sich von selbst.

5. Für die gute quantitative und qualitative Entwicklung der Mikroflora ist der optimale Wasserhaushalt dieser Böden von ganz außerordentlicher Bedeutung. Wir müssen daher durch entsprechende physikalische Bearbeitung die Verdunstung dieser Böden, überhaupt in den warmen Monaten, auf ein minimales Maß reduzieren. Es muß daher schon jetzt bemerkt werden, daß im Anfangsstadium der Aufforstung unbedingt dafür Sorge getragen werden muß, daß die Lebensbedingungen des jungen Waldes durch entsprechende Bearbeitung des Bodens gesichert werden.

6. Der Gebrauch des Stalldüngers beeinflußt ziemlich bedeutend die quantitative Entwicklung der Bodenflora. Für die qualitative Zusammensetzung bleibt jedoch diese Methode wirkungslos. Die wesentliche Vermehrung der Bakterienflora durch diese Düngung kann einfach mit dem Umstand erklärt werden, daß mit dem Stalldünger ziemlich viele organische Substanzen in den Boden gebracht werden, welche für die Entwicklung der Bakterienflora außer ihren Nahrungsstoffen auch gute physiologische Bedingungen schaffen. Wir müssen jedoch bemerken, daß die spezifische Mikroflora des Stalldüngers in den Alkaliböden wahrscheinlich infolge des Mangels der entsprechenden Lebensbedingungen zugrunde geht. Die quantitative Änderung der Bakterienflora war nur allein durch die gesteigerte Vermehrung und erhöhtes Wachstum der usprünglichen Bodenmikroflora hervorgerufen.

7. Ganz besonders charakteristisch ist für die Solonetz-Böden der Mangel an N-bindende Mikroorganismen. Die Vertreter des wichtigen Azotobakter-Genus fehlen fast vollkommen. In den meliorierten Böden kommen sie erst nach

Jahren vor, nur durch künstliche Impfung kann der Vorgang der N-Bindung beschleunigt werden. Das Fehlen der N-bindenden Mikroorganismen ist wahrscheinlich ebenfalls auf die schlechten physikalischen Eigenschaften der Solonetz-Böden zurückzuführen. Wahrscheinlich infolge des Kalkgehaltes und des besseren physikalischen Zustandes sind in den Naturböden des Solontschak-Types Azotobakterarten vorhanden; N-Bindung ist aber kaum anzutreffen. Wie die Versuche zeigen, so geht hier erst nach einer Melioration eine bedeutende N-Bindung vonstatten. Der Sodagehalt als biologischer Faktor kann die Entwicklung des Azotobakters erst dann beeinflussen, wenn die Sodakonzentration 0,15 % überschritten hat. Die gleiche Wirkung übt die Gesamtsalzkonzentration erst dann aus, wenn ihre Werte 0,5 % erreicht haben. Es ist wahrscheinlich, daß die auffallende Armut der Salzböden an notwendigen Energiequellen ebenfalls sehr stark die Tätigkeit der stickstoffbindenden Mikroorganismen unterbindet.

8. Es ist eine recht bemerkenswerte Tatsache, daß die Zellulosezersetzung auf den Alkaliböden ganz besonders langsam vonstatten geht. Der wichtigste Vertreter der zellulosezersetzenden Bakterien (Mycoccocus cytophagus) findet die Lebensbedingungen erst nach Melioration und organischer Düngung.

9. Die $CO_2$-Produktion der Alkaliböden, wenn man diese Erscheinung im Laboratorium unter optimalen Bedingungen untersucht, zeigt bei Solonetz-Böden ungefähr die gleichen, bei Solontschak-Böden dagegen viel niedrigere quantitative Werte, wie die Waldböden, Ackerböden und Wiesen. Es ist zwar sicher, daß unter natürlichen Bedingungen die $CO_2$-Produktion dieser Böden sich nicht so optimal gestaltet; aber wir müssen es als sehr wahrscheinlich bezeichnen, daß, wenn durch entsprechende physikalische Bearbeitung die Durchlüftungsverhältnisse dieser Böden entsprechend verbessert werden, so wird man auch die $CO_2$-Produktion dieser Böden recht günstig beeinflussen können. Daß die Aufforstung auch durch die Erhöhung des Humusgehaltes die $CO_2$-Produktion günstig beeinflussen wird, steht außer Zweifel.

10. Der Stickstoffgehalt der Alkaliböden ist auffallend gering. Desgleichen finden wir einen sehr kleinen Nitrat-Stickstoff-Gehalt. Vom biologischen Standpunkte ist jedoch das wichtigste, daß diese Böden an Nitratstickstoff ganz besonders arm sind. Es ist recht interessant, daß in dieser Hinsicht nicht nur die schweren lehmigen, sondern auch die leichten sandigen Waldböden die Salzböden weit übertreffen.

11. Das Verhältnis C/N ist bei Sodaböden sehr schwankend und im allgemeinen ziemlich groß, 5—6mal größer als bei landwirtschaftlich benutzten Böden.

12. Zwischen den untersuchten Bodentypen fand ich den größten Nitrat-Stickstoff-Gehalt unter der Achillea-Inulabritannica-Assoziation. Bei dem vorwiegend mit Camphorosma ovata-Assoziation bedeckten Bodentyp konnten wir überhaupt keinen Nitratstickstoff nachweisen. Auch dieser Befund zeigt die schlechte Standortsqualität jener Alkaliböden, welche mit den Pflanzen der Camphorosma ovata-Assoziation bedeckt sind. Die Festuca-Assoziation weist einen großen Gehalt an Nitraten auf.

13. Der Gesamtstickstoffgehalt nimmt nach den unteren Bodenschichten gerechnet sukzessive ab.

14. Die untersuchten Salzböden enthalten in ihren oberen Schichten nitrifizierende Organismen in genügender Anzahl. Diese Zahl nimmt jedoch in den unteren Bodenschichten allmählich ab. Die nitratbildenden Organismen sind gegen den Sodagehalt viel empfindlicher als die Nitritbildner. In manchen Böden wird die Nitrifikation auf der Nitritstufe unterbunden. Der Grund, daß keine pflanzenschädliche Anhäufung von Nitriten eintreten kann, ist noch näher zu untersuchen. Die quantitative Entwicklung der nitrifizierenden Mikroorganismen

wird bei Solonetz-Böden besonders durch Kalkung, bei Solontschak-Böden durch $CaSO_4$ und $H_2SO_4$, günstig beeinflußt. Mit dieser Methode steigt oft ihre Zahl auf das 100fache, ihre Leistung auf das 10fache. Durch rein mechanische Bearbeitung wird ihre Zahl kaum beeinflußt. Düngung mit Stalldünger bleibt wirkungslos.

15. Der Gang der Nitrifikation wird durch die Gesamtsalzkonzentration, wenn ihre Werte 0,5 % nicht überschreiten, nicht beeinflußt. Es ist aber recht auffallend, daß in Alkaliböden, welche ca. 0,1 % Soda enthalten, durch Zugabe von $(NH_4)_2SO_4$ die Nitrifikation bedeutend beschleunigt wird. Dagegen ist die Wirkung des $(NH_4)_2SO_4$ in jenen Alkaliböden, welche nur sehr wenig Soda enthalten, äußerst gering.

16. Durch Bodenimpfung wird die Intensität der Nitrifikation sehr günstig beeinflußt.

17. Obwohl die Alkaliböden eine ganz eigene und spezifische Mikroflora aufweisen, scheinen sie aber keine besondere nitrifizierende Organismen zu besitzen. Diese Mikroorganismen der Alkaliböden sind wahrscheinlich mit den gleichen Organismen der anderen Böden vollkommen identisch. Es muß jedoch ausdrücklich betont werden, daß, wenn durch entsprechende Aufbesserungsmethoden die Lebensbedingungen dieser Mikroorganismen günstiger gestaltet werden und namentlich, wenn für die gute Durchlüftung dieser Böden Sorge getragen wird, die Intensität ihrer biologischen Tätigkeit ebenfalls wesentlich erhöht wird.

18. Wie auch diese Untersuchungen zeigen, der Nitritgehalt dieser Böden erreicht nie jene Werte, welche auf das Pflanzenwachstum schädigend einwirken könnten. Der Nitritgehalt dieser Alkaliböden kann daher für die schlechten biologischen Eigenschaften dieser Böden nicht zur Verantwortung gezogen werden.

19. In den Alkaliböden ist die Anzahl der denitrifizierenden und Nitrat reduzierenden Bakterien immer größer, als die Zahl der nitrifizierenden Bakterien und wird dadurch der beschleunigten Nitrifikation zugesteuert.

20. Die Resultate dieser Untersuchungen haben einwandfrei erwiesen, daß jene Mikroorganismen, welche die Zersetzungsvorgänge der stickstoffhaltigen organischen Substanzen hervorrufen, darunter natürlich auch die ammonifizierenden Bakterien, in den Alkaliböden in genügender Anzahl vertreten sind. Trotz diesem Umstande vollzieht sich in diesen Böden die Zersetzung der eiweißhaltigen organischen Substanzen äußerst langsam, und infolgedessen wird die Bildung von Ammoniak ebenfalls recht gering. Es fehlt nämlich an ammonifizierenden Substanzen. Bei der Nutzbarmachung dieser Böden muß man daher zur Erlangung dieser erfolgreich eingreifen. Die beste Wirkung erreicht man durch mechanische Bodenbearbeitung und durch Düngung mit künstlichem Strohdünger oder keimarmen Stallmist. Die einfache mechanische Bearbeitung des Bodens ohne Melioration bleibt fast wirkungslos. Die Impfung mit Bodenextrakt übt ebenfalls keine Wirkung aus.

21. Der Soda- und hohe Gesamtsalzgehalt beeinflußen das Ammonifikationsvermögen dieser Böden ebenfalls recht ungünstig. Jene Alkaliböden, welche keinen Sodagehalt aufweisen und deren Gesamtsalzkonzentration 0,03 % nicht übersteigt, verfügen über ein sehr gutes Ammonifikationsvermögen.

22. Zum Schlusse möchte ich noch auf den Umstand hinweisen, daß die günstige Gestaltung der mikrobiologischen Lebensvorgänge der Alkaliböden und überhaupt die Verbesserung der allgemeinen biologischen Eigenschaften dieser Böden nach erfolgter Melioration die entsprechende Regulierung des Wasserhaushaltes die wichtigste Rolle spielen wird.

Hierzu eignet sich am besten in erster Linie nach erfolgter chemisch-physikalischen Verbesserung die Düngung mit organischen Düngemitteln, gepaart mit entsprechender (durchs Jahr 4—5 maliger) mechanischer Bodenbearbeitung, wodurch nicht nur die entsprechende Regulierung des Wasserhaushaltes erreicht wird, sondern auch die organische Substanz dieser humusarmen Böden erhöht wird, wodurch sich eine lebhafte mikrobiologische Tätigkeit der Böden entfalten kann; jedoch einem sehr raschen Abbau der organischen Substanz, wie es in warmen Gebieten der Fall zu sein pflegt, muß später entsprechend entgegengearbeitet werden, um die Böden in Humus und Nährstoffen nicht verarmen zu lassen. Die Aufforstung der Alkaliböden, wenn diesen durch entsprechenden künstlichen Eingriff über die Anfangsschwierigkeiten geholfen wird, wird auch in dieser Hinsicht ganz besonders günstige Wirkung ausüben.

# Literaturverzeichnis[1].

## Lehr- und Handbücher, die bei den Untersuchungen benutzt wurden.


(*1*) ARRHENIUS: Kalkfrage—Bodenreaktion und Bodenwachstum. 1926.— (*2*) AUJESZKY: Általános bakteriológia. 1924.

(*3*) BALLENEGGER: A termőföld. 1921. — (*4*) BAUMGÄRTEL: Grundriß der theoretischen Bakteriologie. 1924. — (*5*) BEKE: Mezőgazdasági bakteriológia. 1908. — (*6*) BENEKE: Bau und Leben der Bakterien. 1912. — (*7*) BERGEY: Manual of Determinative Bacteriology. 1925. — (*8*) BIEDERMANN: Die Aufnahme, Verarbeitung und Assimilation der Nährung in der Pflanze. 1910. — (*9*) BLANCK: Handbuch der Bodenkunde 1—9. 1929—1931. — (*10*) Lehrbuch der Agrikulturchemie. Bodenlehre. 1928. — (*11*) BORNEBUSCH: The Fauna of Forest Soil. 1930. — (*12*) BRAUN-BLANQUET: Pflanzensoziologie. 1928. — (*13*) BUCHANAN: General Systematic Bacteriology. 1925. — (*14*) BUCHANAN u. FULMER: Physiology and Biochemistry of Bacteria. 1928.

(*15*) CLARK: The Determination of Hydrogen Ions. 1929.

(*16*) DOFLEIN-REICHENOW: Lehrbuch der Protozoenkunde. 1929. — (*17*) DÜGGELI: Bodenbakteriologie. 1921. — (*18*) DÜGGELI-NOVACZKY: Praktische Bodenkunde. 1930.

(*19*) FISCHER: Landwirtschaftliche Bakterienkunde. 1929. — (*20*) FLEISCHER: Die Bodenkunde. 1921. — (*21*) FRANCÉ: Das Edaphon. — (*22*) FRED u. WAKSMAN: Laboratory Manual of General Microbiology. — (*23*) FUHRMAN: Einführung in die Grundlagen der technischen Mykologie. 1926.

(*24*) GEDROIZ: Chemische Bodenanalyse. 1926. — (*25*) GESSNER: Die Schlämmanalyse. 1931. — (*26*) GLINKA: Die Typen der Bodenbildung. 1914. — (*27*) GREAVES: Agricultural Bacteriology. 1922. — (*28*) Bacteria and Soil Fertlility. 1926.

(*29*) HANDOVSZKY: Grundbegriffe der Kolloidchemie. 1927. — (*30*) HASELHOF-BLANCK: Lehrbuch der Agrikulturchemie. 1929. — (*31*) HENNEBERG: Handbuch der Gärungsbakteriologie. 1926. — (*32*) HONCAMP, F.: Handbuch der Pflanzenernährung und Düngerlehre 1, 2. Berlin 1931.

(*33*) JANKE-ZICKES: Arbeitsmethoden der Mikrobiologie. 1928. — (*34*) JELLINEK: Lehrbuch der physikalischen Chemie. 1930.

(*35*) KAPPEN: Die Bodenazidität. 1929. — (*36*) KOLLE: Handbuch der pathogenen Mikroorganismen. 1931. — (*37*) KOLTHOF: Der Gebrauch der Farbenindikatoren. 1926. — (*38*) KOSSOWICZ: Bodenbakteriologie. 1912. — (*39*) KRAUSS-UHLENHUT: Handbuch der mikrobiologischen Technik. Bodenbakterien. 1928. — (*40*) KRISCHE: Untersuchung und Beobachtung von Düngemitteln und Bodenproben. 1929. — (*41*) KÜSTER: Kultur der Mikroorganismen. 1921.

(*42*) LAFAR: Handbuch der technischen Mykologie. 1904—1906. — (*43*) LANG: Forstliche Standortslehre. 1926. — (*44*) LEHMANN u. NEUMANN: Bakteriologische Diagnostik. 1927. — (*45*) LIESKE: Allgemeine Bakterienkunde. 1926. — (*46*) Die Strahlenpilze. 1926. — (*47*) LINSTOW: Bodenanzeigende Pflanzen. 1929. — (*48*) LÖHNIS: Bodenbakterien und Bodenfruchtbarkeit. 1914. — (*49*) Handbuch der landwirtschaftlichen Bakteriologie. 1910. — (*50*) Landwirtschaftlich-bakteriologisches Praktikum. 1920. — (*51*) Vorlesungen über landwirtschaftliche Bakteriologie. 1928. — (*52*) LUNDEGÅRDH: Klima und Boden. 1930. — (*53*) Der Kreislauf der Kohlensäure in der Natur. 1924.

(*54*) MAYWALD-UNGERER: Agrikulturchemische Übungen. 1926. — (*55*) MEINECKE: Die Kohlenstoffernährung des Waldes. 1927. — (*56*) MELIN: Experimentelle Untersuchungen über die Konstitution und Ökologie der Mykorrhizen von Pinus silvestris und Picea excelsa. 1923. — (*57*) Untersuchungen über die Bedeutung der Baummykorrhiza. 1925. — (*58*) METGE: Laboratoriumsbuch für Agrikulturchemiker. 1926. — (*59*) MEVIUS: Reaktion des


---

[1] Die Literatur wurde nach Tunlichkeit bis Ende Juni 1932 berücksichtigt. Die Zusammenstellung erhebt keinen Anspruch auf Vollständigkeit, sie enthält nur jene Arbeiten, die uns tatsächlich zugänglich waren.

Bodens und Pflanzenwachstum. 1927. — (60) MICHAELIS: Praktikum der physikalischen Chemie. 1926. — (61) Wasserstoffionenkonzentration. 1930. — (62) MIGULA: Das System der Bakterien. 1900. — (63) MISSLOWITZER: Die Bestimmung der Wasserstoffionenkonzentration von Flüssigkeiten. 1928. — (64) MITSCHERLICH: Bodenkunde für Land- und Forstwirte 4. 1923. — (65) Die physikalische Untersuchung des Bodens. In ABDERHALDENS Handbuch der biologischen Arbeitsmethoden, Abt. IX. 1924.

(66) NERNST: Theoretische Chemie. 1926. — (67) NOWACKI: Praktische Bodenkunde. 1920. — (68) NOWAK: Documenta Microbiologica. 1929.

(69) OSTWALDT-LUTHER: Physico-chemische Messungen. 1928.

(70) PRINGSHEIM: Niedere Organismen. 1910. — (71) PUCHNER: Bodenkunde für Landwirte. 1923.

(72) RAMANN: Bodenkunde. 1911. — (73) RAYNER: Mycorrhiza. 1927. — (74) RIPPEL: Vorlesungen über theoretische Microbiologie. 1927. — (75) RUSSEL: The Microorganism of the Soil. 1923. — (76) RUSSEL-BREHM: Boden und Pflanzen. 1914.

(77) SANDON: The Composition and Distribution of the Protozoan-Fauna of Soil. 1923. — (78) SCHNEIDEWIND: Die Ernährung der landwirtschaftlichen Kulturpflanzen. 1928. — (79) SCHUCHT: Grundzüge der Bodenkunde. 1930. — (80) SIGMOND: Hazai szikesek és megjavitási módjaik (Die Alkaliböden in Ungarn und die Methoden ihrer Aufbesserung). 1923. — (81) STEBUT: Lehrbuch der allgemeinen Bodenkunde. 1930. — (82) STEINERT: Der Torf und seine Verwendung. 1925. — (83) STOKLASA: Biochemische Untersuchung des Bodens. 1926. — (84) STOKLASA-DOERELL: Handbuch der biophysikalischen und biochemischen Durchforschung des Bodens. 1926. — (85) STREMME: Grundzüge der praktischen Bodenkunde. 1926. — (86) SVEDBERG: Kolloidchemie. 1925.

(87) THAYSEN u. BUNKER: The Microbiology of Cellulose. 1927. — (88) TREADWELL: Analytische Chemie. 1922.

(89) VAGELER: Bodenkunde. 1921. — (90) VÁGI u. FEHÉR: A talajtan elemei (Elemente der Bodenkunde). 1931. — (91) Verhandlungen der II. Kommission der Internationalen Bodenkundlichen Gesellschaft. 1929. — (92) VOGT: Die chemischen Pflanzenschutzmittel, ihre Anwendung und Wirkung. 1926.

(93) WAHNSCHAFFE u. SCHUCHT: Wissenschaftliche Bodenuntersuchung. 1924. — (94) WAKSMAN: Der gegenwärtige Stand der Bodenbakteriologie. 1930. — (95) Methoden der mikrobiologischen Bodenforschung. In ABDERHALDENS Handbuch der biologischen Arbeitsmethoden XI, 3. 1927. — (96) Principles of Soil Microbiology. 1929. — (97) WALTER: Pflanzengeographie. 1927. — (98) WARMING u. GREBNER: Lehrbuch der ökologischen Pflanzengeographie. 1931. — (99) WENYON: Protozoology. 1926. — (100) WIEGNER: Boden und Bodenbildung in kolloidchemischen Betrachtungen. 1926. — (101) Anleitung zum quantitativen agrikulturchemischen Praktikum. 1926. — (102) WIESSMANN: Agrikulturchemisches Praktikum. 1926.

(103) ZSILINSZKY u. TREITZ: A szikestalajok javitása (Die Aufbesserung der Alkaliböden). 1924.

## Anhang.

(104) EBERMAYER, E.: Die gesamte Lehre der Waldstreu. 1876. — (105) EHRENBERG, P.: Die Bodenkolloide. 1918. — (106) EYFERTH-SCHOENICHEN: Die einfachsten Lebensformen des Tier- und Pflanzenreiches. 1927.

(107) LINDAU, G.: Die mikroskopischen Pilze. 1922. — (108) LINDAU, G., und H. MELCHIOR: Die Algen. 1930.

(109) RABENHORST: Kryptogamenflora.

(110) WOLLNY: Die Zersetzung der organischen Stoffe. 1896.

### I. Methodik.

(111) AGAFONOFF, V.: Détermination de la masse de carbone et d'eau constitutionelle contenus dans les sols du globe terrestre. C. r. Acad. Sci. Paris 1929 (8. April). — (112) ATTERBERG, A.: Über die Modifikationen der KJELDAHLschen Stickstoffbestimmungsmethoden. Chem.-Ztg. 50 (1898).

(113) BAL, D. V.: A common error in the method of total nitrogen estimation in soils and its bearings on the results of nitrogen fixation experiments. 1. Internat. Kongr. f. Bodenkunde, Cfr.-Nr. 93, 3. Komm., S. 72. — (114) BAUMGÄRTEL, TR.: Neue Forschungsergebnisse über die mikrobiologische Bodenanalyse. Landw. Jb. 71, 4 (1930). — (115) BAUMGÄRTEL, TR., u. C. BIHLER: Kritische Experimentalstudien zur mikrobiologischen Bodenanalyse. Ebenda 71, 855 (1930). — (116) BAUMGÄRTEL, TR., u. H. BUTENSCHÖN: Kritische Experimentalstudien zur mikrobiologischen Bodenanalyse. Ebenda 72, 2 (1930). — (117) BAUMGÄRTEL, TR., u. E. HARTUNG: Kritische Experimentalstudien zur mikrobiologischen Bodenanalyse. Ebenda 65, 675 (1927). — (118) BOCCASINI, U.: Determination of organic matter of the soil. Bari Agr. Exp. Stat. 1931.

(*119*) CARSTEN u. LINDERSTRÖM: On the accuracy of the various methods of measuring concentration of hydrogen ions in soil. C. r. du Lab. Carlsberg **1929**. — (*120*) CHESTER: Bacteriological analysis of soils. Del. Sgr. Exp. Stat. Bul. **65**, 51 (1904). — (*121*) CHOLODNY, N.: Über eine neue Methode zur Untersuchung der Bodenmikroflora. Arch. Mikrobiol. **1**, 620 (1930). — (*122*) CONN, H. J.: Culture media for use in the plate method of counting soil bacteria. Zbl. Bakter. **44**, 719 (1916). — (*123*) The microscopical study of bacteria and fungi in soil. N. Y. Agr. Exp. Stat. Geneva, techn. Bull. **64** (1918). — (*124*) Use of the microscope in studying the activities of bacteria in soil. J. Bacter. **17**, 399 (1929). — (*125*) A bacteriological study of a soil type by new methods. Soil Sci. **25** (1928). — (*126*) On the microscopic method of studying bacteria in soil. Ebenda **26**, 4 (1928). — (*127*) CURIE, I. H.: A method for the study of Azotobacter and its application to fertility plot soils. Ebenda **32**, 1 (1931). — (*128*) CUTLER, D. V.: A method for estimating the number of active protozoa in the soil. J. agricult. Sci. **10**, 135 (1920).

(*129*) DAHLBERG, H. W., u. R. J. BROWN: The NEUBAUER and WINOGRADSKY methodes as compared with a chemical method etc. J. amer. Soc. Agron. **23**, 1075 (1931). — (*130*) DEGTJAREFF, W. TH.: Determining soil organic matter by means of hydrogen peroxyde and chromic acid. Soil Sci. **29**, 3 (1930). — (*131*) DIANOWA, E. W., u. A. A. WOROSCHILOWA: Azotobakterähnliche Bakterien im Boden. Zbl. Bakter. II **84**, 19 (1931). — (*132*) DRYSPRING, C., u. F. HEINRICH: Beitrag zur $p_H$-Bestimmung in Bodensuspensionen. Z. Pflanzenernährg **20**, 155 (1931). — (*133*) DÜGGELI: Bodenbakteriologie. 1921.

(*134*) EISENBERG, K. B.: Die Sichtbarmachung von Innenstrukturen von Bakterien und anderen Mikroorganismen. Arch. Mikrobiol. **1**, 252 (1930). — (*135*) ELLEDER, H.: Zur Frage der $p_H$-Bestimmung in Wasser- und KCl-Lösung unter Berücksichtigung des Einflusses der Erdalkalien und besonders des Mg. Z. Pflanzenernährg **21**, 6 (1931). — (*136*) Zur Frage der $p_H$-Bestimmung in Wasser- und KCl-Lösung. Ebenda **23**, 3/4 (1932).

(*137*) FEHÉR, D.: Über den Gebrauch des volumetrischen Apparates für die Messung der $CO_2$-Produktion des Waldbodens. Biochem. Z. **193**, 4/6 (1928). — (*138*) Untersuchungen über die zeitlichen Änderungen der Acidität und des Humusgehaltes des Waldbodens. Pflanzenbau **4**, 1 (1930). — (*139*) Untersuchungen über den zeitlichen Verlauf der Mikrobentätigkeit im Waldboden. Arch. Mikrobiol. **1**, 3 (1930). — (*140*) Mikrobiologische Untersuchungen über den Stickstoffkreislauf des Waldbodens. Ebenda **1**, 4 (1930). — (*141*) Eine neue Methode zur Züchtung und quantitativen Erfassung der Lebenstätigkeit der Bodenbakterien. Ebenda **3**, 362 (1932). — (*142*) FEHÉR, D., u. ST. VÁGI: Biochemische und biophysikalische Untersuchungen über die Einwirkung der wichtigsten biologischen Faktoren auf das Leben und Wachstum der Waldbestände. Forstl. Versuche **28**, 1—2 (1926). — (*143*) FISCHER, H.: Zur Methodik der Bakterienzählung. Zbl. Bakter. II **25**, 457 (1910).

(*144*) GLERIA, J. DI: Schnelles Verfahren zur Bestimmung des $p_H$-Wertes. Mezőgazdasági Kutatások (Budapest) **2**, 10 (1929). — (*145*) GLÖMME, H.: Preliminary investigations of the soil in the forest areas of East Norway and Trondhjem District. Medd. norsk Skogforsokswes. 1929. — (*146*) GOY, S., P. MÜLLER u. O. ROOS: Über die Beziehungen der verschiedenen Methoden zur Bestimmung des Kalk- und Säurezustandes der Böden zueinander und eine Methode zur Bestimmung der zur Beseitigung der Austauschsäure nötigen Basenmengen. Z. Pflanzenernährg **21**, 3—4 (1931). — (*147*) GOY, S., u. O. ROOS: Vergleichende Untersuchungen über die Ermittlung des Säurezustandes eines Bodens mit der elektrometrischen Messung nach TRENEL und der kolorimetrischen Schnellmethode nach KÜHN und SCHERFF. Ebenda **23**, 1/2 (1931). — (*148*) GREAVES, J. E., u. H. C. PULLEY: The soil versus the solution method as a means of studying bacterial activities in soil. J. agricult. Res. **43**, 905 (1931).

(*149*) HEINTZE, S. G.: An error in soil reaction determinations by the chinhydrone methode. Verh. 2. Komm. Internat. bodenkundl. Ges. Budapest. — (*150*) HILTNER, L., u. K. STÖRMER: Studien über die Bakterienflora des Ackerbodens mit besonderer Berücksichtigung ihres Verhaltens nach einer Behandlung mit Schwefelkohlenstoff und nach Brache. Arb. ksl. Ges. A **3** (1903).

(*151*) ITERSON, G. VAN: Die Zersetzung von Zellulose durch aerobe Mikroorganismen. Zbl. Bakter. II **11**, 689 (1904). — (*152*) Anhäufungsversuche mit denitrifizierenden Bakterien. Ebenda II **12**, 108 (1904).

(*153*) KJELDAHL, J.: Neue Methode zur Bestimmung des Stickstoffes in organischen Körpern. Z. anal. Chem. **1873**, 22. — (*154*) KOCH, A.: Mikrobiologisches Praktikum. Berlin: Julius Springer 1922. — (*155*) KOFFMANN, M.: Eine Methode zur direkten Untersuchung der Mikrofauna und der Mikroflora des Bodens. Zbl. Bakter. II **75**, 28 (1928); **78**, 337 (1929). — (*156*) Weiteres zur Methode der direkten Untersuchung der Mikrofauna und Mikroflora des Bodens. Ebenda II **85**, 1/3 (1931). — (*157*) KUBIENA, W.: Mikropedologische Studien. Pflanzenbau **5**, 613 (1931). — (*158*) KÜHLMORGEN-HILLE, G.: Vergleichende Prüfung der Methoden zur Ermittlung der Keimzahl im Boden. Zbl. Bakter. II **74**, 497 (1928). — (*159*) KÜHN: Kritische Untersuchungen der Chinhydronelektrode und der Indikatorenmethode bei der Bestimmung des $p_H$ von Böden, ihre Anwendbarkeit einzeln und miteinander geprüft. Verh. 2. Komm. Internat. bodenkundl. Ges., Budapest. — (*160*) Küster, E.: Anleitung zur Kultur der Mikroorganismen. Leipzig: G. B. Teubner 1921.

(*161*) Lewantiwsjka, B., u. H. Hnatiwsjka: Die Bestimmung des Ammoniakstickstoffs im Boden. Landw. Versuchsstat. Kiew, Agrochem. Abt. **70**, 4 (1930). — (*162*) Lochhead, A. G.: The advisability of standardizing the method used for quantitative determination of soil bacteria and changes produced by them. 1. Internat. Kongr. f. Bodenkunde, Cfr. 93, 3. Komm., S. 16. — (*163*) Löhnis, F.: Ein Beitrag zur Methodik der bakteriologischen Bodenuntersuchung. Zbl. Bakter. II **12**, 262 (1904). — (*164*) Zur Methodik der bakteriologischen Bodenuntersuchung. Ebenda II **14**, 1 (1905). — (*165*) Löhnis, F., u. H. Green: Methods in soil bacteriology. Ebenda II **40**, 457 (1914).

(*166*) Maassen, A., u. Behn: Zur Kenntnis der bakteriologischen Bodenuntersuchung. Arb. biol. Reichsanst. **11**, 399 (1923).

(*167*) Nemec, A., u. A. Koppová: Über ein neues Schnellverfahren zur Bestimmung der Stickstoffbedürftigkeit der Böden durch chemische Analyse. Z. Pflanzenernährg **23**, 3/4 (1923).

(*168*) Omeliansky, W.: Magnesiagipsplatten als ein neues festes Substrat für die Kultur der Nitrifikationsorganismen. Zbl. Bakter. II **5**, 652 (1899).

(*168a*) Porkka, O. H.: Über eine neue Methode zur Bestimmung der Bodenatmung. Annales Soc. Zoolog. Botanicae Fennicae Vanamo **15**. 2 (1931).

(*169*) Remy, Th.: Bodenbakteriologische Studien. Zbl. Bakter. II **8**, 657, 728 (1902). — (*170*) Rossi, G.: Die direkte bakterio-mikroskopische Untersuchung des Ackerbodens. Festschr. Stoklasa Cfr. 6, 341. — (*171*) Rossi, G., u. S. Riccardo: The direct microscopic and bacteriological examination of agricultural soil. 1. Internat. Kongr. f. Bodenkunde, Cfr.-Nr. 93, 3. Komm.

(*172*) Sauerland, W.: Studien über Phosphorsäureumsetzungen im Boden und deren Bestimmung. Z. Pflanzenernährg **21**, 3/4 (1931). — (*173*) Schoellenberg, C. J.: Determination of carbonates in soil. Soil Sci. **30**, 4 (1930). — (*174*) Determination of soil organic matter. Ebenda **31**, 6 (1931). — (*175*) Smith, A., u. F. W. Flint: Die Bestimmung der Bodenfeuchtigkeit mit Hilfe der Alkoholmethode. Ebenda **29**, 101 (1930).

(*176*) Thiele, R.: Beiträge zur Methodik der Bodenforschung. Zbl. Bakter. II **11**, 251 (1903). — (*177*) Trofimow, A. V.: Ein Austauschaziditätsgesetz und seine Ausnutzung zur Bestimmung der Salzkonzentration der Bodenlösung und der Dissoziation der adsorbierten Basen im Boden. Z. Pflanzenernährg **22**, 5/6 (1931).

(*178*) Veihmeyer, A., u. Hendrikson: The moisture equivalent as a mesaure of the field capacity of soils. Soil Sci. **32**, 3 (1931).

(*179*) Walker, R. H., J. L. Sullivan u. G. G. Pohlman: Anwendung spontaner Kulturen zum Studium nicht symbiotischer, stickstoffbindender Bodenbakterien. J. amer. Soc. Agron. **22**, 7 (1930). — (*180*) Waksman, S. A.: Cultural studies on species of Actinomyces. Soil Sci. **8**, 71 (1919). — (*181*) A method for counting the number of fungi in the soil. J. Bacter. **7**, 399 (1922). — (*182*) Microbiological analysis of soil as an index of soil fertility. Ammonia accumulation. Soil Sci. **15**, 49 (1923). — (*183*) Whiting, A. L., T. E. Richmond u. W. R. Schoonower: Die Bestimmung von Nitraten in Böden. J. Ind. and Engin. Chem. **1920**, 12. — (*184*) Winogradsky, S.: Die direkte Methode in der Bodenbakteriologie und ihre Anwendung für das Studium der Stickstoff-Fixation. 1. Internat. Kongr. f. Bodenkunde Cfr.-Nr. 93, 3. Komm., S. 9. — (*185*) Studies on the microbiology of the soil. Ann. Inst. Pasteur **1932**, 48. — (*186*) Clostridium pastorianum, seine Morphologie und seine Eigenschaften als Buttersäureferment. Zbl. Bakter. II **9**, 50 (1902). — (*187*) Die Nitrifikationsorganismen. Lafars Handbuch der technischen Mykologie **3**, 142 (1904—1906). — (*188*) Wittich, W.: Methoden zur bakteriologischen Erforschung des Waldbodens. Forstarch. **6**, 318 (1930).

## II. Die Bakterien des Waldbodens.

(*189*) Aaltonen, V. T.: Über den Aziditätsgrad des Waldbodens. Communic. ex inst. quaest. forest. Finlandiae editae **1925**, 9.

(*190*) Barthel, Chr., u. N. Bengsston: Nutzbarmachung von Stickstoff von Pilz- und Bakterienzellen für die Nitrifikation und für die Zellulosezersetzung im Boden. 1. Internat. Kongr. f. Bodenkunde, Cfr.-Nr. 93, 3. Komm. — (*191*) Bavendamm, W.: Die Tätigkeit der Mikroorganismen im Kreislauf der Stoffe. Tharandter forstl. Jb. **81**, 496 (1930). — (*192*) Baver, L. D.: Der Einfluß der organischen Substanz auf verschiedene physikalische Eigenschaften der Böden. J. amer. Soc. Agron. **22**, 703 (1930). — (*193*) Behrens, W. U.: Die Neutralsalzzersetzung bei Humusböden. 1. Internat. Kongr. f. Bodenkunde, Cfr.-Nr. 206. — (*193a*) Bokor, R.: Untersuchungen über die Mikroflora des Waldbodens. Forstl. Versuche **1926**. — (*193b*) Ein Beitrag zur Mikrobiologie des Waldbodens. Biochem. Z. **1927** 181. — (*194*) Brown, P. E.: Bacteriological studies of field soils. II. The effect of continuous cropping and various rotations. Iowa Agr. Exp. Stat., Res. Bull. **1912**, 6. — (*195*) Burri, R.:

Die Mikroorganismen und hre Bedeutung für die Ernährung der Pflanzen usw. Schweiz. landw. Zbl. **20**, 215 (1901).

(*196*) CHUDIAKOW: Über die Adsorption der Bakterien durch den Boden. Zbl. Bakter. II **68**. — (*197*) CLARK, N. A., u. E. R. COLLINS: Das Gleichgewicht zwischen Boden und Elektrolyten und der Einfluß desselben auf einige Verfahren zur Bestimmung des Kalkbedarfes des Bodens. Soil Sci. **29**, 417 (1930). — (*198*) COLES, H. G., u. C. G. T. MORISON: Der Einfluß der Wasserentziehung auf den Säuregehalt des Bodens. Ebenda **29**, 59 (1930). — (*199*) CONN, H. J.: The bacterial population of soil. 1. Internat. Kongr. f. Bodenkunde, Cfr.-Nr. 93, 3. Komm., S. 24—30. — (*200*) Certain abundant non-spore-forming bacteria in soil. Zbl. Bakter. II **76**, 65 (1928). — (*201*) Bacteria in frozen soil. Ebenda II **28**, 422 (1910). — (*202*) CUTLER, D. W., L. M. CRUMP u. H. SANDON: A quantitative investigation of the bacterial and protozoan population of the soil etc. Phil. Trans. roy. Soc. Lond. B **211**, 317 (1922).

(*203*) DEMOLON, A., u. G. BARBIER: Der Einfluß des physikalischen Aufbaus des. Mittels auf die mikrobiellen **Vorgänge**. Anwendung auf den Boden. Bodenkundl. Forsch. **2**, 197 (1931). — (*204*) DUBOS, R. J.: Bacteria concerned in the decomposition of cellulose in soils. 1. Internat. Kongr. f. Bodenkunde, Cfr.-Nr. 93, 3. Komm. — (*205*) DÜGGELI, M.: Forschungen auf dem Gebiete der Bodenbakteriologie. Landwirtschaftliche Vorträge. Heft 3. Frausenfeld: Huber 1921. — (*206*) Studien über den Einfluß von Rohhumus auf die Bakterienflora der Böden. SCHINZ-Festschr. Vjschr. naturforsch. Ges. Zürich **73**, 307 (1928). — (*207*) Die Bakterienflora eines Fichtenwaldbodens im Laufe eines Jahres. Schweiz. Ztschr. f. Forstwes. **81**, 357 (1930).

(*208*) FEHÉR, D.: Die Biologie des Waldbodens und ihre physiologische Bedeutung im Leben des Waldes. Acta forest. Fenn. **34** (1929). — (*209*) Untersuchungen über den zeitlichen Verlauf der Bodenatmung und der Mikrobentätigkeit des Waldbodens. Biochem. Z. **206**, 416. — (*210*) Untersuchungen über die zeitlichen Änderungen der Azidität und des Humusgehaltes des Waldbodens. Wiss. Arch. Landw. A **4**, 74 (1930). — (*211*) Untersuchungen über den zeitlichen Verlauf der Mikrobentätigkeit im Waldboden. Arch. Mikrobiol. **1**, 464 (1930). — (*212*) Untersuchungen über den zeitlichen Verlauf des Mikrobenlebens des Waldbodens. Math. u. naturwiss. Ber. aus Ungarn **37**, 51 (1930). — (*213*) Untersuchungen über die Pflanzenassoziationsverhältnisse und Aziditätsgrad der Waldtypen des norwegischen Laplandes (Finmarken). Math. u. naturwiss. Anz. ungar. Akad. Wiss. **48** (1931). — (*214*) Über den Einfluß des Kahlschlages auf den Verlauf der biologischen und biochemischen Prozesse im Waldboden. Silva **19**, 185, 193 (1931). — (*215*) Die zeitlichen Veränderungen des Humusgehaltes. Ebenda **19**, 385 (1931). — (*216*) Die Biologie des Waldbodens als dynamische Erscheinung. Wien. allg. Forst- u. Jagdztg. **49/51**, 52 (1931); **50/51** (1932). — (*217*) Untersuchungen über die zeitlichen Änderungen der Bodenazidität. Wiss. Arch. Landw. **1932**. — (*218*) FEHÉR, D., u. G. SOMMER: Researches about the carbonic-acid nourishment of the forest. Forstl. Versuche **29**, 1/2 (1927). — (*219*) FEHÉR, D., u. ST. VÁGI: Biochemische und biophysikalische Untersuchungen über die Einwirkung der wichtigsten biologischen Faktoren auf das Leben und Wachstum der Waldbestände. Ebenda **28**, 1/2 (1926). — (*220*) FRÄNKEL, C.: Untersuchungen über das Vorkommen von Mikroorganismen in verschiedenen Bodenschichten. Z. Hyg. **2**, 521 (1887).

(*221*) GAINEY, P. L., u. W. W. GIBBS: Bacteriological studies of a soil subjected to different systems of cropping for twenty five years. J. agricult. Res. **6**, 953 (1916). — (*222*) GIBBS, W. M., u. H. W. BATCHELOR: Effect of tree products on bacteriological activities in soil. II. Study of forest soils. Soil Sci. **24**, 5, 351—364. — (*223*) GIBSON, T.: Faktoren, die den Abbau von Harnstoff im Boden bewerkstelligen. Zbl. Bakter. II **81**, 45 (1930).

(*224*) HARTMANN, F. K.: Zum Wasserhaushalt im Walde. Forstarch. **378** (1929). — (*225*) HENKEL, P., u. N. SACHAROW: Materialien zur Mikrobiologie der Böden des Troizker Kreises im Uralgebiet. Trav. Inst. Rech. biol. Univ. de Perm **2**, 469 (1930). — (*226*) HEUELL, K.: Bestandsabfallzersetzung, Untersuchungen zur Humusfrage und Bodenversauerung. Mitt. Forstwirtsch. u. Forstwiss. **1**, 1 (1930). — (*227*) HILTNER, L., u. K. STÖRMER: Studien über die Bakterienflora des Ackerbodens usw. Arb. biol. Abt. ksl. Gesdh.amtes **3**, 447 (1903).

(*228*) ITANO, A., u. S. ARAKAWA: The decomposition of celluloses in soils. 1. Internat. Kongr. f. Bodenkunde, Cfr.-Nr. 88. — (*229*) Studies on the decomposition in the soil. Ebenda Cfr.-Nr. 109.

(*230*) JOHANNSON, N.: Rhythmische Schwankungen in der Aktivität der Mikroorganismen im Boden. Sv. bot. Tidskr. **23**, 241 (1929).

(*231*) KALNINS, A.: Aerobic soil bacteria that decompose cellulose. Acta Univ. Latviensis. Lauksaimniecibas Fakultates, Ser. I **11** (1930). — (*232*) KAWAMURA, K.: The effect of temperature on the exchange acidity of low land soil. 1. Internat. Kongr. f. Bodenkunde, Cfr.-Nr. 172. — (*233*) KLEBERG, TH.: Zersetzungsvorgänge im Waldhumus. Landw. Jb. **66**, 2 (1927). — (*234*) KLEIN, G., u. M. STEINER: Bakteriologisch-chemische Untersuchungen am Lunzer Untersee. Österr. bot. Z. **78**, 289 (1929). — *(235)* KMONITZEK, E.: Die Einwirkung eines Buchen- und Fichtenunterbaues auf den Bodenzustand und die Zuwachsleistung von Kiefernbeständen. Forstwiss. Zbl. **52**, 843, 878, 913, 958 (1930). — *(236)* KOPACZEWSKI, W.: Physikalisch-chemische Bedingungen des Mikrobenlebens. Arch. Mikrobiol. **2**, 187 (1931). — *(237)* KREUZBURG, H.: Untersuchungen über den Einfluß des Pflanzenbestandes auf das Bakterienleben im Boden. Landw. Jb. **68**, 75 (1928). — *(238)* KURZ, H.: Über die Beziehungen zwischen $p_H$ und Verbreitung der Pflanzen in der Natur. Amer. Naturalist **64**, 314 (1930).

*(239)* LIESKE, R., u. E. HOFFMANN: Untersuchungen über den Bakteriengehalt in großen Tiefen. Zbl. Bakter. **77**, 305 (1929). — *(240)* LOCHEAD, A. G.: The Bacterial Types occuring in frozen soils. Soil Sci. **21**, 225 (1926). — *(241)* LØDDESØL, A.: Investigations of the annual change in the hydrogen ion concentration of cultivated soil. Meld. Norges Landbrukshøiskole **12** (1932). — *(242)* LÖHNIS, F.: Mikroorganismen im Boden. Zbl. Bakter. **54**, 285 (1921). — *(243)* LÖHNIS, F., u. GREEN: Methods of soil bacteriology. Ebenda **40**, 457 (1914). — *(244)* LOSINA-LOSINSKY, L., u. P. F. MARTINOV: A method of studying the activity and rate of diffusion of protozoa and bacteria in the soil. Soil Sci. **29**, 5 (1930).

*(245)* MAIWALD, K.: Organische Bestandteile des Bodens. Handbuch der Bodenkunde **7**, 113. 1931. — *(246)* MANECK, M. METHA: A physiological study of the common bacteria of air, soil and water with a view to their exact diagnosis. Ann. Applied Biology **12**, 330 (1925). — *(247)* MELIN, E.: Die Aktivität der Mikroorganismen. Festschr. forstl. Hochschule Stockholm **1928**. — *(248)* MINENKOW, A. R.: Adsorption von Bakterien durch verschiedene Bodentypen. Zbl. Bakter. **78**, 109 (1929). — *(249)* MISCHUSTIN, E.: Untersuchungen über die Temperaturbedingungen für bakteriologische Prozesse im Boden. Ebenda II **66**, 328 (1926). — *(250)* MORTENSON, A. E., u. F. L. DULEY: The effect of drying and ultra-violet light on soils. Soil Sci. **32**, 3 (1931).

*(251)* NEMEC, A.: Beiträge zur Kenntnis der chemischen Vorgänge bei der Humuszersetzung im Walde. Forstwiss. Zbl. **41**, 17 (1929). — *(252)* NEWTON, J. D.: Seasonal fluctuations in numbers of microorganisms and nitrate in Alberta soil. Sci. Agr. **10**, 361 (1930). — *(253)* NORRIS, R. V., SUBRAHMANYAN u. M. GANESHA RAV: Bodenaktinomyzeten. Agricult. J. India **24**, 232 (1929).

*(254)* PENSCHUK: Über den Einfluß verschiedener Holzarten auf einzelne physikalische Eigenschaften leichter Waldböden. Inaug.-Dissert., Eberswalde 1930. — *(255)* PFEIFFER, H.: Über die ökologischen Bedingungen des Formationswandels an Schlagflächen. Bot. Arch. **31**, 543 (1931). — *(256)* PHILLIPS, M., H. D. WEIHE u. N. R. SMITH: The decomposition of lignified materials by soil microorganisms. Soil Sci. **30**, 5 (1930). — *(257)* PISTOR: Beiträge zur Kenntnis der biologischen Tätigkeit der Pilze usw. Zbl. Bakter. **80**, 393 (1930).

*(258)* RAHN, O.: Die Bakterientätigkeit im Boden als Funktion von Korngröße und Wassergehalt. Zbl. Bakter. II **35**, 429 (1912); **38**, 484 (1913). — *(259)* RAMANN, E., E. REMELÉ, E. SCHELLHORN u. M. KRAUSE: Anzahl und Bedeutung der niederen Organismen in Wald- und Moosböden. Z. Forst- u. Jagdwes. **31**, 575 (1899). — *(260)* REIMERS, J.: Über den Gehalt des Bodens an Bakterien. Z. Hyg. **7**, 315 (1889). — *(261)* REMY, TH.: Bodenbakteriologische Studien. Zbl. Bakter. II **8**, 557 (1902). — *(262)* RICHTER, A., u. V. RICHTER: Mikroskopische Bodenstudien. Arb. Abt. angew. Bot. Landw. Versuchsstat. Saratow **1925**, Nr. 31. — *(263)* RIPPEL, A.: Niedere Pflanzen. BLANCKS Handbuch der Bodenlehre **7**, 239. Siehe auch hier die vollständige Literatur.

*(264)* SALESSKI, W., u. A. KUCHARKOWA: Der Einfluß des Bodenaustrocknens auf die mikrobiologischen Prozesse des Bodens. Pedology **1928**, 3—4. — *(265)* SCHEITZ, A.: Die Wirkung der ultravioletten Strahlen auf die Lebensverhältnisse der Bodenbakterien. Arch. Mikrobiol. **1**, 4 (1930). — *(266)* SCHULZ, K.: Die Verbreitung der Bakterien im Waldboden. Dissert., Jena 1913. — *(267)* SCHWARTZ, W., u. W. SCHMID: Einfluß von Temperatur und Feuchtigkeit auf das Bakterienwachstum auf gekühltem Fleisch. Arch. Mikrobiol. **2**, 4 (1931). — *(268)* SCHWARZ, W., u. W. MÜLLER: Einwirkung von künstlichen Düngern, besonders von Ammonsulfat, auf Bodenorganismen. Ebenda **2**, 4 (1931). — *(269)* DE'SIGMOND, A. A. J., L. TELEGDY-KOVATS u. F. ZUCKER: The effect and importance of the absorbing-complex (humus zeolite) in soils as regards some important soil bacteria. 1. Internat. Kongr. f. Bodenkunde, Cfr.-Nr. 93, 3. Komm., S. 35. — *(270)* SMITH, A.: Tägliche durchschnittliche und jahreszeitliche Temperaturschwankungen in Vadis, Kalifornien. Soil Sci. **28**, 457 (1929). — *(271)* SPRINGER: Die Bestimmung der organischen Substanz im Boden. Z. Pflanzenernährg **11**, 313 (1928). — *(272)* STAPP, C., u. H. ZYCHA: Morphologische Untersuchungen an Bacillus mycoides: ein Beitrag zur Frage des Pleomorphismus der Bakterien Arch. Mikrobiol. **2**, 493 (1931). — *(273)* STARKEY, R. L.: Some influences of the development of higher plants upon the microorganisms in the soil. I. Historical and introductory. Soil Sci. **27**, 4 (1929). II. Influence of the stage of plant growth upon abundance of organisms. Ebenda **27**, 5 (1929); **27**, 6 (1929). IV. Influence of Proximity to roots on abundance and activity of Microorganisms. Ebenda **32**, 5 (1931). — V. Effects of plants upon distribution

of nitrates. Ebenda **32**, 5 (1931). — (*274*) Szimmat, H.: Der Schwefelkreislauf eines Hoch-
moores und eines Erlenbruches im Jahreswechsel und im Vergleich mit einem Gartenboden.
Bot. Arch. **33**, 1—2 (1931).

(*275*) Tempel, E.: Untersuchungen über die Variabilität der Aktinomyzeten. Arch.
Mikrobiol. **2**, 1 (1931).

(*276*) Vass, A. F.: The influence of low temperature on soil bacteria. Cornell Univ.
Exp. Stat. Mem. **27** (1919).

(*277*) Waksman, S. A.: Bacterial numbers in soils, at different depths and in different
seasons of the year. Soil Sci. **1**, 363 (1916). — (*278*) The origin and nature of the soil organic
matter or soil humus. Ebenda **22**, 221 (1926). — (*279*) Decomposition of the various chemical
constituents etc. of complex plant materials by pure cultures of fungi and bacteria. Arch.
Mikrobiol. **2**, 1 (1931). — (*280*) Waksman, S. A., u. R. A. Diehm: On the decomposition
of hemicelluloses by microorganisms. Soil Sci. **32**, 2 (1931). — (*281*) Waksman, S. A.,
u. H. W. Reuszer: On the origin of the uronic acids in the humus of soil, peat and composts.
Ebenda **33**, 135 (1932). — (*282*) Waksman, S. A., u. R. L. Starkey: The soil and the
microbe. New York: John Wiley & Sons, Inc. 1931. — (*283*) Waksman, S. A., u. K. R.
Stevens: Beiträge zur Kenntnis der chemischen Zusammensetzung von Moorböden. Soil
Sci. **28**, 315 (1929). — (*284*) Waksman, S. A., u. Tenney: Composition of natural organic
matter and their decomposition in soil. Ebenda **24**, 275, 317 (1927); **26**, 155 (1928); **28**, 55
(1929). — (*285*) Wilson, J. K.: Seasonal variation in the number of two species of rhizobium
in soil. Ebenda **30**, 4 (1930). — (*286*) Wilson, J. K., u. T. L. Lyon: The growth of certain
microorganisms in planted and in unplanted soil. Cornell Univ. Agr. Exp. Stat. Memoir
**103** (1926). — (*287*) Winogradowa, O.: Penetration of bacteria into the subsoil. Trans.
Sci. Inst. Fert. Moscow **76**, 112 (1930). — (*288*) Wittich, W.: Untersuchungen über den
Einfluß des Kahlschlages auf den Bodenzustand. Mitt. Forstwirtsch. u.. Forstwiss. **1**, 438
(1930).

## Anhang. Die zellulosezersetzenden Bakterien.

(*289*) Bojanovszky, R.: Zweckmäßige Neuerung für die Herstellung eines Kiesel-
säurenährbodens für aerobe zellulosezersetzende Bakterien. Zbl. Bakter II **64** (1925). —
(*290*) Bokor, R.: Mycococcus cytophagus n. sp. **1929**. Archiv für Mikrobiologie **1930**, 1.
— (*291*) Bortels, H.: Über die Bedeutung von Eisen, Zink und Kupfer für die Mikroorganismen (unter besonderer Berücksichtigung von Aspergillus niger). Biochem. Z. **182**,
301 (1927).

(*292*) Dubos, I. R.: The decomposition of cellulose by aerobic bacteria. J. Bacter.
**15** (1928).

(*293*) Gray, P. H. H., u. S. H. Chalmers: On the stimulating action of certain organic
compounds on cellulose decomposition by means of a new aerobic microorganism that
attacks both cellulose and agar. Ann. appl. Biol. **11** (1924).

(*294*) Hutchinson, H. B., u. I. Clayton: On the decomposition of cellulose by an
aerobic organism. J. agricult. Sci. **9** (1919).

(*295*) Iterson, C. van: Die Zersetzung der Zellulose durch aerobe Mikroorganismen.
Zbl. Bakter. II **11** (1904).

(*296*) Kellermann, K. F., u. I. G. McBeth: The fermentation of cellulose. Zbl. Bakter.
II **34** (1912). — (*297*) Kellermann, K. F., I. G. McBeth, F. M. Scales u. N. R. Smith:
Identification and classification of cellulose-dissolving bacteria. Ebenda II **39** (1913/14).

(*298*) Löhnis, F., u. G. Lochhead: Experiments on the decomposition of cellulose
by aerobic bacteria. Zbl. Bakter. II **58** (1923).

(*299*) Mütterlein, C.: Studien über die Zersetzung der Cellulose im Dünger und im
Boden. Inaug.-Dissert. Leipzig 1913.

(*300*) Omeliansky, W.: Über die Gärung der Zellulose. Zbl. Bakter. II **11** (1904);
**36** (1913).

(*301*) Pringsheim: Der biologische Abbau der Zellulose. Angew. Bot. **2** (1920).

(*302*) Sack, J.: Zelluloseangreifende Bakterien. Zbl. Bakter. II **62** (1924). — (*303*)
Scales, F. M.: A new method of precipitating Cellulose for Celluloseagar. Ebenda II **62** (1924).

(*304*) Ullrich, E.: Beitrag zur Kenntnis der Zellulosezersetzung im Boden. Phil.
Dissert. Leipzig 1921.

(*305*) Waksman, S. A., u. C. E. Skinner: Microorganism concerned in the decomposition
of celluloses in the soil. J. Bacter. **12** (1926). — (*306*) Weimarn, P. P. v.: Über allgemein
anwendbare Methoden zur Herstellung faseriger Niederschläge usw. Kolloid-Z. **44** (1918). —
(*307*) Winogradsky, S.: Recherches sur la dégradation de la cellulose dans le sol. C. r. **183**,
691 (1916); **184**, 493 (1917). — (*308*) Sur la dégradation de la cellulose dans le sol. Ann.
Inst. Pasteur **43**, 549 (1929).

(*309*) Zsigmondy, R., u. G. Janke: Die chemische Analyse mit Membranfiltern.
Hannover 1919.

### III. Die $CO_2$-Atmung der Waldböden.

(*310*) APPLEMAN, C. O.: Procentage of carbon dioxide in soil air. Soil Sci. **24**, 241 (1927).

(*311*) BAZYRINA, K. N., u. V. TSCHESNOKOW: Der Einfluß bei Luftdüngung auf die Pflanzen. Planta **11**, 463 (1930). — (*312*) BORNEMANN: Die Kohlenstoffernährung der Kulturpflanzen. 1930.

(*313*) CUTLER, D. W., u. S. M. CRUMP: Carbon dioxide production in sands and soils in the presence and absence of Amoeba. Ann. appl. Biol. **16**, 472 (1929).

(*314*) DÉHÉRAIN, P. P., u. E. DEMOUSSY: Sur l'oxydation de la matière organique du sol. Ann. Agron. **22**, 305 (1896). — (*315*) DÖNHOFF, G.: Untersuchungen über die Bedeutung der Bodenatmung auf landwirtschaftlich kultivierten Flächen. Kühns Arch. **15**, 457 (1927).

(*316*) EHRENBERG, P.: Bemerkungen zur Kohlensäurefrage. Z. Pflanzenernährg B **5**, 85 (1926).

(*317*) FEHÉR, D.: Untersuchungen über die Kohlenstoffernährung des Waldes. Flora, N. F. **21**, 316 (1927). — (*318*) Untersuchungen über den zeitlichen Verlauf der Bodenatmung und der Mikrobentätigkeit des Waldbodens. Biochem. Z. **206**, 416 (1929). — (*319*) FEHÉR, D., u. G. SOMMER: Untersuchungen über die Kohlenstoffernährung des Waldes. Biochem. Z. **199**, 253 (1928). — (*320*) FEHÉR, D., u. S. VÁGI: Biochemische und biophysikalische Untersuchungen über die Einwirkung der wichtigsten biologischen Faktoren auf das Leben und Wachstum der Waldbestände. Forstl. Versuche **28** (1926).

(*321*) GUT, R. CH.: Der Kohlensäuregehalt in der Waldluft. Beih. Z. Schweiz. Forstverein **1929**, Nr. 3. Ref. Forstarch. **1930**, 93.

(*322*) HECK-FLOYD, A.: Eine Methode zur Bestimmung des Gesamtkohlenstoffgehaltes des Bodens sowie zur Bestimmung der vom Boden erzeugten Kohlensäure. Soil Sci. **28**, 225 (1929). — (*323*) HESSELINK VAN SUCHTELEN, F. H.: Über die Messung der Lebenstätigkeit der aerobiotischen Bakterien im Boden durch die Kohlensäureproduktion. Zbl. Bakter. II **28**, 45 (1910). — (*324*) Energetik und Mikrobiologie des Bodens I, II, III. Ebenda **58**, 413 (1923); **71**, 53 (1927); **79**, 108 (1929). — (*325*) HUMFELD, H.: A method for measuring carbon dioxide evolution from soil. Soil Sci. **30**, 1 (1930).

(*326*) JOHANNSON, N.: Rhythmische Schwankungen in der Aktivität der Mikroorganismen im Boden. Sv. bot. Tidskr. **23**, 241 (1929).

(*327*) KEUHL, H. J.: Messungen der Kohlensäurekonzentration der Luft in und über landwirtschaftlichen Pflanzenbeständen. Z. Pflanzenernährg A **6**, 321 (1926).

(*328*) LEHMANN, P.: Messungen der freien Kohlensäure in und über dem Boden einiger der bioklimatischen Stationen des Lunzer Gebietes. Österr. bot. Z. **80**, 98 (1931). — (*329*) LEMMERMANN, O.: Bedeutung der Bodenatmung für die C-Ernährung der Kulturpflanzen. 1. Internat. Kongr. f. Bodenkunde, Cfr.-Nr. 93, 3. Komm., S. 130. — (*330*) LEMMERMANN, O., u. WIESMANN: Über den Verlauf der $CO_2$-Bildung im Boden. Z. Pflanzenernährg B **3**, 387 (1924). — (*331*) LEMMERMANN, O., u. ECKL: Über die Bedeutung des Stalldüngers und Gründüngers für die Kohlensäureernährung der Pflanzen. Ebenda B **3**, 47 (1924). — (*332*) LEMMERMANN, O., u. H. KAIM: Untersuchungen über den Kohlensäuregehalt der Luft über mit Stalldünger gedüngten und ungedüngten Boden. Ebenda B **3**, 1 (1924). — (*333*) LUNDEGÅRDH, H.: Die natürliche $CO_2$-Produktion des Bodens. Nord. Jordbv. Forskn. 5/6 (1923/24). — (*334*) Der Temperaturfaktor bei Kohlensäureassimilation und Atmung. Biochem. Z. **154** (1924).

(*335*) MEINECKE, TH.: Die Kohlenstoffernährung des Waldes. Berlin: Julius Springer 1927. — (*336*) MELIN, E.: Mikrobentätigkeit einiger Waldtypen an $CO_2$ gemessen. Skogsh. Festskr. **1928**, 503. — (*337*) MITSCHERLICH, E. A.: Das Wirkungsgesetz der Wachstumsfaktoren. Landw. Jb. **56** (1921). — (*338*) MÜLLER, F. W.: Vergleichende Untersuchungen über den Kohlenstoffkreislauf in einem Sphagnetum, einem Erlenbruchboden und einem Gartenboden. Bot. Arch. **32**, 38 (1931).

(*339*) NELLER, J. R.: Studies on the correlation between the production of carbon dioxyde and the accumulation of ammonia by soil organisms. Soil Sci. **5**, 225 (1918).

(*340*) OELKERS, J.: Die Kohlensäureversorgung des Bodens. Forstarch. **1925**.

(*341*) PREISING, F. A.: Untersuchungen über den Kohlehydratstoffwechsel des immergrünen Laubblattes im Laufe eines Jahres. Bot. Archiv **30**, 241 (1930). — (*342*) PETERSEN: Untersuchungen betreffend die Beziehungen zwischen der $CO_2$-Produktion usw. Nord. Jordbv. Forskn. **8**, 446 (1926). — (*342a*) PORKKA, O. H.: Orientierende Versuche über den täglichen Gang der Bodenatmung. Ann. Soc. Zoolog.-Botanicae Fennicae Vanamo **15**, 3 (1931).

(*343*) REINAU, E. H.: Der Anteil der bodenbürtigen und der atmosphärischen Kohlensäure im Ackerbau. Die Technik in der Landwirtschaft, S. 95. 1924. — (*344*) RIPPEL, A.: Kohlensäure und Pflanzenertrag. Z. Pflanzenernährg B **5**, 85 (1926). — (*345*) Bakteriologisch-chemische Methoden zur Bestimmung des Fruchtbarkeitszustandes des Bodens und der Kreislauf der Stoffe. Blancks Handbuch der Bodenlehre 8, 599. — (346) Rippel, A., u. H. Bortels: Vorläufige Versuche über die allgemeine Bedeutung der Kohlensäure für die Pflanzenzelle. Biochem. Z. 184, 237 (1927). — (347s) Rippel, A., u. F. Heilmann: Quantitative Untersuchungen über die Wirkung der Kohlensäure. Arch. Mikrobiol. 1, 119 (1930). — (348) Romell, L. G.: Studien über den Kohlensäurehaushalt in moosreichem Kiefernwald. Medd. Stat. Skogsförsöksanst. Stockholm 24, 1—3 (1928). — (349) Russel, E. J., u. A. Appleyard: The atmosphere of the soil: its composition and the cause of variation. J. agricult. Sci. 7, 1 (1925).

(350) Schmidt, W., u. P. Lehmann: Versuche zur Bodenatmung. Sitzgsber. Akad. Wiss. Wien, Abt. IIa 138, 823 (1929). — (351) Smith, F. B., u. P. E. Brown: Further studies on soil respiration. J. amer. Soc. Agron. 23 (1931). — (352) Spirgatis: Untersuchungen über den Wachstumsfaktor Kohlensäure. Bot. Arch. 1923. — (353) Stoklasa, J., u. A. Ernest: Über den Ursprung, die Menge und die Bedeutung des Kohlendioxyds im Boden. Zbl. Bakter. II 18, 723 (1905).

(354) Valley, G.: The effect of carbon dioxide on bacteria. Quart. Rev. Biol. 3, 209 (1928).

(355) Waksman, S. A., u. R. L. Starkey: $CO_2$-Entwicklung und mikrobiologische Bodenanalyse. Soil Sci. 17, 141 (1924). — (356) Westhues, J.: Die Kohlensäurebildung im Boden. Dissert., Münster i. W. 1905. — (357) Wiessmann, H.: Über den Verlauf der Kohlensäurebildung im Boden. Z. Pflanzenernährg A 3, 387 (1924).

## IV. Der Stickstoffkreislauf des Waldbodens.

(358) Aaltonen, V. T.: Über die Umsetzungen der Stickstoffverbindungen im Waldboden. Comm. inst. quaest. forestal. Finl. ed. 10 (1926). — (359) Abel, F. A. E.: The fixation, nitrifixation and leaching of ammonia sulphate in the soil. Pineapple Quart. Hawaii Pineapple Conners Sta. 1, 86 (1931). — (360) Arnd, Th.: Zur Kenntnis der Nitrifikation in Moorböden. Zbl. Bakter. 49, 1 (1919). — (361) Arnold, C. W. B., u. H. I. Page: Studien über den Kohlenstoff- und Stickstoffkreislauf im Boden. J. agricult. Sci. 20, 460 (1930).

(362) Bamberg, K., u. K. Krumins: Organische Substanz und Stickstoff in den Böden Lettlands. Latvijas Univ. Raksti 1, 143 (1930). — (363) Barnette, R. M., u. J. B. Hester: Effect of burning upon the accumulation of organic matter in forest soils. Soil Sci. 29, 4 (1930). — (364) Batham, H. N.: Nitrification in soils. Ebenda 24, 187 (1927). — (365) Batham, H. N., u. L. S. Nigram: Periodizitäten im Nitratgehalt des Bodens. Ebenda 29, 181 (1930). — (366) Blair, A. W., u. A. L. Prince: Variation of nitrate nitrogen usw. Ebenda 14, 9 (1922). — (367) Bonazzi, A.: On nitrification. Bot. Gaz. 68, 194 (1919). — (368) Boresch, K.: Über Oxydationen und Reduktionen von Ammoniumsalzen, Nitriten und Nitraten durch wasserunlösliche Eisenverbindungen. Z. Pflanzenernährg A 7, 205 (1926). — (369) Breal, M.: Recherches des nitrates. Ann. Agron. 13, 564. — (370) Brenner, W.: Azotobakter in finnländischen Böden. Agrogeol. Meddelanden, Helsinki 20 (1924).

(371) Carter, E. G., u. J. D. Greaves: The nitrogen-fixing microorganisms of an arid soil. Soil Sci. 26, 179 (1928). — (372) Clarke, G. R.: Soil acidity and its relation to the production of nitrate and ammonia in woodland soils. Oxford Forestry Mem. 2 (1924). — (373) Cutler, D. W.: Nitrifizierende Bakterien. Nature 125, 168 (1930). — (374) Cutler, D. W., u. B. K. Mukerji: Nitrite formation by soil bacteria other than Nitrosomonas. Proc. roy. Soc. B 108, 384 (1931).

(375) Dogarenko: Der Nitrogen des Humus. Landw. Versuchsstat. 56, 311 (1902).

(376) Ebermayer, E.: Die Stickstofffrage des Waldes. Forstl.-naturwiss. Z. 177 (1898). — (377) Engel, H.: Über den Einfluß des C : N-Verhältnisses in verschiedenen organischen Substanzen auf die Umsetzungen des Stickstoffes im Boden. Z. Pflanzenernährg A 19, 314 (1931). — (378) Über die Zersetzung und Wirkung von Strohdünger im Boden. Ebenda 20, 43 (1931). — (379) Über die Umsetzungen des Azotobakterstickstoffs im Boden. Ebenda 21, 32 (1931). — (380) Die Oxydationsleistung der Einzelzelle von Nitrosomonas europaea Winogradsky. Arch. Mikrobiol. 1, 445 (1930).

(381) Falckenstein, K. V. v.: Untersuchungen von märkischen Dünensandböden mit Kiefernbestand. Internat. Mitt. Bodenkunde 1, 495 (1912). — (382) Über Nitratbildung im Waldboden. Ebenda 3, 494 (1913). — (383) Fehér, D.: Untersuchungen über den N-Stoffwechsel des Waldbodens. Biochem. Z. 207, 350 (1929). — (384) Untersuchungen über den Stickstoffkreislauf des Waldbodens. Arch. Mikrobiol. 1, 382 (1930). — (385) Fuller, J. E., u. L. F. Rettger: The influence of combined nitrogen on growth and nitrogen fixation by Azotobacter. Soil Sci. 31, 219 (1931).

(386) Gainey, P. E.: The occurence of azotobacter in the soil. 1. Internat. Kongr. f. Bodenkunde, Cfr.-Nr. 93, 3. Komm., S. 41. — (387) The significance of soil reaction in controlling nitrogen fixation in soils. Act. 4. Conf. internat. Pédol. Rom 1924 3, 31 (1926). — (388) Gainey, P. L., u. H. W. Batchelor: The influence of hydrogen-ion concentration

268                     Literaturverzeichnis.

on the growth and fixation of nitrogen by cultures of Azotobacter. J. agricult. Sci. **24**, 759 (1923). — (*389*) GANGER, W., u. H. ZIEGENSPECK: Untersuchungen über die Bodenbakterien des Stickstoffkreislaufes, insbesondere über die Nitrifikation in ostpreußischen Hochmooren. Bot. Arch. **27**, 327 (1929). — (*390*) GILBERT, B. E., u. J. B. SMITH: Nitrate in Böden und Pflanzen als Anzeichen des Stickstoffbedarfes der wachsenden Pflanzen. Soil Sci. **27**, 459 (1929). — (*391*) GODLEWSKI, E.: Zur Kenntnis der Nitrifikation. Anz. Akad. Wiss. Krakau, math.-naturwiss. Kl. **408** (1892); **278** (1895). — (*392*) Über die Nitrifikation des Ammoniaks und die Kohlenstoffquellen bei der Ernährung der nitrifizierenden Fermente. Zbl. Bakter. II **2**, 458 (1896). — (*393*) GORTNER: The organic matter of the soil. Soil Sci. **2**, 395 (1916); **3** (1917). — (*394*) GREAVES, J. E., u. E. G. CARTER: Influence of moisture on the bacterial activities of the soil. Ebenda **10**, 361 (1920). — (*395*) GREEN, H. H.: Über die Entstehung und Zersetzung von Humus, sowie über dessen Einwirkung auf die Stickstoffassimilation. Zbl. Bakter. II **40**, 52 (1914).

(*396*) HALL, A. D., N. H. J. MILLER u. C. T. GIMINGHAM: Nitrification in acid soils. Proc. roy. Soc. B **30** (1908). — (*397*) HARDER, A.: Beiträge zur Kenntnis der Nitrifikation. Bot. Arch. **31**, 312 (1931). — (*398*) HASELHOFF, E., u. F. HAUN: Untersuchungen über den Gehalt des Bodens an Ammoniak und Salpetersäure. Landw. Versuchsstat. **102**, 90 (1924). — (*399*) HECK, A. F.: The availability of the nitrogen in farm manure under field conditions. Soil Sci. **31**, 467 (1931). — (*400*) HELBIG, M., u. E. JUNG: Experimentelle Untersuchungen über Waldstreuzersetzung. Allg. Forst- u. Jagdztg. **105**, 236 (1929). — (*401*) HESSELMANN, H.: Studien über die Nitratbildung in natürlichen Böden und ihre Bedeutung in pflanzenökologischer Hinsicht. Meddelanden **1917**, H. 13/14, 58. — (*402*) Die Humusdecke des Nadelwaldes. Ebenda **1926**, H. 22, Nr. 5, 524. — (*403*) Die Bedeutung der Stickstoffmobilisierung in der Rohhumusdecke für die erste Entwicklung der Kiefern- und Fichtenpflanze. Ebenda **1927**, H. 23, 6/7. — (*404*) HEUELL, K.: Bestandesabfallzersetzung. Mitt. Forstwirtsch. u. Forstwiss. **1930**, 1. — (*405*) HISSINK: Zusammenhang zwischen $p_H$ und der Zersetzung von organischer Substanz im Boden. STOKLASA-Festschr. 1928. — (*406*) HOLZMÜLLER, K.: Die Gruppe des Bac. mycoides Flügge. Zbl. Bakter. II **23**, 304 (1909).

(*407*) ITANO, A., u. S. ARAKAWA: The reduction of nitrates by Azotobacter. J. Soil and Man. **5**, 22 (1931). — (*408*) IWASAKI, K.: Weitere Untersuchungen zur Fixation des Luftstickstoffes durch Azotobacter. Biochem. Z. **266**, 32 (1930).

(*409*) JENNY, H.: Relation of temperature of the amount of N in soils. Soil Sci. **27**, 169 (1929). — (*410*) The nitrogen content of the soil as related to the precipitation evaporation ratio. Ebenda **29**, 193 (1930). — (*411*) Soil organic matter-temperature relationship in the Eastern United States. Ebenda **31**, 247 (1931). — (*412*) JENSEN, C. A.: Seasonal nitrification as influenced by crops and tillage. U. S. Dep. Agr. Bull. Pl. Ind. Bull. **173** (1910). — (*413*) Das Verhältnis der denitrifizierenden Bakterien zu einigen Kohlenstoffverbindungen. Zbl. Bakter. II **3**, 622, 689 (1897). — (*414*) Beiträge zur Morphologie und Biologie der Denitrifikationsbakterien. Ebenda II **4**, 401, 449 (1898). — (*415*) Denitrifikation und Stickstoffentbindung. LAFARS Handbuch der technischen Mykologie, 2. Aufl. **3**, 182. Jena 1904/06

(*416*) KARLSEN, A.: Denitrification in uncultivated soils. Bergens Mus. Arbok **4** (1927). — (*417*) KOCH, A.: Die Stickstoffanreicherung des Bodens durch frei lebende Bakterien und ihre Bedeutung für die Pflanzenernährung. J. Landw. **55**, 355, 366, 389 (1907). — (*418*) Weitere Untersuchungen über Stickstoffanreicherung des Bodens durch frei lebende Bakterien. Ebenda **57**, 269 (1909). — (*419*) KOCH, A., u. H. PETTIT: Über den verschiedenen Verlauf der Denitrifikation im Boden und in Flüssigkeiten. Zbl. Bakter. II **26**, 335 (1910). — (*420*) KÖNIG, J., J. HASENBÄUMER u. TH. KLEBERG: Einfluß des Waldhumus auf Boden und Wachstum des Waldes. Veröff. Landw.kammer Westfalen **32** (1927). — (*421*) KOSSOWICZ, A.: Die Zersetzung von Harnstoff, Harnsäure, Hippursäure und Glykokoll durch Schimmelpilze. Z. Gärungsphysiol. I **60** (1912). — (*422*) KREYBIG, L. v.: Die Rolle der Mikroorganismen im Boden und bei der Düngung. 1. Internat. Kongr. f. Bodenkunde, Cfr.-Nr. 187. — (*423*) KUDRIAWZEWA, A.: Die Umwandlung der Stickstoffverbindungen im Boden im Zusammenhang mit der Nitrifikation. Arb. Lab. allg. Ackerbaulehre u. Versuchsfeld Landw.-Akad. Moskau **7**, 49 (1924/27). — (*424*) KÜNNEMANN, O.: Über denitrifizierende Mikroorganismen. Landw. Versuchsstat. **50**, 65 (1898).

(*425*) LEIGHTY, W. R., u. E. C. SHOREY: Some carbon-nitrogen relations in soils. Soil Sci. **30**, 257 (1930). — (*426*) LEININGEN, W. Graf zu: Forstwirtschaftliche Bodenbearbeitung, Düngung und Einwirkung der Waldvegetation auf den Boden. BLANCKS Handbuch der Bodenlehre **9**, 348. 1931. — (*427*) LEMMERMANN, O., K. ASO, H. FISCHER u. L. FRESENIUS: Untersuchungen über die Zersetzung der Kohlenstoffverbindungen verschiedener organischer Substanzen im Boden usw. Landw. Jb. **41**, 217 (1911). — (*428*) LEMMERMANN, O., H. FISCHER u. B. HEINITZ: Versuche über Stickstoffumsetzung in verschiedenen Böden. Ebenda **41**, 755 (1911). — (*429*) LEMMERMANN, O., u. L. WICHERS: Über den periodischen Einfluß der Jahreszeit auf den Verlauf der Nitrifikation. Zbl. Bakter. II **50**, 33 (1920). — (*430*) LEMMER-MANN, O., u. Mitarbeiter: Die Bedeutung des Kohlenstoff-Stickstoff-Verhältnisses und anderer chemischen Eigenschaften der organischen Stoffe für ihre Wirkung. Z. Pflanzen-ernährg A **17**, 321 (1930). — (*431*) LIMBACH, S.: Studien über die Nitratbildung im Boden. Zbl. Bakter. II **78**, 354 (1929). — (*432*) LIPMAN, J. G., A. W. BLAIR u. A. L. PRINCE: The influence of lime on the recorvey of total nitrogen in field crops. Soil Sci. **32**, 217 (1931). — (*433*) LÖHNIS, F.: Beitrag zur Kenntnis der Stickstoffbakterien. Zbl. Bakter. II **1905**, 582. — (*434*) LÖHNIS, F., u. H. H. GREEN: Methods in soil bacteriology. VII. Ammonification and nitrification in soil and solution. Ebenda II **40**, 457 (1914). — (*435*) LÖHNIS, M. P.: Can Bacterium radicicola assimilate nitrogen in the absence of the host plant? Soil Sci. **29**, 37 (1930). — (*436*) Stickstoffsammlung durch Mikroorganismen. Landbouwk. Tijdschr. **42**, 718 (1930). — (*437*) LUMIÈRE, A.: Le rhytme saisonnier et le réveil de la terre. Rev. gén. Bot. **33**, 545 (1921). — (*438*) LUNT, H. A.: The carbon-organic matter factor in forest soil humus. Soil Sci. **32**, 27 (1931).

(*439*) MAASSEN, A.: Die Zersetzung der Nitrate und Nitrite durch die Bakterien. Arb. ksl. Gesdh.amt **18**, 21 (1901). — (*440*) MARTIN, T. L.: Die Wirkung der Wurzeln und ober-irdischen Teile von Luzerne und Rotklee auf die Entwicklung von Kohlensäure und die Anhäufung von Nitraten im Boden. Soil Sci. **29**, 363 (1930). — (*441*) McLEAN, W.: Das Kohlenstoff-Stickstoff-Verhältnis in der organischen Bodensubstanz. J. agricult. Sci. **20**, 348 (1930). — (*442*) MIQUEL, P.: Die Vergärung des Harnstoffs. LAFARS Handbuch der tech-nischen Mykologie, 2. Aufl., **3**, 71. Jena: G. Fischer 1904/06. — (*443*) MÜNTER, F., u. W. P. ROBSON: Über den Einfluß der Böden und des Wassergehaltes auf die Stickstoff-umsetzungen. Zbl. Bakter. II **39**, 419 (1916).

(*444*) NEHRING, N.: Der Einfluß der Bodenreaktion auf die Umsetzungen der ver-schiedenen Stickstoffverbindungen im Boden usw. Landw. Jb. **69**, 105 (1929). — (*445*) NEMEC, A.: Beiträge zur Kenntnis der chemischen Vorgänge bei der Humuszersetzung im Walde. Forstwiss. Zbl. **41**, 90, 117, 178 (1929). — (*446*) Zur Kenntnis des Stickstoffhaus-haltes streuberechter Waldböden. Ebenda **53**, 49, 147 (1931). — (*447*) Untersuchungen über die Humifizierung von Waldhumus. Z. Forst- u. Jagdwes. **7/8** (1928). — (*448*) NEMEC, A., u. K. KVAPIL: Über den Einfluß verschiedener Waldbestände auf den Gehalt und die Bildung von Nitraten im Waldboden. Ebenda **59**, 321, 385 (1927). — (*449*) NEWTON, J. D.: Seasonal fluctuations in numbers of microorganisms and nitrate nitrogen in an alberta soil. Sci. agricult. **10**, 6 (1930). — (*450*) NIKLAS, H.: Über die Verbreitung des Azotobakters im Boden unter Berücksichtigung der dabei maßgebenden Verhältnisse. Festschr. STOKLASA, Cfr.-Nr. 6, 279.

(*451*) OSUGI, S., S. YOSHIE u. J. KOMATSUBARA: On the effect of carbon-nitrogen ratio upon the decomposition of organic matter in soil. Mem. Coll. Agr. Kyoto Imp. Univ. **12** (1931).

(*452*) PAGE, H. I.: The origin and nature of the humic matter of the soil and its relation to the soil nitrogen. I. Internat. Kongr. f. Bodenkunde, Cfr.-Nr. 93, 3. Komm., S. 97. — (*453*) Studien über den Kohlenstoff- und Stickstoffkreislauf im Boden. I. J. agricult. Sci. **20**, 455 (1930). — (*454*) PATTERSON, J. W., u. P. R. SCOTT: The influence of soil moisture upon nitrification. J. Dep. Agr. Victoria **10**, 275 (1912). — (*455*) PETSCHENKO: Über die biologische Morphologie und den Entwicklungszyklus von Mikroorganismen der Azoto-baktergruppe. Zbl. Bakter. II **80**, 161 (1930). — (*456*) PFEIFFER, TH., L. FRANK, K. FRIED-LÄNDER u. P. EHRENBERG: Der Stickstoffhaushalt des Ackerbodens. Mitt. landw. Inst. Univ. Breslau **4**, 715 (1909); **5**, 657 (1910). — (*457*) POTAPOW, N.: Denitrifikation in den Böden des mittleren Tschernosemgebietes. Abh. wiss. Inst. Düngemittel Moskau **76**, 97 (1930). — (*458*) Zur Frage der Verbreitung denitrifizierender Bakterien innerhalb gene-tischer Horizonte. Ebenda Nr. **76**, 92 (1390). — (*459*) PURI, A. N.: Interaction between ammonia and soils, as a new method of characterizing soil colloids. Soil Sci. **31**, 93 (1931).

(*460*) REINCKE, R.: Untersuchungen über die Mineralisation des Humusstickstoffes unter wachsenden Wiesenbeständen auf Niederungsmoorboden. Zbl. Bakter. II **81**, 210 (1930). — (*461*) REMY, TH.: Untersuchungen über Stickstoffsammlungsvorgänge usw. Ebenda **22**, 561 (1909). — (*462*) RIPPEL, A.: Die Bedeutung der Wasserstoffionenkonzentra-tion für die Mikroorganismen und ihre Tätigkeit im Boden. Z. Pflanzenernährg A **3**, 221 (1924). — (*463*) Bakteriologisch-chemische Methoden zur Bestimmung des Fruchtbarkeits-zustandes des Bodens und der Kreislauf der Stoffe. BLANCKs Handbuch der Bodenlehre **8**, 599. 1931. — (*464*) Niedere Pflanzen. Ebenda **7**, 239. 1931. — (*465*) RIPPEL, K.: Quan-titative Untersuchungen über die Abhängigkeit der Stickstoffassimilation von der Wasser-stoffionenkonzentration bei einigen Pilzen. Arch. Mikrobiol. **2**, 72 (1931). — (*466*) ROMELL, L. G.: Un ferment nitreux forestier. Medd. Stat. Skogsförsöksanst. **24**, 57 (1928). — (*467*) ROMELL, L. G., u. S. O. HEIBERG: Types of humus layer in the forests of Northeastern United States. Ecology **12**, 3 (1931). — (*468*) RUSSEL, E. J.: The nature and amount of the fluctuation in nitrate contents of arable soils. J. agricult. Sci. **6**, I.

(*469*) SALTER, F. J.: The carbon-nitrogen ratio in relation to the accumulation of organic matter in soils. Soil Sci. **31**, 413 (1931). — (*470*) SAUERLANDT, W.: Untersuchungen über Bildung und Zersetzung von Humus im Stalldünger und Boden. Wiss. Arch. Landw. A **2**, 434 (1929). — (*471*) SCHLOESING, TH.: Etude de la nitrification dans les sols. C. r. Acad. Sci. Paris **77**, 203 (1873). — (*472*) SCHNEIDER, E.: Wie wirken Stickstoffkunstdünger auf Vorkommen und Entwicklung von Azotobacter chroococcum im Boden? Wiss. Arch. Landw. A **5**, 304 (1931). — (*473*) SCHÖNBRUNN, BR.: Über den zeitlichen Verlauf der Nitrifikation usw. Zbl. Bakter. II **56**, 545 (1922). — (*474*) SCHRÖDER, M.: Die Assimilation des Luftstickstoffs durch einige Bakterien. Ebenda II **85**, 177 (1932). — (*475*) SPRINGER, U.: Neuere Methoden zur Untersuchung der organischen Substanz im Boden und ihre Anwendung auf Bodontypen und Humusformen. Z. Pflanzenernährg **23**, 1 (1931). — (*476*) STEVENS, F. L., u. W. A. WITHERS: Studies in soil bacteriology. IV. The inhibition of nitrification of organic matter, compared in soils and in solutions. Zbl. Bakter. II **27**, 169 (1910). — (*477*) STOKLASA, J.: Die biochemischen Vorgänge bei der Humusbildung durch die Mikroorganismen im Boden. Beitr. Biol. Pflanz. **17**, 272 (1929). — (*478*) Neue Ansichten über die Humusbildung im Waldboden. Zbl. ges. Forstwes. **56**, 184 (1930). — (*479*) SÜCHTING, H.: Der Abbau der organischen Stickstoffverbindungen des Waldhumus durch biologische Vorgänge. Forstw. Zbl. **1925**. — (*480*) SÜCHTING, H., TH. ROEMER u. KÜHNE: Der Abbau der organischen Stickstoffverbindungen usw. Z. Pflanzenernährg **1**, 113 (1922).

(*481*) TENNEY, F. G., u. S. A. WAKSMANN: Composition of natural organic materials and their decompostion in the soil. V. Decomposition of various chemical constituents in plant materials, under anaerobic conditions. Soil Sci. **30**, 143 (1930). — (*482*) THEIS, R. E., u. P. KRATZ: A study of tannery effluent. I. Effect of various gases upon the nitrogen distribution. Ind. Eng Chem. **23**, 69 (1931). — (*483*) TRUSSOW, A. G.: Die Humusbildung aus Bestandteilen des Pflanzenorganismus. Landw. u. Forstw. **74**, 233 (1914).

(*484*) VATER, H.: Beiträge zur Kenntnis der Humusauflage von Fichte und Kiefer. Mitt. sächs. forstl. Versuchsanst. Tharandt **3**, 129 (1928).

(*485*) WAKSMAN, S. A.: Der Einfluß der Mikroorganismen auf das C : N-Verhältnis usw. J. agricult. Sci. **14** (1924). — (*486*) Decomposition of the various materials etc. of complex plant materials by pure cultures of fungi and bacteria. Arch. Mikrobiol. **2**, 136 (1931). — (*487*) The origin and nature of the soil organic matter or soil „humus". Soil Sci. **22**, 123, 221, 323, 395, 421 (1926). — (*488*) WAKSMAN, S. A., u. F. C. GERRETSEN: Einfluß von Temperatur und Feuchtigkeit auf Art und Ausdehnung der Zersetzung von Pflanzenrückständen durch Mikroorganismen. Ecology **12**, 1 (1931). — (*489*) WAKSMAN, S. A., u. H. W. REUSSER: Über die chemische Natur und den Ursprung des Humus im Erdboden. Zellulosechemie **11**, 10—11 (1930). — (*490*) WAKSMAN, S. A., u. R. STEVENS: A critical study of the methods for determining the nature and abundance of soil organic matter. Soil Sci. **30**, 97 (1930). — (*491*) WAKSMAN, S. A., u. F. G. TENNEY: Composition of natural organic materials and their decomposition in the soil. Ebenda **24**, 275, 317 (1927); **26**, 155 (1928); **28**, 55 (1929). — (*492*) WEIS, FR.: Über Vorkommen und Bildung der Salpetersäure in Wald- und Heideboden. Zbl. Bakter. II **28**, 434 (1910). — (*493*) WERLING, R. W.: Die Bodenversauerung durch Ammonsalze. Landw. Jb. **73**, 491 (1931). — (*494*) WILKE, FR.: Über die Formenfülle in Kulturen von Azotobacter chroococcum. Bot. Arch. **30**, 241 (1930). — (*495*) WILSON, J. K.: Seasonal variation in the number of two species of Rhizobium in soil. Soil Sci. **30**, 297 (1930). — (*496*) The number of ammonia-oxidizing organisms in soils. 1. Internat. Kongr. f. Bodenkunde, Cfr.-Nr. 93, 3. Komm., S. 15. — (*497*) WINOGRADSKY, M. S.: Etudes sur la microbiologie du sol. II. Sur les microbes fixateurs d'azote. Ann. Inst. Pasteur **40**, 455 (1926). — (*498*) Nouvelles recherches sur les microbes de la nitrification. C. r. Acad. Sci. **1931**, 192, 17, 1000—1004. — (*499*) Die Kleinlebewesen der Salpeterbildung, neue Forschungen. C. r. Acad. Agricult. de France **17**, 591 (1931).

(*500*) YAMAGATA, N., u. A. ITANO: Physiological study of Azotobacter chroococcum, Beijerinckii and vinelandii types. J. Bacter. **8**, 526 (1923).

(*501*) ZACHAROWA, T. M.: Reduktion der Nitrate im Ackerboden und Vegetation. Landw. Jb. **70**, 311 (1929). — (*502*) Denitrification in podsol soils. Trans. Sci. Inst. Fertilizers **60**, 1 (1929).

## V. Die Mikrobiologie der Sandböden.

(*503*) ARANY, A.: Beiträge zur Kenntnis der chemischen Zusammensetzung der ungarischen Tieflandböden. Z. Pflanzenernährg **20**, 130, 257 (1931).

(*504*) DOBY, G., J. CSIKY u. F. SNASSEL: Über den Kalkzustand und Nährstoffgehalt ungarischer Böden. Mezőgazdasági Kutatások **3**, 497 (1930).

(*505*) FEHÉR, D.: Mikrobiologische Untersuchungen über den Stickstoffkreislauf der sandigen Waldböden der ungarischen Tiefebene. Forstl. Versuche **32**, 259 (1930). — (*506*) FEHÉR, D., u. R. BOKOR: Biochemische Untersuchungen über die biologische Tätigkeit der sandigen Waldböden auf der ungarischen Tiefebene. Biochem. Z. **209**, 471 (1929).

(*507*) Kiss, F.: La vie du sol dans la grande plaine hongroise et l'amélioration du sol. 1. Internat. Kongr. f. Bodenkunde, Cfr.-Nr. 423.

(*508*) Snassel, E.: Die Bodenverhältnisse des Versuchsgutes der Volkswirtschaftlichen Universität und der Wirtschaft „Söregpuszta". Mezőgazdasági Kutatások 3, 505 (1920). — (*509*) Stocker, O.: Ungarische Steppenprobleme. Naturwiss. 17, 189, 208 (1929).

## VI. Die Pilze des Waldbodens.

(*510*) Abbot, E. V.: The accurence of action of fungi in soils. Soil Sci. 16, 207 (1923).

(*511*) Brierey, W. B.: The quantitative study of soil fungi. 1. Internat. Kongr. f. Bodenkunde, Cfr.-Nr. 93, 3. Komm., S. 12. — (*512*) Brierley, W. H., S. T. Jewson u. M. Brierley: The quantitative study of soil fungi. Proc. Pap. 1. Internat. Kongr. Soil Sci. 3, 1 (1927).

(*513*) Dale, E.: On the fungi of the soil. Ann. Mycol. 10, 452 (1912); 12, 33 (1914).

(*514*) Jensen, C. N.: Fungus flora of the soil. Cornell Univ. Agr. Exp. Stat. Bull. 315 (1912). — (*515*) Jensen, H. L.: The fungus flora of the soil. Soil Sci. 31, 123 (1931). — (*516*) Johann, F.: Investications of mucoraceae in forest soils. Zbl. Bakter. 85, 305 (1932).

(*517*) Nielsen, N.: Fungi isolated from soil usw. Saertry Medd. Gronland 74 (1927).

(*518*) Pistor, P.: Beiträge zur Kenntnis der biologischen Tätigkeit von Pilzen im Waldboden. Zbl. Bakter. II 80, 169, 378 (1930).

(*519*) Raillo, A.: Beiträge zur Kenntnis der Bodenpilze. Zbl. Bakter. II 78, 515 (1929). — (*520*) Raillo, A. J.: Materialien zur Kenntnis der Bodenpilze. Mitt. Abh. Ackerbau Staatl. Inst. Exp. Agron. Leningrad 1928, Nr. 6. — (*521*) Rippel, K.: Quantitative Untersuchungen über die Abhängigkeit der Stickstoffassimilation von der Wasserstoffionenkonzentration bei einigen Pilzen. Arch. Mikrobiol. 2, 72 (1931).

(*522*) Thom, C.: Present and future studies of soil fungi. 1. Internat. Kongr. f. Bodenkunde, Cfr.-Nr. 93, 3. Komm., S. 21. — (*523*) Traaen, A. E.: Untersuchungen über Bodenpilze aus Norwegen. Nyt. Mag. Naturwiss. Christiania 52, 21 (1914).

(*524*) Waksman, S. A.: Soil fungi and their activities. Soil Sci. 2, 103 (1916); 3, 565 (1917). Is there any fungus flora of the soil. Soil Sci. 3, 6 (1917). (Siehe hier auch die Literatur.)

## VII. Die Algen des Waldbodens.

(*525*) Allison, F. E., u. J. H. Morris: Stickstoffbindung durch blaugrüne Algen. Science 1, 221 (1930).

(*526*) Bristol-Roach, B. M.: The microorganic population of the soil. Kap. 6, Algae. — (*527*) On the relation of certain soil algae to some soluble carbon sompounds. Ann. of Bot. 40, 149 (1926). — (*528*) On the influence of light and of glucose on the growth of soil alga. Ebenda 42, 317 (1928). — (*529*) On the algae of some normal English soils. J. agricult. Sci. 17, 563 (1927). — (*530*) The present position of our knowledge of the distribution and functions of algae in the soil. 1. Internat. Kongr. f. Bodenkunde, Cfr.-Nr. 93, 3. Komm., S. 19.

(*531*) Chodak, F.: Sur la spécifité des Stichococcus du sol du Parc National. C. r. Soc. Phys. et Hist. Nat. Genf 45, 26 (1928).

(*532*) Fraymouth, J.: The moisture relations of terrestrial algae usw. Ann. of Bot. 42, 75 (1928). — (*533*) Fritsch, F. E.: The moisture relations of terrestrial algae. Ebenda 36, 1 (1922). — (*534*) The terrestrial algae. J. of Biol. 10, 220 (1922).

(*535*) Howland, L. J.: The moisture relations of terrestrial algae. Ann. of Bot. 43, 173 (1929).

(*536*) Kol, E.: Vorarbeiten zur Kenntnis der Algenflora des ungarischen Nagy Alföld. Fol. Crypt. 2, 69 (1925). — (*537*) Über die Algen auf dem Gipfel der Lomnitzer Spitze. Ebenda 4, 227 (1926). — (*538*) Krainsky, A.: Die Aktinomyzeten und ihre Bedeutung in der Natur. Zbl. Bakter. II 41, 639 (1914).

(*539*) Pringsheim, E. G.: Algenkultur-Pilzkultur. Abderhaldens Handbuch der biologischen Arbeitsmethoden, Abt. II, Teil 2, 377. 1921.

(*540*) Scheitz, A.: Bodenfloraforschungen. I. Dorozsmaer Nagyszék. Fol. Crypt. 1, 627 (1928).

## VIII. Die Protozoen des Waldbodens.

(*541*) Aléxéieff, A.: A propos de „Protozoaires du sol". C. r. Soc. Biol. 89, 28 (1923). — (*542*) Coproprotistologie, branche nouvelle de la protistologie. Ebenda 89, 29 (1923). — (*543*) A propos des Protozoaires du sol: existent ils réelemente? Coproprotistologie. Arch. Russ. Protist 4 (1925). — (*544*) Protistologica. XV. Matériaux pour servir à l'étude des protistes coprozoites. Arch. de Zool. 68, 609 (1929).

(*545*) Cutler, O. V., u. L. M. Crump: Carbon dioxide production in sands and soils in the presence and absence of amoebae. Ann. appl. Biol. 16, 472 (1929). — (*546*) The qualitative and quantitative effects of food in the growth of a soil amoeba (Hartmannella hyalina). Brit. J. exp. Biol. 5, 155 (1927). — (547) CUTLER, D. V., u. A. DIXON: The effect of soil storage and water content on the protozoan population. Ann. appl. Biol. 14, 247 (1927).

(548) DOFLEIN u. REICHENOV: Lehrbuch der Protozoenkunde, 5. Aufl. 1, 2. Jena: G. Fischer 1928/29.

(549) FEHÉR, D. u. L. VARGA: Untersuchungen über die Protozoenfauna des Waldbodens. Zbl. Bakter. 77, 524—542 (1929).

(550) FELLERS, A.: The protozoa fauna of the soil of New Jersey. Soil Sci. 9, 1 (1920).

(551) KOFFMANN, M.: Beiträge zur Kenntnis der Bodenprotozoen. Acta Zool. 7, 277 (1926).

(552) LOSINA-LOSINSKY, L., u. P. F. MARTINOV: A method of studying the activity and rate of diffusion of protozoa and bacteria in the soil. Soil Sci. 29, 349 (1930).

(553) RICHARDS, O. W.: The correlation of the amount of sunlight with the division rates of Ciliates. Biol. Bull. Mar. biol. Labor. Wood's Hole 56, 298 (1929).

(554) SANDON, H.: A study of the protozoa of some American soils. Soil Sci. 25, 107 (1928). — (555) SEVERTZOFF: Method of counting, culture medium and pure cultures of soil Amoeba. Zbl. Bakter. I 92 (1924). — (556) The effect of some antiseptica on soil Amoeba in partielly sterillised soils. Ebenda II 65, 278 (1925). — (557) SEVERTZOVA, L. B.: The food requirement of soil Amoebae with reference to their interrelation with soil Bacteria and soil Fungi. Ebenda II 73, 162 (1928).

(558) TROITZKY, B. W., u. S. ZÉREN: Der Einfluß der Protozoen auf Wachstum und Entwicklung des Hafers. Zbl. Bakter. II 67, 25 (1926).

(559) VOLZ, P.: Studien zur Biologie der bodenbewohnenden Thecamöben. Arch. Protistenkde 68, 249 (1929).

## IX. Anhang.

Die Mikrobiologie der Szik- (Salz- oder Alkali-) Böden mit besonderer Berücksichtigung ihrer Fruchtbarmachung.

(560) 'SIGMOND, E.: A szikes talajok helyszini felvételekor használt talajvizsgálati eljárásokról. Budapest 1909.

(561) 'SIGMOND, E.: A hazai szikesek és megjavitási módjaik. Budapest 1923.

(562) FEHÉR, D. u. ST. VÁGI: Untersuchungen über die Einwirkung von Nitriten auf das Wachstum der Pflanzen. I. u. II. Biochem. Z. 153, 1—2 (1924); 174, 4—6 (1926).

(563) ZSILINSKY u. TREITZ, P.: A szikes talajok javitása. Budapest 1924.

(564) FEHÉR, D. u. St. VÁGI: Untersuchungen über die Einwirkung von Na$_2$CO$_3$ auf Keimung und Wachstum der Pflanzen. I. u. II. Biochem. Z. 158, 4—6 (1925); 175, 1—3 (1928).

(565) BOKOR, R.: Untersuchungen über die Mikroflora der Waldböden. Forstl. Versuche 28, 1—2 (1926). Sopron.

(566) MAGYAR, P.: Beiträge zu den pflanzenbiologischen und geobotanischen Verhältnissen der Hortobágy-Steppe. Forstl. Versuche 30, 1—2 (1928). — Szikaufforstungsversuche auf dem Versuchsfelde zu Püspökladány. Ebenda 31, 1 (1929).

(567) BOKOR, R.: Mycococcus cytophagus n. sp. 1929. Arch. Mikrobiol. 1, 1 (1930). Berlin.

(568) Die zusammenfassende Besprechung der Mikroflora der Alkaliböden s. TELEGDY-KOVÁTS: Referat über Besprechung der Mikroflora der Alkaliböden. Verhandlungen der Alkali-Subkommission der Internationalen Bodenkundlichen Gesellschaft, Teil A. Budapest 1929.

## Anmerkung.

1. Es bedeuten in allen Figuren, falls es nicht besonders angegeben wird: $Bg.$ = Gesamt-Bakteriengehalt, $B. ae.$ = aerobe Bakterien, $B. an.$ = anaerobe Bakterien, $Hg.$ = Humusgehalt, $Wg.$ = Wassergehalt, $Lt.$ = Lufttemperatur, $Bt.$ = Bodentemperatur, $N.$ = Niederschlagsmenge, $R_1$ = Bodentemperatur × Wassergehalt, $R_2$ = Lufttemperatur × Niederschlagsmenge, $G.N.$ = Gesamt-Nitrogengehalt. $N.N.$ = Nitrat-Nitrogengehalt. $A.N.$ = Ammoniak-Nitrogengehalt, $Nf.$ = Nitrifizierende Bakterien, $Dnf.$ = Denitrifizierende Bakterien, $Nb.$ = Nitrogenbindende Bakterien, $P.$ = Pilze.

2. Die Probeentnahme für die Analysen der langen, mehrere Jahre andauernden Untersuchungsserien und der kürzeren, für spezielle Zwecke eingesetzten Forschungen erfolgte auch auf den gleichen Versuchsflächen nicht immer gleichzeitig. Beim Vergleich der Tabellen ist daher dieser Umstand immer zu berücksichtigen.

***Die Bodenazidität** nach agrikulturchemischen Gesichtspunkten dargestellt. Von Professor Dr. **H. Kappen,** Bonn-Poppelsdorf. Mit 35 Abbildungen und 1 farbigen Tafel. VII, 363 Seiten. 1929. RM 36.—

**Der Kationen= und Wasserhaushalt des Mineralbodens** vom Standpunkt der physikalischen Chemie und seine Bedeutung für die land- und forstwirtschaftliche Praxis. Von Dr. **P. Vageler,** Privatdozent an der Landwirtschaftlichen Hochschule Berlin. Mit 34 Abb. und 1 Übersichtstabelle. VII, 336 Seiten. 1932. RM 28.—; geb. RM 29.80

**Handbuch der Pflanzenernährung und Düngerlehre.** Herausgegeben von Dr. **F. Honcamp,** o. Professor an der Landesuniversität und Direktor der Landwirtschaftlichen Versuchsstation Rostock i. M.

I. Band: **Pflanzenernährung.** Mit 90 Abb., darunter 1 lithographische farbige Tafel. XV, 945 Seiten. 1931. RM 93.—; geb. RM 96.80

*II. Band: **Düngemittel und Düngung.** Mit 285 Abb. XII, 919 Seiten. 1931. RM 86.—; geb. RM 89.80

***Bodenkundliches Praktikum.** Von Dr. **Eilh. Alfred Mitscherlich,** o. ö. Professor der Landwirtschaftlichen Pflanzenbaulehre an der Universität Königsberg i. Pr. Mit 15 Abb. VII, 36 S. 1927. RM 2.40; mit Schreibpapier durchschossen RM 3.—

***Die Kohlenstoffernährung des Waldes.** Von Dr. phil. **Th. Meinecke** d. J., Doktor der Forstwissenschaft, Diplomforstwirt. Mit 22 Textabb. und 26 Tabellen. VII, 176 Seiten. 1927. Geb. RM 7.80

***Vorlesungen über theoretische Mikrobiologie.** Von Dr. **August Rippel,** o. Professor und Direktor des Instituts für Landwirtschaftliche Bakteriologie an der Universität Göttingen. VIII, 171 Seiten. 1927. RM 6.90

***Waldbau auf ökologischer Grundlage.** Ein Lehr- und Handbuch. Von Professor Dr. **Alfred Dengler,** Eberswalde. Mit 247 Abb. im Text und 2 farbigen Tafeln. X, 560 Seiten. 1930. Gebunden RM 39.—

**Der Waldbau.** Vorlesungen für Hochschul-Studenten. Von Professor Dr. **Alfred Möller †,** Eberswalde.

*I. Band: **Naturwissenschaftliche Grundlagen des Waldbaues.** Mit 1 Bildnis, 6 farbigen und 15 schwarzen Tafeln, sowie 60 Textabb. Nach dem Tode Alfred Möllers bearbeitet und herausgegeben von Helene Möller geb. Soenke und Dr. Erhard Hausendorff, Preuß. Oberförster in Grimnitz, U./M. XIV, 560 Seiten. 1929. Geb. RM 42.—

II. Band: **Angewandter Waldbau.** In Vorbereitung.

---

# Berichtigungen.

| | |
|---|---|
| Seite 51. | In der Tabelle 7 sind die Bakterienzahlen für den VI. Monat in den VII. Monat zu schreiben. |
| Seite 62. | Tabelle 15. In der Spalte des Wassergehaltes muß es bei Monat V: 16.6 statt 6.6, bei Monat VI: 19.7 statt 9.7 und bei Monat VII: 20.7 statt 10.7 heißen. |
| Seite 65. | Tabelle 17. In der Spalte des Wassergehaltes ist bei Nr. 1: 13.2 statt 8.8 zu setzen. |
| Seite 70—73. | In der Tabelle 18 muß bei den Bakterien der Prozentsatz der Aeroben unter Nr. 1: 98.4 statt 94.0, 92.6 statt 85.5 und 91.3 statt 88.5 heißen. In der Tabelle 19 ist bei Nr. 6: 73.7 in 79.2 zu ändern. Dementsprechend sind auch die Prozentsätze für die Anaeroben zu korrigieren. — Bei den physiologischen Gruppen ist in der %-Spalte der Tabelle 18 bei Nr. 15 der Reihe nach 4.3, 3.3, 23.6, 12.6 und 7.0, in der Tabelle 19 bei Nr. 5: 82.0 statt 32.0, bei Nr. 6: 16.0 statt 27.8, bei Nr. 7: 89.0 statt 76.5, in der Tabelle 21 bei Nr. 34: 41.0 statt 4.1 und bei Nr. 35: 32.0 statt 3.2 zu setzen. — In der Tabelle 20 sind die Daten der Bakterien ohne und mit Sporenbildung gegenseitig zu vertauschen. |
| Seite 105. | In der Tabelle 28 ist bei dem Kalkgehalt in der Spalte 20a: 1.13 statt 11.3 zu schreiben. |
| Seite 159. | In der Tabelle 44 ist in der Spalte Bakterienzahl/Pilzezahl bei Nr. 25: 119, bei Nr. 28: 128 und bei den Tiefenuntersuchungen unter Nr. 5: 200 zu schreiben. |

Fehér, Mikrobiologie des Waldbodens.